LE

RÈGNE VÉGÉTAL

TEXTES

Imprimerie P. BOURDIER, CAPIOMONT fils aîné et Ce, rue des Poitevins, 6.

LE
RÈGNE VÉGÉTAL

DIVISÉ EN

TRAITÉ DE BOTANIQUE GÉNÉRALE, FLORE MÉDICALE ET USUELLE

HORTICULTURE BOTANIQUE ET PRATIQUE

(PLANTES POTAGÈRES, ARBRES FRUITIERS, VÉGÉTAUX D'ORNEMENT)

PLANTES AGRICOLES ET FORESTIÈRES

HISTOIRE BIOGRAPHIQUE ET BIBLIOGRAPHIQUE DE LA BOTANIQUE

PAR MM.

O. REVEIL
docteur en médecine,
pharmacien en chef des hôpitaux,
professeur agrégé à la Faculté de médecine de Paris
et à l'École supérieure de pharmacie,
membre de plusieurs Sociétés savantes, etc.

FR. GÉRARD
botaniste - micrographe,
membre de plusieurs Sociétés savantes, l'un des
collaborateurs du Dictionnaire
d'histoire naturelle,

A. DUPUIS
professeur d'histoire naturelle,
ancien professeur de botanique et de sylviculture
à l'Institut agronomique de Grignon,
membre de plusieurs Académies
et Sociétés savantes, etc.

F. HÉRINCQ
botaniste attaché au Muséum d'histoire naturelle,
rédacteur en chef de l'Horticulteur français,
membre de plusieurs Sociétés
savantes, etc.

ET D'APRÈS LES TRAVAUX DES PLUS ÉMINENTS BOTANISTES FRANÇAIS ET ÉTRANGERS

formant (avec l'Histoire de la Botanique)

Dix-sept beaux volumes

dont neuf volumes grand in-8ᵉ jésus de textes

ET HUIT ATLAS PETIT IN-QUARTO DE PLANCHES GRAVÉES

Les Atlas renfermant (avec des textes descriptifs en regard)

PLUS DE 5000 DESSINS DE PLANTES OU DE DÉTAILS BOTANIQUES

FINEMENT COLORIÉS

TEXTES

ÉDITÉ PAR L. GUÉRIN

DÉPOT ET VENTE A LA

LIBRAIRIE SCIENTIFIQUE, ANATOMIQUE ET ARTISTIQUE

De Théodore MORGAND

RUE BONAPARTE 5

———

"""

PRÉCIS

BIOGRAPHIQUE ET BIBLIOGRAPHIQUE

DE

L'HISTOIRE DE LA BOTANIQUE

PRÉCIS DE L'HISTOIRE

DE LA

BOTANIQUE

POUR SERVIR DE COMPLÉMENT A L'ÉTUDE

DU

RÈGNE VÉGÉTAL

PAR L. G.....

SUIVI D'UN APPENDICE DE GÉOGRAPHIE BOTANIQUE

AVEC CARTES

PAR J.-A. BARRAL

PARIS

L. GUÉRIN ET Cie, ÉDITEURS

THÉODORE MORGAND, libraire-dépositaire

RUE BONAPARTE, 5

Réserve de tous droits.

Le titre de Précis que nous donnons à cet ouvrage prouve
assez la modestie de nos prétentions. Néanmoins, ce Précis
renfermera plus de renseignements qu'aucune autre publication antérieure du même genre, exception faite du
Thesaurus litteraturæ botanicæ de Pritzel. Et encore, sans
aspirer à être aussi complet que l'œuvre du savant allemand,
notre Précis aura-t-il sur elle le double avantage de donner
nombre de titres de publications ignorées de Pritzel : d'abord
parce que cet auteur n'a pas en général porté ses investigations
au-delà de 1840 à 1844 ; ensuite parce qu'en dehors des botanistes de son pays, il est souvent très-médiocrement renseigné.
Nombre d'ouvrages de botanique français surtout paraissent
lui être restés inconnus. Cela n'empêche pas que nous ne nous
soyions servi très-utilement du *Trésor de la littérature botanique*
de Pritzel, et que nous ne rendions le plus entier hommage
au grand savoir bibliographique qu'on y rencontre. Il est
d'ailleurs une partie de notre travail qui ne permet pas qu'on
nous conteste l'intérêt de la nouveauté : c'est celle des
notices biographiques que nous joignons à notre bibliographie. L'ordre chronologique qui préside à ces notices et

à la bibliographie qui les accompagne, est aussi une nouveauté. Par ce moyen, on a, d'une manière certaine, l'histoire du progrès de la botanique, ou plutôt le lecteur peut se la tracer lui-même. Mais, nous le répétons, notre entreprise a été modeste, et nous nous estimerons suffisamment récompensé si nous avons rendu quelques services aux hommes d'études en leur indiquant les principales sources auxquelles ils peuvent puiser.

Nous avons trouvé le canevas des quatre premiers chapitres de ce Précis dans des notes laissées par Frédéric Gérard, qui nous ont aussi fourni l'idée de notre Conclusion formant le chapitre VIII et dernier.

L. G.....

PRÉCIS

DE

L'HISTOIRE DE LA BOTANIQUE

CHAPITRE PREMIER

TEMPS ANTÉRIEURS A LA CIVILISATION GRECQUE.

Les documents les plus anciens qui fassent mention des propriétés
des plantes nous viennent de l'Asie orientale. Ce sont les Chinois qui
nous les ont légués. C'est dans les livres antérieurs au *Chou-King*,
et dans le *Chou-King* même, que sont déposés les secrets de cette
civilisation antique. Chin-Nong ou Yen-Ti (environ trois mille ans
avant l'ère chrétienne) fut le premier qui enseigna à ses peuples à
cultiver les végétaux utiles et à convertir le blé en aliments. Il dé-
nomma les plantes et en indiqua les diverses propriétés. Le *Chou-
King*, chap. XI, dit que Fo-Hi, premier législateur de la Chine, et
Chin-Noug, premier agriculteur connu des mêmes contrées, firent
sur eux-mêmes l'épreuve des plantes médicinales. On attribue au
dernier une analyse des principes élémentaires des végétaux.

Voici ce que dit un auteur chinois en parlant de Chin-Noug :
« Les plantes se divisent en quantité d'espèces différentes ; mais si
l'on examine bien leur figure et leur couleur, si on les éprouve par
l'odorat et par le goût, on pourra distinguer les bonnes des mé-
chantes, et en composer des remèdes, sans qu'il soit nécessaire d'en
faire l'épreuve sur soi-même. » C'est la méthode des analogies, ce
qui indique une observation déjà exacte de l'association des végétaux
par affinités.

Yu, chef de la dynastie Hia, première dynastie impériale de la
Chine, dont l'avénement remonte à l'an 2197 avant J.-C., a con-

signé dans le *Chou-King* des notions agricoles sur le blé, le riz, le panic, le sorgo, désigné dans ce livre sous le nom de mil noir, le chanvre, les pois, les fèves et le coton. Nous trouvons déjà, dans les ordonnances impériales qui règlent la production, que le nombre des végétaux cultivés s'élevait à cent. Le chapitre Yu-Kong, du *Chou-King*, est rempli de noms de plantes.

L'*Encyclopédie chinoise* contient des articles de botanique qui révèlent une observation attentive de la nature, quoique les notions scientifiques des Chinois soient mêlées à de nombreuses erreurs. Les iconographies de végétaux indiquent le sentiment des caractères d'ensemble; car jamais les peintres chinois ne représentent un végétal sans figurer la plante tout entière avec ses racines, de sorte qu'aucun de ses détails organographiques ne reste ignoré. Il est vrai que ces figures manquent souvent de précision caractéristique; mais il y a des végétaux représentés en perspective avec un véritable talent.

La culture du thé, celle de la soie, non-seulement en nourrissant les vers avec des feuilles de mûrier, mais avec celles d'une espèce d'arbre plus rustique, le *Fagara*, remontent à une haute antiquité. L'Europe était encore plongée dans la barbarie, que déjà ces produits de luxe, et non de première nécessité, fournissaient au trésor public des sommes considérables.

Sans avoir une botanique réellement scientifique, les peuples de la Chine ont depuis longtemps des connaissances très-précises sur l'application des végétaux aux besoins de l'économie sociale. La forme absolue, purement utilitaire, la tendance matérialiste et sceptique du gouvernement et du peuple chinois, ont laissé peu de place à l'étude et aux méditations scientifiques qui semblent être le propre des peuples européens, ou, pour mieux dire, de la race caucasique, destinée à porter partout le progrès et à civiliser le monde entier.

Ce qui prouve néanmoins que les hommes ont été, dans tous les temps, impressionnés de la même façon par les mêmes faits, et que les idées systématiques seules viennent étouffer le sentiment des affinités naturelles, c'est que, dans la langue idéographique des Chinois, nous trouvons certaines associations naturelles désignées par les mêmes clefs ou caractères d'écriture. Ce n'est pas un commencement de méthode, mais c'est une indication qui fait voir que les types de forme frappent les esprits, même les plus incultes.

Voici quelques-unes de ces associations :

Tsao, les herbes et les végétaux herbacés, 1426 dérivés.

Mou, le bois et les arbres ou les plantes ligneuses, avec 1233 dérivés.

Koua, les citrouilles, les melons, les concombres et toutes les cucurbitacées, 47 dérivés.

Ho, les grains, les céréales, la vie, 342 dérivés.

Tiou, les légumes, les pois, les légumineuses, 48 dérivés.

Tchou, les roseaux, 471 dérivés.

Kiéou, les oignons, les aulx, 14 dérivés.

Me, le froment, l'orge et autres céréales, 116 dérivés.

Mà, le chanvre et les plantes analogues, 29 dérivés.

Les Hindous, dont le pays fut le foyer de tant de révolutions, et le lieu de passage de tant de peuples, l'*Officina gentium*, bien plus que l'Europe septentrionale, comme le voulait le Goth Jornandès, ont vu s'éteindre, au milieu des commotions sociales, les monuments scientifiques dont les noms seuls sont conservés. Les Védas, qui formaient une encyclopédie complète, n'existent plus que par fragments ; nous savons seulement que le deuxième livre, *Ayouch*, entièrement perdu, comprenait les sciences naturelles, et entre autres la botanique et les sciences médicales.

Les Aryas, ce peuple antique de l'Hindoustan, de la langue sanscrite duquel celle des Grecs paraît avoir tiré en grande partie son origine, et auquel remontent les Védas, sources de tant de religions, semblent avoir été les pères des sciences occultes en Asie et de ce que nous pourrions appeler la botanique superstitieuse. Leurs prêtres faisaient des libations avec le jus du *Sarcostemma viminalis* ou *Asclepias acida*, qu'ils appelaient *Soma* ou *Hom*. Cette plante était présentée par eux au vulgaire comme douée d'un caractère saint et de vertus extraordinaires.

Plus tard, quand le culte de Vichnou et de Brahma eut été substitué dans l'Hindoustan à celui d'Agni, d'Indra et de Varonna, divinités des Aryas, le livre des *Lois de Manou* relatif à l'initiation des Dwidja donna des indications assez précises sur certains végétaux et sur leur usage dans les cérémonies religieuses, pour qu'on y constate la connaissance des produits tirés du règne végétal ; mais si, chez les Chinois, nous voyons la botanique appliquée l'emporter sur la botanique spéculative, c'est le contraire chez les Hindous. On lit dans les *Lois de Manou*, liv. II, § 45, qu'un brahmane doit, suivant la loi, porter un bâton de Vilva (*Ægle marmelos*, genre voisin du citronnier) ou de Palasa (*Butea frondosa*, genre de papilionacée de la tribu des érythrines); que celui d'un kchatriya doit être de Vata (figuier des Indes) ou de Khadira (*Mimosa catechu*); et celui d'un vaisya, de Pilou (*Careya arborea*, espèce de myrtacée) ou d'Oudoumbara (*Ficus glomerata*). Chez ce peuple, soumis à un gouvernement théocratique, tout avait sa signification religieuse, et les sciences naturelles étaient l'apanage d'un petit nombre d'initiés, qui formaient avec les prêtres la caste religieuse.

ASSYRIENS. BABYLONIENS. MÈDES. PERSES.

Les peuples des empires, souvent confondus, d'Assyrie et de Babylone, avaient hérité des doctrines religieuses des prêtres aryas, par les Chaldéens entre autres, caste sacerdotale et savante, venue originairement des montagnes du Kurdistan, qui faisait de l'astrologie la base en quelque sorte du culte, et qui consacra l'influence des astres et des heures du jour sur les végétaux pour les vertus que l'on voulait obtenir de ceux-ci. Les Mèdes et les Perses marièrent les mêmes croyances à leur propre religion, et les prêtres de ces deux nations, connus des Grecs sous le nom de mages (d'où est venu celui de magicien), imposèrent à leur tour pour l'*Asclepias acida*, le *Soma* ou *Hom* des aryas de l'Hindoustan, une vénération qui bientôt se changea en adoration. Les mages de Perse donnèrent, en effet, cette plante comme une nourriture céleste, et finirent par la personnifier et la diviniser. Pline l'Ancien indique plusieurs autres plantes, dont il est difficile de retrouver la synonymie exacte, comme ayant été en grande estime et l'objet de beaucoup de superstitions dans l'Assyrie, la Babylonie et la Perse. A la faveur des unes, on pouvait se rendre invisible; à la faveur des autres, revêtir des formes étranges. Il en était aussi que l'on employait pour deviner et prophétiser. Comme ces plantes étaient généralement douées de propriétés enivrantes, narcotiques, aromatiques, et quelquefois même réellement médicales, il n'était pas surprenant qu'elles produisissent des hallucinations sur des imaginations déjà prédisposées par des cérémonies étranges, surtout quand on les employait en breuvage, ou quand, les brûlant, on respirait leur fumée étourdissante. L'usage du haschisch (préparation faite avec les feuilles et les fleurs du chanvre indien) chez les musulmans, destiné à donner, dans une somnolence hallucinée, des visions bizarres et agréables, n'est autre probablement qu'un héritage des anciens peuples orientaux; et, du temps des croisades, c'était à l'aide de ses vapeurs que le Vieux de la Montagne faisait entrevoir à ses prosélytes un paradis fantastique. Les fumigations ont été l'un des grands moyens employés par les pythonisses, en vénération même chez les peuples les plus éclairés de l'antiquité, tels que les Grecs, et ne devaient pas être négligées par les magiciens et les sorciers des époques byzantine et romane, du moyen âge, et même après la renaissance. Au milieu d'une foule de superstitions, les livres des peuples orientaux, dont nous venons de parler contenaient des renseignements intéressants sur les végétaux, et l'on peut citer comme preuve à cet égard le *Zend-Avesta*, duquel on doit la connaissance au savant orientaliste Anquetil du Perron.

Si l'on passe aux Israélites, la Bible, si remplie d'images poétiques, renferme sur les végétaux des notions plus ou moins étendues; mais il y a loin de ces données éparses à une science coordonnée comme celle à laquelle on a donné le nom de science végétale. Les pérégrinations commerciales des Juifs, leurs relations étendues avec les peuples de l'Asie (car on sait que les navires de Salomon pénétrèrent jusqu'au golfe Persique et étendirent leurs voyages jusqu'aux îles de la mer des Indes) durent enrichir la botanique de connaissances nouvelles; mais, chez le peuple israélite, agité par tant de révolutions et qui changea tant de fois de maîtres et de pays, les sciences n'eurent pas le temps de se perfectionner. Il n'en faut pas toutefois accuser le génie de la nation : car nous voyons, au moyen âge, et même antérieurement à cette époque, les Juifs s'occuper avec succès de sciences exactes et de médecine; c'est peut-être à des causes politiques, et aussi au régime exclusivement théocratique, qu'il faut attribuer cet état précédent de délaissement des sciences.

En Afrique, les prêtres d'Égypte, élèves de ceux de l'Hindoustan et de la Perse, dont ils adoptèrent les institutions, portèrent aussi leur attention sur les végétaux, et mirent, comme l'on sait, l'agriculture en grand honneur. Mais ce ne fut qu'à l'abri des murs de leurs temples, dans la profondeur des souterrains où se faisaient les initiations, que l'on enseignait les notions scientifiques qui portèrent si haut la réputation des prêtres de la déesse Isis; de sorte que la tradition de leurs connaissances en botanique ne nous est pas parvenue, à moins qu'on ne la retrouve chez les Grecs dont ils furent les premiers maîtres en fait de sciences.

Ce qui nous frappe en lisant les récits des voyageurs les plus anciens, c'est de voir qu'il y avait dans toute l'Asie et en Égypte une agriculture bien entendue et des procédés plus simples que les nôtres, à cause de la fertilité du sol, et que les plantes qui faisaient l'objet d'une culture régulière étaient très-nombreuses, ce qui indique une étude attentive des végétaux et de leurs propriétés. Si nous parcourons les narrations des voyageurs modernes qui ont visité l'Asie et l'Afrique, nous trouvons que, soit chez les peuples de ces contrées, où s'est éteinte une civilisation ancienne, soit chez ceux où les lumières n'ont pas encore pénétré, la plupart des végétaux sont dénommés, surtout ceux qui sont utiles ou nuisibles, et que les différentes variétés ou races de plantes cultivées ont leur nom spécial. Sous ce rapport, ils sont plus avancés que les paysans de certaines parties de l'Europe méridionale, qui ne se donnent même pas la peine d'observer les végétaux croissant sous leurs pas.

On gagnerait beaucoup à pénétrer dans le secret des connaissances agrestes des peuples encore dans l'enfance : ils ne connaissent pas toujours avec une précision scientifique les propriétés des végétaux; mais il leur a été transmis traditionnellement des notions positives qui ont subi l'épuration des siècles.

CHAPITRE II

Nous ne trouvons, comme on l'a vu, de botanique scientifique ni chez les peuples antérieurs à la civilisation grecque, ni même chez les Hellènes, à l'époque où la civilisation brillait de tout son éclat, où les arts et les sciences florissaient sous l'égide de la philosophie et de la sagesse. Il nous faut descendre jusqu'à Aristote pour trouver trace de sciences d'observation.

Ce ne sont, avant lui, que des théories nées d'une imagination féconde, mais que n'a pas réglée une observation sérieuse. Les premiers savants grecs, que nous connaissons sous le nom de Sages, n'avaient pas lu le livre de la nature; ils n'en avaient pas laborieusement feuilleté les pages, étudié les phénomènes multiples; ils s'étaient contentés de créer des systèmes sur l'ensemble du monde et n'avaient pris conseil que de leur génie. Par abus de synthèse, ils tombèrent dans de graves erreurs, dans d'incroyables hérésies; mais ils découvrirent aussi quelques aperçus généraux qui se perdirent plus tard et furent longtemps regardés comme des impossibilités. Pour eux, les plantes étaient des êtres organisés comme les animaux; mais ils les douèrent de sensibilité et de conscience, ce qui est une erreur commune à tous.

D'après Pline, Pythagore, né à Samos (608 ans, selon les uns, 570 ans, selon les autres, avant J.-C.), fut le premier des philosophes grecs qui donna un traité sur les propriétés des plantes; mais il enveloppa ses doctrines de tant de mystères, qu'on n'en a rien retenu de pratique. Seulement, nous savons qu'il avait étudié chez les Hindous; et ce qui dut contribuer à jeter de l'obscurité sur ses connaissances en physiologie végétale, c'est qu'il admettait, avec eux, la théorie de la métempsycose, qui établit entre les deux règnes une sorte de solidarité, un échange constant de relations. Cette idée l'empêcha de comprendre leur signification réelle, à savoir : la subordination du règne végétal, essentiellement passif, au règne animal, actif de son essence.

Anaxagore, né à Clazomène vers l'an 500 avant J.-C., ne nous est connu que par la justesse de ses idées sur les fonctions des parties foliacées des végétaux qu'il regardait comme le siége de la respiration. Il leur prêtait avec raison la double fonction d'aspiration et d'expiration. Cette idée, qui ne s'appuyait sur aucune expérience et était un fait d'intuition, fut perdue pour la science et ne reparut qu'au dix-huitième siècle.

Empédocle, d'Agrigente, qui florissait vers l'an 444 avant J.-C., et qui était disciple d'Anaxagore, fut un philosophe d'un vaste génie. Il montra jusqu'à quel point l'étude et la méditation peuvent produire des idées saines et fécondes. Procédant par analogie, et comparant les végétaux aux animaux, il regarde les racines des plantes comme leurs bouches, et leurs graines comme des œufs, dont l'incubation a lieu dans la terre. Il avait signalé leur hermaphrodisme; mais, entraîné par ses idées pythagoriciennes, il admettait qu'au bout d'un certain temps les plantes, d'hermaphrodites qu'elles étaient, devenaient des animaux, et qu'alors les sexes se séparaient. C'était la suite des idées d'androgynie qui dominaient à cette époque.

« Une idée vague et indécise sur le sexe des plantes, dit à ce sujet Richard Pulteney, prévalait chez les anciens philosophes de la Grèce. Aristote nous apprend qu'Empédocle enseignait particulièrement que les sexes étaient réunis dans les plantes. Cette opinion était une conséquence naturelle de la doctrine que ce philosophe enseignait, de même qu'Anaxagore, Démocrite et Platon, savoir que les plantes étaient des êtres sensibles et animés. Cette idée a trouvé, ajoute Pulteney, des défenseurs ingénieux parmi les modernes, qui ont été portés à la favoriser, non-seulement par l'analogie générale existant entre les animaux et les végétaux, ainsi que par la difficulté de fixer les limites entre eux, mais encore par des exemples plus frappants d'une irritabilité et d'une obéissance visibles sous l'action de certains stimulants. Au nombre de ces phénomènes, sont l'affection générale des plantes pour la lumière, le mouvement de rotation d'un grand nombre vers le soleil, la faculté qu'ont les autres de fermer leurs feuilles pendant la nuit, faculté qu'on appelle assez convenablement *le sommeil des plantes*; la propriété qu'ont beaucoup de fleurs de s'ouvrir et de se fermer à des temps réglés, ce qu'on appelle aussi *les veilles des fleurs*; la sortie hors de l'eau, que les plantes aquatiques opèrent tous les matins pendant la durée de leur floraison, comme cela se voit pour la *Nymphæa* et pour la *Vallisneria*. On trouvera des phénomènes encore plus frappants dans la *Mimosa*, l'*Oxalis sensitiva*, la *Dionæa muscipula*, la *Drosera*, ainsi que dans l'*Hedysarum gyrans*, et enfin dans l'irritabilité exquise des étamines et des anthères chez diverses espèces. Cependant, quoique Empédocle ait soutenu la doctrine des sexes, il n'essaya de la confirmer, ni par aucun fait, ni par aucun raisonnement tiré de la connaissance des parties séparées dans la fleur; il se contentait de l'appuyer d'une déduction analogique, fondée uniquement sur sa doctrine générale. Or cette idée imparfaite du sexe des fleurs dans le dattier, et même dans le figuier, est de la plus haute antiquité; elle est consignée dans Hérodote, dans Théophraste et dans Pline. La nécessité où étaient les anciens cultivateurs du dattier, de faciliter l'action des fleurs mâles sur les fleurs femelles, opération qui a aussi lieu en quelque sorte pour le figuier, le pistachier et le mastic, devait presque nécessairement suggérer l'application de cette analogie avec le règne animal. Néanmoins, quoique ce fait frappât aussi leurs sens, comme ils ne se préoccupaient pas de la structure de la fleur et comme ils ignoraient les fonctions des diverses parties, les anciens restèrent dans l'ignorance de la véritable opération de la nature dans ce phénomène. »

Métrodore, célèbre médecin grec, né à Chios, qui vivait vers le même temps (444 avant J.-C.), et qui fut le maître d'Hippocrate, s'occupa de botanique. Pline nous apprend que ce philosophe, élève de Démocrite, dont tous les travaux sont perdus, avait le premier imaginé de joindre des figures à ses textes, mais, à ce qu'il paraît, avec peu de succès.

La collection des œuvres d'Hippocrate (né à Cos, vers 460 avant J.-C.), le vrai père de la science médicale chez les Grecs, ne fournit presque rien sur la science végétale, si ce n'est qu'on y trouve l'indication des propriétés médicales de plantes qu'il nous est impossible de reconnaître aujourd'hui; de sorte que les œuvres botaniques de l'école de ce grand homme sont perdues pour nous.

La botanique scientifique n'existait donc pas avant le quatrième siècle qui précéda l'ère chrétienne. Tous ceux qui s'occupent de botanique appliquée sont appelés des physiciens (φυσικοί), les collecteurs de végétaux et les herborisateurs, des rhizotomes (ῥιζοτόμοι), et les herboristes ou les pharmaciens, des pharmacopoles (φαρμακοπῶλαι).

Aristote, né à Stagire en 384 avant l'ère chrétienne, mort à Chalcis vers 322, à l'âge de 62 ans, disciple de Platon, professeur d'Alexandre le Grand, maître de Théophraste, publia deux livres sur l'histoire naturelle des plantes, que nous ne connaissons que par les écrits de ses disciples ; car le traité *De Plantis*, qui porte le nom d'Aristote, est un ouvrage apocryphe rempli d'absurdités ; il parut dans le courant du moyen âge et fut l'œuvre de quelque compilateur ignorant ou de quelque charlatan habile ; longtemps on l'attribua à ce philosophe ; mais depuis qu'on a pu apprécier son Histoire des animaux, on est convaincu que le traité *De Plantis* n'est pas de lui. Aristote jeta les fondements de la science et réunit le premier en un corps de doctrine des observations sérieuses. On peut le regarder comme le père de la philosophie naturelle ; car il réunit au plus haut degré les deux facultés opposées, la puissance analytique et la puissance synthétique. Il développa la théorie de l'unité de plan dans le monde organique qui est due au génie de Démocrite, et chercha à établir sur des faits l'idée de la progression par nuances insensibles, de la simple molécule vivante à l'être le plus fini, à l'homme, qui réunit en lui toutes les perfections organiques. Cette théorie, qui a de nos jours trouvé des défenseurs, surtout dans la savante Allemagne, n'est ni absolument vraie, ni absolument fausse ; car nous pouvons constater qu'il y a là un enchaînement à larges traits avec des lacunes, des hiatus sans doute, mais enfin un plan avec des tranches parallèles, dans lesquelles on reconnaît manifestement la perfection évolutive ascendante. Aristote regardait les végétaux comme des êtres intermédiaires entre la nature inorganique et les animaux, et il a établi avec la sagacité qui le distingue la différence qu'il y a entre les deux embranchements du règne organique. Il n'avait peut-être pas reconnu que l'hermaphrodisme est une perfection dans les végétaux et une imperfection dans les animaux qui sont doués de locomotilité ; seulement il dit que l'hermaphrodisme n'est pas exclusivement propre au règne végétal, puisque cette propriété se retrouve dans les degrés inférieurs du règne animal ; quant au centre nerveux, ce n'est pas un caractère absolument propre à l'animalité, puisque certains en sont privés comme les végétaux. La grande et profonde cause de leur dissemblance avec les animaux est, chez ces derniers, l'existence d'organes qui leur permettent d'avoir la conscience d'eux-mêmes, ce qui ne se trouve pas chez les plantes. Les racines étaient, suivant Aristote, les organes de succion, au moyen desquels les plantes puisent dans le sein de la terre la nourriture qui leur est propre, et la production du fruit était le but dernier de la végétation. Telle était l'opinion de ce savant philosophe sur les plantes, d'après ce que nous a transmis son histoire des animaux; car il avait établi un lien intime entre la Zoologie et la Botanique.

Nous ne connaissons bien positivement l'état de la science à cette époque que par Théophraste, disciple d'Aristote, né à Éresse, dans l'île de Lesbos, 371 ans avant J.-C., qui nous a légué une *Histoire naturelle des végétaux* et un *Traité des causes de la végétation*. En lisant le premier de ces ouvrages, qui traite surtout de la botanique dans son application à l'agriculture, on est étonné de trouver si étroitement unies la science froide et profonde de l'observateur et du sage à la puérile crédulité de l'homme primitif; il fourmille de fables grossières, qui se trouvent à côté de faits positifs, parfaitement observés. Théophraste eut, le premier, un jardin dans lequel il cultivait les plantes qu'il voulait étudier. On ne trouve dans l'Histoire des plantes de Théophraste ni description, ni nomenclature; on reconnaît qu'il n'avait pas la connaissance de la diagnose fondée sur les caractères. Il ne les distingue ni en genres ni en espèces. En un mot, la botanique descriptive lui est complétement inconnue. Il est vrai qu'à cette époque il en est de même de toutes les sciences, qui sont fondées sur la synthèse la plus large et la plus illimitée. Si son Histoire des plantes ne méritait pas de passer à la postérité, qui n'y a rien gagné, les vues philosophiques et physiologiques contenues dans son *Traité des causes de la végétation* sont du plus haut intérêt. Il semblerait, en lisant les définitions précises qu'il donne des organes extérieurs des plantes, que l'ouvrage informe qui précède ne soit pas de lui. Théophraste sut distinguer les cotylédons des feuilles et adopta les idées d'Anaxagore sur leurs fonctions. Celles des racines lui sont également connues, et il emprunte à cet égard l'opinion de son maître Aristote. La différence de structure des végétaux ligneux, monocotylédones et dicotylédones, lui paraît familière, et il avait des notions assez précises sur certains faits d'anatomie végétale. Si l'on examine les idées de Théophraste sur la fécondation, et qu'on en élimine les erreurs de détails, qu'il faut peut-être mettre sur le compte d'interpolateurs ignorants, on doit reconnaître qu'il avait une idée de la sexualité des végétaux.

Les œuvres d'Aristote et de Théophraste eurent d'étranges fortunes avant d'arriver jusqu'à nous : les manuscrits, légués d'abord à Nélée, furent cachés dans un lieu humide, par les héritiers de Nélée, qui voulaient les soustraire aux recherches d'Attale, roi de Pergame, puis achetés par un certain Apellicon, d'Athènes, qui en orna sa bibliothèque et contribua à leur défiguration, en en faisant remplir les lacunes par des copistes ignorants. Sylla les transporta d'Athènes à Rome ; et les copies, en se multipliant, multiplièrent aussi les erreurs au point d'en rendre certaines parties méconnaissables.

ATTALE III. A la science positive d'Aristote et de son disciple succéda la méthode vicieuse de ne plus étudier que sur les livres. Cette méthode domina dans les écoles de Pergame et d'Alexandrie ; elle contribua à la décadence des sciences, en dépit des efforts des princes de Pergame et d'Égypte, qui fondèrent des jardins botaniques et firent entreprendre à leurs frais des voyages d'exploration. Attale III, Philométor, le dernier des rois de Pergame, cultiva la botanique et s'occupa des végétaux nuisibles. Il composa un traité d'agriculture (*De Re rustica*), qui est loué par Varron.

Nous cherchons vainement chez les Grecs, après ces savants, quelques botanistes dignes de ce nom ; et si nous passons à Rome, nous trouvons des agronomes tels que Varron, Valère, Columelle, Virgile dans ses *Géorgiques*, et chez les Carthaginois, Magon, qui ne nous est connu que par des citations ; mais, quelque estimable que soient les travaux de ces hommes célèbres, nous ne pouvons les considérer comme appartenant à la botanique.

DIOSCORIDE. Arrivé à l'an 64 avant J.-C., on rencontre Pédanius ou Pédacius Dioscoride, d'Anazarbe en Cilicie, dans l'Asie Mineure, contemporain de Néron, qui a laissé six livres sur la matière médicale, dans lesquels la botanique tient beaucoup de place. Son ouvrage, qui du reste a pour but de tout ramener à la médecine, contient la description et les usages de près de sept cents végétaux qu'il avait recueillis et observés pendant ses voyages en Europe et en Asie ; mais la plupart du temps il est impossible de les reconnaître. C'est plutôt un traité de phytologie médicale qu'un ouvrage de botanique. Néanmoins il est précieux par sa synonymie ; car Dioscoride y a indiqué les différents noms sous lesquels les plantes médicinales étaient connues de son temps. Il classe celles-ci en aromatiques, alimentaires, médicinales et vénéneuses. Du reste, il est dépourvu de méthode. Malgré son insuffisance, il fut considéré comme l'unique guide jusqu'au milieu du moyen âge, et les médecins jurèrent longtemps par Dioscoride, comme les philosophes et les savants jurèrent plus longtemps encore par Aristote. Le célèbre et savant Saumaise dit qu'il avait examiné un manuscrit grec de Dioscoride, ayant plus de mille ans d'antiquité, et dans lequel les plantes étaient représentées avec plus d'élégance que de vérité. Il existe encore plusieurs manuscrits de Dioscoride, avec des figures enluminées, particulièrement celui qui se trouve dans la Bibliothèque impériale de Vienne et qui fut procuré par Busbec, résident de l'empereur d'Allemagne à Constantinople, vers 1560 ; on prétend qu'il a été fait, vers l'an 492, aux frais de Juliana Anica, fille de l'empereur Flavius Anicius Olyber.

On ne peut guère donner le titre de savant, dans la profondeur du mot, à Pline l'Ancien, qui vivait également sous le règne de Néron, et qui a traité des plantes depuis le XIIe jusqu'au XXVIIe livre de son *Histoire naturelle*. C'est l'homme le plus laborieux, le compilateur le plus infatigable de l'antiquité ; mais il recueillit sans choix tout ce qui lui tomba sous la main et ne se donna pas la peine de vérifier ses assertions, quelque puériles qu'elles fussent. Il est pourtant l'historien de l'ancienne botanique, et il cite les noms de plusieurs centaines d'auteurs dont les écrivains ses prédécesseurs n'avaient point parlé. Il faut d'ailleurs lui savoir gré de nous avoir conservé les débris des connaissances des anciens sur les végétaux, et en particulier l'application qu'ils en faisaient aux arts de la vie dans ces temps éloignés. Comme Dioscoride, il fut, pendant toute la durée du moyen âge, un guide fort recherché. On les commentait tous deux avec plus ou moins de bonheur ; mais, au lieu de rejeter les erreurs qu'ils contiennent, on accusait la nature plutôt qu'eux d'illusion. Pline nous apprend (liv. V, ch. n) qu'il y avait, de son temps, des peintures de plantes ; mais il ajoute qu'elles étaient trop peu exactes pour qu'on pût s'y fier.

L'usage de donner des noms de personnes aux plantes ne date pas, à beaucoup près, que des siècles derniers. On le retrouve jusque dans la mythologie avec les noms d'Adonis, de Daphné, d'Hyacinthe, de Narcisse, etc. Pline nous apprend que l'*Eupatorium* passait pour être le surnom de Mithridate le Grand, qui aurait découvert cette plante et l'aurait employée le premier. Nous savons d'une manière à peu près certaine que la *Gentiana* tire son nom de Gentius, roi de Sicile; le *Telephium*, de Télèphe, roi de Troie; le *Clymenum*, de Clymène; l'*Artemisia*, d'Artémise, femme du roi Mausole; l'*Helenium*, d'Hélène, femme de Ménélas; l'*Euphorbium*, d'Euphorbe, médecin de Juba II, roi de Mauritanie; la *Lysimachia*, de Lysimachus, roi de Sicile.

On a attribué à Lucius Apulée, né à Madaure, en Afrique, auteur de *l'Ane mort*, qui florissait au deuxième siècle de notre ère, un livre, divisé en cent trente chapitres, *De Herbis, sive de nominibus ac virtutibus herbarum*, dans lequel il aurait cité les noms des plantes médicinales en grec, en latin, en égyptien, en punique, en celtique, en dace, et dans quelques-unes des langues orientales. Après chaque nom se trouvent la description, l'habitat et les propriétés de la plante; viennent ensuite les noms des maladies dans lesquelles on peut en faire usage. Quoique rempli d'erreurs grossières pour la synonymie des plantes et de superstitions absurdes dans l'emploi des remèdes, ce livre a été en grand honneur dans les siècles d'obscurité, particulièrement au moyen âge. Au reste, il paraît certain qu'Apulée n'a été pour rien dans cette œuvre qui émane probablement d'un adroit charlatan venu longtemps après ce célèbre écrivain.

On a, par divers auteurs de l'antiquité et surtout par Pline, quelques notions sur la botanique superstitieuse des Gaulois. Les druides, leurs prêtres, venus originairement avec eux de l'Asie, attribuaient, dans l'intérêt du culte qu'ils professaient, des vertus presque divines au gui de chêne (*Viscum*), au selago (que l'on suppose être le *Lycopodium selago* de Linné), à la verveine officinale (*Verbena officinalis*) et au samolus, vulgairement appelé mouron d'eau (*Samolus Valerandi* de Linné). Le gui devait être coupé avec une serpette d'or au sixième jour de la lune; on le recueillait dans une nappe blanche, après avoir sacrifié deux taureaux. Le gui devenait, dans ces conditions, un antidote contre le poison et prévenait la stérilité. Le selago ne pouvait pas être touché, par le druide, avec la main nue, mais avec la main enveloppée dans les plis du *sagum*, sorte de manteau de laine qui, dans la circonstance, devait être blanc. Ainsi recueillie, et consacrée par d'autres cérémonies magiques, la plante devenait un remède pour les yeux malades, et un charme contre les infortunes. La verveine devait être cueillie au commencement de la canicule, quand ni le soleil ni la lune ne se montraient, avec la main gauche seulement, après avoir fait des libations de miel, avoir décrit un cercle magique autour de la plante. Ainsi préparée, celle-ci triomphait des fièvres et des autres maladies; elle était un antidote contre la morsure des serpents, et un charme pour s'assurer de l'amitié. La verveine devint, chez les descendants des Galls ou Gaulois de la basse Bretagne, la plante des enchanteurs (*Ilysiaur's herdol*) et l'aversion du diable (*cas gan gythraul*). On suivait des rites différents, mais non moins étranges pour le samolus, qui avait la vertu de préserver des maladies les bœufs et les porcs. Il ne serait pas difficile de trouver des traditions de ces superstitions dans les religions qui ont succédé au druidisme, et de montrer que la crédulité et la tendance au merveilleux du vulgaire n'ont jamais cessé d'être exploitées. Même encore de nos jours, à combien de plantes les gens ignorants de nos campagnes n'attribuent-ils pas, par tradition, des qualités surnaturelles, sous certaines influences convenues. Sans s'arrêter aux étranges propriétés de la racine de mandragore dans la sorcellerie du moyen âge, qui n'a ouï parlé de l'efficacité, même encore de nos jours; de la baguette de coudrier, entre de certaines mains où elle tourne avec une fantastique rapidité, à un moment donné, pour la découverte des sources?

CHAPITRE III

En traversant la période du Bas-Empire et celle du moyen âge, nous retrouvons des commentateurs de Dioscoride et de Pline, surtout parmi les Arabes. Ces peuples, malgré la haute sagacité dont ils ont fait preuve, ne se sont occupés de botanique qu'au point de vue médical et pharmaceutique.

Si la science fut contrainte à quitter l'Europe, après que Rome agonisante eut été mise en lambeaux par les hordes du Nord, elle ne fit pas pour cela un entier naufrage : elle chercha un refuge dans le berceau des populations primitives de l'Asie, dans cet Orient qui ne vit plus aujourd'hui que des débris de la science de l'Europe, parmi les Arabes, les Persans et les Juifs, qui devaient nous conserver les traditions scientifiques.

Ce furent cependant les anciens qui servirent de flambeau aux Arabes. Ceux-ci eurent pour les hommes illustres de l'antiquité la même vénération que plus tard nous professâmes pour eux ; ils traduisirent et commentèrent Aristote, Théophraste, Dioscoride, Pline ; mais, comme ils s'appuyaient sur des textes souvent interpolés par des copistes, ils durent tomber dans bien des erreurs.

BOTANISTES ARABES ET ORIENTAUX AVANT L'ÈRE MAHOMÉTANE. Au septième siècle de notre ère, on compte parmi les botanistes arabes, qui sont tous médecins, Ahmed ben Ibrahim, Ibn Sirin, Ibn el-Mokaffa, Djafir, El-Kinâni.

Dans les deux siècles qui suivirent, les progrès de la science, ralentis par l'établissement de l'islamisme, ne furent conservés que parmi les Orientaux. Pendant trois siècles, la grande famille des Bachtikoua fut la gloire de la Perse ; la plupart de ses membres furent médecins des califes de Bagdad. En dehors des Bachtikoua, on peut citer, parmi les plus savants, El-Djadid, et El-Hira Abu Hanifa, qui a écrit sur la culture des plantes.

RHAZÈS
ET
AVICENNE.

Au dixième siècle, les mahométans se livrent, pour la première fois, à la culture des sciences. Parmi les médecins botanistes, on compte Rhazès (El-Razi), médecin du calife El-Manzour, et Avicenne (Ibn Sina), qui ne traita des végétaux que sous le rapport médical. On dit qu'Avicenne avait des dessins coloriés pour l'instruction de ses élèves en botanique. Ce fut à cette époque (948 ans depuis J.-C.), que Romain, empereur de Constantinople, envoya à Nasser Abd Abraham, calife de Cordoue, les œuvres de Dioscoride, qui furent traduites en arabe par le moine Nicolas et se répandirent alors parmi les Maures d'Espagne.

AUTRES
BOTANISTES
ARABES.

Du onzième au douzième siècle, les Arabes musulmans de Syrie, de Perse, d'Égypte, d'Espagne, sont à la tête des sciences. Au onzième siècle, El-Biruni a écrit un traité sur les propriétés des plantes, et Ibn Djezla, une liste alphabétique des plantes officinales. Au douzième siècle, Ibn Matran a écrit sur les plantes médicinales ; au treizième, Kazuini, le Pline des Orientaux, a fait un grand nombre d'ouvrages, dont le plus estimé est son grand traité d'histoire naturelle des trois règnes.

MAURES
D'ESPAGNE.

Les Maures d'Espagne furent les derniers représentants de la science orientale, à laquelle on doit ces purgatifs que l'on nomme le séné, la casse, la manne, le tamarin, la rhubarbe, et plusieurs drogues ayant d'autres propriétés, dont quelques-unes sont encore en usage dans la médecine. Ebn Beithar, né en Espagne, mort en 1248, après avoir visité l'Afrique, le Levant et l'Asie, paraît avoir eu des connaissances fort étendues en fait de végétaux. Il a laissé un livre sur cette matière, qui existe dans la Bibliothèque impériale de Paris, dans celle de l'Escurial et dans plusieurs autres, mais qui néanmoins est comme non avenu pour la science, n'ayant pas encore été publié. Ebn Beithar fut reçu au Caire par le sultan Saladin, avec de grandes marques d'estime, et on lui donna, dit-on, le surnom de *Botaniste*. Après que les Maures eurent été chassés d'Espagne, ils s'occupèrent peu de science ; et, pendant la durée d'un siècle, El-Dimeri et El-Antaki furent les seuls médecins et naturalistes d'entre les Maures et les Arabes.

Aujourd'hui les Arabes sont plongés dans la plus profonde ignorance et obligés de venir demander à cette même Europe, dont ils furent les flambeaux pendant quelques siècles, la science qui leur manque. C'est encore l'Égypte qui est à la tête du mouvement intellectuel de l'Orient, et Alexandrie semble destinée à redevenir la capitale de la civilisation musulmane.

Au quatrième siècle de notre ère, saint Eustathe, évêque d'Antioche, composa, sous le titre de *Commentaire de l'Hexaméron*, un traité d'histoire naturelle dans lequel les êtres sont rangés suivant l'ordre de leur création. Saint Ambroise écrivit, en 370, un traité semblable, mais dans un but tout théologique. Palladius (Rutilius Taurus Æmilianus), né vers l'an 405, d'un préfet des Gaules, a laissé quatorze livres intitulés *de Re rustica*, qui ont été traduits en français par Saboureux de la Bonneterie, en 1755, mais qui sont considérés comme étant de médiocre importance. Vers le même temps, Cassianus Bassus, né en Numidie, composa un ouvrage grec intitulé *Géoponiques*, publié pour la première fois en 1739, traduit en français, en 1543, par Antoine-Pierre de Narbonne, ouvrage qui contient de curieux détails sur l'agriculture chez les anciens.

Ovide parle d'un poëme sur les plantes dû à Æmilius Macer, son contemporain, qui appartenait, comme lui, à la belle latinité, celle du temps d'Auguste; mais ce poëme a été perdu, et l'ouvrage en vers léonins, qui parut dans la suite sous le titre *De Naturis, qualitatibus et virtutibus herbarum*, plus connu sous le nom d'*Herbier de Macer*, fut écrit, présume-t-on, par un médecin français, de l'époque romane, appelé Odon ou Odonius. Linaker ou Linacre, médecin anglais, mort en 1524, fit paraître l'*Herbier de Macer, traduit du latin en anglais, mis en pratique par le docteur Linacre*. Ce maigre ouvrage traite seulement des vertus de quatre-vingt-huit plantes. Ce ne fut pas le seul écrit sur les plantes émané de la basse latinité. Outre l'ouvrage attribué à Apulée, dont il a été question, S. Sethus, Isidore, Constantin, les Pandectes de Mathieu Sylvaticus, Plantearius et bien d'autres en font foi.

A cette époque, l'usage vint de consacrer une foule de plantes à des saints du calendrier chrétien. Ainsi, on eut l'herbe de Saint-Antoine, l'*Epilobium*; celle de Saint-Christophe, l'*Actœa*; de Saint-Gérard, l'*Ægopodium*; de Saint-Rupert, le *Geranium*; de Saint-Jacques, le *Senecio*; de Saint-Pierre, la *Parietaria*, etc., etc. Les deux botanistes Bauhin ont publié, en 1591, un traité, devenu fort rare, intitulé : *Des plantes qui ont des noms de dieux ou de saints* (*De plantis a divis sanctisve nomen habentibus*).

En passant au septième siècle, on rencontre Georges Pisidès, écrivain byzantin qui jouissait, de son temps, d'une certaine renommée, et qui a laissé, entre autres, son *Hexaméron*, poëme de peu de valeur où, à propos de la création, il s'occupe des végétaux.

L'Europe occidentale fut plongée, pendant plusieurs siècles, dans une ignorance absolue; on ne trouve d'activité scientifique qu'en Orient. Il n'était pas jusqu'à la première université de la chrétienté, l'école renommée de Salerne, fondée par Charlemagne au commencement du neuvième siècle, qui ne reçut ses principes des sources corrompues des Arabes, dont on dit que les ouvrages furent à la longue traduits en latin par Constantin l'Africain; elle y avait puisé ses célèbres préceptes *De conservanda valetudine*, vers latins sur la conservation de la santé, qui furent donnés au duc Robert, de Normandie.

Ce fut au douzième siècle seulement, à l'époque où l'étoile de la science arabe pâlissait, que l'Europe sortit de sa léthargie.

Dans ce temps, sainte Hildegarde, abbesse du mont Saint-Rupert, dans le palatinat du Rhin, née en 1098, morte en 1180, composa un traité d'histoire naturelle qui reçut, après sa mort, le titre de *Physica S. Hildegardis*. Henri, archidiacre de Huntington, qui vivait en Angleterre du temps des rois Étienne et Henri II, laissa un manuscrit divisé en huit livres, intitulé *De Herbis, de Aromatibus et de Gemmis*. On croit que quelques manuscrits, conservés dans la Bibliothèque royale de Londres, sous les titres suivants : *De Natura pecudum, arborum et lapidum*, et un autre *De Naturis herbarum*, sont à peu près du même temps, Hugues de Saint-Victor, prieur de l'abbaye de Saint-Victor à Paris, mort en 1142, comprit, le premier, l'étude des sciences naturelles dans celle de la théologie.

Mais l'homme qui domina le douzième siècle par l'étendue de ses connaissances, ce fut l'évêque de Ratisbonne, Albert le Grand, ainsi nommé dans l'origine de son nom de famille *Groot* ou Grand, né en Souabe, de 1139 en 1205, qui avait fait une partie de ses études à Paris, et qui mourut à Cologne en 1280. Il eut des idées justes en botanique; il établit une ligne de démarcation infranchissable entre les animaux et les végétaux, parce que ces derniers sont privés de la vie de relation. Aussi ne reconnait-il chez eux que la vie organique. C'est pourquoi il en fait un règne intermédiaire entre les corps bruts et les animaux, bien qu'il les rapproche de ces derniers. Les champignons

sont pour lui l'ébauche de la vie végétale, et il les compare aux animaux inférieurs; les arbres, au contraire, lui paraissent les plus parfaits d'entre les végétaux. Comme le but dernier de la vie végétale
est le fruit, il a appliqué son attention à la connaissance de la graine,
qu'il a décrite avec beaucoup de précision; il parle de la nature des
fruits, de la dissémination des graines et des formes principales propres aux fleurs, ce qui en fait le précurseur réel de Tournefort.
Albert le Grand fut, en un mot, un observateur judicieux, qui comprit les rapports naturels par lesquels les êtres sont liés les uns aux
autres. Parmi ses disciples les plus célèbres, on doit citer Albert de
Saxe, qui écrivit un *Traité des plantes.*

Richard Pulteney, dans ses *Esquisses des progrès de la botanique en
Angleterre*, parle, d'après l'évêque Tanner, d'un Anglais nommé
Henri Arviel, qui avait beaucoup voyagé et qui a laissé un manuscrit intitulé *De Botanica, sive stirpium varia historia*; et d'un autre
auteur nommé Jean Bray, qui vivait du temps du roi d'Angleterre
Richard II, et qui avait fait un manuscrit sous le titre de *Synonyma
de nominibus herbarum*, manuscrit contenant les noms des plantes
en latin, en français et en anglais. Gilbert Legle, appelé aussi Gilber-
tus anglicus, a laissé divers manuscrits sur l'usage des végétaux,
particulièrement *De re herbariâ; De viribus et medicinis herbarum,
arborum et specierum, et de virtutibus herbarum.*

DONDUS.

Au quatorzième siècle, nous trouvons, en Italie, Jacques Dondus
(Giacopo di Dondis), surnommé *Horologius*, médecin et mécanicien,
né à Padoue en 1298, mort en 1360, qui composa une sorte de traité
de botanique descriptive; ce n'est qu'une compilation à laquelle il
ajouta, pour les plantes indigènes d'Italie, des descriptions plus
complètes que celles qui avaient été faites avant lui. Jusqu'à la fin du
moyen âge, on ne trouve guère de liste de végétaux qui comprenne
plus de douze cents plantes.

ANGLAIS.

Jean Ardern, restaurateur de la chirurgie en Angleterre, qui vivait
dans le milieu du quatorzième siècle, a laissé un manuscrit intitulé :
De re herbaria, physica, et chirurgica. Henri Daniel, moine domini-
cain, qui appartient au même siècle, fit un manuscrit auquel il donna
le titre d'*Aaron Danielis*, où il traite des herbes, des arbres et des
fruits. Nicolas Bollar, d'Oxford, écrivit trois livres sur la plantation
des arbres, deux livres sur la manière de les propager, et plusieurs
autres traités qui n'ont pas été non plus imprimés. Johannes de Sancto

Paulo écrivit *De virtutibus simplicium medicinarum*, et il existe à Cantorbéry un manuscrit *Cinomia (synonymia) herbarum*, dont on ne connait pas la vraie date, ainsi que de celui de Johannes de Santo Paulo. Henricus Calcoensis, prieur de l'ordre de Saint-Benoît, écrivit, dit Dempster, *Synopsis herbaria*. Guillaume Horman, né à Salisbury, qui vivait dans la seconde moitié du quinzième siècle, a laissé un livre sous le titre de *Herbarum synonymia*, et fait des tables pour les anciens auteurs qui ont traité de l'agriculture, tels que Caton, Varron, Columelle et Palladius. Alan-Ogilby, Écossais, qui vivait en 1471, et qui, après avoir voyagé en Orient, résidé quelque temps à Constantinople, finit par se fixer à Venise, a laissé six livres sur les vertus des plantes (*De virtutibus herbarum*). Enfin, une foule de manuscrits, ou disparus ou ensevelis dans les bibliothèques, parurent, au sujet des plantes, de leur nomenclature et de leurs propriétés.

Lorsque la chute de Constantinople aux mains des musulmans, en 1453, eut dispersé les savants grecs, ceux-ci n'apportèrent sur la terre d'exil que des connaissances médicales et littéraires, mais nullement botaniques. Il faut donc regarder le sommeil de la science des végétaux comme ayant duré près de dix-huit siècles, car Dioscoride n'est pas un botaniste, malgré son règne de quinze siècles ; et Théophraste est, après Aristote, le seul homme de l'antiquité qui mérite le titre de savant au point de vue tout spécial où nous nous plaçons.

La science, chassée de Constantinople par la destruction de l'empire byzantin, et d'Espagne par le triomphe des fils de Pélage sur les Arabes de Grenade, se réfugia dans les cloîtres, qui abritèrent bien des esprits élevés. Ce fut là que se conservèrent les faibles lumières de la civilisation qui n'avaient pas entièrement disparu dans la confusion opérée par le cataclysme de la barbarie.

CHAPITRE IV

FIN DU MOYEN AGE ET RENAISSANCE. — DÉCOUVERTE ET ÉTUDE
DES VÉGÉTAUX EXOTIQUES.

Ce fut par l'étude et la vulgarisation des auteurs de l'antiquité, qu'après la découverte de l'imprimerie, commença à renaître et à se développer le goût de la botanique appliquée à la médecine, comme celui de toutes les autres sciences. Seulement il est à remarquer que les commentaires ajoutés aux ouvrages de ces auteurs renfermaient presque toujours plus de vraies connaissances en botanique que les textes dont ils étaient l'explication et le corollaire.

En 1469, les œuvres de Pline l'Ancien furent publiées à Venise, et il y en eut bientôt une foule d'éditions, ce qui marquait les tendances du quinzième siècle à l'étude de l'histoire naturelle en général. Neuf ans après (1470), il parut à Cologne une traduction, en latin, de Dioscoride ; et, en 1495, il sortit de la célèbre imprimerie des Aldes, à Venise, une édition, avec le texte original, du même auteur.

Ermolao Barbaro, dit Hermolaüs, savant Vénitien, né vers 1410, mort en 1471, s'occupa d'une manière toute particulière des œuvres de Pline et de Dioscoride ; d'après ses manuscrits parurent, en 1492, des éclaircissements sur le premier de ces auteurs, sous le titre de *Castigationes Plinianæ*, et des corollaires sur Dioscoride.

En la même année 1492, Leonicenus donna des observations critiques sur Pline. La corruption des textes du naturaliste de la latinité présenta ensuite un grand sujet de travail à Galienus, à Beatus Rhenanus, de Schlestadt, à Pintiani et à plusieurs autres.

Les écrits de Théophraste furent imprimés, pour la première fois, à Venise, sans date, et ensuite, dans la même ville, par Alde, en 1495 et 1498. Ils furent mis en latin par l'helléniste et grammairien Théodore Gaza, de Thessalonique, en 1483.

Les travaux sur les anciens continuèrent avec ardeur, mais en même temps avec le besoin d'entrer dans des voies nouvelles, pendant le seizième siècle. Cornarus donna, en 1519, une nouvelle édition des œuvres de Pline le Naturaliste, et Saracenus fit une traduction de cet auteur, qui ne vit le jour, à Lyon, avec le texte original, qu'en 1598; l'édition de Saracenus est fort estimée. Le comte André de Lacuna, médecin et philologue espagnol, né en 1499, mort en 1560, Pierre de Leyde et Amatus Lusitanus, s'occupèrent aussi de Dioscoride; et, avec ou après eux, beaucoup d'autres de quelques-uns desquels il sera parlé.

Cependant, l'Amérique découverte par Christophe Colomb, en 1492, le cap de Bonne-Espérance tourné et la route maritime de l'Indo-Chine trouvée par Vasco de Gama, en 1497, et, avec ces faits immenses, des natures nouvelles, des végétaux inconnus offerts à l'étonnement, à l'admiration du monde européen, tout concourait à donner à l'étude de la botanique, autant au moins qu'à celle des autres sciences, des aspirations nouvelles, des désirs prodigieux d'élargir le domaine des connaissances humaines.

La voie une fois ouverte, les savants de tous les pays publièrent à l'envi des herbiers; on revisa la nomenclature, on rassembla des matériaux pour les flores locales, et l'on commença à s'occuper sérieusement des végétaux exotiques. Des voyages botaniques, d'abord entrepris en France, en Allemagne, en Italie, en Suisse, en Angleterre, dans les îles de Grèce, en Égypte, en Syrie, furent dès lors poussés ensuite en Amérique et dans les Indes orientales.

C'était à la studieuse Allemagne qu'était réservée la gloire d'opérer, la première, la réforme botanique, par le savant Othon Brunfels, chartreux d'abord, puis maître d'école à Strasbourg, et enfin médecin à Berne, où il mourut en 1534, année qui donna le jour à Joachim Camerarius, autre botaniste allemand. Frappé de la confusion qui régnait dans la nomenclature végétale, il publia (de 1530 à 1536, à Strasbourg) des *Traités des plantes*, qui sont en partie une compilation des travaux de ses prédécesseurs, en partie le résultat de ses propres observations. Il y indique, autant que cela lui était possible, la synonymie. Ce qui donne une valeur particulière aux ouvrages de ce célèbre botaniste, c'est qu'ils sont accompagnés de figures d'une fidélité remarquable. Ce n'est pas lui pourtant qui, le premier parmi les modernes, a publié des livres de botanique avec des figures. Il existait déjà dans ce genre, mais grossièrement exécuté, un livre intitulé *Buch der Natur* (*Livre de la nature*), imprimé à Augsbourg, de 1475 à 1478; et il parut, en 1484, à Mayence, un herbier d'après lequel fut compilée, dans la même ville, l'année suivante, sous le titre

OTHON
BRUNFELS.

de *Jardin de la santé* (*Hortus sanitatis*), une sorte de matière médicale, dont les figures ne valent guère mieux. Mais Othon Brunfels donna la première iconographie qui ait réellement une valeur; les figures y ont du mouvement, et quelques-unes, dont les caractères ont à peine été indiqués, sont néanmoins si bien dans l'expression de la plante, qu'on reconnaît celle-ci sur-le-champ.

Un an après, H. Braunschweig publia à Francfort un Traité de distillation, avec des figures qui ne manquent pas de mérite; et, dans la même ville parut, vers le même temps, un herbier intitulé *Herbarum imagines vivæ*.

VALERIUS CORDUS.

Un jeune botaniste allemand, dont la fin prématurée et malheureuse affligea le monde savant, était, à cette époque, l'émule d'Othon Brunfels : c'était Valerius Cordus, né dans la Hesse électorale, en 1515, mort à Rome, en 1544, à l'âge de trente-neuf ans, après avoir visité, dans l'intérêt de la science, plusieurs contrées de l'Europe. On lui doit le *Dispensaire des pharmaciens* (*Dispensatorium pharmacorum*, etc.), qui parut d'abord, à Nuremberg, en 1535, réimprimé à Leyde, en 1626, avec des notes de Condenbery et de Lobel, puis traduit en français et publié à Lyon, en 1575, sous le titre de *Guidon des apothicaires*; des études très-approfondies sur Dioscoride et un résumé du cours de cet auteur; et plusieurs descriptions des végétaux, entre autres de ceux qu'il avait vus et observés lui-même en Italie (*Stirpium descriptiones quas in Italia sibi visas describit*, Strasbourg, 1569).

BOCK DIT TRAGUS.

Jérôme Bock, que l'on nomme aussi le Bouc et Tragus (du grec τράγος, bouc), né à Heidelberg en 1498, mort en 1554, tenta le premier une classification des végétaux, et chercha à retrouver, sous leurs noms modernes, les plantes cataloguées par les anciens; mais il montra dans ses œuvres plus d'érudition que de vraie science.

LÉONARD FUCHS.

Léonard Fuchs, appelé, selon la coutume du temps, du nom latin de Fuchsius, né en 1501, mort en 1566, enseigna et pratiqua la médecine en Bavière avec une réputation qui bientôt s'étendit à tout le monde savant. L'empereur Charles-Quint lui donna des titres de noblesse. Il excella surtout dans la connaissance des plantes. On a de lui, en latin, un très-grand nombre d'ouvrages qui ont joui de la plus haute estime; l'un des principaux est son *Histoire des plantes*, qui parut à Bâle en 1542; cette histoire a été traduite en français par Le Maignan, et publiée à Paris en 1549.

L'Allemagne n'avait pas seule le privilége des publications iconographiques. En 1537, l'imprimerie de Venise donna un *Herbier vulgaire (Herbolario vulgare)*, avec accompagnement de figures; et, en 1545, celle de Paris publia, dans les mêmes conditions, *Le grant Herbier en françoys*. Il est vrai de dire que l'exécution de ces deux ouvrages est médiocre.

L'Italie, en fait d'arts, ne pouvait rester longtemps en arrière de l'Allemagne. Pietro Mattioli, appelé en français Matthiole, médecin célèbre, né à Sienne en 1500, mort en 1577, joignit à ses *Commentaires de Dioscoride*, qui parurent, pour la première fois, en 1561, mais dont la meilleure édition est de 1565 (Venise), de grandes estampes sur bois, que l'on considère encore comme des chefs-d'œuvre. Mattioli publia aussi un *Abrégé des plantes (Epitome plantarum)*, qui a joui longtemps d'une grande réputation. La réputation de Mattioli est de celles qui, loin de s'être affaiblies, ont grandi avec le temps.

Le Linné de ce temps fut Conrad Gessner, né à Zurich en 1516, mort de la peste dans cette même ville, où il professait publiquement l'histoire naturelle en 1565. Il ne se distingua pas seulement parce qu'il publia des ouvrages nombreux, estimés, et des iconographies qui sont les meilleures de cette époque, mais encore parce qu'il fut réellement le créateur des genres en botanique. Il apprit à ses élèves qu'il existe des groupes de végétaux composés d'espèces, qui doivent être distingués par les caractères de la fleur et du fruit. Il n'alla pas au delà de cette indication, sans doute; mais c'était déjà un grand pas que d'avoir signalé cette loi capitale, qui fut la base de tous les progrès ultérieurs. Les œuvres de botanique (*Opera botanica*) de Gessner furent réunies et publiées à Nuremberg en 1754, longtemps après la mort de leur auteur. Les figures si remarquables des ouvrages de Conrad Gessner, toutes dessinées par lui, ont été successivement empruntées pour une quantité d'ouvrages de botanique, pour l'*Epitome* de Mattioli, pour le *German herbal*, Herbier allemand, traduction abrégée de Mattioli; pour l'Herbier de Castor Durantès, imprimé à Francfort en 1609; pour le *Parnassus medicinalis illustratus* de Becker, en 1563; pour l'Herbier allemand, tiré de Mattioli par Bernard Verzascha, en 1678; pour le *Theatrum botanicum*, édition améliorée de Verzascha, en 1696; et enfin pour le même ouvrage réimprimé en 1744.

Charles de l'Écluse, né à Arras en 1526, parut aussi au premier rang des botanistes de son temps. Après s'être fait recevoir docteur à Montpellier, et avoir parcouru divers pays, il fut nommé directeur des jardins de l'empereur Maximilien II, à Vienne, puis fut appelé à professer la botanique à Leyde, où il mourut en 1609. Il fit succéder la précision et l'ordre au système de description incorrect et confus qui régnait avant lui. Il publia, entre autres, deux ouvrages (*Rariorum aliquot stirpium per Hispanias observatarum historia*, Anvers, 1576; et *Rariorum stirpium per Pannoniam, Austriam*, etc., *observatarum historia*, 1583), qui ont été refondus sous le titre d'*Histoire des plantes rares* (*Rariorum plantarum historia*). Il a aussi laissé dix livres de descriptions de plantes et d'animaux exotiques (*Exoticorum lib. X, quibus animalium, plantarum.... historiæ describuntur*, Anvers, 1605).

Voilà donc deux botanistes, Gessner et de l'Écluse, qui viennent, avant la fin du seizième siècle, jeter la lumière au milieu de l'obscurité qui régnait dans la science. L'un découvre qu'il existe de petits groupes unis par des affinités étroites : ce sont les genres; l'autre enseigne l'art de décrire. De l'Écluse, en effet, est le créateur de l'art descriptif en botanique.

L'Italie fournissait à la même époque d'éminents botanistes.

Le premier savant qui établit une chaire de professeur séparée pour la botanique fut, à ce qu'il paraît, un Italien, Luc Ghini, qui donna des leçons publiques à Bologne pendant vingt-huit ans. Ce fut à son instigation que l'on forma, dans la même ville, un jardin de botanique pour y faire la démonstration des plantes dont il parlait.

Brassavola, surnommé *Musa* par le roi François Ier, dont il fut le médecin, ainsi que celui de Charles-Quint, d'Henri VIII d'Angleterre, et des papes Paul III, Léon X, Clément VII et Jules III, naquit à Ferrare en 1500 et mourut en 1555, après s'être beaucoup occupé des simples et avoir publié à Rome, en 1536, un *Examen simplicium medicamentorum*, où il traite de l'emploi des végétaux en médecine.

Un des plus grands noms et une des gloires les plus éclatantes de la philosophie et de la science au seizième siècle fut Andrea Cesalpini, philosophe soupçonné de panthéisme, médecin et naturaliste, né, en 1519, à Arezzo en Toscane, mort à Rome, en 1603, à l'âge de quatre-vingt-quatre ans. Il était élève de Luc Ghini. Lui-même il professa à Pise avant d'être appelé à Rome en qualité de premier médecin du pape Clément VIII et de professeur au collége de Sapience. Ce savant homme, qui fut un des premiers à soupçonner la circulation du sang, eut l'honneur, en étendant l'idée de Conrad Gessner, de créer un arrangement systématique des végétaux, en basant sa classification, après la division générale en arbres et en herbes, sur des caractères tirés du fruit, particulièrement du nombre des capsules et cellules, du nombre, de la forme et des dispositions des semences et de la situation du *corculum*, radicule ou œil de la semence, qu'il regardait comme très-important. Le plus capital de ses ouvrages, celui dans lequel il développe son système, est son traité des plantes (*libri XVI de Plantis*), où il a rangé plus de huit cents végétaux en classes et où l'on voit qu'il compare la semence des plantes à l'œuf des animaux. Il fait mention de plantes mâles et femelles dans l'*Oxycedrus*, le *Taxus*, le *Mercurialis* et la *Cannabis*, dont, dit-il, les plantes stériles sont mâles et les plantes fertiles sont femelles, en faisant remarquer que les dernières, comme on l'a observé dans le dattier, sont plus fertiles étant placées près des mâles, parce qu'elles en reçoivent un *effluvium* fécondant. « On pourrait presque conclure de cette observation, dit Richard Pulteney, que Cesalpini avait fait des expériences sur quelques-unes de ces espèces ; mais nous ne voyons pas qu'il ait étendu son idée, ni au-dessus des espèces ci-dessus mentionnées, ni aux végétaux en général. »

On a prétendu faire remonter, avec plus de fondement, à un botaniste polonais, Adam Zaluzianski, lequel vivait en 1592, la découverte de la sexualité des plantes ; mais ce n'étaient là encore que des perceptions bien confuses, bien obscures.

Ulysse Aldrovande, médecin, né à Bologne en 1527, mort presque octogénaire à l'hôpital de cette ville en 1605, ruiné par d'énormes dépenses faites, non sans grande utilité, pour la science, voyagea par toute l'Europe et en rapporta d'immenses matériaux pour ses riches collections. Aldrovande a laissé un ouvrage considérable sur l'histoire naturelle, publié à Bologne, de 1599 à 1668, en 13 volumes, dont un seul est consacré aux végétaux. Aldrovande ne put surveiller lui-même que l'impression de quatre de ses volumes.

Turner, médecin et botaniste anglais, mort en 1568, voyagea en Suisse, en Allemagne et en Italie. Il suivit à Bologne les leçons de Luc Ghini. De 1451 à 1568, il publia l'*Herbier britannique* (*Herba britannica*) accompagné de figures représentant la plupart des plantes qu'il décrivait. Turner adopta l'ordre alphabétique d'après les noms latins, et, après avoir donné la description des plantes, il indiquait souvent les endroits où elles croissaient. Il s'est fort étendu sur ce qui différencie les espèces, parce que son grand objet était de fixer d'une manière certaine la matière médicale des anciens, celle de Dioscoride en particulier, par rapport au règne végétal. Il ne faut pas le confondre avec Robert Turner, botaniste-astrologue, dont il sera aussi parlé.

PENNY.

Penny (Thomas), aussi médecin et botaniste anglais, mort en 1589, ne publia pas d'ouvrages; mais, par ses voyages et ses études approfondies, il rendit de grands services aux botanistes de son temps, qui se firent tous un devoir d'entretenir des relations avec lui. Charles de l'Écluse lui dut une variété d'articles curieux publiés dans ses *Rariores* et dans ses *Exoticæ*.

DODOENS.

Rembert Dodoëns, Hollandais, né en 1517, mort en 1585, médecin des empereurs d'Allemagne Maximilien II et Rodolphe, s'appliqua particulièrement à l'étude des plantes; il fut l'ami et quelquefois le collaborateur de Charles de l'Écluse et de Mathias de Lobel. Ses ouvrages sont considérables et ont longtemps fait autorité. Il publia successivement : *Frumentorum et leguminum historiæ; Florum et coronariarum odoratarumque herbarum historia; Purgantium radicum, herbarum historia*. Mais la principale de ses œuvres est le *Stirpium historiæ, Pemptades sex, sive libri XXX;* il y consacra plus de trente ans (de 1552 à 1583). Cet ouvrage contient treize cents figures en grande partie empruntées à d'autres publications; il fut imprimé à Anvers chez le célèbre Plantin. Chaque partie appelée Pemptade est divisée en cinq livres. La première partie contient beaucoup de plantes dissemblables, rangées par ordre alphabétique; la seconde, les plantes qui fleurissent dans les jardins, et la tribu des ombellifères; la troisième, les racines employées en médecine, les plantes purgatives, les plantes grimpantes et vénéneuses, les fougères, les mousses et les champignons; la quatrième, le grain, les légumes, les gazons, les plantes de marais, les plantes aquatiques; la cinquième, les plantes bonnes à manger, les courges, les racines nutritives, les oléracées, les chardons et les plantes épineuses; la sixième, les arbrisseaux et les arbres. L'ouvrage fut réimprimé avec quelques additions après la mort de Dodoëns (de 1612 à 1616); puis, ayant été traduit du latin en hollandais avec des augmentations considérables, il devint très-populaire dans cette langue. Avant qu'il fût terminé par son auteur, Charles de l'Écluse avait donné une traduction française de tout ce qui avait paru et avec accompagnement de figures, sous le titre d'*Histoire des plantes* (Anvers, 1557). On y trouve la description d'une des espèces du tabac (*Nicotiana rustica*). L'introduction du tabac en Europe remontait toutefois à la découverte de l'Amérique par Christophe Colomb, qui lui-même envoya des graines en Espagne, où on le cultiva à dater de l'année 1518 environ. Jean Nicot, successivement ambassadeur de Henri II et de Charles IX à la cour de Portugal, ne fit que commencer à le vulgariser en France vers 1560.

Henri Lyte, gentilhomme anglais, né en 1529, mort vers 1706, montra beaucoup de penchant pour les études botaniques, et fit plusieurs voyages ayant cette science pour objet. Il dota sa patrie, en 1578, d'une traduction de l'*Herbier* de Dodoëns, traduction faite elle-même sur celle que Charles de l'Écluse avait faite, en français, de cet ouvrage revu et amélioré par lui. HENRI LYTE.

Jean Bodæus-a-Stapel, médecin et botaniste hollandais, mort en 1636, à la fleur de l'âge, étonna le monde savant par la vaste érudition qu'il déploya en commentant Théophraste, par les remarques, citations et rapprochements qu'il fit au sujet de ceux qui l'avaient précédé dans cette voie, et par les dissertations savantes que cet ouvrage lui donna lieu de faire sur les propriétés des plantes. Son ouvrage parut sous le titre de *Theophrasti Eresii de historia plantarum libri X, græce et latine*, etc., Amsterdam, 1644, in-fol., avec une préface de J.-Arn. Corvinus. La traduction latine attachée à cette édition est celle de Théodore Gaza. Le commencement de Bodæus, *De causis plantarum*, de Théophraste, est resté inédit. BODÆUS.

Pierre Belon, médecin, né près du Mans, vers 1518, assassiné par des voleurs, en 1564, dans le bois de Boulogne, près de Paris, visita, au point de vue de l'histoire naturelle, la Grèce, la Palestine, l'Égypte et l'Arabie. On lui doit, entre autres ouvrages, un traité *De arboribus coniferis*, avec figures (Paris, 1553). BELON.

Jean Bauhin, né à Bâle, en 1541, de parents français d'Amiens, mort à Montbéliard en 1613, ami de Fuchs et de Gessner, écrivit une *Histoire universelle des plantes* (*Historia universalis plantarum*), publiée après sa mort, à Yverdun, en 1651, dans laquelle on trouve LES DEUX
BAUHIN.

un travail de synonymie encore utile à consulter. Il a donné de son vivant en 1591, en commun avec son frère Gaspard, un *Traité des plantes qui ont reçu des noms de divinités et de saints* (*De plantis a divis sanctisque nomen habentibus*), ainsi qu'un *Traité des plantes ayant le nom d'absinthe* (*De plantis absinthii nomen habentibus*, Montbéliard, 1593 et 1599). Son frère Gaspard, né aussi à Bâle, en 1550, décédé en 1624, a rendu plus de services à la science des végétaux, en recueillant les matériaux d'un immense ouvrage qui lui coûta quarante années d'un travail soutenu. Il ne put mener à bonne fin que le premier volume de cette entreprise, et nous a laissé seulement, sous le titre de *Pinax theatri botanici* (Bâle, 1623), une liste d'environ 6,000 végétaux. Le *Phytopinax*, publié à Bâle, en 1596, et le *Prodromus theatri botanici*, publié à Francfort, n'étaient que les prolégomènes de cet ouvrage. Dans le *Phytopinax* on trouve la première description de la pomme de terre, déjà cultivée en Italie pour ses tubercules, et que Gaspard Bauhin rangea, le premier, parmi les solanées. Jusqu'à Linné, cet auteur fut presque l'unique guide des botanistes. Gaspard Bauhin n'a pas donné de classification complète : c'est un essai d'association par genres qui est rempli d'intérêt. On trouve dans cet ouvrage une synonymie judicieuse, qui commence à Jérôme Bock (dit Tragus) et finit à son temps ; au-dessous de chaque espèce, il place une petite phrase rédigée avec soin. Si l'on compare ces travaux descriptifs avec ceux de notre époque, on les trouve bien informes encore ; mais on est obligé de leur rendre hommage quand on songe qu'alors tout était à créer.

Jacques Dalechamps, aussi médecin, né à Caen en 1513, mort à Lyon en 1586, écrivit en latin une *Histoire générale des plantes* (*Historia generalis plantarum*, Lyon, 1586), traduite et continuée en français par Jean Desmoulins, dans laquelle il rassembla toutes les connaissances que l'on possédait, de son temps, en botanique. Malheureusement il n'en put faire par ses propres soins la publication, ce qui est cause qu'elle renferme de nombreuses erreurs.

Les études si remarquables qui avaient été faites sur Dioscoride et Théophraste ne découragèrent pas Robert Constantin, érudit natif aussi de Caen, mort en 1605, qui publia *Annotationes lemmatum in Dioscoridem*, Lyon, 1588 ; *Theophrasti de historia plantarum cum Annotationibus Julii Cæsaris Scaliger*, Lyon, 1584. Les annotations de Scaliger, dont Robert Constantin était l'élève, ajoutent à la valeur de ce dernier ouvrage.

Joachim-Martin Burser, né à Camentz, haute Lusace, en 1593, mort en 1649, disciple et ami de Gaspard Bauhin, et professeur de médecine des nobles danois à Sora, dans l'île de Seeland, après avoir voyagé dans toute l'Europe, et avoir recueilli particulièrement les plantes alpestres les plus rares, forma un herbier en 25 volumes, qui s'était encore enrichi des dons d'un pharmacien français revenu du Canada, et qui, de mains en mains, arriva à l'Académie d'Upsal. Les Rudbeck, dont il sera question, s'en servirent par la suite pour la composition d'un vaste ouvrage (les *Campi-Elysii*), qui fut anéanti, en 1702, dans l'incendie d'Upsal. Quand l'Anglais Shérard voulut donner une suite au *Pinax* de Bauhin, il invita Pierre Martin, médecin suédois, à faire le catalogue de cet herbier ; il fut en effet commencé par ce botaniste et publié en partie, en 1724, dans les Mémoires de l'Académie d'Upsal (*Catalogus plantarum novarum Joachimi Burseri*, etc.). Roland Martin, fils de Pierre, fit de ce travail de son père le sujet d'une dissertation que Linné publia, en 1745, dans ses *Aménités académiques*.

Louis Aloysia, dit Anguillara, du nom de la petite ville d'Anguillara, dans laquelle il était né, fut directeur du jardin botanique de Padoue. On a de lui des lettres et des opuscules sur la botanique, dont une partie parut réunie, à Venise, en 1561. Mattioli et Guillandini parlent avec dédain d'Anguillara, quoique celui-ci ne fût pas à beaucoup près dénué de mérite.

Joseph Casabona, botaniste, mort, en 1596, à Florence, eut la garde du jardin botanique de cette ville, qui avait été fondé, en 1544, par les soins de Laurent Ghini[1] et la munificence des Médicis. Casabona visita l'île de Crète pour y recueillir des végétaux. Il se préparait à publier ses observations botaniques, quand la mort vint le surprendre. Ses manuscrits et ses dessins ont été con-

---

[1]. Nous ne savons quel était le degré de parenté de ce Laurent Ghini avec Luc Ghini ; mais nous profitons de la rencontre de ce nom pour faire observer que les biographes ne sont pas d'accord sur toutes les circonstances de la vie de Luc Ghini, dont il a été question dans le chapitre précédent. Selon les uns, il aurait fondé le jardin botanique de Bologne, et aurait professé dans cette ville durant vingt-huit ans ; selon les autres, il n'aurait occupé la chaire de Bologne que neuf ans, de 1534 à 1543, et, en 1544, il aurait été appelé à Pise, où il aurait créé, la même année, un jardin botanique, n'allant plus à Bologne que pendant ses vacances.

servés. Il a fait connaître, entre autres, une belle espèce du genre chardon, connue sous le nom de *carduus Casabonœ*.

 Gabriel Fallopio, célèbre anatomiste et chirurgien italien, né à Modène en 1523, mort en 1562, fut aussi un botaniste extrêmement distingué, quoiqu'il n'ait pas laissé d'ouvrages spéciaux sur les végétaux. Il fut chargé, pendant plusieurs années, par le gouvernement vénitien, de la démonstration des plantes du jardin botanique de Padoue. S'il n'avait pas été enlevé prématurément aux sciences qu'il illustrait, à l'âge de trente-neuf ans, nul doute qu'il n'eût enrichi la botanique, pour laquelle il avait un goût particulier, de découvertes aussi précieuses que celles qu'il fit pour l'anatomie, qui lui doit tant. Au point de vue des plantes médicinales, on peut consulter ses deux ouvrages : *De simplicibus medicamentis purgantibus tractatus* (Padoue, 1565, in-4°; Venise, 1566, in-4°), et *De compositione medicamentorum* (Venise, 1570, in-4°). Le botaniste portugais Loureiro, dont nous parlerons quand nous en serons arrivé au dix-huitième siècle, lui a consacré, sous le nom de *Fallopia*, un genre de plantes qui croît en Chine, aux environs de Canton.

 Melchior Guillandini, naturaliste allemand, né à Kœnigsberg, mort fort âgé en 1589, voyagea en Syrie et en Égypte, vers l'année 1557; il tomba entre les mains des Algériens, qui le firent esclave, et fut tiré de cette affreuse situation par les soins du docteur Fallope, auquel il succéda dans la démonstration des plantes du jardin botanique de Padoue, dont il fut en outre directeur. Il dut en grande partie sa réputation à son ouvrage intitulé : *Recherches sur le papyrus de Pline*, 1572, in-4°; il a donné aussi : *De stirpium aliquot nominibus*, Bâle, 1557, in-8°, avec figures; *Apologia adversus Matthiolum*, Padoue, 1558, in-4°. Dans ce dernier ouvrage Guillandini a souvent raison contre Mattioli, esprit bouillant, impétueux, qui souffrait peu la contradiction, d'où il résulta entre les deux adversaires une polémique trop peu mesurée. Plusieurs années après la mort de Guillandini, on publia de lui *Conjectanea synonymica plantarum*, Francfort, 1608, in-8°. Linné a donné le nom de *Guillandina* à un genre dont les diverses espèces sont des plantes exotiques utiles dans l'agronomie, la médecine et les arts.

 Jacques-Antoine Cortusi, botaniste, ami de Mattioli, fut le successeur de Guillandini au jardin des plantes de Padoue, en 1590, et publia le catalogue des végétaux de cet établissement célèbre, sous

le titre de *Horto di i simplici di Padova*, etc. (Venise, 1591, in-12),
réimprimé, en 1608, par les soins de Georges Schencke, qui y réunit
les *Conjectanea synonymica plantarum* de Guillandini. Cortusi, dont
on a latinisé le nom, en l'appelant Cortusus, mourut en 1593.

Léonard Rauwolf, médecin, voyageur et botaniste allemand, natif
d'Augsbourg, mort en 1596, suivit la trace du docteur François-Pierre
Belon, que le seul amour de la science avait entraîné, comme on l'a
vu, dans l'Orient; il employa les années 1573, 1574 et 1575 à visiter
une partie de l'Asie et une partie de l'Afrique, n'ayant pour but,
comme il le dit lui-même, que d'étudier sur leur sol natal les plantes
citées par les médecins grecs et arabes. Le récit de ses voyages parut,
en langue allemande, sous le titre de *Relation d'un voyage fait dans
les pays de l'Orient, notamment en Syrie, Judée, Arabie, Mésopo-
tamie, Babylonie, Assyrie*; Augsbourg, 1581, in-4°; Francfort, 1582.
En 1583, il en parut une troisième édition, revue et augmentée
d'une quatrième partie ayant un titre séparé; elle renferme la description des plantes curieuses observées par Rauwolf en Orient, et
42 figures sur bois; cette édition est celle qui convient aux botanistes;
l'ouvrage fut traduit en hollandais; puis il le fut en anglais par
Nicolas Staphorst; cette dernière traduction, revue, corrigée et annotée par Jean Ray, fut réimprimée, en 1738, sous le titre de :
Collection des voyages de Ray (Ray's collection of travels). Pendant
que Rauwolf était en Orient, il avait composé un herbier qui, ajouté
à ses plantes d'Europe, formait quatre gros volumes; cet herbier devint la propriété de la reine Christine de Suède, qui en fit don à
Isaac Vossius, son bibliothécaire; les héritiers de celui-ci le vendirent à l'Université de Leyde, et le célèbre critique et humaniste
Jean-Frédéric Gronovius, qui ne faisait de la botanique qu'une de
ses distractions, s'en servit pour composer son élégant et savant ouvrage *Flora orientalis*, en tête duquel il mit la vie de Rauwolf, écrite
par Melchior Adam.

Mathias de Lobel, né à Lille, en 1538, mort en 1616, se passionna pour l'étude de la botanique dès l'âge de seize ans. Dans le
but de satisfaire son penchant, il se rendit à Montpellier et prit des
leçons du célèbre professeur de médecine et d'histoire naturelle
Guillaume Rondelet, plus connu comme zoologiste que comme botaniste, mais qui néanmoins lui enseigna les noms et les propriétés
des simples dont on faisait alors usage. Après avoir séjourné plusieurs

années dans le midi de la France et travaillé, à Narbonne, avec Pierre Pena (de cette ville selon les uns, ou des environs d'Aix selon les autres), à un ouvrage de botanique, il visita l'Italie, la Suisse, l'Allemagne et la Hollande, où il fut nommé médecin des États et de Guillaume, prince d'Orange ; il parcourut aussi le Danemark, et finit par s'établir en Angleterre, où il eut la surintendance d'un jardin de médecine à Hackney. Il reçut de Jacques Ier le titre de botaniste du roi. De Lobel eut de nombreux correspondants qui lui facilitèrent les moyens d'introduire dans la Grande-Bretagne plusieurs raretés exotiques. Il publia, pour la première fois, à Londres, en 1570, l'ouvrage qu'il avait fait de concert avec Pierre Pena, sous le titre de *Stirpium adversaria* ; il en donna une nouvelle édition, à Anvers, en 1576, et enfin une dernière et plus complète, à Londres, en 1605. Il publia aussi, en 1576, un livre intitulé *Observationes sive stirpium historiæ*, livre qui, par le secours du célèbre imprimeur Christophe Plantin, natif de Touraine, mais établi à Anvers, fut accompagné de 1486 figures qui avaient été gravées pour les ouvrages de l'Écluse, Mattioli et Dodoëns ; ce livre ayant été traduit et publié en hollandais en 1581, les figures furent portées au nombre de 2116, et même de 2491 pour certains exemplaires, qui ont en outre un index en sept langues. Lobel avait médité une œuvre considérable qui aurait eu pour titre *Illustrationes plantarum* ; mais il ne vécut pas assez pour la finir, et, en 1655, longtemps après sa mort, on en publia seulement un fragment sous le titre de *Stirpium illustrationes*. On trouve dans les ouvrages de Lobel un principe marqué de la *Méthode naturelle*, qui toutefois ne s'étend pas plus loin qu'à diviser les végétaux en grandes tribus, familles ou ordres, suivant l'apparence extérieure, ou selon le port de toute la plante ou de la fleur, sans établir d'ailleurs de définitions ou de caractères. La totalité forme quarante-quatre tribus : quelques-unes de ces tribus contiennent des plantes d'un ou deux genres, d'autres en contiennent un plus grand nombre. Les divisions de Lobel sont déjà très-supérieures à celles de Dodoëns, et prouvent que leur auteur sentait que l'on avait besoin d'un meilleur arrangement que le simple ordre alphabétique, ou que celui formé d'après les qualités médicinales présumées des plantes.

Jacques-Théodore, dit Tabernæmontanus, du nom latinisé de Bergzabern, dans la principauté de Deux-Ponts, où il était né en 1520, mort en 1588, était disciple de Tragus. Il exerça d'abord la pharmacie, puis se fit recevoir docteur en médecine. Pendant trente-six ans consécutifs, il travailla à son vaste ouvrage *Eicones plantarum*, etc., dont le premier volume, in-folio, parut l'année même de sa mort, sous le titre de *Nouvel herbier complet* (*New vollkommen Kräuterbuch*). Ce ne fut qu'en 1588 et 1590 que les descriptions des *Eicones* et la suite des figures parurent par les soins du savant libraire Bassœus, de Francfort, et du médecin Nicolas Brauer. Les *Eicones* de Tabernæmontanus comprennent plus de deux mille figures, la plupart empruntées aux ouvrages de Fuchs, de Charles de l'Écluse, de Lobel, de Dodoëns et de Mattioli. Les ouvrages de botanique de ce temps vivaient en général d'emprunts en ce qui concernait l'iconographie ; car Gérard, en 1596, et Johson, en 1633 et 1636, se procurèrent à leur tour toutes les planches de Francfort qui avaient orné l'herbier de Tabernæmontanus.

Jean Gérard (John Gerarde), né à Nantwich, en Angleterre, l'an 1545, mort en 1607, fut longtemps l'ami de Lobel, qui ensuite l'attaqua vivement et l'accusa de s'être fait le plagiaire de Dodoëns. Quoi qu'il en soit, on doit savoir gré à Gérard d'avoir créé, pour ses propres études, à Holborn, un magnifique jardin de plantes médicinales et autres, dont il publia le catalogue en 1596 et 1599. On y venait voir, comme une rareté, la morelle tubéreuse, vulgairement appelée pomme de terre, dont il envoya un échantillon à de l'Écluse, qui, le premier, en donna la description. Gérard publia, en 1597, son *Herbier* (*herball*) ou *Histoire générale des plantes*, avec des planches en bois empruntées à de précédentes publications ; c'est l'ouvrage qu'il fut accusé, non sans raison, d'avoir puisé dans Dodoëns.

Joachim Camerarius, médecin, né à Nuremberg, en 1534, d'un père illustre par sa science et par le rôle politique qu'il avait joué, mit au jour plusieurs ouvrages de botanique, qui sont : *Electa georgica, sive opuscula de re rusticâ*, Nuremberg, 1577, in-4°, et 1596, in-8° ; *Symbolorum et emblematum centuriæ tres, quibus rariores stirpium, animalium et insectorum proprietates complexus est*, Nuremberg, 1590 à 1597 ; *Plantarum tam indigenarum quam exoticarum Icones*, Anvers, 1591 ; l'*Epitome* augmenté de Mattioli, suivi du voyage de Calceolarius au mont Baldo (*Epitome utilissima Petri Andreæ Mattioli, novis iconibus, descriptionibus plurimis diligenter aucta, accessit iter monti Baldi, Francisci Calceolarii*, Francfort, 1586, in-4°) avec environ 1000 figures de plantes sur bois, pour la plupart copiées ou imitées de Mattioli lui-même et de Conrad Gessner, dont Camerarius avait acheté la bibliothèque et les manuscrits, de Gaspard Wolf, médecin de Zurich. Camerarius donna, la même année, une édition populaire, en allemand, de son *Epitome*, faite d'après Mattioli, sous le titre de *Kräuterbuch*. L'un des ouvrages qui contribuèrent le plus à sa réputation fut le *Jardin du médecin et du philosophe* (*Hortus medicus et philosophicus*, Francfort, 1588, in-4°, et 1654, in-4°). Il fit suivre cet ouvrage d'un précieux catalogue que lui avait dédié un médecin allemand, connu sous le nom de Jean Thalius, considéré comme l'un des fondateurs de la botanique au seizième siècle. Le modeste Thalius n'avait pas jugé à propos de donner de la publicité à son travail intitulé *Catalogue des plantes qui croissent spontanément dans les montagnes et autres lieux de la forêt Hercynienne, forêt de Thuringe qui touche à la Saxe* (*Silva Hercynia, sive catalogus*, etc., in-4° de 133 pages, avec 14 figures sur bois, très-correctes); mais Camerarius s'en chargea, en l'annexant à son *Hortus medicus*. Malheureusement Thalius mourut avant que l'impression fut terminée, et ne put jouir du retentissement que son travail eut dans le monde savant. Quant à Joachim Camerarius, il finit sa carrière en 1598, laissant une riche bibliothèque et de précieux manuscrits, qui, des mains de ses héritiers, arrivèrent à Wolkammer, et enfin à Trew; celui-ci, par les soins de Schmidel, en publia une partie, avec beaucoup de planches, dans le courant du dix-huitième siècle.

Honoré Belli, médecin et botaniste de Vicence, passa à l'île de Candie, et adressa de la Canée, à Charles de l'Ecluse, de 1594 à 1598, des lettres que celui-ci publia sous le titre d'*Epistolæ de plantis Creticis*, etc.

Partout on s'occupait à l'envi de l'étude des plantes : Garcias de Horta ou del Huerto (que son traducteur français appelle Garcie Dujardin), philosophe et médecin, ayant été emmené en qualité de premier médecin par le vice-roi des Indes, comte de Redondo, mit à profit ses voyages lointains pour étudier les végétaux exotiques au point de vue de la médecine. On a de lui d'excellents dialogues en espagnol sur les simples (*Coloquios dos simples*) que l'on trouve dans les Indes orientales ; ils parurent en 1563, furent traduits et publiés en latin par Charles de l'Ecluse, en 1605, et en français, l'an 1619, par Antoine Colin, pharmacien à Lyon.

Joseph d'Acosta, jésuite espagnol, né vers 1539, mort en 1600, publia, dans sa langue natale, *Historia natural y moral de las Indias*, Séville, 1590, in-4°, 1591, in-8°; Madrid, 1608 et 1610), ouvrage fort estimé, dont Robert Regnault a donné une traduction française.

Jean-Gonzalve d'Oviedo, né à Madrid, vers 1478, intendant du commerce du Nouveau-Monde, sous le règne de Charles-Quint, donna, en 1525, à son retour en Espagne, un *Sommaire de l'histoire générale et naturelle des Indes occidentales* (*Summario de la historia general y natural de las Indias occidentales*). Après avoir refondu cet écrit, qu'il augmenta de faits nombreux sur l'histoire naturelle d'Haïti, il publia, en 1635, les vingt premiers livres de son *Histoire générale et naturelle des Indes occidentales* (*La Historia general*, etc.). L'ouvrage, en son entier, ne parut qu'en 1783, par les soins du marquis de Truxillo.

Le médecin espagnol Nicolas Monardès, de Séville, qui paraît avoir voyagé aussi dans le Nouveau-Monde, fit paraître, en 1574, un *Traité des drogues de l'Amérique*, traduit en français par le pharmacien Colin et publié à Lyon en 1619.

Barnabé Cobo, jésuite espagnol, missionnaire et botaniste, né en 1582, mort au Pérou, en 1657, composa une *Histoire des Indes*, qui est restée en manuscrit. Il s'était beaucoup occupé de l'histoire de ces contrées, et il avait écrit sur cette science dix volumes in-folio, qui n'ont pas été davantage imprimés. Le prêtre et botaniste Cavanilles, son compatriote, a créé en l'honneur de Cobo le genre *Cobœa*.

François Hernandez, médecin du roi Philippe II d'Espagne, voyagea, de l'année 1593 à l'année 1600, au Mexique, où il recueillit les matériaux d'un ouvrage qui rendit, dans le siècle suivant, de grands services à la science. Cet ouvrage parut d'abord, en 1615, en espagnol, par les soins de François Ximénès; mais l'édition recherchée est celle qui fut publiée en 1651, à Rome, en langue latine, par les soins du prince Cési, sous le titre de *Nouvelle histoire des plantes, des animaux et des minéraux du Mexique*, etc. (*Nova plantarum, animalium et mineralium mexicanorum historia*, etc.). Dans cet ouvrage toutefois les descriptions botaniques sont présentées d'une manière un peu trop succincte; il n'en est pas de même des vertus des plantes dont Hernandez donne les noms mexicains. Les huit premiers livres sont consacrés aux végétaux.

Jean de Léri, zélé calviniste, né à la Margelle, en Bourgogne, qui avait accompagné le vice-amiral de Bretagne et commandeur de Ville-gagnon, ainsi que Bois-Lecomte, neveu de ce dernier, dans leurs tentatives de colonisation française au Brésil, vers le milieu du seizième siècle, publia, en 1578, l'*Histoire des voyages de Jean de Léry au Brésil*, qui eut plusieurs éditions. On y trouve quelques renseignements sur l'histoire naturelle et les végétaux du pays.

ALPINI. Prosper Alpini, célèbre médecin, né dans l'État de Venise, en 1553, mort en 1617, appartient presque autant au dix-septième qu'au seizième siècle. Il voyagea en Égypte, vers 1580, et a laissé, entre autres ouvrages de botanique, un *Traité des plantes d'Égypte* (*De plantis Ægyptiis*), et un *Traité des plantes exotiques* (*De plantis exoticis*). Il est le premier qui ait décrit la plante du café.

BESLER. Basile Besler, pharmacien allemand, né à Nuremberg, en 1561, mort en 1629, se tient aussi, comme plusieurs autres dont les noms vont suivre, sur les limites des deux siècles. Pour satisfaire à son goût et au besoin de son état, il forma un jardin botanique, qui le mit en rapport avec un grand nombre d'hommes distingués. L'évêque d'Eichstaedt, Jean Conrad de Gemmingen, lui donna la direction du jardin de Saint-Willebald, et le chargea de faire la description des plantes de cet établissement. On a sous son nom : *Fasciculus rariorum et adspectu digniorum varii generis*, etc. Nuremberg, 1616, in-4°; *Continuatio rariorum*, etc., 1622, in-4°; *Hortus Eystettensis* (*Jardin d'Eichstaedt*), avec 336 planches, et dont, au rapport de Jean-Baptiste Baïer, naturaliste allemand, né à Iéna, en 1675, mort à Altdorf en 1729, le véritable auteur est Jungermann ; Basile Besler dut en effet beaucoup à la collaboration de ce savant, et de son propre frère, Jérôme Besler.

JUNGERMANN. Louis Jungermann, médecin allemand et professeur de botanique à l'Université d'Altdorf, né à Leipzig, en 1572, mort en 1653, à qui l'on attribue le catalogue du *Jardin d'Eichstaedt*, a publié un *Catalogue des plantes des environs d'Altdorf* (*Catalogus plantarum quæ circa Altdorfium nascuntur*, 1616, in-8°), et la *Corne d'abondance des fleurs de Giessen* (*Cornucopia floræ Giessensis*, 1823, in-4°), etc. Bachmann, autrement appelé Rupius, a donné le nom de *Jungermann* à un genre de plantes de la famille des hépatiques.

SPIGEL. Adrien Spigel, médecin, né à Bruxelles en 1578, mort en 1625, fut à la fois un anatomiste, un chirurgien et un botaniste de grand talent et de grande renommée. Quoiqu'au point de vue de la botanique, Linné lui ait reproché d'avoir quelquefois plutôt embrouillé qu'éclairci les questions, il faut pourtant reconnaître qu'il était dans sa nature de présenter avec précision et netteté le tableau de la science : témoin son livre intitulé *Introduction à l'étude des plantes* (*In rem herbariam Isagoge* ; Padoue, 1606, in-4°), dédié à la jeunesse allemande qui venait étudier à l'université de Padoue, où il avait été appelé en qualité de professeur. Les Elzévirs réimprimèrent cet ouvrage, à Leyde, en 1633, in-24, et en firent un chef-d'œuvre de typographie. Spigel divisa ce remarquable tableau des connaissances botaniques de son temps en deux livres : dans le premier, il considère les plantes en elles-mêmes et il donne leur description ; dans le second, il indique leurs usages, en distinguant avec précision les aliments et les médicaments. Il combat comme chimérique l'opinion accréditée, que l'on pouvait reconnaître les propriétés intimes des végétaux par leur physionomie extérieure, par ce qu'on appelait la *signature des plantes*, opinion qui prévalut longtemps encore, même chez de bons esprits. Ce qui étonne, c'est qu'avec des côtés si peu empiriques dans ses observations, Spigel ait néanmoins admis dans les végétaux des vertus occultes, que l'expérience ou le hasard peut seul découvrir.

Jean Parkinson, pharmacien, né en Angleterre, en 1567, se consacrait dans le même temps à l'étude de la botanique. Son premier ouvrage fut le *Paradisi in sole Paradisus terrestris*, ou Jardin de toutes les fleurs agréables que le climat britannique permettait de posséder, avec un jardin potager de toutes les espèces d'herbes et racines dont on usait en Angleterre, ainsi qu'un verger de toutes sortes d'arbres fruitiers et arbrisseaux alors cultivés dans le même pays. Cet ouvrage, plus intéressant pour l'horticulture que pour la botanique proprement dite, mais où pourtant près de sept mille plantes sont décrites, contient cent trente-quatre chapitres pour les fleurs de jardin, soixante-trois pour les végétaux propres à la nourriture, et vingt-quatre pour les arbres fruitiers et arbrisseaux. Plus tard, Parkinson publia son *Theatrum botanicum*, herbier d'une grande étendue, contenant l'histoire la plus ample qui eût encore été donnée des plantes médicinales, distribuées en diverses classes et tribus, pour faciliter la connaissance des végétaux de même nature et ayant les mêmes propriétés supposées, avec les principales notes de Lobel et de plusieurs autres. La classification hétérogène de

Parkinson, qui paraît avoir pour base celle de Dodoëns, et se fonde tantôt sur les qualités médicales, tantôt sur le lieu où croissent les plantes, montre combien peu de progrès avaient été faits jusqu'alors pour parvenir à une disposition vraiment scientifique des végétaux.

Jean Pona, botaniste italien, de Vérone, rendit un service à la science en publiant le Catalogue raisonné des plantes du mont Baldus et de la route qui y conduit depuis Vérone (*Plantæ seu simplicia quæ in Baldo monte et in via*, etc., 1595; et plus tard, 1623, en italien, sous le titre de *Monte Baldo descritto*). Il donna aussi un *Traité du vrai baume des anciens, commentaire sur l'histoire de Dioscoride* (*Del vero balsamo degli antichi*, etc.). — Un autre Pona (François), médecin, poëte et romancier, qui florissait dans le même temps à Vérone, a publié, en italien, le *Paradis des fleurs, avec le catalogue des plantes du mont Baldus au mois de mai* (*Il Paradiso de' fiori*, etc., 1622).

A cette époque vivait un gentilhomme napolitain, fort célèbre et recherché, Jean-Baptiste Porta, né en 1540, mort en 1595, qui s'appliquait, en même temps qu'aux belles-lettres et à la poésie, à l'étude des mathématiques, de la physique, de la chimie, de la médecine et de l'histoire naturelle. Il fonda une académie, dite des *Secreti*, que le pape Paul III jugea à propos d'interdire, et où l'on préconisait la magie naturelle, sur laquelle il publia, en 1589, à Naples, un traité (*Magiæ naturalis libri XX*), réimprimé à Amsterdam, en 1664, et traduit en français par Lazare Meyssonier (Lyon, 1650 ou 1658). Ce fut Porta qui découvrit la chambre obscure. Sous le titre de *Phytognomonia, seu methodus cognoscendi ex inspectione vires abditas cujuscumque rei* (Naples, 1583, et Francfort, 1591), il donna un livre où, comme dans tous ses ouvrages, les observations les plus remarquables, les plus élevées, se trouvent à côté des idées les plus bizarres, les plus puériles, et dans lequel il présenta d'une manière très-curieuse les analogies qu'il croyait trouver, tant dans la forme que

dans les couleurs, entre les plantes et les animaux; il chercha même à établir à ce sujet une sorte de système artificiel qui, en ne le considérant que par les dehors, ne laisse pas d'être spécieux et de prêter à la réflexion. Porta eut un nombre assez grand d'adhérents, parmi lesquels on peut citer l'alchimiste allemand Oswald Croll (dit Crollius), médecin du prince d'Anhalt, mort en 1609, qui prétendait aussi découvrir dans l'aspect, dans la physionomie des plantes, ainsi que dans leurs rapports, par les couleurs ou les formes extérieures, avec les parties du corps humain, leur propriétés mystérieuses et les vertus dont elles étaient susceptibles pour la guérison des maux.

Antoine Mizauld, médecin, astrologue et botaniste, français, né à Montluçon en 1520, mort à Paris en 1578, publia de nombreux ouvrages où son excessive crédulité se remarque pour ainsi dire à chaque page. Les titres de quelques-uns disent assez ce qu'ils sont : *Secretorum agri enchiridion primum, hortorum curam, auxilia, secreta et medica præsidia*, etc., Paris, 1560 ; *Alexikepus seu auxiliaris hortus, extemporanea morborum remedia ex singulorum viridariis facile comparanda paucis proponens*, Paris, 1574 ; *Planetologia* ; *De arcanis naturæ* ; *Cometographia*, etc., etc. Mizauld a publié des écrits un peu plus positifs, particulièrement *Historia hortensium*, etc., Paris, 1572 et 1574, ouvrage traduit en français par André de la Caille, sous le titre de *Jardinage*, etc. (1578), et ensuite (1605) de *Jardin médical* [1].

Ce fut vers ce temps qu'Olivier de Serres introduisit au jardin des Tuileries la culture du mûrier blanc, et publia son *Théâtre d'agriculture*, Paris, 1600 et 1611. Les navigateurs se firent un devoir d'enrichir les contrées qui les avaient vus naître des végétaux qu'ils rencontraient sous d'autres climats. Les Anglais Raleigh et Cavendish apportèrent dans leur pays de si grandes richesses botaniques, que les savants accoururent de partout pour les visiter.

La renaissance, ou, pour mieux parler, la création de la science des végétaux, amena l'ouverture de jardins publics de botanique. Les premiers établissements de ce genre se firent à Padoue, à Florence, à Bologne, à Pise, de 1540 à 1553, à la faveur de l'heureux climat de l'Italie. L'université de Paris en eut en 1570, celle de Leyde en 1577, celle de Leipzig en 1580, celle de Montpellier en 1598 ; ce dernier dut sa fondation à Richer de Belleval, médecin, auteur de l'*Onomatologia seu nomenclatura stirpium in horto Montispelii*, 1598, et du *Dessin touchant la recherche des plantes de Languedoc*, 1605. L'Angleterre n'en eut un, à Oxford, qu'en 1632.

[1]. A la même époque, Conrad Wolffhart, dit Lycosthène, publia (Bâle 1557) *Prodigiorum ac Ostentorum chronicon* ; Lemne, médecin et prêtre hollandais, donna (Anvers, 1561) *Occulta naturæ miracula* ; Isaacus, *de Rorella tractatus in quo de arcanis alchimistarum* ; Carritcher, médecin, astrologue et botaniste allemand (Strasbourg, 1575), une botanique astrologique et médicale (*Kraeuterbuch, darrinnen begriffen, unter welchem, Zeichem Zodiaci*, etc.), plusieurs fois rééditée ; Meinardus (Poitiers, 1614) *De visco Druidorum orationes* ; Olorinus (Magdebourg, 1616), *Centuria arborum mirabilium et Centuria herbarum mirabilium* ; Michel Maier, alchimiste, qui prétendait faire de l'or, publia *Tractatus de volucri arborea absque patre et matre*, etc., etc.

CHAPITRE V

L'idée de la méthode expérimentale avait été indiquée par Albert
le Grand plus de trois siècles avant d'avoir été recommandée par le
chancelier François Bacon, qui ne fut, comme l'a savamment
démontré M. Liebig, qu'un heureux plagiaire ; elle avait été préconisée et, mieux que cela, mise en œuvre par Roger Bacon, qu'il ne
faut pas confondre, comme on l'a fait trop souvent, avec son célèbre
homonyme le chancelier, par Léonard de Vinci, Galilée, Kepler, Guillaume Gilbert, Harriot et d'autres, quand Zacharias Jansen et Jean
Lapprey, opticiens de Middelbourg, arrivèrent à propos comme pour
affirmer cette méthode, par l'invention du microscope, de 1590 à
1618. En même temps, la science nouvelle, qui n'avait pas encore
osé se produire sans se placer sous l'égide des anciens, sans se mettre
pour ainsi dire sous le couvert des noms de Dioscoride, de Théophraste et de Pline, secoua ce joug suranné ; et, tout en concédant
à l'antiquité la part à laquelle elle avait droit, on se permit non plus
seulement de la commenter, mais de la critiquer comme arriérée,
plus qu'incomplète et inacceptable en l'état des découvertes
nouvelles.

Toutefois, pendant que les études se poursuivaient encore dans le
silence du cabinet et du laboratoire, à l'aide du microscope, avant de
se montrer au grand jour, les hommes qui s'étaient précédemment
occupés de botanique, n'attendaient pas d'être sortis de l'incertitude
pour faire des publications à la faveur des connaissances antérieurement acquises.

Fabio Colonna, ou plutôt Colonna, car il appartenait à la célèbre
famille de ce nom, né à Naples en 1567, mort en 1650, publia plusieurs ouvrages de botanique dans lesquels il déploya beaucoup de
savoir. Les deux principaux sont le *Phytobasanos* (Φυτοβασανος, mot
grec qui signifie *torture des plantes*, parce que l'auteur comparait à
la question l'étude qu'il appliquait à chacune d'elles) *seu plantarum
aliquot historia*, etc., Naples, 1592, in-4°, avec 37 planches, et Florence, 1744 ; et un *Traité des plantes les moins connues et les plus*

rares (*minus cognitarum, rariorumque*, Rome, 1606, in-4°). Le principal mérite de Fabio Colomna est d'avoir repris l'œuvre de Conrad Gessner et de Cesalpini en vue du perfectionnement de la doctrine de la classification, en l'étendant à la formation des genres, ce que Cesalpini n'avait pas effectué, toutes ses espèces étant décrites séparément. Colomna ne présenta pas, il est vrai, un système ; mais il montra le moyen d'en former un par l'union des espèces sous un nom commun, d'après la ressemblance de la fleur et du fruit, et il créa plusieurs termes restés en usage, pour dénommer ces parties. Fabio Colomna joignit à un abrégé de l'*Histoire du Mexique* de Hernandez, fait par Recchi, des observations formant corps séparé à la suite de l'ouvrage, dans lesquelles il développa les principes de la botanique ; c'est là qu'on trouve employé, pour la première fois, le mot *pétale*, pour désigner la partie brillante de la fleur précédemment appelée *feuille* ; il créa cette expression pour éviter toute équivoque.

Jacques Zanoni, médecin et botaniste italien, né à Bologne en 1615, mort en 1682, a publié en italien une *Histoire de la botanique* (*Historia botanica*, 1675, in-folio). Un autre ouvrage de lui, intitulé *Histoire des plantes rares* (*rariorum stirpium Historia*), ne parut que soixante ans après sa mort, en 1742, in-folio, à Bologne.

Fils de Gérard Bontius, qui avait contribué à la fondation du jardin botanique de Leyde, Jacques Bontius, né dans cette ville en 1570, voyagea dans la Perse et dans les Indes orientales, particulièrement dans la Malaisie et les îles de la Sonde, et finit par se fixer à Batavia, où il exerça la médecine jusqu'à sa mort, arrivée en 1625. Il avait recueilli de nombreux matériaux sur l'histoire naturelle de la Malaisie et des îles de la Sonde ; ses manuscrits ne furent livrés à l'impression qu'après sa mort, partiellement d'abord, sous le titre : *De medicina Indorum lib. IV*, in-12, Leyde, 1642, et ensuite, plus complets, sous le titre : *De Indiæ utriusque re naturali et medica lib. XIV*, Amsterdam, Elzevir, 1658, in-folio.

Jean Tradescant, natif de Hollande, longtemps établi en Angleterre, voyageur et naturaliste, qui florissait dans la première moitié du dix-huitième siècle, visita une partie de l'Europe, y compris la Russie, s'embarqua, en 1620, sur la Méditerranée, dont il parcourut plusieurs îles, descendit sur les côtes de la Barbarie, et presque partout eut soin de recueillir des plantes, à la grande satisfaction des botanistes de son temps, avec lesquels il entretenait des relations suivies. On dit que ce fut lui qui apporta de l'île Formentara, l'une des Baléares, le *trifolium stellatum* de Linné. En 1629, Charles Ier, d'Angleterre, lui avait donné le titre de jardinier du roi. Il fut le premier qui forma, en Angleterre, un muséum d'histoire naturelle ; il eut aussi un jardin botanique. — Son fils, qui s'appelait aussi Jean Tradescant, montra un goût semblable pour l'histoire naturelle et les voyages. Il alla en Virginie, d'où il apporta en Europe beaucoup de végétaux nouveaux. Les botanistes se sont fait un devoir de donner ou de conserver le nom des Tradescant à plusieurs plantes, telles que l'*aster* de Tradescant et la *spiderwort* de Tradescant, herbe que l'on disait bonne contre la morsure de l'araignée venimeuse. Linné fit, sous ce nom du *spiderwort*, un genre nouveau. Tradescant le fils publia, en 1656, sous le titre de *Museum Tradescantianum*, le catalogue de son musée de Lambeth, près de Londres. Ce catalogue est suivi d'une liste des plantes du jardin des Tradescant, dont le second mourut en 1662, léguant son musée à un Anglais appelé Ashmole, d'où il prit le nom de musée Ashmoléen.

VAN-RHEEDE.　　Henri-Adrien Drakenstein van Rheede, gouverneur ou sous-gouverneur des possessions hollandaises sur la côte du Malabar, mort tout au commencement du dix-septième siècle, entreprit de faire connaître à l'Europe, avec des frais immenses qui absorbèrent presque toute sa fortune, la nature végétale des merveilleuses contrées qu'il habitait. Il recueillit à cet effet une multitude d'échantillons, fit dessiner un grand nombre de plantes, et, avec le concours de plusieurs collaborateurs, particulièrement de Casearius, jeune ministre protestant, vint à bout de donner au monde savant l'immortel ouvrage intitulé : *Hortus indicus malabaricus*, qui fut publié de 1678 à 1703, en 12 vol. in-folio, avec 794 planches. Ce fut un trésor inestimable pour les botanistes ; il en est souvent question dans ce précis.

LES DEUX COMMELIN.　　Jean Commelin, né à Amsterdam en 1629, mort en 1692, dirigea le jardin botanique de cette ville, et publia le *Catalogue des plantes indigènes de Hollande* (*Catalogus plantarum indigenarum Hollandiæ*, 1683) ; et la *Description des plantes du jardin médical d'Amsterdam* (*Horti medici Amstelodamensis plantarum descriptio et icones*, 1698). — Son neveu, Gaspard Commelin, né en 1667, mort en 1731, fut docteur en médecine et lui succéda en qualité de directeur du jardin botanique d'Amsterdam. Gaspard travailla avec son oncle à la *Des-*

cription du jardin médical d'Amsterdam, et mena cet ouvrage à fin (1697 à 1701). Il donna seul les plantes exotiques de ce même jardin (*Plantæ rariores exoticæ horti Amstelodamensis*, Leyde, 1706) ; enfin on lui doit, sous le titre de *Flora malabarica*, Leyde, 1696, le catalogue de l'*Hortus malabaricus*, catalogue qui se joint à l'œuvre de Van-Rheede.

Simon Paulli, médecin et légiste, né en 1603 à Rostock, dans le Mecklembourg, mort en 1680, fut un botaniste distingué. Il occupa longtemps à Copenhague la chaire d'anatomie et celle de botanique. On a de lui la *Flore danoise* (*Icones floræ Danicæ*, etc., Copenhague, 1647, in-4°, avec 393 figures), ouvrage tiré à un très-petit nombre d'exemplaires et devenu d'une difficulté extrême à trouver. L'auteur y traite des plantes qui croissent non-seulement en Danemark, mais en Norwége. Paulli a publié en outre un Traité des propriétés des plantes médicinales, avec des remarques sur leur floraison et sur leur habitat (*Quadripartitum botanicum, de simplicium medicamentorum facultatibus*, Rostock, 1639, in-4°, et Copenhague, 1655, in-12), ainsi que d'autres ouvrages ayant moins spécialement trait à la botanique. Il périt victime de sa passion pour cette science, des suites d'une fracture à la jambe, qu'il se fit en allant, dans des lieux de difficile accès, à la recherche des plantes.

Deux médecins, Georges Margraff, né en 1610, dans la Saxe royale, et Guillaume Pison, né en Hollande, furent entraînés dans l'Amérique méridionale par le prince Jean-Maurice de Nassau-Siegen, gouverneur général des possessions hollandaises au Brésil, grand protecteur des sciences et qui a laissé lui-même des travaux d'histoire naturelle, enluminés de sa main. Le résultat des recherches et des observations de ces deux compagnons de voyages fut une *Histoire naturelle du Brésil* (*Historia naturalis Brasiliæ*), qui ne vit le jour qu'après la mort de Margraff, arrivée, en 1644, sur la côte de Guinée. Elle est fort intéressante au point de vue des végétaux exotiques. Margraff et Pison passent pour avoir doté l'Europe de l'ipécacuanha.

Thomas Johnson, pharmacien à Londres, cultivait, à la même époque, la botanique avec zèle et succès. Il débuta, en 1629 et 1632, par des publications sur cette science, et se fit bientôt une grande réputation par la nouvelle édition, corrigée et augmentée, qu'il donna, en 1633, de l'herbier de Jean Gérard ; il enrichit cet ouvrage de plus de huit cents planches qui ne se trouvaient pas dans la précédente édition, et, en outre, de sept cents figures qu'il ajouta sur les anciennes planches. En 1634, il publia son *Mercurius botanicus*, ouvrage où l'on trouve une liste de cent dix-sept plantes exotiques, cultivées à Bath, par le chirurgien Gibbo, qui les avait apportées de la Virginie.

THOMAS BROWNE. Thomas Browne, fameux médecin et antiquaire anglais, né en 1605, mort en 1682, a traité dans ses ouvrages *des plantes dont il est parlé dans l'Écriture sainte;* mais au point de vue de la botanique, cette partie des écrits d'un auteur plus mystique que savant, ne présente qu'un médiocre intérêt.

GUILLAUME HOW. Guillaume How, né à Londres en 1619, mort en 1656, avait servi, comme capitaine, dans l'armée du roi Charles Ier, avant d'étudier et de pratiquer la médecine. La botanique fut dès lors une de ses principales préoccupations. Il publia en 1650 sa *Phythologie britannique* (*Phythologia britannica, natales exhibens indigenarum stirpium sponte emergentium*). Dans ce petit ouvrage, les plantes sont rangées dans l'ordre alphabétique des noms latins, empruntés, suivant qu'il a plu à l'auteur, à Gérard, à Lobel et à d'autres. Le catalogue contient mille deux cent vingt plantes, ce qui était considérable pour le temps.

MERRET. Christophe Merret, également médecin anglais, né en 1614, mort en 1695, publia, en 1667, un *Tableau des choses naturelles de la Grande-Bretagne, contenant les végétaux, les animaux et les fossiles que l'on trouve dans cette île* (*Pinax rerum naturalium britannicarum, continens vegetalia, animalia et fossilia in hac insula reperta*). Merret, d'après ce qu'il en rapporte lui-même, fit cet ouvrage, d'ailleurs secondaire et entaché d'erreurs, pour compléter la Phythologie de How.

JONSTON. Le docteur Jean Jonston, savant naturaliste et médecin, vivait aussi alors. Né à Sombor, en Pologne, l'an 1603, il mourut en Silésie, l'an 1675. Il voyagea par toute l'Europe et se fit fort estimer des hommes de science. Il a écrit sur les animaux et sur les plantes. La *Dendrologie* ou *Histoire des plantes* parut, pour la première fois, en 1662, et est très-difficile à rencontrer. Elle a été jointe à ses autres œuvres d'histoire naturelle, dans une édition de celles-ci, publiée à Heilbronn, en 1768, avec les planches, dues, pour le dessin et la gravure, au célèbre Mathieu Merian, de Bâle; pour les végétaux, ces planches sont au nombre de cent trente-sept, contenant chacune beaucoup de figures et de très-minutieux détails.

L'un des plus zélés protecteurs des naturalistes pendant le dix-septième siècle fut le prince italien Frédéric Cési, duc d'Aqua-Sparta, né à Rome en 1585, mort en 1639, dont il a été question à propos de Hernandez. A dix-huit ans, le prince Cési institua l'Académie des *Lincœi*, qui avait pour objet de travailler, en quelque sorte avec des yeux de lynx, aux découvertes d'histoire naturelle, et qui compta Galilée et Fabio Colomna parmi ses membres, mais qui ne survécut que vingt ans à son fondateur. Le prince Cési passe pour avoir découvert le premier les graines de fougère. Il encouragea particulièrement le médecin botaniste napolitain Nardo-Antoine Recchi, dont il a été parlé au sujet de Fabio Colomna; il contribua puissamment, par sa coopération, comme naturaliste, comme homme de goût et homme riche, à la publication, faite après sa mort, de l'*Abrégé de l'Histoire naturelle du Mexique* de Hernandez, dû à cet auteur, ouvrage remarquable par sa beauté, et suivi de *Tables phytoscopiques* (*Tabulæ phytoscopicæ*), offrant, d'une manière méthodique, une classification des plantes, qu'on lui attribue et qui est à peu près semblable à celle que donna Linné un siècle après. Sous le titre de *Metallophytum*, le prince Cési publia un opuscule sur les *bois fossiles*. Il a laissé un manuscrit en 3 vol. in-folio, contenant des dessins enluminés d'un grand nombre de champignons.

Si nous parlons ici de Jean-Laurent Bausch, docteur en médecine, né à Schweinfurt, en Allemagne, l'an 1605, mort en 1665, c'est moins parce qu'il s'occupa accessoirement de botanique, que parce qu'il fut le fondateur, en 1652, d'une académie assez célèbre, celle des *Curieux de la nature*, destinée d'abord à diriger vers un but commun les travaux des plus habiles médecins, et à laquelle appartinrent la plupart des botanistes de la dernière moitié du dix-septième et de la première moitié du dix-huitième siècle. A l'imitation de plusieurs sociétés savantes d'Italie, l'*Académie des Curieux de la nature* était dans l'usage de donner à chacun de ses membres le nom de quelque philosophe ou savant de l'antiquité. Nombre d'entre eux s'occupèrent surtout de la palingénésie, ou de la reproduction des animaux et des plantes de leur cendre; la plupart des savants empiriques et alchimistes en firent partie; mais, outre qu'ils n'étaient pas tous, à beaucoup près, sans rendre des services positifs, il ne tarda pas à se joindre à eux bien des hommes éminents par leur intelligence moins aventureuse et moins amie des sciences dites occultes. Le premier volume des *Éphémérides de l'académie des Curieux de la nature* (*Miscellanea academiæ naturæ Curiosorum, seu Ephemerides medicophysicæ*) parut à Leipzig, en 1670; il se ressent, comme une partie de ceux qui le suivirent, de l'état flottant de l'érudition souvent parasite de ses auteurs; mais quand du doute la science passa à la réalité, les *Éphémérides* devinrent d'un intérêt sérieux par les mémoires des Wolckammer, des Dillenius, des Trew, etc. De 1727 à 1754 surtout, elles rivalisèrent de mérite avec les collections des académies les plus renommées de l'Europe. Les membres de la société formèrent le dessein, qui fut en partie exécuté, de publier, à côté des *Éphémérides*, des volumes spéciaux, chacun traitant d'un seul végétal. Ce fut ainsi que parurent, de 1664 à 1679, l'*Anchora sacra, vel scorsonera elaborata*, du docteur Jean-Michel Fehr, né à Kitringen, en Franconie, l'an 1610, mort en 1688; le *Traité de la sauge* (*Sacra herba*) du docteur Christian-François Paullini, né à Eisenach, en 1643, mort en 1712; le *Traité de la ciguë aquatique* (*Cicutæ aquaticæ historia et noxæ*) de l'anatomiste suisse Jean-Jacques Wepfer, né en 1620, mort en 1695, etc.; de telle sorte que si l'on eût ainsi continué, le règne végétal lui seul aurait formé une immense collection. L'histoire de l'*Académie des Curieux de la nature* a été publiée en Italie, l'an 1756; elle était l'œuvre du docteur Buchner, son président à cette époque.

Pierre Castelli, connu en France sous les noms de Pierre Castel, fut professeur de médecine à Rome et directeur du jardin botanique de Messine, sa ville natale, des plantes duquel il publia, d'une manière fort brève, le catalogue, en 1640, sous le titre d'*Hortus Messanensis*. Il a aussi donné le *Catalogue des plantes du mont Etna* (*Catalogus plantarum Ætnæarum*), qui n'est pas exempt d'erreurs. Le meilleur de ses ouvrages de botanique est le *Jardin Farnèse* (*Hortus Farnesianus*, Rome, 1625, in-fol., avec 28 planches), qu'il donna sous le nom de son ami Tobie Aldini, médecin, directeur du jardin du cardinal Odoard Farnèse, ce dernier grand ami des sciences et des savants.

Jean Lœsel, médecin et botaniste prussien, né à Brandebourg, en 1607, professeur d'anatomie et de botanique à Kœnigsberg, mort en 1656, entreprit des voyages scientifiques en France, en Angleterre, en Hollande, puis s'appliqua à recueillir les plantes indigènes de sa propre patrie, avec le projet de publier un ouvrage sur cette matière. Son faible tempérament, son état presque constamment maladif, l'empêchèrent d'y donner suite par lui-même, et il en confia le soin à son fils, qui publia, en effet, le *Catalogue des plantes naissant en Prusse* (*Catalogus plantarum in Borussia nascentium*, Kœnigsberg, 1654, in-4°). Jean Gottsched, aussi médecin prussien, né en 1668, mort en 1704, acheta les manuscrits et les dessins de Lœsel, les mit en ordre, y ajouta souvent l'indication de l'usage de la plante en médecine, cela assaisonné de citations de vers latins, et publia, en 1703, sous le nom de son principal auteur, la *Flore prussienne*, contenant 764 plantes (*Joh. Loeselii Flora prussica…. curante Joh. Gottsched*, Kœnigsberg, in-4°, avec 85 planches). Cet ouvrage, où les descriptions sont rares, manque de classification, quoiqu'au moment de sa publication par Gottsched, la nomenclature de Tournefort fût connue ; il ne présente qu'un catalogue par ordre alphabétique.

Jérôme Beverninck, homme d'État, directeur de l'université de Leyde, né en Hollande, en 1614, d'une famille d'origine prussienne, mort en 1690, eut un goût prononcé pour la botanique et dépensa des sommes considérables pour y satisfaire. Après avoir fait venir des plantes des contrées les plus lointaines, il les décrivait et les donnait à peindre avec soin. Il seconda de tous ses efforts les deux Breynius, et détermina Paul Hermann à faire le voyage des Indes orientales, d'où ce botaniste fameux rapporta de si grandes richesses végétales.

Jacques Breyn (dit Breynius), né à Dantzig, en 1637, mort en 1697, était un riche négociant qui consacra ses loisirs et une partie de sa fortune à l'étude de la botanique, dont Mentzel lui donna les premières notions. Il fit plusieurs voyages en Hollande, visita les jardins célèbres de ce pays, et noua des relations avec Beverninck, qui l'engagea à faire connaître au public les végétaux exotiques qu'il avait admirés. Jacques Breyn, après les avoir fait dessiner, graver et enluminer avec un soin extrême, en publia une *Première centurie*, en 1678 (*Plantarum exoticarum aliarumque minus cognitarum, centuria prima*, Dantzig, in-folio) ; il y annexa une histoire du thé, due au docteur Ten Rhyne. De 1680 à 1689, il donna, sous les titres de *Prodromus primus* et *Prodromus secundus*, deux catalogues des végétaux que devaient embrasser les centuries suivantes, et y joignit cinq planches ; mais sa santé délabrée ne lui permit pas de donner suite à son projet. — Jean-Philippe Breyn, son fils, né en 1680, mort en 1764, médecin et naturaliste, fit réimprimer, en 1739, en un seul volume, avec des notes et 30 planches, les deux *Prodromes* dont il vient d'être parlé, en y ajoutant une dissertation sur quelques plantes exotiques dont on vantait fort les propriétés. Jean-Philippe fit un voyage botanique en Italie, et s'acquit dès lors un nom par ses *Observations*, en forme de lettres, à la société royale de Londres, qui furent insérées dans les *Transactions philosophiques*. Il publia en outre plusieurs opuscules sur divers végétaux, particulièrement un *Traité des champignons d'usage* (*De fungis officinalibus*, Leyde, 1702, in-4°) ; une *Dissertation* en latin sur le prétendu *agneau végétal de Tatarie* (*Agnus Scythicus*), appelé vulgairement *Borametz*, que l'on prenait pour un zoophyte, et que l'on sait être aujourd'hui une espèce de fougère, nommée *Polypodium Borametz*. Jean-Philippe Breyn reconnut bien que c'était une portion de plante, mais ne découvrit pas le genre auquel ce végétal appartenait. Il ajouta à la valeur de la *Flore des plantes indigènes de Prusse*, du botaniste Helwig, son contemporain, en la dotant d'une préface contenant le catalogue des auteurs prussiens et polonais qui avaient précédemment écrit sur la botanique.

Maurice Hoffmann, né dans le Brandebourg en 1622, mort en 1698, professeur de médecine à Altdorf, en Bavière, fit de la botanique une étude spéciale. Il a laissé *Floræ Altdorfinæ deliciæ sylvestres, sive catalogus plantarum*, etc., Altdorf, 1622 et 1677, in-4° ; *Botanotheca Laurembergiana, hoc est methodus conficiendi herbarium vivum*, 1693, in-4° ; *Florilegium Altdorfinum, sive tabulæ loca et menses exhibentes quibus plantæ exoticæ et indigenes sub cælo norico vigere ac florere solent*, Altdorf, 1676, in-4°, etc. ; et *Montis Mauriciani descriptio, sive catalogus plantarum quæ in illo et vicinis locis occurrunt*, 1694, in-4°, etc. — Son fils, Jean-Maurice, aussi professeur de médecine à Altdorf, né en 1653, mort en 1727, continua son principal ouvrage, *Floræ Altdorfinæ deliciæ hortenses*. Mais Jean-Maurice Hoffmann fut plus anatomiste et chimiste encore que botaniste.

Henri Munting, médecin et botaniste hollandais, mort en 1658, voyagea en Angleterre, en France, en Italie et en Allemagne. Il forma un jardin botanique à lui particulier qui attira beaucoup de

savants et dans lequel il donna des leçons sur la culture et la conduite des arbres. On a de lui *Hortus universæ materiæ medicæ gazophylacium*, Groningue, 1646. — Son fils, Abraham Munting, médecin
et professeur de botanique à Groningue, né en 1626, mort en 1683,
entretint et augmenta le jardin dont il avait hérité. Il donna en
flamand une description des plantes, si estimée dans son temps, que,
pour la vulgariser, on la traduisit plus tard en latin, Amsterdam, 1713;
il publia aussi *De vera antiquorum herba Britannica*, 1681, avec
24 figures, et une *Histoire de l'aloès américain*, 1680. Abraham Munting s'occupa, à l'exemple de son père, de la culture et de la conduite des arbres fruitiers et autres plantes; on a de lui, sur cette
matière, un traité en hollandais qui parut en 1672 d'abord, puis
en 1682, avec 40 figures.

Christian Mentzel, appelé aussi Mentzelius, médecin, linguistique
et botaniste, né à Furstenwald, en Prusse, l'an 1622, mort en 1701,
voyagea en Allemagne, en Pologne, en Hollande, en Espagne, en
Italie, et visita les îles de Malte et de Candie. Il fut reçu docteur à
l'université de Padoue, et termina sa carrière à Berlin. Il a donné le
Catalogue des plantes de Dantzig (*Catalogus plantarum sponte nascentium circa Gedanum*, 1649, in-4°); le *Lexique polyglotte universel
des plantes* (*Lexicon plantarum polyglotton universale*, Berlin, 1715);
Botanique du Japon (*Botanica Japonica*, 2 vol. in-folio); et des *Figures de plantes, décrites par Ray et d'autres, mais non encore dessinées, ainsi que d'animaux étrangers* (*Icones plantarum a Raio, Ment-
zelio, aliisque descriptarum, sed non delineatarum, ut et animalium
peregrinorum*, Leyde in-4°, avec 80 planches).

Georges-Everhard Rumpf, dit Rumphius, médecin et botaniste,
né à Solms, en Allemagne, en 1626, mort en 1693, passa aux îles
Moluques, où il fit le commerce, et fut consul à Amboine, où il eut
le malheur de perdre sa famille dans le tremblement de terre de 1674.
Dans ces pays d'une végétation si riche et si intéressante, il occupa
ses loisirs à la recherche des plantes. Quand il eut perdu la vue, à l'âge
de quarante-trois ans, il reconnaissait encore, au tact et au goût, la
figure et la nature des végétaux. Il réunit en douze livres ce qu'il
avait rassemblé de plantes à Amboine, et les dédia, en 1690, au gouverneur et au conseil de la Compagnie hollandaise des Indes. Ils ne
furent pourtant pas imprimés alors; ils restèrent plus de trente ans
dans le dépôt de la Compagnie des Indes, et ne furent tirés de l'oubli

qu'en 1741, par les soins de Jean Burman, qui les publia, en latin et en hollandais, sous le titre d'*Herbarium Amboinense*, en 6 volumes in-folio, illustrés d'abord de 669 planches (édition de 1741 à 1750), puis de 30 planches de plus (édition de 1755, Amsterdam, avec un Supplément, des Index et des Tables, sous le titre d'*Auctuarium*). Cet ouvrage comprend les plantes d'Amboine, de Malaca, de Banda et des îles voisines ; il l'emporte, pour les descriptions, sur l'*Hortus Malabarius*, mais il lui cède pour l'exécution des planches.

KÆMPFER. Ainsi, tantôt par les observations de cabinet, tantôt par les excursions botaniques et les lointains voyages, la science marchait à grands pas, et s'enrichissait chaque année de nouvelles découvertes. L'un des botanistes voyageurs qui, vers le même temps que Rumphius, lui rendirent le plus de services, fut Engelbert Kæmpfer ou Kæmpser, médecin et naturaliste, né en Westphalie, l'an 1651, mort en 1722. Il voyagea en Allemagne, en Pologne, en Suède, et se fit attacher en qualité de secrétaire à une ambassade que la cour de Stockholm envoyait au schah de Perse, sous la conduite de Louis Fabricius. Il arriva à Ispahan dans le courant de 1684, et, l'année suivante, au lieu de revenir avec l'ambassade suédoise, il se mit au service de la Compagnie hollandaise des Indes orientales, comme chirurgien en chef de la flotte. Par ce moyen, il visita l'Hindoustan, le royaume de Siam et le Japon. Revenu en Europe, l'an 1693, il prit le bonnet de docteur en médecine à Leyde, et alla ensuite se fixer dans son pays natal, où il fut attaché au comte de Lippe, son souverain. Il rendit un service signalé à la science par la publication, en 1712, de ses *Amœnitates exoticæ*, ouvrage qui, outre les choses très-curieuses sur l'histoire proprement dite des pays qu'il avait parcourus, donne des descriptions précieuses des plantes de ces mêmes pays. Les *Amœnitates exoticæ* furent d'abord traduites en anglais, puis en français sur la version anglaise, La Haye, 1729, 2 vol. in-folio, avec figures. En 1791, longtemps par conséquent après la mort de Kæmpfer, on publia à Londres, in-folio, sous le titre d'*Icones selectæ plantarum quas in Japonia collegit et delineavit E. Kæmpfer*, une iconographie des plantes du Japon que ce savant voyageur avait rassemblées et dessinées.

LES DEUX WOLCKAMMER. Jean-Georges Wolckammer, médecin botaniste allemand, né à Nuremberg, vers l'an 1616, mort en 1693, fit en latin une *Flore de Nuremberg* (*Flora Noribergensis*), qui ne parut qu'après sa mort,

en 1718, in-4°, avec figures remarquables. Il avait donné en 1644,
in-12, une étude sur le baume (*Opobalsami examen*). — Jean-Christophe Wolckammer, aussi médecin et botaniste, de Nuremberg, mort
en 1720, publia, sous le titre de *Norimburgensium Hesperidum* (Nuremberg, 1708-1714, avec figures), un ouvrage estimé sur la culture
des orangers et des citronniers, suivi d'un petit traité sur l'art d'orner
les jardins.

En France, Hérouard, premier médecin de Louis XIII, obtint des
lettres patentes, en date de janvier 1626, qui ordonnaient l'établissement d'un jardin où seraient cultivées des herbes et plantes médicinales. Ce projet n'eut pas de suites immédiates; mais Bouvard,
devenu à son tour premier médecin du roi, et Gui de la Brosse, médecin ordinaire du même prince, le reprirent avec succès. Une voirie,
appelée *des Copeaux*, qui ne contenait qu'environ deux arpents, et
qui avait appartenu à des particuliers, fut choisie par ces médecins,
et acquise, au nom du roi, par contrat du 21 février 1633. Les terrains voisins, d'une étendue de douze arpents, ne furent achetés
qu'en 1636. Labrosse ayant obtenu, en 1635, la confirmation de cet
établissement, y fit construire des bâtiments et des salles pour des
cours de botanique, de chimie et d'histoire naturelle. Il en fut le
premier intendant et publia lui-même, en 1640, un an avant sa mort,
la *Description du Jardin royal des plantes médicinales*, aujourd'hui le
Jardin des Plantes de Paris. Un grand nombre de planches gravées
devaient représenter les plantes les plus rares de ce jardin; 400 planches étaient déjà faites; mais les héritiers ignorants de Gui de la
Brosse les livrèrent à un chaudronnier au prix du cuivre. Le docteur Fagon, son neveu maternel, en découvrit plus tard 50, dont
Vaillant et Antoine de Jussieu ont fait tirer 24 exemplaires. Il ne
faut pas confondre le *Jardin royal des plantes* avec celui qui exista
longtemps sous le nom de *Jardin des apothicaires*. Celui-ci avait dû
sa création, vers 1579, à Nicolas Houel, riche épicier, bourgeois de
Paris, plein de charité et de munificence, qui l'avait établi, sous la
dénomination de *Jardin botanique*, dans un enclos auprès de la rue
de l'Arbalète, où est encore l'école de pharmacie. Après avoir été
longtemps négligé, l'établissement de Nicolas Houel fut acheté par
le corps des apothicaires de Paris, qui y fit construire des salles où
l'on donnait différents cours de pharmacie. Cet ensemble prit depuis
les noms de *Jardin des apothicaires* et d'*École de pharmacie*. Quant

au *Jardin royal des plantes médicinales*, il ne tarda pas à prendre plus d'extension et d'importance, et les hommes les plus considérables dans la médecine et la botanique briguèrent l'honneur de le diriger.

Nous avons déjà cité des pharmaciens savants en botanique. Le dix-septième siècle en compte bien d'autres.

Moïse Charas, médecin et pharmacien, né à Uzès en 1618, mort à Paris en 1698, exerça tour à tour la pharmacie à Orange, à Paris, en Angleterre, en Hollande et en Espagne. Pendant qu'il était dans ce dernier pays, il fut persécuté, parce qu'il avait osé dire que les vipères avaient du venin, même celles des environs de Tolède, contrairement à la superstitieuse opinion des habitants, qui prétendaient qu'un homme privilégié le leur avait ôté. Il revint se fixer à Paris, où il fut nommé membre de l'Académie des sciences, et où il publia en 1753, en 2 vol. in-4°, une *Pharmacopée* qui a joui longtemps d'un grand renom et dans laquelle il traite des simples.

Pierre Pomet, marchand droguiste de Paris, né en 1658, mort en 1699, rassembla à grands frais de tous les pays les drogues de toute espèce, et se rendit fameux par son livre intitulé *Histoire générale des drogues simples et composées*, imprimé en 1694, in-folio, réimprimé en 1735, en 2 vol. in-4°. Il fit les démonstrations de son droguier au Jardin royal, donna le catalogue de toutes les drogues contenues dans son ouvrage, et une liste de toutes les raretés de son cabinet, dont il se proposait de publier la description; mais il n'en eut pas le temps, et son *Droguier curieux* ne parut qu'en 1709, après sa mort.

Jean-Jacques-Guillaume Weinmann, pharmacien allemand de Ratisbonne, né vers le milieu du dix-septième siècle, mort en 1734, fut en possession d'une grande et méritée réputation pour ses travaux botaniques. Le principal de ses ouvrages, qui est encore fort recherché pour la beauté et l'exactitude de ses figures curieusement coloriées, est la *Phytanthosa iconographica, sive conspectus aliquot millium plantarum*, dont la première édition parut à Ratisbonne, de 1735 à 1745, en 4 vol. in-folio, avec 1,025 planches enluminées. Les explications en latin et en allemand qui accompagnaient les planches n'étaient point de Weinmann; elles étaient l'œuvre de Jean-Georges Dieteric. Le docteur Jean Burmann et l'imprimeur Zacharie Romberg, d'Amsterdam, donnèrent, en 1748, une magni-

fique édition, en langue hollandaise, de cet ouvrage, en 4 vol.
in-folio de texte et 4 vol. in-folio de planches enluminées, avec plus
de talent peut-être encore que celles des meilleurs exemplaires d'Allemagne, qu'il faut choisir en grand papier et sans encadrement,
comme étant les premiers et les plus estimés.

Plukenet (Léonard), botaniste anglais, né en 1642, mort en 1706,   PLUKENET.
exerça longtemps l'état de pharmacien à Westminster, et reçut ensuite le titre de docteur. Sa passion pour la science lui fit faire de
grands sacrifices. Il se composa un merveilleux herbier de huit mille
plantes, qui est maintenant la propriété du musée botanique. Il faisait lui-même les frais d'impression et de gravure de ses publications qui ont joui longtemps d'une grande réputation. Il avait des
correspondants répandus dans toutes les parties du monde, et s'était
ouvert un accès partout où il pouvait espérer trouver des aliments
à ses études enthousiastes. Il fit paraître, de 1691 à 1696, en quatre
parties, une iconographie composée de 328 planches, sous le titre
de *Phytographia, sive stirpium illustriorum et minus cognitarum
icones.* Avec la quatrième partie de sa Phytographie, il donna son
*Almagestum botanicum, sive Phytographiæ Plukenetianæ Onomas-
ticon,* etc., ouvrage dans lequel il n'obéit à aucun système. Depuis
Gaspard Bauhin, nul homme n'avait jusqu'alors examiné les anciens avec autant d'attention que Plukenet, en vue d'établir les
synonymes d'une manière exacte. Peu curieux de former de nouveaux genres, il renvoyait, d'après la conformité du port dans presque tous les exemples, aux genres des anciens auteurs; mais plus
soigneux en ce qui concernait les espèces, il les décrivait avec une
exactitude à laquelle on rendait justice. Il avait connaissance du
Système; mais, loin de s'en servir, il le critiquait. En 1700, il donna
une continuation de ses planches, sous le titre d'*Almagesti Botanici mantissa plantarum novissime detectarum ultra millenarium numerum complectens;* cet ouvrage portait le nombre des planches publiées par Plukenet à 354, et l'*Amaltheum Botanicum,* qui parut
cinq ans après, les éleva jusqu'à 454, contenant 2,748 figures. Le
tout fut réuni et réimprimé en 1769, avec additions. Plukenet ne
craignit pas de s'attaquer à Sloane et à Petiver, particulièrement à
celui-ci, pour des erreurs dans l'application des synonymes. Vers la
fin de sa vie, il obtint la surintendance du jardin d'Hamptoncourt
et reçut le titre de professeur royal de botanique.

PETIVER. Jacques Petiver, pharmacien, établi à Charter-House, en Angleterre, fit de grands sacrifices dans l'intérêt de l'histoire naturelle; il engagea les capitaines et chirurgiens des navires du commerce à enrichir leur patrie et sa propre collection, qui était admirable, des échantillons et des semences de plantes, en même temps que d'oiseaux, d'animaux de toutes sortes empaillés, et d'insectes inconnus; il dirigeait lui-même leur choix, et les mettait en état de juger en quelque sorte des objets, en leur distribuant des listes imprimées, émargées de ses avis. Son musée eut bientôt une réputation européenne, et l'on venait de toutes parts pour le visiter. Il fit lui-même de nombreuses excursions botaniques dans la Grande-Bretagne, dont la Flore fut enrichie de ses découvertes. Il publia, de 1692 à 1703, dix centuries de son musée; en 1702, dix décades de son *Gazophylacium naturæ*, avec 100 planches, ouvrage fort estimé de Linné, où l'on trouve beaucoup de fougères américaines, de plantes des Alpes et du cap de Bonne-Espérance, qui n'avaient pas été décrites avant lui; enfin, en 1709, il publia, sous l'anonyme, un catalogue des plantes de la Suisse et du Jura, et, en 1712, sa *Ptérigraphie américaine* (*Pterigraphia Americana*), avec 20 planches, dont 4 sont consacrées à des productions sous-marines et 16 aux fougères, particulièrement à celles observées par Plumier. Outre ces principaux ouvrages, Petiver publia beaucoup d'opuscules sur la botanique. Il fut un des premiers qui adoptèrent l'idée qu'on pouvait déterminer les vertus des plantes d'après leurs rapports et leur analogie, quant aux caractères et classes naturelles. Petiver mourut en 1718. C'est de lui que tire son nom la plante appelée *petiver* par Plumier, en son honneur. Son musée fut acheté par Hans Sloane, son ami, qui, quelque temps avant sa mort, lui en avait offert quatre mille livres sterling.

DOODY. Samuel Doody, pharmacien à Londres, membre de la Société royale, né dans le comté de Stafford, mort en 1706, fut le contemporain et l'ami de Ray, de Plukenet et de Sloane, qui tous les trois ont rendu justice à ses connaissances en botanique, surtout en ce qui concernait les cryptogames, dont il s'occupa d'une manière spéciale. Il fit dans cette classe de végétaux un plus grand nombre de découvertes qu'aucun autre homme de son temps, et il est certain que personne alors ne s'y connaissait mieux que lui. Ses travaux enrichirent considérablement les premières éditions de la *Synopsis* de Ray. Le plus ancien des Jussieu l'appelait le coryphée des pharmaciens de Londres.

Joseph-Donat Surian, médecin et pharmacien de Marseille, à la fois bon chimiste et bon botaniste, fut choisi par l'intendant de la marine Begon pour aller dresser l'inventaire des richesses que la nature a départies aux îles des Antilles, dans la pensée que, par ses connaissances en chimie, il pourrait concourir à l'entreprise que faisait alors l'Académie des sciences de soumettre toutes les plantes à l'analyse chimique, pour constater leurs vertus médicales. Surian demanda qu'on lui adjoignît le Père Plumier, dont il connaissait les talents comme botaniste et l'habileté comme dessinateur. Ils partirent ensemble en 1689, et revinrent au bout de dix-huit mois; mais ils ne s'étaient pas entendus dans le voyage, et ils se séparèrent en se plaignant l'un de l'autre. Il en résulta que Plumier publia seul, par la suite, un ouvrage qui le plaça au premier rang des botanistes, tandis que Surian donnait un catalogue fort sec de plantes exotiques, qui parut dans le *Traité universel des drogues*, de Nicolas Lémery, en 1698, et un autre *Catalogue des drogues et médicaments des Indes*, qui fut joint, en 1709, au *Droguier curieux*, de Pomet. Malgré les difficultés qu'il avait eues avec Surian, Plumier donna le nom de *Suriana* à un genre d'arbustes élégants de la famille des rosacées.

Outre que nous sommes arrivés à une époque où les botanistes se produisent en si grand nombre à la fois, qu'il serait impossible de s'astreindre à parler d'eux dans un ordre parfaitement chronologique quant aux dates de leur naissance, de leur mort et de leurs travaux, nous croyons devoir, de temps à autres, rejeter cet ordre, par calcul, pour présenter soit une série de physionomies à peu près semblables, soit une série de recherches identiques. C'est ainsi que nous avons réservé pour cette place un personnage étrange, appartenant autant à la fin du seizième siècle qu'au commencement du dix-septième, et qui, par sa double figure d'empirique et d'homme de progrès, tient à la fois à ce qu'il y a de plus fantastique et de plus positif dans l'histoire de la science.

Ce personnage, médecin empirique, alchimiste, visionnaire même si l'on veut, mais en tout cas érudit consommé, chercheur d'une invincible obstination, se nommait Jean-Baptiste Van-Helmont, seigneur de Royembord, et naquit à Bruxelles, en 1577, d'une fa-

LES DEUX
VAN-HELMONT.

PREMIÈRES
EXPÉRIENCES
DE
CHIMIE
VÉGÉTALE.

mille noble, riche et puissante. Aux honneurs qui se présentaient à lui, il préféra l'étude et la science, dont les difficultés l'excitèrent au lieu de l'arrêter. Il porta un regard avide sur la conformation du corps humain, devint anatomiste, médecin, chirurgien, et occupa, à ce triple titre, une chaire à Louvain. Bientôt, croyant apercevoir plus de vanité que de réalité dans l'art qu'il avait adopté, tel qu'on le pratiquait, il se demanda si la chimie ou peut-être même l'alchimie ne lui donnerait pas une nouvelle manière de l'exercer, et se jeta tout ensemble dans des recherches expérimentales sérieuses et dans des idées métaphysiques. On prétend qu'il n'avait absolument aucun principe de chimie, quand il se mit à expérimenter sur cette science, avec une maladresse qui faillit plusieurs fois lui coûter la vie, mais aussi avec une persévérance et une profondeur naturelle d'observation qui amena plus d'une importante découverte. Le premier, il chercha à démontrer expérimentalement que les végétaux vivent d'air et d'eau seulement, c'est-à-dire qu'ils décomposent l'eau et l'acide carbonique pour en extraire le carbone et l'hydrogène. Jean Woodward répéta, longtemps après, ces mêmes expériences, et arriva à des résultats identiques, sans rien ajouter, sous ce rapport, aux découvertes antérieures. Van-Helmont fut le précurseur de Mesmer pour le magnétisme, et celui-ci paraît lui avoir beaucoup emprunté. Malgré les excentricités de ses écrits, il a conservé un nom considérable dans l'histoire des sciences par ses découvertes en chimie, qu'elles soient dues au hasard qui aurait merveilleusement servi l'alchimiste, ou à la persévérante observation du chimiste. Van-Helmont combattit avec tant d'ardeur les doctrines d'Aristote et de Galien, qu'il se fit des ennemis acharnés de la plupart des médecins d'alors. Néanmoins, comme on lui attribuait des cures merveilleuses en très-grand nombre, on prétendit que les moyens qu'il employait devaient nécessairement appartenir à quelque puissance occulte, au démon particulièrement, et il fut traduit devant le tribunal de l'Inquisition. Il prouva, fort heureusement pour lui, à l'Université et à l'Église réunies, qu'on le calomniait et que ses moyens étaient puisés dans l'ordre naturel ; mais, de peur qu'on ne se ravisât, il abandonna sa terre de Vilvorde, près Bruxelles, qu'il habitait, et se retira dans la Hollande, qui était l'asile de tous les savants et lettrés persécutés ou menacés de l'être, le refuge de la science délivrée de ses chaînes séculaires. Il y mourut en 1644, laissant un fils qui avait partagé ses goûts, qui les exagéra même encore par leur côté le moins sérieux, et qui réunit et publia ses œuvres, à Amsterdam, en 1648, sous le titre d'*Ortus medicinæ*. Elles ont été souvent réimprimées depuis sous le titre d'*Opera omnia*; la meilleure édition est celle qui sortit, en 1652, des presses des Elzevirs. Jean-Baptiste Van-Helmont et François-Mercure Van-Helmont, ce fils dont on vient de parler, avaient englouti presque toute leur fortune patrimoniale dans leurs recherches et leurs expériences.—François-Mercure, mort en 1699, à l'âge de quatre-vingt-un ans, fut aussi médecin et chimiste, et mena l'existence la plus extraordinaire et la plus aventureuse. Il s'enrôla dans une troupe de bohémiens pour connaître leur langue, et visita avec eux plusieurs parties de l'Europe. Il avait appris un grand nombre d'arts et de métiers, et faisait lui-même presque tout ce dont il avait besoin. Il passait pour un savant universel, et fut soupçonné d'avoir trouvé la pierre philosophale, parce qu'ayant peu de revenus territoriaux, il se livrait à de grandes dépenses. Il disait qu'il croyait à la métempsycose, et soutenait nombre de paradoxes qui, loin d'é-loigner de lui, le faisaient rechercher par les plus hauts personna-ges. Enfin les deux Van-Helmont ne parurent pas tellement à dédai-gner même à Leibnitz, que cet illustre savant n'ait honoré la tombe du second d'une épitaphe élogieuse à la fois pour l'un et pour l'autre.

L'astrologie avait fait, presque toujours, partie de la médecine et de la botanique empiriques. Elle était loin d'avoir perdu son crédit au milieu du seizième siècle. Plusieurs médecins, qu'ils fussent ou non de bonne foi, s'y adonnaient et étendaient leur penchant ou leur calcul jusqu'à la préparation et à l'application des simples. De ce nombre, on peut citer Robert Turner (différent de Guillaume Turner), médecin anglais, qui se donnait le titre d'amant studieux de la botanique astrologique (*Botanologiæ studiosus*), et qui publia à Londres, en 1664, sur la nature et les vertus des plantes de la Grande-Bretagne, un ouvrage bizarre, intitulé *Botanologie du physi-cien anglais* (*Botanology the British Physician*).—Nicolas Culpepper, qui vivait dans le même temps et qui suivait les mêmes errements, fut aussi un botaniste astrologue de grand renom en Angleterre. Il publia, en 1652, un herbier astrologique qui, durant plus d'un siècle, fut le manuel des *bonnes dames* à la campagne.—Robert Lovel donna, en 1665, dans le même ordre d'idées, l'*Herbier complet* (*Compleat Herbal*), dans lequel, à côté des plus grandes niaiseries et superstitions, on remarque des connaissances étendues, une vaste érudition et une surprenante industrie dans la collection et la mise en ordre des matériaux. — En 1694, le docteur Jean Pechey, médecin anglais, qui paraît avoir eu aussi des affinités avec l'astrologie, publia, dans sa langue natale, un ouvrage médiocre, sous le titre d'*Herbier complet des plantes médicinales* (*the compleat Herbal*, etc.). Ce fut Pechey qui introduisit en médecine l'usage du casumunar. — Westmocott, dont les doctrines n'étaient pas moins superstitieuses, fit paraître aussi, en 1694, un *Herbier de l'Écriture sainte*, sous le titre de *Philobotanologia, seu historia vegetabilium sacra*. — Ces empiriques devaient trouver en Angleterre des disciples jusqu'au commencement du siècle suivant, où Guillaume Salmon publia, à Londres (1711), un *Herbier anglais* d'après les visions astrologiques.

Revenons à l'histoire sérieuse de la science botanique.

JUNGIUS.

Un homme modeste, mais ennemi déclaré de l'empirisme, était alors recteur de l'académie d'Hambourg. C'était Joachim Jung, dit *Jungius*, savant allemand, né à Lubeck en 1587, mort en 1657, plus connu comme philosophe et mathématicien que comme botaniste. Ce fut un de ceux pourtant qui travaillèrent le plus à ramener le dix-septième siècle à l'étude de la nature par la méthode. Il donna, en 1619, dans un ouvrage intitulé *Principales opinions de physique* (*Præcipuarum opinionum physicarum*), des règles pour établir les espèces. Dans un autre ouvrage intitulé *Instructions sur les plantes* (*Isagoge Phytoscopica*), publié en 1639, réimprimé en 1647, il établit d'excellentes différences tirées des feuilles, de la tige et du calice, et observa avec soin les étamines, auxquelles on avait fait avant lui peu d'attention. Un grand nombre de ses écrits furent perdus dans un incendie. Vogel, son disciple, en a publié une partie. Jung avait étudié avec soin les divers organes des végétaux, entre autres ceux de la fécondation, et avait déclaré qu'il serait impossible de perfectionner la botanique tant qu'on négligerait de déterminer les espèces et d'établir les genres, les ordres et les classes sur des caractères invariables. Il enseigna, le premier, que les arbres ne doivent pas être séparés des autres plantes; il rejeta les différences tirées de la couleur, de la saveur et de l'odeur, et indiqua que les distinctions puisées dans la forme des feuilles méritaient la préférence. Il s'appliqua à la diagnose et à la terminologie, et essaya de réduire en axiomes les principes de la botanique. Leibnitz faisait le plus grand cas de Jung, et l'égalait aux plus illustres savants et philosophes de son temps; Linné tira un grand parti de ses écrits.

On a vu où en étaient restés, avec Cesalpini et Adam Zaluzianski, les préoccupations plutôt que les observations sur la sexualité dans les végétaux. Il y avait longtemps qu'on paraissait avoir abandonné toutes recherches à cet égard, quand plusieurs savants à la fois s'en occupèrent en Angleterre. Thomas Millington, professeur à Oxford, a passé, sans qu'on en ait fourni la preuve, pour avoir signalé avant Grew le mélange des sexes dans les plantes. Quoi qu'il en soit, c'est à Néhémie Grew, médecin anglais, né vers 1628, mort en 1711, que revient l'honneur de la première démonstration du fait, basée sur de longues expériences microscopiques. Le premier fruit des observations de Grew sur la physiologie des végétaux fut l'*Idée d'une histoire philosophique des plantes*, qui parut en 1673, in-12. Appelé à faire partie de la Société royale de Londres, il exposa son opinion sur ce sujet dans un morceau qu'il lut sur l'anatomie des fleurs, le 6 novembre 1676, et soutint l'importance des anthères comme organes fécondateurs. Il publia, en 1680 seulement, son *Anatomie des plantes*, en 3 vol. in-8°, ouvrage qui fut réimprimé, en 1682, en un volume in-folio, avec 83 planches, et qui a été traduit en français par Levasseur, Paris, 1675, in-12, avec figures. Linné a consacré à Grew, sous le nom de *Grewia*, un genre de plantes qui comprend des arbres exotiques de la famille des tilleuls.

Dans le même temps, en Italie, Marcel Malpighi, premier médecin du pape Innocent XII, né en 1628, mort en 1694, ne contribuait pas moins que Grew à la création de l'anatomie végétale par les expériences microscopiques. On a de lui des observations très-exactes sur la germination. Mais Malpighi étendait ses études anatomiques sur l'organisation de l'homme et des animaux, en même temps que sur les plantes, et ce travail comparatif l'égara quelquefois et l'empêcha de faire marcher l'anatomie végétale d'une manière aussi prompte et sûre qu'on aurait pu l'attendre de son génie. Les rapprochements entre les animaux et les végétaux sont souvent forcés. Henshaw, en 1661, ayant découvert les trachées des plantes à l'aide du microscope perfectionné par l'habile et savant anglais Robert Hooke, l'émule trop jaloux de Newton, Malpighi en prit texte pour comparer ces organes chez les végétaux avec les trachées des insectes et pour les présenter comme identiques dans les deux règnes ; il en fit des appareils de respiration : ce qui est inexact pour les plantes, chez lesquelles les fonctions de ces organes ne sont pas absolument déterminées. Il est vrai toutefois que l'étude micrographique des trachées peut donner lieu à une singulière confusion ; car il est bien difficile de dire en quoi diffère leur structure dans les deux règnes. L'abus des rapprochements, quelque ingénieux qu'ils soient, est une source d'erreurs. Aussi les doctrines anatomiques de Malpighi n'ont-elles eu que peu d'influence sur les progrès de l'anatomie et de la physiologie botaniques. Ce savant observateur eut le tort de repousser obstinément le principe de la fécondation, et persista à regarder les appareils générateurs comme de simples organes excrétoires. Malgré ses immenses découvertes, il reste comme un exemple du danger de l'esprit systématique. Ses œuvres, qu'on lit toujours avec intérêt, ont été publiées à Londres, en 1686, sous le titre d'*Opera omnia*, 2 vol. in-folio, et on y a ajouté, en 1697, des *Œuvres posthumes*, 2 vol. in-folio. Il y a en outre, des éditions de Leyde, 1687 ; Amsterdam, 1698, 1700, in-4°, avec 19 planches ; Venise,1698, 1743, in-folio.

CLAUDE
PERRAULT.

Claude Perrault, né à Paris en 1613, mort en 1688, qu'il ne faut pas confondre avec son frère Charles, l'auteur des *Contes de Fées*, ne fut pas seulement un admirable architecte auquel on doit le Louvre de Louis XIV, l'Observatoire de Paris et d'autres monuments ; il était aussi médecin et, à ce titre, attentif aux progrès de l'anatomie dans toutes les branches auxquelles elle s'applique. Il confirma, par ses propres observations, l'existence de la séve ascendante dans les plantes ; mais il s'égara en cherchant à prouver que celles-ci ont, comme les animaux, des artères et des veines garnies de valvules. C'était une suite de l'abus des comparaisons absolues entre les animaux et les végétaux.

RODOLPHE
CAMERARIUS.

Rodolphe-Jacques Camerarius, médecin botaniste, né à Tubingen, Allemagne, en 1665, mort en 1721, parcourut sa patrie, la Hollande, l'Angleterre, la France, l'Italie, et retourna, en 1687, dans sa ville natale, où il fut nommé professeur et directeur du jardin botanique. Il publia, en 1694, une *Lettre*, adressée au docteur Bernard Valentin, de Giessen, *sur la sexualité des plantes* (*Epistola de sexu plantarum*), qui fait époque dans l'histoire de la botanique et qui renversa ouvertement toutes les idées que l'on avait encore, malgré les observations, il est vrai un peu timides, précédemment faites dans la même voie, sur le mode de reproduction des végétaux. L'existence d'organes sexuels dans les plantes était une révélation qui portait une rude atteinte aux opinions des philosophes qui avaient rejeté, comme impossible et ridicule, tout lien, tout anneau entre les divers règnes de la nature. Telle était la force de la routine, toujours ignorante et absurdement railleuse, même chez les hommes de considérable valeur qui n'ont pas su s'en débarrasser, que Camerarius eut beau démontrer, par des expériences sur le maïs, la mercuriale, le mûrier et le ricin, que les graines avortent quand on a empêché l'action des étamines sur le pistil, on n'en combattit pas moins sa doctrine, comme fondamentalement erronée; l'illustre Tournefort lui-même, qui jouissait dès lors d'une sorte de royauté sur la botanique, fut, il faut bien l'avouer, au nombre des routiniers sur cette importante question dans laquelle il ne se montra pas plus alors de l'avis de Camerarius, que, peu d'années après, de celui de Bocconi. Camerarius eut la pensée d'établir un système puisé non-seulement dans les organes de la génération des plantes, mais encore fondé, en trois classes principales, uniquement sur l'union ou sur la séparation des sexes. Outre sa lettre sur le sexe des plantes, ce savant observateur a donné *De polychresta exotica*, ouvrage qui a été réimprimé en 1749 avec un opuscule de Gmelin, et dans lequel Camerarius constate l'existence du sexe des plantes androgynes, fait connaître ses expériences sur la fécondation des végétaux dont les sexes sont séparés, et démontre que les graines sont rarement fécondes et propres à reproduire, quand elles proviennent de fleurs qui ont été dépouillées de leurs étamines. Il publia aussi *De convenientia plantarum in fructatione et viribus*, Tubingen, 1699, in-4°, écrit où il traite des rapports entre la forme extérieure des plantes et leurs propriétés.

Il eut un fils, médecin et botaniste, nommé Alexandre, né en 1695, mort en 1736, qui lui fut adjoint, puis lui succéda dans la chaire de botanique et la direction du jardin de Tubingen. On a d'Alexandre Camerarius une dissertation sur les principes de la botanique et sur ce qui doit constituer les genres et les espèces (*De Botanica*, Tubingen, 1717, in-4°); et un mémoire (*De motu elastico staminium amberboi*) où il fait connaître le mouvement élastique des étamines de la *centaurée musquée* ou *amberboi*, étude fort curieuse à cette époque, en ce qu'elle était la première qui se fût produite sur l'irritabilité de certaines plantes.

Un autre savant allemand, Jean-Henri Burckard, antiquaire distingué, né en 1672, mort en 1738, fut également botaniste remarquable et eut aussi l'idée de fonder un système de classification des plantes dont la base serait exclusivement prise dans les organes de la génération; mais il alla plus loin que Camerarius, et pensa que le nombre et les rapports de longueur des étamines pourraient être employés avec succès pour former des coupes; il avait même déjà indiqué certaines des classes établies plus tard par Linné, qui d'ailleurs ignorait, assure-t-on, ses travaux. Burckard ne publia guère qu'une lettre en latin, en 1702, adressée à Leibnitz, dans laquelle il consigna ses observations; elle était oubliée, quand les travaux de Linné ayant paru, Laurent Heister la remit en lumière, en la publiant de nouveau, en 1750, dans un but hostile au grand botaniste suédois.

Antoine Leuwenhoeck, né à Delft, en Hollande, l'an 1632, mort en 1723, n'est pas moins célèbre comme physiologiste et anatomiste que comme habile fabricant de microscopes. Mais il ne prit pas la peine de coordonner le résultat de ses recherches micrographiques, et il se borna à les consigner négligemment dans des *Lettres adressées à la Société royale de Londres*, ou dans des Mémoires qui furent réunis et publiés en latin, sous le titre d'*Arcana naturæ detecta*, Delft, 1695 à 1699, Leyde, 1719. Aussi ne jouit-il pas de la gloire d'avoir découvert les monocotylédones, bien qu'il eût observé, le premier, que, dans ces végétaux, les faisceaux fibro-vasculaires sont épars dans une masse de tissu cellulaire, tandis que dans d'autres, supérieurs sous le rapport de la structure, les vaisseaux sont disposés concentriquement, ce qui était bien évidemment la découverte de la caractéristique des dicotylédones. Aucun savant ne consacra plus de temps que Leuwenhoeck à l'observation microscopique; aucun peut-être ne la fit progresser davantage par les modifications que son ingénieuse patience apporta aux instruments; aucun n'en répandit plus le goût par le nombre et aussi par l'étrangeté de ses découvertes. Il présenta, entre autres, un système entièrement neuf sur la génération dans le règne animal, que quelques anatomistes dès lors entreprirent d'étendre au règne végétal. De ce nombre fut l'ingénieur-mécanicien Samuel Morland, qui vivait à la même époque. On verra tout à l'heure le docteur Étienne-François Geoffroy et le botaniste Sébastien Vaillant, le premier en 1711, le second en 1718, s'occuper du même sujet qui fut après eux encore l'occasion des recherches de Patrick Blair, de Bradley, de Fairchild, de Miller, des Kölreuter, de Needham, de Badcock, de Spallanzani, avant d'être dans notre siècle l'objet des consciencieuses études de Mirbel, de Guillemin, d'Adolphe Brongniart, d'Amici, de Robert Brown, de Hugues de Mohl, de Purkinje, de Fritzche, de Meyen, de Schleiden et autres.

Samuel Morland, baronnet, ingénieur anglais, né en 1625, mort en 1697, est surtout célèbre par ses travaux en mathématiques et en mécanique. On lui attribue en Angleterre, concurremment avec le marquis de Worcester, en 1682 et 1683, la première pensée des machines à vapeur. Ce fut en français et à Paris qu'il publia ses *Principes de la nouvelle force du feu, inventés en* 1682, et imprimés l'année suivante, ce qui semblerait lui donner la priorité sur le marquis de Worcester. Il améliora les baromètres et rendit leur usage populaire en Angleterre par l'excellence des siens. Pendant que le père Kircher imaginait et exécutait le porte-voix en Italie, Samuel Morland l'inventait, de son côté, et l'exécutait dans sa patrie. Ce célèbre ingénieur, dont les observations s'étendaient à beaucoup de choses, s'occupa incidemment d'anatomie, de chimie et de botanique. En 1703, il lut devant la Société royale de Londres un morceau dans lequel il essayait de démontrer que le pollen, appelé *farina*, parce qu'on le prenait pour une sorte de *poussière*, était un amas de plantes séminales, dont chacune devait être transmise par le style dans chaque ovule avant de pouvoir produire. Cette opinion, partagée par Geoffroy et repoussée par presque tous les botanistes-micrographes et chimistes durant le dix—huitième siècle, a trouvé depuis des partisans, entre autres Schleiden.

Jean Woodward, médecin, anatomiste, philosophe, antiquaire, chimiste et naturaliste anglais, né en 1665, mort en 1722, s'occupa, au point de vue de l'histoire naturelle, beaucoup plus de minéralogie et de zoologie (particulièrement des fossiles) que de botanique. Cependant on doit au célèbre auteur de l'*Essai sur l'Histoire naturelle de la terre*, si controversée et si opposée à la théorie de Buffon, qui place le feu central où Woodward place de l'eau : « *Quelques pensées et expériences concernant la végétation,* » insérées dans les

Transactions philosophiques, en 1699. Les expériences de Woodward constituent le point de départ des principes de statistique des êtres organisés et démontrent l'échange permanent qui s'effectue entre la nature vivante et la nature inorganique.

Étienne-François Geoffroy, célèbre médecin, né à Paris en 1672, mort en 1731, était le fils de Mathieu-François Geoffroy, habile et riche pharmacien, ancien échevin et ancien consul, dont l'officine était le rendez-vous quotidien des Cassini, des Truchet, des Joblot, des Duverney, des Homberg, en un mot de toutes les illustrations d'alors en géographie, en physique, en mécanique, en minéralogie, en anatomie, en chimie, et qui avaient en quelque sorte établi là le siége de leurs conférences expérimentales. L'école de Montpellier jouissait dans ce temps d'une si brillante réputation que le jeune Geoffroy y fut envoyé de Paris pour apprendre la pharmacie. Déjà il montrait que la chimie et la botanique étaient ses études de prédilection, et, dans ses moments de loisir, il tournait et travaillait lui-même des verres pour ses observations microscopiques. Il voyagea, pour s'instruire, en France, en Angleterre, en Hollande et en Italie. Non content d'être devenu un des plus habiles pharmaciens de son temps, il se fit recevoir docteur en médecine, et prit pour l'un des sujets de ses thèses, que le médecin philosophe devait être mécanicien-chimiste. Persuadé, si contrairement aux habitudes de notre siècle, que l'exercice de la médecine, auquel tient la vie et la mort des hommes, doit être précédé par de longues et sérieuses méditations, Geoffroy ne commença à pratiquer que dix ans après avoir été reçu docteur, quoique antérieurement à son doctorat il fût loin d'être étranger à cet art; il s'était senti retenu par l'admirable et rare scrupule de devenir homicide par ignorance. Nommé membre de l'Académie des sciences de Paris et de la Société royale de Londres, il succéda au docteur Fagon dans la chaire de chimie du Jardin royal, et, en 1709, à Tournefort, dans la chaire de médecine et de pharmacie du Collége de France. La Faculté de médecine de Paris l'élut pour son doyen en 1726. En 1711, il avait lu devant l'Académie des sciences un mémoire très-curieux sur la fécondation des plantes, mémoire dans lequel il concluait à ceci : qu'on ne voit jamais le germe dans les semences avant que le pollen ou, comme l'on disait alors, la *farina*, n'ait été répandu, et que si on supprimait dans la plante les étamines avant que cette *poussière* ne fût tombée, la semence ne pouvait mûrir ou devenir fertile. Il avait entrepris de dicter à ses élèves une histoire complète de la matière médicale. Le médecin de la marine Étienne Chardon de Courcelles, correspondant de l'Académie des sciences, né à Reims en 1741, mort en 1780, auteur lui-même de quelques ouvrages, recueillit tout ce qui avait été donné en séances publiques par l'illustre doyen, et le publia en 3 vol. in-8°, à Paris, en 1741, sous le titre de *Traité de matière médicale, ou Histoire des médicaments simples, de leur vertu, de leur excellence et de leur usage* (*Tractatus de materia medica*, etc.). Dans le tome premier il est traité des fossiles, dans le second des végétaux exotiques, dans le troisième des végétaux indigènes. Antoine Bergier traduisit cet ouvrage estimable du latin en français, et le publia en 7 vol. in-12, de 1741 à 1743 ; puis il le compléta, en 1750, par 3 vol. in-12, pour ce qui était des végétaux, avec l'aide de Bernard de Jussieu, depuis la *Mélisse* jusqu'au *Xyris*. D'autres auteurs se chargèrent d'y ajouter une partie zoologique. Le docteur et professeur de médecine Jean Goulin y annexa, en 1770, une table générale alphabétique, et l'académicien Garsault, qui était non-seulement distingué en hippiatrie et en anatomie, mais encore habile pour le dessin, y joignit, en 1764, les figures des plantes d'usage en médecine, exécutées d'après nature par lui-même, et gravées par quatre des plus remarquables artistes de son temps ; le travail de Garsault, comme complément de Geoffroy, se compose de 730 planches in-8°, contenant 719 plantes et 134 animaux, et d'une *Description abrégée* de ces mêmes planches qui furent ensuite adaptées au *Dictionnaire raisonné universel*, appelé subséquemment *Dictionnaire des plantes usuelles*, par Delabeyrie et Goulin (1733 et 1793). La *Matière médicale* de Geoffroy méritait la longue renommée dont elle a joui, et peut encore être consultée avec fruit. Le voyageur et botaniste Jacquin a donné le nom de *Geoffrœa* à un genre de plantes légumineuses exotiques, dont l'une, originaire de Surinam, a une écorce réputée comme bon vermifuge.

Un médecin de Montpellier, professeur de botanique au Jardin royal de cette ville, Pierre Magnol, né en 1628, mort en 1715, fut un des premiers à comprendre qu'il existe dans les végétaux des affinités se sentant mieux qu'elles ne s'expriment, et posa réellement ment en 1689 la base des principes qui servirent plus tard à établir la *Méthode naturelle*, dans un ouvrage intitulé : *Prodrome d'une histoire générale des plantes* (*Prodromus historiæ generalis plantarum*). Mais, dans l'application, il ne fut pas toujours fidèle à ses idées, et son fils unique publia, en 1720, un ouvrage posthume de lui, ayant pour titre : *Novus character plantarum*, fondé sur un système artificiel où le calice seul de la fleur est pris pour base des caractères classiques. C'est à Magnol que l'on doit la première idée des familles en botanique. Outre les deux ouvrages que nous venons de citer, on a encore de lui : *Botanicum Montpelliense sive plantarum index*, Lyon, 1686, in-8°, avec figures; et *Hortus regius Montpelliensis*, 1697, in-8°, avec figures. Magnol fut incontestablement un des plus remarquables botanistes et observateurs de son siècle. Il est encore regardé comme le *fondateur de la Méthode naturelle*. Linné a donné le nom de *Magnolia* ou de *magnolier* à un genre d'arbres exotiques qui fait aujourd'hui l'ornement des jardins et des parcs d'Europe par l'éclat de son feuillage et la beauté de ses fleurs.

Deux savants botanistes de la Grande-Bretagne, Ray et Morison, qui reprenaient, en même temps, l'idée du système et de la méthode appliquée à l'étude de la botanique, là où l'avaient laissée Cesalpini et Colomna, tirèrent un grand parti, dans leurs travaux, des découvertes et des descriptions dues aux explorations lointaines, et commencèrent à vulgariser la connaissance des végétaux exotiques.

Jean Ray ou Wray, né dans le comté d'Essex, en 1628, la même année que Magnol, et mort en 1705, eut l'avantage de devancer un peu Morison dans la publication de l'esquisse d'un système, ce qui eut lieu en 1668, époque où parurent ses tableaux dressés pour le livre de l'évêque Wilkens, intitulé *Caractère réel ou universel* (*Real or universal Character*); mais il ne donna de développement à sa pensée qu'en 1682, à un moment où Morison avait déjà fait aussi connaître la sienne. Ray publia plusieurs ouvrages de la plus haute importance pour la botanique, qui lui dut une notable partie de ses progrès, quoique aujourd'hui l'examen de son système ou, si l'on veut, de sa méthode, ne soit plus que de pure curiosité. En 1682, il donna sa *Nouvelle Méthode des plantes* (*Plantarum Methodus nova*), dans laquelle, après avoir partagé les végétaux en ligneux et en herbacés, il les divise encore dans un ordre dichotomique, et où il n'accordait de bourgeon qu'aux arbres, mais en annonçant que ces bourgeons étaient de nouvelles plantes annuelles, destinées à recouvrir les anciennes. Ce n'était que le prélude en quelque sorte de son *Histoire générale des plantes (Historia plantarum)*, qui parut à Londres de 1686 à 1704, en 3 vol. in-folio, et dans laquelle il s'était proposé d'embrasser toutes les connaissances de son temps en botanique. Cet ouvrage est considéré comme un véritable monument, et prépara les esprits à accepter la réalité de la sexualité dans les plantes. Il fit paraître, en 1694, son livre intitulé *Stirpium Europæarum extra Britannias crescentium silloge*, où il présente une esquisse curieuse de la géographie botanique en Europe. Mais l'ouvrage le plus populaire de Ray fut son *Inventaire méthodique des plantes de la Grande-Bretagne (Synopsis methodica stirpium Britannicarum)*, qui eut de nombreuses éditions et fut longtemps le *Vademecum* de tous les botanistes anglais. Jean Ray, malgré ses éminentes qualités scientifiques et ses tendances très-marquées dans la voie du progrès, n'échappa pas aux idées de son temps, qui consistaient à partager les plantes en ligneuses et en herbacées; mais il sut entrevoir qu'il n'y a de classification végétale possible qu'en faisant concourir tous les caractères à la formation des groupes; en un mot, il eut le sentiment des associations par affinités naturelles.

Le plus célèbre des botanistes qu'ait produit l'Écosse est incontestablement Robert Morison, né à Aberdeen, l'an 1620, mort à Londres en 1683. Morison passa d'abord en France après l'exécution du roi Charles Ier, pour lequel il avait vaillamment combattu. Il se fit recevoir docteur en médecine à Angers, en 1648, et se distingua par son habileté en botanique, tellement que, sur la recommandation de Robin, alors botaniste du roi, il obtint, deux ans après, la protection de Gaston, duc d'Orléans, oncle de Louis XIV, encore en minorité, et fut nommé intendant du beau jardin que ce prince avait à Blois. Cet établissement, formé en 1650, subsista jusqu'à la mort de Gaston, en 1660. On prétend que ce fut à Blois que Morison fit connaître son système de botanique au duc d'Orléans, et que celui-ci l'encouragea, par ses libéralités, à en poursuivre le perfectionnement. Il voyagea dans les différentes parties de la France et enrichit le jardin de Blois de beaucoup de plantes rares et de quelques-unes qui étaient inconnues. A la restauration de Charles II, Morison retourna en Angleterre, et fut nommé médecin de ce roi, professeur royal de botanique et surintendant des jardins de la couronne. Abel

Brunyer, médecin de Gaston d'Orléans, avait publié, en 1653, un catalogue de plantes, intitulé *Jardin de Blois* (*Hortus Blesensis*). Morison, qui sans doute y avait concouru, en donna, en 1669, à Londres, une nouvelle édition refaite à sa manière, sous le titre de *Jardin royal de Blois augmenté* (*Hortus regius Blesensis auctus*). Cette publication fit sa réputation et contribua beaucoup à le faire nommer, dans la même année, professeur de botanique à l'université d'Oxford, où il eut l'occasion d'employer avec beaucoup de succès, dans la recherche des plantes, un botaniste modeste et fils de ses propres œuvres, nommé Thomas Willisel. Morison publia, en 1672, comme échantillon d'un grand ouvrage qu'il se proposait de donner sous le nom d'*Histoire universelle des plantes du jardin d'Oxford*, un livre intitulé *Nouvelle distribution des plantes ombellifères*, qui est considéré comme la première des monographies par ordre de dates. Sa mort prématurée ne lui permit de donner qu'un volume de son *Histoire universelle des plantes d'Oxford*, volume qui parut en 1680. Le système de Morison se fondait à la fois sur le fruit et sur le port, et, comme celui de Jean Ray, s'il rendit des services dans le temps, il ne saurait plus être à présent qu'un objet de curiosité rétrospective.

BOBART.

Jacob Bobart, botaniste, qui était alors surintendant du jardin d'Oxford, et qui avait confirmé, par ses expériences microscopiques sur le *Lycnis dioica*, celles de Grew sur l'importance des anthères comme organes fécondateurs, se chargea de la continuation du grand ouvrage de Morison. Il y travailla jusqu'à l'année 1678, mais elle ne parut en entier qu'en 1699.

CHRISTOPHE KNAUT.

Cinq Allemands du nom de Knaut, dont deux botanistes, firent parler d'eux presque en même temps à divers titres scientifiques. Nous n'avons à nous occuper, dans ce précis, que des deux botanistes. Le premier en date, Christophe Knaut, né à Halle, dans la Saxe, en 1638, mort en 1694, proposa, en 1687, de prendre le fruit, et non la fleur, pour base d'une classification végétale. Il créa un

LE SYSTÈME.

système composé de dix-sept classes, établi en partie sur des considérations tirées de Ray et de Morison. Ce fut d'après ce système qu'il donna le *Catalogue des plantes des environs de Halle* (*Enumeratio Plantarum circa Hallam sponte provenientum*, Leipzig, 1687, in-8°). Du reste, comme tous les botanistes de son temps, il sépara les arbres des arbrisseaux et des plantes herbacées dans sa classification. Nous parlerons bientôt du second botaniste du nom de Knaut.

Trois ans après Christophe Knaut, c'est-à-dire en 1690, un autre savant de la même ville de Halle, en Saxe, Paul Hermann, docteur en médecine, né en 1646, mort en 1695, eut, peut-être par une communauté de relations et d'études, la même idée que lui. Paul Hermann avait été entraîné, par le goût de la science, à voyager dans les Indes orientales. Il avait même exercé la médecine, de l'an 1670 à l'an 1677, dans l'île de Ceylan, d'où il rapporta un herbier de la plus grande importance scientifique, qui formait 5 vol. in-folio. Après sa mort, cet herbier fut égaré, pendant soixante-dix ans, dans des mains ignorantes. Enfin il devint la propriété d'un pharmacien du roi de Danemark, nommé Gunther, qui, sans en connaître encore l'auteur, l'envoya à Linné pour qu'il en dénommât les plantes. Linné reconnut l'origine de ce trésor; il l'étudia, s'en servit pour établir quelques genres nouveaux et fixer quelques espèces douteuses, l'annota, et finalement publia, en latin, le résultat de son travail sous ce titre que nous donnons en français : *Flore ceylanique, contenant les plantes indigènes de l'île de Ceylan, recueillies autrefois, depuis l'année 1670 jusqu'à l'année 1677, par Paul Hermann, professeur de botanique à Leyde, et rendue à l'univers, au bout de soixante-dix ans, par A. Gunther,* Stockholm, 1747, in-8° de 354 pages, avec 4 planches (*Flora Zeilanica,* etc.). Paul Hermann avait rassemblé huit cents plantes au cap de Bonne-Espérance, dont on ne connaissait avant lui la végétation que par quelques figures du Théophraste de Bodœus-a-Stapel, faites d'après les échantillons très-peu nombreux envoyés au professeur Van-Heurn (dit Heurnius), de Leyde, par son frère. Paul Hermann, à son retour des Indes, se fixa en Hollande, et fut nommé professeur de botanique au Jardin public des Plantes de Leyde, duquel il fit le catalogue, en 1690, en prenant, comme on l'a dit, de même que son compatriote Christophe Knaut, le fruit pour base de sa classification (*Lugduno Batavæ Flores,* 1690, in-8°). Paul Hermann laissa un autre ouvrage de botanique sur les plantes de Hollande, qui vit le jour après sa mort, par les soins de l'Anglais Guillaume Sherard, sous le titre de *Paradis batave* (*Paradisus batavus, continens plus centum plantas affabre ære incisas, et descriptionibus illustratus,* Leyde, 1698, in-4°). L'éminent botaniste fut aussi un médecin renommé auquel on doit une matière médicale.

Jean Ray avait eu fort à se louer d'un jeune botaniste et voyageur anglais, son contemporain, Jean Banister, qui, avant d'être enlevé prématurément à la science, lui avait envoyé le catalogue des plantes observées par lui à la Virginie, en 1680. Banister périt, en tombant du haut d'un rocher, dans une excursion botanique. Ray eut aussi des obligations à Édouard Llhwid, qui découvrit diverses espèces végétales dans le comté de Cornouailles, et fit le premier connaître plusieurs des plantes rares du pays de Galles, longtemps regardées comme absolument étrangères à la Grande-Bretagne. Ray cite encore, parmi les botanistes qui lui rendirent des services scientifiques, Thomas Lawson, dont les découvertes enrichirent la flore anglaise, et surtout le docteur Tancrède Robinson, médecin à Londres, qui a laissé des fragments de botanique répandus dans les plus considérables publications de son temps, et parmi lesquels on distingue la description des quatre premiers volumes de l'*Hortus Malabericus* de Van Rheede.

Jacques Cunningham, à qui Ray, et plus particulièrement Plukenet et Petiver, reconnurent qu'ils avaient de grandes obligations pour les nombreuses communications qu'il leur fit de plantes nouvelles, partit, en 1698, comme chirurgien de la factorerie établie par la Compagnie anglaise des Indes, dans l'île d'Emoui ou Amoy, appartenant à la province chinoise de Fou-Kian. Il fit un second voyage, en la même qualité, en 1700, pour l'établissement qui fut fait à Kusan ou Chusan, où il résida quelque temps et où il prit plaisir à rassembler toutes les productions de cette île. C'est de Kusan qu'il envoya à Plukenet et à Petiver un nombre considérable de plantes nouvelles qui donnèrent tant d'intérêt aux publications de ces deux botanistes. Cunningham passe pour être le premier auteur anglais qui ait donné une histoire ou description de l'arbre à thé. On lui doit, outre la description de Chusan, un catalogue des plantes et coquilles recueillies dans l'île de l'Ascension, etc.

Parmi les botanistes contemporains de Ray, de Morison, de Plukenet, de Petiver et de Sloane, il faut encore citer deux chirurgiens de la Compagnie des Indes, Samuel Brown, qui résida à Madras, et Alexandre Brown, qui découvrit plusieurs plantes nouvelles au cap de Bonne-Espérance ; il faut aussi nommer André Glen, qui se composa un herbier de plus de sept cents plantes indigènes et de deux cents plantes exotiques.

La fondation du jardin botanique d'Édimbourg, à laquelle se rattache l'introduction de l'étude de la botanique en Écosse, appartient à André Balfour. Ce jardin fut établi vers l'an 1680, et il était si bien cultivé, en 1683, par son intendant Jacques Sutherland, qu'il contenait, dit-on, trois mille espèces de plantes disposées suivant la méthode de Morison. Une description en fut publiée, sous le titre de *Hortus medicus Edimburgensis*, par Sutherland, qui eut pour successeur, dans l'intendance de ce jardin, Georges Preston, aussi auteur d'un catalogue de plantes.

Robert Sibbald, premier professeur de médecine institué à l'université d'Édimbourg, vers l'an 1685, s'occupa de l'histoire naturelle en général et en particulier de la botanique indigène de son pays. Il publia *Scotia illustrata, sive Prodromus historiæ naturalis Scotiæ*, etc. (1684 et 1696, in-folio).

Guillaume Sherard ou Sherwood, voyageur et naturaliste anglais, né dans le comté de Leicester en 1659, mort en 1728, visita d'abord quelques parties de l'Angleterre et des îles qui en dépendent; il en profita pour communiquer à Ray la liste des plantes de l'île de Jersey, pour qu'elle fût insérée dans la première édition de la *Synopsis* de cet auteur, en 1690. Il alla en France, où il suivit les leçons de Tournefort. Ayant fait un voyage dans le Jura et aux environs de Genève, vers 1693, il fit le catalogue des plantes de ces contrées, catalogue qui parut comme supplément au *Sylloge stirpium Europæarum* de Ray. Sherard passe pour être l'auteur d'un livre latin publié sous le nom de Samuel Wharton, intitulé *École de Botanique*, ou catalogue des plantes que Tournefort apprit à connaître à ses élèves (*Schola botanica*, etc., Amsterdam, 1692, in-12, réimprimé en 1691 et 1699). On lui doit, comme il a été dit, la publication, avec une préface dont il est l'auteur, du *Paradis batave* de Paul Hermann. Vers 1702, Sherard, qui était jurisconsulte, fut envoyé, en qualité de consul, à Smyrne. Durant son séjour en Orient, il cultiva, dans un jardin longtemps en renom parmi les botanistes, toutes les plantes qu'il put rassembler, et commença un herbier qui devait finir par être le plus considérable que jamais homme eût encore composé; il le porta, dit-on, jusqu'à douze mille espèces de plantes. Ce fut en Orient aussi qu'il jeta les bases de son célèbre *Pinax*, auquel il travailla jusque dans ses derniers jours. Il revint en Europe en 1721, et voyagea en Hollande, en France et en Italie, recherchant les naturalistes de ces pays et recherché par eux. S'étant lié avec Boërhaave, il engagea celui-ci à publier les manuscrits de Sébastien Vaillant, dont la santé déclinait et qui ne pouvait s'en occuper lui-même ; il l'aida à mettre en ordre le travail de ce botaniste, et, avec son concours, le *Botanicon Parisiense* parut en 1727. Il encouragea aussi Dillenius à suivre ses recherches cryptogamiques et à publier ses *Plantes de Giessen*. Quand il était en Angleterre, il partageait son temps entre une laborieuse retraite et le beau jardin botanique que possédait à Eltham, dans le duché de Kent, son frère Jacques Sherard, médecin et pharmacien de Londres, dont la fortune était considérable, et qui hérita encore de la sienne. Guillaume Sherard patronna d'une manière particulière le docteur Marc Catesby, et mit lui-même les noms latins à l'*Histoire naturelle de la Caroline, de la Virginie et de la Floride*, due à ce naturaliste voyageur. A la fin de sa carrière, il eut dans son intimité le docteur Dillenius, qui l'aidait à poursuivre l'achèvement de son *Pinax*, ou *Recueil* de tous les noms que les écrivains en botanique avaient imposé à chaque végétal ; c'était une œuvre analogue à celle de Gaspard Bauhin et destinée à y faire suite. Guillaume Sherard mourut avant d'avoir atteint son but, mais il légua à Dillenius le soin de le poursuivre. Il laissa trois mille livres sterling pour établir une chaire de botanique à Oxford, à condition que son ami en serait le premier professeur ; il ajouta à ce don ses livres de botanique, son herbier et son *Pinax*.

SPON
ET
WHELER.
En 1675, un docteur de Lyon, Jacob Spon, savant antiquaire, né en 1647, et un gentilhomme anglais, Georges Wheler, né en 1650, également grand amateur d'antiquités, partirent ensemble pour visiter l'Italie, la Dalmatie, la Grèce et une partie de l'Asie Mineure. Chemin faisant, les deux voyageurs, tout en donnant leur plus grande attention aux monuments et aux inscriptions de l'antiquité, observèrent les plantes, en recueillirent un certain nombre dont ils dotèrent l'Europe occidentale qui ne les possédait pas encore, en mentionnèrent et décrivirent plusieurs centaines et en dessinèrent quelques-unes. Ils revinrent en 1676, et, l'année suivante, publièrent, à Lyon, leur voyage, en 3 vol. in-12, réimprimé à La Haye, en 1680 et en 1689, en 2 vol. in-12. Les deux antiquaires, botanistes par circonstance, moururent, Spon en 1685, Wheler en 1724.

Ce ne furent ni Ray, ni Morison, ni Christophe Knaut, ni Paul Hermann, qui donnèrent en réalité la consécration au système artificiel, confondu souvent, dans le principe, avec la méthode. Ce fut Buchmann, plus connu sous le nom de Rivinus (Augustus-Quirinus), médecin et botaniste, né à Leipzig en 1652, mort en 1723. Seul, parmi les naturalistes du dix–septième siècle, il rangea ensemble les végétaux ligneux et herbacés, innovation hardie à une époque où l'on ne comprenait pas que ces deux ordres de plantes pussent être rapprochés. Au lieu de chercher à réunir les végétaux par leurs ressemblances apparentes, il créa, la même année que Paul Hermann donnait son système fondé sur le fruit, un système opposé où il prenait la fleur, en considérant le nombre et la régularité des pétales, comme base de ses caractères classiques. L'ouvrage dans lequel il inaugura ce système qui eut un grand retentissement, surtout en Allemagne, était intitulé *Introductio ad rem herbariam*. Leipzig, 1690, in-folio. On a encore de lui, conçus dans la même pensée, trois fascicules sur les plantes à fleurs monopétales, quadripétales et quintipétales (*Ordo plantarum quæ sunt flore irregulari monopetalo* (en 1690), *tetrapetalo* (1691), *pentapetalo* (1699). Rivinus fut imité par deux de ses compatriotes d'Allemagne, d'abord, en 1718, par Rupius, dans un ouvrage intitulé *Flore d'Iéna* (*Flora Ienensis*), et plus tard, en 1737, par Ludwig, dont il sera bientôt plus amplement question.

Chrétien Knaut, médecin et botaniste, parent de Christophe Knaut, né, comme lui, à Halle, en 1654, mort en 1716, eut l'idée de modifier le système imaginé par Rivinus, et publia, dans cette intention, en 1705, une prétendue *Méthode naturelle* (*Methodus plantarum genuina, qua differentiæ genericæ, tam summæ quam subalternæ, ordine digeruntur*; Halle, 1705, in-4°; Leipzig et Halle, 1716, in-8°). Cet ouvrage ne paraît pas avoir eu d'influence sur le progrès de la science. Chrétien Knaut fut plus connu comme antiquaire que comme botaniste.

On a déjà dit qu'en 1720, le fils de Pierre Magnol donna un ouvrage de son père, dans lequel le calice seul de la fleur était pris pour base d'un essai de système artificiel. De toutes ces tentatives, il résulta d'incontestables avantages. L'introduction du système, en attendant la méthode naturelle à laquelle Magnol avait failli donner naissance, fut un événement heureux pour la science, puisqu'elle amena, par degrés, l'établissement des caractères généraux d'après la ressemblance des parties essentielles dans les diverses espèces. Comme on découvrait chaque jour de nouvelles plantes dans l'ancien continent, et comme on en apportait sans cesse d'inconnues du Nouveau Monde, la nomenclature de la botanique courait risque de se perdre encore dans ce chaos où Gaspard Bauhin l'avait trouvée, quand il lui avait donné quelque ordre par son laborieux *Pinax*. Le système mit les botanistes en état de rapporter les nouvelles espèces aux genres déjà formés, et posa des bornes à cette licence qu'on prenait auparavant de donner un nouveau nom générique à chaque nouvelle plante. Linné appelait l'introduction du système, le commencement de l'âge d'or de la botanique.

TOURNEFORT. Il était réservé à un Français de faire sinon oublier, du moins négliger le système de Rivinus, pour un autre système artificiel qui prenait pour base la figure de la corolle. Ce Français était Joseph Pitton de Tournefort, né à Aix, en Provence, l'an 1656, mort en 1708. Tournefort avait été d'abord destiné à l'état ecclésiastique; mais, entraîné par ses goûts, il quitta le séminaire pour l'école de médecine de Montpellier. Il parcourut les montagnes du Dauphiné et de la Savoie, du Roussillon, de la Catalogne, pour y rechercher les plantes les plus curieuses. En 1683 il fut appelé à Paris par le docteur Fagon, et devint, la même année, professeur de botanique au Jardin royal des Plantes. Quelque temps après, il fit un voyage botanique en Espagne et en Portugal. Il visita aussi l'Angleterre et la Hollande. Étant dans ce dernier pays, il entra en relations à Leyde avec le célèbre professeur de botanique Paul Hermann qui, étant fort âgé, offrit de lui résigner sa place, avec promesse de lui faire obtenir une pension fort honorable des États de Hollande. Tournefort préféra retourner dans sa patrie, où il fut nommé membre de l'Académie des sciences, en 1691. Louis XIV le chargea d'une exploration scientifique à Constantinople, en Grèce, dans l'île de Candie, en Géorgie, en Arménie, etc. Il partit en 1700, et fut de retour en 1702, après avoir observé et décrit un grand nombre de plantes. On lui donna alors une chaire de médecine au Collége de France. Il se forma un cabinet très-curieux des plantes et des autres objets d'histoire naturelle qu'il avait rassemblés. Il commença en botanique une grande réforme qui ne porta ses fruits que dans le siècle suivant. Profitant habilement de tout ce qui avait été fait de sérieux depuis la renaissance de la botanique, Tournefort perfectionna l'art de décrire les végétaux, en distinguant avec sagacité les variétés des espèces. Il reprit les idées de Conrad Gessner, oubliées par ses contemporains, en empruntant à tous les caractères de la végétation la caractéristique des genres, quand ces groupes ne pouvaient être déterminés par la similitude des organes de la reproduction. Il sut donc tirer parti de ce puissant auxiliaire, si difficile à manier, et qui ne peut être employé que par un botaniste consommé, car il exige un sentiment profond des formes. Le grand mérite de Tournefort est d'avoir établi, par abstraction, les caractères génériques. Toutefois, ses descriptions ne sont pas à l'abri de la critique; et, sans les admirables et si exactes figures d'Aubriet, qu'il y joignit, elles auraient souvent paru incomplètes. Ce ne fut pas, au reste, de sa faute; car, la glossologie botanique n'existant pas encore, il se vit obligé de se servir de la langue imparfaite de son temps pour décrire des caractères jusqu'alors indéterminés. On peut regarder Tournefort comme l'un des savants qui ont fait faire à la phytologie ses progrès les plus sérieux. L'ayant prise en quelque sorte à l'état d'enfance, il recula à un tel point les limites des connaissances acquises, qu'il fut véritablement innovateur et créateur. Après la gloire d'avoir établi les genres d'une manière plus précise, Tournefort eut celle de faire longtemps adopter son système de classification, fondé, comme on l'a dit, sur la forme et sur les différentes modifications de la corolle. Ce fut en 1694 qu'il divulgua ce système par la publication en français de ses *Eléments de botanique ou Méthode pour connaître les plantes*, imprimés au Louvre, en 3 volumes in-8°, avec 451 planches, et qu'il traduisit lui-même en latin, en les augmentant, pour les répandre dans tout le monde savant, sous le titre d'*Institutiones rei herbariæ* (Paris, 1700, 3 vol. in-4°, avec 476 planches). Jean Ray ayant attaqué, en 1697, quelques endroits de cet ouvrage, Tournefort lui répondit par une dissertation latine qui fit beaucoup de bruit parmi les hommes de science. En 1703, il publia le *Corollaire* de son système (*Corrolarium institutionum rei herbariæ*, in-4°, avec 13 planches). Il fit part au public, dans ce corollaire, des découvertes qu'il avait faites sur les plantes dans son voyage d'Orient. Il donna encore, en 1698, un volume in-12, sortant des presses du Louvre, intitulé *Histoire des plantes des environs de Paris*. Cet ouvrage fut réimprimé, en 2 vol. in-12, en 1725. Ce qui étonne dans Tournefort, qui avait une sagacité si grande, un véritable génie botanique, c'est qu'en cela inférieur à Rivinus, il ait cru devoir conserver la division des végétaux en herbacés et en ligneux, et qu'il ait repoussé, comme chimériques, les idées de Grew, de Rodolphe Camerarius et de Bocconi, sur la sexualité des plantes. Quoi qu'il en soit, malgré les attaques trop passionnées de Sébastien Vaillant, son adversaire après avoir été son élève, et, zélé partisan de la sexualité des végétaux, il ne fallut pas moins que Linné pour le détrôner lui et son système suivi par l'Académie, dans ses *Mémoires*, jusqu'en 1740. Tournefort établit dans les caractères, par un moyen de la plus ingénieuse simplicité, la subordination des groupes les uns aux autres. Si son système n'est pas complétement irréprochable, on ne peut nier qu'il n'ait été d'un immense secours pour l'étude ; et ce qui contribua encore à sa fortune, c'est qu'il établit en même temps de larges associations qui faisaient à la fois de cet intelligent artifice un *système* et une *méthode*. En effet, il ne faut pas perdre de vue l'indivisibilité de certains grands groupes qui se rencontrent aussi bien dans les méthodes que dans les systèmes, et cela se retrouve à un haut degré dans Tournefort. Un des autres mérites de ce grand botaniste, c'est d'avoir compris avant Buffon que la science ne dérogeait pas parce qu'elle se revêtait de quelque éclat de style, ou parce qu'elle parlait une langue naturelle et compréhensible de tout le monde. Dans cet excellent esprit, il publia ses ouvrages en français, et en très-bon français. Leur popularité et la sienne n'eurent rien à y perdre. On publia après sa mort son *Voyage du Levant* (imprimerie du Louvre, 1717, 2 vol. in-4°), ainsi qu'un *Traité de matière médicale* (Paris, 1717, 2 vol. in-12). Tournefort est une des gloires du grand siècle, comme savant et comme littérateur plein de clarté.

Pierre Garidel, médecin et botaniste, né à Manosque, en Provence, l'an 1659, mort en 1737, remplit avec une grande distinction la chaire de botanique à l'ancienne université d'Aix. Il réunit ses observations sur les végétaux et en forma un volume in-folio, qui parut en 1715, sous le titre d'*Histoire des plantes qui naissent aux environs d'Aix et dans plusieurs autres endroits de Provence*. Il adopta l'ordre alphabétique dans cette publication où l'on trouve plusieurs végétaux mentionnés et décrits pour la première fois. Garidel s'était composé un intéressant herbier qui arriva, par intermédiaire, au collége des médecins de Nancy. Tournefort a donné le nom de *Garidella* à un genre de plante renonculacée.

Il ne serait point équitable de passer sous silence le nom de La Quintinie dans ce Précis. L'arboriculture et l'horticulture prises d'une certaine hauteur sont encore de la botanique. Quant aux artistes en horticulture qui furent, comme Le Nôtre, des architectes de jardins et de parcs, et qui s'occupèrent uniquement de marier symétriquement les allées, les avenues, les bosquets de verdure avec les eaux et les palais, ils n'ont naturellement pas de place dans cet ouvrage. Jean de la Quintinie, né à Chabanais, dans l'Angoumois, en 1626, mort en 1688, fut d'abord avocat; mais, dans un voyage qu'il fit en Italie avec un jeune homme de l'éducation duquel il s'était chargé, son goût naturel pour l'agriculture et le jardinage se développa avec un tel succès qu'à son retour en France, il commença déjà à jouir d'une certaine réputation. Elle s'accrut promptement avec le mérite dont il fit preuve. Ce fut lui qui démontra le premier l'inutilité du chevelu qu'on laissait aux arbres pour les transplanter. Le premier aussi, selon Charles Perrault, il donna la méthode infaillible de bien tailler les arbres pour les forcer à rapporter du fruit aux endroits où l'on désire qu'il en vienne, et à le répandre d'une manière à peu près égale sur toutes les branches, ce dont auparavant on avait si peu d'idées, qu'on le regarda quelque temps comme le bourreau de l'arboriculture. S'il ne fut pas l'inventeur de cette méthode, il en fut tout au moins le vulgarisateur. Le grand Condé, qui aimait à se délasser dans les champs et les jardins de ses travaux de guerre, éprouvait un grand charme à s'entretenir avec La Quintinie. Louis XIV le distingua et l'affectionna aussi d'une manière particulière. Il créa en sa faveur la charge de directeur général des jardins fruitiers et potagers de toutes ses maisons royales. La Quintinie dessina et forma les plus beaux jardins potagers de son époque en France, entre autres le potager du roi à Versailles et le potager du château de Chantilly. Homme très-modeste, il négligea de publier pendant sa vie le résultat de ses études et de ses observations; il se contenta de le mettre en pratique. Mais, à sa mort, on trouva un précieux manuscrit de lui, intitulé : *Instruction pour les jardins fruitiers et potagers*, avec un *Traité des orangers* et des *Réflexions sur l'agriculture*. Le tout parut, en 1690, deux ans après sa mort, en 2 vol. in-4°. On en donna une seconde édition en 1692, augmentée d'une *Instruction de la culture des fleurs*, opuscule assez médiocre auquel La Quintinie était étranger et que l'on avait en partie traduit de l'italien de Mandirola. Une troisième édition fut publiée plus tard, à laquelle on joignit encore un *Traité de l'art de tailler les arbres fruitiers*, que l'on attribua longtemps, par erreur selon toutes probabilités, au docteur Venette, de la Rochelle. L'ouvrage de La Quintinie a eu de nombreuses contrefaçons et traductions ; il est accompagné de planches qui ont encore de l'intérêt comme étude comparative de la taille des arbres d'après la méthode de l'auteur, avec la taille selon les méthodes modernes.

PRÊTRES BOTANISTES DU XVIIᵉ SIÈCLE.

Les ordres religieux comptèrent au dix-septième siècle des botanistes distingués dans leur sein. Les Pères Bocconi, Cupani, Barrelier, Mariotte, Plumier, Feuillée, en sont d'éminents témoignages.

BARRELIER.

Le plus ancien en date de naissance, Jacques Barrelier, né à Paris en 1606, mort en 1673, appartenait à l'ordre de Saint-Dominique, dans lequel il était entré après avoir étudié la médecine. Ses loisirs furent consacrés à la botanique. Il voyagea, avec fruit pour cette science, en Provence, en Languedoc et en Italie, recueillant partout des plantes, dont il se proposait de donner l'histoire générale ; il les fit même graver à Rome, sur ses propres dessins, pour l'exécution desquels il avait choisi comme modèle Fabio Colomna ; mais un asthme qu'il avait contracté dans ses excursions scientifiques et par lequel il fut étouffé subitement, coupa court à ce vaste projet que secondait Gaston, duc d'Orléans. Les manuscrits de Barrelier qui y étaient relatifs furent, pour la plupart, consumés dans un incendie ; les planches en cuivre furent sauvées. Ce fut avec ces débris qu'Antoine de Jussieu publia une sorte de Flore du midi de l'Europe, sous le titre de *R. P. Barrelieri plantæ per Galliam, Hispaniam et Italiam observatæ*, Paris, 1714, in-folio, avec 334 planches, donnant 1,392 figures de végétaux. Barrelier avait fait 700 figures de champignons qui n'ont pas été publiées. Enfin, il avait composé, sous le titre de *Hortus mundi* ou *orbis terrarum*, un ouvrage resté inédit, mais qui n'est autre peut-être que l'Histoire générale qu'il avait préparée et de laquelle il vient d'être question.

BOCCONI.

Paul-Sylvius Bocconi, né à Palerme, en 1633, mort en 1704, était d'une famille noble ; il montra dès sa jeunesse un goût particulier pour l'étude des sciences naturelles, dont il cultiva les différentes branches, et ce fut ce qui le porta à visiter diverses parties de l'Europe. Pendant qu'il était en Angleterre, où il se lia avec Sherard et Morison, il publia un ouvrage sur les plantes qu'il avait étudiées, sous le titre de *Figures et descriptions des plantes rares de Sicile, de Malte, de France, d'Italie*, etc. (*Icones et descriptiones rariorum plantarum Siciliæ*, etc., Oxford, 1674, in-4°, avec 52 planches). Le même ouvrage, considérablement augmenté et transformé, fut publié de nouveau par l'auteur, à l'instigation de Sherard, sous le titre de *Musée des plantes rares de Sicile, de Malte, de Corse, d'Italie, de Piémont et d'Allemagne* (*Museo di piante rare della Sicilia*, etc., Venise, 1697, in-4°), avec 133 planches contenant 309 figures, auxquelles on reproche d'être faites sur une trop petite échelle, mais que l'on reconnaît néanmoins à leur port plutôt qu'à leurs détails. Bocconi, homme très-modeste, qu'Antoine de Jussieu, dans son zèle trop vif pour Barrelier, accuse à tort de s'être fait le plagiaire de celui-ci, donna encore : *Manifestum botanicum de plantis Siculis*, Catane, 1688, in-folio ; *Elegantissima plantarum semina botanicis honesto pretio oblata per Bocconum*, Catane, 1688, in-folio ; une *Lettre sur la botanique*, imprimée dans le recueil des *Bizzarrie botaniche* de N. Gervais, Naples, 1673, in-4° ; *Appendix ad museum de plantis Siculis, cum observationibus physicis nonnullis*. Savant observateur, Bocconi apporta des preuves en faveur de la sexualité des plantes par les expériences qu'il fit sur la fécondation des palmiers. Ses études sur les végétaux du midi de l'Europe, particulièrement de la Sicile, ont toujours été fort appréciées, et servirent beaucoup à Jean Ray pour son *Histoire des plantes*. Bocconi avait été nommé botaniste du grand-duc de Toscane, quand, dégoûté du monde, il prit l'habit de religieux de l'ordre de Cîteaux, en 1682. Outre ses ouvrages de botanique, il a laissé de nombreuses publications sur les autres branches de l'histoire naturelle et particulièrement sur la physique.

Le plus considérable peut-être de ces hommes d'église par l'étendue et la variété de ses connaissances, par ses observations et ses découvertes dans diverses branches, fut Edme Mariotte, né vers l'an 1620, mort en 1684, aussi habile botaniste que grand physicien et mathématicien. Il était prieur de Saint-Martin-sous-Beaune. L'Académie des sciences tint à honneur de le compter parmi ses membres. On a de lui d'excellents ouvrages sur le mouvement des corps solides et des fluides, sur les couleurs, sur les végétaux, etc. Ce fut lui qui prouva que la méthode d'incinération était impuissante à faire connaître la composition textulaire des plantes. Ses travaux sont la date d'un grand progrès dans la science botanique. Le *Recueil* de ses ouvrages a été publié en 2 vol. in-4° à Leyde, en 1617, et à la Haye, en 1740. On y trouve son *Essai sur la végétation des plantes.*

PHYSIOLOGIE VÉGÉTALE.

CUPANI.

François Cupani, botaniste sicilien, né en 1657, mort en 1711, appartenait à l'ordre des religieux Minimes. Il avait étudié la médecine et l'histoire naturelle avant d'embrasser la règle monastique. Il décrivit les nombreuses variétés d'arbres fruitiers de la Sicile; il s'occupa spécialement des différentes espèces d'amandiers. On a de lui le *Catalogue des plantes de Sicile* (*Catalogus plantarum Sicularum noviter inventarum*, Palerme, 1692, in-folio); une nouvelle édition de cet ouvrage, sous le titre de *Table des plantes de Sicile* (*Syllabus plantarum Siciliæ*, 1694, in-16); le *Jardin du prince della Catolica, de Naples* (*Hortus Catholicus*, *Neapoli*, 1695, in-4°), jardin duquel il avait été nommé directeur. Ces ouvrages n'étaient pour Cupani que le prélude d'un monument qu'il se proposait d'élever à la science, sous le titre de *Pamphyton Siculum* et qui était même déjà sous presse quand la mort enleva son auteur. Il s'était adjoint, pour y travailler, deux frères, ses élèves, du nom d'Antoine et Vincent Bonani. Antoine n'eut pas honte d'essayer de s'approprier l'œuvre de son maître, et, dans ce but, il supprima la partie du texte qui était imprimée, ainsi que les épreuves de 198 planches qui étaient déjà tirées, et annonça, sous son propre nom, une publication qui devait avoir, disait-il, 16 volumes, sur l'*Histoire des plantes de Sicile*. Il en parut en effet une partie, en 1713, à Palerme, sous le titre de *Pamphytum Siculum, sive historia plantarum Siciliæ*, etc. Bien des personnes furent dupes de ce vol, jusqu'à ce qu'Antoine Bivona Bernardi et Bernardino Ucria l'eurent dénoncé à l'indignation des honnêtes gens.

PLUMIER.

Charles Plumier, né à Marseille en 1646, mort en 1706, qui appartenait aussi à l'ordre des Minimes, balança la réputation de Mariotte lui-même. Mathématicien, opticien, voyageur et surtout botaniste, il se signala, dès l'enfance, par une aptitude extraordinaire pour les sciences. Envoyé dans un couvent de Rome, il y eut pour maître de botanique le P. Sergeant, avec le concours du docteur Francesco Onuphriis, et du père Bocconi, dont il vient d'être question. Ayant été rappelé en

Provence, il fut placé au couvent de Bormes, près d'Hyères, dans un lieu agreste et maritime, d'où il fit de fréquentes excursions botaniques sur le littoral et dans les Alpes avoisinantes. Cela lui inspira le projet de former un nouveau *Pinax*, ou une histoire générale des végétaux, pour laquelle il rassembla des matériaux et fit lui-même de nombreux dessins; mais une autre destination qu'on lui donna bientôt l'empêcha de mettre son plan à exécution. Il eut, dans ce temps, l'occasion de connaître Tournefort, qui faisait sa tournée botanique dans le midi de la France; et, de concert avec Garidel, professeur de botanique à Aix, il accompagna ce savant illustre dans ses recherches. Sur ses entrefaites, Plumier partit, en 1689, pour les Antilles, en compagnie du médecin et pharmacien Surian, comme on l'a déjà dit à propos de ce dernier, pour y observer les plantes dont on pourrait tirer le plus d'utilité dans la médecine. Il s'acquitta de sa commission avec tant de discernement et de succès que, dans la suite, on l'envoya deux fois encore en Amérique, aux frais de l'État, avec le titre de botaniste du roi, pour compléter l'histoire naturelle des Antilles. Il ne s'en tint pas à ces îles, et passa plusieurs fois sur le continent. Toutefois, ce fut de Saint-Domingue qu'il fit sa principale résidence et le siége de ses plus importantes observations. Il dessina et peignit plusieurs centaines de plantes de grandeur naturelle, indépendamment de figures d'oiseaux, de poissons et d'insectes, car ses connaissances s'étendaient aussi à la zoologie. Au retour de son second voyage, il obtint que le premier spécimen de ses travaux fût publié au Louvre, sous le titre de *Description des plantes de l'Amérique*, Paris, 1693, in-folio, avec 108 planches. La première partie de ces planches est consacrée aux fougères; le reste représente diverses espèces du genre des *arum*, le *piper*, les *passiflorœ*, la *rajenia*, le *dolichos* et plusieurs autres. Revenu de son troisième voyage, le père Plumier publia, en 1703, à Paris, ses *Nouveaux genres de plantes d'Amérique* (*Nova plantarum Americanarum genera*). Dans cet ouvrage, composé sur le plan des *Éléments de botanique* de Tournefort, l'auteur décrit les caractères de cent six nouveaux genres de plantes, dont il donne les figures, et parmi lesquelles beaucoup ont été employées en médecine. Pour rendre hommage aux botanistes célèbres de son temps, il donna leurs noms à plusieurs de ses plantes : ce fut ainsi qu'il nomma les *Lobelia*, les *Rajania*, les *Morisonia*, les *Sloanea*, etc., etc. Plumier venait de mettre un *Traité des fougères de l'Amérique* en état d'être imprimé, quand le docteur Fagon le détermina à entreprendre le voyage du Pérou, pour découvrir et dessiner l'arbre du quinquina. Il n'y avait que le plus ardent amour de la science, comme le dit Richard Pulteney, rendant hommage à un de nos compatriotes, qui pût décider un homme de cinquante-huit ans à entreprendre un tel voyage. Malheureusement, pendant que le père Plumier était déjà embarqué au port Santa-Maria, près de Cadix, sur le vaisseau du vice-roi espagnol, en partance pour l'Amérique, il mourut d'une pleurésie. Son *Traité des fougères* parut l'année suivante, 1705. Une partie des dessins que Plumier avait laissés inédits servirent par la suite à des naturalistes tant français qu'étrangers. Boërhaave, en ayant acheté un assez grand nombre, et voulant honorer la mémoire de leur auteur, chargea Jean Burmann de les mettre au jour ; c'est ainsi que parut, en latin, à Amsterdam, de 1755 à 1760, la *Description des plantes d'Amérique*, sous le titre de *Plantarum Americanarum fasciculi decem*, avec 260 planches, la France ayant négligé de faire elle-même cette publication.

FEUILLÉE. Louis Feuillée, né près de Forcalquier en Provence, en 1660, mort en 1732, était comme Cupani et Plumier, religieux de l'ordre des Minimes. Les mathématiques, la physique, l'astronomie et la botanique furent de son domaine. Nommé à son tour botaniste, et, de plus, mathématicien du roi, il fut chargé d'explorations savantes en diverses parties du monde. Il partit, en 1707, pour la mer du Sud, en même temps que l'ingénieur Frézier, natif de Chambéri, visita le Chili, le Pérou, et ne revint en France qu'en 1712. A son retour de ce voyage, il présenta au roi un grand volume où il avait dessiné, d'après nature, tout ce qu'il avait remarqué de plus curieux dans les pays qu'il venait de parcourir. On a de lui : *Journal des observations physiques, mathématiques et botaniques*, Paris, 1714 à 1725, et *Histoire des plantes médicales du Pérou, du Chili*, etc. L'ingénieur Frézier publia, de son côté, son voyage au Pérou et au Chili, sous le titre de *Voyage de la mer du Sud*, 1716, in-4°, dans lequel les botanistes purent aussi trouver des renseignements.

DODART. La méthode d'incinération, combattue par le savant Mariotte comme moyen d'étudier la composition textulaire des plantes, était encore celle de la plupart des botanistes-chimistes, entre autres du célèbre Denys Dodart, docteur-régent de la faculté de médecine de Paris, médecin de Louis XIV, membre de l'Académie des sciences, né à Paris en 1634, mort en 1730. Dodart essaya, en effet, de faire connaître par l'incinération la composition élémentaire des végétaux, mais il n'y réussit pas. D'autre part, il chercha, avec aussi peu de succès, à découvrir la cause pour laquelle il y a dans le végétal deux systèmes, l'un ascendant ou tigellaire, l'autre descendant ou radiculaire. Il composa la préface du livre que l'Académie des sciences fit imprimer, en 1676, sous le titre de *Mémoires pour servir à l'histoire des plantes*; il y combattit avec avantage les opinions de Claude Perrault sur les prétendues artères et veines des plantes, et contribua à faire disparaître les erreurs que celui-ci avait pu accréditer à ce sujet par sa juste réputation de savoir. Dodart donna aussi de précieuses notes sur l'*Histoire des drogues simples et composées* de Pierre Pomet.

Un autre célèbre médecin de Louis XIV, Gui-Crescent Fagon, membre honoraire de l'Académie des sciences, né à Paris en 1638, mort en 1718, consacrait aussi une partie de ses recherches à la botanique. Il fit des voyages en Auvergne, en Languedoc, en Provence, sur les Alpes et les Pyrénées, pour enrichir de végétaux utiles et curieux le *Jardin royal des plantes médicinales* de Paris. Il seconda Vallot, auquel il devait succéder en qualité de premier médecin de Louis XIV, dans les soins qu'il apportait à l'entretien de ce jardin, où il professa la botanique et la chimie, et dont il eut ensuite la surintendance. Fagon eut la principale part au catalogue des plantes qui fut publié, en 1665, sous le titre d'*Hortus regius*, et mit en tête un petit poëme latin de sa façon. Il protégea auprès du roi les botanistes, particulièrement Tournefort, et contribua à faire ordonner par Louis XIV les explorations de ce savant en Asie, en Grèce, en Égypte, de Plumier en Amérique, et de Feuillée au Pérou.

Fagon fut le protecteur de Sébastien Vaillant, né à Vigny, près Pontoise, en 1669, mort en 1722, dans lequel il remarqua et seconda une grande aptitude pour la botanique. Il en fit un chirurgien distingué, et le prit pour secrétaire. Avec son appui, Vaillant eut ensuite la direction du Jardin royal des Plantes de Paris, qu'il enrichit de végétaux curieux; il fut aussi nommé professeur et sous-démonstrateur des plantes de ce même jardin, garde des drogues du cabinet du roi et membre de l'Académie des sciences. On a de Sébastien Vaillant des *Remarques sur les institutions de botanique* de Tournefort; un *Discours sur la structure des fleurs et*

sur l'usage de leurs différentes parties (Sermo de structura florum,
horum differentia usuque partium, Leyde, 1718, in-4°); *Botanicon*
Parisiense, ou *Dénombrement, par ordre alphabétique, des plantes*
qui se trouvent aux environs de Paris, avec plus de 300 figures,
Leyde et Amsterdam, 1727, in-folio, et un autre petit *Botanicon,*
Leyde, 1743, in-12. Vaillant n'ayant pas eu le temps de terminer le
Botanicon Parisiense, ce fut Boërhaave qui se chargea de ce soin et
de le mettre au jour. Le discours de Vaillant sur la structure des
fleurs, qui avait été lu au Jardin royal de Paris un an avant d'être
publié à Leyde, raconte plusieurs découvertes de l'auteur sur la nature de ce qu'on appelait alors la *farina* dans les fleurs et sur la force
d'explosion des anthères, et finit par conclure, avec Grew, mais
sans le nommer, que l'imprégnation se fait par le moyen d'une
aura subtile, et non par la transmission de la poussière à travers le
style.

PHYSIOLOGIE
VÉGÉTALE.

CHIRAC.

Pierre Chirac, né à Conques, en Rouergue, l'an 1650, mort en
1732, médecin et chirurgien célèbre, devint, en 1687, membre et
professeur de la faculté de Montpellier. Nommé, en 1692, médecin
de l'armée française en Catalogne, il s'acquit une grande renommée
en traitant, avec succès, la dysentérie épidémique qui s'était mise
parmi les troupes au moyen de lait coupé de lessive de sarment de
vigne, et cela après avoir inutilement employé l'ipécacuanha, comme
le faisaient tous ses confrères. Il suivit, en 1707, le duc d'Orléans,
depuis régent, en Espagne et en Italie, et, devenu le premier médecin de ce prince, il vint se fixer à Paris, fut nommé associé libre
de l'Académie des sciences, et succéda, en 1718, au docteur Fagon
dans la surintendance du Jardin royal. C'est à ce dernier titre et
comme protecteur éclairé des botanistes de son temps, que nous lui
donnons une place dans ce précis; car il n'a laissé, que nous sachions,
aucun ouvrage qui traitât des végétaux. Il obtint des lettres de noblesse, et, en 1730, deux ans avant sa mort, il succéda à Dodart
comme premier médecin du roi Louis XV.

CHOMEL.

Pierre-Jean-Baptiste Chomel, né en 1671, mort en 1740, d'une
famille dès longtemps célèbre dans la médecine et qui a continué
de l'être encore après lui, fut médecin ordinaire du roi et professeur de botanique au Jardin royal de Paris. Ses leçons, réunies après
sa mort, produisirent, en 1761, trois volumes in-12 sur les plantes
usuelles, qui sont encore recherchés.

Valentin (Michel-Bernard), né à Giessen, dans la Hesse-Darmstadt, en 1657, mort en 1726, professeur de médecine, se fit connaître en botanique par la publication d'une *Histoire réformée des simples* (*Historia simplicium reformata*, Francfort, 1716, in-folio avec 16 planches, et 1723, in-folio avec 23 planches). Il a donné aussi, en allemand, sous un titre latin : *Aurifodina medica, ex triplici naturæ regno cum litteris ex India*, Giessen, 1723, avec figures, où l'on trouve un recueil de cinquante lettres adressées des Indes orientales à l'auteur, particulièrement celles d'André Cleyer. Valentin a fait paraître un grand nombre d'ouvrages ayant trait à la médecine ou à l'histoire naturelle en général. Au nombre de ces derniers sont : *Museum, sive descriptio rerum naturalium præcipuè in Indiis nascentium* (en allemand), Francfort, 1704, in-folio avec figures, et *Prodromus historiæ naturalis Hassiæ*, Giessen, 1707, in-4°.

André Cleyer, médecin et botaniste allemand, né à Cassel vers le milieu du dix-septième siècle, fut attaché, en cette double qualité, à la Compagnie des Indes hollandaises, visita plusieurs contrées de l'Asie, particulièrement le Japon et la Chine, et se rendit utile à la science par les observations qu'il fit sur les végétaux exotiques. De retour en Europe, en 1680, il inséra plusieurs mémoires, quelquefois accompagnés de planches, dans les *Éphémérides des Curieux de la nature*, qui firent connaître une quantité de plantes et leurs propriétés médicinales. Ce catalogue en a été donné dans la *Bibliothèque botanique* de Séguier et dans celle de Haller. Ses descriptions sont généralement trop brèves. Michel-Bernard Valentin a publié une partie de sa correspondance.

François Valentyn, pasteur protestant et voyageur, né à Dordrecht, en Hollande, vers 1660, fut attaché, comme ministre de l'Évangile, à la Compagnie des Indes, alla en 1685 à Batavia, et l'année suivante à Amboine, d'où il fut dirigé ensuite sur Banda. Il ne revint en Europe qu'en 1714, et s'occupa alors de rassembler toutes ses recherches sur les pays qu'il avait parcourus; il en fit un intéressant ouvrage, en hollandais, qui parut sous le titre de : *Indes orientales anciennes et modernes*, Dordrecht et Amsterdam, 1724 à 1726, 8 vol. in-folio, avec figures; l'histoire naturelle et spécialement les végétaux y tiennent une place qui rend cet ouvrage utile à consulter pour les botanistes.

Emmanuel Konig, médecin et naturaliste, né à Bâle, en Suisse, l'an 1658, mort en 1731, jouissait d'un si grand renom de son temps, pour sa science et ses ouvrages de médecine, qu'on l'appelait le nouvel Avicenne. On a de lui, en fait de botanique, une sorte de *Règne végétal*, sous le titre de *Regnum vegetabile*, Bâle, 1708, in-4°.

Samuel Dale, d'abord pharmacien anglais, ensuite médecin, né dans le comté d'Essex, vers 1661, mort en 1739, publia en 1693 une *Pharmacologie*, qui eut, de son vivant, deux autres éditions, en 1710 et en 1737. La dernière surtout fut considérablement améliorée par l'auteur, qui s'était tenu au courant de tous les progrès de la matière médicale. Dale s'occupa aussi de zoologie et de fossiles. Linné a donné le nom de *dalea* à une plante d'Amérique, de la classe de la *diadelphie*, que Van-Royen plaça plus tard dans son genre *psoralea*. Brown essaya ensuite de perpétuer le nom de Dale dans ses plantes de la Jamaïque, mais l'espèce de Brown devint l'*eupatorium dalea* du système de Linné.

Olaüs Rudbeck, savant suédois, né à Westeras en 1630, mort en 1703, fut célèbre à la fois comme mécanicien, comme antiquaire, comme anatomiste et comme botaniste. Il visita l'Allemagne et la Hollande, et fonda, à ses frais, dans sa patrie, en 1657, le jardin botanique d'Upsal, dont la reine Christine le nomma directeur. Cette princesse lui donna aussi les chaires de botanique et d'anatomie à l'Université de la même ville; puis il devint recteur, et enfin curateur perpétuel de cette université. On a de lui, en fait d'ouvrages de botanique, le *Catalogue des plantes du jardin de l'Académie d'Upsal* (*Catalogus plantarum horti Academiæ Upsalis*; Upsal, 1758, in-8°). Il avait fait peindre, puis graver sur bois une grande quantité de plantes curieuses, rassemblées en partie par le botaniste Roland-Martin Burser, fils de Joachim-Martin Burser, dont il a été parlé; il se proposait d'en faire, de concert avec son propre fils, l'objet d'une immense publication qui aurait eu pour titre les *Champs Élysées*; mais l'incendie d'Upsal, en 1702, détruisit dix volumes in-folio sur douze de ce gigantesque travail.

Son fils, nommé aussi Olaüs Rudbeck, né à Upsal, en 1670, mort en 1740, docteur en médecine dès l'âge de dix-neuf ans, le surpassa encore par la variété de ses connaissances. En 1695, il fit un voyage en Suède et en Laponie et recueillit, dans ce dernier pays cinquante nouvelles espèces de plantes. Il parcourut scientifi-

quement la Hollande, l'Angleterre, l'Allemagne, et fonda, en 1720,
avec Enric Benzelius, la société des sciences d'Upsal. Il fut, comme
Olaüs Celsius, un des maîtres et appuis de Linné, qui lui succéda
dans la chaire de botanique d'Upsal, comme lui-même il avait succédé à son père. Il avait puissamment concouru à l'exécution de
l'ouvrage intitulé les *Champs Élysées*, perdu, presque tout entier,
comme on vient de le voir, dans l'incendie d'Upsal, qui dévora aussi
la presque totalité de sa *Laponie illustrée* (*Laponia illustrata*). On
lui doit des éléments de botanique, selon la classification de Ray, et
une méthode pour propager les plantes.

Olaüs Celsius, botaniste, théologien, antiquaire et orientaliste
suédois, né en 1670, mort en 1756, fut aussi en possession d'une
grande renommée par l'universalité de son savoir. Charles XI, roi
de Suède, lui fit faire plusieurs voyages dans les principales contrées
de l'Europe, pour constater et déterminer les diverses plantes citées
dans la Bible. Ce fut à la suite de ces voyages qu'il publia des dissertations sur les plantes dont il est parlé dans l'Écriture, dissertations réunies sous le titre de *Hierobotanicon*, Upsal, 1745 et 1747;
Amsterdam, 1748, in-8°; il donna aussi le *Catalogue des plantes
des environs d'Upsal* (*De plantis Upsaliæ*, 1732 et 1740); il y décrit,
entre autres, plusieurs mousses, champignons et lichens alors nouveaux. Olaüs Celsius est le fondateur de l'histoire naturelle en
Suède. Il fut le maître et le protecteur de Linné, qu'il fit venir dans
sa maison pour lui donner tous les moyens de s'instruire. Linné,
dans sa reconnaissance, a donné le nom de *Celsia orientalis* à une
plante de l'île de Crète qui a beaucoup d'analogie avec le *verbascum*,
et l'épithète d'*orientalis* fut ajoutée moins à cause des pays où l'on
rencontre cette plante, qu'en mémoire du génie des langues orientales que possédait Celsius.

Pierre Artedi, médecin et naturaliste suédois, né en 1705, mort
en 1735, à l'âge de trente ans, en se noyant dans un des canaux
d'Amsterdam, serait certainement devenu, sans cette fin prématurée,
un digne émule de Linné, son ami. Comme zoologiste, il a laissé un
travail sur les poissons fort estimé. Comme botaniste, on lui doit
d'avoir le premier enseigné à classer les ombellifères d'après les
différences de la collerette; avant lui, on n'y avait prêté aucune
attention, ce qui causait un grand embarras aux botanistes pour l'arrangement d'une classe si uniforme. Artedi partagea les ombellifères

en trois ordres : 1° involucre universel et partiel ; 2° involucre partiel seulement ; 3° sans involucre. Linné a inséré dans ses œuvres le tableau de la méthode imaginée par son jeune ami.

BOERHAAVE. L'un des hommes les plus illustres de la fin du dix-septième siècle et de la première partie du dix-huitième, fut certainement le savant médecin et naturaliste Herman Boërhaave, né en 1668, à Woorouth, près de Leyde, en Hollande, mort, entouré d'honneurs et de gloire, en 1738. Il attacha directement ou indirectement son nom à presque toutes les publications d'histoire naturelle, aussi bien que de médecine, qui furent faites de son temps. Obtenir une préface, quelques notes de lui, était une faveur insigne, un gage assuré de succès. On lui écrivait à M. Boërhaave, médecin, en Europe, et d'aussi loin que ce fût, les lettres lui parvenaient. Outre ses ouvrages de médecine, qui sont très-nombreux, et ses écrits sur le règne animal et sur la chimie, Boërhaave a laissé une *Histoire du jardin des plantes de Leyde* (*Historia plantarum horti Lugduni Batavensis*, 1727, 2 vol. in-4°, et 1766, Venise), et de nombreux opuscules sur les végétaux, répandus, comme on l'a dit, dans beaucoup d'ouvrages du temps. Ses œuvres médicales traitent très-souvent aussi de l'usage des plantes. Boërhaave professa la botanique à Leyde, en même temps que la médecine pratique, la médecine théorique, et la chimie, occupant ainsi quatre chaires à la fois avec un égal succès. On doit cependant faire remarquer qu'en botanique il essaya vainement SYSTÈME ARTIFICIEL. de créer un système artificiel ; il ne fit qu'améliorer, en 1710, celui de Paul Hermann et de Knaut, qui avaient choisi le fruit pour base. Il était membre associé de la plupart des académies d'Europe, entre autres des académies des sciences de Paris et de Londres. Sa fortune, due à son talent et à sa vaste renommée, était immense ; il en consacra une partie à seconder les savants et à répandre le goût des belles publications scientifiques. S'il ne vint pas à bout d'établir un système, du moins encouragea-t-il de toutes ses forces le grand Linné, qui vint se fixer quelques années en Hollande pour s'entretenir avec lui et profiter de ses leçons ; c'est le plus grand éloge qu'en terminant on puisse faire de Boërhaave, au point de vue de la botanique ; car, comme homme universel, il a eu peu d'égaux.

MICHELI. Pierre-Antoine Micheli, né à Florence en 1679, s'éprit pour la botanique après avoir lu les œuvres de Mattioli, reçut des leçons de Bocconi, et devint un des admirateurs de Tournefort, à qui, sous

bien des rapports pourtant, il ne le cédait pas en mérite. Il publia
d'abord un ouvrage sur les ombellifères qui lui valut de hautes pro-
tections. Le prince Eugène de Savoie mit à son service l'herbier de
Charles de Lécluse, qu'il possédait alors; le comte Magalotti lui
procura des livres, et le généreux Boërhaave le secourut de sa
bourse. Micheli succéda à Bocconi en qualité de botaniste du grand-
duc de Toscane, et préféra cette modeste position dans sa patrie à
de beaucoup plus brillantes qui lui furent proposées par l'étranger.
Il rechercha d'abord assidûment les plantes sauvages. Puis il visita
l'Italie et l'Allemagne dans l'intérêt de l'histoire naturelle en général, joignant l'étude de la zoologie à celle de la botanique. Il enrichit
du fruit de ses recherches les ouvrages de Sébastien Vaillant, de
Boërhaave, de Shérard et de Michel-Ange Tilli, qui ont désigné
sous le nom de *Michéliennes* un grand nombre de plantes reconnues
par lui. Après son écrit sur les ombellifères, Micheli donna, en italien, une instruction pour extirper une plante vorace nuisible aux
légumes (*Relazione dell' erba detta da' botanici orobanche*, Florence,
1722, in-8°, réimprimée, en 1752, avec un ouvrage sur l'agriculture d'Ubaldo Montelatici). L'ouvrage qui fixa sa réputation est celui
qui a pour titre : *Nouveaux genres de plantes disposées selon la méthode de Tournefort* (*Nova plantarum genera, juxta methodum Tur-
nefortii disposita*, Florence, 1829, in-folio, avec 108 planches, représentant 550 plantes). L'auteur y décrivit 1,900 végétaux, dont
1,400 presque entièrement ignorés alors. Il y distingua le caractère
des graminées, avec leur fleur à deux pétales, et en forma une classe
distincte, entre la quatorzième et la quinzième de Tournefort ; il
rangea les joncs parmi les plantes à fleurs apétales, groupa ensemble
les végétaux qui portent la semence sur leurs feuilles, découvrit la
fleur et la semence des champignons, des truffes et des mousses,
et fit connaître au moins la moitié plus de plantes marines qu'on
n'en avait indiqué avant lui. C'est par ses découvertes en crypto-   CRYPTOGAMIE.
gamie qu'il a rendu le plus de services à la botanique. Il exagéra
peut-être ses idées sur le système sexuel, en signalant des organes   SEXUALITÉ
fécondants dans des familles de végétaux où l'on n'en a pas reconnu   DANS
depuis; mais il n'en est pas moins regardé comme un des précur-   LES PLANTES.
seurs de Linné. Micheli a encore donné le *Catalogue des plantes du
jardin de Florence* (*Catalogus plantarum horti Cæsarei Florentini*),
dont il parut une édition, en 1745, à Florence, après sa mort, et ses

Voyages en 1728, en 1733 et 1734 dans certaines contrées de l'Italie, insérés dans les *Relations de quelques voyages dans diverses parties de la Toscane* (*Relazioni d'alcuni viaggi*, etc.), publiées par Targioni. Enfin, il a laissé un commentaire manuscrit sur Cesalpini, dont il possédait l'herbier. Micheli mourut, en 1737, des suites d'une inflammation de poitrine prise dans une excursion scientifique au mont Baldo, dans la province de Vérone, où il s'était rendu pour en rapporter des plantes aux jardins botaniques de Florence et de Pise.

TILLI.

Michel-Ange Tilli, médecin et botaniste italien, né à Castel-Fiorentino en 1655, mort en 1740, visita les îles de la Méditerranée et une partie de la Turquie d'Europe. A son retour, il fut nommé directeur du jardin botanique de Pise ; mais peu après il fut appelé auprès du bey de Tunis, sur la réputation d'habile médecin qu'il s'était faite à la cour de Constantinople, et il en profita pour observer de près les végétaux d'Afrique. Ce fut à lui que l'Italie dut de voir fleurir, pour la première fois, en 1715, l'aloès et le caféier. Revenu définitivement dans sa patrie, il fit et publia le *Catalogue des plantes du jardin de Pise* (*Catalogus plantarum horti Pisani*, Florence, 1723, in-folio, avec 53 planches), qui remplaça avantageusement celui que Thomas Belluci, aussi botaniste italien, né à Pistoie, en avait donné en 1662.

LAHIRE.

Jean-Nicolas de Lahire, né à Paris en 1685, mort prématurément en 1727, médecin, mécanicien, dessinateur, botaniste et membre de l'Académie des sciences, qu'il ne faut confondre ni avec Philippe de Lahire, son père, ni avec Gabriel-Philippe de Lahire, son frère, l'un et l'autre aussi membres de l'Académie des sciences, fut surtout connu, en botanique, pour avoir entrepris un recueil de reproductions de végétaux, par l'impression naturelle selon les uns, par l'art du dessin et de la peinture employé d'une manière spéciale à l'auteur, selon les autres. L'impression naturelle ou reproduction du végétal par lui-même a tenté bien du monde depuis Lahire, et de nos jours elle a été exécutée plus particulièrement, avec succès, par l'imprimerie impériale de Vienne. L'*Histoire de l'Académie* donne le recueil de Lahire comme obtenu par l'impression naturelle ; mais le *Dictionnaire de Moreri* en parle d'une manière un peu différente : « Jean-Nicolas Lahire, dit ce Dictionnaire, a fait un recueil considérable de plantes dessinées d'une manière singulière, dont il est l'inventeur. C'est un ouvrage unique et d'une vérité surprenante :

quoiqu'il n'entre dans ces dessins que deux sortes de couleurs, tout y est si bien exprimé, que l'on reconnaît parfaitement chaque plante ; Lahire a poussé sa découverte plus loin, et a trouvé la manière, en les colorant, de les représenter à un naturel inimitable. » Lahire, moins la circonstance de sa mort prématurée, paraît avoir été, par sa position de famille et de fortune, un de ces rares privilégiés qui, sans avoir fait d'œuvres bien importantes, tiennent une grande place dans le monde et arrivent, par les relations, jusqu'au sein des plus illustres académies. Cette situation leur est même quelquefois comptée jusque longtemps après leur mort, et Lahire en est une preuve ; car il est encore cité, dans le *Dictionnaire des sciences* de M. Bouillé, comme un des hommes qui ont le plus contribué au succès de la botanique, bien qu'on ne voie pas que ce jeune académicien ait laissé d'œuvres considérables sur la matière.

Richard Bradley, membre de la Société royale de Londres, professeur de botanique à l'université de Cambridge, qui fut en possession d'une grande popularité au commencement du dix-huitième siècle, se fit d'abord connaître par deux morceaux insérés dans le XXIXe volume des *Transactions philosophiques* : l'un relatif au mouvement de la séve dans les végétaux, l'autre à la prompte croissance de la moisissure sur les melons. Dans le premier de ces écrits, il se montra zélé partisan de ceux qui affirmaient la circulation de la séve. Il fit plusieurs observations nouvelles sur la sexualité dans les végé'ux, dont il fortifia la doctrine par ses propres expériences. Mais ce qui fit la popularité de Bradley, en Angleterre, ce furent ses nombreux ouvrages sur le jardinage et l'agriculture, et son *Dictionnaire de botanique* (*Dictionarium botanicum*), publié en 1728, in-8°, qui était le premier essai de ce genre dans sa patrie. Il entreprit une publication sur les plantes qui ont du suc (*Historia plantarum succulentarum*), dont l'achèvement eût été alors très-précieux aux botanistes, à cause de la difficulté de conserver ces végétaux dans des herbiers. Il n'en parut que cinq décades complètes, depuis l'année 1716 jusqu'à l'année 1727, qui furent réimprimées en totalité en 1734. Les descriptions sont en latin, et les figures sont parfaitement exécutées dans le style du temps. Bradley fit un cours de matière médicale en 1729, et le publia l'année suivante. Il mourut en 1732.

Patrick Blair, médecin et chirurgien anatomiste distingué, zélé

logue des plantes d'Abo (*Catalogus plantarum Aboæ*, avec 160 figures);
— Myller, Allemand, qui donna, en 1687, à Francfort, un *Vade
mecum botanicum;* — Théodore Zwinger, Suisse, qui publia, en 1690,
son *Theatrum botanicum*, avec 1252 figures sur bois, copiées de Jean
Bauhin; — Luc Tozzi, Italien, qui donna, en 1703, le *Catalogue des
plantes de Toscane* (*Catalogus plantarum Toscaniæ*); — Thomas
Panckow, Allemand, dont l'*Herbarium*, orné de figures petites, mais
nombreuses, et assez estimées, eut, de 1654 à 1679, un grand nombre
d'éditions; — Vallet Brodeur, qui donna, en 1623, le *Jardin du Roy
très-chrestien Louis XIII;* — Jonquet, qui publia, en 1661, l'*Hortus
regius;* — Grégoire, à qui l'on dut, en 1638, l'*Hortus pharmaceuticus lutetianus;* — Mappus, qui fit paraître, en 1691, le *Catalogus
horti argentinensis;* — Brunger, qui donna, en 1653, l'*Hortus regius
blesensis;* — Wienius, auteur du *Catalogue du jardin médical* de
Pierre Ricort, célèbre pharmacien de Lille (*Bonatrophium seu hortus
medicus*, etc., avec 56 planches, 1654); — Linocier, auteur de
l'*Histoire des plantes de Virginie, cultivées au jardin de M. Robin*,
1619; — Vesling, Marcellus, Georges de Turre, Violi, qui, en
1644, 1660, 1686, publièrent des travaux sur le jardin de Padoue;
— Thomas Belluci, qui, en 1662, donna le *Catalogue du jardin de
Pise*, jardin qui, en 1723, devait être l'objet d'une publication de
Tilli; — Ange Donnini, auteur d'un *Catalogue des plantes du jardin
de Florence*, publié à la suite du Catalogue de Bellini sur le jardin
de Pise; — Caus, auteur, en 1620, de l'*Hortus palatinus;* — Elsholz,
médecin, botaniste et chimiste allemand, qui donna, 1663, la *Flore
de la Marche de Brandebourg* (*Flora Marchica*, etc.), écrit considéré
comme médiocre, et de beaucoup moindre mérite qu'un autre ouvrage
du même auteur intitulé : *Nouvelle méthode de jardinage*, etc. (*Neu
angelegter Gartenbau, oder Unterricht von der Gartnerei, und das
Clima der Mark Brandenburg gerichtet*, etc.), qui eut plusieurs éditions de 1666 à 1715, et dont le livre sixième est consacré aux plantes
médicinales du même pays; — Nicolas Oelhaf, médecin allemand,
auteur de l'*Elenchus plantarum circà Dantiscum*, Dantzig, 1643 ; *ibid.*
1656; — Georges Frank de Frankenau, médecin réputé de son temps
comme très-érudit, qui donna un *Lexicon vegetabilium usualium*, etc.,
Strasbourg, 1672 et 1705; Heidelberg, 1685; Leipzig, 1698 et 1716;
traductions en allemand en 1753 et 1766; — Jean Francke, autre
médecin allemand, qui s'occupa beaucoup de pharmacologie, et à

qui l'on doit plusieurs monographies de plantes (*Polychresta herba veronica*, etc., qui eut plusieurs éditions de 1690 à 1707; *Trifolii fibrini historia*, etc., 1701; *Herba Alleluia*, 1709, etc.); — Beringer et Dercum, qui firent paraître, en 1722, le *Catalogue des plantes exotiques du jardin de Wurtzbourg (Plantarum exoticarum perennium catalogus)*; — Michel-Frédéric Lochner, médecin et botaniste allemand, auteur de plusieurs Dissertations sur le Pareira-Brava, l'Ananas, le Thé, le Café et leurs succédanés; — Marsili, Italien, qui publia, en 1714, *De generatione Fungorum;* — et nombre d'autres botanistes encore du second et du troisième ordre, qui montraient combien l'étude des végétaux préoccupait alors les esprits, spécialement parmi les médecins et les pharmaciens.

Il n'est point étonnant que, dès lors, les botanistes aient trouvé un historien pour relater leurs noms et leurs travaux. Ovide Montalbani, médecin de Bologne, écrivain érudit et d'une grande fécondité, qui s'était fait l'éditeur de la *Dendrologie* d'Aldrovandi, publia, sous le pseudonyme de Bumaldi, une *Bibliothèque botanique (Bibliotheca botanica*, Bologne, 1654, in-24), ouvrage réimprimé par Séguier, quand il traita lui-même le même sujet. Dans l'ouvrage de Montalbani, les botanistes sont rangés par ordre chronologique. On a du même auteur : *Hortus botanographicus*, Bologne, 1660, in-8°; *Nova antepræludialis dendranatomes*, *arboreæ scilicet resolutionis adumbratio*, Bologne, 1660, in-4°, etc.

Ce ne fut que près d'un siècle après la publication de Montalbani que Jean-François Séguier, né à Nîmes, en 1703, mort en 1784, antiquaire, numismate, astronome et bibliographe, fit paraître à son tour une *Bibliothèque botanique (Bibliotheca botanica, sive catalogus auctorum et librorum qui de re botanicâ, de medicamentis ex vegetalibus paratis, de re rusticâ et de horticulturâ tractant*, La Haye, 1740, in-4°); ouvrage dont Laurent-Théodore Gronovius donna une nouvelle édition, avec supplément, Leyde, 1760, in-4°. Séguier, outre sa bibliothèque botanique, a publié *Plantæ Veronenses*, Vérone, 1745, 2 volumes in-8°, qui furent suivis d'un 3°, Vérone, 1754.

Paul Amman, médecin et botaniste allemand, né à Breslau, en 1634, mort à Leipzig, en 1694, professa longtemps la botanique dans cette dernière ville. On lui accorda d'avoir pressenti les véritables bases de cette science. Il sentit toute l'importance des organes de la fructification pour l'établissement des caractères essentiels de la plante. Dans son ouvrage intitulé : *Caractère naturel des plantes* (*Character plantarum naturalis ab ultimo fine, videlicet fructificatione, desumptus, et in gratiam philiatorum per canones et exempla digestus*, Leipzig, 1685-1686, in-12), il soupçonna la méthode naturelle, mais ne sut pas faire l'application des principes très-justes qu'il découvrit comme par inspiration. Il se contenta de disposer les plantes par ordre alphabétique, et, presque partout, dans ses descriptions, il adopta les caractères insuffisants de Morison. Daniel Nebel publia, en 1700, à Francfort, une nouvelle édition de cet ouvrage, auquel il ajouta des notes tirées de Paul Hermann et de Rivinus. Amman donna encore, entre autres ouvrages de botanique, un supplément au Catalogue des plantes du jardin médical de Leipzig et des environs de cette ville (*Supellex botanicus, hoc est enumeratio plantarum quæ non solum in horto medico Academiæ Lipsiensis, sed etiam in aliis circa urbem viridariis, pratis ac sylvis, progerminare solent*, Leipzig, 1675, in-8°) ; et le *Jardin de Bose* (*Hortus Bosianus, quo ad exotica descriptus*, Leipzig, 1686, in 4°). Ce dernier ouvrage est la description du jardin, alors fort en renom, de Gaspard Bose, célèbre amateur auquel nous consacrons plus loin quelques lignes dans ce chapitre. Elie Peine, jardinier de Bose, publia depuis, en allemand, d'autres descriptions des plantes de ce jardin. Paul Amman se fit beaucoup d'ennemis par le fait de son caractère et de son style satiriques et mordants. Ses productions médicales sont très-nombreuses. Il soutint en toute occasion que la médecine ne reposait que sur des conjectures.

Deux frères, Barthélemy et Hyacinthe Ambrosini, l'un et l'autre médecins et naturalistes, nés à Bologne, le premier en 1588, le second en 1615, ont été directeurs du jardin botanique de leur ville natale. On doit au premier : *De capsicorum varietate, cum suis iconibus*, Bologne, 1630. Sprengel n'a pas connu cet ouvrage, dont il ne parle pas dans son *Histoire de la Botanique*, où il assure, à tort, que Barthélemi Ambrosini n'a rien écrit sur la phytologie. On doit à Hyacinthe Ambrosini : *Iatrobotanicæ theses*, Bologne, 1630 ; *Hortus studiosorum, sive Catalogus plantarum horti publici Bononiensis*, Bologne, 1657, in-4° ; et le premier volume d'un ouvrage intitulé : *Phytologia*, etc., Bologne, 1666, in-folio. Ce dernier ouvrage, dans lequel l'auteur s'épuise en vains efforts pour donner les étymologies des noms des plantes, n'a pour les botanistes qu'une valeur de curiosité.

Jean-Théodore Schenck, dit Schenckius, médecin et naturaliste allemand, professeur de médecine à l'Université d'Iéna, né en 1619, mort en 1671, publia : *Catalogus plantarum horti medici Ienensis*, etc., 1659 ; *De re herbaria*, 1653 ; *Historia plantarum generalis, in synopsis redacta et ad usum medicum concinnata*, 1656 ; *Marathrologia, sive de Feniculo*, 1665 ; — Un autre Schenckius (Jean-Georges) avait fait paraître au commencement du dix-septième siècle, le *Jardin de Padoue* (*Hortus Patavinus*, Francfort, 1608), auquel il avait joint les *Conjectanea synonymica plantarum* de Melchior Guillandini.

Jacques-Philippe Cornuti, dit Cornutus, médecin et botaniste, né à Paris en 1600, mort en 1651, donna, en latin, une description des plantes de l'Amérique du Nord, sous le titre de *Canadensium plantarum, aliarumque nondùm editarum historia*, et y ajouta un catalogue des plantes des environs de Paris, sous le titre de *Enchiridion botanicum Parisiense, continens indicem plantarum quæ in pagis, sylvis, pratis et montosis juxta Parisios locis nascuntur*, Paris, 1635 et 1662. Dans cet ouvrage, où il décrit quatre cent soixante-deux plantes, Cornuti emploie les dénominations de Lobel.

Georges-Joseph Camelli, ou autrement Kamel, missionnaire et botaniste, né à Brunn, en Moravie, florissait vers la fin du dix-septième siècle et au commencement du dix-huitième. Il visita les îles Philippines et plus spécialement celle de Luçon. Il est de tous les voyageurs celui qui a le mieux fait connaître les productions des trois Règnes dans ces contrées. Il les a décrites dans plusieurs mémoires adressés à la Société royale de Londres, qui ont été insérés dans les *Transactions philosophiques* (Tomes XXI à XXVII); mais ceux qui concernent les plantes ont été réunis et publiés séparément par Roy, dans le tome III de son *Histoire générale des plantes*, en forme d'appendice, sous le titre d'*Herbarum aliarumque stirpium in insula Luzoni Philippinarum primaria nascentium syllabus*. Linné a dédié à Camelli le genre *Camellia*.

Georges-Wolfgang Wedel, médecin et botaniste allemand, né en 1645, à Gœrlitz, en Prusse, dans l'ancienne Basse-Lusace, mort en 1721, se fit recevoir docteur à Iéna, pratiqua plusieurs années la médecine à Gotha, et fut nommé membre de la Société royale de Berlin. Il a considérablement écrit; on ne compte pas moins de soixante-quinze à quatre-vingts ouvrages, opuscules, dissertations de lui ayant trait à la composition des médicaments tirés des végétaux, à la pharmacie, à la médecine, aux plantes officinales. Les principaux sont : *Opiologia*, qui parut en 1674 et fut réimprimé en 1682; *Pharmacia in artis formam redacta*, 1677, 1680 et 1693; *De medicamentorum facultatibus cognoscendis et applicandis libri duo*, 1768; *De medicamentorum compositione extemporaneá ad praxin clinicam et usum accommodatá liber, tribus sectionibus distinctus*, 1678 et 1693; *Experimentum chimicum novum de sale volatili plantarum*, etc., 1682, ouvrage où l'on voit un commencement d'expériences chimiques sur les végétaux; *Pharmacia acroamatica*, 1686; *Amœnitates materiœ medicœ*, 1684; *Theoria saporum medica*, 1703. Il a fait des dissertations ou des expériences sur le poison du colchique, sur le lis des champs, sur le jalap, le camphre, la térébenthine, l'ipecacuanha, le cubeb, le thé, le sureau, le plantain, la sauge, la cuscute, etc., etc. Il s'est occupé aussi des plantes dont il est question dans les poëmes de l'antiquité, dans la fable païenne, dans la Bible, dans la magie, étendant ses curieuses investigations sur tout ce qui se rapportait directement ou indirectement à l'étude des végétaux.

Deux autres Wedel, Jean-Adolphe, fils du précédent, et Jean-Wolfgang, ont écrit, dans la première partie du dix-huitième siècle, sur la botanique. Jean-Adolphe publia des thèses ou dissertations sur le scordium, sur l'helenium, la verveine, etc., etc. — Jean-Wolfgang, né en 1708, mort en 1757, livré par goût à l'étude des végétaux, prétendit que le fruit devait être exclu des considérations sur lesquelles repose la classification, et que l'on ne pouvait tirer les caractères des plantes que de la fleur; il soutint cette opinion contre Haller dans un ouvrage intitulé : *Tentamen botanicum, flores plantarum in classes, genera superiora et inferiora per characteres ex floribus delineatos*, etc., Iéna, 1747, in-4°; 1749, in-4°.

Guillaume Lauremberg, médecin et naturaliste, né à Rostock, exerça la médecine à Copenhague. Il publia, pour la première fois, en 1626, dans sa ville natale, sous le titre de *Botanotheca, hoc est modus conficiendi herbarium vivum, in gratiam et usum studiosorum medicinœ conscripta*, in-12, un ouvrage qui dénotait une grande préoccupation de la méthode naturelle. Cet ouvrage est divisé en douze livres qui contiennent trente-huit sections, dont plusieurs renferment des plantes liées entre elles par une grande affinité : telles sont les Liliacées, les Narcissoïdées, les Iridées, et les Orchidées, que l'auteur désigne sous le nom de plantes bulbeuses; les Labiées et les Ombellifères; les Borraginées, les Rubiacées et les Solanées; les Légumineuses et les Cucurbitacées; les Fromentacées; les Fougères; les Mousses et les Lichens; les Champignons; les Conifères. On trouve à la vérité, dans quelques-unes de ses séries, des plantes absolument disparates. Mais comment Lauremberg, qui vivait dans un siècle où la valeur des caractères n'était pas encore déterminée avec assez de précision, aurait-il pu éviter des imperfections qui se sont même glissées dans les écrits de plusieurs auteurs plus modernes? Cet ouvrage a eu plusieurs éditions, Rostock, 1626; Copenhague, 1653; Altdorf, 1662; Strasbourg, 1667; Francfort, 1708.

Samuel Cottereau-Duclos, médecin et chimiste français, né à Paris dans la première partie du dix-septième siècle, mort en 1715, combattit, vers le même temps que Mognol et Dodart, l'opinion de la circulation dans les plantes, opinion qui, précédemment, avait été vivement attaquée par le docteur anglais Tonge. Mais il ne fut pas plus heureux dans ses expériences de physiologie végétale, que dans ses hypothèses sur la composition des eaux minérales. Duclos avait abjuré le protestantisme; il devint médecin du roi, et, à la fin de sa carrière, il se retira dans un couvent de capucins. On accorde à Cottereau-Duclos d'avoir été un des premiers à fonder la matière médicale sur la chimie expérimentale.

Jovanni-Maria Ciassi, naturaliste, né à Trévise, en 1654, mort en 1679, se fit une réputation par des observations sur plusieurs des principaux phénomènes de la végétation, entre autres sur l'irritabilité des plantes, la circulation de la séve et quelques particularités de la germination. Malheureusement ses idées n'étaient servies que par un style fort obscur, qui est le défaut de son ouvrage intitulé *Meditationes de naturâ plantarum*, etc., Venise, 1677, in-12. On a fait quelquefois honneur à Ciassi de la solution du problème des forces vives, généralement attribuée à Leibnitz.

Dès l'année 1700, un célèbre mathémacien, physicien, astronome, mécanicien et hydrographe français, qui ne paraît s'être occupé que très-incidemment de l'étude des végétaux, Philippe de Lahire, père du botaniste Jean-Nicolas de Lahire, sur le compte duquel nous avons donné précédemment quelques détails (page 94), avait fait des observations sur la formation de la plante dans la graine et sur l'accroissement des tiges. Par déférence pour le docteur Dodart qui avait émis des opinions contraires aux siennes sur la perpendicularité des tiges, par rapport à l'horizon, il n'avait pas publié ses idées ; mais Dodart étant mort et la question ayant été de nouveau soulevée dans un ouvrage que la Société royale de Montpellier venait d'envoyer à l'Académie des sciences, Philippe de Lahire, non en 1718, ni en 1719, comme on l'a écrit à peu près partout, mais en 1708, présenta ouvertement ses observations à cette Académie dont il était un des membres les plus éminents, et l'on y peut distinguer qu'en forme d'incidence ou plutôt de conséquence de la question qu'il pose *sur les causes de la perpendicularité des tiges de plantes par rapport à l'horizon* (*Histoire de l'Académie des sciences*, in-4°, année 1708), il avait entrevu, exposé même en quelques mots comme un fait acquis, le mécanisme de l'accroissement chez les végétaux, à la manière de l'auteur de l'*Histoire d'un morceau de bois*, et de ceux qui ont depuis développé la même théorie[1]. Les Allemands font, très à tort, comme on le voit, honneur de cette découverte à leur compatriote, le baron Christian de Wolf, philosophe, physicien et mathématicien, vice-chancelier de l'Université de Halle, associé de l'Académie des sciences de Paris, né à Breslau, en 1679, mort en 1754, qui s'occupa accessoirement, comme Lahire le père, de physiologie végétale, et qu'il ne faut pas confondre avec d'autres Wolf ou Wolff, particulièrement avec l'anatomiste et physiologiste Gaspard-Frédéric Wolff, son contemporain, qui aura aussi une place dans ce précis. La priorité de Lahire le père n'est pas douteuse. En effet, ce ne fut qu'en 1718 que le baron de Wolf publia son opuscule intitulé : *Découverte de la véritable cause de la multiplication des graines* (*Entdeckung der wahren Ursache von der Vermehrung der Getreide*), où l'on entrevoit la nouvelle théorie de la transformation du grain et du bourgeon, qui devait être reprise par Georges-Frédéric Moeller, en 1759, et depuis par Érasme Darwin, en 1796, par Henri Cotta, en 1806, par Jean-Christian-Frédéric Meyer en 1808, exposée avec plus de clarté en 1815, par Aubert Dupetit-Thouars, dans l'*Histoire d'un morceau de bois*, et après celui-ci, développée avec d'importantes modifications, par Gaudichaud. Le baron de Wolf attachait une grande importance à l'exposé de sa doctrine, car il fit réimprimer nombre de fois, en l'améliorant, en l'augmentant, son opuscule, jusqu'à l'année 1750 où

1. On trouvera les observations de Lahire le père dans le *Traité de Botanique générale*, au chapitre *Accroissement*, qui termine le tome Ier de cette importante partie du *Règne végétal*.

il parut encore à Halle. Wolf publia quelques autres écrits ayant rapport à la botanique. L'un d'eux, donné en 1723, traite des *Phénomènes tirés des produits de la nature*. En 1725, il donna ses *Observations comparées sur les diverses parties dans les hommes, les animaux et les plantes* (*Vernünftige Gedanken von dem Gebrauche der Theile in Menschen, Thiere und Pflanzen*). Enfin, en 1727, il fit paraître un in-4° de 20 pages : *Phænomenon singulare de Malo pomifera absque floribus ad rationes physicas revocatum*.

Cependant le microscope faisant des progrès, en faisait faire à l'anatomie végétale comme à l'anatomie animale. Au dix-septième siècle encore les savants construisaient eux-mêmes leurs instruments d'optique. On a vu que Leuwenhoeck n'en agissait pas autrement ; mais il n'usa jamais, ainsi que Malpighi, pour ses observations, que du microscope simple. Le microscope composé fut vers 1660, l'œuvre de Robert Hooke, le rival jaloux de Newton. A l'aide de son invention, Hooke étudia surtout les tissus des végétaux. C'était à la faveur de son microscope qu'un membre de la Société royale de Londres, Société dont Hooke était le secrétaire perpétuel, Nathanaël Henshaw, avait reconnu, dit-on, avant Grew et Malpighi, en 1661, les trachées dans les végétaux. Le microscope composé tomba promptement dans un demi-abandon par suite de l'invention des instruments de catoptrique ; mais Lieberkuehn, célèbre médecin et micrographe allemand, né en 1711, mort en 1756, devait relever le microscope, en 1738, en construisant le premier microscope solaire. Dès l'année 1729, l'illustre mathématicien Euler, émit l'idée des microscopes à objectif achromatique. Néanmoins, il n'en fut exécuté, pour la première fois, qu'en 1816. Quant aux observations microscopiques de Robert Hooke sur les végétaux, elles sont consignées dans son ouvrage, intitulé : *Micrographie, ou Descriptions physiologiques de petits corps, obtenues par des verres grossissants*, etc. (*Micrographia, or some physiological descriptions*, etc., Londres, 1667). Sharaglia, en 1704, et quelques autres auteurs osèrent mettre en doute, avec la réalité des découvertes anatomiques de Grew et de Malpighi, jusqu'à l'utilité du microscope ; mais les découvertes obtenues furent confirmées par tous ceux qui les répétèrent avec le soin et la sagacité nécessaires. De ce nombre furent Chrétien Wolf dont il a été parlé, et Bulffinger.

Joseph Aromatori, appelé en latin Aromatorius ou *de Aromatoriis*, philosophe, littérateur et médecin italien, dans une lettre placé en tête d'un de ses ouvrages, en 1625, reproduite dans les *Epistolæ selectæ* de G. Richter, en 1662, et à la suite des œuvres de Joachim Jung, en 1747, développa des vues remarquables sur les phénomènes de la germination des plantes, démontra l'analogie qui existe entre les graines des végétaux et les œufs des animaux, et rejeta les générations équivoques admises par les anciens.

TRIONFETTI.

Jean-Baptiste Trionfetti ou Triumfetti, médecin et botaniste, né à Bologne, fut appelé à Rome comme directeur du jardin des plantes de cette ville. On lui doit : *Observationes de ortu et vegetatione plantarum, cum novarum stirpium historiâ iconibus illustratâ*, Rome, 1688, in-4°; *Prolusio ad publicas herbarum ostensiones*, Rome, 1700, in-4°; *Vindiciæ veritatis a castigationibus quarumdam propositionum quæ habentur in opusculo de ortu plantarum*, Rome, 1703, in-4°. Dans ses

GÉNÉRATION SPONTANÉE.

écrits, Trionfetti essaya de démontrer la réalité des générations spontanées, et alla jusqu'à soutenir que les graines pouvaient germer sans air. Il prétendit aussi que les plantes pouvaient renaître de leurs cendres. Il se montra l'adversaire de Malpighi, à qui il prétendit, mais sans succès, enlever l'honneur de ses découvertes. C'était vers cette époque que le célèbre François Redi, médecin, anatomiste, physiologiste et poëte italien, né à Arezzo, en 1626, mort en 1697, venait, après Aromatori, combattre avec ardeur le système des générations spontanées, préconisé par Trionfetti et d'autres. Il faut étudier sa doctrine, qui s'étendait des animaux aux plantes, dans ses *Expériences sur la génération des insectes* (*Esperienze intorno alla generazione degli insetti*, Florence, 1668, in-4°), et dans ses *Expériences sur diverses choses naturelles, et particulièrement sur celles apportées des Indes* (*Esperienze intorno a diverse cose naturali, e particolarmente a quelle che ci sono portate dall' Indie*, Florence, 1671, in-4°).

WINSLOW.

Jacques-Bénigne Winslow, l'un des plus grands anatomistes de l'Europe, né à Odensée, en Danemark, l'an 1669, mort en 1760, était neveu du non moins célèbre anatomiste et paléontologiste Nicolas Stenon, de Copenhague. Il vint s'établir en France, en 1698, s'attacha au savant Duverney, devint médecin de la faculté de Paris et professeur d'anatomie au jardin du roi, et entra à l'Académie des sciences, en 1707. Nous ne mentionnerons ici que celui de ses

COMPARAISON DES DEUX RÈGNES.

ouvrages qui se rapporte à la botanique, et où il compare les plantes et les animaux, le *Spicilegium anatomico-botanicum generale de machinæ plantanimalis œconomia analogica*, qu'il publia, en 1694, avant de venir en France et d'avoir abjuré la religion protestante pour la religion catholique entre les mains de Bossuet. Ses travaux anatomiques sur la structure humaine appartiennent à la période subséquente de sa vie. Winslow ne fut pas le seul à s'occuper, dans ce temps, des analogies entre les végétaux et les animaux. Le docteur allemand Jean-Frédéric Ortlob publia, en 1683, à Leipzig, en réponse à Christian Schmeer, *Analogia nutritionis plantarum et animalium*; et un autre Allemand, Jean-Christophe Sturm, répondant à Guillaume Bechmann, fit paraître à Altdorft, en 1687, *De plantarum animaliumque generatione*. Jean-Christophe Schmidt publia, à Bâle, en 1721, *De analogiâ regni vegetabilis cum animali*. Mathieu-Ernest Boretius, médecin allemand, donna, en 1727, à Kœnigsberg, un opuscule de 16 pages intitulé : *Anatome plantarum et animalium analoga*. On verra qu'Antoine de Jussieu traita, en 1721, du même sujet, et qu'il fut suivi sur ce terrain, presque aussitôt, par Feldmann, Roberg, Bazin, Browallius, Harmens, Parsons, Moro, Kapp, Rourra, Schulze, Van Marum, et successivement par bien d'autres, parmi lesquels son propre frère Bernard de Jussieu.

PHARMACIENS BOTANISTES AU XVIIIᵉ SIÈCLE.

THOMAS JOHNSON.

Thomas Johnson, pharmacien, médecin et botaniste anglais, mort en 1644 des suites d'une blessure qu'il avait reçue en servant la cause des Stuarts, passe pour un des hommes qui ont le plus contribué à étendre le domaine de la botanique dans le cours du dix-septième siècle. On lui doit : *Description des plantes du pays de Kent* (*Descriptio itineris investigationis plantarum causâ in agro Cantiano suscepti*, Londres, 1629, in-4°) ; *Mercurius botanicus*, Londres, 1634, où l'on trouve une liste de cent dix-sept plantes exotiques, indiquant que l'horticulture était alors dans un état assez avancé; et son *Herbier* ou *Histoire générale des plantes recueillies par Jean Gérard, augmentées par Thomas Johnson* (*The herbal or general history of plants gathered by John Gerard, enlarged and augmentea by T. Johnson*, Londres, 1633, in-fol.), ouvrage orné de 2,747 planches, dont plus de 800 appartenaient à l'auteur, et dans lequel il a sur Jean Gérard, dont il est question page 37 de ce volume, l'avantage de mieux connaître les langues savantes et d'avoir de plus nombreux secours à sa disposition. Haller a dit de ce travail : « *Dignum opus et totius rei herbariæ eo ævo notæ compendium.* »

LEMERY.

Nicolas Lemery, médecin, pharmacien, chimiste, botaniste et membre de l'Académie des sciences, né à Rouen en 1645, mort en 1715, s'appliqúa de bonne heure à la chimie et à la pharmacie ; il parcourut presque toute la France comme moyen de s'instruire. S'étant fait ensuite recevoir apothicaire à Paris, il ouvrit dans sa maison des cours publics de chimie, où il eut pour auditeurs Rohaut, Bernier, Auzout, Régis, Tournefort et nombre d'autres savants. Il était alors le seul à Paris qui sût faire le blanc d'Espagne, ce qui contribua beaucoup à sa fortune. Ce fut lui qui réduisit le premier la chimie à des idées claires, et qui en bannit les termes barbares et inintelligibles. Inquiété comme calviniste, il se réfugia, en 1683, en Angleterre où il fut accueilli avec honneur par le roi Charles II. Mais rentré peu après en France, il se fit catholique et put se livrer désormais sans difficultés à ses travaux. L'Académie des sciences l'admit dans son sein en 1699. On a de lui, outre un cours de chimie, une *Pharmacopée universelle*, Paris, 1697, in-4° ; *ibid.*, 1706 ; La Haye, 1729 ; Paris, 1754 ; *ibid.*, 1764 ; traduction en italien, Venise ; 1720), et un *Dictionnaire ou Traité universel des drogues simples, mis en ordre alphabétique.* La première édition de ce dernier ouvrage parut, à Paris, en 1698, et il y en eut d'autres successivement en 1714, 1716, 1727, 1733, 1759 ; les planches, au nombre de 25, ont toutes, moins la dernière, trait à la botanique ; il fut fait de ce dictionnaire deux traductions, l'une en allemand, 1721, l'autre en italien, 1751 ; enfin l'ouvrage de Nicolas Lemery devait avoir, jusque dans notre siècle, les honneurs de la réimpression, sous le titre de *Nouveau dictionnaire général des drogues simples et composées, de Lemery, revu, corrigé et considérablement augmenté par Simon Morelot*, 2 volumes in-8°, avec 20 planches, Paris, 1807.

Nicolas Lemery laissa deux fils qui se distinguèrent aussi comme chimistes. Louis, né à Paris en 1677, fut reçu docteur en médecine à l'âge de vingt et un ans. Il publia, en 1702, à Paris, un *Traité des aliments*, dans lequel les végétaux tiennent une grande place, et qui a été réimprimé deux fois, en 1705 et 1755 ; la dernière édition a été augmentée par Bruhier d'Ablaincourt.

Bien d'autres auteurs encore écrivirent, dans le cours du dix-septième siècle, sur la matière médicale végétale. A ceux que nous avons déjà cités, nous ajouterons : Linocier, dont il a déjà été question page 98 et qui publia, en 1619, son *Entier discours et manière de distiller les eaux de toutes sortes de plantes ;*— N. Harlequin, *Nouveau dictionnaire des vertus et propriétés des herbes*, Aix, 1624 ; — Jacques et

Paul Contant, père et fils, maîtres apothicaires, de Poitiers, *Œuvres de, etc.*, *divisées en cinq traités* : 1° *Commentaires sur Dioscoride*, 2° *Le second Eden*, 3° *Exagoge mirabilium naturæ e gazophylacio*, 4° *Synopsis plantarum cum etymologiis*, 5° *Le jardin et cabinet poétiques*, publiés à Poitiers, en 1628 ; — Jean Mousinus, *Hortus iatrophysicus*, Nancy, 1632 ; — Alaynus *De succedaneis medicamentis*, 1637 ; — Viller, *Libro de simples incognitos*, Burgos, 1643 ; — Martinez y Leach *Pharmacopales*, 1650 ; — Tileman, *Praxis botanica*, 1657 ; — Jean-Frédéric Helvetius, *Xistus herbarum*, et *Berillus medicus*, Heidelberg, 1661 ; — le célèbre Thomas Bartholin, *Cista medica Hafniensis*, etc., Copenhague, 1622, ouvrage où la botanique médicale occupe une place, et qui est accompagné d'un catalogue des plantes indigènes de la Scandinavie, par Otton Sperling ; — Aengelen, *Herbarius*, Amsterdam, 1663 ; — Pierre Borel, *Hortus seu Armamentarium simplicium*, etc., etc., Castres, 1666, etc., etc. Nous avons déjà eu l'occasion de parler (page 88) de Pierre-Jean-Baptiste Chomel. Son *Abrégé de l'histoire des plantes usuelles* publié d'abord à Paris, l'année 1712, en 2 vol. in-12, eut de nombreuses éditions jusqu'à sa mort arrivée en 1748. Cet ouvrage devait continuer à être réimprimé et amélioré jusqu'à l'année 1803 où il parut avec des tableaux, en 2 vol. in-8°.

Nicolas Marchant, médecin et naturaliste français, membre de l'Académie des sciences, mort en 1678, s'occupa avec intelligence de botanique. On lui doit les descriptions des plantes données par l'Académie, Paris, 1676, in-fol. Le célèbre Morison lui adressa en 1669, ainsi qu'à Abel Brunger, auteur du *Jardin royal de Blois*, une lettre imprimée, sur un sujet botanique. — Jean Marchant, fils de Nicolas, directeur du jardin du roi, mort en 1738, aussi membre de l'Académie des sciences, jouit, comme botaniste, d'une réputation plus étendue et basée sur plus de titres connus que ceux de son père. L'*Histoire de l'Académie des sciences* renferme un grand nombre de comptes rendus de ses observations et de ses études sur les végétaux. On trouve de lui dans ce recueil, entre autres travaux, une *Description de l'Indigotier*, des *Descriptions du Lychnis horta minor flore variegato*, du *Cucumis sylvestris*, etc., des *Observations sur la nature des plantes*, année 1719. Il établit en 1713, un genre de plantes cryptogames de la famille des hépatiques, genre adopté par Micheli, qui lui donna le nom de *Marchan-*

tia; toute la tribu, que l'on divisa en huit espèces, reçut le nom de Marchantiées.

Danty d'Isnard, professeur de botanique au jardin du roi, mort en 1724, a fait, comme Marchant fils, de nombreuses communications à l'Académie des sciences, entre autres la *Description de deux nouvelles plantes, le Chardon étoilé et l'Ambrette*, année 1719. Il établit un nouveau genre appelé par lui Cynoglossoïdes, que Linné réunit ensuite au genre Bourrache (*Borrago*), dont il diffère cependant par quelques détails importants. En 1720, il établit le genre *Monospermalthœa*, qui fit depuis partie du genre *Walhteria* de Linné, dans la famille des Hermanniées. Les recueils anciens renferment beaucoup d'autres études botaniques de Danty d'Isnard. Linné a dédié à ce professeur le genre *Isnardia*, genre de plantes herbacées qui croissent dans les eaux ou dans les marais.

Louis XIV, dans l'intérêt de sa gloire et de la religion, ayant résolu d'envoyer Lenoir Duroule en mission auprès du grand négous ou grand suzerain des princes d'Abyssinie ou d'Éthiopie, pays où le médecin français Poncet venait de passer trois années, de 1698 à 1700, le docteur Fagon fit adjoindre à cette expédition, avec le titre de médecin de l'ambassade, un jeune docteur-botaniste, Augustin Lippi, né à Paris en 1678, pour qu'il recueillit les végétaux de ces contrées peu connues. Le départ eut lieu en 1703. Lippi parcourut l'Égypte sans trop de difficultés et avec fruit; mais, l'année suivante, il fut assassiné en Abyssinie, au grand regret de la science, à laquelle il commençait à ouvrir des routes nouvelles, et qu'il honorait déjà par son courage et son mérite. On n'a de lui que sa *Description des plantes observées en Égypte*, qui parut en 1704, et à laquelle Danty d'Isnard ajouta un Codex manuscrit. Linné, pour rendre hommage à ce jeune martyr de la science, a donné le nom de *Lippia* à un genre de la famille des Verbénacées.

Olaüs Bromel, en latin Bromelius, médecin et botaniste suédois, né en 1639, mort en 1705, publia, en 1687, à Stokholm : *Lupulologôgia*, etc., réimprimé en 1740; *Chloris gothica, seu Catalogus stirpium circa Gotheburgum nascentium*, etc., Gothembourg, 1694; *Catalogus librorum botanicorum ex bibliothecâ Bromelianâ* (Gothembourg 1694). Le genre *Bromelia*, type de la famille des Broméliacées, tire de lui son nom.

La médecine et la botanique magiques ne cessaient pas de marcher de conserve. Nous sommes loin d'avoir cité tous les hommes du seizième et du dix-septième siècles, qui, par leurs écrits, cherchèrent à propager et à prolonger les superstitions et les coutumes des époques d'ignorance touchant les prétendues influences de tel ou tel astre, de telle ou telle heure sur les vertus des plantes, ou les qualités mystérieuses et surnaturelles appartenant à certains végétaux. De Rennes publia, à Saumur, en 1622, les *Merveilles et miracles*; — Coclenius, en 1625, à Francfort, *Mirabilium naturæ liber*; — Hagelgans, à Cobourg, en 1652, *Rosa loquens*; — Liebentantz, à Wittemberg, en 1661, *De magia baculorum*; — Legati, à Bologne, en 1667, *Chrysomeleida, Agriomeleis*, et *Nea Casta*; — Schwimmer, à Iéna, en 1673, *Naturæ miracula circa vegetabilia*; — Hencher, à Wittemberg, en 1700, *De vegetabilibus magicis*, et, en 1713, *Plantarum historia fabularis*; — De Mailly, à Rouen, en 1723, *Principales merveilles de la nature*; — Parskins, en 1728, *Rosa aurea omni ævo sacra*: etc., etc. Quelques-uns des derniers auteurs que nous venons de nommer ont, il est vrai, écrit au point de vue critique; mais les travaux mêmes de ceux-ci prouvent combien était difficile à déraciner l'habitude d'attribuer aux plantes, dans de certaines conditions, des vertus occultes et magiques.

La botanique biblique occupa au dix-septième et au dix-huitième siècles encore un assez grand nombre d'hommes de sciences, d'érudits, les uns par sentiment, les autres par esprit d'investigation. Nous citerons Kirsten, en 1651; — Heidegger, en 1657; — Ursinus (Jean-Henri), qui donna, en 1663, à Nuremberg, l'*Arboreum biblicum*; — Maurille de Saint-Michel, qui publia, en 1664, à Angers, une *Phytologie sacrée*; — Major, en 1673; — Beck, en 1679; — Eckard, en 1681; — Haeberlin, en 1693; — Outhov, en 1694; — l'illustre Olaüs Cellius lui-même, dans de nombreux écrits par lesquels il préluda à son *Hierobotanicum*; — Rudbeck aussi, en 1722 et 1733; — Helvigius, en 1708, dans le *Specimen pharmacologiæ sacræ*; — Schroeder, auteur du livre *De Hortis veterum Hebræorum*, en 1722; — Jean-Frédéric Depré, qui publia, à Erfurt, en 1738, *De balsamo evangelico samaritano*; — Hiller, qui fit paraître son *Hierophyticon*, en 1725; — Jean-Jacques Scheuchzer, dont il sera plus amplement parlé et qui publia : *Physica sacra, iconibus illustrata*; et bien d'autres encore.

Aux études sur les végétaux dont parle la Bible, se joignaient, dans un même esprit, celles qui tiennent une place dans les Évangiles, études auxquelles les Allemands ont donné le nom de Phytothéologie. Le célèbre Claude de Saumaise donna, en 1646, trois lettres, en latin, sur l'Hysope dans la passion du Christ. — Petsi publia, en 1691, *Virginum christianarum corona honesta*. — Guillaume Dersham fit paraître, en 1714, à Londres, sa *Physico-Theology*. — Lischwitz donna, en 1739, son livre intitulé : *Dissertatio de plantis dolorosam Domini Jesu passionem et gloriosam resurrectionem depingentibus*. — Bohr publia, à Francfort et Leipzig, sa *Phytotheologia*. Nous ne citons là qu'une faible partie des écrits phytothéologiques et de leurs auteurs.

Beaucoup de médecins praticiens avaient dès longtemps imaginé qu'il serait possible de connaître les propriétés des plantes, d'après les rapports de leur forme, de leur fructification et leur place dans les classes ou dans les ordres naturels, sans pour cela étendre leurs idées jusqu'à embrasser le système de Porta sur les analogies mystérieuses entre les végétaux et les animaux : c'est ce qu'on appelait la *signature des plantes*. On a vu (p. 68) que Petiver, homme d'une incontestable science, était de ceux qui avaient adopté cette idée qu'il était possible de déterminer les vertus des plantes d'après leurs rapports et leur analogie, quant aux caractères et quant aux classes naturelles. Le célèbre médecin et chimiste Frédéric Hoffmann, né à Halle, en 1611, mort en 1742, différant de Maurice et Jean-Maurice Hoffmann, dont nous avons parlé page 52, donna une dissertation sur ce sujet dans le premier volume de ses œuvres. Il devait être suivi bientôt par un disciple de Linné, le jeune et savant Frédéric Hasselquist, auquel nous consacrerons plus tard quelques lignes. Pour citer des exemples tirés des idées sur la signature des plantes, à l'époque où elles semblaient sorties du domaine occulte ; les plantes étoilées du système de Ray étaient données comme diurétiques ; les Borraginées comme adoucissantes ; les Ombellifères qui croissent dans les lieux secs, comme aromatiques, principalement les racines et les semences ; celles qui croissent dans les lieux humides, comme plus ou moins délétères ; les plantes de l'Icosandrie du système de Linné étaient présentées comme portant des fruits délicieux et nourrissants ; la plupart de ceux de la Polyandrie du même auteur, comme des poisons, etc., etc. Toutefois, réduite même à ces proportions tout humaines, la *signature des plantes* appliquée à la médecine passait déjà pour la pierre philosophale de la botanique.

Parmi les auteurs qui ont écrit sur la signature des plantes, on a déjà cité (page 42) Oswald Croll, dont le *Tractatus de signaturis* ne parut, en 1634, qu'après sa mort. — Poppe, médecin allemand, publia à Leipzig, en 1625, son *Krauterbuch*, où il traite des propriétés des végétaux eu égard à leur signature. — Muehlpfort s'en occupa pareillement dans sa matière médicale, publiée en 1627 (*Medizinisches Spaziergänglein*, etc.). — Quintus Apollinaris (pseudonyme pris par un médecin alsacien) donna à Strasbourg, en 1633, un écrit où il était longuement question de la signature des plantes (*Kurses Handbüchlein*). — Kozack (Jean-Sophrone), né en Bohême, en 1602, prit le grade de docteur en médecine en France, et exerça son art à Brême, où il mourut en 1685. Il avait embrassé les opinions du célèbre théosophe Robert Fludd. Il publia à Nancy, en 1633, et à Wesel, en 1640 : *Septimaniæ horologii microcosme liber quartus de vegetabilium speciebus partibus signaturis.* — Fischer (Lovinus), médecin de Brunswick, donna, en 1646 : *Methodus nova herbaria plantarum ad* vii *summa genera redactarum.* —Ambroise-Wolfgang Fabricius, médecin allemand, très-distingué, mourut prématurément en 1653, au moment où il venait de terminer un travail fort curieux et fort disert, intitulé Ἀπόρημα βοτανικόν *de signaturis plantarum*, que publia son père, la même année, à Nuremberg. — Jean Hiskias Cardilucius, comte palatin et médecin allemand, grand partisan de l'alchimie et de l'astrologie, sous le titre de *Officina sanitatis sive praxis chymiatrica*, etc., publia, en 1677, à Nuremberg, un ouvrage curieux sur la doctrine des signatures. — Paul Marquart Schelegel, médecin allemand du dix-septième siècle, fort en réputation dans son temps, publia aussi, en 1686, à Nuremberg, un *Traité de la signature des plantes.*—Il en fut de même de Charles-Chrestien Kranse, médecin allemand, né en 1716, à qui l'on doit une belle édition de Celse, et qui publia, en 1697, à Iéna : *De signaturâ vegetabilium.* — Tous les écrits sur ce sujet n'étaient pas destinés à propager la superstition ; quelques-uns avaient, au contraire, pour but de la combattre. C'est ainsi que Jean Forget, premier médecin du duc de Lorraine Charles IV, natif d'Essey, publia, en 1633, à Nancy, une réfutation du système de Porta, sous le titre de : *Artis signatæ designata fallacia , sive de vanitate signaturarum plantarum*. Nous ne citons, pas, nous le répétons, à beaucoup près, tous les noms des auteurs qui ont écrit, pour ou contre, sur le même sujet.

BOTANIQUE SYMBOLIQUE.

D'autres s'occupaient des symboles à tirer des plantes. C'étaient en général des flatteries à l'usage des princes ou de puissants et riches personnages.

Guillaume du Peyrat, prêtre-trésorier de la Sainte-Chapelle de Paris, donna *La Béthoine, dédiée à monseigneur de Béthune, duc de Sully*. Jean-Baptiste Tristan, gentilhomme de la chambre du roi, publia, en 1656, à Paris, le *Traité du Lys, symbole de l'espérance*; le lis donna sujet à bien d'autres écrits du même genre. Joachim Camerarius n'avait pas dédaigné de s'occuper des symboles et emblèmes à tirer des plantes (*Symbolorum et emblematum ex re herbariâ desumptorum centuriæ*). Howel publia, en 1640, à Londres, sa *Dendrologia*, ou Description des arbres, au point de vue symbolique.

CHARLATANS BOTANISTES.

AGRICOLA.

Le charlatanisme, plus hideux que la superstition, car du moins celle-ci peut-être de bonne foi, n'avait pas cessé de se mêler à l'art de la médecine. Agricola (Georges-André), né à Ratisbonne, en 1672, mort en 1738, prit le titre de docteur en médecine à l'université de Halle, et revint dans sa ville natale pour y exercer son art, en y joignant le charlatanisme comme moyen de fortune. Il se présenta comme étant en possession d'un moyen de faire naître, par l'emploi du feu et d'une matière végétale de son invention, autant d'arbres qu'on en pouvait désirer, avec des fruits et des fleurs, et cela d'une manière si rapide qu'il suffisait d'une heure pour qu'il en produisit soixante ; mais, ce grand secret, il déclara qu'il ne le communiquerait qu'à cent soixante personnes, qui payeraient chacune vingt-cinq florins, et s'obligeraient, par serment, à ne rien révéler de ce qu'il leur communiquerait. Il fit ainsi beaucoup de dupes et gagna des sommes considérables, en dépit des gens éclairés qui se raillaient de lui et dénonçaient sa fraude. Toute l'Europe s'occupa de son secret, qui pour le vanter, qui pour s'en moquer. Ce fameux charlatan n'était pourtant pas sans mérite. Ce fut lui qui, l'un des premiers, remarqua que le bourgeon placé dans l'aisselle des feuilles peut reproduire l'arbre, lorsqu'on l'enlève avec précaution pour le greffer sur un autre arbre. On lui doit beaucoup d'observations curieuses sur la greffe et sur l'ente, sur la division des arbres, sur la réunion de plusieurs par approche, etc. Toutefois il néglige toujours de prendre en considération l'affinité des espèces. D'ailleurs, il affirme partout sa prétention de faire naître jusqu'à des forêts entières à volonté. Ce qu'il y avait de vraiment intéressant, d'utile dans ses livres, n'a pas été assez reconnu, en raison de ce qu'ils renferment d'absurde. Toute sa doctrine se trouve dans l'ouvrage allemand intitulé : *Essai nouveau et inouï sur la manière de multiplier les arbres*, etc. (*Neur und nie erhörter, doch in der Natur und Vernunft wohl gegründeter Versuch der Universalvermthung aller Bäume*, etc., Ratisbonne, 1616 à 1648). Cet écrit eut de nombreuses éditions et traductions, particulièrement en français, 1720, 1722, et 1752. Agricola publia encore d'autres écrits, dont plusieurs ont également trait à son fameux secret, et dont quelques autres ont un caractère médical [1].

POÈMES
SUR
LES PLANTES.

Au dix-septième siècle et dans la première partie du suivant, les plantes ne manquèrent pas, sinon de grands poëtes comme Virgile, du moins de versificateurs, pour les célébrer [2]. On peut citer, entre autres, le Père Rapin, dont le chef-d'œuvre de versification latine est le poëme des *Jardins* en quatre livres (*Hortorum libri IV*, Paris, 1665); Franeau, auteur du *Jardin d'hiver*, publié en 1616; De Rennes, dans ses *Merveilles et Miracles* (*Poemata de plantis*), en 1622; Priezac, dans les *Jardins de Ruelle* (*Horti Ruellum*, Paris, 1640), jardins appartenant au cardinal Richelieu; Falingi, qui mit en vers latins et publia à Florence, de 1697 à 1705, trois véritables catalogues de botanique, le dernier d'après la méthode de Tournefort; le Père Vannière, jésuite, né à Béziers, à qui l'on doit un charmant poëme latin, en seize livres, sous le titre de *Prædium rusticum*, publié complet en 1730, et dont il a été fait plusieurs traductions françaises; Abraham Cowley, regardé, avant Milton, comme le premier poëte

---

1. Un autre Agricola (Jean), surnommé Ammonius, savant médecin allemand du seizième siècle, a laissé, entre autres ouvrages : *Medicinæ herbariæ libri duo* (Bâle, 1539, in-12); le premier livre traite des plantes usitées chez les anciens, et le second de celles qui n'ont été employées que depuis Galien.

2. Vers la fin du seizième siècle, un médecin allemand, Laurent Scholtz de Rosenau, avait publié : *Hortus Vratislaviæ situs et rarioribus plantis consitus, carmine celebratus cum catalogo botanico*, Breslau, 1587, in-4°, et *Catalogus arborum, fruticum ac plantarum, tam indigenarum quam exoticarum, hortis Wratislaviensis, cum additionibus*, Breslau, 1594, in-4°.

d'Angleterre, et qui publia, en 1693, un poëme latin sur les *Plantes*, en six chants (*Plantarum libri sex*); Savastano, Italien, qui donna, en 1712, à Naples, une Botanique en vers latins (*Botanicorum seu institutionum rei herbariæ libri IV*; Knowles, Anglais, qui eut le courage de mettre en vers latins la *Matière médicale botanique* (*Materia medica botanica*, Londres, 1720).

Mais retournons aux auteurs qui se sont occupés des végétaux sans chercher à revêtir leurs écrits d'autres attraits que de ceux de la science.

Jean-Jacques Baïer, médecin et naturaliste allemand, né à Iéna en 1677, mort à Altdorf en 1725, appartenait à une famille qui a donné plusieurs savants éminents à l'Allemagne, entre autres son père, qui fut un célèbre théologien, son frère (Jean-Guillaume), qui fut aussi théologien et, de plus, géologue. Jean-Jacques Baïer se distingua à la fois comme médecin, comme botaniste, comme phisicien, comme oryctographe, comme philosophe et comme biographe. Il pratiqua successivement la médecine à Nuremberg, à Halle, à Ratisbonne, à Iéna, et à Altdorf où il arriva au comble de sa renommée, comme professeur. L'Académie des curieux de la nature l'admit au nombre de ses membres sous le nom d'Eugenianus; il devint même le président-adjoint de cette société. A la fin de sa carrière, il était archiàtre impérial et comte palatin. On lui doit nombre de publications, dont quelques-unes ont spécialement la botanique pour objet, entre autres l'histoire fort intéressante du célèbre jardin botanique établi à Altdorf, en 1625, par Louis Jungerman (*Horti medici Academiæ altdorfinæ historia, curiosè conquisita*, Altdorf, 1727, in-4°). Un peu de mysticité, qui tenait de famille, se joignait en général à la science de Jean-Jacques Baïer.

Georges-André Hellwig, pasteur protestant, minéralogiste et botaniste, né à Angerburg, en Prusse, l'an 1666, mort en 1748, publia, à l'exemple de Lœsel et de Gottsched, une *Flore des plantes indigènes de Prusse*, *avec une préface de Jean-Philippe Breyn* (*Flora quasimodogenita, seu enumeratió plantarum indigenarum in Prussiá*, etc., Dantzig, 1712, in-4°, avec trois planches); puis il donna, *Flora Campana, seu Pulsatilla, cum suis speciebus et varietatibus*, Leipzig, 1719, in-4°, avec 12 planches, opuscule présentant la description de plusieurs espèces peu connues encore; et enfin le *Supplément à la Flore prussienne* de Lœsel (*Supplementum Floræ prussicæ*,

Dantzig, 1726, in-4°). On a de lui d'autres ouvrages, étrangers à la botanique. Il laissa en manuscrit un Catalogue des plantes de Prusse, rangées suivant la méthode de Tournefort, sous le titre de *Tournefortius prussicus.*

Jean-Christophe Lischwitz, médecin allemand, déjà cité (page 114), naquit à Lauban, dans la Haute-Lusace, en 1693, et fit ses études à Leipzig, où il prit ses grades en philosophie et en médecine. Il alla ensuite s'établir à Kiel, où il exerça le professorat jusqu'à sa mort arrivée en 1743. Outre l'ouvrage de phytothéologie dont il a été question (*Dissertatio de plantis dolorosam D. Jesu passionem depingentibus*), il a donné dans un ordre d'idées beaucoup moins mystique : *Oratio de veterum in re herbariâ diligentiâ et ad nostrum usque ævum botanices incremento*, Leipzig, 1724, in-4°; *Dissertatio de plantis diaphoreticis et sudoriferis charactere botanico diversis*, Kiel, 1734, in-4°; *Dissertatio de plantis anthelminthicis habitu externo et toto genere botanico diversis*, Kiel, 1742, in-4°.

Jean-Jérôme Zanichelli, pharmacien, médecin et naturaliste distingué, né à Modène en 1662, fut, très-jeune encore, membre du collége des apothicaires. Il établit à Venise un laboratoire, où il s'occupa de la préparation des remèdes chimiques les plus accrédités. L'art de la médecine étant aussi l'objet de ses études, le duc de Parme lui envoya, en 1702, des lettres-patentes qui le nommaient docteur en médecine, en chirurgie et en chimie; mais Zanichelli n'en resta pas moins fidèle à ses premières occupations. Sa passion pour l'histoire naturelle en général lui fit entreprendre, jusqu'en 1726, des voyages qui furent très-utiles à la science. Il étudia les fossiles, les zoophites, les insectes et les plantes. Il mourut en 1729, avant d'avoir terminé un grand ouvrage d'histoire naturelle qu'il méditait. Son fils, Jean-Jacques, qui avait les mêmes aspirations que lui, mit ses œuvres en ordre, et les publia sous le titre de : *Opera posthuma*, Venise, 1730. L'*Istoria delle piante che nascono nei lidi intorno a Venezia*, avec 300 figures réputées pour exactes, parut après la mort de Zanichelli le père, qui en était l'auteur, à Venise, 1735, in-fol.

Jean Blackstone, pharmacien anglais, mort en 1753, publia : *Plantes rares d'Angleterre* (*Plantæ rariores Angliæ*, Londres, 1737, in-8°, avec 2 planches); *Fascicule des plantes des environs de Harefield* (*Fasciculus plantarum circà Harefield spontè nascentium*,

Londres, 1737, in-12); *Spécimen botanique (Specimen botanicum, quo plantarum plurium Angliæ indigenarum loci natales illustrantur,* etc., Londres, 1746, in 8°), petit ouvrage enrichi des observations de Guillaume Watson, de Jean Hill, de Wilmer et de Hurlock, ainsi que des renseignements fournis par les chirurgiens Tornbeck, d'Ingleton, Dawson, de Leeds, et par Vernon, de Whitchurch. Blackstone avait aussi consulté avec avantage un catalogue manuscrit des environs de Feversham, par Jean Bateman, maître-ès-arts, manuscrit qui fut, depuis, le point de départ de l'ouvrage, publié, en 1777, par Édouard Jacob, membre de la Société royale de Londres, sous le titre de *Plantæ Favershamienses,* sur le plan duquel Richard Warner publia à son tour les *Plantæ Woodfordienses.* Le *Specimen botanicum* de Blackstone est le dernier livre publié sur la botanique d'Angleterre avant que le système de Linné l'eût emporté sur celui de Ray.

CRYPTOGAMIE.

DILLENIUS
OU
DILLWIN.

Jean-Jacob Dillen ou plus exactement Dillwin, généralement connu sous le nom latinisé de Dillenius, né à Giessen, en Allemagne, en 1687, fut reçu docteur en médecine à l'université de Giessen, et se fit connaître de bonne heure par des travaux sur la botanique. La première en date de ses publications fut une dissertation qui parut, en 1715, dans les *Miscellanea curiosa,* sur les plantes d'Amérique naturalisées en Europe, dissertation dans laquelle il montre que dès lors beaucoup de plantes, que l'on considère comme indigènes d'Europe, sont exotiques. Or, à ce sujet, Richard Pulteney fait observer qu'indépendamment des moyens ordinaires et préparés, l'importation s'était considérablement augmentée, depuis le jardin jusqu'au fumier, et de là jusqu'aux champs, par le transport des grains, dans l'emballage des marchandises, le nettoiement des vaisseaux et une foule de moyens dans lesquels l'attention et l'intention n'avaient été pour rien. Dillenius donna ensuite une dissertation critique sur le café des Arabes et sur les préparations que l'on faisait, de son temps, avec du grain et des légumes, pour obtenir quelque chose de semblable au café; on sait que ces procédés que l'on appelle quelquefois l'industrie, et ce qu'on nommerait mieux le vol commercial, n'ont point été négligés de nos jours. Dillenius donnait le résultat de ses propres observations faites avec des pois, des fèves et des haricots; mais il ajoutait que c'était avec du riz que l'on pouvait obtenir la liqueur la plus semblable à celle du café, et qu'on les distinguait difficilement l'une de l'autre ; il aurait pu ajouter, quand on était amateur ou connaisseur vulgaire, comme la plupart des consommateurs d'un grande partie de l'Europe où, par suite, les mélanges et les tromperies sont si facilement acceptés. Dillenius présenta, dans la sixième centurie des *Miscellanées curieuses*, quatre espèces de plantes douteuses, dont il donna les figures ; trois étaient du genre *Spergularia*, et la quatrième était une *Veronica*. Ce fut dans l'appendice de cette centurie des *Miscellanées curieuses* qu'il donna le premier échantillon ou spécimen de son *Examen exact de quelques végétaux de la classe de la cryptogamie*, examen qu'il devait porter ensuite si loin pour les progrès de la botanique ; il y traitait de la propagation des végétaux en général, mais plus particulièrement de celle des fougères ou des plantes capillaires, et de celle des mousses, qu'on avait regardées jusqu'alors comme n'ayant ni fleurs ni semences ; il décrivait les fleurs de ce genre, qu'il nomma plus tard *Lichenastrum*, et que Micheli, vers le même temps, appelait *Jungermania* ; il donnait le dessin de deux fleurs du genre *Chara*, de quelques conferves, et de plusieurs plantes plus parfaites, entre autres de la *Chondrilla* ; il fixait les genres *Radiola*, *Corrigiola*, et plusieurs autres ; il joignait, dans le même mémoire, à ces détails, beaucoup d'observations curieuses, qui tendaient toutes à confirmer, avant les publications de Linné, la doctrine du sexe des plantes, et qui avaient pour objet les pétales et les étamines, la racine de l'*Equisetum*, la poussière des anthères, la forme différente de celle de l'*Orchis*, qu'il disait être conique, et de celle de l'*Ohprys*, qu'il présentait comme ronde. La neuvième centurie des *Miscellanées curieuses* contenait un mémoire de Dillenius sur l'opium, que cet auteur préparait lui-même avec des pavots d'Europe.

Dillenius publia le *Catalogue des plantes qui croissent aux environs de Giessen* (*Catalogus plantarum sponte circa Giessam nascentium*, Giessen, 1718, in-8°). Il mit en tête de cet ouvrage un examen critique des systèmes de classifications des plantes, publiées par Ray et Knaut, qui avaient fondé, comme on l'a vu, leurs distinctions classiques sur le fruit, et de celles de Rivinus et de Tournefort, qui avaient fondé les leurs sur la fleur ; il finit par donner la préférence au système de Ray, et le suivit constamment jusqu'à la fin de sa vie. Sa critique de Rivinus lui attira le ressentiment de ce botaniste, qui était alors très-avancé en âge et qui répondit à ses objections. Dillenius avait écrit dans un style qui n'était que trop répréhensible, eu égard à la vieillesse et à l'incontestable mérite de son adversaire, style qui ne pouvait être excusé que par l'ardeur irréfléchie de la jeunesse ; on lui donna tort pour la forme, tout en l'approuvant en partie pour le fond. Le *Catalogue de Giessen* donnait l'énumération de neuf cent quatre-vingts espèces de ce qu'on appelait alors les plantes les plus parfaites, c'est-à-dire les plantes autres que les mousses et les champignons ; il présentait ensuite une énumération de ces dernières plantes, dans l'examen desquelles il entrait d'une manière approfondie. Dillenius s'occupe, dans cet ouvrage, des caractères génériques des cryptogames, et y partage les mousses et les champignons en genres distincts. C'est là qu'on rencontre pour la première fois les mots *Bryum*, *Hypnum*, *Mnium*, *Sphagnum*, *Lichenoïdes* et *Lichenastrum*, comme des noms génériques. Les quatre premiers de ces noms étaient des termes employés par les pères de la botanique, et avaient été néanmoins négligés par les restaurateurs de cette science, qui les avaient tous rangés sous la dénomination générale de *Muscus*, sauf le *Lichen*, le *Lycopodium*, et le *Polytricum*. Dillenius avait trouvé, dans les seuls environs de Giessen, plus de deux cents espèces de mousses, dont cent quarante étaient ignorées, et il avait fait l'énumération de plus de cent soixante-dix espèces de champignons, dont quatre-vingt-dix au moins n'avaient jamais été décrits. A l'*Appendice du catalogue de plantes de Giessen* (*Appendix quâ plantæ, post editum catalogum*, etc., Francfort-sur-Mein, 1719), Dillenius joignit seize planches gravées sur cuivre représentant les parties de la fructification.

Cette publication attira sur son auteur l'attention de tous les botanistes. Guillaume Sherard commença dès lors à rechercher Dillenius, et à l'engager à venir se fixer en Angleterre, ce à quoi il le décida en 1721. Il lui fit avoir la chaire de botanique à l'université d'Oxford. Ce fut vers l'année 1721 que Dillenius et John Martyn fondèrent à Londres une Société de botanique, qui, malheureusement, ne dura que quelques années. En 1724, Dillenius donna une troisième édition, par lui perfectionnée, du *Synopsis stirpium Britannicarum* de Ray, ouvrage auquel il ajouta, outre ses propres notes et modifications, vingt-quatre planches de plantes rares. En 1727, il fut très-vivement attaqué dans le premier traité qui ait été fait sur les plantes d'Irlande ; cet ouvrage parut sous le titre de *Synopsis stirpium hibernicarum alphabe-*

ticè dispositarum; il était dû au docteur Caleb Threlkel. Dillenius
ne jugea probablement pas cet adversaire digne de lui, car il
se borna à répondre à quelques-unes de ses objections peu mesu-
rées dans une lettre adressée à un tiers. L'année suivante, 1728,
il perdit son ami, le consul Sherard, qui lui léguait les moyens de
vivre honorablement et de résider en Angleterre, avec charge de continuer à travailler au *Pinax*, dont il est trop longuement question, à propos de Sherard lui-même, pour que nous fassions autre
chose que le citer ici. Dillenius publia, en 1732, son savant catalogue du *Jardin d'Eltham* (*Hortus Elthamensis*, Londres, 1732, in-fol.,
Leyde, 1774, 2 vol. in-fol., avec 324 planches), jardin qui était la
propriété, comme on l'a vu, du frère du consul Sherard. Linné a dit
de l'*Hortus Elthamensis* que c'était un ouvrage tel qu'on n'en avait
jamais connu (*Est opus botanicum quo absolutius mundus non vidit*).
En 1735, Dillenius prit le degré de docteur en médecine. Vers ce
temps, il entra en correspondance scientifique assez active avec Linné
et Haller. Il aida le docteur Shaw à mettre en ordre les plantes que ce
savant voyageur avait rapportées d'Orient. Enfin il publia, à deux cent
cinquante exemplaires seulement, sa célèbre *Histoire des mousses*
(*Historia muscorum*, Oxford, 1741, in-4°), dont toutes les figures
avaient été dessinées et gravées de sa propre main. L'*Histoire des
mousses* comprend à peu près toutes les plantes alors connues sous
le nom de mousses et d'algues, dans la classe de la cryptogamie
du système sexuel. Cet ouvrage capital mérite encore d'être consulté par ceux qui s'occupent des cryptogames, autant pour l'étendue et la fidélité du texte que pour la perfection des détails de la
gravure. Presque tous les exemplaires de la première édition
de l'*Histoire des mousses* ayant été dispersés dans le monde et
beaucoup ayant péri, il en fut fait, à l'aide des planches qu'on avait
sauvées, une nouvelle édition, à Londres, en 1768, avec deux catalogues des noms en anglais et en latin, et une indication sommaire du
lieu natal de chaque plante. En 1779, Gieske donna la concordance
des noms de Linné avec ceux de Dillenius. Ce grand cryptogamiste
mourut d'une attaque d'apoplexie, à Oxford, le 2 août 1747.

Dillenius cite, tant dans sa nouvelle édition du *Synopsis* de
Ray, que dans son *Histoire des mousses*, les noms de plusieurs bota-
nistes anglais, ses contemporains, spécialement ceux du docteur
Richardson, mort dans un âge très-avancé, en 1740; de Samuel

BOTANISTES
ANGLAIS
CITÉS
PAR DILLENIUS.

Brewer, de Thomas Harrison, négociant de Manchester, qui possédait un très-riche herbier, et enfin de Thomas Cole, l'un de ses correspondants.

DEERING.

Charles Deering, médecin, botaniste et antiquaire, né en Saxe, en 1690, mort en Angleterre, en 1749, prit ses degrés de docteur à Leyde, en Hollande, s'établit à Londres en 1720, et se fit recevoir en qualité de membre de la Société de botanique fondée par Dillenius et John Martyn. Retiré à Nottingham, en 1738, il publia, en anglais, d'après les conseils de Sloane, un *Catalogue des plantes d'Angleterre, et plus particulièrement des environs de Nottingham*, ouvrage dans lequel la cryptogamie tient une large place. Dillenius parle de lui avec éloge, quoique ses opinions en médecine lui eussent fait beaucoup d'ennemis dans le corps auquel il appartenait.

RUPPIUS.

Henri-Bernard Ruppius, botaniste allemand, dont il a déjà été question à propos d'Auguste-Quirinus Bachmann, dit Rivinus (page 77), imita celui-ci dans son système de prendre la fleur pour base des caractères classiques des végétaux. Il publia, dans ces idées,

SYSTÈME ARTIFICIEL.

la *Flore d'Iéna, ou Catalogue tant des plantes naissant spontanément aux environs de cette ville que dans les jardins voisins, d'après une méthode distribuée par classes, ornée de figures*, etc. (*Flora Ieniensis, sive enumeratio plantarum tam sponte circa Ienam et in locis vicinis nascentium*, etc., 1718); une seconde édition, revue et corrigée, parut en 1726; il y en eut ensuite une troisième, en 1745, augmentée et corrigée encore par le célèbre Albert de Haller. Dans la *Flore d'Iéna*, Ruppius distribue les mille deux cents plantes dont il parle en dix-sept classes, en ayant égard : 1° à la figure parfaite ou imparfaite de la fleur; 2° à la régularité ou à l'irrégularité de la corolle; 3° à la disposition des fleurs. Ces classes sont divisées, comme celles de Rivinus, en quatre-vingt-dix sections. Adanson fait remarquer que le système de Ruppius n'est autre que celui de Rivinus, un peu moins retourné que n'a fait Chrétien Knaut, un peu abrégé et fort peu perfectionné.

SLOANE.

Hans Sloane, médecin et naturaliste, né l'an 1660, dans le comté de Down, en Irlande, de parents écossais, mort en 1752, après avoir fait ses premières études de médecine à Londres et pris des leçons de botanique au Jardin de Chelsea, qui avait été fondé en 1673 pour la Compagnie des apothicaires de Londres, passa en France, où il suivit les cours de Tournefort et du célèbre anatomiste Duverney : il

alla ensuite prendre ses degrés pour le doctorat à Montpellier, ou à
Orange, qui possédait alors une université renommée. Il retourna à
Londres en 1684, et, trois ans après, il s'embarqua pour la Jamaïque en qualité de médecin du duc d'Albermale. Chemin faisant,
il visita l'île de Madère; il explora aussi les Barbades, Nevis et Saint-
Christophe. A la Jamaïque, il trouva le champ des études et des découvertes botaniques entièrement neuf, personne avant lui n'ayant été
conduit dans cette île, riche et importante, par l'amour de la science;
aussi sa moisson fut-elle abondante et fit-elle le bruit qu'elle méritait, lorsqu'à son retour, en 1689, il l'apporta en Angleterre, où il
fut bientôt en possession de la célébrité. En 1693, il fut élu secrétaire de la Société royale de Londres, et en profita pour faire revivre
une publication périodique fameuse, nommée les *Transactions philosophiques*, qui avait été interrompue depuis 1687. En 1696,
Sloane publia le *Prodrome de l'histoire des plantes de la Jamaïque*
et autres îles qu'il avait visitées (*Catalogus plantarum quæ in insulâ
Jamaïcâ spontè proveniunt vel vulgò coluntur, cum earum synonymis et
locis natalibus, adjectis aliis quibusdam quæ in insulis Maderæ, Barbadoes, Nieves et S. Christophori nascuntur*, Londres, 1696, in-8°).
Quoique ce volume fût déjà très-précieux, il n'était que la nomenclature ou l'index systématique d'un ouvrage plus important de l'auteur,
le *Voyage aux îles Madères, aux Barbades, à Nevis, à Saint-Christophe
et à la Jamaïque, avec l'histoire naturelle des plantes, arbres, animaux*, etc., qui parut, de 1707 à 1725, en deux volumes in-folio,
avec 274 planches, dont malheureusement les figures avaient été prises
sur des échantillons secs (*A voyage to the Islands Madeira, Barbadoes,
Neves, Christopher and Jamaïca, with the natural history of the
herbs and trees, four footed beasts, fishes, birds*, etc., Londres, 1707,
2 vol. in-fol. avec figures). Le premier volume contient l'arrangement systématique et la description des végétaux herbacés, au
nombre de plus de cent cinquante, venant sous les eaux de la mer,
et originaires des îles, avec l'emploi qui leur était attribué en
médecine. Le second volume renferme la description de huit cents
végétaux, dont cent fougères. L'ouvrage de Sloane donna l'idée
à un riche amateur irlandais, sir Arthur Rawdon, d'envoyer à la
Jamaïque James Harlow, habile jardinier, qui en revint avec un
navire chargé de plantes vivantes et d'une multitude d'échantillons
secs. Sir Arthur Rawdon, après avoir fait une juste part à son

propre jardin de Moira, en Irlande, distribua le reste avec une munificence de souverain au Jardin des apothicaires de Chelsea, à ceux de l'évêque de Londres, de la duchesse de Beaufort, du docteur Uredale à Enfield, aux jardins botaniques d'Amsterdam, de Leyde, de Leipzig et d'Upsal. En 1708, Sloane fut élu membre étranger de l'Académie des sciences de Paris, malgré la guerre qui existait entre la France et l'Angleterre. Le roi Georges Ier le nomma chevalier baronnet et médecin-général de l'armée anglaise. En 1719, il fut élu président du collége des médecins, et enfin, dans l'année 1727, il fut nommé médecin du roi Georges II, et eut l'incomparable honneur de succéder au grand Newton, comme président de la Société royale de Londres. Comblé de gloire et de biens, il résolut, dans sa quatre-vingtième année, de se démettre de ses principales fonctions et de se retirer dans son manoir de Chelsea, où il fit transporter son muséum et sa bibliothèque; là il vécut douze ans encore, recherché, visité par les sommités scientifiques de tous les pays. Il fit, avant de mourir, l'emploi le plus digne de sa grande fortune. Il en donna une partie aux hôpitaux de Londres, de la plupart desquels il était gouverneur. Il avait fait don, en 1724, à la compagnie des apothicaires de Londres, du franc-fief du terrain de Chelsea sur lequel était installé le Jardin botanique, à la condition que le démonstrateur, au nom de la compagnie, remettrait tous les ans à la Société royale, cinquante nouvelles plantes, jusqu'à ce que le nombre montât à deux mille, qui seraient toutes spécifiquement différentes. Outre les ouvrages dont il a été question, Sloane a publié, dans les *Transactions philosophiques*, un grand nombre de morceaux ayant trait à la botanique : c'est là qu'on trouve ses descriptions de l'arbre à poivre, du cannellier sauvage, du pin argenté, du *Wintera* du détroit de Magellan (*Drimys Winteri*, de Linné), de l'arbrisseau du café, avec le premier échantillon apporté par Clive de l'Arabie Heureuse.

Sloane n'était pas seulement un grand botaniste : il était zoologiste, minéralogiste, et surtout anatomiste et médecin consommé. On dit qu'il était surprenant par la certitude de ses pronostics, et que le coup d'œil et la main de l'anatomiste avaient souvent le don de reconnaître le siége de la maladie. Il donna sa sanction à l'inoculation, en faisant lui-même cette opération à quelques personnes de la famille royale d'Angleterre. Par sa pratique, non-seulement il confirma l'efficacité du quinquina dans les fièvres intermittentes, mais il en étendit encore l'usage à d'autres genres de fièvres, aux maladies nerveuses, aux gangrènes et aux hémorrhagies. Il recommanda l'ipécacuanha dans les dysenteries, tout en parlant avec modération de son efficacité, que plusieurs, de son temps, regardaient comme infaillible; il raconta que c'était un Portugais anonyme qui en avait parlé le premier, en le nommant *ipecahia* ou *pigaya*.

Deux frères, l'un et l'autre médecins, physiciens et naturalistes, Jean-Jacques Scheuchzer, né en 1672, mort en 1733, et Jean Scheuchzer, né en 1684, mort en 1738, honorèrent Zurich, leur ville natale. Le premier, à qui l'on doit une *Physique sacrée* (*Physica sacra Jobi oder Hiobs Naturwissenschaft*, Zurich, 1721, in-4°, *ibid.*, 1740), donna sur le même sujet l'*Histoire naturelle de la Bible* (*Biblia ex physicis illustrata, quibus res naturales in scripturâ sacrâ occurrentes exhibentur*, Vienne, 1731-1735, 5 vol. in-fol., traductions allemandes, hollandaises, françaises), publia, dans un autre ordre d'idées, un *Itinéraire de la Suisse* (Οὐρεσιφοίτης *Helveticus, seu itinera Alpina tria in quibus incolæ, animalia, plantæ, aquæ medicatæ exponuntur et iconibus illustrantur*, Zurich, 1702, in-4°, Londres, 1706 et 1709), et un *Itinéraire des Alpes* (Οὐρεσιφοίτης, *seu itinera Alpina novem ab an. 1702 ad 1711 facta*, 4 vol. in-4° avec 132 planches, Leyde, 1702 à 1711). Il donna un *Herbier du déluge* (*Herbarium diluvianum*, Zurich, 1709, in-fol., Leyde, 1723, in-fol.), qui est peut-être le premier ouvrage de botanique fossile, science qui était alors tout entière à créer. Les idées qu'on se faisait des empreintes des végétaux étaient encore des plus bizarres et des plus erronées. Si les théories de Jean-Jacques Scheuchzer, en géologie, sont de médiocre valeur, ses recherches sont positives, les faits qu'il indique sont généralement exacts. — Le second des Scheuchzer (Jean), non moins habile botaniste que son frère, professa l'histoire naturelle à Zurich, et publia sur la famille des graminées, alors peu connue, un ouvrage qui contribua puissamment à sa réputation; cet ouvrage a pour titre : *Agrostographia seu graminum, juncorum, cyperorum, cyperoideum iisque affinium historia*, Zurich, 1719, in-4°. Haller a donné (Zurich, 1774, in-4°) une édition tellement corrigée et augmentée de l'*Agrostographie*, qu'on peut la considérer comme un travail entièrement neuf. On aussi de Jean Scheuchzer : *Agrostographiæ Helvetiæ prodromus*, Zurich, 1708, in-fol.; *Operis agrostographici idea*, Zurich, 1719, in-8°; et *De usu historiæ naturalis in medicinâ*, Bale, 1706, in-4°. —

LES SCHEUCHZER.

BOTANIQUE FOSSILE.

L'aîné des deux Scheuchzer (Jean-Jacques), eut un fils, Jean-Gaspard Scheuchzer, qui mourut fort jeune, en 1729, après avoir montré les plus grandes dispositions pour les sciences naturelles et avoir donné une traduction en anglais de l'*Histoire du Japon*, de Kœmpfer, Londres 1727, in-fol.

BUXBAUM.

Jean-Christian Buxbaum, botaniste et voyageur allemand, né en Prusse, l'an 1694, mort en 1730, étudia d'abord la médecine, mais l'abandonna bientôt pour se vouer entièrement aux sciences naturelles, et surtout à la botanique. Venu, en 1715, à Iéna, il passa presque tout son temps en excursions dans les forêts et les montagnes voisines pour y chercher des plantes. En 1717, son père l'ayant envoyé en Hollande pour y continuer ses études médicales à l'université de Leyde, Buxbaum ne s'occupa encore que de botanique. Alors sa famille l'appela en Saxe, où il dressa et publia le *Catalogue des plantes des environs de Halle* (*Enumeratio plantarum in agro Hallensi vicinisque locis crescentium*, Halle, 1721, in-8°), catalogue bien préférable à celui qu'Abraham Rehfeld avait dressé, quatre ans auparavant, des végétaux des mêmes contrées. Étant à Halle, il se lia avec le célèbre Frédéric Hoffmann, qui le recommanda au czar Pierre Ier, comme un des hommes les plus capables de jeter de l'éclat sur son empire, au point de vue scientifique. En effet, appelé à Saint-Pétersbourg, Buxbaum y créa un jardin botanique, y professa avec un grand succès, et contribua puissamment à la fondation, en 1724, de l'Académie des sciences de cette ville, dont il fut l'un des premiers membres. Impatient d'étendre le cercle de ses connaissances en botanique, il parcourut la plupart des provinces russes, visita la Sibérie et les bords du Volga et de la mer Caspienne; il découvrit près d'Astrakan un genre de mousses auquel il

CRYPTOGAMIE.

donna le nom de *Capillaceum aphyllon*, que Haller nomma ensuite *Buxbaum sans feuilles* (*Buxbaumia aphylla*). Dillenius, Haller, Gleditsch firent de cette découverte l'objet d'études spéciales. La fragilité de sa santé semblait être pour Buxbaum un motif incessant pour dévorer plus d'espace et embrasser plus d'études en peu de temps. Il partit pour la Turquie, en 1726, et y resta seize mois, occupé à rassembler les matériaux d'une *Flore byzantine*. Il en publia lui-même une partie, de 1728 à 1730, époque où il retourna dans son pays natal, et y mourut d'une phtisie pulmonaire à peine âgé de trente-six ans. La *Flore byzantine* continua à paraître jusqu'à l'année 1047, sous le titre qu'il lui avait donné (*Centuriæ quinque plantarum minus cognitarum circa Bysantum et in Oriente observatarum*, Saint-Pétersbourg, 1728, 1729, 1733, 1740, in-4° avec 320 planches, qui représentent les plantes de l'Orient et quelques-unes de celles du Cap, mais qui pèchent beaucoup par l'exécution). Dans cet ouvrage, Buxbaum partage les cinq cent soixante-dix-huit plantes, dont il donne les figures, en trois classes, savoir : 1° les plantes ni nommées, ni décrites, ni figurées ; 2° les plantes nommées ou assez bien décrites, mais sans figures ; 3° les plantes nommées, décrites ou figurées d'une manière incertaine. On doit encore à Buxbaum plusieurs mémoires botaniques publiés dans le *Recueil de l'Académie de Saint-Pétersbourg*, un entre autres sur les *Plantes sous-marines*.

CLASSIFICATION PARTICULIÈRE A BUXBAUM.

Joseph Monti, né à Bologne en 1682, qu'il ne faut pas confondre avec le célèbre médecin du seizième siècle, Jean-Baptiste Monti, plus connu sous le nom de Montanus, professa l'histoire naturelle, et plus spécialement la botanique, dans cette ville. On a de lui le *Prodrome ou Introduction au catalogue des plantes des environs de Bologne* (*Prodromus catalogi stirpium agri bononiensis*, 1719, in-4°, avec figures); une Histoire fort succincte de la botanique, à l'usage de la démonstration du jardin public de Bologne, où l'on trouve un catalogue des plantes selon la méthode de Tournefort, ouvrage qui parut sous le titre de *Plantarum varii indices*, etc., 1724, in-4°; et un *Index* des médicaments tirés des plantes exotiques, intitulé *Exoticorum simplicium medicamentorum varii indices*, 1724, in-4°. Monti, par les leçons qu'il donnait à ses élèves, par le soin qu'il prit de rassembler dans son propre jardin une grande variété de plantes, par ses excursions botaniques, s'acquit une réputation méritée ; ses connaissances s'étendaient à toutes les branches de l'histoire naturelle. Micheli a donné le nom de *Montia* à un genre de la famille des Portulacées.

MONTI.

Guillaume Howstoun, médecin et botaniste anglais, visita d'abord l'Amérique, en qualité de chirurgien. De retour en Europe, il prit ses degrés de docteur sous Boërhaave, vers l'année 1729, à Leyde. Une série d'expériences intéressantes et des mémoires ou dissertations qui se trouvent dans les *Transactions philosophiques*, le firent nommer membre de la Société royale de Londres. Après quoi, il repartit pour l'Amérique, où il mourut en 1733, laissant, en manuscrit, un catalogue des plantes recueillies par ses soins, avec quelques dessins

HOWSTOUN.

et gravures faits par lui-même. Ce manuscrit fut publié en 1781, à Londres, par Joseph Banks, avec 26 planches, sous le titre de *Reliquiæ Houstonianæ, seu plantarum in Americâ meridionali a Gulielmo Houstoun collectarum icones.* Cet ouvrage, fait selon la méthode de Tournefort, contient les caractères et les descriptions de quinze genres et de onze espèces, ces dernières pour la plupart indigènes de la contrée de la Vera-Cruz.

DOUGLAS.

Jacques Douglas, célèbre chirurgien, médecin et anatomiste écossais, membre de la Société royale de Londres, membre honoraire du Collége des médecins anglais, né en 1675, mort en 1742, occupa ses loisirs à la botanique. Il publia en 1725 une monographie très-savante de l'*Amaryllis sarniensis*, sous le titre de *Lilium sarniense* ou *lis de Guernesey.* Selon Richard Pulteney, les racines de cette belle plante de serre auraient été dispersées par suite du naufrage d'un navire sur la côte de Guernesey, et ayant été, présume-t-on, protégées dans le sable par le roseau de mer, elles auraient poussé au bout de quelques années, à la surprise des habitants et à la satisfaction des botanistes. Le docteur Douglas joignit à cette monographie une *Étude sur la botanique de la graine du café.* Il donna aussi, dans les *Transactions philosophiques*, une *Description botanique du safran des boutiques*, avec une gravure, une *Description des différentes espèces d'ipécacuanha*, etc. Jean Ray cite Douglas comme ayant fait connaître plusieurs espèces rares de plantes.

CATESBY.

Marc Catesby, voyageur et naturaliste anglais, né à la fin de 1679, mort en 1749, visita, depuis l'année 1712 jusqu'à l'année 1719, et depuis 1722 jusqu'à 1726, la Virginie, la Caroline, la Floride et les îles Bahama, aidé de la protection de Sherard, de Sloane et de quelques autres notabilités scientifiques. Écrivain, dessinateur, peintre et graveur, il employa ses talents à reproduire et à décrire les objets les plus curieux de la nature. Il publia en anglais et en français l'*Histoire naturelle de la Caroline, de la Floride et des îles de Bahama (The natural history of Carolina, Florida*, etc., 2 volumes in-folio avec un *Appendix*, Londres, 1730 à 1748, *ibid.*, 1754, *ibid.*, 1771), magnifique ouvrage contenant 171 figures de plantes exotiques indépendamment des figures d'animaux. On regrette que l'auteur n'ait pas donné dans ses figures de plantes une représentation séparée de la fleur dans toutes ses parties, représentation sans laquelle chaque figure, surtout des espèces peu connues, doit être regardée comme imparfaite ; c'est ce que l'on commençait à remarquer dès le temps de Catesby. On a encore de ce naturaliste un ouvrage publié après sa mort sous le titre de *Hortus Britanno-Americanus, or a collection of 83 trees and shrubs, the produce of North-America, adopted to the climates and soils of Great-Britain*, Londres, 1767, in-4°, avec 17 planches. Cet ouvrage contient les figures coloriées et l'histoire de quatre-vingt-cinq arbres ou arbrisseaux de l'Amérique septentrionale, susceptibles d'être acclimatés en Angleterre. Catesby, à son second retour d'Amérique, avait été nommé membre de la Société royale de Londres. C'était un savant modeste, plein de candeur, et d'une existence aussi honnête que laborieuse.

Thomas Shaw, médecin et voyageur anglais, helléniste, antiquaire et naturaliste, né en 1692, mort en 1751, voyagea dans la Numidie ancienne, la Syrie, l'Égypte, et rapporta de son voyage, entre autres raretés, des objets d'histoire naturelle. Il publia, avec l'aide de Dillenius en ce qui concernait les plantes, le résultat de ses pérégrinations, sous le titre de *Voyages et observations relatives à plusieurs parties de la Barbarie et du Levant* (*Travels and observations relative to several parts of Barbary and the Levant*, Oxford, 1738, in-fol. avec figures ; *Supplément*, 1746, in-fol.; traduction française, la Haye, 1743). Le docteur Shaw était membre de la Société royale de Londres, et finit sa carrière honorée au collége d'Edmond, à Oxford, dont il avait été nommé principal.

J. Hartog, voyageur et botaniste hollandais, de la dernière moitié du dix-septième siècle et du commencement du dix-huitième siècle, contemporain de Hans Sloane et du docteur Sherard, fut envoyé par ce dernier à Ceylan, d'où il lui expédia des plantes rares et où il forma un herbier qui servit à compléter les flores des Burmann et celles de Linné qui le cite souvent avec honneur, à côté de Paul Hermann et de Jean Burmann.

Gaspard Bose, botaniste allemand, s'est rendu célèbre en consacrant sa fortune à l'étude des végétaux. Son jardin devint le plus riche de l'Allemagne en plantes curieuses. Il en fut fait un grand nombre de descriptions (voir pages 99 et 100). Gaspard Bose n'a personnellement publié que quelques opuscules, entre autres : *Dissertatio de motu plantarum, sensûs æmulo*, Leipzig, 1728, in-4° ; écrit dans lequel il parcourt, l'un après l'autre, les principaux phénomènes d'irritabilité des plantes, ce qui le conduit à attribuer à celles-ci une sorte d'âme présidant à leurs fonctions. Il a aussi donné *Dissertatio de calyce Tournefortii*, Leipzig, 1733, in-4°.

Alexandre Blackwell, né à Aberdeen, en Écosse, tour à tour commerçant, médecin, naturaliste, correcteur d'imprimerie, imprimeur, entrepreneur de travaux publics, est un de ces nombreux exemples d'hommes descendus au dernier degré de l'infortune, par défaut de jugement, de fixité dans les idées, d'esprit de suite dans les projets, ou, si l'on veut, par suite de cette sorte de fatalité qui empêche certaines individualités de réussir en quoi que ce soit. Dans son malheur, il eut du moins la consolation de posséder une épouse d'un dévouement admirable, d'un courage au-dessus du vulgaire, et d'un talent remarquable dans le dessin et la gravure. Blackwell ayant été mis en prison pour dettes, sa femme chercha dès lors à employer ce talent d'une manière profitable pour le captif et pour sa famille. Ayant appris qu'on désirait beaucoup un recueil de gravures de plantes médicinales, elle fit voir à Sloane, à Sherard, à Mead et à plusieurs autres médecins quelques essais dans ce genre, et en reçut les plus grands encouragements. Le pharmacien Rand, qui était alors démonstrateur au jardin de Chelsea, l'engagea à venir s'établir dans le voisinage de cet établissement, afin de recevoir les plantes aussi fraîches qu'il serait possible pour les reproduire. De son côté, Philippe Miller, sous-intendant du même jardin, lui donna des conseils et tous les secours dont elle avait besoin pour mener son projet à fin. Quand elle eut terminé ses dessins, elle les grava sur cuivre et coloria elle-même les épreuves ; son mari y joignit une courte description des plantes qu'elle avait représentées et des observations sur l'application de ces plantes en médecine, avec le nom de chacune d'elles. C'est ainsi que parut l'*Herbier curieux contenant* 500 *figures des plantes dont on fait usage en médecine, dessinées d'après nature et gravées par Elisabeth Blackwell* (A curious Herbal, etc., Londres, 1737-1739, 2 vol. in-fol.; traduction en latin et en allemand, Nuremberg, 1750-1760, 6 vol. in-fol.). L'artiste en avait colorié de sa main quelques exemplaires, dont le prix fut longtemps fort élevé, et qu'on recherchait beaucoup. Les dessins sont en général fidèles, et bien qu'ils manquent de cette finesse et de cette délicatesse dans les plus petits détails que l'on exige aujourd'hui, ils ont néanmoins encore une certaine valeur d'exécution. Après cette publication, la fortune parut sourire un peu au ménage de la famille Blackwell, mais c'était pour la conduire à la dernière et à la plus cruelle déception. Le docteur Blackwell ayant formé des projets en agriculture et fait un Traité sur cette matière, fut, par suite, attiré en Suède, où il eut d'abord l'appui de la cour ; il fut un des médecins du roi Frédéric de Hesse-Cassel, eut une pension et reçut la commission de dessécher de vastes marais. La Suède était alors dans une période de troubles intestins, et il n'était pas d'année que les imaginations ardentes et les caractères faciles à entraîner n'eussent occasion de se compromettre dans quelque intrigue , dans quelque conspiration. Blackwell s'y laissa prendre, quoique sa qualité d'étranger eût dû l'en garantir , et, soupçonné d'avoir trempé dans la conjuration du comte de Tessin, il subit la torture et fut décapité le 9 août 1748, après avoir protesté jusqu'à la fin de son innocence. L'œuvre d'Élisabeth Blackwell[1] et de son infortuné mari inspira, après cette catastrophe, un intérêt plus vif que jamais aux savants et aux artistes. Le docteur Trew, de Nuremberg, s'occupa de l'améliorer, de l'augmenter, depuis l'année 1750 jusqu'à l'année 1769 où il mourut. Après lui, Christian-Gottlieb Ludwig, Ernest-Gottlob Bose et le célèbre Bœhmer qui sera, comme Ludwig et Bose, l'objet d'un article dans le chapitre suivant, y travaillèrent. Les textes furent ainsi traduits, revus, corrigés, considérablement augmentés, traduits en allemand et en latin ; nombre de figures furent ajoutées , et le tout parut de 1769 à 1773. Il y faut joindre le *Nomenclator Linnæanus in Blackwellianum Herbarium selectum, emendatum et auctum* , par Gaspard-Gabriel Grœning, Leipzig, 1794, in-8°.

Il est des hommes qui, dans les positions les plus humbles, renversent tous les obstacles pour le triomphe de leurs goûts naturels. Ainsi fut Jean Wilson, cordonnier anglais, qui affronta l'indigence pour s'appliquer à l'étude de la botanique. On assure qu'une dame bienfaisante lui fit présent du coûteux ouvrage de Morison au moment où

GENS DU PEUPLE
BOTANISTES.

WILSON

---

1. Avant Élisabeth Blackwell, une autre femme s'était acquise une grande réputation pour son talent de peintre en fleurs. C'était Marie-Sybille Merian, née à Francfort en 1647, morte à Amsterdam en 1717, que l'on croit être la fille du célèbre dessinateur et graveur Mathieu Merian, de Bâle, auquel on doit l'exécution des figures du fameux *Florilegium*, édité à Francfort en 1641. Mlle Merian peignit merveilleusement, en détrempe, les fleurs et les insectes. Non-seulement elle a dessiné et enluminé, dans un ouvrage précieux, les plantes dont les chenilles se nourrissent, mais elle y a joint des notes intéressantes tant sur les végétaux que sur ces insectes et leurs métamorphoses. L'édition de 1705 est recherchée pour la beauté des épreuves.

il allait sacrifier la vache qui nourrissait sa famille, pour se le procurer. Wilson n'était pas, à ce qu'il paraît, sans quelque teinture de lettres ; car ce qu'il a publié est convenablement écrit. Il donna, en 1744, un *Synopsis des plantes anglaises suivant la méthode de Ray* (*A Synopsis of British plants*, etc.), ouvrage qui, par les observations dont il est accompagné, dénote des études. Plusieurs de ses classifications ont été acceptées. Wilson mourut vers 1750, laissant un manuscrit terminé sur les classes des graminées et des cryptogames.

PRÊTRES BOTANISTES.

ALEXANDRE.

Nicolas Alexandre, savant bénédictin de la congrégation de Saint-Maur, né à Paris en 1654, mort en 1728, publia, en 1714, un *Dictionnaire botanique et pharmaceutique*, à l'usage des gens du monde et des gens du peuple, qui ne pouvait donner à ceux auxquels il s'adressait que des connaissances imparfaites et par suite susceptibles de devenir dangereuses.

SARRABAT DIT LA BAISSE.

Nicolas Sarrabat, savant jésuite, né à Lyon en 1698, mort en 1737, fut à la fois mathématicien, astronome, physicien et botaniste des plus remarquables ; malheureusement il vécut trop peu pour la science. Les mémoires et opuscules qu'il a laissés prouvent quels services éminents il aurait pu rendre s'il n'avait été prématurément enlevé dans la pleine vigueur de son génie. Constamment couronné par les académies, pour ses travaux, il fut prié de ne plus entrer en lice, de peur de décourager tous ses émules. Il prit alors le pseudonyme de La Baisse, et ce fut sous ce nom qu'il donna

PHYSIOLOGIE VÉGÉTALE.

sa *Dissertation sur la circulation de la séve dans les plantes*, 1733, in-32, qui eut un retentissement prolongé dans la science. A la netteté de l'exposition, à la sûreté des expériences, à l'ampleur des vues, l'Académie de Bordeaux reconnut aussitôt l'auteur véritable sous le voile du pseudonyme ; elle retira le prix et changea le sujet des concours. Avant le Père Sarrabat, on avait cru, en dehors de toute expérience, que la séve montait par la moelle et par l'écorce. Il démontra que l'ascension du fluide séveux a lieu par le ligneux. Ce fut surtout en plongeant le bout des tiges des plantes dans le suc du *phytollaca*, qu'il essaya de découvrir la route que suivait la séve pour s'élever jusqu'au sommet des feuilles et des fleurs. Les traces laissées par la couleur lui prouvèrent que ce n'était ni par la moelle ni par l'écorce qu'elle montait, mais seulement par les fibres ligneuses ; aussi confirme-t-il par ses propres observations que des arbres peuvent vivre quoique privés d'écorce et de moelle. Il traita plusieurs autres questions de physiologie végétale, presque toujours avec succès. Duhamel de Monceau confirma plus tard, par ses propres expériences, presque toutes celles du jeune jésuite. La physique proprement dite et l'astronomie elle-même s'enrichirent des observations de Sarrabat.

François-Ernest Brueckmann, médecin, antiquaire et naturaliste allemand, né à Marienthal, près de Helmstaedt, en 1697, mort à Wolfenbuttel, en 1723, fut membre de l'Académie des Curieux de la nature, sous le nom de Mnemon. Il avait fait des études sur la botanique en général et sur les végétaux ayant trait à la matière médicale. Il s'occupa plus particulièrement des racines, des tubercules et des tiges souterraines. L'un des premiers, il remarqua (ce qui toutefois n'est pas encore bien positivement démontré) que les végétaux laissent échapper par l'extrémité de leurs racines, une matière excrémentielle, nuisible aux plantes voisines. On a de lui : *Specimen botanicum exhibens fungos subterraneos, vulgò tubera terræ dictos*, Helmstaedt, 1720, in-4° ; *Specimen prius botanico medicum*, et plusieurs autres opuscules de botanique, surtout de botanique médicale ; mais la géologie, la linguistique, la numismatique ne l'occupaient pas moins que l'étude des végétaux. Doué d'une merveilleuse mémoire, Brueckmann fut toutefois un de ces hommes qui perdent en profondeur ce qu'ils gagnent en surface.

François-Balthasar de Lindern, médecin et botaniste alsacien, né en 1682, mort en 1755, à Strasbourg, a publié une *Flore d'Alsace* sous le titre de *Tournefortius Alsaticus et transrhenanus*, etc., Strasbourg, 1728, in-8°. Le même ouvrage, augmenté, reparut sous le titre de *Hortus Alsaticus*, Strasbourg, 1747, in-8°. C'est un simple catalogue des plantes de l'Alsace, disposées par mois, depuis l'époque de leur floraison, avec les dénominations de G. Bauhin, les phrases de Tournefort et l'indication des figures de Tabernæmontanus, l'Écluse, Morison et autres.

Bazin (Gilles-Augustin), médecin et naturaliste, né à Paris, mort à Strasbourg en 1751, s'occupa de physique et des différentes branches de l'histoire naturelle. En ce qui concerne la botanique, on lui doit : 1° des *Observations sur les plantes*, 1741, in-8° ; 2° un *Traité de l'accroissement des plantes*, 1743. Il publia aussi : *Observations sur les plantes et leur analogie avec les insectes, l'accroissement du corps*

humain, et les causes pour lesquelles les bêtes nagent naturellement,
Strasbourg, 1741, in-8°.

VALLISNERI.

Antoine Vallisneri, médecin, anatomiste et naturaliste italien, né dans le Modenais, en 1661, mort à Padoue, 1730, fut un zélé partisan du système des ovaristes et par suite un constant adversaire de la génération spontanée. Il ne s'occupa qu'accessoirement de botanique. Ce fut lui néanmoins qui découvrit les merveilleux phénomènes qui accompagnent et amènent la fécondation d'une plante de la famille des Hydrocharidées, qui reçut son nom (*Vallisneria*) et qui croît dans les fossés marécageux de Florence et de Pise, dans le Rhône, dans les canaux du midi de la France, et dans d'autres lieux. Lorsque le moment de la fécondation est arrivé, la spathe des fleurs mâles de la vallisneria s'ouvre, et celles-ci se détachant de leur petit support, viennent flotter librement à la surface de l'eau. Jusques-là les fleurs femelles étaient restées au fond retenues par leur hampe, qui formait une spirale à tours serrés ; mais en ce moment, ce ressort semble se détendre, la spirale écarte ses circonvolutions, et la fleur arrive ainsi jusqu'à la surface du liquide dont elle suit les ondulations. Agitée de la sorte dans un étroit espace, elle rencontre les fleurs mâles qui répandent sur elles leur pollen. La fécondation s'étant ainsi opérée, la hampe resserre de nouveau sa spire, et le fruit va se développer et mûrir au fond de l'eau.

ANTOINE
DE
JUSSIEU.

Cinq hommes éminents du nom de Jussieu ont dû leur principale illustration à l'étude de la botanique. Le premier, par ordre de dates, est Antoine de Jussieu, né à Lyon en 1686, mort en 1758. Il était ecclésiastique. Après avoir étudié la flore des environs de Lyon, il se rendit à Montpellier où il étudia la médecine, et continua ses recherches de botanique. Admirateur de Tournefort, il fit le voyage de Paris pour le visiter avant que la mort l'eût enlevé aux sciences. Il fut nommé, en 1715, membre de l'Académie des sciences, et, l'année suivante, docteur de la Faculté de médecine de Paris. Il succéda à Tournefort comme professeur de botanique au jardin du roi. Les honneurs qui venaient au-devant de lui ne furent qu'un stimulant pour son infatigable ardeur de connaître. Il parcourut les côtes de Bretagne et de Normandie, l'Espagne et le Portugal et donna la description de divers végétaux tant indigènes qu'exotiques. Les *Mémoires de l'Académie des sciences* renferment un grand nombre de dissertations écrites par lui, entre autres sur le café, le cachou, le sinarouba, etc. On lui doit une édition des *Instituts de Tourne-fort* (*Institutiones rei herbariæ* etc.) augmentés d'un *Appendice*, Lyon, 1719, et la publication des plantes que le Père Barralier avait amassées dans ses voyages en France, en Italie, en Espagne, et dont la plupart n'avaient encore été ni décrites ni figurées. Il joignit un texte aux planches, et le tout parut sous le titre de *R. P. Barralieri plantæ per Galliam, Hispaniam et Italiam observatæ*, Paris, 1714, in-folio. La même année 1714, Antoine de Jussieu publia un *Éloge de Fayon avec l'histoire du Jardin royal de Paris et une introduction à la botanique.* En 1718, il donna son *Discours sur les progrès de la botanique.* Puis parut sa *Dissertation sur les analogies entre les plantes et les animaux* (*Dissertatio de analogiâ inter plantas et animalia*, Londres, 1721, in-4°). En 1772, le docteur Grendoger de Foigny publia, sous le titre de *Traité des vertus des plantes, ouvrage posthume d'Antoine de Jussieu*, un cours de matière médicale. En effet, Antoine de Jussieu avait professé la médecine avec distinction, et l'avait exercée avec une inépuisable bonté de cœur, particulièrement en faveur des pauvres.

CHAPITRE VI

Nous voilà parvenus à la grande époque de la botanique, à celle qu'illustrèrent Linné, Hales, Haller, Bernard de Jussieu, Ludwig, Gleditsch, les Gmelin, Gærtner, Duhamel du Monceau, Gilibert, Hedwig, Adanson, Lamarck, et tant d'autres; elle s'enchevêtre sous beaucoup de rapports avec la fin de la précédente; nombre des biographies qui composent ces deux époques ont un pied dans l'une et un pied dans l'autre. Linné lui-même, qui accomplit toute une révolution dans la botanique et par qui nous commençons ce chapitre, s'il appartient par ses principaux écrits à la période dans laquelle nous entrons, n'est pas sans appartenir par ses études à celle que nous venons de terminer.

LINNÉ. Charles Linné ou Linnée, né en 1707, à Rœshult, en Suède, était fils d'un pauvre pasteur de campagne, et eut longtemps à lutter contre la pauvreté. Dès l'enfance, il montra un goût marqué pour l'étude des végétaux; mais son père ne comprenant pas ce qu'un tel penchant chez son fils renfermait d'avenir et de gloire, et d'ailleurs l'entendant signaler comme sans aptitude pour les lettres, l'avait déjà mis en apprentissage chez un cordonnier, quand un médecin du voisinage, nommé Rothman, distingua ses rares facultés, le prit dans sa maison, et lui donna des leçons. Le jeune Linné fit tout d'abord de grands progrès en médecine, en entomologie et surtout en botanique. Il fut envoyé en 1727 à l'Université de Lunden, où sa pauvreté était telle qu'il manquait souvent des choses de première nécessité, et qu'il était forcé de porter les vieux souliers de ses camarades, après les avoir raccommodés lui-même avec du carton. L'érudit Kilian Stobée, en eut pitié et le prit à son tour dans sa maison, où il trouva une collection très-variée d'objets d'histoire naturelle, qui excita encore son goût pour cette science. Il commença à se former un herbier, tandis que Stobée lui donnait les premiers principes systématiques de botanique. L'année suivante, Linné partit pour Upsal, où il se lia d'une étroite amitié avec le jeune Artedi qui fut, jusqu'à sa mort prématurée, son émule, mais non son envieux (voir page 94). Là il eut pour maître et pour appréciateur de son mérite naissant le célèbre Olaüs Celsius, fondateur, comme on l'a dit, de l'histoire naturelle en Suède. La pauvreté de Linné continuant, Olaüs Celsius fit comme Rothman et Stobée; il lui donna un logement, sa table, et lui ouvrit sa bibliothèque. Linné, dont la reconnaissance dura autant que la vie, l'aida dans la composition de son *Hiero-botanicon (seu de plantis sanctæ Scripturæ dissertationes breves*, Upsal, 1745). Les progrès du jeune naturaliste furent si rapides que, dès l'âge de vingt-trois ans, il fut chargé de professer à la place du vieil Olaüs Rudbeck, dont naguère il suivait les leçons.

En 1731, Linné donna un commencement de notoriété à ses idées en botanique, en publiant, dans l'*Hortus Uplandicus*, un essai de classification des végétaux d'après les étamines et les pistils.

Il fut chargé, en 1732, par la Société royale d'Upsal, de faire un voyage en Laponie, dans le but d'examiner les productions de cette région glacée, où Olaüs Rudbeck le fils l'avait précédé en 1695, mais sans profit pour la science, parce que ses travaux avaient péri dans l'incendie d'Upsal, en 1702. Il ne publia que quelques années après son voyage en Laponie, et se borna à donner, à son retour, la *Petite Flore de Laponie (Florula Lapponica)*, qui fut comprise dans les Mémoires de l'Académie d'Upsal pour les années 1732 et 1734. On y trouve déjà en germe le fameux système qui contribua si puissamment à sa réputation, et auquel il donna le nom de *sexuel*. Au reste il faut reconnaître que ce système, dont il fut le vulgarisateur, avait été indiqué dès l'année 1702, par Burckhard, dans une lettre adressée à Leibnitz, qui était oubliée quand Laurent Heister, la publia de nouveau, en 1750[1]. On a vu aussi que d'autres botanistes et en

---

1. *Epistola ad Leibnizium, quâ characterem plantarum naturalem, nec a radicibus, nec ab aliis plantarum minus essentialibus peti posse ostendit.* Wolfenbuttel, 1702, in-4°; Helmstaedt, 1750 in-8°. Le but principal de l'auteur était de prouver, contre Alexandre-Chrétien Gakenholz, médecin, mort, en 1717 à Helmstaedt, qui lui dut son jardin botanique, qu'il ne faut pas chercher les caractères des genres dans les racines des plantes, ni dans les feuilles, mais qu'il faut les puiser dans les parties les plus essentielles de la fleur, qui sont les pistils et les étamines. Gakenholz, d'ailleurs, avait été combattu par Leibnitz lui-même.

particulier Bocconi, avaient reconnu la sexualité dans les végétaux. En 1734, Linné fut chargé, avec quelques naturalistes, d'étudier d'une manière spéciale la province de Dalécarlie, et il en profita pour pousser ses observations jusqu'en Norwége. En 1735, Linné parcourut diverses provinces de la Suède, une partie du Danemark et quelques contrées de l'Allemagne. Ayant éprouvé des mécomptes dans sa patrie, il passa, en cette même année 1735, dans la Hollande, où il résolut de prendre ses degrés en médecine. N'ayant pas de quoi payer les frais de son doctorat, Linné s'adressa à l'illustre Boërhaave qui l'apprécia et lui fournit immédiatement une occasion de montrer sa science. Il le recommanda au riche jurisconsulte Georges Clifford, qui était passionné pour la botanique et qui avait réuni dans son jardin d'Hartecamp la plus belle collection de fleurs que l'on connût de son temps. Clifford le fit directeur de son jardin. Cette situation, qui le mettait à l'abri du besoin, permit à Linné de rassembler ses idées en corps de doctrine et d'entreprendre, non-seulement de les exposer, mais même de les imposer au monde savant. Alors parurent, coup sur coup, pour ne pas dire tout à la fois, dix à douze écrits fameux qui émurent vivement, dès le début, tous les naturalistes d'Europe, les uns mus en faveur de l'entreprise, les autres contre ; il se forma en effet deux camps, mais qui l'un et l'autre attestaient la hauteur du génie de celui qui les avait suscités, car un grand homme seul était capable de passionner ainsi jusqu'à la froide science elle-même. Linné n'était pas qu'un botaniste hors ligne ; il était un grand minéralogiste, un grand zoologiste, un grand anatomiste, et un merveilleux observateur de toutes choses. Il le prouva bien, quoique d'une manière très-brève, dans la première édition de son *Système de la nature* (*Systema naturæ, sive regna tria naturæ systematicè proposita, per classes, ordines, genera et species*, Leyde, 1735, in-folio), qui, sous forme de table et en douze pages seulement, embrassait les trois Règnes. Cette édition n'était que l'esquisse des suivantes. Du vivant même de l'auteur, il en fut donné douze. La seconde édition (Stockholm, 1740) fut portée à quatre-vingts pages in-8°; la sixième (Stockholm, 1748) eut deux cent trente-deux pages in-8°, avec huit planches ; la dixième (Stockholm, 1758-1759) parut en 3 volumes in-8°, et la douzième (Stockholm, 1766-68), en 4 volumes in-8°. Les sept autres ne furent que des réimpressions de ces quatre dernières.

J.-F. Gmelin donna une treizième édition latine du *Système de la nature* (Leipzig, 1788-1793) en 10 volumes in-8°. Cet ouvrage a été traduit dans presque toutes les langues de l'Europe, et sa partie botanique a été souvent aussi publiée et traduite séparément, sous le titre de *Système des plantes* (*Systema vegetabilium*). Linné, dans son *Système de la nature*, entreprit le premier de classer tous les êtres connus, d'en offrir un tableau méthodique, où chacun pût être reconnu à ses traits distinctifs ; le premier il conçut la pensée d'enchaîner dans un ordre systématique toutes les parties de la création. Dans ses *Fondements de la botanique* (*Fundamenta botanica quæ, majorum operum prodromi instar, theoriam scientiæ botanicæ per breves aphorismos tradunt* (Amsterdam, 1736, in-8° ; Stockholm, 1740, in-8° ; Abo, 1740, in-4° ; Leyde, 1744, in-8° ; Paris, 1744, in-8° ; Leyde, 1744, in-8° ; Halle, 1747, in-8° ; Lucques, 1758, in-8° ; Paris, 1774, in-8°), Linné essaya dès lors de donner un code à la science des végétaux. C'est ce même ouvrage qui, considérablement revu, corrigé et augmenté, devait reparaître en 1751 sous le titre immortel de *Philosophie botanique* (*Philosophia botanica*). La *Bibliothèque botanique* (*Bibliotheca botanica recensens libros plus mille de plantis hucusque editos, secundum systema auctoris naturale, ordines, genera et species dispositos, additis editionis loco, tempore, formâ, linguâ* (Amsterdam, 1736, in-8° ; Halle, 1747, in-8° ; Amsterdam, 1751, in-8°), fut faite d'après les principes tout nouveaux de classification qui lui appartenaient. Il en fut de même du *Jardin de Cliffort* (*Hortus Cliffortianus plantas exhibens, quas in hortis tam vivis quam siccis Hartecampi in Hollandiâ coluit G. Cliffort, reductis varietatibus ad species, speciebus ad genera, generibus ad classes, adjectis locis plantarum naturalibus, differentisque specierum*, Amsterdam, 1737, in-fol.). Linné, révisant et complétant sa *Flore de Laponie* (*Flora Lapponica*, Amsterdam, 1737, in-8° ; *ibid.*, 1747, in-8° ; Londres, 1792, in-8°), montra jusqu'à quel point il savait joindre au mérite du fond celui de la forme, et parer la science de tous les charmes de l'élocution. Puis vint le *Genera plantarum* (*eorum que characteres naturales, secundùm numerum, figuram, situm, proportionem omnium fructificationis partium*), ouvrage dont la première édition, publiée à Leyde en 1737, in-8°, donnait déjà neuf cent trente-cinq genres de plantes, soumis à un examen tout nouveau. Cet ouvrage eut de nombreuses éditions. Dans la seconde

édition (Leyde, 1742, in-8°), les genres décrits furent portés
à mille vingt-et-un; dans l'édition de Halle (1752, in-8°), par
Strumpff, les genres s'élèvent à mille quatre-vingt-dix ; dans celle de
Stockholm (1754, in-8°), à onze cent cinq; dans celle publiée dans
la même ville, en 1764, à douze cent trente-neuf; dans l'édition faite
à Francfort par Schreber, de 1789 à 1791, en 2 volumes in-8°, les
genres vont à dix-sept cent soixante-sept. Sous la même couverture
parurent à la fois *Corollarium generum plantarum* et *Methodus sexualis*,
Leyde, 1737, in-8°. Ce que Linné appelait la *Méthode sexuelle* n'est
plus considéré que comme le plus ingénieux et le plus poétique des
systèmes. Ce n'est pas qu'il n'eût le sentiment de la méthode naturelle ; on le voit en quelques endroits de sa *Botanique critique*
(*Critica botanica in quâ nomina plantarum generica, specifica et
variantia examini subjiciuntur* (Leyde, 1737, in-8°; Lyon, 1787,
in-8°). On le voit mieux encore dans sa *Classification des plantes*
(*Classes plantarum, seu systemata plantarum omnia, à fructificatione desumpta, quorum XVI universalia, XIII particularia com-
pendiosè proposita secundum classes, ordines, et nomina generica, cum
clave cujusvis methodi et synonymis genericis*, Leyde, 1738, in-8° ;
Halle, 1747, in-8°). C'est là qu'il dit que les ordres naturels sont
utiles pour connaître la nature des plantes, les ordres artificiels pour
distinguer les espèces entre elles, et qu'il est constant que la méthode artificielle n'est que secondaire de la méthode naturelle, et
lui céderait le pas si celle-ci venait à être découverte.

Linné s'était fait recevoir docteur en médecine à Hardervick,
en Hollande, au mois de juin 1735. Il partit pour l'Angleterre, accompagné d'une recommandation très-flatteuse de Boërhaave auprès
de Hans Sloane, président de la Société-Royale de Londres ; elle était
ainsi conçue : « *Linnæus, qui tibi has dabit litteras, est unice dignus te
videre, unice dignus a te videri. Qui vos videbit simul, videbit hominum
par cui simile vix dabit orbis.* Malgré cette recommandation, et peut-
être même à cause de cette recommandation, il ne trouva chez Sloane
qu'un accueil froid. Dillenius le reçut presque avec antipathie. Cela se
comprend : de son côté, Linné venait avec des idées neuves et originales déranger celles d'hommes éminents d'ailleurs, qui s'étonnaient
de voir un si jeune savant les contredire sur beaucoup de points. Il
resta peu en Angleterre; mais il ne voulut pas retourner dans sa
patrie, sans visiter la France et Paris, où il fut accueilli avec sympathie

par Bernard de Jussieu. Il parcourut ensuite l'Allemagne et le Dane-marck, et revit la Suède, en 1738, où son illustration prématurée excita tout d'abord bien des jalousies; il eut, entre autres, un Zoïle acharné dans Siegesbeck, auteur des *Primitiæ Floræ Petropolitanæ*, 1736, et de *Epicrisis systematis Linnæi*, 1737; mais il eut en revanche de nombreux et zélés admirateurs. Jean Browallius, vice-chancelier de l'université d'Abo, prit la plume pour le défendre dans un écrit intitulé : *Examen epicriseos Sigesbeckianæ*, Abo, 1739, in-4°. En re-connaissance Linné lui consacra le genre *Browallia*, de la famille des Scrophulariacées. Après avoir pratiqué la médecine à Stockholm, il fut nommé médecin de l'amirauté et reçut une pension de la ville pour donner des leçons de botanique. Peu après, avec l'aide d'amis puis-sants et surtout du comte de Tessin, il eut le titre de botaniste du roi et fut nommé, en 1739, président de l'Académie de Stockholm. Ce fut à cette époque que Linné se maria. En 1740, il visita, par ordre du gouvernement suédois, les îles d'OEland et de Gothland, dont il observa, avec le soin et la sagacité qui le caractérisaient, l'histoire na-turelle et même les antiquités. Vers ce même temps, il publia le fruit de ses études entomologiques. En 1741, il fut appelé à succéder, dans Upsal, comme professeur de botanique à son vieux maître Olaüs Rud-beck, accablé d'ans et de travaux ; et, peu après, il fut nommé direc-teur du jardin des plantes de la même ville. Il professa aussi la médecine à Upsal, mais il cessa pour ainsi dire d'exercer, pour être plus entière-ment à ses travaux d'histoire naturelle. Il s'occupa surtout alors de la Flore et de la Faune de Suède [1]. La Faune ne parut qu'un an après la *Flore suédoise* (*Flora Suecica exhibens plantas per regnum Sueciæ cres-centes, systematice cum differentiis specierum, synonymis auctorum, nominibus incolarum, solo locorum, usu pharmacopœorum*, Leyde, 1745, in-8° ; seconde édition à Stockholm, 1755, in-8°).

Linné se plut à faire valoir les travaux de plusieurs de ses con-temporains et à ressusciter ceux de ses devanciers. C'est dans cet

---

1. Toutefois, vers le même temps, il donna entre autres :
Betula nana : Resp. *Læur.* — *M. Klase.* Upsal, 1743, in-8°.
Ficus ejusque historia naturalis et medica : Resp. *C. Hegardt.* Upsal, 1744, in-8°.
Plantæ Martino-Burserianæ explicatæ : Resp. *R. Martin.* Upsal, 1745, in-8°.
Passiflora : Resp. *J.-G. Hallman.* Upsal, 1745, in-8°.
Hortus Upsaliensis : Resp. *S. Naucler.* Upsal, 1745, in-8°.
Sponsalia plantarum : Resp. *J.-G. Wahlbom.* Upsal, 1746, in-8°

esprit qu'il publia la *Flore de Ceylan*, de Paul Hermann (*Flora Zeylanica sistens plantas indices Zeylaniæ insulæ, quæ olim 1670-1677 lectæ fuere a Paulo Hermanno, denum post 70 annos ab A. Gunthero orbi redditæ*, Stockolm, 1747, in-8°; Amsterdam et Leipzig, 1748, in-8°)[1].

En 1748, Linné publia le *Jardin d'Upsal* (*Hortus Upsaliensis, exhibens plantas exoticas, horto Upsaliensis Academiæ à C. Linnæo illatas ab anno 1742 in annum 1748, additis differentiis, synonymis, habitationibus, hospitiis, rariorumque descriptionibus*, Stockholm, 1748, in-8°, avec 3 planches)[2].

En 1749, Linné donna sa *Matière médicale tirée du Règne végétal* (*Materia medica è regno vegetabili*, Stockholm, 1749, in-8°; Venise, 1762, in-8°). Il publia, en 1750, le *Règne animal*, et en 1752, le *Règne minéral*. Les trois parties furent réunies par Jean-Chrétien-Daniel de Schreber, sous le titre de *Matière médicale tirée des trois Règnes de la nature* (*Materia medica per tria regna naturæ*, Leipzig et Erlangen, 1772, in-8°; *ibid.*, 1787, in-8°)[3].

La *Philosophie botanique* (*Philosophia botanica, in quâ explicantur Fundamenta botanica cum definitionibus partium, exemplis terminorum, observationibus rariorum, adjectis figuris æneis*, 1 vol. in-8°, avec 9 planches) mit le sceau à la réputation de Linné. Cet incomparable ouvrage, trop peu lu aujourd'hui, renferme tout le génie de l'auteur, et aucune science ne peut se flatter d'en avoir produit un plus beau. Rarement tant de principes également nouveaux et profonds, tant d'aperçus ingénieux, tant de faits de toute espèce, furent exposés dans un aussi court espace avec tant de clarté saisissante. De chacune de ses phrases condensées, on pourrait tirer la matière d'un volume. La première édition de ce beau livre parut à Stockholm en 1751. Depuis, il

1. En 1747 parurent encore :
Vires plantarum : Resp. F. Hasselquist. Upsal, in-8°.
Nova plantarum genera : Resp. C. M. Dossow. Upsal, in-8°.

2. En 1748, Linné donna aussi :
Flora œconomica : Resp. E. Aspelin. Upsal, in-8°.

3. On a de Linné, sous la même date, 1749 :
Lignum colubrinum : Resp. J.-A. Darelius. Upsal.
Radix Senega : Resp. J. Kiernauder. Upsal.
Gemmæ arborum : Resp. P. Læfling. Upsal.
Pan Suecus : Resp. N.-L. Hesselgren. Upsal.

Amœnitates academicæ, seu dissertationes variæ physicæ, medicæ, botanicæ, antehac seorsim editæ, nunc collectæ et auctæ, Ier vol. Ce premier volume parut à Leipzig et à

en parut à Vienne, en 1755, 1763 et 1770 ; à Berlin, en 1779, sous la direction de Gleditsch ; en 1790, sous celle de Willdenow ; en 1787, à Lyon, par les soins de Gilibert ; en 1792, à Madrid, par ceux d'Ortega ; en 1809, à Halle, par ceux de Sprengel. La traduction française, donnée par Quesné (Paris, 1788) est détestable, l'ouvrage, d'ailleurs, étant très-difficile à traduire. Il y a aussi des traductions espagnoles et anglaises [1].

Ce livre immortel fut suivi, en 1753, du *Species plantarum*, où Linné révise les espèces, comme précédemment il avait révisé les genres (*Species plantarum exhibens plantas ritè cognitas, ad genera relatas, cum differentiis specificis, nominibus trivialibus, synonymis selectis, locis natalibus, secundum systema sexuale digestas*, Stockholm, 1753, 2 vol. in-8° ; Florence, 1756, in-8° ; Stockholm, 1753, 2 vol. in-8° ; Florence, 1756, in-8° ; Stockholm, 1762-1763, 2 vol. in-8° ; Vienne, 1764, 2 vol. in-8° ; Berlin, 1797-1810, 5 vol. in-8°, divisés en dix parties, par les soins de Willdenow) [2].

Leyde ; le vol. II parut à Stockholm, en 1751 ; le vol. III, à Stockholm, 1756 ; les vol. IV et V, *ibid.*, 1760 ; le vol. VI, *ibid.*, 1763 ; le vol. VII, *ibid.*, 1769. Schreber donna une édition des *Amœnitates academicæ*, Erlangue, 1785-1790, 10 vol. in-8°. C'est un recueil précieux de mémoires et de thèses soutenues sous la présidence de Linné, dont il donnait ordinairement le sujet à ses élèves et qu'on cite généralement comme venant de lui, parce qu'on y trouve partout l'empreinte de son esprit.

En 1750, Linné donna :

Semina muscorum detecta : Resp. P.-J. Bergius. Upsal.

Plantæ rariores Camschatcenses : Resp. J.-F. Halenius. Upsal.

1. En 1751, outre la première édition de sa *Philosophie botanique*, Linné donna :

Nova plantarum genera : Resp. L.-J. Chenon. Upsal.

Plantæ hybridæ : Resp. J.-J. Haarteman. Upsal.

En 1852, il publia, indépendamment de plusieurs autres écrits :

Plantæ esculentæ patriæ : Resp. J. Hjorth. Upsal.

Euphorbia, ejusque historia naturalis et medica : Resp. J. Wiman.

Hospita insectorum flora : Resp. J.-G. Forsskhalh. Upsal.

2. L'année 1753 fut féconde en travaux botaniques de Linné :

Vernatio arborum : Resp. H. Barck. Upsal.

Incrementa botanica proxima præterlapsi semiseculi : Resp. J. Bjuur. Upsal.

Demonstrationes plantarum in horto Upsaliensi : Resp. J.-C. Höger. Upsal.

Herbationes Upsalienses : Resp. A.-N. Fornander. Upsal.

Plantæ officinales : Resp. N. Gahn. Upsal.

Censura medicamentorum simplicium vegetabilium : Resp. G.-J. Carlbohm. Upsal.

Stationes plantarum : Resp. A. Hedenberg. Upsal.

Flora anglica : Resp. J.-O. Grufberg. Upsal.

Herbarium Amboinense : Resp. O. Stickman. Upsal.

Dissertatio de mure Indico : Resp. J.-J. Naumann. Upsal.

L'année 1754 paraît avoir été plus spécialement consacrée par Linné à des travaux zoologiques. Mais, en 1755, les publications abondent. Ce fut alors que parurent les *Métamorphoses des plantes* (*Metamorphoses plantarum*, Upsal, 1755, in-8°); le *Sommeil des plantes* (*Somnus plantarum*, Upsal, 1755, in-8°), et l'ingénieux *Calendrier de Flore* (*Calendarium Floræ*, Upsal, 1756)[1].

L'amitié eut une bonne part dans les publications que fit Linné en 1758. Ce maître affectueux et d'un cœur plein d'exquises délicatesses était adoré de ses élèves. Il en avait perdu deux, coup sur coup, Frédéric Hasselquist et Pierre Lœfling. Aussitôt il s'était occupé de mettre en œuvre leurs études et leurs observations, de conserver leurs travaux et leur nom à la postérité. Il publia le *Voyage en Palestine*, du premier, et le *Voyage en Espagne* du second[2].

Arrivé au comble de la renommée, en correspondance avec tout le monde savant, agrégé à toutes les académies de l'Europe, ayant reçu des lettres de noblesse de son souverain, Linné n'en fut que plus

Horticultura academica : Resp. J.-G. *Wollrath*. Upsal.

Nous citerons encore parmi les publications botaniques de Linné, dans les années 1755 et 1756 :

Centuria I plantarum : Resp. A. D. *Juslenius*. Upsal, 1755.

Centuria II plantarum : Resp. E. *Torner*. Upsal, 1755.

Fungus Melitensis : Resp. J. *Pfeiffer*. Upsal, 1755.

Somners plantarum : Resp. P. *Bremer*. Upsal, 1755.

Flora Palestina : Resp. B.-J. *Strand*. Upsal, 1756.

Flora Alpina : Resp. N.-N. *Amann*. Upsal, 1756.

Elementa botanica. Upsal, 1756, in-8°, par *Solander*.

Flora Monspeliensis : Resp. T. E. *Nathhorst*. Upsal, 1756.

Specifica Canadensium : Resp. J. von *Cœlln*. Upsal, 1756.

1. En 1757, Linné publia :

Prodromus Floræ Danicæ : Resp. G.-T. *Holm*. Upsal, in-8°.

2. En 1758, Linné donna les écrits suivants sur la botanique :

Dissertatio de cortice Peruviano : Resp. J.-C.-P. *Petersen*. P. I. Upsal, 1758 ; II, Gripwald, 1763, in-8°.

Frutetum Suecicum : Resp. D.-M. *Virgander*. Upsal, 1758, in-8°.

En 1759, Linné publia :

Auctores botanici : Resp. A. *Loo*. Upsal.

Plantæ tinctoriæ : Resp. E. *Joerlin*. Upsal.

Flora Capensis : Resp. C.-H. *Waennman*. Upsal.

Ambrosiaca : Resp. J. *Hideen*. Upsal.

Arboretum Suecicum : Resp. D.-D. *Pontin*. Upsal.

Plantarum Jamaicensium pugillus : Resp. G. *Elmgren*. Upsal.

Flora Jamaicensis : Resp. C.-G. *Sandmark*. Upsal.

Nomenclator botanicus : Resp. B. *Berzelius*. Upsal.

actif, s'il était possible, et chaque année vit éclore de nouvelles et nombreuses publications de lui [1].

Ce ne fut que peu à peu que, sa santé s'affaiblissant, on vit diminuer le nombre de ses écrits qui s'étendaient à tout, à l'ichthyologie, à l'entomologie, à l'ornithologie, à la médecine, etc., mais dont nous

1. En 1760, Linné donna :

Flora Belgica : Resp. C. F. *Rosenthal.* Upsal.

Prolepsis plantarum : Resp. H. *Ullmark.* Upsal.

Plantæ rariores Africanæ : Resp. J. *Printz.* Upsal.

Disquisitio quæstionis ab academiâ imperiali scientiarum Petropolitanâ in annum 1759 pro præmio propositæ : sexum plantarum argumentis et experimentis novis, præter adhuc jam cognita, corroborare vel impugnare, Saint-Pétersbourg, 1760 ; traduit en anglais par J.-E. Smith, Londres, 1786.

En 1762, parurent :

Termini botanici : Resp. J. *Elmgren.* Upsal 1763, in-8° (éditions nouvelles à Édimbourg, 1764 ; à Leipzig, 1767 ; à Hambourg, 1781 ; à Erlangen, 1789).

Planta alstræmeria : Resp. J.-P. *Falck.* Upsal.

Nectaria florum : Resp. B.-M. *Hall.* Upsal.

Fundamentum fructificationis : Resp. J.-M. *Graeberg.* Upsal.

Reformatio botanices : Resp. J.-M. *Reftelius.* Upsal.

En 1763, Linné publia :

Fructus esculenti : Resp. J. *Salberg.* Upsal.

Lignum quassiæ : Resp. C.-M. *Blom.* Upsal.

Dissertatio de prolepsi plantarum : Resp. J.-J. *Ferber.* Upsal.

En 1764, il donna :

Hortus culinaris : Resp. J.-C. *Tengborg.* Upsal, in-4°.

Opobalsamum declaratum in dissertatione medicâ : Resp. C. *Lemoinne.* Upsal, in-8°.

En 1766, il donna :

Purgantia indigena : Resp. A. *de Strandman.* Upsal, in-8°.

Dissertatio demonstrans necessitatem promovendæ historiæ naturalis in Russiâ : Resp. A. *de Karamyschew.* Upsal.

Usus historiæ naturalis in vitâ communi : Resp. M. *Aphonin.* Upsal.

En 1767 :

Fundamenta agrostographiæ : Resp. H. *Gahn.* Upsal, in-8°.

Menthæ usus : Resp. C.-G. *Laurin.* Upsal.

Mantissa plantarum. Stockholm.

En 1768 :

Dissertatio de coloniis plantarum : Resp. J. *Flygare.* Upsal, in-8°.

Iter in Chinam : Resp. A. *Sparrman.* Upsal.

En 1769 :

Flora Akeroensis : Resp. C.-J. *Luut.* Upsal, in-8°.

En 1770 :

Erica : Resp. J.-A. *Dahlgren.* Upsal, in-8°.

En 1771 :

Mantissa altera. Stockholm, in-8°.

Pandora et Flora Rybiensis : Resp. D.-H. *Soederberg.* Upsal.

n'avons cité que la majeure partie de ceux qui ont trait aux végétaux.

Ce fut en 1772 qu'il commença à s'apercevoir que sa santé et sa mémoire commençaient à baisser. Il passa le plus possible ses dernières années à sa campagne d'Hammarby, où il reçut la visite du roi de Suède. Ses derniers travaux en botanique sont les *Prælectiones in ordines naturales plantarum*, que P.-D. Gieseke et le célèbre entomologiste Jean-Chrétien Fabricius publièrent, à Hambourg, in-8°, en 1792 ; et son écrit intitulé *Lachesis Lapponica (or a tour in Lappland)*, qui parut à Londres en 1811 par les soins de J.-E. Smith, et qui est un traité plus étendu que la *Flore de Laponie* de l'histoire naturelle et économique de cette contrée presque sauvage.

Linné fut frappé de deux attaques d'apoplexie, et, depuis l'année 1776, resta atteint d'une hémiplégie. Un ulcère de la vessie mit fin à ses jours, le 10 janvier 1778. Il était dans sa soixante-onzième année. On lui fit des obsèques presque royales. Un tombeau lui fut érigé, par ordre du roi de Suède, dans la cathédrale d'Upsal, et une médaille fut frappée à la mémoire du grand homme qui laissait les sciences en deuil. Enfin, le roi se rendit à l'Académie de Stockholm pour y entendre l'éloge de Linné, et, dans son discours d'ouverture des États du royaume, exprima hautement, publiquement, les regrets de la patrie après une aussi irréparable perte.

Linné était d'une petite stature, mais d'une bonne constitution. Ses traits respiraient une charmante bonhomie mêlée d'une expression de supériorité intellectuelle qui n'avait rien de blessant, et qui pénétrait plus qu'elle ne s'imposait. Il était d'une grande vivacité et d'un naturel très-susceptible ; il supportait d'abord avec peine la contradiction ; mais il s'apaisait aussi promptement qu'il s'échauffait, et n'avait plus alors qu'une préoccupation, celle de guérir par des paroles affectueuses et bienveillantes les blessures qu'il avait pu faire

En 1772, Linné publia :
Fraga vesca : Resp. S.-A. *Hedin*. Upsal, in-8°.
En 1774 :
Planta cimicifuga : Resp. J. *Hornborg*. Upsal, in-8°.
Viola ipecacuanha : Resp. D. *Wickman*. Upsal.
En 1775 :
Plantæ Surinamenses : Resp. J. *Alm*. Upsal, in-8°.
Opium : Resp. G.-E. *Georgii*. Upsal, in-8°.
En 1776 :
Planta aphytsia : Resp. E. *Acharius*. Upsal, in-8°.

à l'amour-propre d'autrui. D'un caractère franc et gai, il se mêlait avec plaisir aux jeux des enfants, à ceux des villageois, et vivait dans la plus intime familiarité avec ses disciples, qui néanmoins le respectaient comme jamais maître ne le fut davantage.

Parmi ceux-ci, il faut compter d'abord son propre fils, né en 1741, mort en 1783, qui s'appelait Charles comme lui, et qui, très-jeune encore, lui fut adjoint pour la chaire de botanique d'Upsal. Après la mort du grand Linné, ce fils lui succéda en qualité de professeur de médecine et dans d'autres emplois. C'était un homme d'une instruction solide, d'un jugement sûr, mais d'une timidité impossible à surmonter et d'une santé fragile. On lui doit : *Plantarum rariorum horti Upsaliensis decas*, I et II, Stockholm, 1762-1763, in-fol.; *Plantarum rariorum horti Upsaliensis fasciculus*, I, Leipzig, 1767, in-fol.; *Supplementum plantarum*, Brunswick, 1781, in-8°; *Dissertationes botanicæ*, Erlangen, 1790, in-8°; *Dissertatio illustrans nova graminum genera*, Upsal, 1799, in-4°; *Dissertatio de lavandulà*, Upsal, 1780, in-4°; et *Methodus muscorum illustrata*, Upsal, 1781, in-4°.

Après son propre fils, les disciples les plus immédiats de Linné furent Kalm, Forskael, Hasselquist, Osbeck, Tornstrœm, Torèn, Lœfling, Solander, Thunberg, Eichmann dit Dryander, Bartsch et Sparrman.

Pierre Kalm, savant suédois, naturaliste et économiste, né dans l'Ostro-Bothnie, en 1715, mort en 1779, voyagea dans la Finlande méridionale, le Tavastland, la Carélie, l'Amérique septentrionale; il enrichit les *Actes* de l'Académie des sciences de Stockholm, dont il était membre, de trente et un mémoires dont plusieurs ont trait à l'étude des végétaux. Linné a donné son nom au genre *Kalmia*, arbrisseau de la famille des Ericinées-Rhodorées.

Pierre Forskael, naturaliste et voyageur suédois, professeur à l'université de Copenhague, né à Colmar, en 1736, fut désigné, à la recommandation de Linné, par le roi de Danemark, Frédéric Ier, pour faire un voyage scientifique en Afrique et en Asie, en compagnie de Carsten Niebuhr, Christian-Charles Cramer et Frédéric-Christian de Haven. Ses connaissances variées en histoire naturelle et l'étude qu'il avait faite des langues orientales lui donnaient une importance particulière dans cette expédition. Malheureusement il fut atteint de la peste à Djerim, en Arabie, et mourut en 1763, âgé seulement de vingt-sept ans. Son compagnon de voyage Carsten

Niebuhr, mit en ordre les précieux matériaux qu'il avait recueillis, et les publia, partie sous le titre de *Descriptions des animaux* (*Descriptiones animalium*, etc., Copenhague, 1735, in-4°); partie sous le titre de *Flore de l'Égypte et de l'Arabie* (*Flora Ægyptiaca-Arabica, seu descriptiones plantarum quas per Ægyptum inferiorem, Arabiam felicem detexit*, Copenhague, 1775, in-4°); partie enfin sous le titre de *Icones rerum naturalium quas in itinere orientale depingi curavit*, Copenhague, 1776, in-4°. Malgré son grand savoir, Forskael ne s'était occupé de botanique que d'une manière secondaire; aussi doit-on savoir gré à Vahl d'avoir soumis son travail sur les végétaux à une révision sévère.

HASSELQUIST. Frédéric Hasselquist, médecin naturaliste et voyageur suédois, né à Toernvalle en Ostrogothie, d'une famille pauvre, eut à supporter les plus grandes privations, et trouva enfin dans Linné un appui. Quoiqu'il fût d'une santé déplorable, il venait de publier une *Dissertation sur les forces des plantes* (*Dissertatio de viribus plantarum*, Upsal, 1747, in-8°), quand il s'offrit à celui-ci pour entreprendre un voyage en Palestine, contrée dont, au rapport du maître, on ne connaissait que très-imparfaitement les végétaux; Linné s'opposa autant qu'il put à cette entreprise de laquelle il entrevoyait la triste issue en ce qui concernait l'état physique de son élève; mais Hasselquist fut inébranlable. Il partit de Stockholm en 1749, débarqua à Smyrne, puis, en 1750, il prit la route d'Égypte, visita le Caire, et se rendit, en 1751, dans la Palestine, par Damiette et Jaffa. Voyageant à la suite d'une caravane de pèlerins, il arriva enfin à Jérusalem, où il resta quelque temps, visita ensuite les bords du Jourdain, Jéricho, Bethléem, Rama, Saint-Jean-d'Acre, Nazareth, Tibériade, Tyr et Sidon. Après avoir recueilli la plus riche moisson qu'aucun naturaliste eût encore faite dans ces contrées, il s'embarqua pour retourner à Smyrne, et visita, dans la traversée, les îles de Chypre, de Rhodes et de Scio. Ce voyage avait épuisé les forces physiques d'Hasselquist, qui, en outre, avait à lutter contre des embarras d'argent. A peine de retour à Smyrne, il succomba, le 9 février 1752, à la phthisie pulmonaire qui le rongeait depuis longtemps, au moment de revoir ses amis et de jouir du fruit de ses précieux travaux. Sa belle collection de plantes, de minéraux, de poissons, de reptiles, d'insectes, de manuscrits, de momies et d'autres antiquités, resta entre les mains des créanciers, comme gage des frais du voyage qu'il n'avait pu acquitter entièrement. La reine de Suède, Louise-Ulrique, la fit racheter et transporter au château de Drottningholm. Linné s'empressa d'aller visiter cette collection, et fut transporté d'admiration à l'aspect des trésors qu'elle renfermait. Le gouvernement suédois fit mettre à sa disposition le journal et les observations d'Hasselquist, pour qu'il les mît en ordre et les publiât. Ce fut ainsi que parut le *Voyage en Palestine* (*Iter Palestinum, eller resa til heliga landet foerraettad ifran 1749, til 1752, med beskrifwingar, roen anmerkningar æfwer de maerkwaerdigaste naturalir*, Stockholm, 1757, in-8°; traduit du suédois en allemand par Thomas-Henri Gadebusch, Rostock, 1762, in-8°; en anglais, Londres, 1767, in-8°; en français, Paris, 1769, in-12). Cette relation, rédigée et publiée par Linné, se divise en deux parties. La première comprend le journal d'Hasselquist, et les lettres qu'il écrivit d'Orient à son maître. Dans la seconde, qui intéresse surtout les naturalistes, on trouve la description systématique des objets relatifs à l'histoire naturelle, les remarques et les mémoires; Linné y a joint une *Flore de la Palestine, ou un catalogue des plantes qui croissent plus particulièrement dans cette contrée.*

Pierre Lœfling, né en 1729, près de Walbo, fut élevé par Linné comme s'il eût été son fils. Il venait de publier ses *Gemmæ arborum*, Upsal, 1749, in-4°, quand l'ambassadeur d'Espagne en Suède, s'étant adressé à son illustre maître pour le choix d'un botaniste qu'il voulait engager au service de son gouvernement, Lœfling fut désigné et partit pour la péninsule Ibérique, où Ortega, Quer et Velez l'accueillirent avec bienveillance, et le mirent en état, par leurs conseils, de recueillir, en peu de temps, quatorze cents plantes des environs de Madrid. Bientôt il fut chargé d'accompagner, comme naturaliste, les savants envoyés dans la Nouvelle-Andalousie pour étudier la géographie et les productions des colonies espagnoles. Parti de Cadix en 1754, il débarqua à Cumana, dont il parcourut le district; il visita aussi la Nouvelle-Barcelone; puis il se rendit à San-Thomé de Guyana, où une maladie grave l'atteignit; il mourut peu après dans la mission de Marercari, le 22 janvier 1756. Sa triste fin causa une grande douleur à Linné qui lui consacra le genre *Lœflingia*, de la famille des Caryophyllées, et qui prit soin de publier son *Voyage en Espagne* (*Iter hispanicum, eller resa til spanska Laenderna uti Europa, och America gfærraettad ifran 1751, til 1756, met bescrifningar och Roen oefwer de markwaerigeste Waender*, Stockholm,

1758, in-8°; traduit en allemand, 1776, in-8°, *ibid.*, 1776, in-8°).

Pierre Osbeck, voyageur et naturaliste suédois, mort en 1805, à l'âge de quatre-vingt-trois ans, était pasteur protestant, quand, à la recommandation de Linné, il fut embarqué, en 1750, en qualité d'aumônier, sur un navire de la Compagnie suédoise des Indes, qui revint en Suède en 1752. Pierre Osbeck consigna ses observations dans un ouvrage écrit en suédois, intitulé : *Journal d'un voyage aux Indes orientales, fait dans les années* 1750, 1751, 1752, avec des *Observations sur l'histoire naturelle,* etc., Stockholm, 1757, un vol. in-8°, avec figures; Georgi en a donné une traduction allemande, et J.-R. Forster une traduction anglaise. Linné a donné le nom d'*Osbeckia* à un genre de plantes de la famille des Mélastomes.

Olaüs Torèn, voyageur suédois, élève assidu de Linné, était aussi pasteur protestant, quand il fut embarqué, à la recommandation de son maître, en 1750, sur un navire de la Compagnie suédoise des Indes. Il toucha aux Comores, mouilla sur rade à Surate, fit voile pour la presqu'île de Malacca, et, de là se rendit à Canton, où il arriva en juillet 1751; il était de retour à Gothenbourg, en 1752, et mourut l'année suivante. Torèn avait rapporté beaucoup de plantes rares à Linné qui lui dédia le genre *Torenia* de la famille des Scrophulariacées. Le voyage de Torèn a été publié en 1757, à la suite de celui de Pierre Osbeck, son ami.

Daniel Solander, naturaliste suédois, né en 1736, mort en 1782, fut un des élèves de Linné. Il visita la Laponie, Arkhangel, Saint-Pétersbourg, et fut l'un des compagnons du capitaine Cook, lors du premier voyage de celui-ci dans la mer du Sud, de 1768 à 1771. A son retour, il fut nommé sous-bibliothécaire du Musée Britannique à Londres. Il a peu écrit. Ses Observations se trouvent dans la *Relation du voyage autour du monde* fait par ordre de Sa Majesté britannique Georges III, rédigée en anglais par Hawkeswort et publiée à Londres, en 1773, traduite et publiée en français, par Suard, 1774.

Charles-Pierre Thunberg, médecin, botaniste et voyageur suédois, fut un des derniers élèves de Linné, qui avait alors soixante-trois ans. Son maître le lança dans la carrière des voyages scientifiques. Thunberg partit, en 1770, pour la Hollande, muni de recommandations. Il se rendit ensuite en France, et retourna en Hollande; là il trouva l'appui des deux Burmann qui lui firent obtenir une mission scientifique pour le cap de Bonne-Espérance, où il débarqua

en 1772 et où il s'occupa sur-le-champ de l'étude des végétaux.
Thunberg fit plusieurs excursions dans la Cafrerie et le pays des Hot-
tentots-Bochismans. Pendant trois ans qu'il passa dans ces contrées,
il recueillit tous les matériaux de sa *Flore du Cap*. De là il partit
pour Batavia, où il arriva en 1775. La même année, il accompagna
un ambassadeur hollandais au Japon, où il resta jusqu'au mois de
juin 1776. Il revint ensuite à Batavia, et examina pendant six mois les
productions de l'île de Java. Il se rendit ensuite à Ceylan dont il étudia la Flore encore fort incomplète. Après quoi, il reprit le chemin du
Cap, et enfin celui de la Hollande, où, après une absence de sept ans,
il rapportait un amas considérable de richesses végétales. Il remplaça
momentanément Linné fils dans la chaire de botanique et de médecine, et lui succéda définitivement. Son roi, en 1784, le combla
d'honneurs et de biens. L'Académie des sciences de Paris se l'associa,
et plusieurs pays, entre autres la Russie se le disputèrent; mais il
resta patriotiquement en Suède. En 1826, l'Académie de Stockholm
fit frapper une médaille à sa gloire. On a de lui : *Flora Capensis*,
un vol. in-8°, Stuttgard, 1823, qui avait été précédée d'un *Prodrome
des plantes du Cap*, Upsal, 1793; *Flora japonica*, un vol. in-8°,
1784, avec trente-neuf planches; *Icones plantarum japonicarum*,
recueil de trente planches, Upsal, 1794-1805, in-fol.; *Via in Eu-
ropâ, Africâ, Asiâ*, etc., en suédois, Upsal, 1788-1793, 4 vol.
in-8°, ouvrage traduit en plusieurs langues. La traduction française
par Langlois a été revue pour l'histoire naturelle par Lamarck, Paris,
1796, deux vol. in-4° et quatre vol. in-8°. Thunberg a fait un essai
de réforme du système de botanique de Linné, qui fut adopté par
beaucoup d'auteurs, particulièrement par Willdenow dans son *Prodromus floræ Berolinensis*, et par Schuller, dans sa *Flora austriaca*.

Jonas Eichmann, plus connu sous le pseudonyme grec de EICHMANN DIT
DRYANDER.
Dryander, naturaliste suédois, disciple de Linné, né en 1748,
mort en 1810, passa en Angleterre, où il s'établit sous la protection de sir Joseph Banks qui en fit son bibliothécaire. Eichmann a
publié des *Mémoires* qui se trouvent dans les *Transactions* de la
Société Linnéenne de Londres, de laquelle il était membre, le
Catalogue de la bibliothèque de sir J. Banks (*Catalogus biblio-
thecæ historico-naturalis Josephi Banks*, Londres 1796-1800, 5 vol.
in-8°), ouvrage qui présente la biographie la plus complète et la
mieux entendue des sciences naturelles, au point que, par l'ordre

admirable et la méthode qui y règnent, cette bibliothèque si riche, à présent en possession du musée Britannique, passe sans effort sous les yeux du lecteur et est encore utile à ceux qui n'en peuvent jouir. On a de Dryander, en fait de botanique pure : *Dissertatio fungos regno vegetabili vindicans*, Londres, 1776, in-4°. Thunberg a dédié à Dryander un genre de plante (*Dryandra*) de la famille des Euphorbiacées.

SPARRMAN.

André Sparrman, naturaliste et voyageur suédois, né vers l'an 1747, étudiait la médecine à Upsal, quand il fixa l'attention de Linné. A peine âgé de dix-neuf ans, il partit pour la Chine, en 1765, sur un navire de la Compagnie suédoise des Indes. Il observa et décrivit des végétaux et des animaux encore inconnus. Il fit un second voyage en 1772, et débarqua au Cap, où peu après il se rencontra avec Thunberg. Cook étant arrivé dans ces parages, Sparrman se lia avec les deux Forster qui le déterminèrent à faire avec eux le voyage autour du monde. Revenu au Cap, en 1775, il y exerça la médecine et la chirurgie, et poursuivit ses études d'histoire naturelle à l'extrémité australe de l'Afrique. En 1776, il revint en Suède, où il fut élu membre de l'Académie des sciences de Stockholm. Il mourut dans cette ville en 1820. On a de lui en suédois : *Voyage au cap de Bonne-Espérance*, etc., Stockholm, 1787, in-8°. Cet ouvrage a été traduit en plusieurs langues; Le Tourneur en a donné une médiocre traduction française, Paris, 1787, deux vol. in-4°, ou trois vol. in-8°, etc. On a nommé *Sparrmania* un bel arbrisseau du Cap, de la famille des Tiliacées.

ADVERSAIRES DE
LINNÉ.

PONTEDERA.

Le système sexuel de Linné trouva de nombreux adversaires entre autres Pontedera et Heister. Jules Pontedera, médecin, antiquaire, linguiste et botaniste italien, né à Vicence en 1688, mort à Padoue en 1757, étudia la médecine et l'anatomie sous Morgagni. Il visita l'Italie en botaniste, et fut appelé à la direction du Jardin des plantes et à la chaire de botanique de Padoue. On a de lui : *Compendium tabularum botanicarum, in quo plantæ 272 ab eo in Italiâ nuper detectæ recensentur*, Padoue, 1718, in-4°; *Anthologia, sive de floris naturâ libri III, plurimis inventis observationibusque ac æneis tabulis ornati*, Padoue, 1720, in-4°; des lettres sur le jardin botanique de Padoue, sur divers végétaux, etc. On reproche à Pontedera d'avoir plutôt obscurci que perfectionné la méthode de Tournefort, dont il était un zélé partisan. Il se montra l'antagoniste du système sexuel de Linné, qui ne lui

consacra pas moins le genre *Pontederia* dans la famille des Narcis-
soïdes. Suivant Pontedera, le pollen n'est qu'une excrétion qui n'agit
pas sur les ovules comme principe vivifiant. Au contraire, il prétend
que le suc nourricier des anthères redescend, par le filet des étamines,
dans le fond de la corolle, où il s'unit au suc mielleux qui sécrète
en cet endroit, pour amener les graines à maturité. Il allègue,
contre l'opinion de Linné, que dans beaucoup de fleurs les anthères
mûrissent avant le stigmate, tandis que, dans d'autres, c'est au contraire le stigmate qui mûrit le premier. Les partisans de la sexualité
des plantes, au dire de Pontedera, auraient beaucoup trop compté
sur le secours du vent dans les végétaux dioïques ; toutefois, il paraissait vraisemblable à ce botaniste que les dattiers mâles étaient utiles
aux dattiers femelles, en produisant, ajoutait-il, de petits insectes qui
allaient piquer les dattes et les faisaient ainsi mûrir, de telle sorte
qu'il rapprochait ce phénomène de celui de la caprification. Schelver
et Henschel ont développé dans notre siècle et beaucoup étendu les arguments de Pontedera contre les sexes des plantes, mais sans obtenir
en définitive plus de succès que lui.

Laurent Heister, l'un des plus célèbres médecins qu'ait produit
l'Allemagne, cultiva avec un succès presque égal l'anatomie, la
chirurgie et la botanique. Il naquit à Francfort-sur-le-Mein, en 1683,
et mourut à Helmstaedt, en 1758. Il fut membre de l'Académie des
Curieux de la nature, de la Société royale de Londres, de l'Académie
des sciences de Berlin. Sa renommée s'étendait à tout le monde savant. Ce fut à Leyde et aux leçons de Boerhaave qu'il prit un goût
particulier pour la botanique. Il professa successivement cette science,
en même temps que la médecine, l'anatomie et la chirurgie, à
Altdorf et à Helmstaedt où il fonda un très-beau jardin. Heister publia, en 1730, à Helmstaedt, son ouvrage intitulé *De studio rei herbariæ emendando*, dans lequel il entreprit de poser des règles pour
établir les genres des plantes. La même année parut son *Index des
plantes rares et officinales* (*Index plantarum rariorum atque officinalium quas in hoc anno 1730 in hortum Academiæ Juliæ intulit*, etc.,
Helmstaedt, in-4°). En 1731 et 1733, il donna des compléments à
cette publication. Vers le même temps parut sa *Dissertation de l'utilité des feuilles pour constituer et facilement reconnaître les genres*
(*Dissertatio de foliorum utilitate in constituendis generibus iisque
utile cognoscendis*; Helmstaedt, 1732, in-4°). Enfin, en 1748, Heis-

ter se posa ouvertement en adversaire de Linné dans son *Systema plantarum generale ex fructificatione, cui annectuntur regulæ de nominibus plantarum à celeb. Linnæi longe diversæ*, Helmstaedt, 1748, in-4°. Dans cet ouvrage, Heister divise les plantes en trente-cinq classes dont vingt-six pour les herbes et neuf pour les arbres, en les considérant relativement : 1° A leur grandeur comme herbes ou arbres; 2° au nombre de leurs cotylédons; 3° à leur fructification comme inconnue; 4° à la substance du fruit; 5° au nombre des grains; 6° à la figure ou à l'absence de la corolle; 7° à la disposition des feuilles et des fleurs; 8° à leur port ou ensemble. La méthode d'Heister semble avoir été empruntée à Ray dont il se fit l'apôtre contre Linné; elle fut suivie, en 1759, par Fabricius dans son *Catalogue méthodique du jardin d'Helmstaedt*. Heister, en raison même de son antagonisme contre toutes les innovations de Linné, ne fit pas, à beaucoup près, faire à la science botanique tous les progrès dont il dota l'anatomie et la chirurgie.

HEBENSTREIT. A peu près dans le même temps que Heister publiait son travail *De studio rei herbariæ emendando*, un autre médecin et naturaliste allemand, Jean-Ernest Hebenstreit, né à Neustadt-sur-l'Orle, en 1703, mort membre de l'Académie des Curieux de la nature, doyen de l'Université de Leipzig, en 1757, publia sa *Dissertation sur la manière de continuer le système de Rivinus pour reconnaître le caractère des plantes* (*Dissertatio de continuandâ Rivinorum industriâ in emendando plantarum charactere*, Leipzig, 1726, in-4°). Désigné, en 1731, par le roi Auguste Ier de Pologne, pour aller explorer scientifiquement les pays barbaresques, en compagnie de Chrétien-Auguste Ebersbach, Chrétien-Théophile Ludwig, Zacharie Schulze, Jean-Henri Buechner et Chrétien Schubert, il publia, la même année, son ouvrage intitulé : *Dissertatio quâ definitiones plantarum, quum summis auspiciis serenissimi potentissimique Poloniarum regis, Africam occidentalem versus, iter susciperet, exhibet, perennem sui memoriam esse cupiens*, Leipzig, 1731, in-4°. Adanson cite ce travail à côté de celui de Heister, comme un de ceux qui ont donné des règles pour établir les genres des plantes. Les explorations d'Hebenstreit et de ses compagnons dans les États barbaresques durèrent deux ans au milieu des plus grands dangers, et ne furent interrompues que par la mort du roi Auguste. En 1736, Hebenstreit fit encore paraître une œuvre de botanique; elle avait pour titre : *Dissertatio de sexu externo facul-*

tatum in plantis indice, Leipzig, in-4°. Aux talents du médecin, de l'anatomiste et du naturaliste, cet homme, éminent à tant de titres, joignait encore ceux de l'antiquaire, de l'historien, du physiologiste et du poëte. Son poëme latin de l'Homme dans l'état de santé et de maladie, lui a valu le surnom de Lucrèce allemand. — Un autre médecin-botaniste allemand du nom d'Hebenstreit (Jean-Chrétien), né près de Naumbourg, en 1720, mort à Leipzig, en 1795, a inséré trois observations relatives à des sujets de botanique dans les actes de l'Académie des sciences de Saint-Pétersbourg.

Jean Browallius, évêque protestant d'Abo, en Finlande, vice-chancelier de l'université de cette ville, né à Stockholm, en 1707, mort en 1755, zélé partisan de Linné, défendit avec ardeur le système sexuel de ce grand homme contre le professeur Siegesbeck, directeur du jardin botanique de Saint-Pétersbourg, dans un écrit intitulé *Examen epicriseos in systema plantarum sexuale,* 1737, et dans un autre opuscule, réuni par Linné lui-même à ses propres œuvres, sous le titre de *Discursus de introducendâ in scolas et gymnasia historiæ naturalis lectione* (imprimé dans le *Criticâ botanicâ*, de Linné, 1737). Browallius a écrit sur le système comparatif des plantes et des animaux (*De harmoniâ fructificationis plantarum cum generatione animalium*, 1744), et sur les transformations végétales (*Specimen de transmutatione specierum in regno vegetabili*, 1745).

La famille hollandaise des Burmann a donné aux sciences et aux lettres plusieurs hommes d'un grand mérite. Quelques-uns furent des botanistes distingués. Sous ce rapport, le plus remarquable fut Jean Burmann, médecin, né en 1706, à Amsterdam, mort en 1780. Les services qu'il a rendus à la science, moins encore peut-être par ses propres ouvrages qu'en publiant ou en répandant ceux des autres, sont considérables. L'une de ses premières publications fut la traduction en hollandais du *Phytantosa* de Weinmann, en 1736. Elle fut suivie du *Trésor de Ceylan* (*Thesaurus Zeylanicus, exhibens plantas in insulâ Zeylanâ nascentes*, Amsterdam, 1737, in-4°, avec 110 planches). Cet ouvrage fut rédigé sur les notes et les herbiers envoyés par Hartog, et sur l'herbier de Paul Hermann. Vinrent ensuite les dix décades de l'*Herbier d'Afrique* (*Rariorum Africanarum plantarum ad vivum delineatarum decades X*, Amsterdam, 1738-1739, avec 110 planches). Les plantes et les dessins de l'*Herbier d'Afrique* venaient des collections d'Oldenland, de Hartog, de Paul

Hermann et de Witzen, bourgmestre d'Amsterdam, célèbre par son goût pour la botanique. On a déjà vu (page 54) que ce fut à Jean Burmann que l'on dut la publication de l'*Herbier d'Amboine*, de Rumphius, qui parut, de 1741 à 1750, en 6 tomes in-folio, avec un double texte, l'un latin, l'autre hollandais, sur deux colonnes, accompagné de 669 planches; et que Burmann y ajouta, en 1755, un supplément, sous le titre de *Herbarii Amboinensis auctarium*, Amsterdam, 1755, in-fol., avec 30 planches, des index et des tables en diverses langues. On a vu aussi (page 84) qu'il répara la négligence de la France elle-même, en mettant au jour la *Description des plantes d'Amérique*, de Plumier (*Plantarum Americanarum fasciculi X, continentes plantas quas olim Car. Plumiarus detexit, atque in insulis Antillis ipse depinxit*, Amsterdam, 1755 à 1760, in-folio, avec 202 planches). Sous le titre d'*Index du jardin de Malabar* (*Flora Malabarica, sive Index in omnes tomos horti Malabarici*, etc., Amsterdam, 1769, in-folio), il donna la table botanique et raisonnée de la *Flore de Malabar* de Rheede (voir page 46). Jean Burmann occupa très-longtemps la chaire de botanique à Amsterdam. Il entretint une correspondance très-active avec tous les naturalistes de son temps, entre autres avec Rademacher, fondateur de la Société des sciences de Batavia.

Il eut un fils, Nicolas-Laurent Burmann, également médecin, né en 1734, mort en 1793, qui devait lui succéder, en 1780, dans la chaire de botanique d'Amsterdam, et qui débuta en publiant, pour sa thèse de docteur, une monographie des *Geranium* (*Specimen botanicum inaugurale de Geraniis*, Leyde, 1759, in-4° avec figures) dans laquelle il divisa, le premier, ces plantes en trois genres : *Geranium*, *Erodium*, et *Pelargonium*. Il donna ensuite une *Dissertation sur l'Héliophile* (*Dissertatio de Heliophila*), plante crucifère du Cap de Bonne-Espérance. Sous le titre de *Florula corsica aucta ex scriptis Dom. Jaussin*, il fit paraître des additions à l'*Essai d'une Flore de la Corse*, d'Allioni, d'après les notes de Jaussin. Sa plus importante publication est la *Flore de l'Inde*, avec un *Prodrome de la Flore du Cap* (*Flora Indiæ; accedit series zoophytorum Indicorum, necnon prodromus Floræ Capensis*, Leyde, 1768, in-4°, avec 67 planches); mais il ne fut, en réalité, que l'éditeur de cet ouvrage, d'ailleurs incomplet, dont il avait trouvé les matériaux dans les collections de son père et dans celles de Garcin. Nicolas-Laurent Burmann eut une correspondance très-suivie, comme son père, avec les voyageurs botanistes. Il paraît que ce fut lui qui détermina Thunberg à se rendre, dans l'intérêt de la science, au Cap de Bonne-Espérance et au Japon, sur les navires de la Compagnie des Indes. Les collections botaniques de Jean et de Nicolas-Laurent Burmann ont passé, de nos jours, en la possession de M. Benjamin Delessert.

Étienne Hales, l'un des plus grands physiciens, naturalistes et anatomistes qu'ait produits l'Angleterre, naquit dans le comté de Kent en 1677. Destiné par ses parents à la carrière ecclésiastique, il étudia la théologie à Cambridge; mais, entraîné par ses penchants naturels, il s'occupa en même temps des sciences exactes, de mathématiques, de physique, d'astronomie, d'anatomie, de botanique. Hales était né inventeur et mécanicien; il imagina une machine destinée à démontrer les mouvements des planètes, et vers la même époque, ne trouvant pas que les moyens employés pour la démonstration des vaisseaux du poumon fussent satisfaisants, il proposa de les injecter avec du plomb et de l'étain. Après avoir terminé ses études académiques et être entré dans les ordres, Hales fut pourvu, en 1710, d'une place de vicaire qu'il remplit en conscience, mais sans négliger ses études scientifiques, particulièrement l'histoire naturelle. En 1717, il fut nommé membre de la Société royale de Londres, et, l'année suivante, il lut, en présence de cette illustre assemblée, un mémoire dans lequel il exposait ses expériences concernant l'influence que la chaleur du soleil produit sur le mouvement de la sève des végétaux. Les hommes de science furent frappés de ce travail et encouragèrent l'auteur à poursuivre le cours de ses observations. Hales publia dans les *Transactions philosophiques* une série de savants mémoires qu'il réunit en les augmentant, et qu'il publia, en 1727, sous le titre de *Statique végétale, ou relation de quelques expériences sur la sève des végétaux, ou Essai d'histoire naturelle de la végétation* (*Vegetable statiks, etc.*, Londres, 1727, in-8°; *ibid.*, 1753, 2 vol. in-8°). Le grand Buffon trouva cet ouvrage si important, quoiqu'il lui reprochât de manquer d'ordre et d'enchaînement dans les idées, qu'il en fit une traduction française (Paris, 1731, in-4°; *ibid.*, 1779, in-8°, revue par Sigaud de la Fond). Christophe Wolff en donna une traduction allemande (Halle, 1784, in-4°). Il y eut aussi des traductions hollandaises et italiennes. La *Statique végétale* est le recueil de cent quarante expériences faites sur les végétaux, réparties en sept chapitres, et éclaircies par des figures. Haller disait de la

Statique vegétale : Eximium opus et unicum, experimenta multa continens, quod imprimis transpirationem stirpium plenè demonstravit.
Quatre ans après cette publication, Hales fit paraître une nouvelle série d'expériences, sous le titre de : *Essais de statique, contenant l'Hémostatique, ou la relation de quelques expériences hydrauliques et hydrostatiques faites sur le sang et les vaisseaux sanguins des animaux (Statical essays, containing hemastatiks,* etc., Londres, 1733, in-8°; *ibid.,* 1769, 2 vol. in-8°; traduction française par Sauvages, Genève, 1744, in-4°; traductions allemandes et italiennes). Hales était doué d'un esprit presque universel ; aux connaissances les plus approfondies en histoire naturelle il en joignait d'égales pour ainsi dire en médecine, en agriculture et en économie domestique. Il se préoccupait vivement du bien-être et de la morale des hommes auxquels il rendit un éminent service en publiant, en 1734, ses observations sur l'abus des liqueurs alcooliques (*A friendly admonition to the drinkers of gin, brandy,* etc). En 1740, il donna ses *Expériences physico-mécaniques à l'usage de ceux qui entreprennent de longs voyages sur mer (Physico-mechanical experiments,* etc). C'est à Hales que l'on doit les ventilateurs propres à renouveler l'air dans tous les lieux où ce fluide ne peut circuler librement, comme dans les usines, les hôpitaux, les prisons, etc. Il découvrit aussi le moyen de distiller l'eau de mer. Modeste et sans ambition, il ne dut qu'à son immense mérite de sortir de l'obscurité. L'Académie des sciences de Paris le choisit pour membre associé à la place de Sloane. Il mourut le 4 janvier 1761, à Teddington, après avoir fourni une longue et utile carrière.

WARNER.

Richard Warner, écuyer, riche amateur de botanique, né dans le comté d'Essex, mort en 1775, avait sa principale résidence à Woodford-Green ; il y forma et entretint à grands frais un magnifique jardin de botanique, où il cultivait beaucoup de précieux végétaux exotiques. Il publia le *Catalogue des plantes des environs de Woodfort, dans l'Essex (Plantæ Woodfordienses,* Londres, 1771, in-8°). Le caractère spécifique de chaque plante y est donné d'après la *Flora anglica* d'Hudson. Richard Warner n'était en réalité qu'un amateur souvent excentrique, tel qu'on n'en voit que dans la Grande-Bretagne. Il se consacra successivement, et avec une passion égale, aux lettres, à la danse, à la bibliomanie et à la botanique. Tantôt il chassait tous ses livres de ses plus beaux appartements pour convertir ceux-ci en

salles de danse; tantôt il ne voulait plus entendre parler de chorégra-
phie et rendait aux livres tous ses salons. Quand l'âge lui vint, la
bibliothèque finit par l'emporter.

Jean Clayton, médecin et botaniste anglais, né en 1693, mort en
1773 à la Virginie où presque toute sa vie s'écoula, publia, dans les
Transactions philosophiques, plusieurs opuscules sur la botanique.
Il rendit des services à la phytologie, qui déterminèrent Gaertner
à lui consacrer le genre *Claytonia* de la famille des Portulacées.
Il avait fait une merveilleuse collection des plantes de la Virginie,
qui devait être décrite et publiée par Gronovius, avec le secours de
Linné.

Jean-Frédéric Gronov, dit Gronovius, fils et frère de deux célèbres
savants hollandais, quoique juriste et magistrat distingué, critique et
humaniste, s'adonna avec succès à l'étude de la botanique. On a de
lui une *Flore de la Virginie*, exécutée d'après les plantes rapportées
par J. Clayton, et dans la classification de laquelle il adopte le système sexuel de Linné (*Flora virginica exhibens plantas quas in Virginiâ
J. Clayton collegit, Methodo sexuali disposuit Gronovius*; Leyde,
1743, in-8°; *ibid.*, 1762, in-8°). C'est le premier ouvrage que l'on
ait donné sur les végétaux de cette contrée de l'Amérique. Gronovius
publia aussi la *Flore d'Orient*, d'après les travaux de Léonard Rauwolf
(*Flora orientalis seu recensio plantarum, quas L. Rauwolf annis 1573,
1574, 1575 collegit*, Leyde, 1755, in-8°). Il inséra dans le *Commer-
cium litterarium*, de Nuremberg, deux articles de botanique, l'un
sur le Ginseng, l'autre sur le Polygala. Il mourut en 1760.

Philippe-Conrad Fabricius, médecin allemand, né en 1714, mort
en 1774, après avoir pris ses grades à Strasbourg, fut nommé professeur d'anatomie, de physiologie et de pharmacie à Helmstaedt, puis
président de la Société de médecine de cette ville. Il a beaucoup écrit
sur l'anatomie et la médecine. Il a donné à la botanique: 1° une *Flore
de Butzbach* (*Primatiæ Floræ Butisbacensis*, Wetzlar, 1743, in-8°),
avec des observations sur les méthodes de Tournefort, Rivin, Van-
Royen, Knauth et Linné, écrit où l'on trouve l'indication des plantes
que Dillenius avait omises dans sa *Flore de Giessen*; 2° le *Catalogue
méthodique des plantes du jardin médical* d'Helmstaedt (*Enumeratio
methodica plantarum horti medici Helmstadiensis*, Helmstaedt,
1759, in-8°; *ibid.*, 1763; *ibid.*, 1776, in-8°). Il ne faut pas confondre ce Fabricius avec plusieurs médecins et savants du même

nom, entre autres avec Wolfgang-Ambroise Fabricius, auteur d'un ouvrage sur la signature des plantes, dont il a été précédemment parlé, ni avec le célèbre entomologiste Jean-Chrétien Fabricius, élève et émule de Linné.

Jean-Jérôme Kniphof, allemand, né à Erfurth, en 1704, mort en 1765, fut professeur de médecine, d'anatomie, de chirurgie et de botanique à l'Université de sa ville natale. Ses publications sont nombreuses. L'une d'elles est spécialement consacrée aux végétaux, sous le titre de *Botanica in originali*, Erfurth, 1733-1747, 12 centuries in-folio ; Halle, 1756-1757, in-folio, avec des figures représentant les plantes sans utilité reconnue, les plantes pharmaceutiques employées en médecine, et les plantes d'agrément, chacune de ces catégories séparément et accompagnée de descriptions. La *Botanique en original* de Kniphof est de peu d'utilité, en ce qu'elle ne donne point les caractères scientifiques des végétaux qu'elle représente.

Georges-Denis Ehret, peintre de plantes, né en Allemagne, en 1710, mort à Londres en 1770, fut d'abord jardinier du prince Charles de Bade-Dourlach, grand amateur de botanique ; il s'inspira de l'admiration que lui inspiraient les fleurs et les végétaux en général, pour devenir en quelque sorte, sans autre maître que la nature, un dessinateur et un peintre très-habile de plantes. Il eut l'appui de Trew, qui, le premier, rémunéra grandement son talent ; mais il ne se rendit pas assez compte que les hommes de l'espèce de Trew sont rares, et que pour un appréciateur intelligent et généreux on rencontre une foule de faux amateurs qui payent le talent au rabais ; il se hâta de dépenser son argent et tomba, pour quelque temps, dans une sorte de pauvreté qui, du reste, l'excita au travail ; il donna par suite un grand nombre de productions de son crayon et de son pinceau. Ayant acquis une certaine somme, il se rendit en France, où Jussieu l'employa à peindre les plantes du Jardin des plantes de Paris. Il alla ensuite en Angleterre, où le célèbre amateur Clifford le chargea de faire des figures pour l'*Hortus Cliffortianus*, et où il fit la connaissance de Linné qui lui enseigna à porter son attention sur les parties diverses de la fleur et à connaître la sexualité dans les végétaux. Il trouva aussi en Angleterre l'appui de plusieurs riches amateurs pour lesquels il dessina et peignit sur vélin une grande quantité de plantes. Le docteur Trew, son ami et son premier patron, lui commanda encore de nombreuses figures de végétaux ; il en publia une partie à ses frais, et, après sa mort, le docteur Benoît-Chrétien Vogel continua cette superbe collection qui a paru de 1750 à 1773, sous le titre de *Plantæ selectæ, quarum imagines ad exemplaria naturalia Londini in hortis curiosorum nutrita, manu artificiosâ pinxit Georgius Ehret, Germanus.* Ehret fit toutes les figures de l'*Histoire naturelle de la Jamaïque* de Brown, publiée en 1756, mais malheureusement d'après des échantillons préparés et secs. Il publia, de 1748 à 1759, à Londres, une suite de végétaux exotiques, dessinés et gravés par lui-même; cette collection fut fort recherchée. Ehret n'était pas qu'un botaniste peintre : c'était un botaniste savant et lettré. Il donna dans les *Transactions philosophiques* plusieurs descriptions de plantes. Cet homme, qui avait commencé par être jardinier, finit par devenir membre de la Société royale de Londres. Trew et Linné ont donné le nom d'*Ehrethia* à un genre de la famille des *Aspérifoliées-Ehrétiacées*, établi pour des arbres et des arbrisseaux des régions tropicales, renfermant une trentaine d'espèces encore assez mal connues et dont l'*Ehrethia tinifolia* est le type.

François Masson, né en 1741, à Aberdeen, en Écosse, fut d'abord aussi jardinier. Aiton le remarqua, lui donna des leçons et l'envoya au Cap de Bonne-Espérance, en 1772, pour y recueillir des plantes et des graines. Au bout de huit ans, Masson revint en Angleterre, après avoir parcouru les îles de la côte occidentale d'Afrique et quelques-unes des Antilles. Il contribua beaucoup à enrichir le jardin de Kew. Entraîné par ses goûts, il ne tarda pas à reprendre la route du Cap pour y continuer ses observations. Revenu encore en Angleterrre en 1795, il entreprit, en 1797, un voyage au Canada; c'est là qu'il devait terminer sa carrière en 1805. Thunberg lui a dédié le genre *massonia* de la famille des Asphodèles. On n'a de lui que la monographie de stapélies, genre de la famille des Asclépiadées (*Stapeliæ novæ*, Londres, 1796, in-fol.). Les descriptions de Masson sont estimées, et les plantes jointes à sa monographie sont d'une belle exécution.

L'un des plus célèbres d'entre les jardiniers botanistes fut Guillaume Aiton, né en Écosse l'an 1731, mort en 1793. Il était simple ouvrier quand il fit la connaissance de Philippe Miller qui lui donna ses leçons dans le jardin Chelsea. En 1759, il fut appelé à la direction du jardin de Kew, qui passait déjà pour être le dépôt général des plantes recueillies dans toutes les parties du globe; il parvint à y

MASSON.

AITON.

11

faire prospérer plusieurs végétaux dont la culture avait jusque-là paru impossible en Europe. Il a rédigé, avec le concours de Solander et de Dryander, le Catalogue de l'établissement auquel il avait prodigué tous ses soins (*Hortus Kewensis or a Catalogue of the plants cultivated in the royal botanic garden at Kew*, 1789, 3 vol. in-8°). Son fils, Guillaume Townsend Aiton, qui lui succéda, a publié un grand ouvrage, enrichi de planches coloriées représentant plusieurs végétaux exotiques cultivés dans le même jardin (*Delineation of exotic plants cultivated in the royal garden at Kew*, London, 1796, in-fol.); cette dernière publication est considérée comme la suite de l'*Hortus Kewensis* d'Aiton le père. On verra plus loin que John Hill avait donné, dès l'année 1768, un ouvrage sur le même jardin; mais celui des Aiton passe pour supérieur.

Vers le même temps quelques autres jardiniers anglais se rendirent célèbres par les progrès qu'ils firent faire à l'horticulture et par leurs connaissances en botanique. De ce nombre citons Fairchild dont les expériences contribuèrent à répandre du jour sur la question du sexe des plantes; Thomas Knowlton qui découvrit le premier la *Conferva agagropila* de Linné, et Jacques Gordon qui possédait à fond la flore d'Angleterre, et qui s'occupa avec succès des végétaux exotiques.

Philippe Miller, surintendant du jardin des apothicaires anglais à Chelsea, né en 1691, mort en 1774, par son goût pour le jardinage, sa rare intelligence, son savoir en botanique, fit du jardin dont il avait la direction le plus magnifique établissement botanique de l'Europe à l'époque où il vivait. La plupart des ouvrages qu'il publia sont d'une utilité pratique. On lui doit, entre autres publications intéressantes, en anglais : le *Dictionnaire du jardinier et du fleuriste*, ou *Système complet d'horticulture*, Londres, 1724, 2 volumes in-8°; le *Catalogue des arbres, arbustes, plantes et fleurs des environs de Londres*, 1730, in-folio, orné de 21 planches coloriées; le *Catalogue des plantes officinales du jardin de Chelséa*, 1730, in-8°; le *Dictionnaire des jardiniers*, 1731, auquel fut joint, en 1735 un *appendice*, et qui a été traduit dans les principales langues de l'Europe. La meilleure édition est celle donnée par le professeur Martyn en 1807, 4 volumes in-folio. Miller publia, de 1755 à 1775, un magnifique recueil de 300 figures de plantes coloriées pour accompagner ce dictionnaire. On a encore du même auteur un *Calendrier du jardinier*, qui a eu d'innombrables éditions; une *Courte introduction à la connaissance de la botanique*, 1760, in-8°, avec 5 planches, etc., etc.

John Hill, pharmacien, médecin et naturaliste anglais, né en 1716, mort en 1776, ne commença à publier qu'en 1751, mais, depuis lors, il n'épargna pas les presses de son pays, ce qui fait croire qu'avant de se produire par des écrits dans le monde savant, il avait thésaurisé la plupart de ses matériaux. Ses premières publications furent des sortes de compilations. Il donna en 1751, l'*Histoire naturelle générale ou Description des animaux, des végétaux et des minéraux des différentes parties du monde*, en 3 volumes, dont le second est consacré aux plantes (*A general natural history*, etc.), et une *Histoire de la matière médicale* (*History of the materia medica*). En 1752, il publia ses *Essais d'histoire naturelle et de philosophie, contenant une série de découvertes au moyen du microscope* (*Essays in natural history and philosophy*, etc.), ouvrage qui fut traduit en allemand. Il fit paraître, en 1755, l'*Herbier des familles* (*The useful family's herbal*); en 1756, l'*Herbier britannique* (*The british herbal*); en 1757, l'*Eden, ou le cours complet du jardinage* (*Eden, or a compleat body of gardening*); la même année, *le sommeil des plantes et la cause du mouvement de la Sensitive* (*The sleep of plants and cause of motion in the sensitiv*), lettre curieuse adressée à Linné, traduite en français en 1773, où l'auteur combat, par des expériences sur l'Abrus, la Sensitive et le Tamarin, la doctrine de la sensation dans les végétaux, et où il déclare que, selon lui, la lumière et l'obscurité sont les seules causes du changement qui survient dans les dispositions des feuilles, et que ce qu'on appelle le sommeil des plantes n'est que l'effet de l'absence de la lumière, celui de ses différents degrés. Hill donna en 1758, le *Nouveau calendrier du jardinier* (*New kalendar*, etc.); *les Vertus de la Valériane sauvage contre les désordres des nerfs* (*The virtues of wild Valerian*, etc.); *Essais d'un système sur la génération dans les végétaux* (*Oultines of a system of vegetable generation*); en 1759, *Utilité de la connaissance des plantes*, etc. (*The usefulness of a knowledge of plants*, etc.); l'*Origine et la production des fleurs prolifères, avec la culture en grand pour produire des fleurs doubles avec des fleurs simples, et des fleurs prolifères avec des doubles* (*The origin and production of proliferous flowers*, etc.); en 1760, la *Flore britannique* (*Flora britannica*), qui n'est autre que le *Synopsis* de Ray arrangé selon le système de Linné; en 1768, le *Jardin de Kew*

(*Hortus Kewensis*) qui précéda celui d'Aiton ; en 1769, l'*Herbarium britannicum*, avec 195 planches, et d'après une méthode particulière à l'auteur ; en 1770, la *Composition du bois..... expliquée par le microscope*, etc. (*The construction of timber, from its early growth, explained by the microscope*, etc.); en 1772, *Botanique exotique illustrée de 35 figures de plantes chinoises et américaines* (*Exotic botony*, etc.); les *Propriétés des plantes de l'Angleterre*, avec figures (*Virtues of british herbs*). De 1759 à 1775, Hill publia, en vingt-six parties, formant 13 vol. in-folio, ornées de 1542 planches dessinées et gravées par lui-même, *le Système végétal ou la structure intérieure et la vie des plantes* (*The vegetable system*, etc.); Hill fit encore paraître, en 1772, une *Décade d'arbres et de plantes curieuses* (*A decade of curious and elegant trees and plants*). Ce n'est pas là l'énumération complète de toutes les publications de cet auteur fécond jusqu'à l'excès à qui l'on doit, sous le pseudonyme de Joseph Marshall, une seconde édition de la première partie du *Jardin de Malabar* (*Horti Malabarici pars I*, London, 1774, in-4°).

MARTYN. John Martyn, médecin et botaniste, né à Londres en 1699, mort en 1768, après avoir été destiné par sa famille au commerce, fut entraîné, par un penchant irrésistible, vers l'étude des sciences naturelles. Il eut l'appui du docteur Sherard qui l'engagea à traduire en anglais l'*Histoire des plantes des environs de Paris*, de Tournefort ; cette traduction, faite en 1720, parut en 1732. Martyn connut de bonne heure Dillenius, et contribua avec lui à former une société de botanistes, qui s'éleva à soixante-dix membres et se réunit jusqu'en l'année 1726. La Société royale des sciences de Londres le choisit pour un de ses membres en 1727. Dès lors, il avait fait des études de médecine ; mais ce ne fut qu'en 1730 qu'il prit ses degrés de docteur. Il donna ensuite des leçons tant à Londres qu'à Cambridge, où il succéda au docteur Bradley dans la chaire de botanique. Il enseigna aussi la matière médicale. John Martyn fut obligé de renoncer à l'exercice de la médecine par défaut de santé, et dut même à la fin, pour cette cause, se démettre de ses fonctions de professeur. L'Université lui donna pour successeur son fils Th. Martyn, né en 1735, mort en 1825, aussi naturaliste très-remarquable. On a de John Martyn : *Premières leçons d'un cours de botanique* (*The first lecture of a course of botany*, Londres, 1729), qui est une explication des termes techniques de cette science ; *Tables synoptiques des plantes*

officinales disposées d'après la méthode de Ray (*Tabulæ synopticæ*, etc.,
1726); *Méthode des plantes des environs de Cambridge* (*Methodus
plantarum circa Cantabrigiam*, etc., 1727, in-12); *Histoire des
plantes rares, cinq décades* (*Historia plantarum rariorum, decades
quinque*, in-folio, 1728 et 1732), ouvrage magnifique que l'auteur
dut promptement interrompre à cause des frais énormes qu'il exigeait. John Martyn a publié aussi quelques écrits sur d'autres matières que la botanique; il donna des traductions anglaises d'ouvrages de médecine, entre autres de Boërhaave; il coopéra à plusieurs journaux, en dirigea même; enfin, amateur des belles-lettres,
littérateur lui-même, il fit une traduction en anglais, très-savam-
ment annotée, des *Bucoliques* et des *Géorgiques* de Virgile.

Jean-Frédéric Cartheuser, savant médecin, chimiste et naturaliste
allemand, né en 1704, fut reçu docteur à l'Université de Halle, et
se livra ensuite tout entier à l'enseignement académique. En 1740,
il fut nommé professeur de chimie, de pharmacie et de matière médicale à Francfort-sur-l'Oder; il occupa ensuite les chaires d'anatomie, de botanique, de pathologie et de thérapeutique. Son principal mérite est d'avoir opéré une réforme salutaire dans la matière
médicale, en soumettant les médicaments à de nouvelles expériences, et en travaillant à distinguer le vrai du faux parmi les
vertus qu'on leur attribuait. On lui doit surtout un grand nombre
d'analyses de plantes et une connaissance plus exacte de leur
composition. C'est ainsi qu'il examina, à la fois en chimiste et
en médecin, les baumes, les sels volatils naturels des végétaux, les
cristaux salins que fournit le suc de certains géraniums, celui que
laissent déposer un grand nombre d'huiles volatiles, l'huile de cajeput, l'enduit mielleux dont les plantes se couvrent quelquefois, la
liqueur sucrée des fleurs, le sucre, le camphre, la cire, le savon,
l'amidon, les huiles inflammables, la graisse animale, les sels neutres,
et en particulier celui de Glauber, le pétrole, les oxydes de fer, etc. Ses
écrits sont aussi variés que nombreux. Nous citerons : *Specimen
amœnitatum naturæ et artis*, Halle, 1733, in-4°; *Amœnitatum naturæ,
sive historiæ naturalis pars prima generalior*, Halle, 1735; *Elementa
chymiæ medicæ dogmatico-experimentalis, unâ cum synopsi materiæ
selectioris*, etc., Halle, 1736, in-8°, Francfort-sur-l'Oder, 1735, *ibid.*,
1766, in-8°; *Programma de materiâ medicâ*, Francfort-sur-l'Oder,
1740, in-4°; *Rudimenta materiæ medicæ rationalis*, Francfort-sur-

CARTHEUSER.

CHIMIE
VÉGÉTALE
ET
MATIÈRE
MÉDICALE.

l'Oder, 1744, in-4°; *Pharmacologia theoretico-practica*, Berlin, 1745, in-8°, Venise, 1756, in-4°, Cologne, 1763, in-8°, Berlin, 1770, in-8°; *Dissertatio de salibus plantarum nativis, præsertim volatilibus*, Francfort-sur-l'Oder, 1747, in-4°; *Fundamenta materiæ medicæ rationalis*, Francfort-sur-l'Oder, 1749-1750, 2 vol. in-8°, Paris, 1752, 2 vol. in-12, Francfort-sur-l'Oder, 1767, 2 vol. in-8°, Paris, 1769, 4 vol. in-12, traduction française, Paris, 1755, 4 vol. in-12, *ibid.*, 1769, in-12, excellent livre que l'on peut encore consulter avec fruit, quoiqu'il ait naturellement vieilli à plusieurs points de vue; *Dissertatio de cortice caryophilloide Amboinensi, vulgo culilawan dicto*, Francfort-sur-l'Oder, 1753, in-4°; *Dissertatio de oleo cajeput*, Francf., 1754, in-4°; *Dissertatio de genericis quibusdam plantarum principiis hactenus neglectis*, 1754, Francf., in-4° et in-8°, *ibid.*, 1764, in-4°, travail remarquable faisant suite à la *Matière médicale* de l'auteur qui s'attache à y faire connaître les principes que l'on peut retirer des végétaux tels qu'ils existent, sans décomposer ni dénaturer ceux-ci; *Dissertatio de chenopodio ambrosioide*, 1757, in-4°; *Dissertatio de radice saponariâ*, 1750, in-4°; *Dissertatio de saccharo*, 1761, in-4°; *Dissertatio de brancâ ursinâ germanicâ*, 1761, in-4°; *Dissertatio de lichene cinereo terrestri*, 1762, in-4°; *Dissertatio de chocolatâ, analepticorum principe*, 1763, in-4°; *Dissertatio de simplicibus balsamicis et aromaticis*, 1764, in-4°; *Dissertatio de radicibus esculentis in genere*, 1765, in-4°; *Dissertatio de radice mungo*, 1769, in-4°; *Dissertatio de sale volatili oleoso solido in oleis æthereis nonnunquam reperto*, 1774, in-4°.

Cartheuser eut un fils (Frédéric-Auguste), aussi docteur en médecine, chimiste et naturaliste, qui fut pourvu de l'intendance du jardin des plantes de Giessen, mais qui se fit surtout remarquer comme minéralogiste. Il a publié, entre autres ouvrages, un travail sur la falsification des vins et sur ses dangers pour la santé (*Programmata de quibusdam vinorum adulterationibus*, etc., Giessen, 1777, in-4°).

FOTHERGILL.

John Fothergill, célèbre médecin et philanthrope anglais, né près de Richmond, dans le Yorkshire, en 1712, s'occupa de la botanique, dans le but d'être utile à ses semblables. En 1762, il acheta à Upton, dans l'Essex, une vaste propriété pour y cultiver les plantes exotiques employées dans la médecine et dans les arts, et pour les répandre de là dans la Grande-Bretagne et dans les colonies anglaises. Il expédia, à ses dépens, des botanistes dans les diverses parties du monde. La zoologie et la minéralogie lui durent aussi de grands progrès. Son cabinet d'histoire naturelle était varié et admirable. Fothergill était membre ou agrégé de toutes les grandes sociétés scientifiques de l'Europe et de l'Amérique. Il s'était fait quaker et considérait la guerre comme un assassinat politique. Il mourut en 1780, léguant aux pauvres tout ce qu'il n'avait pas encore dépensé de sa fortune en leur faveur. On inscrivit sur sa tombe : *Ci-gît le docteur Fothergill, qui dépensa deux cent mille guinées pour le soulagement des malheureux.* En France, Vicq-d'Azir prononça son éloge. Sa vie a été écrite par plusieurs hommes distingués. Linné fils lui a consacré, sous le nom de *Fothergilla*, un arbuste de la Caroline, de la famille des Amentacées. Fothergill n'a laissé que des ouvrages de peu d'étendue insérés dans divers recueils ; quelques-uns ont pour objet des végétaux, particulièrement ceux qui peuvent être utiles à l'art de guérir. Lettsom, dont il va être question, a donné le Catalogue des plantes du jardin de Fothergill (*Hortus Uptoniensis, or a Catalogue of the hot an green house plants in D. Fothergill's garden at Upton, as the time of his decease, anno* 1780). Lettsom a en outre réuni en trois volumes, publiés à Londres, en 1783 et 1784, tous les opuscules que Fothergill avait dispersés dans divers recueils. Elliot avait déjà publié les plus remarquables en 1781.

Joseph-Coakley Lettsom, élève de Fothergill, médecin, philantrope et quaker, comme son maître, s'occupa, comme lui, d'histoire naturelle et particulièrement de botanique. Il naquit en Amérique, vers 1747, et fit son éducation en Angleterre. A l'âge de vingt-trois ans, il retourna dans son pays natal pour y recueillir la succession paternelle. Son premier acte fut de mettre ses esclaves en liberté, se condamnant ainsi à une pauvreté relative. On a de lui, entre autres écrits, outre le *Jardin d'Upton*, précédemment indiqué : *Histoire naturelle de l'arbre à thé* (*The natural history of the thea-tree*, Londres, 1772, in-4°, *ibid.* 1784, in-4°, traduit en français, Paris, 1773, in-12) ; le *Compagnon de voyage du naturaliste* (*The naturalist's and traveller's companion*, Londres, 1772, 1774 et 1800, traduit en français par le marquis de Lezay-Marnesia, Amsterdam et Paris, 1751, in-12) ; le *Journal du voyage dans la mer du Sud, sur le navire l'Endeavour, pris sur les papiers de Sydney Parkinson, dessinateur de sir Joseph Banks, dans l'expédition du docteur Solander autour du monde, avec un appendice contenant la narration des voyages du commodore Byron, des capitaines Wallis, Carteret, Cook, Clerke, et de M. de Bougainville (A journal of a voyage,* etc., London, 1784, in-4°). La poésie n'a pas dédaigné de célébrer les grandes qualités de Lettsom.

MITCHELL.

John Mitchell, médecin anglais, membre de la Société royale de Londres, résida longtemps en Virginie, d'où il envoya, en 1741, les descriptions de trente genres de plantes, dont six étaient entièrement nouveaux. Ces descriptions étaient précédées d'une dissertation sur les principes de la botanique. Parmi les genres les plus remarquables donnés par le docteur Mitchell, on distingue le *ginseng d'Amérique*, le *panax quinquefolium*, le *liquidambar styraciflua*, le *malacodendron*, appelé ensuite par Catesby *Stuartia.*

COLLINSON.

Pierre Collinson, né en 1693, mort en 1768, peut être rangé parmi les botanistes qui, sans avoir publié d'ouvrages, ont néanmoins contribué à faire progresser la science. Il contribua, par ses correspondances avec divers pays et notamment avec l'Amérique, à la propagation en Europe des végétaux et de la botanique exotiques. Il s'occupa aussi beaucoup des plantes indigènes d'Angleterre. Son jardin contenait la collection la plus complète que l'on connut du genre *orchis*. Le botaniste pensylvanien Bartram, le gouverneur de New-York Cobden, les docteurs Mitchell et Fothergill, comptèrent parmi les correspondants de Collinson. Le nom de ce *promoteur de la botanique*, comme il est désigné dans les *Dictionnaires des sciences naturelles*, a été donné au genre *Collinsonia*, de la famille des Lamiacées, formée par Linné.

LIGHTFOOT.

John Lightfoot, membre de la Société royale de Londres, curé à Gotham, né en Angleterre en 1735, mort en 1788, accompagna le célèbre zoologiste anglais Thomas Pennant, dans son voyage en Écosse. Il s'occupa surtout de botanique dans cette expédition scientifique, où il recueillit les matériaux de sa *Flora scotica*, 1777, 2 vol in-8°. Cette flore, disposée d'après le système de Linné, renferme teize cents plantes, dont près de quatre cent cinquante sont des cryptogames. Aux noms classiques, l'auteur a joint les noms vulgaires en langues erse et anglaise, avec les indications des usages de chaque plante, surtout en Écosse. Les planches, au nombre de trente-cinq, sont gravées sur cuivre, et les figures sont remarquables pour leur exactitude et leur finesse.

John Tuberville Needham, prêtre catholique, célèbre micrographe anglais, membre de la Société royale de Londres, associé de l'Académie des sciences de Paris, né à Londres en 1713, mort à Bruxelles en 1781, fit ses études à Douai et à Cambrai. C'est dans cette dernière ville qu'il fut ordonné prêtre. Ayant été appelé, en 1740, en Angleterre par les chefs de la mission catholique, il dirigea l'école de Twyford. Quatre ans après, il fut envoyé à Lisbonne. L'état de sa santé le fit rappeler à Londres, où il se fit connaître du public savant, en 1745, par la publication de ses *Découvertes microscopiques* (*Microscopical discoveries*, Londres, 1745, in-8°; traductions françaises, Leyde, 1747, in-12, Paris, 1750, in-12). Vers ce temps Needham, vint à Paris, où Buffon, alors occupé de sa théorie de la génération, l'accueillit avec empressement, et lui confia le soin de répéter ses expériences. Mêlant à ses savantes études les questions théologiques, il eut le malheur de se faire un ennemi passionné de Voltaire, qui, pour être le roi de l'esprit, était loin d'être le roi de la science. Du reste Needham, dans ses *Découvertes microscopiques*, conclut souvent contre son propre sentiment religieux. Tout en prétendant faire la guerre au matérialisme, il cherche à établir que la nature est douée d'une force productive, et que tout corps organisé, depuis le plus simple jusqu'au plus composé, se forme par végétation; il entreprend de prouver que les animaux naissent de la pourriture, qu'ils sont formés par une force expansive et résistante, et qu'ils dégénèrent en végétaux. Needham, sans peut-être se l'avouer à lui-même, était donc un partisan de la génération spontanée. En général, ses idées sont difficiles à saisir, faute de méthode et de clarté. C'est dans ce même ouvrage que l'on trouve ses fameuses observations sur le pollen des plantes, qui, jusqu'alors, avait été comparé à une poussière, particulièrement sur les animalcules découverts dans le pollen de la nielle. L'édition de Paris est la plus complète et contient de plus que celle de Leyde sept planches et une lettre de Folkes, traduite par Lavirotte. En 1767, Needham se retira au séminaire anglais de Paris; mais deux ans après, l'impératrice Marie-Thérèse l'appela à Bruxelles pour concourir à l'organisation de l'Académie des sciences qu'elle venait de fonder dans cette ville, et ce fut là qu'il mourut, peu après avoir fait un écrit dans lequel il se plaignait des conséquences que l'auteur du *Système de la nature* avait tirées de ses principes au sujet de la génération, et entreprenait de démontrer qu'il n'y en avait pas un seul qui fût favorable au matérialisme.

BADCOCK. Vers le même temps Richard Badcock, autre naturaliste anglais, se faisait aussi connaître par ses observations microscopiques sur la structure des anthères et sur le développement ainsi que sur l'émission du pollen dans le houx, la grenadille et l'if. Ses recherches se trouvent consignées dans les *Transactions philosophiques*. Needham et Badcock furent les précurseurs de Kœlreuter et de Spallanzani, dans leurs recherches microscopiques.

GUETTARD. Jean-Etienne Guettard, médecin, géologue, minéralogiste français, membre de l'Académie des sciences, né à Étampes en 1715, mort à Paris en 1786, fit aussi et publia des *Observations sur les plantes*, Paris, 1747, 2 vol. in-12. Voulant publier le fruit de ses recherches sur les glandes et les poils des plantes, il appliqua la méthode naturelle à une flore des environs d'Étampes. Il répéta plusieurs des expériences de Hales, particulièrement sur l'ascension de la sève et sur la transpiration, et se trouva d'accord à cet égard avec le physiologiste anglais. Il y ajouta la connaissance d'un fait de haut intérêt : l'influence de la lumière sur la production du phénomène de la transpiration. Enfin ses études sur les organes d'excrétion servirent beaucoup au progrès de la science botanique.

DESCHIZEAUX. Pierre Deschizeaux, médecin, né à Mâcon en 1687, partit pour la Russie, en 1724, avec le dessein d'étudier les plantes de ce pays. Pierre le Grand le retint assez longtemps dans ses États et le chargea de l'établissement d'un jardin botanique à Saint-Pétersbourg. Après deux ans passés dans ces contrées, il resta définitivement en France. On lui doit deux écrits : 1° *Mémoire pour servir à l'instruction de l'histoire des plantes de Russie et à l'établissement d'un jardin botanique à Saint-Petersbourg*, Paris, 1725, in-8°, *ibid.* 1728 ; 2° *Voyage de Moscovie*, Paris, 1727, in-12. C'est la première relation d'un voyage en Russie qui ait été écrite par un Français.

DELARBRE. Delarbre, médecin et naturaliste français, né en 1722, à Clermont-Ferrand, s'est spécialement occupé des animaux et des végétaux de l'Auvergne. La botanique lui doit une *Flore d'Auvergne*, Clermont-Ferrand, 1795, in-8° ; *ibid.*, 1800, 2 vol. in-8°. La première édition n'offre qu'un simple Catalogue descriptif par ordre alphabétique ; mais dans la seconde, les plantes sont soigneusement décrites, et classées d'après une méthode généralement empruntée à Tournefort.

Thomas-François Dalibard, botaniste et physicien français, qui devait être le premier à répéter en France les expériences de Franklin sur l'électricité atmosphérique, fut aussi le premier, dans ce pays, qui adopta le système sexuel et les principes botaniques de Linné. Sous le titre de *Floræ parisiensis Prodromus*, Paris, 1749, in-12, il publia une Flore des environs de Paris, où les plantes sont distribuées d'après ce système. Dalibard n'a donné à la botanique que cet ouvrage et un mémoire sur le réséda odorant.

Jacques Barbeu du Bourg, médecin et botaniste français, né à Mayenne, en 1709, fut doué d'une précocité intellectuelle extraordinaire ; à quinze ans il avait brillamment terminé son cours de philosophie. Il se crut d'abord la vocation ecclésiastique, et, pour étudier la théologie dans ses sources, il apprit l'hébreu et d'autres langues ; mais, au moment de prononcer ses vœux, il recula et chercha une autre carrière. L'histoire, la littérature, la poésie furent, durant quelques années, l'objet de ses préoccupations. L'étude de la physique et de l'histoire naturelle l'amena à celle de la médecine, et, finalement, en 1748, il reçut le bonnet de docteur de la Faculté de Paris. Il fut successivement nommé membre de la Société royale de médecine, des sociétés de Montpellier, de Londres, de l'Académie de Stockholm, et de la Société philosophique de Philadelphie. Barbeu du Bourg avait un caractère bienveillant et affectueux qui le faisait rechercher et aimer de tout le monde ; néanmoins il était très-réservé dans ses liaisons, disant qu'il aimerait mieux avoir un honnête homme pour ennemi, qu'un fripon pour ami. Il pratiquait la médecine avec le plus grand désintéressement, et finit par ne plus l'exercer qu'en faveur des pauvres et de ses intimes. Barbeu du Bourg est plus remarquable par la variété, pour ne pas dire par l'universalité de ses travaux, que par les progrès qu'il fit faire aux diverses branches des lettres, de la philosophie, de l'histoire, de la médecine et des sciences en général dont il s'occupa. Son plus beau titre à la renommée est un ouvrage de botanique : *Le Botaniste français, comprenant toutes les plantes communes et usuelles, disposées suivant une nouvelle méthode, et décrites en langue vulgaire*, Paris, 1767, 2 vol. in-12. Cet ouvrage, que l'auteur dédia à sa femme, était supérieur à la *Flore parisienne* de Dalibard, et fut longtemps sans rival. *Les Ages des plantes*, Paris, 1767, 2 vol. in-12, sont une suite du *Botaniste français*. Barbeu du Bourg est le premier qui ait essayé de traduire en français les phrases employées par Linné pour caractériser les espèces. Comme il ne cultivait la botanique qu'au point de vue pratique, son *Botaniste français* était principalement destiné aux élèves et aux herboristes qu'il voulait former; ce fut pourquoi il s'éloigna à dessein de la nomenclature grecque, pour ne donner que les noms français. Il fit d'excellentes réflexions sur la nécessité d'inspecter les boutiques des herboristes, et elles décidèrent la Faculté de médecine à les mettre sous sa surveillance immédiate. Barbeu du Bourg mourut en 1779, environné des regrets et de la considération de tous.

BARRÈRE.

Pierre Barrère, médecin et naturaliste français, né à Perpignan, où il fit ses études, fut reçu docteur en médecine en 1718. Aussitôt après, il entreprit des voyages dans le but de satisfaire ses goûts pour l'histoire naturelle. Envoyé en 1722 à Cayenne, comme botaniste du roi, il y séjourna près de trois ans, et y amassa les matériaux de son *Essai sur l'histoire naturelle de la France équinoxiale, ou dénombrement des plantes, des animaux et des minéraux qui se trouvent dans l'île de Cayenne et à la Guyane*, Paris, 1741, in-12, *ibid.*, 1749, et de la *Nouvelle relation de la France équinoxiale*, Paris, 1743, in-12. Dans ce second ouvrage, les plantes sont rangées par ordre alphabétique et désignées sous les noms précédemment donnés par Plumier et Tournefort. Barrère n'y donne qu'une idée très-incomplète de la riche flore de la Guyane, mais il indique les usages de chacune des plantes qu'il décrit, en médecine et en économie rurale. Il donne la culture de la canne à sucre, du rocou, du café, de l'aloès et du manioc. A son retour en France, Barrère fut appelé à la chaire de botanique de Perpignan. En 1753, il reçut le titre de premier médecin de la province de Roussillon. Enfin, en 1755, l'année même de sa mort, il fut nommé recteur de l'Université de Perpignan. Willdenow lui a consacré le genre *Barrera*, originaire de la Guyane.

SAUVAGES.

François Boissier de Sauvages, médecin, anatomiste, zoologiste et botaniste français, né à Alais, en 1706, mort en 1767, fut professeur de médecine, puis de botanique à Montpellier. C'était un homme d'une grande humanité et d'un vaste savoir. En dehors de ses ouvrages de médecine, de sa traduction de la *Statique des animaux de Hales*, on lui doit un ouvrage sur la *Culture des mûriers*, Nîmes, 1763; et *Methodus foliorum, seu plantæ Floræ Monspeliensis, juxta foliorum originem, ad juvandam specierum cognitionem di-*

gestæ, La Haye, 1751. C'est lui qui a créé, en l'honneur de Buffon, le genre *Buffonia*, de la famille des Caryophyllées.

Louis-Daniel Arnauld de Nobleville, médecin, né en 1701, à Orléans, mort en 1778, a publié quelques ouvrages qui visent plus à la popularité qu'à la vraie science, entre autres la *Description abrégée des plantes usuelles employées dans le Manuel des dames de charité*, ouvrage dont il était l'auteur, Paris, 1767, in-12. Il rendit cependant un service à l'art de guérir, en publiant le *Cours de médecine pratique rédigé d'après les principes de Ferrein*, Paris, 1769, 3 vol. in-12 [1].

François Bonami, médecin et botaniste français, issu d'une famille florentine, né à Nantes en 1710, mort en 1776, mérite d'être mentionné à côté des plus célèbres, pour le zèle constant et le désintéressement avec lequel il travailla à répandre parmi ses concitoyens l'étude de la botanique. Durant cinquante ans il fit des cours gratuits à Nantes. Un jardin botanique avait été promis à cette ville. Les fonds manquant pour l'exécution, Bonami en entretint un à ses dépens. Il fut aussi le fondateur de la Société d'agriculture de Bretagne, la première de ce genre qui ait existé en France. Vicq-d'Azir a rendu un hommage éclatant à la mémoire de ce savant modeste, et Du Petit-Thouars a donné le nom de *Bonamia* à un nouveau genre de plantes découvert par lui à Madagascar. On a de Bonami *Prodrome de la Flore de Nantes* (*Floræ Nannetensis Prodromus*, 1782, in-12), ouvrage auquel il donna, trois ans après, un supplément (*Addenda ad Floræ Nannetensis Prodromum*, Nantes, 1785, in-12).

Pendant que Linné préconisait avec autorité et succès le système sexuel, un médecin, botaniste et versificateur hollandais, qui pourtant était un de ses plus ardents admirateurs, Adrien Van Royen, présentait un heureux essai de méthode naturelle dans un ouvrage intitulé *Prodrome de la Flore de Leyde* (*Floræ Leydensis Prodromus*, etc, 1 vol in-8", 1740). Van Royen était en bonne position pour traiter de cette flore, car il avait succédé, en 1738, à Boërhaave, comme directeur du Jardin des plantes de Leyde. Il partage les plantes en deux grandes coupes, les *monocotylédones* et les *polycotyledones*, et il les range d'après une nouvelle méthode, fondée sur la nature ou l'absence du calice, la réunion ou la distinction des étamines, leurs proportions entre elles, leurs rapports de nombre avec la corolle, etc. La combinaison de ces différentes considérations produit vingt classes; quelques-unes sont entièrement naturelles ou offrent des rapprochements que l'état actuel de la science n'admet plus, mais qui étaient déjà un notable progrès à cette époque. L'illustre Lamarck considérait la méthode de Van Royen, malgré ses défauts, comme la meilleure de toutes celles que l'on eut jusque-là publiées. Le *Prodrome de la Flore de Leyde* ne donne pas les caractères des genres et se borne à ceux des classes. Cet ouvrage est précédé d'un rapide précis de l'histoire de la botanique et d'un exposé des principes de cette science. Van Royen avait débuté avec un certain éclat, en 1728, par une dissertation de physiologie botanique (*Dissertatio botanico-medica inauguralis, de anatome et œconomiâ plantarum,* Leyde, in-4°), écrit dans lequel l'auteur distingue les corps *simples* et les corps *composés*, et divise ceux-ci en corps *hydrauliques* ou *hygrauliques*. La plante est un corps *hygro-organique*, que l'auteur examine sous les différents points de vue de la *vie*, de la *coction* ou *digestion*, de l'*accroissement* ou de la *nourriture*, qui en est le principe, enfin de la *génération;* il décrit successivement les diverses parties des végétaux et leurs fonctions. Quoique, dans ce petit traité, Van Royen reproduise en partie les théories de Grew et de Malpighi, il donne des observations qui lui sont propres et qui le rangent à bon droit parmi les physiologistes-botanistes les plus distingués de son temps. On a encore de Van Royen : *Oratio, quâ jucunda, utilis ac necessaria medicinæ cultoribus commendatur doctrina botanica,* etc. Il a aussi publié deux poëmes sur les plantes : *De amoribus et connubiis plantarum carmen elegiacum*, Leyde, 1738, in-8°; et *Elegia cum botanices professionem poneret,* 1754. Linné a donné le nom de *Royena* à un genre de la famille des Plaqueminiers.

Adrien Van Royen eut un neveu, David Van Royen, qui lui succéda comme professeur de botanique à Leyde, et qui publia, dans cette ville, en 1754, *Oratio de hortis publicis*, in-4°.

PHARMACIENS BOTANISTES.

LESTIBOUDOIS. Jean-Baptiste Lestiboudois, pharmacien en chef des armées, médecin et professeur de botanique à Lille, né à Douai en 1745, mort en 1804, a décrit les végétaux de Brunswick et des environs de

Cologne. Le premier, il indiqua tous les avantages que l'on pouvait tirer de la pomme de terre, sur laquelle il fit un essai en 1737, pour réfuter les absurdités que l'on débitait sur ce précieux végétal auquel l'imbécillité et l'ignorance attribuaient les épidémies. Lestiboudois fut, en 1762, le directeur de la Nouvelle pharmacopée de Lille. En 1774 il publia un abrégé élémentaire de botanique, et une carte dans laquelle il combinait la méthode de Tournefort et le système sexuel de Linné. Jean-Baptiste Lestiboudois laissa un fils, François-Joseph Lestiboudois, comme lui médecin et professeur de botanique, qui mourut en 1815, après avoir publié le *Botanographe de Belgique*; Lille, 1781, 1 vol. in-8°; *ibid.*, 1796, 4 vol in-8°.

Jean-Baptiste Christophe Fusée Aublet, pharmacien et botaniste français, né à Salon, en Provence, en 1720, mort à Paris en 1778, quitta la maison paternelle pour aller étudier les végétaux à Montpellier. Son caractère mobile et aventureux, ami du changement et du plaisir, l'engagea à passer dans l'Amérique espagnole, où il exerça la profession de pharmacien. Revenu dans sa patrie, il ne tarda pas à être repris de la passion des voyages, et partit pour l'Ile de France avec mission d'établir une pharmacie et un jardin botanique. Il y resta neuf ans, et l'on prétend que, pendant ce temps, son naturel peu conciliant chercha à contrarier les intelligents progrès du grand administrateur Pierre Poivre, né à Lyon en 1719, mort en 1786, dans ses desseins de transporter aux îles de France et de Bourbon, la culture des arbres à épices des Moluques. Aublet repassa en Europe, et, l'année suivante, fut envoyé à la Guyane, pays alors presque vierge pour les botanistes. Il y rassembla un herbier considérable, d'après les échantillons secs duquel on exécuta au trait plus de 392 planches, qui ornent son *Histoire de la Guyane française*, Paris, 1775, 4 vol. in-4°; c'est la seule publication qu'il ait faite. Aublet décrit dans cet ouvrage environ huit cents plantes, dont près de la moitié étaient inconnues avant lui, et qui ont été classées d'après la méthode de Linné. Willdenow dit qu'il faut regretter qu'Aublet ait indiqué avec si peu d'exactitude les caractères des genres, que les voyageurs qui, comme les Forster, ont parcouru depuis les mêmes pays, signalent beaucoup d'inexactitude dans ses caractères anatomiques, et assurent que plusieurs paraissent de pure imagination. L'*Histoire des plantes de la Guyane* renferme une liste des plantes de l'Ile de France aussi incomplète qu'inexacte; mais elle contient, en revanche, des mémoires intéressants sur l'emploi et la culture des divers végétaux. En 1764, Aublet alla à Saint-Domingue. L'année suivante, il revint définitivement en France, et se fixa à Paris. Linné a consacré à Aublet la *Verbena Aubletia*.

Guillaume Hudson, pharmacien et botaniste anglais, né en 1735, mort en 1793, occupa la chaire de botanique au jardin de pharmacie de Chelsea. Il n'a donné qu'un seul ouvrage : *Flora Anglica*, Londres, 1762, in-8°; *ibid.* 1778, 2 vol. in-8°. Il y range les plantes d'après le système de Linné, qu'il avait été un des premiers à adopter.

Jean Gottschalk Wallerius, célèbre médecin, chimiste et minéralogiste suédois, né en 1709, mort en 1785, publia, à côté de nombreux et admirables ouvrages sur la minéralogie, la chimie et la médecine, plusieurs écrits qui appartenaient en entier ou qui se rattachaient à la botanique, entre autres : *Dissertatio de historiæ naturalis usu medico*, Upsal, 1740, in-8°; *Dissertatio de principiis vegetationis*, Upsal, 1751, in-8°; *Causæ sterilitatis agrorum*, Upsal, 1754, in-8°; *Dissertatio de emendatione agri*, Upsal, 1758, in-8°; *Dissertatio de origine odorum in vegetabilibus*, Upsal, 1761, in-8°; etc. Wallerius est considéré comme le fondateur de la chimie agricole.

Georges-Louis OEder, médecin et botaniste allemand, né à Anspach en 1728, mort au service de la Norwége en 1791, pratiqua d'abord la médecine dans le Sleswig; il fut ensuite appelé à Copenhague, en 1752, pour y occuper la chaire de botanique. Le désir d'étudier à fond les plantes du Danemarck et de la Norwége lui fit entreprendre plusieurs excursions dans ces deux royaumes. La botanique lui doit : *Flora danica*, Copenhague, *fasc.* I à X, 1762 à 1772, ouvrage qui a été continué par Otton-Frédéric Muller, Wahl et Hornemann, et qui renferme 1620 figures exécutées avec le plus grand soin; *Elementa botanica*, Copenhague, 1764-1766, 2 vol. in-8°; *Nomenclator botanicus*, Copenhague, 1769, in-8°; *Enumeratio plantarum floræ danicæ*, Copenhague, 1768, in-8°. Linné a consacré à ce naturaliste le genre *OEdera* de la famille des Corymbifères.

Noël-Joseph Necker, médecin et botaniste, né dans la Flandre en 1729, étudia la médecine à Douai. Il devint successivement botaniste de l'électeur palatin, historiographe du palatinat, des duchés de Berg et de Juliers, et agrégé honoraire au collége de Nancy. C'était un homme vraiment savant et qui ne trouvait d'adoucissement à la sombre mélancolie de son caractère que dans l'étude, particulièrement dans celle des végétaux. Il mourut à Manheim, en 1793, laissant les ouvrages suivants : *Deliciæ gallo-belgicæ sylvestres, sive tractatus generalis plantarum gallo-belgicarum*, Strasbourg, 1768, in-12 ; *Methodus muscorum*, Manheim, 1774, in-8° ; *Physiologia muscorum*, Manheim, 1774, in-8°, traduit en français par Bouillon, 1775, in-8° ; *Éclaircissements sur la propagation des Filicées en général*, Manheim, 1775, in-4° ; *Elementa botanica*, Neuwied et Strasbourg, 1791, 3 vol in-8° ; *Traité sur la mycétologie*, ou *Discours historique sur les champignons*, Manheim, 1788, in-8°. Dans ce dernier traité, Necker prétendit avoir vu le tissu cellulaire et parenchymateux des plantes se transformer en un corps radiculaire auquel il donna le nom de *Corcithe*, et qui est le blanc du champignon proprement dit.

David-Sigismond-Auguste Büttner, médecin et botaniste allemand, né à Chemnitz, en Saxe, l'an 1724, fut élevé à Berlin, chez l'illustre Sthal, son aïeul maternel. En 1767 sa mère ayant épousé, en secondes noces, le professeur de botanique Michel-Mathieu Ludolf, auteur des *Éléments de pharmacologie universelle* (*Elementa pharmacologiæ universalis*, Berlin, 1734, in-8°), la vocation du jeune homme fut décidée, et l'histoire naturelle, surtout l'étude des végétaux, devint pour lui une passion, qui ne l'empêcha pas toutefois de se rendre célèbre comme médecin praticien. Il faisait de fréquentes excursions en Hollande, particulièrement pour y observer les plantes marines ; il reconnut que parmi les productions naturelles que l'on rangeait alors dans le règne végétal, beaucoup étaient des polypiers. Il fit part, en 1750, à la Société royale de Londres, de cette découverte que l'un des membres les plus distingués de cette Compagnie, John Ellis, rendit publique dans son *Traité des polypes coralligènes*, en y joignant des planches et des observations faites par lui-même. Büttner séjourna quelque temps en Angleterre, et resta trois ans à Paris, pour y poursuivre ses observations médicales et botaniques. Il ne retourna qu'en 1755 à Berlin, où on lui donna, l'année suivante, la chaire de botanique de cette ville devenue vacante par la mort de son beau-père Ludolf. Enfin l'Université de Gœttingue lui ayant offert, en 1760, de succéder dans son sein à Haller, comme professeur de botanique, il accepta avec empressement, et se fixa pour le reste de sa vie dans cette ville, où il mourut en 1768, au moment où il travaillait à une *Histoire des Algues*, à une *Flore de Gœt-tingue* et à une Description des plantes les plus rares du jardin de l'Université de cette ville. C'est une grande perte pour la science qu'il ait laissé ses travaux inachevés et à peu près inconnus. Büttner, quoique ayant fort peu publié, a rendu des services à la botanique et rectifié plusieurs erreurs de ses prédécesseurs et de ses contemporains, même de Linné, qui lui a consacré le genre *Buttneria*. Sa modestie l'empêcha de faire part au public de toutes ses observations, et nous connaîtrions à peine ses principes eux-mêmes, si Philippe Ruling n'en avait donné un aperçu d'après lequel on peut juger que Büttner s'était beaucoup occupé de rechercher les rapports des plantes, dans le but de les classer en familles naturelles. On n'a de Büttner que le *Catalogue méthodique des plantes chantées par Cuno*[1] (*Enumeratio methodica plantarum, carmine clarissimi Joannis Christiani Cuno recensitarum*, Amsterdam, 1750, in-4° avec planches); ouvrage dans lequel il signala le premier les caractères du tulipier. Haller lui attribue la découverte du nectaire de la fleur du *Pelargonium*. Il ne faut pas confondre le botaniste duquel nous venons de parler avec plusieurs autres naturalistes ou médecins de son nom, entre autres avec le célèbre Chrétien-Guillaume Büttner, qui professa avec éclat la philosophie et l'histoire naturelle, et fut aussi un grand philologue, et avec un autre David-Sigismond Büttner, théologien et géologue, qui donna la description de certains végétaux fossiles, dans un ouvrage sur les signes et témoignages du déluge (*Rudera diluvii testes*, Leipzig, 1710).

Christian-Théophile Ludwig, médecin et botaniste allemand, né en Silésie l'an 1709, mort en 1773, eut la gloire de s'occuper de la réforme de la botanique, après Magnol, Hermann, Morison, Ray, Rivin, Tournefort, et presque en même temps que Linné qui le rechercha et entretint des relations avec lui comme avec un des hommes les plus savants et l'un des expérimentateurs les plus habiles de son

1. Jean-Chrétien Cuno, né à Berlin, en 1708, après avoir servi pendant quelques années, contre son gré, dans l'armée prussienne, passa une première fois en Hollande, en 1740, et s'y adonna au commerce. Il alla aux Indes orientales, où il fut longtemps attaché à la Compagnie hollandaise. Il amassa de grandes richesses, dont il vint jouir tranquillement à Durlach. Il était passionné pour la poésie et la botanique. Il a publié une ode sur son propre jardin (*Ode ueber seinen Garten*, Amsterdam, 1749; *ibid.*, 1750, in-8°); elle a été réimprimée, avec l'énumération méthodique de toutes les plantes du jardin de Cuno, par Büttner, dont il va être immédiatement question.

temps. Lorsqu'il était encore fort jeune, le docteur Augustin-Frédéric Walther, qui s'occupait avec succès, quoique accessoirement, de botanique, le prit en amitié et l'emmena avec lui à Carlsbad, pour lui faire étudier les végétaux du pays. Vers le même temps, Hebenstreit le fit admettre dans une société de naturalistes, formée aux frais du roi de Pologne pour aller, en 1732, faire des découvertes scientifiques en Afrique. A son retour de ce voyage, Ludwig se fit recevoir docteur en médecine à Leipzig. Le docteur Walther mourut en 1746, léguant une fortune assez importante à Ludwig qui, l'année suivante, fut pourvu d'une chaire de médecine à l'Université de Dresde, chaire qu'il conserva jusqu'à sa mort arrivée en 1773. Si la science médicale dut d'utiles écrits à Ludwig, l'histoire naturelle et spécialement la botanique lui en durent de bien plus importants. Jean-Jacques Rousseau disait de ce maître que Linné et lui étaient les seuls qui eussent vu la botanique en naturalistes et en philosophes. Nous allons citer les ouvrages de Ludwig sur les végétaux par ordre de publication :

Definitiones plantarum in usum auditorum collectæ, Leipzig, 1737, in-8°; *ibid.*, 1744, in-8°; *ibid.*, 1760, in-8°. Dans cet écrit, l'auteur adopte la méthode de Rivin, modifiée dans quelques parties par celles de Ray, de Tournefort et de Boerhaave. Il présente dix-huit classes, fondées sur la présence ou l'absence de la corolle, le nombre et la régularité de ses pétales. Quant aux ordres, il les établit sur la considération du nombre, de la nature et de la position des fruits. Il faut préférer l'édition de 1760, due à Boehmer, dans laquelle le nombre des genres est porté à douze cent quatre-vingt-huit.

Programma de minuendis plantarum generibus, Leipzig, 1737, in-4°. Cet ouvrage a pour objet de montrer que les genres sont ce qu'il y a de plus important dans la botanique, et qu'on doit les établir sur des caractères tirés de la fleur, quoique l'auteur admette le port des plantes comme caractère générique du second ordre.

Dissertatio de sexu plantarum, Leipzig, 1737, in-4°, écrit qui est une preuve de la sagacité des observations de Ludwig et de la voie de progrès dans laquelle il aurait suffi, à défaut de Linné, pour faire entrer la science. On trouve cette dissertation où l'auteur rapporte tous les arguments en faveur de la sexualité des plantes, dans la première partie du *Sylloge opusculorum botanicorum*, publié par le docteur Jean-Jacques Reichard, en 1782.

Aphorismi botanici, Leipzig, 1738, in-8°. C'est une esquisse claire et rapide des connaissances qu'on possédait alors en anatomie et en physiologie végétales. Les aphorismes botaniques de Ludwig sont au nombre de cinq cent soixante-six.

Programma sistens observationes in methodum plantarum sexualem Linnæi, Leipzig, 1739, in-4°.

Programma de minuendis plantarum speciebus, Leipzig, 1740, in-4°.

Institutiones historiæ physicæ regni vegetabilis, Leipzig, 1742, in-8°. Dans cet ouvrage qui s'élève presque à la hauteur de la *Philosophie botanique* de Linné, Ludwig donne le tableau détaillé de sa méthode, dans laquelle il a seulement changé la disposition de plusieurs ordres et d'un grand nombre de genres.

Specimen botanicum 1, *quò radicum officinalium bonitatem ex vegetationis historiâ dijudicandam esse, speciatim demonstrat*, Leipzig, 1743, in-4°.

Specimen botanicum II, *quò radicum officinalium*, etc., Leipzig, in-4°.

Programma de colore plantarum, Leipzig, 1756, in-4°.

Programma de colore plantarum mutabili, Leipzig, 1758, in-4°.

Dissertatio de colore plantarum, species distinguente, Leipzig, 1759, in-4°.

Ectypa vegetabilium, *usibus medicis præcipuè destinatorum in pharmacopoliis obviorum ad naturæ similitudinem expressa*, Halle et Leipzig, 1760-1764, in-fol. Cet ouvrage, illustré de 200 planches, se compose de huit fascicules et est écrit en latin et en allemand.

Programma de rei herbariæ studio et usu, Leipzig, 1768, in-4°.

Programma de elaboratione succorum plantarum ad universum, Leipzig, 1739, in-4°.

Il ne faut pas confondre Christian-Théophile Ludwig avec un autre botaniste, Christian-Frédéric Ludwig, dont il sera parlé plus loin.

TREW.

Christophe-Jacques Trew, célèbre médecin, anatomiste et botaniste allemand, né à Laut, en Franconie, en 1695, mort à Nuremberg en 1679, était fils d'un riche pharmacien qui lui donna les premiers principes d'histoire naturelle. Il se fit recevoir docteur en médecine à Altdorf, en 1716, puis voyagea pendant trois ans en Allemagne, en Hollande, en France et en Suisse, dans le but d'observer et de s'instruire. Revenu dans son pays, il se fit agréger au collège des médecins de Nuremberg, où ses talents lui acquirent bientôt une nombreuse clientèle. Déjà riche de son patrimoine, il accrut considérablement sa fortune, qu'il employa à protéger les sciences et les arts, à faire d'admirables publications, à former une magnifique bibliothèque, un cabinet d'histoire naturelle, de botanique, de zoologie, d'anatomie, de peinture, de gravure, digne d'un souverain. Avec l'aide du peintre botaniste Ehret, il publia les sept premières décades d'un merveilleux ouvrage botanique, dont les trois dernières décades (de huit à dix) devaient être données par le docteur Benoît-Chrétien Vogel (*Plantæ selectæ quarum imagines ad exemplaria naturalia manu pinxit* G.-D. Ehret, *nominibus propriis et notis illustravit* G.-J. *Trew*; vii décades avec 72 planches, Nuremberg, 1750-1760, in-fol. Les trois décades de Vogel, faites aussi avec l'aide d'Ehret, parurent à Vienne, in-fol., 1772-1773. Le même auteur publia un supplément en 1790 (*Supplementum plantarum delectarum*, Vienne, in-fol.). Les autres ouvrages de botanique que l'on doit à Trew sont : *Plantarum Hetruriæ rariorum catalogus*, Nuremberg, 1725, in-fol. ; *Librorum botanicorum catalogus*, Nuremberg, 1752-1757, in fol. ; *Cedrorum Libani historia*, Nuremberg, 1757-1767, in-4° ; *Plantæ rariores quas ipse in horto domestico coluit*, Nuremberg, 1764, in-fol. ; *Vasa nutritia foliorum arboreorum*, ou *Mémoire historique* (en allemand) *sur l'anatomie des plantes, sur leurs veines, et sur les vases nutritifs des feuilles*, Nuremberg, 1748, in-fol., avec planches enluminées et exécutées par Michel Seligmann ; *Hortus nitidissimus omnem per annum superbiens floribus, seu amœnissimæ florum imagines, quas magnis sumptibus collegit* Chr. Jac. Trew, Nuremberg, 1750 à 1768, in-fol ; il a paru de ce beau travail relatif aux fleurs des jardins, six décades ornées de planches dues aussi à Seligmann ; *Herbarium Blackwellianum auctum, ex anglico idiomate in latinum conversum*, Nuremberg, 1750 à 1760, 5 vol in-fol, avec planches (voyez Blackwell) ; il ajouta à cet ouvrage la description d'un grand nombre de plantes : *Icones posthumæ Gesnerianæ*, Nuremberg, 1748 ; cette publication fut faite avec les planches sur bois de Conrad Gesner, que Trew avait acquises.

Deux botanistes allemands, du nom de Vogel, publièrent des ouvrages au dix-huitième siècle. Rodolphe-Augustin Vogel, médecin, chimiste, bibliographe, né à Erfurt en 1724, devint professeur à Gœttingue ; il a publié : *Historia materiæ medicæ ad novissima tempora producta*, Francfort et Leipzig, 1760 ; *De statu plantarum, quæ noctu dormire dicuntur*, 1759. — Bénedict-Christian Vogel donna un aperçu sur la génération des plantes (*Programma de generatione vegetabilium*, Altdorf, 1768). Il publia plus tard, en allemand, un travail sur l'agave d'Amérique, et, en 1790, *Index plantarum Altdorfini*, Altdorf, in-4°. — Depuis les deux botanistes dont on vient de parler, trois Vogel appartenant à notre siècle ont encore rendu des services à la botanique : ce sont MM. Jules Vogel, micrographe distingué; J.-B. Théodore Vogel, médecin voyageur, et Auguste Vogel.

LOUREIRO.

Jean de Loureiro, médecin et missionnaire, prêtre portugais, né vers l'an 1715, mort en 1796, passa en Cochinchine pour y prêcher la foi chrétienne. L'exercice de la médecine lui ouvrit les portes de ce pays alors interdit aux étrangers, et lui acquit en peu de temps une sorte de popularité. Le souverain cochinchinois l'autorisa à résider dans ses États et à y enseigner les sciences physiques, naturelles et mathématiques. Loureiro, dont la provision de médicaments européens commençait à s'épuiser, prit le parti de les remplacer par des médicaments indigènes; de là vint son goût pour la botanique. Il apprit rapidement à connaître les plantes vulgaires de la Cochinchine qui pouvaient lui être utiles; puis il s'occupa de collectionner des échantillons de tous les végétaux qu'il découvrait. De la Cochinchine, Loureiro se rendit en Chine, et passa trois semaines à Canton, où il poursuivit ses précieuses études botaniques. Il étudia aussi les plantes du Camboge, de Tsiampa, province cochinchinoise au delà du Gange, qui dans un temps avait absorbé, comme royaume, la Cochinchine; du Malabar et de l'île de Mozambique. Ce fut après trente-six ans d'explorations scientifiques que ce botaniste revint en Portugal, où il passa le reste de sa vie à tirer parti des matériaux qu'il avait rapportés de ses lointains voyages. Ce fut ainsi qu'on lui dut la célèbre *Flore de Cochinchine* (*Flora Cochinchinensis*, Lisbonne, 1790, 2 vol. in-4°), dont Willdenow a donné une édition en 2 vol.; in-8°, Berlin, 1798. On trouve dans cet ouvrage la description de quatorze cent quatre-vingt-seize espèces, réparties dans six cent soixante-douze genres, et dont quatorze cents appartiennent à la seule Cochinchine. Les végétaux y sont classés et décrits d'après le système de Linné. Les descriptions ne sont pas toujours très-exactes. Loureiro y a joint des notes sur les propriétés médicales de chaque plante, et sur ses usages domestiques dans le pays d'origine

Jean-Antoine Battara, prêtre et médecin de Rimini, où il mourut en 1789, s'est beaucoup occupé de cryptogamie, particulièrement des champignons. Il a publié : *Fungorum Ariminensis historia*, Faenza, 1755, in-4°, *ibid.*, 1759, ouvrage orné de 200 figures fort exactes, mais mal gravées. Battara déclare que, dans son opinion, les champignons ne devaient nullement leur origine à la putréfaction, comme beaucoup d'auteurs le croyaient, se montrant ainsi hostile au système des générations spontanées, sous quelque aspect qu'on prétendît le produire. On a encore de Battara : *Epistola selectas de re naturali observationes complectens*, Rimini, 1774, in-4°, et *Practica agraria, distributa in variis dialogis*, Rome, 1778, in-12. Persoon a donné le nom de *Battara* à un genre de champignons.

Joseph Quer y Martinez, chirurgien de l'armée espagnole, botaniste, né à Perpignan en 1675, mort en 1764, suivit le régiment auquel il était attaché, en Afrique et en Italie. Dans ses voyages en France, il se lia avec Sauvages et Barrère. Le premier il eut l'heureuse idée de former un jardin botanique en Espagne, à ses frais et pour ses jouissances particulières. Les rois d'Espagne y trouvèrent une inspiration scientifique, chose alors et même encore bien peu connue dans ce beau pays, qui décroît, en quelque sorte, à mesure que grandissent les autres pays de l'Europe dont il fut longtemps le modèle et l'envie. Ferdinand VI, excellent souverain, qui n'eut pas assez de successeurs faits à son image, chargea Quer de la création d'un jardin des plantes, à Madrid, sur le Prado. Quer en eut naturellement la direction et y ouvrit une chaire de botanique. De ce professeur datent véritablement les études botaniques en Espagne. Il publia les quatre premiers volumes de la *Flora espanola*, Madrid, 1762, in-4°, avec 188 planches, ouvrage auquel de Ortega devait ajouter deux volumes. Quer était d'ailleurs fort en arrière de la science, comme cela a trop souvent encore lieu dans son pays. Dans sa *Flore d'Espagne*, il ne tient aucun compte des découvertes faites de son temps; il confond les coraux avec les végétaux; il ne paraît avoir aucune idée de la cryptogamie, et la réforme de Linné lui paraît inconnue. Néanmoins son ouvrage rendit un grand service à l'Espagne et même au monde savant, en ce qui concernait certains végétaux. Lœfling a consacré à Quer le genre *Queria*, de la famille des Légumineuses.

Casimir-Gomez de Ortega, médecin et botaniste espagnol, né à Madrid en 1730, mort en 1810, fut aussi physicien, chimiste et his-

torien. Il fut appelé à la chaire de botanique et à la surintendance
du Jardin des Plantes de Madrid. Ses écrits contribuèrent à répandre
le goût des études botaniques en Espagne. Ses principaux ouvrages,
en ce qui concerne les végétaux, sont : *Commentarius de cicuta*,
Madrid, 1761 ; *Tabulæ botanicæ*, Madrid, 1773, in-4°, ouvrage dressé
d'après la méthode de Tournefort ; *Instruccion sobre el modo mas
seguro y economico de transportar plantas vivas*, Madrid, 1719,
in-4° ; *Historia natural de la Malagueta* (*Myrtus pimenta*, de Linné),
Madrid, 1780, in-4°, 1 figure ; Continuation de la *Flora espanola*,
tomes V et VI (les quatre premiers étant de Joseph Quer), Madrid,
1784, in-4° ; *Curso elemental de botanica*, en collaboration avec
Palau et Verdera ; Madrid, 1785 ; *Sex novarum aut rariorum plantarum horti reg. botan. Matrit. descriptionum decades cum nonnullarum iconibus*, in-4°, Madrid, 1797, 1798, 1800, ouvrage renfermant
de bonnes descriptions faites sur des individus presque tous venus de
graines envoyées par des voyageurs, surtout par Sessé. Ortega a traduit en espagnol plusieurs des ouvrages de Duhamel du Monceau.
Lœfling a donné le nom d'*Ortegia* à un genre de plantes de la famille
des Caryophyllées.

CAVANILLES.

    Antoine-Joseph Cavanilles, prêtre et botaniste espagnol, né à Va-
lencia en 1745, fit ses études chez les jésuites. L'ambassadeur
d'Espagne à la cour de France l'ayant chargé de l'éducation de ses enfants, il suivit ceux-ci à Paris en 1777. Ce fut alors qu'il se fit connaître par des observations sur la botanique. A son retour en Espagne,
il fut chargé par son gouvernement de parcourir la péninsule Ibérique pour y observer les plantes et s'acquitter utilement de cette
mission. Il fut appelé, en 1801, à l'intendance du Jardin des Plantes
de Madrid, à la place d'Ortega, à qui son âge avancé ne permettait
plus de remplir cette charge. Il n'en jouit pas longtemps, car la mort
l'enleva en 1804, et on lui donna pour successeur Zea, qui fut bientôt remplacé par Lagasca. Les botanistes ont donné le nom de Cavanilles (*Cavanilla, Cavanillaria*) à trois genres différents de végétaux. Le principal mérite de cet auteur est d'avoir fait connaître un
grand nombre de plantes nouvelles. Malheureusement la botanique
n'était pour lui qu'un ensemble confus de descriptions arides, rédi-
gées sur le plan de Linné. Il n'enrichit la science d'aucune vue
neuve ; il contribua même à la transformer en un pur catalogue de
nomenclature. Il était d'un caractère inquiet, irritable, envieux,

dominateur, ce qui lui suscita beaucoup d'ennemis. Néanmoins ses ouvrages, dont plusieurs sont splendides, resteront et seront toujours consultés. Ce sont : *Monadelphiæ classis dissertationes*, X, Paris et Madrid, 1785-1790, 2 vol. in-4°, description estimée des Malvacées, Méliacées, Passiflorées et Malpighiacées, ornée de 296 planches ; *Icones et descriptiones plantarum quæ aut sponté in Hispania crescunt, aut in hortis hospitantur*, Madrid, 1791-1804, 6 vol. in-fol, avec 601 planches ; *Observaciones sobre la historia natural del regno de Valencia*, Madrid, 1795-1797, 2 vol. in-fol. ; *Coleccion de papeles sobre controversias botanicas de don Joseph Cavanilles*, Madrid, 1796, in-12 ; *Observaciones sobre el cultivo del aroz en el regno de Valencia, y su influenza en la salud publica*, Madrid, 1795, in-4° ; *Supplemento, ibid.*, 1798, in-12 ; *Anales de historia natural*, Madrid, 1800, in-8° ; *Descripcion de las plantas que demonstro en las lecciones publicas del anno 1801. Generos y especies de plantas demonstradas en las lecciones publicas de* 1802 ; Madrid, 1808, in-8°, traduit en italien par Viviani ; Gênes, 1804, in-8°.

Deux savants du nom de Gmelin, l'oncle et le neveu, sont morts, au dix-huitième siècle, victimes de leur passion pour l'étude des sciences naturelles. Le premier, Jean-Georges Gmelin, né à Tubingen, en Wurtemberg, l'an 1709, était fils d'un pharmacien fort instruit, qui le familiarisa de bonne heure avec les sciences et le fit recevoir docteur en médecine dès l'âge de dix-huit ans. Aussitôt le jeune médecin partit pour la Russie, où il ne tarda pas à être nommé professeur de chimie et d'histoire naturelle à Saint-Pétersbourg. En 1773, l'impératrice Anne l'attacha à une expédition scientifique destinée à explorer la Sibérie dans toute son étendue et le Kamtschatka ; ce fut un voyage des plus difficiles, des plus pénibles, plein d'accidents et de péripéties, qui ne dura pas moins de dix ans. Gmelin vit ses livres et une partie de ses collections dévorés par un incendie. Enfin ses forces épuisées ne lui permirent pas d'atteindre le Kamtschatka. Il revint en Allemagne en 1747, emportant avec lui le germe des maladies dont il ne pouvait pas tarder à périr. Néanmoins il professa la botanique jusqu'à sa mort, arrivée en 1755. On lui doit la *Flore de Sibérie (Flora siberica, sive historia plantarum Sibiricæ*, Saint-Pétersbourg, 4 vol. in-8°, 1740 à 1747 ; et le *Voyage en Sibérie*, publié en langue allemande, 4 vol. in-4°, Gœttingue, 1751. Dans la *Flore de Sibérie*, l'auteur, à l'exemple de Van Royen, base sa classification sur une série de caractères pris de *toute* la plante et de l'harmonie des organes de la fructification.

Samuel-Théophile Gmelin, neveu de Jean-Georges, comme lui docteur en médecine et botaniste, né à Tubingen en 1745, fut appelé à son tour à Saint-Pétersbourg pour y enseigner la botanique. L'impératrice Catherine le nomma, en même temps que le célèbre Pallas, membre d'une nouvelle commission scientifique, composée d'astronomes et de naturalistes, qui devait explorer jusqu'aux plus extrêmes contrées de l'empire russe. Il partit en 1678 et passa cinq ans à visiter les bords du Don et du Volga, les frontières de la Perse et les environs d'Astrakan. Déjà il avait eu à échapper à bien des dangers causés non-seulement par les fatigues, mais encore par l'avarice et la cruauté des dominateurs des contrées lointaines qu'il parcourait. Néanmoins, poussé par son amour de la science, il entreprit, encore, malgré les avis contraires de Pallas, de visiter la côte orientale de la mer Caspienne, avec dessein de revenir par la Perse. Il employa l'année 1773 à cette expédition, mais, au commencement de 1774, il fut arrêté et jeté en prison par ordre du khan des Kirghises, qui mit sa rançon au plus haut prix. L'impératrice Catherine, aussitôt qu'elle fut instruite de cet événement, donna des instructions pour qu'on obtînt promptement sa délivrance. Malheureusement la distance était grande et les moyens de communication étaient difficiles et lents ; l'humidité, les mauvais soins, le chagrin développèrent chez l'infortuné savant une maladie mortelle, et ses compagnons ne purent tirer de prison qu'un cadavre. Samuel Gmelin, comme botaniste, s'est surtout occupé des varechs. On lui doit *Historia fucorum iconibus illustrata*, Saint-Pétersbourg, 1768, in-4°, et *Voyages dans différentes parties de l'empire de Russie, pour faire des recherches relatives à l'histoire naturelle*, Saint-Pétersbourg, 1770 à 1774, 4 vol. in-4°. Pallas, après la mort de Gmelin, s'était chargé de la publication de ces voyages.

Un autre neveu de Jean-Georges, appelé Jean-Frédéric Gmelin, né en 1748, mort en 1804, fut aussi médecin et naturaliste, et a publié plusieurs traités élémentaires de minéralogie, de métallurgie et de botanique, entre autres : *Enumeratio stirpium agro Tubingensi indigenarum*, Tubingen, 1772, in-8°.

HALLER.   Albert de Haller, grand anatomiste, physiologiste merveilleux, qui a servi de modèle à Richerand, qui n'en offre qu'une copie effacée, et même à Bichat, bibliographe infatigable, botaniste distingué, à qui toutefois Linné ne put faire accepter ses idées sur la sexualité dans les végétaux, fut, malgré cette erreur, un de ces êtres rares qui apparaissent de loin en loin, comme pour marquer jusqu'où peut s'étendre le génie de l'homme. Né dans l'année 1708, à Berne, en Suisse, il se fit remarquer, dès l'enfance, par une intelligence et une aptitude extraordinaires en toutes choses. Il savait toutes les langues anciennes, l'hébreu, le chaldéen, etc. Ses premières aspirations furent pour la poésie ; mais bientôt sa puissante raison le poussa vers l'anatomie et les sciences naturelles. Il fit ses premières études anatomiques et médicales à Tubingue, dans le Wurtemberg. En possession d'une assez belle fortune patrimoniale, il put entreprendre tous les voyages, se procurer tous les instruments de progrès qui lui semblaient nécessaires au perfectionnement de ses études. Il alla en 1772 à Leyde recevoir les leçons de Boerhaave, qui lui remit le bonnet de docteur. Il visita, à Londres et à Paris, les plus habiles médecins de l'époque. Il contracta, en France, l'amitié la plus intime avec Antoine et Bernard de Jussieu. Il alla ensuite à Bâle recevoir des leçons de mathématiques de Jean Bernouilli, et enseigna lui-même l'anatomie dans cette ville. Ce fut à cette époque qu'il fit, avec Jean Gesner, dans la partie méridionale et occidentale des Alpes, un voyage qui lui donna les moyens de publier sa célèbre *Histoire des plantes de Suisse*. Revenu à Berne, à cause de sa santé, il y professa l'anatomie et eut la direction de la bibliothèque de la ville, de laquelle il publia le catalogue. Il fut ensuite appelé de Gœttingue, en Hanovre, pour y prendre également la chaire d'anatomie, celle de chirurgie, et de plus celle de botanique. Il établit, en 1739, le jardin de Gœttingue. Il fit cinq voyages dans le Harz pour en connaître la flore. Les dix-sept années qu'il passa à Gœttingue furent pour lui un temps fécond en travaux importants, une période de satisfaction pour le monde savant, dont les regards étaient tournés de ce côté presque autant que de celui de Stockholm et de Linné. Toutes les académies de l'Europe se disputaient Haller. En vain le grand Frédéric, en vain l'empereur d'Allemagne, François Ier, essayèrent-ils de l'attirer près d'eux. Il fut beaucoup moins flatté du titre de baron que lui conféra ce dernier, et qu'il ne voulut jamais joindre à son nom, que d'avoir été élu, en 1745, membre du conseil souverain de Berne ; mais on est fondé à croire que c'était par fierté, car, bien qu'appartenant ou plutôt parce qu'appartenant d'origine à une république, il étoit animé de l'esprit absolu des oligarchies. L'excès de travail l'obligea à retourner, en 1753, dans sa patrie, sous le prétexte d'y prendre quelque repos. Mais sa nature active, le désir d'être utile, le portèrent bientôt à accepter diverses fonctions importantes. Il eut la direction du conseil municipal de Berne, celle du bailliage de l'Aigle et des salines de Roche ; il fut chargé d'organiser l'université de Lausanne. Appelé au conseil secret de la république helvétique, il esquissa des principes de gouvernement fort éloignés d'être en accord avec les principes de liberté, d'égalité et de tolérance religieuse, qui étaient sur le point de triompher dans le monde. Ce fut l'un des côtés faibles de son génie. Les services rendus par Haller à la science botanique sont remarquables. Aidé par Jean Gesner et par Benoît Stachelin, libre de puiser dans les herbiers de Jean-Jacques Huber, d'Abraham Gagnebin et de Werner de la Chenal, il parvint à donner une flore complète de la Suisse, dont il disposa les plantes d'après une classification de son invention, qui avait quelque analogie avec la méthode de Van Royen et avec celle de Jean-Georges Gmelin, basées l'une et l'autre sur les caractères de toutes les plantes. L'amour-propre l'égara dans son appréciation des grandes découvertes et des immortels travaux de chimie, qu'il critiqua avec plus de passion que de raison. Ce fut un triste spectacle que de voir un si beau génie descendre à ce degré de petitesse, de mettre, sous le nom d'un enfant de quinze ans, le jeune Théophile-Emmanuel de Haller, une réfutation du grand Linné. Haller fut, comme son illustre adversaire, atteint de la goutte dans sa vieillesse. Il mourut le 12 décembre 1777. Nous ne mentionnerons ici que ses principaux ouvrages de botanique. Ce sont : *De botanico studio botanices, absque præceptore, dissertatio inauguralis*, etc., Gœttingue, 1736, in-4°, réimprimé avec des additions dans les *Opuscula botanica*; Haller y juge les écrits des meilleurs botanistes, et donne des conseils à ceux qui veulent étudier les végétaux; *Iter Helveticum et iter Hercynium*, Gœttingue 1740, in-4°, également réimprimé dans les *Opuscula botanica; Programma quo plantas Helvetiæ indigenas desideratas sistit*, Gœttingue, 1740, in-4°; *Enumeratio methodica stirpium Helvetiæ indigenarum, quâ omnium brevis descriptio et synonymia, compendium virium medicarum, dubiarum declaratio, novarum et rariorum uberium historia et icones continentur*, Gœttingue, 1742,

2 vol. in-fol., ornés de 24 planches; *Brevis enumeratio stirpium horti Gœttingensis; accedunt animadversiones aliquæ et novarum descriptiones*, Gœttingue, 1743, in-8°; *Enumeratio plantarum hortiragii Gœttingensis*, Gœttingue, 1753, in-8°; *Flora Ienensis Henrici Ruppii, ex posthumis auctoris schedis et propriis observationibus aucta et emendata*, Gœttingue, 1745, in-8° (voir page 122); *Programma de allii genere naturali*, Gœttingue, 1745, in-8°, réimprimé dans les *Opuscula botanica; Dissertatio de methodo botanicá Halleri omnium hactenus excogitatarum maximè naturali*, Gœttingue, 1748, in-4°; *Opuscula botanica recusa et aucta*, Gœttingue, 1749, in-8°; *Novarum plantarum descriptiones ad societatem regiam Gœttingensem missæ*, 1760, in-4°; *Ad enumerationem stirpium Helveticarum emendationes et auctaria*, Berne, part. I, 1760, — part. II, *cum miscellaneis societatis privatæ excusa*, Turin, 1760, in-8°, — part. III, Bâle, 1761, in-4°, — part. IV, Berne, 1761, in-8°, — part. V, Bâle, 1763, in-4°, — part. VI, Bâle, 1763, in-4°; *Enumeratio stirpium, quæ in Helvetiá rariores proveniunt*, Lausanne, 1760, in-8°; *Orchidum classis constituta*, Bâle, 1760, in-4°; *Historia stirpium indigenarum Helvetiæ*, Berne, 1768, 3 vol. in-fol., avec un volume de planches; cette flore contient une excellente description de 2426 plantes, parmi lesquelles plus de cent étaient tout à fait nouvelles; la synonymie dans cet ouvrage passe pour une merveille; *Nomenclator ex historiá plantarum indigenarum excerptus*, Berne, 1769, in-8°; *Bibliotheca botanica, quá scripta ad rem herbariam facientia à rerum initiis recensentur*, Zurich, tome I, 1771, tome II, 1772, in-4°; le premier volume de cette Bibliothèque botanique s'étend jusqu'à Tournefort, le second jusqu'au temps de Haller lui-même.

Jean Gesner, médecin, physicien et naturaliste suisse, né à Zurich en 1709, mort en 1790, de la même famille que le célèbre botaniste Conrad Gesner (voir page 27), ne partageait pas sur Linné les opinions de Haller, dont il fut pourtant le collaborateur pour l'histoire des plantes de Suisse. Il contribua puissamment à la fondation du Jardin des Plantes de Zurich. Il est auteur, en fait de botanique, des ouvrages suivants : *Dissertatio de vegetabilibus quæ agit de partibus vegetationis*, Zurich, 1740, in-4°; *Dissertatio quæ sistit partium fructificationis structuram, differentias atque usus*, Zurich, 1741, in-4°; ces deux dissertations ont été réimprimées avec l'*Oratio de necessitate peregrinationum intrá patriam*, de Linné, Leyde, 1747, in-8°; Jean Gesner reproduit dans ces écrits tous les arguments de Linné et de ses disciples en faveur du système sexuel ; *Dissertatio de ranunculo bellidifloro et plantis degeneribus*, Zurich, 1753 ; *Dissertatio de thermoscopio botanico*, Zurich, 1755, in-4° ; *Phytographia sacra generalis*, Zurich, 1759-1760-1764, in-4° ; *Phytologiæ sacræ specialis*, Zurich, 1768, in-4° ; *Dissertatio de variis annonæ conservandæ methodis*, Zurich, 1761, in-4° ; *Tabulæ phytographicæ, analysin generum exhibentes, cum commentario*, en onze fascicules in-fol., Zurich, de 1795 à 1803 ; cet ouvrage était destiné par son auteur à remplacer les *Institutions* de Tournefort ; mais Jean Gesner n'eut pas assez de confiance en ses propres forces pour le publier à une époque où il aurait fait sensation, c'est-à-dire trente ans plus tôt ; les planches qui l'accompagnent sont bien exécutées.

STACHELIN.

Benoît Stachelin, médecin, physicien et botaniste suisse, né à Bâle en 1675, mort en 1750, eut pour principal mérite d'avoir été le collaborateur de Haller dans l'histoire des plantes de Suisse. La botanique lui doit : *Theses physico-anatomico-botanicæ, ad classem flore composito pertinentes*, Bâle, 1745, in-4° ; *Tentamen medicum de pollinis staminei globulis, liquore et particulis, de materia vegetabili Wordwardi, de particulis floris à staminibus et tubis diversis*, Bâle, 1722, in-4° ; *Observationes anatomico-botanicæ*, Bâle, 1728, in-4° ; *De elastris et partibus floris à staminibus diversis, de subsaltu particularum acquisiti*, Bâle, 1731, in-4°.

HUBER.

Jean-Jacques Huber, médecin, anatomiste et naturaliste suisse, né à Bâle en 1707, mort en 1778, eut aussi le mérite d'être le collaborateur de Haller, à qui il communiqua l'herbier qu'il avait recueilli et ses observations pour la flore de Suisse. Outre beaucoup d'écrits d'anatomie et de médecine, il a publié : *Positiones anatomico-botanicæ*, Bâle, 1733, in-4°. — Un autre Huber (François), né à Genève en 1750, a publié : *Mémoire sur l'influence de l'air et de diverses substances gazeuses dans la germination des différentes plantes*, Genève, 1801, in-8°.

PHYSIOLOGIE
VÉGÉTALE.

SPIELMANN.

Jacques Reinhold Spielmann, né à Strasbourg en 1722, mort dans cette ville en 1783, fut un des hommes les plus heureusement doués par la nature. D'abord pharmacien et chimiste distingué, il devint un éminent docteur en médecine, un grand physiologiste et un excellent botaniste. La poésie même ne le trouva pas rebelle, et il en donna avec succès des leçons pendant trois ans, en prenant pour sujet l'ouvrage de Lucrèce : *De natura rerum*. En 1759, il professait à la fois, à Strasbourg, la médecine, la chimie et la botanique. Ce fut alors qu'il étudia et fit connaître tous les végétaux vénéneux de l'Alsace. Le Jardin botanique de Strasbourg dut beaucoup à ses soins et à son savoir. Son dernier ouvrage fut une *Pharmacopée générale* (*Pharmacopœa generalis*, Strasbourg, 1783, in-8°).

L'illustre abbé, naturaliste italien, Lazare Spallanzani, né en 1729, mort en 1799, fut conduit, par ses recherches sur la génération des animaux, à s'occuper de celle des plantes. Il publia, avec deux lettres du célèbre de Bonnet, des études sur la physique animale et végétale (*Opuscoli di fisica animale e vegetabile, con due lettere del signor Bonnet*, Modène, 1776, 2 vol. in-8°, traduit en français par Sennebier); et plus tard, sur le même sujet : *Dissertazioni di fisica animale e vegetabile*, Modène, 1780, in-8°, traduit également par Sennebier, qui en a dit : « Il y a bien peu de livres qui puissent, comme celui-ci, inspirer le goût de la nature; il est vraiment une logique pour le naturaliste, et surtout le guide à suivre pour celui qui se voue à la physiologie. » Spallanzani établit dans ses écrits que, dans le règne animal et dans le règne végétal, le concours des deux sexes n'est pas une loi sans exception pour la fécondation. Il a observé que la semence de diverses espèces de chanvre et de courge, forme, sans l'intervention des étamines, des embryons qui viennent à maturité.

Jean-Antoine Scopoli, célèbre médecin et naturaliste, né dans le Tyrol en 1723, mort en 1788, s'occupa à la fois de chimie, de physique, de zoologie et de botanique. On lui doit : une *Flore de Carniole* (*Flora carniolica*, Vienne 1760, in-8°, Leipzig, 1772, in-8°); des *Principes de botanique* (*Fundamenta botanica*, Pavie, 1783, in-8°, Vienne, 1786, in-8°); une *Méthode pour classer les plantes* (*Methodus plantarum enumerandis stirpibus ab eo repertis destinata*, Vienne, 1754, in-4°). Scopoli embrassa le système des corollistes, quoiqu'il soupçonnât l'importance de la méthode naturelle, mais sans qu'il s'en fît une juste idée. Il donna une critique du système de Linné, qui est remplie d'utiles remarques. Il eut la singulière idée de vouloir démontrer que les champignons appartiennent, non au règne végétal, mais au règne animal se fondant surtout sur leur composition chimique et sur la promptitude avec laquelle ils se putréfient. Scopoli osa prendre à partie Spallanzani, qui le lui fit payer cher, en le frappant à la fois de l'arme de son savoir et de l'arme du ridicule (*Lettere al signor Scopoli*, 1788).

Charles Bonnet, philosophe, jurisconsulte et naturaliste, né à Genève en 1720, mort en 1793, descendait d'une famille française riche et distinguée, proscrite, comme protestante, en 1752. Dès son enfance, il puisa un goût très-vif pour l'histoire naturelle, dans la lecture du *Spectacle de la nature*, de Pluche. Après s'être occupé avec succès d'entomologie et avoir publié, dans sa vingtième année, des observations très-savantes sur le mode de reproduction des pucerons, il se livra avec non moins de succès à l'étude de la physiologie végétale, et publia, sous le titre de *Recherches sur l'usage des feuilles et sur quelques sujets relatifs à l'histoire des végétaux*, Gœttingue et Leyde, 1754, in-4°, un ouvrage qui fait époque dans la science botanique. C'est là qu'il a exposé les rapports des végétaux avec les éléments qui les environnent, les moyens dont usent les plantes, malgré leur fixité au sol, pour diriger vers l'air leurs appareils respiratoires, vers la chaleur du soleil leurs appareils fécondants, et leurs racines vers les parties du sol d'où elles tirent les sucs qui leur sont nécessaires. Bonnet propose de considérer les végétaux ligneux et vivaces comme des corps organisés composés et sociétaires, idée que Lamarck a depuis développée. Les expériences de Bonnet sur l'exhalaison et le mode d'absorption des feuilles, et la manière dont il détermine le rôle de celles-ci, satisfont encore aujourd'hui ceux qui s'occupent de ce sujet délicat. Le nom de *Bonnetia* a été donné à deux genres de plantes de la famille des Tornstræmiacées. Nous pourrions peut-être nous abstenir de parler ici des œuvres philosophiques qui ont contribué le plus à la réputation de Charles Bonnet; il nous serait toutefois difficile de ne pas mentionner l'œuvre intitulée : *Contemplation de la nature*, qui est un des chefs-d'œuvre de l'esprit humain[1].

Gaspard-Frédéric Wolf, né à Berlin en 1735, professeur d'anatomie et de physiologie à Saint-Pétersbourg, où il mourut en 1794, célèbre par ses lumineuses recherches sur le mode de formation du canal intestinal et et sur l'anatomie du cœur, tout en s'occupant accessoire-

---

1. Un autre Bonnet (Marcellin), qui appartient au même siècle, médecin et botaniste modeste et peu connu, né à Carcassonne, commença la publication d'un recueil intitulé : *Facies plantarum*, dans lequel les plantes sont imprimées en couleur avec beaucoup de soin, et dont il n'a paru que trois livraisons renfermant 45 planches. Cet ouvrage incomplet, n'ayant été tiré qu'à un petit nombre d'exemplaires, est très-difficile à trouver.

ment de botanique, comme son homonyme et contemporain le baron de Wolf, porta ses observations sur le tissu fibro-vasculaire des plantes, ainsi que sur le mouvement de la sève; il crut avoir constaté que les trachées contiennent de l'air et sont des organes exclusivement respiratoires, ce qui est encore mis en doute; il fit aussi remarquer la transformation réciproque de tous les organes des végétaux, avant que l'illustre poëte et philosophe Gœthe, qui semble avoir ignoré avant sa propre publication sur le même sujet le travail de cet auteur, eût fait paraître son fameux ouvrage sur la métamorphose des végétaux, ouvrage que M. de Candolle à son tour ignorait, parait-il, quand il traita le même sujet dans sa *Théorie élémentaire*. Le travail de Wolf, qui contient ses aperçus sur la physiologie végétale, parut en 1759, à Halle, in-4° de 146 pages, avec deux planches, sous le titre de *Theoria generationis;* une nouvelle édition revue et augmentée en fut donnée en 1774. Il paraît que cette dissertation avait servi en 1759, à Wolf, de thèse d'inauguration à l'Académie des siences de Saint-Pétersbourg. On confond souvent, dans les écrits de botanique française, le baron Christian de Wolf et Gaspard-Frédéric Wolf (voir p. 104), d'autant plus aisément qu'ils étaient contemporains et que leurs travaux peu nombreux sur les plantes ne sont pas sans analogies. Ajoutez à cela que trop souvent l'on cite par tradition et que l'on reproduit, quelquefois en les altérant, les textes de certains auteurs sans avoir même touché aux ouvrages eux-mêmes, quand ils datent d'un peu loin et sont d'origine étrangère.

Jean Senebier, pasteur protestant, bibliographe, historien, physicien, botaniste, associé de la plupart des académies de l'Europe, né à Genève en 1742, mort en 1809, traduisit la plupart des œuvres physiologiques de l'abbé Spallanzani, dont il contribua puissamment à propager les doctrines, parmi lesquelles celle qui établissait que le concours des deux sexes pour la fécondation n'était pas une loi sans exception, a été vigoureusement combattue de nos jours, notamment par le savant professeur H. Baillon. La botanique doit à Senebier des ouvrages originaux et des recherches microscopiques qui fixèrent l'attention de tout le monde savant. Il fut chargé de la partie *Physiologie végétale* pour l'*Encyclopédie méthodique*, et s'acquitta de cette tâche avec un rare bonheur. Il résuma ses travaux sur la matière dans l'ouvrage intitulé *Physiologie végétale*, 1800, 5 vol in-8°. De Candolle a donné dans le *Magasin encyclopédique*

(VI⁰ année) l'analyse de cet ouvrage plein d'idées neuves, où Senebier signale, avec un ordre méthodique, les divers systèmes des botanistes, en montrant avec impartialité leurs lacunes et leurs défauts. Senebier émit l'opinion que l'air ne pouvait entrer dans les plantes que par le moyen de l'eau qui les pénétrait; dans cette supposition il disait que si les plantes reçoivent peu d'eau atmosphérique, il pouvait y entrer de l'air fixe (gaz acide carbonique), que l'eau dissout en grande quantité; l'air serait sucé avec l'eau par les racines; il pénétrerait jusqu'aux feuilles, qui en recevraient encore avec l'eau contenue dans l'air qui repose sur elles; cet air fixe se décomposerait dans les feuilles par l'action de la lumière du soleil; elle en dégagerait une partie de l'air pur formant un de ses composants, tandis que le reste de cet air pur fournirait aux sucs propres de la plante, aux huiles, aux acides végétaux, le principe qui résinifie les premières et qui forme l'acidité des autres.

SAUSSURE LE PÈRE.

Horace-Bénédict de Saussure, grand naturaliste et physicien génevois, né en 1740, mort en 1799, était parent du célèbre Bonnet qui développa ses goûts pour la physiologie et l'histoire naturelle. Il voyagea longtemps en Suisse, en Allemagne, en France, en Angleterre, en Italie, et fut en rapport avec les sommités scientifiques de son temps. Il publia d'abord ses *Recherches sur l'écorce des feuilles et des pétales*, Genève, 1762, in-12, et l'année même où cet intéressant ouvrage parut, son auteur fut nommé professeur à Genève où il enseigna la philosophie naturelle et la physique avec un zèle infatigable. Ses *Voyages dans les Alpes, précédés d'un Essai sur l'histoire naturelle de Genève*, parurent en 1779, in-4°, et furent réimprimés en 1796. Ses travaux comme physicien font époque; on sait que Saussure le père est l'inventeur de l'hygromètre à cheveu. Nous parlerons dans le chapitre suivant du fils d'Horace-Bénédict de Saussure, Théodore de Saussure, non moins célèbre que son père par ses beaux travaux sur la physique et la chimie végétales.

MICROGRAPHIE ET ANATOMIE VÉGÉTALES.

GLEICHEN DIT RUSSWORM.

Gleichen et Kœlreuter tiennent une place éminente parmi les micrographes du dix-huitième siècle.

Frédéric-Guillaume Gleichen, dit Russworm, naturaliste, né à Beyrouth, en Syrie, d'une famille allemande, l'an 1717, mort en 1785, fut d'abord officier et diplomate. Ayant hérité, en 1748, des biens considérables de sa grand'mère maternelle, sous la seule condition de prendre le nom de Russworm, qui était celui de cette dame, il voulut jouir de sa liberté et donna sa démission de major. Depuis lors, jusqu'à sa mort arrivée en 1783, il se livra entièrement aux sciences et particulièrement à l'histoire naturelle et à la chimie. Passionné surtout pour les observations microscopiques, il ne tarda pas à se placer au premier rang des micrographes. Il publia d'abord son célèbre ouvrage intitulé : *Représentations et observations microscopiques des organes générateurs des plantes*, etc. (*Das Neueste aus dem Reiche der Pflanzen, oder mikroscopische Vorstellungen und Beobachtungen der geheimen Zeugungstheile der Pflanzen in ihren Bluethen, und der in derselben befindlichen Insekten, nebst einigen Versuchen von dem Keime, und einem Anhange vermischter Beobachtungen*, Nuremberg, 1762-1763, 2 vol. in-fol., avec 51 planches enluminées; 2ᵉ édition, 1790, in-fol., avec une préface de Casimir-Christophe Schmidel; traduction en français par Isenflamm, Nuremberg, 1770, in-fol.). Gleichen se montre dans cet ouvrage l'un des plus zélés partisans de la doctrine des sexes dans les plantes; il démontre que le stigmate et le style ne sont pas creux, en sorte que le pollen ne peut pas s'insinuer matériellement dans l'ovaire, circonstance fort importante pour la théorie de la génération. Gleichen donna en quelque sorte un complément à cette importante publication, sous le titre de *Choix de découvertes microscopiques faites sur les plantes, les fleurs, les boutons*, etc. (*Auserlesene mikroscopische Entdeckungen bey den Pflanzen, Blumen und Bluethen, Insekten und andern Merkwuerdigkeiten*, Nuremberg, 1777, in-4°, avec 33 planches coloriées). Les études microscopiques faites par Gleichen sur les insectes ne sont pas moins curieuses que celles qu'il fit sur les plantes. Ses travaux en chimie et en économie générale ont joui d'une grande estime. Il est l'auteur d'une hypothèse cosmologique qui eut un certain nombre d'adhérents. Suivant lui, la terre n'était dans l'origine qu'un globe d'eau, et ce sont les corps organisés qui ont donné naissance à tous les solides qu'elle présente aujourd'hui. L'action des rayons solaires à la surface de cette boule liquide appela les animalcules infusoires à la vie. Ces êtres, après leur mort, produisirent la terre élémentaire, qui permit à des animaux plus composés de prendre naissance. Cette série d'opérations dura un temps incalculable, et les substances solides, à mesure qu'elle se formaient, se trouvaient refoulées par la rotation de la terre autour de son axe. La fermentation s'établit enfin dans cette masse, il se développa de la chaleur, et il se forma de l'air, qui, soulevant certains points de la surface du globe, les fit paraître hors de la terre sous la forme d'îles. Les animaux marins, d'après cette théorie, continueraient encore de solidifier l'eau, et il arrivera une époque où la terre ne contiendra plus une seule goutte de ce liquide : alors elle éprouvera la fusion ignée, et sera parvenue à son plus haut degré de perfection. Nous rappelons cette fantaisie ingénieuse et opposée à celle qui présente le commencement de la terre comme un globe de feu, en témoignage de ce que peuvent imaginer même les cerveaux les plus puissants, les mieux organisés et ayant la prétention de ne baser leurs hypothèses que sur la science la plus exacte et sur l'observation microscopique. Trop souvent ce qui est une vérité pour un savant est une absurdité ou une folie pour l'autre; trop souvent ce que voit un observateur, l'autre ne le voit pas, s'il ne voit pas même absolument le contraire.

Joseph-Théophile Kœlreuter, naturaliste et micrographe célèbre, directeur des jardins botaniques du grand-duché de Bade, né à Sulz sur le Necker, en 1733, mort en 1806, s'est rendu fameux par ses nombreuses expériences sur la reproduction des végétaux, et notamment des végétaux hybrides. Ces expériences, que Henschel a attaquées, mais seulement en ce qui concerne les conséquences à en déduire relativement au sexe des plantes, ont été considérées comme les plus puissants arguments à opposer à la théorie de l'emboitement des germes. Kœlreuter les fit particulièrement sur le tabac et sur la molène. Les ouvrages de cet auteur sont : *Dissertatio de insectis coleopteris, necnon de plantis quibusdam rarioribus*, Tubingue, 1755, in-4°; *Données préliminaires sur quelques observations et essais relatifs à certains genres de plantes* (*Vorlaeufig Nachricht von einigen das Geschlecht der Pflanzen betreffenden Versuchen und Beobachtungen*, Leipzig, 1761, in-8 ; l'auteur ajouta trois appendices en 1763, 1764 et 1776); *Mystère découvert de la cryptogamie* (*Das entdeckte Geheimniss der Cryptogamie*, Carlsruhe, 1777, in-8); dans ce dernier ouvrage, Kœlreuter applique le système sexuel aux plantes cryptogames, et soutient que la membrane qui couvre les corpuscules reproductifs joue le rôle d'organe mâle. Il a inséré divers mémoires sur des plantes et des animaux dans les Commentaires de l'Académie de Saint-Pétersbourg. On trouve dans le recueil de la Société palatine un autre mémoire de Kœlreuter, mémoire dans lequel il trace l'histoire des expériences qui ont été faites depuis 1691 jusqu'à 1752 sur le sexe des plantes, et s'attache à démontrer que Rodolphe-Jacques Camerarius fut le premier qui mit cette importante vérité hors de doute.

Jean-Théophile Gleditsch, médecin et botaniste allemand, né à Leipzig, en 1714, mort en 1786, est un des hommes qui ont fait le plus progresser l'étude des végétaux à tous les points de vue. C'est une des plus grandes lumières de la botanique. On peut dire de lui qu'il fut un digne émule de Linné, et qu'aucune des perspectives de la science à laquelle il s'était voué ne lui échappa. Après avoir terminé ses études à Leipzig, il reçut intérimairement du professeur Hebenstreit, qui partait pour l'Afrique, la surveillance du jardin botanique de sa ville natale et celle du jardin de Bose. Gleditsch, stimulé par cette confiance honorable, n'épargna rien pour marcher sur les traces de son maître, qu'il devait surpasser. Il entreprit des excursions dans la Misnie, la Thuringe, le Vogtland, le Harz, et contribua de cette manière à rassembler les matériaux de la *Flore de Leipzig* que Bœhmer devait publier plus tard. Gleditsch fut chargé ensuite de la direction du magnifique jardin que le comte de Ziethen possédait à Trebnitz. Cela lui donna l'occasion de faire paraître son premier ouvrage connu : *Catalogus plantorum, tam rariorum, quam vulgarium, quæ in horto domini Ziethen Trebnizii coluntur*, Leipzig, 1736, in-8°. Les attaques de Siegesbeck contre Linné lui inspirèrent un second écrit, intitulé : *Consideratio epicriseos Siegesbekianæ in Linnei systema plantarum sexuale et methodum botanicam huic superstructam; viro celeberrimo, Christiano Wolfio, veritatum restauratori et cujuscunque generis scientiarum promotori, communicata*, Berlin, 1740, in-8°. Gleditsch fut appelé, quelque temps, à professer la physiologie, la matière médicale et la botanique à Francfort-sur-l'Oder. Ce fut à cette époque qu'il publia sa *Dissertatio de methodo botanica, dubio et fallaci virtutum in plantis indice*, Francfort-sur-l'Oder, 1742, in-4°. Le duc de Saxe-Weimar voulut attacher Gleditsch à sa personne en qualité de médecin; mais le savant préféra les titres de botaniste et de membre de l'Académie des sciences de Berlin. Il fut aussi nommé professeur d'anatomie et directeur du jardin botanique de cette ville, où il publia peu après les ouvrages suivants : *Lucubratiuncula de fuco subgloboso sessili et molli in Marchia reperiundo*, Berlin, 1744, in-4°; *Methodus fungorum, exhibens genera, species et varietates, cum charactere, differentia specifica, synonimis, solo, loco et observationibus*, avec 6 planches, Berlin, 1753, in-4°, ouvrage dans lequel Gleditsch, à l'exemple de Micheli, entreprend de démontrer l'existence sexuelle dans les cryptogames, surtout dans les champignons. Gleditsch publia à Halle, 1765-1767, en 3 vol. in-8°, ses *Dissertations physico-botanico-économiques (Vermischte physikalisch-botanisch-œkonomische Abhandlungen)*. En 1768, il fit paraître, à Leipzig, ses *Observations relatives à la médecine, à la botanique et à l'économie publique (Vermischte Bemerkungen aus der Arzneywissenschaft, Kraeuterlehre und Œkonomie*, 1 vol. in-8°), ouvrage qui est une continuation du précédent. En 1769 parut le *Catalogue alphabétique des plantes médicinales les plus communes (Alphabetisches Verzeichniss der gewoehnlichen Arzneygewaechse*, etc., Berlin, 1769, in-8°). Plusieurs années après, Gleditsch publia le *Catalogue des plantes vivaces, exotiques et indigènes (Pflanzenverzeichniss zum Nutzen und Vergnuegen*, etc., Berlin, 1773, in-8°); c'est une histoire alphabétique de 1134 plantes, dont l'auteur donne la description. Gleditsch, ayant été pressé par le gouvernement russe de venir occuper une haute position scientifique à Saint-Pétersbourg, fut retenu en Prusse par le grand Frédéric qui montra envers lui une munificence vraiment royale, et qui le chargea de donner des leçons publiques d'administration forestière ; ce qui lui inspira un de ses plus remarquables ouvrages : *Introduction systématique à la science forestière moderne, fondée sur les principes physiques et économiques qui lui sont particuliers (Systematische Einleitung*, etc., Berlin, 2 vol. in-8, 1774 et 1775; *ibid*, 1775). En 1777, Gleditsch donna son *Histoire complète, théorique et pratique des plantes employées dans la médecine et dans les arts (Vollstaendige theoretisch-praktische Geschichte*, etc., Berlin, in-8°); il n'a paru qu'un volume de cet ouvrage. Puis vinrent : l'*Introduction à la science des remèdes simples (Einleitung in die Wissenschaft der rohen und einfachen Arzneymittel*, etc.), Berlin, 1778-1781, 2 vol. in-8°); *Histoire naturelle des plantes indigènes les plus utiles (Naturgeschichte der vorzueglich nutzbarsten einheimischen Pflanzen*, Elbing, 1786, in-8°); il n'a paru que la première partie de

cet ouvrage qui fut interrompu par la mort de l'auteur. Lüders publia, après la mort de Gleditsch, son maître, un ouvrage que celui-ci avait laissé (*Botanica medica*, Berlin, 1788-1789, 2 vol. in-8°). Il parut aussi, après la mort de Gleditsch, quatre dissertations de lui sur la science forestière (*Vier Abhandlungen, das praktische Forstwesen betreffend*, Berlin, 1788, in-8°), et des *Dissertations économiques et botaniques* (*Vermischte œkonomische und botanische Abhandlungen*, Berlin, 1789, 3 vol. in-8°). Gleditsch avait prêté sa collaboration à beaucoup de recueils scientifiques où l'on trouve de beaux articles sortis de sa plume. Willdenow et Usteri ont écrit la vie de ce grand botaniste à qui Catesby a dédié le genre *Gleditsia* de la famille des Légumineuses. La modestie de Gleditsch égalait sa science ; chose rare, il ne compta pas d'ennemis et eut de nombreux admirateurs de son vivant, parce que son caractère ne portait ombrage à personne.

L'une des plus grandes autorités dans la science botanique au dix-huitième siècle, fut certainement Bernard de Jussieu, né à Lyon, en 1699. Il était le frère cadet d'Antoine de Jussieu qui a eu déjà sa place dans ce *Précis* (p. 134). Celui-ci le fit venir à Paris pour y terminer ses études, et se l'adjoignit, en 1716, dans son voyage d'Espagne et en Portugal ; cela décida du goût du jeune homme pour la botanique, qui auparavant ne lui avait pas inspiré une préférence marquée. De retour en France, Bernard de Jussieu se livra à la recherche des plantes qui croissent aux environs de Lyon. Il se rendit ensuite à Montpellier pour y étudier la médecine, et il y fut reçu docteur en 1720 ; mais un caractère d'une trop haute sensibilité lui inspira de la répugnance pour la pratique, et il se contenta d'exercer, à la place de Vaillant qui venait de mourir, les fonctions de sous-démonstrateur de botanique, sous les ordres de son frère, au Jardin du Roi à Paris. La Faculté de médecine de Paris, à son tour, le reçut docteur en 1726. Ce fut dans sa modeste position de sous-démonstrateur que Bernard de Jussieu exerça, non-seulement sur le Jardin des Plantes de Paris, mais encore sur la botanique en général, et même sur quelques autres branches de l'histoire naturelle, une influence qui fait époque dans les fastes de la science. Son frère, fatigué d'une longue surveillance, occupé par une pratique très-étendue, le chargea des soins assidus qu'exigeait le Jardin du Roi, à l'augmentation duquel désormais le jeune Bernard consacra une activité sans égale. Le Muséum ne possédait encore qu'un droguier assez peu complet ; bientôt ce droguier prit un accroissement considérable et il y fut joint plusieurs objets d'histoire naturelle. C'était Bernard de Jussieu lui-même qui présidait aux plantations, qui recueillait les graines, les distribuait dans les terres convenables, et dirigeait les herborisations où il se faisait admirer par sa patience et sa rare sagacité. Une édition, revue, corrigée et annotée, qu'il donna, en 1725, de l'*Histoire des plantes qui croissent aux environs de Paris*, par Tournefort, et quelques observations fort remarquables lui ouvrirent, à l'âge de vingt-six ans, les portes de l'Académie des sciences. Il n'en travailla qu'avec plus d'ardeur. Malheureusement une modestie et une timidité extrêmes l'empêchaient de mettre en œuvre les nombreux matériaux qu'il avait amassés, et dont il était heureux de faire profiter tous les hommes d'études, sans demander même qu'ils les rapportassent à lui. Il conçut pour l'histoire naturelle en général, et pour la botanique en particulier, l'idée d'une grande méthode naturelle, mais il laissa à son neveu, Antoine-Laurent de Jussieu, le soin de la mettre en œuvre. Quant à lui, il n'a rien publié de considérable. Ses productions se bornent à un petit nombre de mémoires sur des objets particuliers, mais ces opuscules sont des modèles d'observation, et disent assez ce que Bernard de Jussieu eût pu faire s'il avait montré plus de confiance en son génie naturel. Ses observations sur certains polypes, considérés avant lui comme des végétaux, ouvrirent des horizons nouveaux à la science, et précédèrent de deux ans celles de Tremblay sur le même sujet. Personne n'attachait moins de prix que Bernard de Jussieu à ses propres découvertes; il n'était occupé que de la pensée de propager des vérités utiles. « Qu'importe, disait-il, qu'on m'emprunte une bonne idée pourvu qu'elle soit connue. » Ses études de classification, avant la publication du *Genera plantarum* de son neveu, n'avaient été indiquées que par l'ordre du *Catalogue du jardin de Trianon*, jardin que le roi l'avait chargé d'organiser en école de botanique. Cette classification avait pour principe général l'organisation de la graine et la présence ou l'absence des cotylédons, mais les divisions secondaires étaient fournies par la division respective des organes sexuels, ou, pour parler plus exactement, par l'insertion de l'étamine et de la corolle. Il devait à son frère aîné la position qui le rendait heureux; il voulut appeler à sa succession Antoine-Laurent de Jussieu, et se fit une gloire de le pousser à une renommée plus grande que la sienne propre, en lui

léguant toutes ses découvertes et toutes ses pensées. Bernard de Jussieu s'éteignit à l'âge de soixante-dix-huit ans, en 1777, environné
de la plus haute estime dont puisse jouir un savant, et accompagné
des regrets de tous ceux qui avaient eu quelques rapports, même
éloignés, avec lui.

Le dernier des trois frères de Jussieu fut Joseph, né à Lyon, en
1704, à la fois docteur en médecine, naturaliste et ingénieur. Il fut
choisi, en qualité de botaniste, pour accompagner les astronomes de
l'Académie des sciences qui allaient, en 1735, au Pérou, pour mesurer un arc du méridien. Lorsque ses compagnons de voyage eurent
terminé leurs travaux, il continua de parcourir l'Amérique méridionale pour y poursuivre ses recherches d'histoire naturelle. Il ne
revint en France qu'en 1771, après trente-six ans d'absence ; mais,
dès l'année 1743, l'Académie des sciences, reconnaissante des observations dont il lui avait fait part, l'avait attaché à elle en qualité de
botaniste-adjoint. Sa santé avait reçu de profondes atteintes en Amérique ; la force lui manqua, à son retour dans sa patrie, pour rédiger les mémoires de ses voyages ; il ne fit plus que languir jusqu'à
l'année 1779, où il mourut. Il avait envoyé au Jardin du Roi un
grand nombre de graines et d'échantillons de végétaux. On lui doit
la découverte de l'héliotrope du Pérou, plante aujourd'hui si répandue dans les jardins.

Henri-Louis Duhamel du Monceau, inspecteur général de la marine,
membre de l'Académie des sciences, physicien, botaniste, agronome
et économiste célèbre, né à Paris en 1700, mort en 1782, cultivait
par goût et comme par délassement la société des botanistes, particulièrement de Bernard de Jussieu, quand l'Académie des sciences,
frappée de son aptitude, le chargea de rechercher les causes qui nui-
saient à la culture du safran dans le Gatinais et en faisaient périr
chaque année une multitude de pieds. Duhamel démontra que cette
mortalité provenait d'un champignon parasite qui croissait sur les
bulbes et s'y attachait. Son mémoire à ce sujet et d'autres travaux qui
dénotaient déjà un physicien et un naturaliste éminent décidèrent
l'Académie des sciences, dont il devait être l'un des membres les plus
laborieux, à l'appeler dans son sein, à l'âge de vingt-huit ans. Les
mémoires qu'il inséra dans le recueil des travaux de cette Société,
s'élèvent à plus de soixante. Ce fut là qu'il donna, en 1730 et 1733,
son anatomie si curieuse de la poire ; en 1736, le résultat de ses

expériences sur le mouvement de la sensitive, et, en 1737, le travail qu'il avait exécuté, de concert avec Buffon, sur le bois. En 1750, il commença la publication de son *Traité de la culture des terres* suivant les principes de l'Anglais Jethro Tull; cet ouvrage, en six volumes in-12, ne fut terminé qu'en 1764, et fut traduit en allemand et en hollandais; la méthode de Tull, soumise par Duhamel à de nombreuses expériences, consistait à multiplier les labours pour suppléer aux engrais; l'enthousiasme qu'elle excita assez longtemps devait se refroidir beaucoup dans notre siècle. Duhamel donna lui-même un abrégé de son ouvrage, sous le titre d'*Eléments d'agriculture*, Paris, 1754, 2 vol. in-12; cet abrégé eut de nouvelles éditions jusqu'en 1779, et fut traduit en anglais par Miller. Duhamel donna, en 1753, son *Traité de la conservation des grains*, et en 1755 son *Traité des arbres et des arbustes qui se cultivent en France en pleine terre*, Paris, 2 vol. in-4°, ouvrage capital dans lequel l'auteur passe en revue les arbres tant indigènes qu'exotiques, par ordre alphabétique et d'après la méthode de Tournefort; il en décrit ainsi jusqu'à mille avec une grande exactitude, et indique avec soin le genre de culture propre à chacun d'eux; l'ouvrage parut accompagné de figures correctes gravées sur bois; les caractères génériques se trouvent, sous la forme de vignettes, en tête de chaque article. Il a été donné de nouvelles éditions du *Traité des arbres et arbustes*, de Duhamel du Monceau; elles présentent un mélange confus des idées de plusieurs auteurs qui ont ajouté à la pensée du premier auteur, et sont loin de faire oublier l'ancienne. En 1757, Duhamel fit paraître un *Traité de la garance et de sa culture*. Ce fut l'année suivante qu'il publia sa célèbre *Physique des arbres*, Paris, 1758, 2 vol. in-4° avec 55 planches, une de ses principales productions, que Haller qualifiait *nobile opus*; c'est un traité complet d'anatomie et de physiologie végétales qui, bien que n'étant pas à la hauteur des découvertes nouvelles et contenant des observations hasardées, est encore lu avec intérêt; Duhamel a refondu dans cet ouvrage, en y ajoutant du sien, tous les travaux de Grew, de Malpighi, de Hales et de Bonnet. *La physique des arbres* a été traduite dans presque toutes les langues de l'Europe. Duhamel donna, en 1760, son *Traité des semis et plantations des arbres et de leur culture*, qui eut aussi les honneurs de plusieurs traductions. En 1768, parut le *Traité complet des arbres fruitiers*, Paris, 2 vol. in-4°, œuvre magistrale que, même encore aujour-

d'hui, le botaniste ne peut se dispenser de consulter, et qui a été
une source d'idées pour beaucoup de naturalistes. Il en parut une
deuxième édition, in-4°, en 1782; Poiteau et Turpin en donnèrent une splendide édition in-folio, augmentée, en 1708. Il y a
de cet important ouvrage une belle traduction allemande, Nuremberg, 1775-1783, 3 vol. in-4°. En parlant de Duhamel du Monceau, on ne peut se défendre de nommer son frère chéri Duha-
mel-Denainvilliers, qui fut son actif et intelligent collaborateur. Nous
n'avons cité dans cette notice que les écrits de Duhamel du Monceau
ayant trait aux végétaux et à leur culture; il est auteur de bien d'autres ouvrages non moins utiles et non moins savants.

Joseph Gaertner, médecin et célèbre naturaliste allemand, considéré comme le créateur de la *Carpologie*, ou étude des fruits, quoiqu'on vienne de voir que Duhamel s'en était déjà utilement occupé
dans son anatomie de la poire, naquit en 1732, à Calw, dans le
Wurtemberg, étudia à Gœttingue, sous Brendel, Richter, Rœderer
et Haller, et reçut le doctorat à Tubingue, sous la présidence de
Jean-Georges Gmelin. Il parcourut ensuite l'Italie, la France,
l'Angleterre, la Hollande· A son retour en Allemagne, il fut nommé
professeur d'anatomie à Tubingue. En 1768, le gouvernement russe
l'appela à Pétersbourg pour y occuper la chaire de botanique de
l'Université et pour diriger le Jardin des plantes et le cabinet d'histoire naturelle. Mais après quelques excursions, dont une entre
autres dans l'Ukraine, où il recueillit beaucoup de végétaux nouveaux, il quitta la Russie, dont le climat rigoureux était funeste à
sa santé, et revint, en 1770, s'établir dans sa ville natale. Là il se
livra exclusivement à l'étude et à la dissection des fruits, ce qui ne
fut pas sans l'obliger à retourner en Angleterre et en Hollande, où
Banks et Thunberg lui communiquèrent avec empressement les fruits
qu'ils avaient rapportés de leurs voyages lointains. Riche de ces précieux renseignements, Gaertner reprit le microscope, le crayon et
le burin, qu'il maniait avec autant de patience que de perfection, et
qu'il ne quitta que la veille de sa mort, arrivée le 13 juillet 1791. Il
ne donna, de son vivant, à la science botanique, qu'un ouvrage, mais
qui pouvait suffire à la gloire d'un homme : c'est son beau traité :
De fructibus et seminibus plantarum, Stuttgard, 1789-1791, 2 vol.
in-4°, avec 198 planches gravées sur cuivre par l'auteur. Le fils de
Joseph Gaertner, Charles-Frédéric, a publié une suite à cet ouvrage,

PHYSIOLOGIE
VÉGÉTALE.

avec 45 planches, sous le titre de *Supplementum carpologiæ*, Leipzig,
1805. La *Carpologie* de Gaertner est un monument qui durera
autant que la botanique elle-même, a dit un savant auquel nous empruntons en partie cet article. Divers botanistes avaient déjà proposé
de baser la classification des végétaux sur les diverses parties du
fruit; Gaertner alla beaucoup plus loin, et disséqua les fruits de plus
de mille plantes, observa soigneusement les différences qu'ils présentent dans leur structure, et arriva ainsi à la découverte de ce
grand principe, qu'ils sont construits sur le même plan dans les
familles parfaitement naturelles. Il partagea les graines en deux
classes, suivant qu'elles renferment ou ne renferment pas d'albumen.
Il porta aussi l'attention du botaniste sur la direction de la radicule,
qui lui parut propre à fournir de bons caractères de familles et de
genres. Quelques familles ont été, de préférence à d'autres, l'objet
des recherches de l'auteur; telles sont les Composées, les Palmiers,
les Rubiacées, les Caryophillées et les Siliqueuses. Après la mort
de Gaertner, il parut de lui, dans le *Nouveau magasin botanique*,
de Jean-Jacques Rœmer, un fragment d'une classification systématique de plantes (voir p. 270 du t. II du *Traité de botanique générale*).

WILLDENOW.

Charles-Louis Willdenow, directeur du Jardin botanique de Berlin, né en 1765, mort en 1812, est une des plus grandes autorités de la science qui nous occupe. Il s'était composé un herbier
de vingt-cinq mille plantes, qui font aujourd'hui partie de l'herbier royal de Berlin. Un de ses principaux ouvrages, sa première
publication, qui date de 1787, fut le *Prodrome de la Flore de Berlin
selon le système de Linné amélioré par Thunberg* (*Floræ Berolinensis Prodromus secundum systema Linneanum*, etc.). Deux ans après,
en 1789, il donna le *Traité botanico-médical des Achillées, avec un
supplément sur le genre Tanaisie* (*Tractatus botanico-medicus de Achilleis*, etc.). En 1790, parut l'*Histoire des Amaranthes*. Puis vinrent les
ouvrages qui ont le plus illustré Willdenow : *Les principes de botanique
et de physiologie végétale* (*Grundriss der Kraüterkunde zu Vorlesungen entworfen*, Berlin, 1792), livre qui a eu de nombreuses éditions
en Allemagne jusqu'à l'an 1831, et qui a été traduit en danois et en
anglais; *Phytographie, ou Description des plantes les moins connues*,
premier fascicule (*Phytographia*, etc., 1794); *Culture des arbres et
des arbustes du Jardin de Berlin* (*Berlinische Baumzucht*, etc., 1796);
Manuel de botanique, avec 4 planches coloriées (*Anleitung zum*

Selbstudium der Botanik, ein Handbuch zu oeffentlichen Vorlesungen, Berlin, 1804); *Catalogue des plantes du Jardin botanique de Berlin, avec leurs descriptions* (*Enumeratio plantarum horti regii botanici Berolinensis*, etc., 1809); le *Jardin de Berlin*, etc. (*Hortus Berolinensis, sive icones et descriptiones plantarum rariorum vel minus cognitarum, quæ in horto regio botanico Berolinensi excoluntur*). Cet ouvrage parut, quatre ans après la mort de l'auteur, en 1816, à Berlin, in-fol., avec 110 planches coloriées. On a vu, page 143, que Willdenow a donné, de 1790 à 1810, une belle édition du *Species Plantarum* de Linné; il a ajouté à cet ouvrage beaucoup d'espèces nouvelles.

Georges-Rodolphe Bœhmer, médecin et botaniste allemand, né à Liegnitz, en 1723, mort en 1803, eut pour maître Ludwig. Il avait déjà publié plusieurs ouvrages, entre autres : *Dissertatio de plantis caude bulbifero*, Leipzig, 1742 ; *Flora Lipsiæindigena*, Leipzig, 1750 ; *Programma de plantis fasciatis*, ouvrage ayant pour objet les plantes dont les tiges deviennent quelquefois aplaties, larges et monstrueuses, Wittemberg, 1752, quand il fut nommé à la chaire de botanique et d'anatomie de Wittemberg. Il donna ensuite : *Dissertatio de vegetabilium celluloso contextu*, Wittemberg, 1753, in-4°, écrit où il examine le tissu cellulaire et explique le rôle qu'il joue dans l'économie végétale, mais sans admettre qu'il renferme des vaisseaux contenant de l'air; *Dissertatio de nectariis florum*, 1758 ; *Programma de ornamentis quæ præter nectaria in floribus reperiuntur*, 1758 ; *Programma de chirurgiæ curtorum, in vegetalibus institutæ variis modis*, 1758, ouvrage qui présente un traité de la greffe, de la taille et des plaies de végétaux; *Dissertatio de virtute loci natalis in vegetalibus*, 1764 ; *Planta res varia*, 1765 ; *Programma de dubiâ fungorum collectione*, 1776 ; *Dissertationes duæ de vegetabilium collectione, virtutis caussâ*, 1776-1777 ; *Dissertatio de justâ plantarum indigenarum in pharmacopolis reformandis æstimatione*, 1770 ; *Dissertatio de plantis in memoriam cultorum nominatis*, 1770 ; *Programmata sex de plantarum superficie* 1770-1772 ; *Spermatologiæ vegetalis*, en sept parties, 1777-1784 ; *Commentatio physico-botanica de plantarum semine*, 1785 ; *Dissertatio de plantis segeti infestis*, 1790-1792 ; *Programma de plantis auctoritate publicâ extirpandis, custodiendis et è foro publico proscribendis*, 1792 ; *Commentationes œconomico-medico-botanicæ*, 1791-1792, in-4°, réimpression des deux précédents écrits; *Dissertatio technologiæ vegetalis*, en deux parties, 1792; *Histoire technique des plantes qui sont ou pourraient être à l'usage des arts, métiers et manufactures*, en allemand (*Technische Geschichte der Pflanzen*, Leipzig, 1794, 2 vol. in-8), ouvrage très-important d'économie générale; *Programmatis de foliis arborum deciduis specimina tria*, 1797; *Dissertatio de plantis monadelphis, præsertim à Cavanille dispositis*, 1797; *Dissertatio de medicamentis vegetalibus suppositis*, 1798; *Commentatio botanico-litteraria de plantis in memoriam cultorum nominatis, incepta anno 1770, nunc ad recentissima tempora continuata*, 1799, ouvrage d'une rare érudition; *Programmata tria de plantis fabulosis, imprimis mythologicis*, 1800-1801; *Lexicon rei herbariæ tripartitum*, 1802. Par les titres seuls de ses principaux écrits, on voit que ce laborieux savant fut surtout un botaniste pratique et essentiellement désireux d'être utile à ses semblables. On doit encore à Bœhmer un *Manuel littéraire d'histoire naturelle, d'économie rurale et des autres sciences qui s'y rattachent* (*Systematisch literarisches Handbuch der Naturgeschichte*, etc., 9 vol. in-8, 1785-1789).

Jean-Chrétien-Daniel de Schreber, célèbre naturaliste allemand, professeur à l'université d'Erlangen, né en 1739, mort en 1810, fut un des plus remarquables disciples de Linné, un des savants les plus laborieux de l'Europe. Plusieurs de ses écrits sont restés classiques. La botanique lui doit un *Traité de botanique économique* (*Botanisch-œkonomische Abhandlung*, Halle, 1763, in-8°); *Icones et descriptiones plantarum minus cognitarum*, Halle, 1766, in-fol.; *C. à Linne termini botanici explicati, editio nova auctior*, Leipzig, 1766, in-8°; Erlangen, 1789, in-8°; *ibid*, 1792, in-8°; *Description botanico-économique des graminées* (*Botanisch-œkonomische Beschreibung der Graeser*, Leipzig, 1766-1780, in-fol.); *De Phasco observationes, quibus hoc genus muscorum vindicatur atque illustratur*, Leipzig, 1771; *Spicilegium Floræ Lipsiæ*, Leipzig, 1771, in-8°; *Dissertatio de plantis verticillatis unilabiatis*, Erlangen, 1773, in-4°; *Plantarum verticillatarum unilabiatarum genera et species*, Leipzig, 1774, in-4°; *Linnæi genera plantarum*, 8° édit., Francfort, 1789-1791, 2 vol. in-8°.

L'opinion de Schreber, relativement à l'anatomie et à la physiologie des végétaux, était que toute plante se compose d'une substance médullaire et d'une substance corticale; que dans la substance médullaire réside la vie des plantes, et que les semences et les bourgeons par lesquels celles-ci se multiplient doivent être regardés comme l'extension de cette partie. Il attribuait à la partie médullaire la faculté de se perpétuer elle-même et de modifier toute la structure intérieure, et il croyait y trouver par suite l'origine des qualités communes à toutes les plantes du même genre.

Guillaume Watson, d'abord pharmacien, puis médecin, physicien, chimiste et botaniste anglais, né en 1715, mort en 1787, fut un des plus empressés à prendre parti pour Linné. Son premier travail comme botaniste eut pour sujet l'*Enumeratio Stirpium Helvetiæ*, de Haller, et parut dans les *Transactions philosophiques*. Il publia presque aussitôt dans le même recueil une description latine d'une espèce rare et élégante de *fungus*, à laquelle il donna le nom de *geaster*, et qui fut ensuite appelée *lycoperdon fornicatum*. Il fit paraître, à l'occasion de plusieurs empoisonnements, des observations sur les diverses espèces de ciguë. Watson donna la description de plusieurs végétaux, la plupart du temps choisis parmi ceux qui pouvaient trouver une application en médecine ou produire des effets funestes. Cela le conduisit souvent à s'occuper de chimie végétale. Mais c'est surtout comme physicien que Watson se signala, et il n'est pas du domaine de cet ouvrage de s'occuper de ses découvertes et de ses travaux en ce genre. Watson était membre de la Société royale de Londres, et affilié à un grand nombre de sociétés savantes et d'académies.

John Ellis, négociant anglais, agent du gouvernement britannique dans la Floride, naturaliste et membre de la Société royale de Londres, mort en 1776, s'est rendu célèbre dans la science par ses études sur les productions marines, et en combattant l'un des premiers l'opinion des botanistes qui rangeaient les coraux parmi les végétaux. Dès 1727, Peyssonnel avait annoncé que les prétendues fleurs du corail étaient de véritables animaux spontanément contractiles et extensibles comme les Actinies, et que les polypiers étaient le résultat d'une sécrétion commune ou de l'agrégation des têtes partielles de chaque polype. Ces idées avaient été en quelque sorte confirmées, en 1744, par les découvertes de Tremblay sur le développement et la multiplication de l'Hydre ou Polype d'eau douce. Dans l'intervalle, Bernard de Jussieu avait constaté sur les Flustres et les Tubulaires la vérité des assertions de Peyssonnel. Ce ne fut pourtant qu'à dater de la sixième édition de son *Systema naturæ* que Linné cessa de classer les Polypiers ou Lithophytes parmi les végétaux. Dans son *Essai d'une histoire naturelle des corallines et d'autres productions naturelles du même genre, que l'on trouve communément sur les côtes d'Angleterre et d'Irlande* (*Essai toward a natural history of corallines*, etc., Londres, 1755, in-4°, avec 39 planches ; traduction française par Allemand, La Haye, 1765, avec 40 planches ; traduction allemande, Nuremberg, 1767, avec 47 planches), et dans son *Histoire naturelle de beaucoup de zoophites curieux et rares* (*The natural history of many curious and uncommon zoophytes*, etc., Londres, 1786, in-4°, avec 63 planches), Ellis décrivit avec soin, sous le nom de *Corallines*, un grand nombre de Sertulaires, de Cellaires, de Tubulaires, de Flustres, et d'autres Polypiers flexibles. Mais les véritables Corallines, que, par une erreur opposée, on en vint à englober parmi les Polypiers, ce qu'acceptèrent Cuvier, Lamarck et Lamouroux, furent rendues par Schweiger, Link, Philippi, Zanardini, Meneghini, Kützing et Decaisne, au règne végétal, et constituèrent une petite tribu des Algues. On doit encore à Ellis un écrit sur les *Moyens d'apporter des graines et des plantes des pays lointains, en état de végétation* (*Directions for bringing over seeds and plants from distant countries in a state of vegetation*, Londres, 1770, in-4°); une *Histoire du café, avec une description botanique du caféier* (*An historical account of coffee*, etc., London, 1774, in-4°). Enfin Ellis est le créateur du genre *Dionea*, un des végétaux les plus singuliers et les plus intéressants du globe pour son irritabilité telle que, dès qu'un insecte touche la plante, celle-ci se replie sur elle-même et l'enferme dans une prison où il meurt par l'effort même de ses mouvements, qui resserrent de plus en plus les lobes foliacés du végétal, lesquels se rouvrent dès que l'animal étouffé a cessé de s'agiter. Ellis adressa à Linné une lettre à ce sujet : *De Dioneâ muscipulâ plantâ irritabili nuper detectâ epistola*, Londres, 1769, in-4°.

CRYPTOGAMIE
ET
ANATOMIE
VÉGÉTALES.

SCHMIDEL.

Casimir-Christophe Schmidel, médecin, anatomiste et éminent botaniste allemand, né à Bayreuth, en 1718, mort en 1792, fut professeur à l'université d'Erlangen, et ensuite médecin de Charles-Alexandre, dernier margrave d'Anspach-Bayreuth, dont les relations avec la célèbre tragédienne Clairon sont historiques. Il dut à cette dernière d'être momentanément attaché à la duchesse de Wurtemberg, qui était malade, et qu'il accompagna en Suisse et en France. Il voyagea ensuite en Italie, et de nouveau en France, avec le margrave d'Anspach. Il était membre de l'Académie des *Curieux de la nature*. Ses travaux les plus importants sont ceux qui eurent pour objet les végétaux cryptogames, à l'observation desquels il s'attacha avec une heureuse et rare patience. Il étudia avec succès et exactitude les organes reproducteurs des *Jungermanniæ* et des *Hepaticæ*. Il a donné à la botanique les ouvrages suivants : *Icones plantarum et analyses partium æri incisæ atque vivis coloribus insignatæ*, Nuremberg, 1747-1772, in-fol., avec 50 planches excellentes et coloriées; 2ᵉ édition, due à Jean-Chrétien-Daniel de Schreber, 1782, in-fol., avec 75 planches, également excellentes; 3ᵉ édition, 1796, in-fol.; c'est un des plus beaux et des meilleurs ouvrages qu'il y ait en botanique; *Dissertatio de Buxbaumia*, Erlangen, 1749, in-4°; *Dissertatio de Jungermanniæ charactere*, Erlangen, 1760, in-4°; *Epistola de medullâ radicis ad florem pertinente*, Erlangen, 1763, in-4°; *Dissertationes botanici*, Erlangen, 1784, in-4°; *Descriptio itineris per Helvetiam, Galliam et Germaniæ partem 1773 et 1774 instituti, mineralogici, botanici et historici argumenti*, Erlangen, 1794, in-4°. Schmidel a publié la première partie des *Opera botanica* de Conrad Gesner, et une portion de la seconde (1753-1771).

Jean-Chrétien Schaeffer, pasteur protestant et naturaliste allemand, né dans la Thuringe, en 1718, mort en 1790, est un des exemples à citer de l'amour de la science triomphant de la plus affreuse misère. Il parvint, en s'imposant les plus rudes privations, à faire ses études à Halle. Sur la recommandation de Baumgarten, il fut appelé en qualité de précepteur chez un négociant de Ratisbonne, et après la mort de celui-ci, il fut nommé prédicateur, puis surintendant évangélique, président du consistoire. Il était dès lors au-dessus de tout besoin. Les faveurs des souverains vinrent le chercher, mais sans l'éblouir. Il n'en travailla qu'avec plus d'ardeur, consacrant tour à tour son temps à ses importantes fonctions, à des écrits théologiques, à l'icthyologie, à l'ornithologie, mais surtout, en fait de sciences naturelles, à l'entomologie, et à la mycologie qui lui doit beaucoup. Parmi ses ouvrages de botanique, il faut citer : *Epistola de studii botanici faciliori ac tutiori methodo*, Ratisbonne, 1758, in-4°; *Isagoge in botanicam expeditiorem iconibus illustrata*, Ratisbonne, 1759, in-8°; *Botanica expeditior, genera plantarum in tabulis exhibens*, Ratisbonne 1762, in-4°; *Fungorum qui in Bavariâ et Palatinatu superiore circà Ratisbonam nascuntur icones*, Ratisbonne, 1762-1774, 4 vol.,

CRYPTOGAMIE.

SCHAEFFER

in-4°. Le célèbre mycologue Persoon a donné une édition augmentée de ce magnifique ouvrage, avec 330 planches, Erlangen, 1800, in-4°.

Théodore de Holmskiold, médecin et botaniste danois, mort en 1793, publia, avec l'appui de son gouvernement et à un très-petit nombre d'exemplaires, un magnifique ouvrage sur les champignons, qui avaient fait l'objet de ses études et de ses observations durant toute sa vie. Cet ouvrage a pour titre : *Beata ruris otia fungis Danici impensa a Th. Holmskiold*, 1790-1799, 2 vol. petit in-fol., avec 74 planches. Le premier volume comprend les *Clavariæ* et les *Ramariæ*, que Holmskiold voulait réunir dans l'espèce unique *Coryphæi*. Le second volume, publié après la mort de l'auteur par le naturaliste Viborg, renferme les espèces *Nidularia, Peziza, Helvella, Mercilinus, Boletus, Lycoperdon* et *Agaricus*.

Jean Hedwig, médecin allemand, professeur de botanique, né à Cronstadt, en Transylvanie, en 1730, mort en 1799, pratiqua successivement son art à Chemnitz et à Leipzig, où il fut nommé intendant du Jardin des Plantes. Il s'occupa particulièrement et avec le plus grand succès de cryptogamie. Il est en outre un de ceux qui ont fait faire les progrès les plus marqués et les moins contestés à la physiologie végétale ; les botanistes attachent un grand prix à l'étude de ses théories sur la fructification. Les ouvrages où il a développé ses recherches et ses observations sont : *Fundamentum historiæ naturalis muscorum frondosorum*, Leipzig, 1782-1783, 2 parties, in-4°, avec figures ; *Theoria generationis et fructificationis plantarum cryptogamicarum*, Pétersbourg, 1784, in-4° ; 2ᵉ édit., augmentée, avec 42 planches coloriées, Leipzig, 1798 ; *Descriptio et adumbratio microscopico-analytica muscorum frondosorum*, etc., Leipzig, 1787-1797, 4 vol. in-fol., avec 40 planches coloriées. Jean Hedwig a encore publié : *De fibræ vegetabilis et animalis ortu*, Leipzig, 1789 ; *Recueil de diverses dissertations sur des sujets de botanique-économique* (*Sammlung seiner zerstreuten Abhandlungen und Beobachtungen ueber botanisch-œkonomische Gegenstaende*, Leipzig, 1793-1797) ; *Instruction pour dessécher et pour classer les plantes* (*Belehrung die Pflanzen zu trocknen, und zu ordnen*, etc., Gotha, 1797 ; 2ᵉ édit., 1801) ; *Filicum genera et species recentiori methodo accommodatæ analytico descriptæ, iconibus ad naturam pictis illustratæ*, Leipzig, 1799-1803, 4 fasc. in-fol., avec 24 planches coloriées. —

Jean Hedwig avait laissé un digne représentant de ses travaux dans son fils, Romain-Adolphe Hedwig, qui, né en 1772, fut prématurément enlevé à la science, en 1806. On doit à ce jeune botaniste les illustrations du *Filicum genera*, de son père; il a publié des *Aphorismes botaniques*, en allemand (*Aphorismen*, etc., Leipzig, 1800); des *Observations botaniques* (*Observationum botanicarum fasciculus 1*, Leipzig, 1802); et une partie d'un *Genera plantarum secundùm characteres differentiales*, Leipzig, 1806.

Pierre Bulliard, l'un des plus célèbres botanistes cryptogamistes français, né à Aubepierre, vers 1742, mort en 1793, a souvent sacrifié l'utilité au luxe et à l'éclat dans ses ouvrages illustrés de figures dessinées, gravées et coloriées par lui-même avec beaucoup d'art, de soin et d'exactitude. Homme de goût, et artiste habile dans la représentation des végétaux, il était presque dépourvu d'initiative et d'idées; on ne lui doit, pour ainsi dire, aucune découverte botanique; il a toutefois assez heureusement consacré ce qui était connu de son temps, et il a mis autant d'ordre botanique que de clarté dans ses écrits, qui sont : *Flora Parisiensis*, Paris, 1774, 6 vol. in-8°; *Herbier de France* ou *Collection des plantes indigènes de ce royaume*, Paris 1780-1793, cent cinquante et un cahiers in-folio, ouvrage dont les figures sont d'une rare exactitude; *Dictionnaire élémentaire de botanique*, Paris, 1783, in-fol.; *ibid.*, 1797, in-8°; *ibid.*, 1799, in-8°; *ibid.*, 1802, in-8°; les deux dernières éditions ont été entièrement refondues par Richard; *Histoire des plantes vénéneuses et suspectes de Russie*, Paris, 1794, in-fol., *ibid.*, 1798, in-4°; *Histoire des champignons de la France*, Paris, 1791-1812, in-fol. Avant l'ouvrage du docteur Paulet, celui de Bulliard sur les champignons de France n'avait pas de rival.

Jean Dickson, botaniste, né en Écosse, mort à Londres en 1822, commença par être journalier au service d'un pépiniériste. A force de travail, il devint lui-même jardinier. Tout en se livrant à la partie matérielle de sa profession, il cherchait à acquérir des connaissances scientifiques. Banks, qui l'avait distingué, lui ouvrit sa riche bibliothèque. Dickson a beaucoup contribué à éclairer l'étude des végétaux cryptogames, et il en a décrit plus de quatre cents espèces inconnues avant lui. On lui doit : *Plantarum cryptogamicarum Britanniæ*, 4 fascic., 1785-1801; *Collection de plantes diverses*, 17 fascic., 1789-1799, et divers articles dans les *Transactions de la Société linnéenne*.

Jean-Jacques Paulet, médecin et botaniste français, né en 1740 à Anduse, département du Gard, mort en 1826, est surtout connu dans la science botanique par ses études cryptogamiques et toxicologiques. Il donna, en 1775, la première édition de son *Traité complet sur les champignons*, ouvrage dans lequel il s'occupe surtout des champignons de France; il y présente l'histoire analytique et chronologique des découvertes et des écrits cryptogamiques, la synonymie botanique et la description de ces végétaux; il signale leurs qualités, leurs effets, leurs usages; le récit des expériences faites sur les animaux pour s'assurer des bons ou des mauvais effets des champignons; il traite aussi dans cet ouvrage des truffes, des morilles, etc.; 247 planches enluminées accompagnaient cette publication faite d'abord en 2 vol. in-8°, mais de laquelle il fut donné, par ordre du gouvernement, une nouvelle édition en 2 volumes in-4°, Paris, 1793; les planches de cette seconde édition parurent en 42 livraisons, dont les douze dernières ne virent le jour qu'en 1835. Paulet publia, en 1775, un *Mémoire sur les effets du champignon connu des botanistes sous le nom de Fungus Phalloïdes annulatus, sordidè virescens et patulus*. En 1808, il donna : *Prospectus du traité des champignons*; et *De la mycétologie*, ou *Traité historique, graphique, culinaire et médical des champignons*; en 1815, il fit paraître : *Examen de la partie botanique de l'essai d'une histoire pragmatique de médecine*, par Kurt Sprengel; en 1816, *Illustrationes Theophrasti in usum botanicorum præcipuè peregrinantium, auctore Joh. Stackhouse*; c'est une critique de l'ouvrage de cet auteur sur Théophraste; enfin, en 1824, Paulet publia *Flore et Faune de Virgile*, ou *Histoire des plantes et des animaux dont ce poëte a fait mention*.

Albert-Guillaume Roth, médecin et botaniste allemand, né dans le duché d'Oldenbourg, en 1757, s'est surtout occupé des Algues, qu'il distribua d'une manière nouvelle, et des Mousses, dont, selon lui, les anthères ne seraient pas destinées à opérer la fécondation. Nous citerons parmi ses écrits : *Premières notions de botanique* (*Anweisung fuer Anfaenger, Pflanzen zum Nutzen und Vergnuegen zu sammlen und nach dem Linneischen system zu bestimmen*, Gotha, 1778, in-8°; *ibid.*, 1803); *Catalogue des plantes qui ne sont pas rangées dans l'ordre régulier du système de Linné* (*Verzeichniss derjenigen Pflanzen, welche nach der Anzahl und Beschaffenheit ihrer Geschlechtstheile nicht in den gehoerigen Klassen und Ordnungen des Linneischen System stehen,*

Altenbourg, 1781, in-8°); *Contingent à la botanique* (*Beytraege zur Botanik*, Brême, 1782-1783, 2 vol in-8°]; *Herbarium vivum plantarum officinalium*, Hanovre, 1785, in-fol.; *Observations et traités botaniques* (*Botanische Abhandlungen und Beobachtungen*, Nuremberg, 1788, in-4°); *Tentamen Floræ germanicæ*, Leipzig, tome I, 1788, t. II, 1789, t. III, 1800, in-8°; *Nouveau contingent à la botanique* (*Neue Beytraege zur Botanik*, Francfort, 1802, in-8°); *Rectifications et Observations botaniques* (*Botanische Bemerkungen und Berichtigungen*, Leipzig, 1807, in-8°); *Observations sur l'étude des Algues* (*Bemerkungen über das Studium der kryptogamischen Wassergewaechse*, Hanovre 1797); *Collecta botanica, plantæ novæ et minus cognitæ describuntur atque illustrantur*, 1797 à 1806, 3 fascicules avec planches coloriées.

L'Allemagne et la partie allemande de la Suisse ont produit plu- sieurs botanistes du nom d'Ehrhart, particulièrement Balthazar et Frédéric. Balthazar Ehrhart, médecin à Memmingen, mourut en 1756, après avoir publié : *Mantissa botanologiæ juvenilis*, Ulm, 1732, in-8°, écrit qui est une introduction sur la manière de dessécher les plantes et de composer un herbier; *Herbarium vivum recens collectum, in quâ centuriæ V plantarum officinalium, tum ex nonnularum sacris litteris, auctoribus classicis et usu œconomico celebratarum, magnâ diligentiâ exsiccatarum et methodo, hactenùs probatâ, durabilium redditarum, in naturâ, quod vocant, repræsentantur*, Ulm, 1732, in 8°, avec une continuation in-folio, 1745; *Continuatio syllabi plantarum quarum specimina sicca botanophilis offeruntur*, Memningen, 1746, in-fol.; *Addition à l'herbier de Lonicer* [1] (*Zugabe zu Lonicer's Kraeuterbuch*, Ulm, 1737, in-fol.); *Histoire des plantes économiques* (*Œkonomische Pflanzenhistorie*, en 12 parties, qui ont paru à Ulm et Memmingen, de 1753 à 1762, in-8°, et dont les six dernières ont été publiées par le

---

1. Adam Lonicer, médecin et botaniste, né à Magdebourg en 1528, mort en 1586, publia, en 1540, à Francfort, un ouvrage intitulé : *Methodus in Herbariæ et animadversiones in Galenum et Avicennam*, et, de 1551 à 1555, une sorte de compilation ayant pour titre : *Naturalis Historiæ opus novum quo tractatur de naturâ arborum fruticum, herbarum*, etc., ouvrage qui a été traduit en allemand et imprimé plusieurs fois. Lonicer profita, pour faire cet ouvrage, des travaux et des recherches de Chrétien Égénolphe, son beau-père, célèbre imprimeur de Francfort, qui avait recueilli les faits les plus intéressants épars dans les œuvres d'Eucharius Roeslin, plus connu sous le nom de Rhodion, médecin et botaniste allemand du seizième siècle, de Dorsten et de Jean Cuba. Ce dernier, né à Augsbourg, est auteur du *Garten der Gesundheit*, publié à Mayence

docteur Koelderer). Dans cet ouvrage, les plantes sont classées suivant l'ordre des mois de leur apparition et suivant leur habitat; ce n'est, à proprement parler, qu'une compilation, mais qui parut d'une lecture agréable, parce qu'elle était bien rédigée et bien coordonnée. Le même auteur a donné un catalogue des plantes du Tyrol, dans les *Transactions philosophiques de la Société royale de Londres.*

L'autre Ehrhart (Frédéric), né dans le canton de Berne, en 1742, était pharmacien. Il parcourut l'Allemagne, le Danemark et la Suède, apprenant ou exerçant son état dans diverses officines, et en même temps étudiant les végétaux. Il suivit le cours de Linné à Upsal. Il résida ensuite quelques années à Brunswick. En 1780, il fut appelé dans le Hanovre en qualité de botaniste du Jardin d'Herrenhausen, et, en 1787, il fut nommé botaniste du roi d'Angleterre. C'était une position très-modeste, mais qui le mit à l'abri du besoin et qui lui permit de se livrer entièrement à ses études de prédilection. Il mourut en 1795, laissant : *Phytophilacium Ehrhartianum*, Hanovre, 1780, in-fol. ; *Calamariæ, gramina et Tripetaloideæ*, en X décades, Hanovre, 1785-1787, in-fol.; *Plantæ cryptogamicæ Linnæi*, également en X décades, Hanovre, 1787, in-fol.; *Arbores, frutices et suffrutices Linnæi, quos in usum dendrophilorum collegit et exsiccavit*, en VI décades, Hanovre, 1778, in-fol.; *Herbæ Linneanæ, quas in locis earum natalibus collegit*, en VI décades, Hanovre, 1787, in-fol.; *Traité des arbres et des arbrisseaux* (*Verzeichniss der Baeome und Straeuche*, Hanovre, 1787, in-fol.]; *Traité de plantes de serre chaude* (*Verzeichniss der Glas-und Treibhauspflanzen*, etc., Hanovre, 1787, in-8°); *Aide du naturaliste, à l'usage du botaniste, du chimiste, de l'agriculteur, du droguiste et du pharmacien* (*Beytraege zur Naturkunde und den damit verwandten Wissenchaften, besonders der Botanik, Chemie, Haus-und Landwirthschaft, Arzneygelahrtheit und Apothekerkunst*, Hanovre et Osnabruck, 1787-1792, 7 volumes in-8°). On doit à Frédéric Ehrhart la publication du *Supplementum plantarum systematis vegetabilium*, de Linné, Brunswick, 1782, in-8°. Thunberg a donné le nom d'*Ehrhata* à un genre de plantes de la famille des Graminées.

en 1485, l'un des premiers ouvrages d'histoire naturelle qui ait paru avec figures. Lonicer divise les huit cent soixante-dix-neuf planches dont il parle en deux classes : 1° arbres et arbrisseaux; 2° plantes médicinales. J. Bauhin lui reproche d'avoir été le plagiaire de Jérôme Bock, dit *Tragus.*

Claude Alstrœmer, naturaliste suédois, né en 1736, mort en 1794, fils d'un célèbre naturaliste de Stockholm, membre, comme lui et comme deux de ses frères, de l'Académie des sciences de cette ville, fut un des plus zélés disciples de Linné, pour lequel il recueillit nombre de végétaux dans ses voyages en Europe, et qui lui consacra, sous le nom d'*Alstremeria*, une magnifique Liliacée, originaire du Pérou. Alstrœmer s'occupa aussi de zoologie, mais surtout d'agriculture. On a de lui quelques mémoires.

Jean-Erdwin-Christophe Ebermaier, pharmacien et médecin allemand, né en 1767, a publié, entre autres ouvrages : *Herbarium vivum plantarum officinalium cum descriptionibus et animadversionibus*, en 14 fascicules, Brunswick, 1790-1792, in-4° ; et une matière médicale végétale (*Vergleichende Beschreibung derjenigen Pflanzen, welche in den Apotheken leicht mit einander verwechselt werden*; Brunswick, 1794, in-4°)[1].

On compte jusqu'à seize botanistes au moins du nom de Schmidt. Les uns appartiennent à la première partie du dix-huitième siècle, quelques-uns à la fin de ce même siècle ; les autres, en plus grand nombre, sont nos contemporains. Jean-Christophe Schmidt publia, à Bâle, en 1721, un écrit sur les analogies entre les végétaux et les animaux (*De analogiâ regni vegetabilis cum animali*). On a de Jean-Joachim Schmidt, médecin allemand, né à Schewrin : *Annales de botanique* (*Botanisches Jahrbuch*, Lunebourg, 1799, in-8°). — François-Willibald Schmidt, médecin et professeur de botanique à l'Université de Prague, mort en 1796, fonda le Jardin botanique de la capitale de la Bohême. On a de lui : *Flore de Bohême* (*Flora boemica inchoata, exhibens plantarum regni Boemiæ indigenarum species*, Prague, 1793-1794, in-fol.); *Nouveau et curieux herbier* (*Neue und seltene Pflanzen, nebst einigen andern botanischen Beobachtungen*, Prague, 1793 in-8°).

Benoît Bergius, médecin et botaniste suédois, né en 1723, mort en 1784, a publié de nombreux mémoires, dont plusieurs ont trait à la botanique, dans les *Actes de l'Académie des sciences de Stockholm*, à laquelle il appartenait. — Son frère, Pierre-Jonas Bergius, plus connu que lui, surtout comme botaniste, fut reçu docteur à Upsal,

---

1. Un autre Ebermaier (Charles-Henri) a publié, dans notre siècle, en allemand, une *Monographie médicale des plantes papilionacées*, Berlin, 1824.

en 1750, et soutint, sous la présidence de Linné, une thèse (*Semina muscorum detecta*), dont cet illustre naturaliste était, dit-on, l'auteur. Il devint membre de l'Académie des sciences de Stockholm. Mort en 1790, il a laissé, sous le titre de *Descriptiones plantarum ex Capite Bonæ Spei*, 1767, in-8°, une Flore estimée où il fait connaître beaucoup de végétaux qui avaient échappé à l'attention des botanistes ; il la composa d'après un herbier considérable des plantes du Cap, que lui avait adressé Grobb, directeur de la compagnie suédoise des Indes. Il a également donné une matière médicale végétale faite sur un très-bon plan, intitulée : *Materia medica e regno vegetabili*, etc., Stockholm, 1778, 2 volumes in-8° ; 2° édit., 1782. Pierre-Jonas Bergius est en outre auteur de nombreux mémoires botaniques qui ont paru dans les *Actes de l'Académie de Stockholm*, de la *Société académique d'Upsal*, dans les *Éphémerides des Curieux de la nature*, et dans les *Transactions philosophiques de la Société royale de Londres*.

Christian-Ehrenfried Weigel, médecin, chimiste et botaniste poméranien, né à Stralsund, en 1748, directeur du Jardin des plantes de Gripswald et du collège de médecine de cette ville, a publié en ce qui concerne la botanique : *Flora Pomerano-Rugica*, Berlin, 1769, in-8° ; *Observationes botanicæ*, Gripswald, 1772, in-4° ; *Index seminum et plantarum horti Gryphici systematicus*, Gripswald, 1773, in-4° ; *De l'utilité de la botanique* (*Vom Nutzen der Botanik*, 1774, in-4°) ; *Dissertatio sistens hortum Gryphicum*. 1782, in-4°.

Chrétien-Louis Willich, médecin et botaniste, né, en 1708, dans l'île de Rugen, mort en 1773, a laissé : *Dissertatio sistens observationes botanicas et medicas*, Gœttingue, 1747, in-4° ; *De plantis quibusdam observationes*, ibid., 1762, in-8° ; *Illustrationes quædam botanicæ*, ibid., 1766, in-8°.

James Logan, écuyer, président du conseil et chef de la justice anglaise, dans la Pensylvanie, né en Écosse en 1748, mort en 1788, fit une suite d'expériences sur le maïs, pour s'assurer de la sexualité dans les plantes, qui, après avoir été communiquées à Collinson, furent d'abord publiées dans les *Transactions philosophiques*, volume XXXVI, page 192, ensuite augmentées et imprimées en latin, à Leyde, en 1739, sous le titre d'*Experimenta et meletamata de plantarum generatione*, et enfin rééditées par le docteur Foterghill, avec une traduction anglaise, en 1747. Ces expériences ont été longtemps citées comme des plus décisives qui aient été faites pour établir la sexualité dans les plantes.

Patrick Browne, médecin et botaniste irlandais, né en 1720, mort en 1790, après avoir voyagé en Amérique, se fit recevoir docteur à Leyde, en Hollande, puis alla s'établir à la Jamaïque; il étudia les productions naturelles de cette île avec un soin particulier, fit de nombreuses observations et rectifia une partie de celles de Sloane. Vers 1755, il revint en Angleterre, mais ne tarda pas à retourner encore aux Antilles; il alla et revint ensuite plusieurs fois encore. Enfin, las de courir les aventures, après avoir éprouvé des malheurs et fait de grandes pertes, il résolut de passer le reste de ses jours dans son pays natal. La mort l'empêcha de publier une *Flore d'Irlande*, à laquelle il travaillait depuis plusieurs années. Linné donna son nom au genre *Brownea*, de la famille des Légumineuses; c'était une manière de lui témoigner sa reconnaissance de ce que, le premier des Anglais, il avait adopté son système. On a de Patrick Browne : *Histoire civile et naturelle de la Jamaïque*, Londres, 1756, in-fol., *ibid.*, 1789. Cet ouvrage est orné de belles planches, dessinées par Ehret [1].

Guillaume Curtis, pharmacien de Londres, botaniste laborieux, né en 1746, mort en 1799, a publié un assez grand nombre d'écrits sur les végétaux, dont les principaux sont : la *Flore de Londres* (*Flora Londinensis, or plates and descriptions of such plants as grow wild in the environs of London*, 2 vol. in-fol., avec 420 planches; Londres, 1777 et années suivantes), œuvre restée inachevée; *Catalogue of the british medicinal, culinary and agricultural plants*, Londres, 1783, in 8°; c'est le catalogue des plantes que l'auteur cultivait dans son jardin; *The botanical Magazine*, Londres, 1787-1798, 12 vol. in-8°; ce recueil est encore en continuation de nos jours. On a publié après la mort de l'auteur : *Lectures of botany*, Londres, 1804 3 vol. in-8°.

Jean-Baptiste-Michel Bucquet, docteur médecin de la Faculté de Paris, chimiste et naturaliste des plus remarquables, au point que l'Académie des sciences lui ouvrit ses portes à un âge où l'on ose à peine former le vœu de faire partie de ce corps illustre, fut beaucoup trop tôt enlevé au monde savant. Né à Paris en 1746, il

---

1. Un autre Browne (Guillaume), mort en 1678, a donné le Catalogue des plantes du jardin d'Oxford (*Catalogus Horti Oxoniensis*, Oxford, 1658, in-8°).

mourut à l'âge de trente-trois ans, le 26 janvier 1780, épuisé par ses travaux, après avoir inutilement essayé de réparer ses forces et de prolonger sa vie par un usage immodéré d'éther et de laudanum. La botanique lui doit une *Introduction à la connaissance des corps naturels tirés du règne végétal*, Paris, 1773, 2 vol. in-12 avec figures.

Othon-Frédéric Müller, naturaliste danois, né à Copenhague en 1730, mort en 1784, s'occupa à la fois de zoologie et de botanique. On lui doit, sous ce dernier rapport : *Flora Fridrichsdalina*, Strasbourg, 1767, in-4°. Il publia aussi les quatrième et cinquième volumes de la *Flore danoise*, commencée par OEder.

Gérard-André Müller, médecin allemand, né en 1718, mort en 1762, professa l'anatomie, la chirurgie et la botanique à Giessen. On lui doit entre autres une dissertation sur les huiles essentielles que l'on extrait des végétaux (*Dissertatio de oleis essentialibus seu ætheres vegetabilium absque distillatione parandis*, 1756, in-4°).

Jean-Sébastien Müller, peintre, graveur et botaniste allemand, né à Nuremberg en 1715, mort en Angleterre en 1783, a publié : *Illustratio systematis sexualis Linnæi*, Londres, 1770-1777 en 15 cahiers in-folio. C'est la représentation du système de Linné en 214 belles planches en noir ou coloriées, offrant 104 plantes dessinées et gravées avec le plus grand soin ; les plantes sont représentées fleuries, et les fleurs sont souvent figurées à part avec un soin minutieux ; le tout est accompagné d'un texte en latin et en anglais. L'auteur prenait, en Angleterre, le nom de John Miller.

Müller (J.-C.-F.) a publié : *Instructions pour la culture du verger et du potager, avec un appendice sur la culture des fleurs* (*Anweisung zur zweckmaessigen Behandlung des Obst-und Gemüsegartens, nebst einem Anhang vom Blumengarten*, Francfort, 1796 ; 2e édit., 1801 ; 3e édit., 1820) ; *Instructions pour les travaux de chaque mois dans le verger, le potager et le jardin à fleurs* (*Anweisung in allen Geschaeften im Baum-Küchen-und Blumengarten für alle Monate des Jahres*, Francfort, 1797 ; 5e édit., 1820 ; etc.

Jean-Henri Müller a donné, en 1745, à Ulm, *Catalogus plantarum*, — Jean-Gotthilf Müller a publié la première décade d'un *Species plantarum*, avec planches, Berlin, 1757.

Paul-Dieterich Giseke, médecin-botaniste de Hambourg, né en 1745, mort en 1796, fit ses études et fut reçu recteur à Gœttingue. où il occupa la chaire de physique et la chaire de poésie, ainsi que la place de bibliothécaire du gymnase. La botanique fut son étude de prédilection, et son admiration pour Linné devint une sorte de culte ; aussi ce grand botaniste lui dédia-t-il le genre *Gisekia* de la famille des Portulacées. Les principaux écrits botaniques de Giseke sont : *Dissertatio botanico-medica sistens systemata plantarum recentiora*, Gœttingue, 1767, in-4° ; *Icones plantarum, partes, colorem, magnitudinem et habitum earum examussim exhibentes, adjectis nominibus Linnæanis, fasc.* 1, Hambourg, 1777, in-4° ; *Index Linnæanus in Leonhardi Plukenetii opera botanica*, etc., Hambourg, 1779, in-4°, avec un supplément publié en 1780, in-12 ; *Caroli a Linne termini botanici, classium methodi sexualis generumque plantarum characteres compendiosi*, etc., Hambourg, 1787, in-8° ; *Theses botanicæ*, Hambourg, 1790, in-8° ; *Caroli a Linne Prælectiones in ordines naturales plantarum è proprio et J.-C. Fabricii manuscripto edidit P.-D. Giseke*, Hambourg, 1792, in-4° ; c'est l'ouvrage de Linné dont il est question page 146 de ce *Précis*.

Mustel, agronome français, est auteur de *Mémoires sur la culture de la Pomme de terre*, qui parurent de 1763 à 1770, de *Recherches sur l'économie rurale* et d'un *Traité théorique et pratique de la végétation*, publié de 1781 à 1784, en 4 vol. in-8°, dans lequel il fit connaître des expériences nouvelles qui étaient en opposition à la plupart des théories physiologiques d'alors, et principalement à la théorie de la circulation de la sève ascendante et descendante.

David-Henri Hoppe, pharmacien, botaniste et chimiste, puis docteur en médecine allemand, né à Vilsen, en Hanovre, habita successivement Hambourg, Halle, Ratisbonne, où il fonda, avec Martius (Ernest-Guillaume) et Stallknecht, la société de botanique de Ratisbonne, devenue si célèbre. On a de lui : *Ectypa plantarum Ratisbonensium*, Ratisbonne, 1787-1793, in-fol., recueil de 800 planches ; *Manuel élémentaire de botanique* (*Botanisches Taschenbuch*, etc., Ratisbonne, 1790, in-8°, réimprimé tous les ans jusqu'à 1811) ; *Ectypa plantarum selectarum*, Ratisbonne, 1796, in-fol., recueil de 25 planches ; *Herbarium vivum plantarum rariorum, præsertim Alpinarum, exhibens plantas à societatis botanicæ Ratisbonensis sodalibus in variis Germaniæ regionibus collectas et botanophilis communicatas*, Ratisbonne, 1798-1799, in-fol. ; *Bibliothèque de botanique* (*Allgemeine botanische Bibliothek des neunzehnten Jahrhunderts*, Nuremberg, 1807, in-8°) ; *Hortus botanicus Ratisbonensis*, Ratisbonne, 1807-1809, in-fol. David-Henri Hoppe a publié, avec Frédéric Hornschuch, le *Journal d'un voyage botanique sur les bords de l'Adriatique, en Carniol, en Carinthie, dans le Tyrol*, etc. (*Tagebuch einer Reise nach den Küsten des adriatischen Meers*, etc. Ratisbonne, 1818; et, avec Jacques Sturm, un ouvrage sur les *Carex* d'Allemagne (*Caricologia germanica*, Nuremberg, 1835, in-fol., avec 112 planches coloriées).

Un autre Hoppe (Jean-Tobie), simple épicier à Géra, s'est beaucoup occupé de botanique. Nous citerons de lui, entre autres ouvrages, un *Traité des tubercules comestibles* (*Kurzer Bericht von den knollichten und essbaren Erdaepfeln, oder denen Solanis tuberosi esculentis*, etc., Géra, 1745, in-4°, et Wolfenbuttel, 1747); des *Remarques sur le règne végétal* (*Merkwuerdigkeiten des Pflanzereichs*, Berlin, 1752, in-8°); une *Description des plantes comestibles des environs de Géra, susceptibles d'être employées en temps de disette* (*Beschreibung der essbaren Kraeuter und Pflanzen, welche um Gera wachsen, und bey theurer Zeit gut zu gebrauchen sind*, Géra, 1773, in-8°); un *Traité des générations des plantes* (*Abhandlung von der Begattung der Pflanzen*, Altenbourg, 1773, in-8°), et enfin une *Flore de Géra* (*Geraische Flora*, Iéna, 1774, in-8°).

Jean-Chrétien-Gottlob Baumgarten, médecin allemand, l'un des partisans les plus zélés du système sexuel de Linné, né à Lukau, dans la Basse-Lusace, en 1765, a publié d'intéressants travaux relatifs à la botanique : 1° *Sertum Lipsicum, seu stirpes omnes praeprimis exoticas circà urbem olim, maximèque nuperrimè, plantatas digessit atque descripsit secundùm methodum Linnaeanam*, Leipzig, 1790, in-8°; 2° *Flora Lipsiensis*, Leipzig, 1790, in-4°; 3° *Enumeratio stirpium magno Transylvaniae principatui indigenarum collecta ac secundùm ordinem sexualem descripta*, Vienne, 1816, 3 vol., in-8°.

Le plus célèbre des botanistes du nom de Schrader est Henri-Adolphe, professeur à Gœttingue et directeur du jardin botanique de cette ville, qui appartient au chapitre suivant. Les plus connus du dix-huitième siècle sont : Chrétien-Frédéric Schrader, botaniste allemand, qui a donné : *Index plantarum horti botanici paedagogii regii Glauchensis*, Halle, 1772, in-12; *Genera plantarum selecta*, Halle, 1780, in-8°; — Jean-Chrétien-Charles Schrader, pharmacien de Berlin, qui a publié une *Flore des champs* (*Flora, oder laendliche Gemaehlde*, Berlin, 1792, in-8); un *Manuel sur les plantes du nord de* l'Allemagne, à l'usage des étudiants en pharmacie (*Die Nordteutschen Arzneypflanzen für Anfaenger der Apothekerkunst*, Berlin, 1792). Il a aussi donné, avec Jean-Samuel-Benjamin Neumann, deux Dissertations sur les grains (*Zwei Preisschriften ueber die eigentliche Beschaffenheit und Erzeugung der erdigen Bestandtheile in den verschiedenen inlaendischen Getraidearten*, Berlin, 1800).

Jean Sibthorp, médecin et naturaliste anglais, mort en 1796, fut professeur de botanique à Oxford. Il fit, avec le dessinateur Bauer, un voyage en Grèce, et resta deux ans dans ce pays, occupé à y observer les végétaux ; il y retourna en 1793 avec Hawkins, et en rapporta une riche collection de plantes, avec un portefeuille de mille dessins, le tout dant le but de publier une Flore de la Grèce. Il mourut avant l'accomplissement de son projet ; mais J.-E. Smith se chargea de la publication de ce magnifique ouvrage (*Flora græca*, Londres, 1806-1815, 4 vol. in-fol.). Cette flore a beaucoup contribué à faire connaître les plantes dont parle Dioscoride ; mais nombre de végétaux, déjà trouvés par Tournefort, y sont omis. On doit aussi à Sibthorp, une *Flore d'Oxford* (*Flora Oxoniensis*, Oxford, 1794, in-8°).

Jean-Jacques Rœmer, médecin habile et botaniste de la Suisse allemande, né à Zurich en 1761, mort, en 1819, dans cette ville où il avait la direction du Jardin des plantes, a publié plusieurs ouvrages connus et estimés de tous les naturalistes. On lui doit : *Manuel pour le botaniste voyageant en Suisse* (*Taschenbuch bey botanischen Wanderungen durch die Schweitz*, Zurich, 1791, in-8°) ; le *Magasin botanique* (*Magazin fuer die Botanik*, Zurich, 1787-1791, 12 cahiers, in-8°), journal publié de concert avec Paul Usteri[1], et qui a été continué en 1794, sous le titre de *Nouveau Magasin de botanique* (*Neues Magazin fuer die Botanik*) ; *Scriptores de plantis hispanicis, lusitanicis et brasiliensibus*, Nuremberg, 1796, in-8° ; *Archives de botanique* (*Archiv fuer die Botanik*, Leipzig, 1796-1797, in-4°) ; *Flora Europeæ inchoata*, ouvrage malheureusement inachevé, et dont les planches firent l'admiration des connaisseurs, Nuremberg, 1797-1810, in-8° ; *Encyclopédie du jardinage* (*Encyclopaedie fuer Gaertner*, etc., Tubingen, 1797, in-8°) ; *Flora britannica, auctore J.-E. Smith, recudi curavit, additis passim adnotatiunculis*, Zurich, 1804, 2 vol. in-8° ; *Collectanea ad*

SIBTHORP.

RŒMER.

---

1. Paul Usteri, savant médecin et botaniste suisse, né à Zurich, en 1768, mort en 1803, a aussi publié : *Annales de botanique* (*Annalen der Botanik*, Zurich, 1791-1801, in-8° ; et *Delectus opusculorum botanicorum*, Strasbourg, 1790-1793, 2 vol. in-8°.

omnem rem botanicam spectantia, Zurich, 1809, in-4°. Rœmer a commencé une nouvelle édition du *Systema vegetabilium*, 1817, avec la collaboration des professeurs Joseph-Auguste Schultes et Jullien-Hermann Schultes; cet ouvrage n'a été achevé qu'en 1830. Six genres ont été consacrés à la mémoire de Rœmer par Medicus, Raddi, Thunberg, Trattinick et Zea. Le genre *Rœmeria* de Medicus, de la famille des Papavéracées, a été admis[1].

Pierre-Joseph Buc'hoz, médecin, naturaliste et infatigable compilateur, né à Metz en 1731, mort à Paris en 1807, fut, à l'égard de sa passion pour la publicité, un émule, mais un émule moins heureux, de l'astronome Lalande. Tout semblait lui appartenir; dérobant à tout le monde, il avait la prétention d'être l'inventeur là où il n'était que le plagiaire. Une plante venait-elle d'être découverte, Buc'hoz la présentait au monde en l'accompagnant d'une dissertation qui lui donnait, aux yeux de bien des gens superficiels, l'air d'être le découvreur. Il s'imaginait que sans lui on ne pourrait connaître ni apprécier Buffon et Linné; il semblait qu'il exhumât ces grands hommes de quelque cimetière ignoré. D'ailleurs, il les défigurait par son style et sa prolixité; il voulait les illustrer par l'abondance des estampes, qui, par malheur, manquaient presque toujours d'exactitude. Marquet avait écrit l'*Histoire générale des plantes de Lorraine*. Buc'hoz, son gendre, acheta son manuscrit après sa mort, et en publia une partie sous le titre de *Traité historique des plantes de la Lorraine et des Trois-Évêchés*, Nancy, 1762-1768, 13 vol. in-8° et in-12; les trois derniers volumes in-12 ont été imprimés à Paris. On a du même auteur, au point de vue de la botanique : *Réponse à une critique sur l'histoire des plantes de Lorraine*, 1763; *Tournefortius Lotharingiæ*, Nancy, 1766, in-8°; *Lettres périodiques sur la méthode de s'enrichir promptement et de conserver sa santé par la culture des végétaux*, Paris, 1768-1770, 5 vol. in-8°; *Médecine rurale et pratique*, Paris, 1768, in-12; *Secrets de la nature et de l'art, suivis d'un traité sur les plantes qui peuvent servir à la teinture et à la peinture*, Paris, 1769, 4 vol. in-12; *Histoire universelle du règne végétal* ou *Nouveau dictionnaire physique et économique de toutes les plantes qui croissent sur la surface*

---

1. Un autre Rœmer (M.-J.), notre contemporain, a publié un *Manuel complet de botanique* (*Handbuch der allgemeinen Botanik*), 1835-1840; et quelques monographies de familles du règne végétal, 1846 et 1847.

du globe, Paris, 1772, texte et planches, 25 vol. in-fol.; *Collection enluminée des fleurs les plus rares et les plus curieuses qui se cultivent dans les jardins de la Chine et dans ceux de l'Europe*, Paris, 1775, in-fol.; *Histoire naturelle de la France représentée en gravures, et rangée suivant le système de Linné*, Paris, 1776 et années suivantes, 14 vol. in-8°; le *Jardin d'Eden, le Paradis terrestre renouvelé dans le jardin de la reine, à Trianon*, Paris, 1783-1785, 2 vol. in-fol., avec 200 planches coloriées. A la fin de sa carrière, Buc'hoz devint une sorte de vaniteux insensé; l'orgueil le fit déraisonner; il traita la France d'*infâme* parce qu'elle lui avait préféré Aldrovandi; il demanda une place, la déportation ou la mort, et, dans un appel à l'univers entier, il adressa des imprécations en forme cornélienne à ceux qui, selon lui, méconnaissaient son génie.

Le célèbre anatomiste allemand Charles-Auguste de Bergen, né à Francfort-sur-l'Oder, en 1704, mort en 1760, doit être cité dans ce *Précis* d'abord parce qu'il professa avec éclat la botanique, en même temps que l'anatomie, et chercha à en rendre l'étude attrayante; ensuite parce qu'il a laissé sur cette science des ouvrages qui ne sont pas sans mérite. Loin de multiplier les difficultés de la botanique, il voulut les simplifier en réduisant les notions élémentaires à un petit nombre de principes assez clairs et assez précis pour qu'on pût devenir botaniste sans maître, et sans autre guide que la nature. Il a laissé au milieu de nombreux ouvrages de médecine, quelques écrits sur les végétaux : 1° *Programma quod desquirit, utri systematum, an Tournefortiano, an Linnæano, potiores partes deferendæ sunt*, Francfort-sur-l'Oder, 1742, in-4°, ouvrage dans lequel il donne le système de Linné comme supérieur à la méthode de Tournefort, ce qui cessa plus tard d'être son opinion; 2° *Catalogus stirpium indigenarum æquè ac exterarum, quas hortus medicus Academiæ Viadrinæ complectitur*, etc., Francfort-sur-l'Oder, 1743; 3° *Flora Francofortuna, methodo facili elaborata*, etc., *ibid.*, 1750, in-8°. Bergen n'avait d'abord songé en entreprenant ce second ouvrage qu'a rééditer, en l'améliorant, l'*Hodoegus botanicus* ou *Vade mecum botanicum*, de Martin-Daniel Johrenius [1]; mais son travail s'élargit et se modifia sous sa plume, au point que ce fut véritable-

[1]. Martin-Daniel Johrenius, fils de Conrad Johrenius, professeur de médecine à Francfort-sur-l'Oder, mort en 1718, avait publié cet ouvrage, à Colberg, 1710, in-12, puis à Francfort-sur-l'Oder, 1717, in-12.

milles et des genres; mais malheureusement il ne laissait aucun ouvrage, et l'on n'avait imprimé de lui que quelques fragments de lettres,
parce que l'observation de la nature et une mort prématurée ne lui
avaient pas laissé le temps d'exécuter le grand travail qu'il méditait sur
l'histoire naturelle. Du moins, il ne s'en allait pas tout entier dans la
tombe ; car, comme témoignage de ses investigations et de son génie
d'observation, il léguait au Muséum d'histoire naturelle de Paris
des papiers, des dessins et des collections, qui sont encore une des
sources les plus fécondes où les botanistes peuvent puiser. On doit à
Commerson le genre *Hortensia*. Il a aussi établi la famille des *Flacourtiacées*, pour des arbres ou arbrisseaux de Madagascar, de l'Asie
tropicale et de l'Amérique équinoxiale, en l'honneur d'Étienne de
Flacourt, qui a laissé sur l'île de Madagascar, dont il était gouverneur pour la France en 1648, un très-intéressant ouvrage.

Nicolas-Joseph Jacquin, botaniste et chimiste hollandais, né à
Leyde en 1727, mort en 1817, fut appelé en Autriche après avoir
étudié la médecine, et envoyé en Amérique par l'empereur François Iᵉʳ, pour en rapporter des plantes destinées à l'embellissement

des jardins botaniques de Vienne et de Schœnbrunn. De l'année 1754
à l'année 1759, il visita les Antilles et une partie du continent voisin.
A son retour en Europe, où il apporta nombre de végétaux exotiques encore ignorés, il fit des jardins de Vienne et de Schœnbrunn
des établissements botaniques si merveilleux, que celui des Anglais
à Chelsea lui-même leur resta fort inférieur. Il publia le *Catalogue
systématique des plantes nouvelles ou déjà connues des îles Caraïbes
et de la partie avoisinante du continent américain* (*Enumeratio systematica plantarum*, etc., Leyde, 1760, in-8°); le *Catalogue des plantes
indigènes des environs de Vienne* (*Enumeratio stirpium plerarumque
quæ spontè crescunt in agro Vindobonensi*, etc., Vienne, 1762, 1 vol.
in-8° avec 9 pl.); l'*Histoire des plantes d'Amérique, rangées d'après le
système de Linné* (*Selectarum stirpium americanarum historia*, Vienne,
1763, in-fol. avec 183 planches, dont les dessins étaient l'œuvre de
Jacquin); *Observations botaniques* (*Observationum botanicarum iconibus ab auctore delineatis illustratum*, Vienne, 1764-1771, 4 vol. in-fol.,
avec 100 pl.); *Index du règne végétal* (*Index regni vegetabilis*, 1770,
1 vol. in-4°); *Jardin botanique de Vienne* (*Hortus botanicus Vindobonensis*, 1770-1776, 3 vol. in-folio avec 300 planches coloriées, ouvrage tiré à 162 exemplaires seulement); la *Flore d'Autriche* (*Flora*

austriaca, Vienne, 1773-1778, 5 vol. in-folio, avec 500 planches coloriées, ouvrage aussi rare qu'il est beau); *Miscellanées autrichiennes sur la botanique, la chimie et l'histoire naturelle* (*Miscellanea austriaca*, etc., 1778-1781, 2 vol. in-4°, avec figures en partie coloriées); *Figures des plantes rares* (*Icones plantarum rariorum*, 1781-1795, 3 vol. in-folio avec 100 planches, pour servir de supplément au *Jardin botanique de Vienne* et à la *Flore d'Autriche*, et avec référence aux *Miscellanées* pour les descriptions); IV fascicules, ou 40 planches de *Plantes rares ou peu connues* (*Eclogæ plantarum rariorum aut minus cognitarum*); *Fragments relatifs à la botanique, à la chimie*, etc. (*Collectanea ad botanicam*, etc., 1786-1796, 5 vol. in-4°); la *Monographie des Oxalides* (*Oxalis. Monographia iconibus illustrata*, 1774, 1 vol. in-4° avec 81 pl.); la *Pharmacopée d'Autriche* (*Pharmacopœa austriaca*, 1794, in-8°, avec la coopération de Jacquin fils, de Stoerk et de Schosulan); *Description des plantes rares du jardin de Schœnbrunn* (*Plantarum rariorum horti Schœnbrunnensis descriptiones et icones*, 1797-1804, 4 vol. in-fol. avec 500 pl.); *Fragments de botanique* (*Fragmenta botanica figuris coloratis illustrata*, 1800-1809, 6 fasc. in-fol., avec 138 planches); *Descriptions des plantes cultivées dans les jardins de Vienne* (*Stapeliarum in hortis Vindobonensibus cultarum descriptiones*, etc., 1806-1807, in-fol. avec 64 planches coloriées); Joseph-François Jacquin a complété cet ouvrage de son père, en 1819. Le nom de Jacquin a été donné par Linné à un genre d'arbrisseaux de l'Amérique tropicale (*Jacquinia*), de la famille des Myrsinées-Théophrastées. Jacquin, créé baron en 1806, était membre de la plupart des sociétés savantes de l'Europe.

Jean-Gérard Kœnig, pharmacien et botaniste, élève de Linné et de Wallerius, né en Livonie, en 1728, mort aux Indes orientales, en 1785, qu'il faut distinguer d'Emmanuel Kœnig dont il a été parlé (p. 90), fut un de ces hommes qui sacrifient tout à la science, leur situation, leur santé, leur vie. Il fut d'abord chargé par le gouvernement danois d'aller étudier l'île de Bornholm au point de vue de l'histoire naturelle. En 1764, il partit pour l'Islande, y resta un an et en rapporta une riche moisson de plantes rares. Envoyé à la côte de Coromandel en 1767, il s'y occupa presque uniquement des végétaux. Déjà il avait parcouru les deux presqu'îles de l'Hindoustan, et il se préparait à passer au Thibet quand la mort le surprit près de Madras. Linné lui a consacré le genre *Kœnigia* de la famille des Polygonées.

On a de lui un bon traité de matière médicale, sous le titre de *Dissertatio de indigenorum remediorum ad morbos cuivis regioni endemicos expugnandos efficacia*, Copenhague, 1773, in-8°. La relation de son voyage en Islande se trouve dans les Mémoires de la Société d'histoire naturelle de Berlin. Retzius a fait connaître, dans ses *Observationes botanicæ*, les plantes que Kœnig lui avait adressées.

GUNNER.

Jean-Ernest Gunner ou Gunnerus, évêque et naturaliste norvégien, né à Christiania, en 1718, mort à Christiansand en 1773, profita de ses tournées épiscopales pour étudier les productions de la nature boréale. Le fruit de ces études a été le grand ouvrage intitulé : *Flora norvegica*, Copenhague, dont la première partie fut publiée à Nidrosia (Drontheim), en 1766, et la seconde partie à Copenhague, en 1776, in-folio. L'auteur y décrit 1200 espèces de plantes dont il indique les propriétés médicales et économiques. Linné a donné le nom de *Gunnera* à une plante du Chili.

BANKS.

Sir Joseph Banks, voyageur-naturaliste anglais, président de la Société royale de Londres, conseiller du roi Georges III, né en 1740, manifesta dès sa jeunesse ses goûts pour l'histoire naturelle et pour les voyages ; sa fortune patrimoniale, qui était considérable, lui permit de satisfaire à ses penchants. Il visita, en 1763, le Labrador et Terre-Neuve. Dès qu'il eut connaissance du premier projet d'expédition du capitaine Cook autour du monde, il sollicita et obtint l'honneur périlleux d'être compris parmi les navigateurs, et résolut de consacrer une partie de sa fortune aux progrès de l'histoire naturelle pendant ce voyage ; il acheta et rassembla à cet effet tous les instruments nécessaires, s'attacha deux peintres, entraîna sur sa trace un élève de Linné, le docteur Solander, depuis peu établi en Angleterre, et enfin n'épargna rien de ce qui pourrait contribuer à la richesse des résultats au retour. Il suivit donc le grand navigateur sur l'*Endeavour*, depuis le 26 août 1768 jusqu'au 21 juin 1771, et rapporta de ce mémorable voyage d'abondants matériaux pour la science ; mais ce qui est difficile à comprendre, c'est que ni lui, ni son compagnon Solander n'en tirèrent parti pour une grande publication que mieux que tous autres ils auraient pu conduire. Banks se contenta d'ouvrir ses trésors à tous ceux qui étaient susceptibles d'en tirer parti. Gœrtner, Wahl, Robert Brown, firent un merveilleux usage des richesses botaniques qu'il leur communiqua. Il nolisa, en 1772, un navire, et fit, en compagnie encore de Solander et du

suédois Uno de Troil, un voyage scientifique aux îles Hébrides et en
Islande. Depuis longtemps membre de la Société royale de Londres,
il en fut élu président en 1778 et occupa ce poste éminent
durant quarante et une années consécutives, malgré des inimitiés
que lui attiraient la faveur dont il jouissait. En 1781, il fut fait
baronnet, et il reçut, en 1795, les insignes de l'ordre du Bain.
Il employa sa fortune et sa position à protéger les savants, fut le
protecteur, le bienfaiteur et l'ami du grand botaniste et physiologiste Robert Brown. Il obtint du roi d'Angleterre que des ordres
seraient donnés pour qu'on n'inquiétât pas, durant la guerre, la
savante expédition de Lapeyrouse. Il fit rendre au naturaliste La Billardière les collections de l'expédition de d'Entrecasteaux, qui avaient
été transportées en Angleterre ; il ne voulut pas même les regarder
auparavant, craignant, écrivait-il à Antoine-Laurent de Jussieu, de
ravir une seule des idées botaniques à un homme qui était allé les
conquérir au péril de sa vie. Il envoya jusqu'au cap de Bonne-Espérance des personnes chargées de racheter et d'apporter des caisses
appartenant à Humboldt, qui avaient été enlevées par des corsaires. Le naturaliste Broussonnet ayant été proscrit comme Girondin,
Banks le fit aussitôt chercher en Espagne, pour lui offrir tous les
secours dont il aurait besoin. S'il ne put réussir à faire rendre la
liberté au célèbre géologue et minéralogiste Dolomieu, indignement
jeté dans un souterrain où il resta vingt et un mois, au retour de
l'expédition d'Égypte et à la suite d'un naufrage sur les côtes alors si
abominablement inhospitalières de Naples, il lui fit du moins parvenir, avec quelques soulagements, des nouvelles de sa famille. En
1802, Banks fut nommé membre associé de l'Institut de France. Il
mourut à l'âge de quatre-vingts ans. Il ne laissait pas d'écrits importants,
mais il avait fait d'admirables collections, qui ont été une source de
savants travaux pour ceux qui les ont consultées ; et il avait formé la
bibliothèque la plus riche en ouvrages sur les sciences naturelles
que l'on eût encore vue ; il en avait fait dresser et publier le catalogue par Dryander, en cinq volumes in-8° ; il la légua au Musée
Britannique.

Jean-Reinhold Forster, voyageur et naturaliste allemand, né en
1729, à Drieschau, en Prusse, d'une famille originaire d'Écosse, fut
ministre protestant à Dantzig, entra ensuite au service du gouvernement russe qui le nomma intendant de ses nouvelles colonies de

LES FORSTER

Saratow. Il était d'un caractère inégal, peu facile, emporté, qui n'était pas fait pour lui concilier les sympathies de ceux qui ne s'en tenaient pas à l'appréciation de ses seuls talents. Ayant cru avoir à se plaindre du gouvernement et de la société russes, il passa en Angleterre où il vécut quelques années des leçons de langues qu'il donnait. Naturaliste avec passion, il publia à Londres, en 1768, un ouvrage de minéralogie; en 1770, un ouvrage d'entomologie, et en 1771, un ouvrage de zoologie. Dans cette dernière année, il livra à la publicité son premier écrit sur la botanique : *La Flore de l'Amérique septentrionale* (*Flora Americæ septentrionalis, or a catalogue of the plants of north America*, Londres, 1771, in-8°). Il avait ainsi appelé l'attention sur lui, quand lord Sandwich lui offrit de remplacer, dans la seconde expédition du capitaine Cook autour du monde, Banks qui venait de refuser d'en faire partie, et dont on eut soin de lui cacher les motifs de mécontentement. Il obtint la permission d'emmener avec lui son fils, Jean-Georges-Adam Forster, né en 1754, près de Dantzig, qui l'avait suivi partout. Le 13 juillet 1772, les deux Forster partirent sur le navire *la Résolution*. Le 30 octobre, ils touchèrent au cap de Bonne-Espérance, où ils rencontrèrent le naturaliste Sparzmann, qu'ils décidèrent à les accompagner dans la suite de leur voyage. L'expédition aborda à la Nouvelle-Zélande, aux îles de la Société, à celles des Amis. Toute l'année 1774 fut employée à parcourir l'immense archipel de la mer du Sud. En 1775, on découvrit la terre de Sandwich où une baie reçut le nom de Forster. Au mois de mars de cette dernière année, l'expédition regagna le cap de Bonne-Espérance, y passa un mois, reprit ensuite la route de l'Angleterre, et aborda le 30 juillet 1775, à Spithead. Ce long voyage ne s'était pas accompli sans tribulations pour Jean-Reinhold Forster, qui, par suite des mêmes défauts de caractère dont nous avons parlé, s'était fait beaucoup d'ennemis parmi ses compagnons de voyage. A son retour en Angleterre, ces inimitiés le suivirent et nuisirent considérablement à la mise en œuvre des matériaux précieux que lui et son fils avaient rapportés de l'expédition autour du monde. Ils avaient tenu un journal exact du voyage, où se trouvaient consignés non-seulement tous les faits relatifs à l'histoire naturelle, mais encore tous les détails nécessaires à la publication d'une relation historique. Cook et ses compagnons, le gouvernement anglais lui-même en furent d'autant plus inquiets et jaloux que Jean-Reinhold Forster, à peine débarqué, eut l'air de vouloir devancer et primer le chef de l'expédition, en faisant imprimer et en offrant au roi d'Angleterre la partie botanique du voyage, sous le titre de *Characteres generum plantarum, quas in itinere ad insulas maris australis collegerunt, descripserunt, delinearunt, annis 1772-1775, J. R. Forster et G. Forster*, Londres, 1776, in-4°; traduction en allemand par J.-S. Kerner, 1776, in-8°. Cet ouvrage, le premier qui ait paru sur les plantes de la mer du Sud, contenait soixante-quinze nouveaux genres. Plusieurs erreurs qu'on y rencontre témoignent de l'impatience qu'éprouvait Jean-Reinhold Forster de devancer ses compagnons de voyage dans sa publication, et aussi de la rapidité qu'il apportait dans ses productions en général, pressé qu'il était souvent par le besoin d'argent. Peu sympathique aux Anglais, incessamment inquiété, il finit par être mis en prison pour dettes. Le grand Frédéric l'en tira, l'appela en Prusse, lui donna le titre de conseiller intime et la chaire d'histoire naturelle à Halle, ainsi que la direction du Jardin botanique de cette ville où il fut nommé docteur en philosophie et docteur en médecine. Pendant les dix-huit années qu'il passa à Halle, jusqu'à sa mort, arrivée en 1798, Jean-Reinhold Forster publia beaucoup d'ouvrages, mais comme en général ils n'ont pas spécialement trait à la botanique, nous ne mentionnerons ici que l'*Enchiridion historiæ naturali inserviens, quo termini et delineationes ad avium, piscium, insectorum et plantarum adumbrationes intelligendas et concinnandas, secundum methodum systematis Linnæani continentur*, Halle, 1788, in-8°; et l'*Essai d'une théorie sur la cause pour laquelle les feuilles des plantes purifient l'air au soleil et l'altèrent à l'ombre*, écrit que l'on trouve dans le *Magasin de Gœttingue* dirigé par Lichtenberg et G. Forster.

Quant à Georges Forster, il quitta l'Angleterre en 1777, avec l'intention de s'établir à Paris; mais dès l'année suivante, il alla occuper la chaire d'histoire naturelle à Cassel. En 1784, le roi de Pologne l'appela à Wilna également pour y professer l'histoire naturelle. Ce fut là que, déjà docteur en philosophie, il prit le bonnet de docteur en médecine. Revenu en Allemagne, il était bibliothécaire de l'électeur de Mayence, quand les Français, dont il avait épousé les principes révolutionnaires, s'emparèrent de cette ville en 1792. Les Prussiens ayant repris Mayence, Georges Forster, qui se trouvait alors en France, fut contraint d'y rester et perdit non-seulement sa position et sa fortune, mais encore ses manuscrits que le prince de Prusse enleva. Désolé de ce contre-temps, en proie à des chagrins domestiques, il mourut en 1794, avant son père. Mécontent de la conduite du gouvernement anglais à l'égard de celui-ci, il avait publié en 1777 la *Relation du voyage autour du monde du navire* la Résolution *sous le commandement du capitaine Cook* (*A Voyage round the world, in his britannic Majesty's sloop Resolution, commanded by capt. James Cook, during the years* 1772, 1773, 1774 *and* 1775, Londres, 1777, 2 vol. in-4°; traduction en allemand par les deux Forster, Berlin, 1799-1780, 2 vol. in-4°). Georges Forster a donné, entre autres ouvrages : *Historique et description de l'arbre à pain de l'île des Amis* (*Geschichte und Beschreibung des Brodbaums*, Cassel, 1784, in-4°; traduction française, Cassel, 1784, in-4°); *Dissertatio botanico-medica de plantis esculentis insularum oceani Australis*, Halle, 1785, in-8°, écrit qui reparut, en 1786, sous un titre ainsi modifié : *De plantis esculentis oceani Australis commentatio botanica*. Dans le but de rectifier les erreurs que son père avait faites, par trop de précipitation, dans sa Flore des îles de la mer du Sud, Georges Forster publia aussi : *Florulæ insularum australium prodromus*, Gœttingue, 1786, in-8°; *Fasciculus plantarum magellonicarum, et plantæ atlanticæ ex insulis Madeira, S. Jacobi, Adscensionis, S. Helena et Fayal reportatæ*, 1786, in-4°; *Herbarium Australe*, Gœttingue, 1797, in-8°.

Joseph Dombey, docteur en médecine, botaniste et voyageur, né à Mâcon en 1742, fut élève du naturaliste Gouan, à Montpellier. Venu à Paris, en 1772, pour se perfectionner dans la botanique aux leçons de Bernard de Jussieu, il offrit à ce savant un herbier des Pyrénées, se lia avec Thoin et se concilia les sympathies de Jean-Jacques Rousseau, qui le prit pour compagnon de ses herborisations. En 1775, le ministre Turgot ayant demandé à Bernard de Jussieu de lui indiquer un botaniste pour remplir une mission scientifique au Pérou, de concert avec des Espagnols, celui-ci lui désigna Dombey qui se rendit à Madrid l'année suivante. Mais son caractère ouvert, enjoué, aventureux, ne plut pas aux Espagnols qui, dès le début, lui suscitèrent des contrariétés. On désigna pour l'accompagner Ruiz et Pavon, tous deux élèves d'Ortega, et deux dessinateurs qui partirent avec lui de Cadix en 1777. Il arriva à Callao en avril 1778, d'où il se rendit à Lima. Pendant plusieurs années il parcourut les provinces espagnoles de l'Amérique, recueillant, non-seulement les plantes et les graines de ces contrées, mais même les débris de l'ancienne splendeur des Incas, qu'il joignit à un magnifique herbier pour les expédier en Europe. Dans le trajet, les Anglais s'emparèrent de ce trésor ; tous les objets d'art et de science furent rachetés à Lisbonne pour le compte de la cour d'Espagne ; l'herbier toutefois et les graines parvinrent en France. Sentant sa santé faiblir sous les fatigues, il ne voulut pas cependant revenir en Europe sans visiter le Chili. Il se rendit en conséquence, en 1782, à la Conception, où une maladie épidémique qui régnait lui fit oublier ses projets pour s'occuper du soin des pauvres. Les habitants, dans leur reconnaissance, lui offrirent la place de premier médecin de la Conception avec de riches émoluments : il refusa, et, la maladie ayant disparu, il partit pour San-Yago où, en même temps qu'il recueillit des plantes et d'autres objets d'histoire naturelle, il découvrit une mine d'or et la mine de mercure de Xarilla. De retour à Lima, il fit ses préparatifs pour repasser en Europe, et, après bien des désagréments, accrus encore par une pénible traversée, il débarqua à Cadix, en février 1785, avec soixante-douze caisses renfermant une des plus rares collections que l'on eût encore vues. D'ignorants douaniers visitèrent maladroitement ces caisses et gâtèrent une partie de ce qu'elles contenaient ; le gouvernement espagnol exigea qu'il lui en abandonnât la moitié et lui arracha la promesse de ne donner aucune publicité à ses travaux avant le retour de Ruiz et de Pavon qui devaient encore rester quatre ans en Amérique ; enfin, on attenta à ses jours, et un homme, que l'on prit pour lui, fut assassiné à sa porte. Son caractère en fut complétement modifié, et lui, si aimable compagnon jadis, il devint sombre et misanthrope. Il s'embarqua secrètement pour la France et vint à Paris, où l'accueil honorable qu'il reçut ne put lui rendre le bonheur. Dans ses accès de dégoût de la vie, il parut renoncer à l'histoire naturelle, vendit ses livres, brûla des notes précieuses, et refusa le fauteuil que la mort de Guettard rendait vacant à l'Académie des sciences. Mais l'inactivité le lassa bientôt plus encore que le chagrin, et il quitta sa retraite pour venir solliciter à Paris une mission aux États-Unis, qui lui fut accordée. Une tempête obligea le navire qu'il montait à relâcher à la Guadeloupe, où il faillit être massacré dans une émeute populaire. Il n'échappa à ce danger que pour tomber dans un autre ; car, à peine se fut-il remis en mer, qu'il fut pris par des corsaires et jeté dans les prisons de Montserrat, où la misère, les mauvais traitements et la douleur le conduisirent au tombeau en 1794. Peu de voyageurs ont montré plus de zèle, de courage et de désintéressement que Dombey. Les diverses branches de l'histoire naturelle lui doivent une foule de découvertes et d'observations précieuses, dont la plupart ont été publiées sous d'autres noms que le sien. Ses dessins et ses collections de végétaux, retenus par les Espagnols, ont servi à la publication de la célèbre *Flore du Pérou et du Chili* (*Flora peruviana et chilensis*, par Hyppolyte Ruiz et Joseph Pavon, 4 vol. in-fol., 1798, 1799 et 1802, avec 425 planches), dont les auteurs se sont montrés si injustes et si peu reconnaissants envers celui dont ils mettaient les laborieuses recherches à profit. Ruiz n'avait pas été plus généreux en publiant seul sa *Quinologia*, Madrid, 1792, avec *Supplément*, Madrid 1801. Dombey, esclave de la parole que lui avait arrachée le gouvernement espagnol, ne voulut rien publier lui-même, malgré les sollicitations dont il était objet. Ce fut alors que Buffon remit l'herbier de Dombey à L'Héritier en le chargeant de le décrire et d'en faire graver les plantes nouvelles. Le ministère espagnol en ayant eu connaissance, adressa des réclamations à la cour de France qui, pour ne pas indisposer celle d'Espagne, donna l'ordre à Buffon de retirer l'herbier des mains de L'Héritier. Celui-ci, averti en temps utile, partit secrètement, avec son précieux trésor, pour l'Angleterre où il employa quinze mois à le décrire ; mais L'Héritier lui-même devait mourir, comme on va le voir, d'une manière non moins tragique que Dombey, sans avoir terminé son œuvre. L'herbier de Dombey, composé d'environ 1500 plantes, fut déposé plus tard au Muséum d'histoire naturelle de Paris ; sur ces 1500 plantes, il y avait environ 60 genres nouveaux qui, presque tous, furent publiés par Ruiz et Pavon sous des noms différents de ceux que le vrai découvreur leur avait donnés. Il est accompagné d'un manuscrit renfermant l'histoire des plantes du Pérou et du Chili, l'établissement des genres, la description et l'usage des espèces.

L'HÉRITIER.

Charles-Louis L'Héritier de Brutelle, né à Paris en 1746, entra d'abord dans la magistrature. Sa place et sa fortune personnelle lui laissaient assez de loisirs pour qu'il se livrât à ses goûts ou plutôt à sa passion pour l'histoire naturelle. Il s'était déjà fait remarquer par d'intéressants travaux de botanique, quand il s'offrit pour mettre en ordre et rédiger les observations faites par Dombey, au Pérou et au

Chili. Il avait, comme on l'a dit dans l'article qui précède, employé quinze mois en Angleterre uniquement occupé de ce grand travail, quand la Révolution française le ramena dans sa patrie. Il fut successivement l'un des commandants de la garde nationale de Paris, employé au ministère de la justice, et juge au tribunal dans la même ville. Un assassinat, dont les auteurs sont restés couverts d'un voile impénétrable, mit fin à ses jours, le 16 avril 1800. Les plus importants ouvrages de botanique de L'Héritier, que Cuvier a vantés à bon droit pour l'exactitude de leurs descriptions, la minutieuse recherche des caractères, la grandeur et le fini des planches, sont : *Stirpes novæ aut minus cognitæ, descriptionibus illustratæ*, Paris, 1784-1785, in-fol.; *Cornus, specimen botanicum sistens descriptiones et icones specierum Corni minus cognitarum*, Paris, 1788, in-fol., avec 6 planches; *Sertum anglicum, seu plantæ rariores quæ in hortis juxtà Londinum imprimis in horto regio Kewensi excoluntur*, Paris, 1788, in-fol., avec 34 planches. Quant à l'œuvre capitale entreprise par L'Héritier sur les collections et notes de Dombey, n'ayant pas été terminée, elle ne fut pas publiée ; c'est un fait d'autant plus regrettable pour la France qu'on aurait vu combien de larcins Ruiz et Pavon avaient fait à l'infortuné Dombey.

Jean-Julien La Billardière, botaniste français, membre de l'Académie des sciences, né à Alençon, en 1775, mort en 1834, étudia d'abord la médecine, et ensuite ne s'occupa plus que de botanique. Après avoir terminé ses études à Montpellier, il voyagea en Angleterre où Banks l'honora de son amitié et lui procura tous les moyens qu'il possédait d'augmenter ses connaissances. Dès qu'il fut de retour en France, il alla étudier les plantes des Alpes. Il fut ensuite chargé d'une mission dans le Levant. Après avoir séjourné quelque temps dans l'île de Chypre, il se rendit en Syrie, où la guerre et la peste ne lui permirent d'avancer qu'avec lenteur ; mais sa persévérance triompha de tous les obstacles ; il parcourut les restes de l'antique forêt du Liban, où il s'arrêta pour mesurer la hauteur de la montagne du Sannin. Après y avoir recueilli quelques plantes et fait des observations sur les mœurs des habitants, ainsi que sur la culture du pays, il alla à Damas, d'où il revint en France, par Candie, la Sardaigne et la Corse, avec une riche collection de végétaux. Ce fut alors qu'il commença ses *Icones plantarum Syriæ rariorum, descriptionibus et observationibus illustratæ*, Paris, 1791-1812, in-4°.

A peine la première livraison de cet important travail, qui ne devait être terminé qu'à vingt ans de là, avait-elle paru, que La Billardière fut chargé d'accompagner d'Entrecasteaux dans le voyage à la recherche de Lapeyrouse. L'expédition partit de Brest le 6 septembre 1791, et relâcha d'abord à Ténériffe, dont La Billardière visita le pic. De là elle alla au cap de Bonne-Espérance et à la Nouvelle-Hollande. La Billardière recueillit beaucoup de plantes dans toutes ces contrées, ainsi que dans les îles de la mer du Sud et dans celles de la Sonde. Il se composa ainsi un herbier d'environ 4000 plantes, pour la plupart inconnues. Dépouillé par les Anglais à Java des trésors scientifiques qu'il avait acquis, il ne parvint qu'à grand'peine à regagner l'Europe, où l'illustre Banks vint à bout de lui faire restituer son herbier. La Billardière publia la *Relation du voyage à la recherche de Lapeyrouse*, Paris, 1798, 2 vol. in-4°, et *ibid.*, 2 vol. in-8°. Sa dernière production fut le *Novæ Hollandiæ plantarum specimen*, Paris, 1806, 2 vol. in-fol., avec 260 planches d'une parfaite exécution. Smith a consacré à ce savant voyageur le genre *Billardiera*, de la famille des Apocynées.

Pierre-Simon Pallas, naturaliste-voyageur, né à Berlin en 1741, montra, dès son enfance, une grande facilité pour l'étude des langues et un goût prononcé pour l'histoire naturelle. Il fut d'abord destiné à la médecine ; mais sa passion pour les voyages l'emporta et il se laissa entraîner en Russie par les offres du gouvernement de la czarine Catherine II. Nommé membre de l'Académie de Saint-Pétersbourg, il fut attaché, en qualité de naturaliste, à la seconde expédition chargée d'aller observer en Sibérie le passage de Vénus sur le Soleil. Parti au mois de juin 1768, il s'enfonça dans les plaines qu'arrose le Volga, parcourut les bords de la mer Caspienne, et les monts Ourals, puis, s'enfonçant de plus en plus vers l'est, il parvint jusqu'aux frontières de la Chine. En revenant, il visita Astrakan, se mêla aux populations nomades dont cette ville était le rendez-vous général, et s'approcha du Caucase. Ce ne fut qu'au mois de juillet 1774 qu'il revit Saint-Pétersbourg. Ces six années de voyages l'avaient vieilli de trente ans ; ses cheveux avaient blanchi, ses traits s'étaient altérés, sa vue était cruellement atteinte, tout son physique était épuisé ; mais l'âme était restée forte. La czarine le combla d'ailleurs de récompenses ; il fut nommé historiographe de l'Amirauté, l'un des professeurs de l'héritier du trône, et reçut nombre de titres et de décorations. Il rédigea et publia, dès lors, plusieurs ouvrages de zoologie, de géologie, de géographie physique et d'ethnographie, qui ne sont point du domaine de ce *Précis*. En 1781, il fit paraître son *Catalogue des plantes du jardin de Demidoff* (*Enumeratio plantarum quæ in horto viri ill. Procopii a Demidof Moscuæ vigent*, Saint-Pétersbourg, in-8°); et, de 1784 à 1788, il donna les deux seuls volumes qui aient vu le jour de sa *Flore de Russie* (*Flora rossica, seu stirpium imperii Rossici per Europam et Asiam indigenarum descriptiones et icones*, Saint-Pétersbourg, 2 vol. in-fol., avec 100 planches coloriées; édit. sans pl., Francfort et Leipzig, 1789-1790, 2 vol. in-8°). Ses forces physiques lui paraissant suffisamment rétablies, il partit pour la Crimée en 1793, et revint faire un tableau enchanteur de ce qu'il avait vu à la czarine. Il y retourna en 1795 et passa quinze ans dans cette contrée où Catherine le mit en possession de vastes territoires et de sommes considérables pour les cultiver. Las cependant de vivre loin du monde savant, et des difficultés qu'il rencontrait dans des pays à peu près sauvages, il résolut, au bout de ce temps, de vendre ses propriétés à vil prix et de revoir l'Allemagne, d'où il s'était volontairement exilé pendant quarante-deux ans; il s'établit à Berlin, et y termina ses jours en 1811. De 1800 à 1802, Pallas avait publié : *Species Astragalarum descriptæ et iconibus coloratis illustratæ*, Leipzig, in-fol., avec 91 pl. coloriées; et, de 1803 à 1806, *Illustrationes plantarum imperfectè vel nondùm cognitarum*, Leipzig, in-fol., 59 pl. coloriées. Willdenow a consacré à Pallas le genre *Pallasia*, de la famille des Corymbifères.

Pierre Sonnerat, voyageur et naturaliste français, né à Lyon vers 1745, mort à Paris en 1814, suivit l'intendant Poivre, son parent, à l'île de France, et passa la plus grande partie de sa vie en voyages et en observations. Les îles de France et de Bourbon lui doivent l'arbre à pain, le cacao, le mangoustan et beaucoup d'autres végétaux à fruits ou à résine. Les botanistes consultent avec intérêt son *Voyage à la Nouvelle-Guinée*, Paris, 1776, in-4°, avec 120 planches; et son *Voyage aux Indes orientales et à la Chine*, Paris, 1782, 2 vol. in-4°, avec 140 planches; 2° édit., 1806, 4 vol. in-8° et Atlas avec des additions de Sonnini.

Charles-Nicolas-Sigisbert Sonnini de Manoncourt, naturaliste et voyageur fançais, né à Lunéville, en 1751, mort à Paris, en 1812, entreprit des voyages scientifiques, avant d'être ruiné par la révolution; de 1772 à 1780, il visita Cayenne, l'Afrique occidentale du cap

Blanc à Portudal, l'Égypte et la Grèce. Il publia d'abord son *Voyage dans la haute et la basse Égypte*, Paris, 1799, 3 vol. in-8°, et 38 planches in-4°, ouvrage qui fut immédiatement traduit en allemand et en anglais. Il donna ensuite le *Voyage en Grèce et en Turquie*, Paris, 2 vol. in-8°, qui fut également traduit en allemand et en anglais. La botanique dont Sonnini s'est occupé dans ces deux ouvrages doit encore à ce naturaliste, qui fut aussi un ornithologue distingué, un *Traité de l'Arachide ou Pistache de terre*; un *Traité des Orsclépiadées*; et, avec le concours de Veillard et Chevalier, un *Vocabulaire portatif d'agriculture, de botanique*, Paris, 1810, in-8°.

Parmi les voyages faits dans le courant du dix-huitième siècle, que les botanistes consultent, nous citerons encore : *Voyage aux îles Antilles*, par le Père Labat, Paris, 1721, 6 vol. in-12; *Essai sur l'histoire naturelle du Chili*, par Molina, Paris, 1789, in-8°; *Essai sur l'histoire naturelle de Saint-Domingue*, par Nicolson, Paris, 1776, in-8°; *Histoire naturelle des Barbades*, par Hugues (*Natural history of Barbados*, Londres, 1750, in-fol., 26 figures); *Histoire de la nouvelle France*, par le P. Charlevoix, Paris, 1744, 5 vol. in-12, avec 98 figures : il y a de cet ouvrage une belle édition in-4°.

John Bartram, riche quaker de la Pensylvanie, souvent cité par Kalm, Linné et Dillenius, fit plusieurs voyages en diverses contrées de l'Amérique méridionale, qui lui procurèrent la connaissance d'une foule de productions naturelles remarquables par leur beauté et par leur rareté. On trouve dans l'ouvrage de Guillaume Stork, intitulé *Description de la Floride orientale* (*Descriptio of east Florida*, Londres, 1769, in-4°), un extrait d'un voyage que Bartram fit, en 1765 et 1766, sur les bords de la rivière Saint-Jean, à la Floride. John Bartram lui-même a publié : *Observations sur les habitants, le climat, le sol, les diverses productions des contrées en partant de la Pensylvanie vers l'Onondago, l'Oswego et le lac Ontario* (*Observations on the inhabitants, climate, soil, divers productions*, etc., Londres, 1751, in-8°). — Son fils, William Bartram, établi dans le Delaware, cultiva les plantes les plus rares et les plus utiles de l'Amérique, pour les répandre dans le commerce, et fit aussi des voyages dont il a donné la relation sous le titre de *Voyage dans les Carolines du nord et du sud, la Géorgie, les Florides orientale et occidentale, le pays des Cherokee, les territoires des Muscogulges, et le pays des Chactaws, contenant des observations sur le sol et les productions naturelles de ces* régions (*Travels through North and South Carolina, Georgia, East and West Florida*, etc., Philadelphie, 1791, in-8°; Londres, 1799, in-8°; traduction française par P.-V. Benoist, Paris, 1799, 2 vol. in-8°). Cette relation contient un grand nombre de détails précieux sur les diverses branches de l'histoire naturelle, mais plus particulièrement sur la botanique.

Louis-Antoine Prosper Hérissant, fils d'un imprimeur célèbre de Paris, mort en 1769, se fit recevoir médecin et cultiva plusieurs branches de la littérature et de la science. Il est auteur : 1° du *Jardin des curieux* ou *Catalogue raisonné des plantes les plus belles et les plus rares, soit indigènes, soit étrangères, avec les noms français et latins, leur culture et les vertus particulières à chaque espèce, le tout précédé de quelques notions sur la culture en général*, Paris, 1771, in-12 ; 2° de la *Bibliothèque physique de la France*, ou *Liste de tous les ouvrages, tant imprimés que manuscrits, qui traitent de l'histoire naturelle de ce royaume*, Paris, 1771, in-8°.

Charles-Jacques-Louis Coquereau, né en 1744, mort en 1796, médecin et professeur de physiologie et de pathologie à la Faculté de médecine de Paris, mit la dernière main aux deux ouvrages précédents de Hérissant, et eut l'honneur d'être le collaborateur d'Antoine-Laurent de Jussieu pour la publication intitulée : *Œconomium inter animalem et vegetabilem analogia*, Paris, 1770.

Antoine Gouan, docteur en médecine et naturaliste français, né à Montpellier en 1733, eut pour maître Sauvages qui le mit de bonne heure en relation avec Linné. En 1762, Gouan publia son *Hortus regius Monspeliensis*, Lyon, in-8°, et, en 1765, sa *Flora monspeliaca*, Lyon, in-8°. En 1766, il remplaça Imbert dans ses leçons de botanique au Jardin des plantes de Montpellier. La même année, le maréchal de Noailles, gouverneur du Roussillon, l'appela à Perpignan pour y créer un établissement du même genre. Ce fut alors qu'il commença ses herborisations dans les Pyrénées. Sauvages étant mort en 1767, Gouan lui fut donné pour successeur à Montpellier. Jamais professeur ne se montra plus assidu, plus dévoué à ses fonctions. A l'ouverture des écoles, en 1769, il prononça un discours sur les analogies, les ressemblances et les différences qui existent entre les plantes et les animaux (*De analogiâ, convenientiâ et discrimine plantarum cum animalibus*); en 1776, son discours d'ouverture roula sur la nécessité des études botaniques pour les médecins. Gouan fut chargé d'enseigner l'histoire naturelle appliquée à la médecine, ce qui, depuis Rondelet, avait été négligé à Montpellier. Indépendamment des leçons faites à l'école de médecine, il présidait aux herborisations dans les campagnes, et en déterminant les plantes et les insectes, il expliquait aux élèves la philosophie botanique et le système de Linné. Après avoir mis au jour, en 1770, un important ouvrage sur les poissons, Gouan publia, en 1773, avec le concours de Haller, qui en fit graver les dessins à ses frais, le résultat de ses excursions dans les Pyrénées, sous le titre d'*Illustrationes et observationes botanicæ*, in-fol., avec figures. Il donna, en 1785, l'*Explication du système de Linné pour servir d'introduction à l'histoire de la botanique*, Montpellier, in-8°, avec une planche, opuscule qui, réuni à d'autres travaux, fut réimprimé en 1804. Les événements de la Révolution détournèrent quelque temps Gouan de ses études et de ses leçons; il servit comme médecin dans les hôpitaux militaires et à l'armée des Pyrénées orientales. Lors de la nouvelle organisation des écoles, il fut conservé comme professeur de botanique et de matière médicale à Montpellier. Ce fut vers cette époque qu'il fit paraître ses *Herborisations des environs de Montpellier*, ou *Guide botanique à l'usage des élèves de l'école de santé*, ouvrage destiné à servir de suite à la *Flora monspeliaca*, Montpellier, 1796, in-8°, avec une carte des environs de Montpellier. En 1802, Gouan publia un *Discours sur les causes du mouvement de la sève dans les plantes*. En 1803, il donna son *Nomenclateur botanique*, Montpellier, in-8°, et, en 1804, son *Traité de botanique et de matière médicale*, *ibid.*, in-8°. Depuis quelque temps déjà il avait pris sa retraite où l'avait accompagné le titre de professeur honoraire, quand on le vit, en 1807, à l'âge de soixante-quatorze ans, suppléer dans la chaire de botanique, le célèbre professeur titulaire Broussonnet, retenu au lit par une grave et longue maladie. Des pertes cruelles de famille vinrent attrister les dernières années de ce vénérable patriarche de la science qui termina sa carrière utile et honorée en 1821. « La postérité, a dit le docteur Desgenettes, n'oubliera pas Gouan. Il a été pour la France, l'Espagne, le Portugal et leurs colonies les plus lointaines, le propagateur le plus ardent des idées de Linné, le promoteur des plus constantes et des plus périlleuses recherches. C'est à lui que l'on doit la conservation ainsi que l'explication des planches précieuses laissées par Richer de Belleval, et même, quoique d'une manière moins directe, leur publication en Pologne par les soins de Gilibert et par les ordres du roi Stanislas-Auguste Poniatowski. » Enfin, la reconnaissance des botanistes a donné à un élégant et beau genre de lianes, qui se compose de cinq espèces, le nom de Gouan (*Gouania*, de la famille des Rhamnées).

Étienne-Pierre Ventenat, botaniste français, né à Limoges en 1757, mort en 1808, entra très-jeune dans la congrégation des Genovéfains où il fut bibliothécaire de l'ordre à Paris. Il s'occupait dès lors tout spécialement d'histoire naturelle. A la Révolution, il quitta l'habit monacal, se maria, fut nommé membre de l'Institut et conservateur de la bibliothèque du Panthéon (Sainte-Geneviève) en 1796. Cette même année, il fit, au Lycée (depuis l'Athénée), un cours de botanique qui fut publié sous le titre de *Principes de botanique*, Paris, 1797, in-8°. Il jugea lui-même très-sévèrement ce livre dont il chercha à retirer tous les exemplaires de la circulation. Deux ans après, il publia le *Tableau du règne végétal*, Paris, 1799, 4 vol. in-8° : cet ouvrage n'est à proprement parler qu'une traduction du *Genera plantarum* d'Antoine-Laurent de Jussieu publié en 1789. Ventenat a fait de bons travaux de botanique descriptive. Ce sont : *Description des plantes nouvelles et peu connues cultivées dans le jardin de J.-M. Cels*, Paris, 1800, gr. in-4°, avec 200 planches; *le Jardin de la Malmaison*, Paris, 1803 et suiv., 2 vol. gr. in-fol., avec 120 planches coloriées, dessinées par Redouté, splendide recueil entrepris sur l'invitation de Joséphine, femme du Premier consul Bonaparte ; *Choix de plantes dont la plupart sont cultivées dans le jardin de Cels*, Paris, 1803 et suiv., 3 vol. in-fol.; *Decas generum novorum*, Paris, 1803, in-12; le *Botaniste voyageur aux environs de Paris*, Paris 1803, in-12. Ventenat a travaillé aux *Annales de botanique* d'Ustéri, au *Magasin encyclopédique*, etc.

Jean-Emmanuel Gilibert, docteur en médecine, né à Lyon, en 1741, fut d'abord destiné par ses parents à l'état ecclésiastique ; mais, ses goûts le portant invinciblement vers l'étude de la médecine et des sciences naturelles, il se fit recevoir docteur à Montpellier, exerça un moment dans le voisinage de sa ville natale, puis, sur l'indication de Haller, fut appelé en Pologne pour professer la médecine à Grodno, où il fonda un jardin botanique. Quand l'université de Grodno fut transférée à Wilna, Gilibert l'y suivit et professa dans cette résidence l'histoire naturelle et la matière médicale. Il s'était fait beaucoup d'ennemis par la publication d'un ouvrage intitulé :

l'*Anarchie médicale, ou la médecine considérée comme nuisible à la société*, Neufchâtel, 1772, 3 vol. in-12, ouvrage où il présentait les inconvénients de la médecine qui tiennent à l'ignorance ou aux vices de ceux qui l'exercent ; il s'était fait des envieux par suite de sa supériorité sur les médecins du pays où il avait été appelé ; de plus le climat de la Lithuanie était trop rigoureux pour sa santé ; il quitta en conséquence ce pays, en 1783, pour revenir à Lyon. Durant son séjour en Pologne, il avait publié : *Flora Lithuanica inchoata*, Grodno, 1781, in-8° ; *Indagatores naturæ in Lithuaniâ*, Wilna, 1781, et *Exercitium botanicum in scholâ principe universitatis Wilnensis peractum*, Wilna, 1782, in-12. Précédé par sa renommée dans sa ville natale, il fut nommé médecin de l'Hôtel-Dieu, médecin en chef des épidémies, professeur au collége de médecine et membre de l'Académie de Lyon. Il avait été élevé aux difficiles fonctions de maire de cette ville et il les exerçait avec autant d'intelligence que de dévouement, quand il en fut violemment arraché pour être jeté en prison. On lui rendit la liberté pour l'investir des fonctions plus ardues encore de président de la commission départementale durant le siége de Lyon par les armées républicaines. Obligé de fuir à la prise de la ville, il erra d'asile en asile durant dix-huit mois, après lesquels il put enfin revoir ses foyers et reprendre paisiblement ses travaux, et professer l'histoire naturelle à l'École centrale de Lyon. Il mourut en 1814, laissant, outre les écrits précédemment cités, les ouvrages suivants relatifs à la botanique : *Caroli Linnæi systema plantarum Europæ*, etc., Lyon, 1785-1787, 7 vol. in-8° ; *Caroli Linnæi fundomentorum botanicorum pars prima*, Lyon, 1786, 2 vol. in-8° ; *Démonstrations élémentaires de botanique*, Lyon, 1789, 3 vol. in-8° ; *ibid.*, 1796, 4 vol. in-8°, et 2 vol. in-4° de planches ; ce dernier ouvrage était celui qu'avaient déjà publié Marc-Antoine-Louis Claret de la Tourette et l'abbé Rozier[1], 1766, 2 vol. in-8°, 1773, 2 vol. in-8°, mais entièrement refondu et rédigé sur un plan plus vaste ; il a passé longtemps pour l'un des meilleurs livres élémentaires de botanique ; *Exercitia phytologica, quibus omnes plantæ Europæ, quas vivas invenit in variis*

---

[1]. Rozier, prêtre et agronome français, né à Lyon en 1734, tué au siége de cette ville par une bombe en 1793, est auteur de nombreux et estimés ouvrages d'agriculture et de pratique rurale. Ce fut en 1766 qu'il publia, avec son compatriote et ami Latourette, ses *Démonstrations élémentaires de Botanique*, Lyon, 2 vol. in-8°. L'abbé Rozier avait fait aussi : *Cours complet ou Dictionnaire d'agriculture théorique et pratique*, Paris, 1781-1805, 12 vol. in-4° ; 2° édit., Paris, 1809, 7 vol. in-8°.

herbationibus in Lithuania, Gallia, Alpibus, analysi novâ proponun-tur, etc. Lyon, 1792, 2 vol. in-8° ; *Histoire des plantes d'Europe et étrangères les plus communes, les plus utiles et les plus curieuses ; ou éléments de botanique pratique*, Lyon, 1798, 2 vol. in-8° ; *ibid*, 1806, 3 vol. in-8°, avec 800 figures sur bois et 50 planches en taille douce ; *Le Calendrier de Flore pour l'année* 1778 *autour de Grodno et pour l'année* 1808 *autour de Lyon*, Lyon, 1809, in-8° ; *le Médecin natu-raliste, ou Observations de médecine et d'histoire naturelle*, Lyon, 1800, in-12 ; *Synopsis plantarum horti Lugdunensis*, Lyon, 1810 ; etc. Ruiz et Pavon ont donné le nom de *Gilibertia* à un genre de plantes de la famille des Araliacées.

Pierre-Marie-Auguste Broussonnet, médecin et naturaliste, né à Montpellier, en 1761, mort en 1807, est surtout célèbre comme zoolo-giste ; il eut la gloire de transporter dans la zoologie la nomenclature et la méthode descriptive de Linné, dont on n'avait fait d'application jusqu'alors qu'à la science des végétaux. Dans un séjour de trois ans qu'il fit en Angleterre, il fut nommé membre de la Société royale de Londres. A son retour en France, il fut choisi comme professeur sup-pléant de Daubenton au Collége de France et fut nommé membre de l'Académie des sciences. Il s'occupa activement de la réorganisation de la Société d'agriculture. Les événements politiques l'ayant ap-pelé à siéger à l'Assemblée législative, Broussonnet fut peu après pour-suivi et persécuté comme Girondin. Il se réfugia en Espagne où Ortega et Cavanilles l'accueillirent avec empressement, mais d'où il fut chassé par la haine des émigrés royalistes. Il passa au Maroc, d'où il envoya quelques collections de plantes à Banks, et où il resta jusqu'à la fin des plus violentes fluctuations de la Révolution française. Ensuite il fut nommé consul à Mogador au nom de l'Institut dont, malgré son absence, il venait d'être nommé membre. A son retour en France, il fut chargé de la chaire de botanique à Montpellier, ville qui n'avait cessé d'avoir sa prédilection et qui le porta, en 1805, au Corps légis-latif. Ce fut en cette même année qu'il publia son *Elenchus planta-rum horti botanici Monspeliensis*, Montpellier, 1805, in-8°, avec *Ap-pendix*, 1806. On lui doit, entre autres publications, la réimpression des *Opuscules* de Pierre Richer de Belleval, Paris, 1785, in-8°[1].

BROUSSONNET.

---

[1]. Un autre Broussonnet (Jean-Louis-Victor), a publié : *Corona Floræ Monspeliensis*, Montpellier, 1790, et *Notice historique sur Pierre Richer de Belleval*, avec le portrait de l'auteur, Montpellier, 1838.

Dominique Villars, botaniste français, né en 1745, à Gap, mort à Strasbourg, en 1814, fut d'abord simple cultivateur chez ses parents qui étaient fermiers. En 1765, il s'en alla à travers le Dauphiné, entraîné par son goût, herborisant en compagnie d'un colporteur. Aidé des conseils du docteur Liotard, il fit de grands progrès en botanique, et fut admis, à sa recommandation, en 1771, à l'hôpital de Grenoble, comme étudiant en médecine, puis comme interne. Il s'éleva dès lors rapidement, prit ses grades à Valence, et fut nommé médecin en chef de l'hôpital militaire de Grenoble et professeur au jardin botanique de cette ville. Il fut nommé, en 1794, professeur d'histoire naturelle à l'école centrale de l'Isère. En 1796, il reçut le titre de membre associé de l'Institut. Appelé, en 1805, à la faculté de Strasbourg, il y resta jusqu'à sa mort. On doit à Villars : *Histoire naturelle des plantes du Dauphiné*, Grenoble, 1786-1789, 3 vol. in-8° avec 55 planches; dans cet ouvrage l'auteur ne suit qu'en partie le système de Linné; il rejette comme trop fugitifs les caractères tirés des pistils et de la proportion respective des étamines; *Catalogues des substances végétales qui peuvent servir à la nourriture de l'homme, et qui se trouvent dans les départements de l'Isère, de la Drôme et des Hautes-Alpes*, Grenoble, an II de la Rép.; *Mémoire sur les moyens d'accélérer les progrès de la botanique*, Paris, 1801; *Mémoire sur la découverte d'une nouvelle espèce de Hieracium*; *Tableau pour la plantation et l'ordre du jardin botanique de Strasbourg*, Strasbourg, 1806, in-8°; *Catalogue méthodique des plantes du jardin de l'école de médecine de Strasbourg*, Strasbourg, 1807, in-8°; *Précis d'un voyage botanique en Suisse*, avec Gustave Lauth et A. Nestler, Paris et Strasbourg, 1812, in-8°, avec 4 planches.

Louis Gérard, médecin et botaniste, correspondant de l'Académie des sciences, né à Cotignac, en Provence, l'an 1733, mort en 1819, publia, en 1761, la *Flore de Provence* (*Flora Gallo-provincialis*).

C'est, a-t-on écrit, le premier ouvrage où, tout en conservant le caractère générique de Linné, on ait disposé les plantes dans l'ordre des affinités naturelles établi par Bernard de Jussieu en 1759, suivi en 1763 par Adanson, reproduit en nature, à Paris, par Louis Gérard lui-même dans le jardin d'un amateur distingué du temps, nommé M. de Bombarde.

Félix Fontana, physicien, naturaliste et anatomiste italien, né dans le Tyrol en 1730, mort en 1805, après avoir successivement étudié à

Vérone, à Parme, à Bologne et à Padoue, avoir séjourné quelque temps à Florence et à Rome, fut nommé professeur de philosophie rationnelle à l'Université de Pise, puis fut appelé à la direction du Muséum de physique et d'histoire naturelle de Florence, pour lequel il fit ses fameuses préparations anatomiques en cire coloriée, qui ont servi de modèles à toutes celles que l'on a exécutées depuis dans le même genre. Fontana, après avoir publié ses *Expériences sur les parties irritables et sensibles, sur le venin de la vipère*, ses *Recherches physiques sur la nature de l'air déphlogistiqué et de l'air nitreux*, inventé son eudiomètre, mit le sceau à sa réputation en donnant ses *Recherches philosophiques sur la nature animale* et ses *Principes raisonnés sur la génération*. Sauf deux opuscules (*Osservazioni sopra la ruggine del grano*, 1767, et *Saggio di osservazioni sopra il falso ergot, e Tremella*, 1775), il n'a point fait de traités spéciaux sur la botanique ; mais on trouve dans ses écrits des études lumineuses sur les poisons végétaux. Gibelin d'Aix, laborieux traducteur et savant bibliographe, a publié en français un *Choix d'observations physiques et chimiques* de Fontana, Paris, 1785, in-8° ; mais le mieux est de consulter l'ensemble des œuvres mêmes de Fontana dans l'original.

Dominique Cirillo, médecin et botaniste napolitain, né en 1734, qui devait être une des plus regrettables victimes des événements politiques de la fin de son siècle, cultiva avec passion et succès, dès sa jeunesse, toutes les branches de la médecine et de l'histoire naturelle. A un âge où d'ordinaire on compte encore parmi les élèves, il obtint au concours une chaire de botanique. Il accompagna en France et en Angleterre lady Walpole, et en prit occasion de se lier avec les plus illustres savants de ces pays. A son retour en Italie, il fut nommé professeur de médecine et médecin de la cour de Naples. Son dévouement aux malheureux trouva dans cette position une occasion de s'exercer avec plus d'étendue. En 1779, il fut nommé pensionnaire de l'Académie des sciences et belles-lettres de Naples. Pendant vingt années, Cirillo partagea son temps entre la bienfaisance et l'étude. Ce fut durant cette période de bonheur, qu'il publia, entre autres ouvrages, dont plusieurs sont purement médicaux et d'autres ont trait à l'entomologie, les suivants qui ont rapport à la botanique : *Introduction aux institutions botaniques* (*Ad botanicas institutiones introductio*, Naples, 1766 ; 2e édit., 1771, in-4°) ; *Fondements de la botanique* (*Fundamenta botanica*, Naples, 1785-1787, 2 vol. in-8°, qui sont un excellent commentaire de la *Philosophie botanique* de Linné); *Des caractères essentiels de quelques plantes* (*De essentialibus nonnularum plantarum characteribus*, Naples, 1784, in-8°); les *Plantes rares du royaume de Naples* (*Plantarum rariorum regni Neapolitani fasciculi* I et II, 1788-1792, in-fol. avec 24 pl. coloriées); *Tabulæ botanicæ elementares*, Naples, in-fol., avec 4 pl.; *Cyperus papyrus*, grand in-fol., avec 2 pl. coloriées. Qui aurait pu croire que la vie du docteur Cirillo, ainsi consacrée à la science et à la pratique des plus nobles vertus, pouvait être menacée par les suites de la Révolution française? En 1799, le gouvernement républicain ayant été proclamé à Naples par la France, Cirillo fut porté, en quelque sorte malgré lui, à la présidence de la commission législative où il n'eut d'autre préoccupation que le bonheur de ses concitoyens et n'accepta aucune rétribution. Le 13 juillet de la même année, Ferdinand IV ayant été ramené dans Naples par les Anglais, Cirillo, poursuivi uniquement à cause du poste qu'il avait occupé, se réfugia à bord d'un vaisseau qui devait le transporter à Toulon; mais il en fut arraché et se vit condamner à mort. Les généraux anglais, qui s'intéressaient à son sort, employèrent leur crédit pour le sauver et obtinrent pour lui une commutation de peine à la condition qu'il implorerait la clémence d'un roi sans cœur et sans foi. Fort de sa conscience, trop fier pour se résigner à une bassesse passagère, il refusa héroïquement et porta de même sa tête sur l'échafaud.

ALLIONI. Charles Allioni, médecin et professeur de botanique à Turin, né en 1725, mort en 1804, a rendu d'honorables services à la science. S'il n'en a pas reculé les limites, du moins a-t-il fait mieux connaître certains végétaux, particulièrement de son pays. On a de lui : *Pedemontii stirpium rariorum specimen*, Turin, 1755, in-4°. avec 12 planches; *Oryctographiæ Pedemontanæ specimen*, Paris, 1757, in-4°; *Tractatus de miliarum origine, progressu, naturâ et curatione*, Turin, 1758, in-8°, Iéna, 1772, in-8°, qui est le seul ouvrage essentiellement médical que l'auteur ait écrit; *Stirpium præcipuarum littoris et agri Nicæensis enumeratio methodica*, Paris, 1757, in-8°, écrit dans lequel Allioni ne fait guère que mettre en ordre des matériaux recueillis par Jean-Baptiste Giudice, médecin de Nice, son ami; *Flora sedimontana, sive enumeratio methodica stirpium indigenarum Pedemontii*, Turin, 1785; 3 vol. in-fol., avec 92 figures. C'est le plus important des ouvrages d'Allioni, qui y montre beaucoup d'observation, et y expose avec clarté les propriétés des végétaux. Louis Bellardi a publié un appendix à la *Flore du Piémont (Appendix ad Floram Pedemontanam*. Turin, 1792, in-4°). Allioni lui-même a donné, en 1789, in-4°, *Auctuarium ad Floram Pedemontanam*. On trouve comme publication de cet auteur, dans les Mélanges de l'Académie de Turin, le Catalogue des plantes observées en Sardaigne par Antoine Piazza, et en Corse (*Florulæ Corsicæ*) par Félix Valle.

André-Jean Retzius, naturaliste suédois, né à Christianstadt, en 1742, de parents malaisés, entra d'abord chez un pharmacien de Lund, en Scanie, où il y avait une Université dont il suivit les leçons. Il alla ensuite à Stockholm où il se fit recevoir pharmacien, et revint à Lund pour y continuer ses études. En 1767, il commença à se faire un nom par la publication d'une dissertation sur la chimie. A peine âgé de vingt-deux ans, il trouva le moyen le plus simple de préparer le salep avec les bulbes de l'*Orchis morio*. A l'âge de vingt-cinq ans, il fut autorisé à faire des cours publics de chimie et d'histoire naturelle, et se fit recevoir docteur en 1766. Appelé à Stockholm, il fut chargé par le collège de santé de la rédaction d'une partie de la pharmacopée suédoise et d'ouvrir un cours de pharmacie et d'histoire naturelle. En 1774, il fut nommé démonstrateur de botanique à l'Université de Lund, et, en 1777, professeur d'histoire naturelle à la même Université. Dès l'année 1772, il avait publié son *Nomenclator botanicus enumerans plantas omnes in systemate naturæ*, Leipzig, in-4°. La *Flore de Suède* de Linné étant épuisée, Retzius en donna une nouvelle édition augmentée par ses soins, sous le titre de *Floræ scandinaviæ prodromus, enumerans plantas Sueciæ, Laponiæ, Finlandiæ, Pomeraniæ ac Daniæ, Norvegiæ, Islandiæ, Groenlandiæque*, Stockholm, 1779, in-8°, et Leipzig, 1795, in-8°, ouvrage considéré comme le meilleur répertoire botanique pour les contrées du Nord. Retzius donna, en 1783, à Leipzig, des éléments de matière médicale végétale sous le titre de *Prolegomena in pharmacologiam regni vegetabilis*. Son ouvrage capital parut à Leipzig, in-folio, de 1779 à 1791, sous le titre de : *Observationes botanicæ, sex fasciculis comprehensæ, cum tabulis æneis*, avec 19 planches coloriées. Retzius publia, en 1806, la *Flora œconomica suecica*, Lund, 2 vol. in-8° ; et, en 1809, la *Flora Virgiliana*, avec un appendice sur les plantes que l'on servait sur la table des Romains. Outre ses ouvrages de botanique, parmi lesquels nous omettons de citer plusieurs dissertations intéressantes et quelques écrits d'économie rurale et horticole, Retzius a publié des œuvres de zoologie et de minéralogie. Il mourut à Stockholm en 1821. Thunberg lui a dédié le genre *Retzia*, formé de plantes du cap de Bonne-Espérance.

BORKHAUSEN.

Maurice–Balthazar Borkhausen, naturaliste allemand, né à Giessen en 1760, mort en 1806, essaya de remettre en honneur, parmi les botanistes, la méthode de classification des plantes, fondée sur l'insertion des étamines, que Gleditsch avait préconisée avant lui. Il a mis au jour des écrits remplis de vues neuves, qui annoncent un observateur studieux et sagace. Parmi ses ouvrages d'histoire naturelle, nous citerons : *Essai d'une description des arbres fruitiers qui croissent dans le pays de Hesse-Darmstadt (Versuch einer fortsbotanischen Beschreibung der in der Hessen-Darmstadtschen Landen*, etc., Francfort-sur-le-Mein, 1790, in–8°); *Tentamen dispositionis plantarum Germaniæ seminiferarum secundum novam methodum a staminum situ et proportione, cum characteribus generum essentialibus*, Darmstadt, 1792, in–8°; Francfort, 1811, in–8°; c'est dans cet ouvrage que l'auteur adopte la méthode de Gleditsch ; *Dictionnaire de botanique (Botanisches Wœrterbuch*, etc., Giessen, 1797, in–8°) ; *Manuel de botanique forestière (Theoretisches praktisches Handbuch der Forstbotanik*, etc., Giessen, 2 parties in–8°, 1800-1803) ; *Joannis Milleri Illustratio systematis sexualis Linnæi, denuò edita, revisa, ac translatione germanica locupletata*, Francfort, 1804 ; *Les Prunes (Die Pflaumen*, Darmstadt, 1804-1805, in–8°). Borkhausen a inséré un grand nombre d'articles dans le *Magasin botanique* de Rœmer.

LE SECOND
DES LUDWIG.

Christian–Frédéric Ludwig, né à Leipzig en 1757, mort en 1823, différent de l'illustre Christian–Théophile Ludwig dont il a été longuement parlé page 178, mais, comme lui, médecin et naturaliste, compte parmi les fondateurs de la Société linnéenne. Il est surtout célèbre par ses travaux sur la médecine. Néanmoins il a donné à la science des végétaux des ouvrages estimés, qui sont : *Dissertatio de munimentis plantarum*, Leipzig, 1776, in–4°; *Dissertatio de sexu muscorum detecto*, Leipzig, 1777, in–8°; *Dissertatio de antennis*, Leipzig, 1778, in–4°; *Dissertatio de pulvere antherarum*, Leipzig, 1778, in–4° ; *Nouvelle culture d'arbres sauvages exposée dans un catalogue alphabétique et systématique (Die neuere wilde Baumzucht in einem alphabestischen und systematischen Verzeichnisse aufgestellt*, Leipzig, 1783, in–8° ; *ibid.*, 1802) ; *Manuel de botanique (Handbuch der Botanik*, Leipzig, 1800, in-8°, avec 4 pl.). Christian-Frédéric Ludwig s'est aussi occupé d'entomologie et de minéralogie.

Ernest-Guillaume Martius, pharmacien, d'abord à Mayence, ensuite à Erlangen, père de notre célèbre contemporain Charles-Frédéric-Philippe de Martius, naquit à Weissenstadt, en 1756. On lui doit : *Nouveau manuel pour copier les plantes d'après nature* (*Nueste Anweisung, Pflanzen nach dem Leben abzudruken*, Wetzlar, 1784, in-8°); *Voyage à travers une partie de la Franconie et de la Thuringe* (*Wanderungen durch einen Theil von Franken und Thueringen*, Erlangen, 1795, in-8°; *Icones plantarum, quas adjectâ Linnæi nomenclaturâ ordine alphabetico digessit*, Ratisbonne, 1780, in-8°); etc.

Sir James-Édouard Smith, médecin et naturaliste anglais, né à Norwich en 1759, mort en 1828, obtint, dès l'année 1782, la médaille d'or que la Société d'Édimbourg donnait au plus méritant dans les études botaniques. L'année suivante, à l'instigation de Banks, il acheta, au prix de mille guinées, la bibliothèque, les manuscrits et les collections de Linné qu'il garda toute sa vie, et qui, à sa mort, furent acquises par la Société linnéenne, fondée en 1788, par ses soins, ceux de Joseph Banks et de quelques autres amis de la botanique; il fut le premier président de cette société. En 1793, il fut chargé d'enseigner la botanique à la reine Charlotte et aux princesses d'Angleterre. Il reçut le titre de baronnet en 1814. Sir James-Édouard Smith s'intéressa à toutes les branches de l'histoire naturelle; mais l'étude des végétaux fut sa principale occupation. Nous citerons de lui les ouvrages suivants : *Plantarum icones hactenis ineditæ, plerumque ad plantas in herbario Linnæano conservatas delineatæ*, Londres, 1789-1791, 3 fasc. in-fol., avec 75 planches; *Icones pictæ plantarum rariorum descriptionibus illustratæ*, Londres, 1790-1793, 3 fasc. gr. in-fol., avec 18 pl. coloriées; *Botanique anglaise* (*English Botany*, Londres, 1790 à 1814, 26 vol. in-8°); *Spicilegium botanicum*, Londres, 1792, 2 fasc. in-fol., avec 24 pl. col., Londres 1791 et 1792; *Dissertation* (en anglais) *sur le sexe des plantes*, 1792, in-8°; *Essai sur la botanique de la Nouvelle-Hollande* (*A Specimen of the Botany of New-Holland*, Londres, 1793, in-4° avec 16 fig. col.); *Syllabaire d'un cours de leçons sur la botanique* (*Syllabus of a courses of lecture on botany*, 1795, in-8°); *Flora britannica*, Londres, 1800-1804, 3 vol. in-8°; édition nouvelle à Zurich, en 1804, par les soins et avec les annotations de J.-J. Rœmer; *Compendium floræ britannicæ*, Londres, 1800, in-8°; *In usum floræ germanicæ*, 1801, in-8°; *Botanique exotique*, Londres, 1804-1806, 2 vol. in-4°, avec figures coloriées; *Introduction à la botanique physiologique et systématique* (*An introduction to physiological and systematical botany*, Londres, 1807, in-8°, avec figures; 4ᵉ édit. en 1819; 7ᵉ édit. revue et corrigée par Hooker, avec 36 pl., en 1833); *Reliquiæ Rudbeckianæ*, Londres, 1789, in-fol.; *Revue et état actuel de la botanique* (*A review of the moderer state of botany*, Londres, 1817, in-4°); *Grammaire de botanique illustrée* (*A grammar of botany illustrative of artificial as well as natural classification, with an explanation of Jusssieu's system*, Londres, 1821, avec 21 pl. col.); *La Flore anglaise* (*The English Flora*, 5 vol. in-8°, Londres, 1824-1836). Smith publia aussi deux ouvrages de Linné : *Flora lapponica, cum notis*, Londres, 1792, in-8°, fig.; et *Lachesis lapponica*, Londres, 1811, 2 vol. in-8°, fig. Sibthorp ayant laissé, comme on l'a vu, les matériaux d'une *Flore de la Grèce*, l'Université confia la rédaction de cet ouvrage à Smith, qui en fit paraître l'introduction, dont l'auteur n'avait laissé que le plan, sous le titre de *Floræ græcæ Prodromus, sive plantarum omnium enumeratio quas in provinciis aut insulis Græciæ invenit J. Sibthorp*, Londres, 1 vol. in-8°. Smith donna ensuite la *Flora græca* elle-même, Londres, 1808 et années suivantes, in-fol., avec figures coloriées, magnifique ouvrage qui malheureusement n'a été tiré qu'à un très-petit nombre d'exemplaires. Lady Smith a publié, en 1832, les *Mémoires* et la *Correspondance de son mari*.

Benjamin-Smith Barton, médecin-naturaliste américain, né en Pensylvanie en 1766, mort en 1816, devint professeur d'histoire naturelle et de botanique à l'Université de Lancastre, et membre de la Société médicale de Philadelphie. On lui doit plusieurs ouvrages, dont quelques-uns ont trait directement ou indirectement à la botanique, entre autres : *Essais de matière médicale appropriée aux États-Unis* (*Collections for an essay towards a Materia medica of the United-States*, Philadelphie, 1798, in-8°, 2ᵉ édit. en 2 parties, 1801-1804 in-12); *Fragments d'histoire naturelle de la Pensylvanie* (*Fragments of the natural history of Pennsylvania*, Philadelphie, 1799, in-fol.); *Éléments de botanique* (*Elements of botany, or outlines of the natural history of vegetables, illustrated by 30 coloured plates*, Philadelphie, 1804, in-8°, 2ᵉ édit. augm., 1812); *Flora Virginica, Pars I*, Philadelphie, 1812, in-8°; *Specimen et coup d'œil géogra-*

phique sur les plantes de l'Amérique septentrionale (Specimen of a geographical view of the trees and shrubs, and many of the herbaceous plants of North-America, Philadelphie 1809, incomplet). Benjamin-Smith Barton est l'auteur de plusieurs Mémoires insérés dans les *Transactions de la Société américaine* et dans le *Magasin philosophique de Tilloch*, dont un a trait à la propriété stimulante que le camphre exerce sur les végétaux ; l'auteur avait observé qu'un végétal déjà flétri se ranimait promptement dans de l'eau camphrée, tandis que le même phénomène ne se produisait pas dans de l'eau ordinaire ; c'est ainsi qu'il parvint à ranimer une branche de tulipier et des fleurs déjà fanées d'iris jaune, expérience qui, depuis, a réussi à Willdenow sur les fleurs du *Silene pendula*. Benjamin-Smith Barton a aussi donné la description du *Podophyllum diphyllum* de Linné.

Il ne faut pas confondre ce Barton avec William Barton, professeur de botanique à Philadelphie, qui a publié : *Matière médicale végétale des États-Unis (Vegetable materia medica of United-States, or Medical botany, containing a botanical, general and medical history of medicinal plants indigenous to the United-States, illustrated by coloured engravings*, Philadelphie, 1817-1818, 2 vol. in-4°, avec 50 planches); *Prodromus Floræ Philadelphiæ*, Philadelphie, 1815, in-4° ; *Compendium Floræ Philadelphiæ*, Philadelphie, 1817, in-4°; on a à regretter que cette flore rédigée entièrement d'après les idées de Thomas Nuttall, se soit bornée aux plantes comprises dans un aussi petit rayon. Les végétaux y sont d'ailleurs décrits avec un grand soin. Enfin William Barton a publié une *Flore du nord de l'Amérique (A Flora of North America*, 3 vol. in-4° avec 106 pl. col., Philadelphie, 1818-1823 ; 2° édit., 1825)[1].

Martin Vahl, botaniste norvégien, né à Bergen en 1749, mort à Copenhague en 1804, suivit les leçons de Linné à Upsal, puis visita, aux frais de son gouvernement, de 1783 à 1785, les principales contrées de l'Europe et les côtes des États barbaresques. Il explora particulièrement la Norvége et le Danemark. On lui doit une partie de la *Flora Danica*, commencée par Œder et à laquelle concoururent aussi Otton-Frédéric Müller et Hornemann. Il est auteur des ouvrages suivants : *Symbolæ botanicæ, sive plantarum, tam earum quas in itinere*

VAHL.

---

[1]. Un autre Barton a encore publié avec Castle, en 1737 et 1738, une *Flore médicale anglaise (The British Flora medica*, 2 vol. in-8°).

imprimis orientali collegit Forskael, quam aliarum recentiùs detecta-
rum exactiores descriptiones, etc., Copenhague, 1790-1794, 3 parties
in-fol., avec 75 planches ; *Eclogæ americanæ, seu descriptiones plan-*
tarum præsertim Americæ meridionalis nondùm cognitarum, Copenhague, 1796-1807, 3 fasc. in-fol., avec 30 planches in-fol. publiées
en 1798 et 1799 ; *Enumeratio plantarum vel aliïs vel ab ipso obser-*
vatarum, Copenhague, 1805-1806, 2 vol. in-8°.

Martin van Marum, physicien et botaniste hollandais, dont les
écrits ont paru de l'année 1773 à l'année 1810, étudia le mouvement
des fluides dans les végétaux et les compara à la circulation dans les
animaux ; comparaison forcée, qui a plus nui qu'elle n'a profité au
progrès de la science ; car, s'il y a similitude, il n'y a pas identité.
Ce sont deux phénomènes parallèles et non semblables. Il fallut de
nombreuses expériences et de longues études pour faire abandonner
cette voie dangereuse. Van Marum a consigné ses idées dans deux
Dissertations latines qui parurent à Groningue, en 1773 (*Dissertatio*
philosophica inauguralis de motu fluidorum in plantis, experimentis
et observationibus indagato ; et *Dissertatio botanico-medica inauguralis*
quâ disquiritur, quousque motus fluidorum et cæteræ quædam anima-
lium et plantarum functiones consentiunt). Il a publié, en 1810, le
Catalogue des plantes de son jardin d'Harlem.

Nous comprendrons encore dans ce chapitre quelques cryptogamistes qui, bien qu'ayant vécu assez avant dans le dix-neuvième
siècle, ont publié leurs principaux écrits dans le dix-huitième.

Charles-Godefroy Hagen, médecin, botaniste, chimiste et pharmacien, né à Kœnigsberg, en 1749, mort en 1829, parmi les
lichenographes distingués de l'Allemagne ; on lui doit un ouvrage
intitulé : *Tentamen historiæ lichenum, præsertim prussicorum,* Kœnigsberg, 1782, in-8° ; 2ᵉ édit., 1786. Hagen a produit aussi d'autres
ouvrages de botanique, parmi lesquels nous citerons : *Commentatio*
botanica de Ranunculis prussicis, Kœnigsberg, 1784, in-4° ; *Program-*
mata IV de plantis in Prussiâ cultis, Kœnigsberg, 1791-1794,
in-4° ; *Dissertatio de plantarum nutrimento ab aquâ proficiscente,*
1798 ; *Veronicarum prussicarum recensio,* 1790 ; *De Cardamine pra-*
tensi, 1785 ; *Herbier de Prusse* (*Preussens Pflanzen,* Kœnigsberg,
1818) ; *Chloris Borussica,* Kœnigsberg, 1819, in-12. A l'époque
de sa mort, Hagen occupait à l'Université de Kœnigsberg, la chaire
de chimie, de physique et d'histoire naturelle. Ses ouvrages sur

la chimie et la matière médicale ont joui d'une grande estime.

Georges-Henri Weber, médecin cryptogamiste allemand, né à Gœttingue, en 1752, fut professeur de botanique à l'Université de Kiel. Le roi de Danemark le choisit pour son premier médecin en 1780. Il a publié : *Dissertatio sistens vires plantarum cryptogamicarum medicas*, Kiel, 1773, in-4°; *Spicilegium floræ Gottingensis, plantas cryptogamicas sylvarum imprimis Hercynicarum illustrans*; Gotha, 1778, in-8°.

Un autre médecin et naturaliste du nom de Weber (Frédéric) aussi professeur à l'Université de Kiel, directeur du jardin botanique de cette ville, s'est également beaucoup occupé de cryptogamie; nous en parlerons dans le chapitre suivant, ses publications appartenant toutes au dix-neuvième siècle.

Georges-François Hoffmann, médecin allemand, professeur de botanique à Gœttingue, puis à Moscou, né en 1760, mort en 1826, s'est beaucoup occupé des lichens et d'autres végétaux acotylédons. On lui doit : *Enumeratio Lichenum iconibus et descriptionibus illustrata*, 1784 à 1786, Erlangen, 3 fasc. in-4° avec 22 pl.; *Historia Salicum iconibus illustrata*, Leipzig, 2 fasc. in-fol. avec 31 pl., 1785 à 1791; *Dissertatio de vario Lichenum usu*, Erlangen, 1786, in-4°; *Dissertatio sistens observationes botanicas*, Erlangen, 1787, in-4°; *Lichenographie économique*, en collaboration avec Amoreux et Pierre-Remy Willemet, Lyon, 1787; *Vegetabilia cryptogamica*, Leipzig, 2 fascicules, 1787 et 1790 in-4°, avec 16 pl.; *Plantæ crustaceæ seu lichenosæ æri incisæ et vivis coloribus insignitæ*, Leipzig, 1788, in-fol.; *Commentatio de vario lichenum usu*, Leipzig, 1787, in-8°; *Nomenclator fungorum*, Berlin, 1789, in-8°, avec 6 planches, ouvrage dont il n'a paru que le premier fascicule, traitant des agarics; *Plantæ lichenosæ delineatæ et descriptæ*, Leipzig, 1789 à 1801, 3 vol. in-fol. avec 72 pl. coloriées; *Flore d'Allemagne (Deutschlands Flora*, Erlangen, 1791, in-12, avec 12 pl. col., ouvrage qui a eu plusieurs éditions; celle de 1795 a 14 planches col.); *Programma horti Gœttingensis*, 1793, in-fol.; *Vegetabilia in Hercyniæ subterraneis collecta, iconibus, descriptionibus et observationibus illustrata*, Nuremberg et Londres, 1797-1811, in-fol. avec 18 pl. col.; *Compendium floræ britannicæ, auctorum J.-E. Smith, in usum floræ germanicæ editum*, Erlangen, 1801, in-8°; *Phitographische Blätter*, Gœttingue, 1803, 2 cahiers in-8°, avec 8 pl. col.; *Genera umbelliferarum*, Moscou,

1814, in-8° ; *ibid.*, 1816, in-8° ; *Hortus Mosquensis*, Moscou, 1808 ; *Oratio de fatis et progressibus rei herbariæ imprimis in imperio rutheno,* Moscou, 1824, etc. Georges-François Hoffmann est cité, avec Dickson, Hagen, Swartz, Smith, Wulfen, Hedwig, Adanson, Weber, Willdenow, Persoon, Schrader, Flœrke, Ramond, Eschweiler, Delise, Chevalier, Sommerfelt, de Candolle, et surtout depuis Acharius, fondateur de la famille des lichens, parmi ceux qui, dans les dernières années du dix-huitième siècle et dans les premières du dix-neuvième, ont fait avancer la lichenographie.

Erik Acharius, médecin et botaniste suédois, né en 1757, mort en 1819, fut nommé, en 1796, membre de l'Académie de Stockholm et, en 1801, professeur de botanique. Il avait consacré tous les loisirs que lui laissait la pratique médicale à cette dernière étude, particulièrement à celle des cryptogames ; il fut un des premiers lichenographes. Toutefois, la malheureuse idée qu'il eut de partager le genre *lichen* de Linné en quarante autres genres et en un nombre proportionné d'espèces et de variétés fondées sur des caractères peu saillants, douteux ou fugitifs, ne fut pas considérée généralement comme un service rendu à la science, à qui il imprima une fâcheuse direction dont on ressent encore les effets. Peu d'accord souvent avec lui-même, Acharius a modifié successivement une grande partie de sa nomenclature dans chacun de ses ouvrages. Du reste, il n'était pas moins convaincu que d'autres de l'extrême variabilité des lichens, et les appelait souvent protéiformes. En travaillant de cette manière, a dit un savant, on a bientôt fait un monde de la moindre partie de l'histoire naturelle, sans pourtant y avoir rien découvert de vraiment neuf et d'intéressant. Ces observations n'ont pas empêché le même savant de rendre justice à l'exactitude qui distingue les études, les descriptions et la synonymie d'Acharius. Les écrits qui lui ont valu longtemps le premier rang parmi les lichenographes sont : *Lichenographiæ Suecicæ Prodromus,* Linköping, 1798, in-8° ; *Methodus quâ omnes detectos Lichenes secundum organa carpomorpha ad genera, species et varietates redegit,* Stockholm, 1803, in-8°, avec 8 pl. noires ou col.; *Lichenographia universalis,* Gœttingue, 1810, in-4°, avec 14 pl. noires ou col.; *Synopsis methodica Lichenum,* Lund, 1814, in-4°. Acharius, dont le nom a été donné au genre *Acharia* et à quelques espèces végétales, laissa un herbier composé de onze mille espèces, dont la partie des lichens fut vendue à l'Université de Helsingfors.

Chrétien-Henri Persoon, célèbre cryptogamiste, né au Cap de Bonne-Espérance vers 1770, mort à Paris en 1836, est certainement un de ceux qui firent faire le plus de progrès à la mycologie. On ne peut parler des champignons sans citer son nom. Il habita longtemps l'Allemagne avant de venir se fixer en France. On a de lui : *Observationes mycologicæ*, Leipzig, 1796-1799, 2 part. in-8°, avec fig. col.; *Commentatio de fungis clavæformibus*, Leipzig, 1797, in-8°, avec fig. col.; une quinzième édition du *Systema vegetabilium*, 1797, in-8°; *Tentamen dispositionis methodicæ fungorum in classes, ordines genera et familias*, Leipzig, 1797, in-8°, avec 4 pl.; *Coriphæi clavarias ramariasque complectentes, cum brevi structuræ interioris expositione, auctore Th. Holsmkiold, denuò cum adnotationibus*, Leipzig, 1797, in-8°; *Icones et descriptiones fungorum minus cognitorum*, Leipzig, 1799-1800, 2 fasc., in-4°, avec 14 pl. col.; *Commentarius Jac.-Chr. Schaefferi, fungorum Bavariæ indigenorum icones pictas, differentiis specificis, synonymis et observationibus selectis illustrans*, Erlangen, 1800, gr. in-4°; *Synopsis methodica fungorum*, 2 parties in-8°, avec 5 pl., Gœttingue, 1801; *Icones pictæ specierum rariorum fungorum*, Paris et Strasbourg, 4 fasc. in-8°, 24 pl. col., Paris, 1803-1806; *Synopsis plantarum, seu Enchyridion botanicum*, Paris, 1805-1807, 2 vol. in-12; *Novæ lichenum species*, Paris, 1811, in-4°; *Traité sur les champignons comestibles, contenant l'indication des espèces nuisibles, précédé d'une Introduction à l'histoire des champignons*, Paris, 1818, in-8°, avec 4 pl. coloriées; *Mycologia europæa*, en 3 sections, in-8°, avec 30 pl. col., Erlangen, 1822-1828.

Frédéric-Guillaume Weiss, botaniste allemand, a publié : *Plantæ cryptogamicæ Floræ Gottingensis*, 1770, in-8°; *Considérations sur l'utilité d'un cours de botanique*, etc. (*Betrachtung über die nutzbare Einrichtung, akademischer Vorlesungen in der Botanik*, etc., 1774, in-4°); *Plan d'une botanique forestière* (*Entwurf einer Forstbotanik*, 1775, avec 8 planches).

Jacques Bolton, cryptogamiste anglais, a publié deux très-beaux ouvrages, l'un sur les fougères de la Grand-Bretagne, l'autre sur les champignons d'Halifax (*Filices britannicæ, an history of the british proper ferns; with plain and accurate descriptions and new figures of all the species and varieties*, etc., 1785-1790, 2 parties in-4°, avec 46 planches coloriées; et *An history of fungusses growing about Halifax*, 3 vol. in-4°, avec appendice ou supplément, et 182 planches coloriées). Le second de ces ouvrages a été traduit en allemand, avec des observations de Willdenow.

Jean-Adolphe Murray, professeur de médecine et directeur du jardin botanique de Stockholm, né dans cette ville en 1740, mort en 1791, outre de nombreux ouvrages de médecine, deux éditions du système de Linné (*Caroli a Linne systema vegetabilium, editio decima tertia*, Gœttingue, 1774, in-4°; *editio decima quarta*, 1780), a donné : *Enumeratio vocabulorum quorumdam quibus antiqui lingue latine auctores in re herbaria usi sunt*, in-4°, 1756; *Commentaria de Arbuto uva ursi*, Gœttingue, 1764, in-4°; *De amico insectorum scrutinii cum re herbaria connubio, ibid.*, 1764, in-4°; *Prodromus designationis stirpium Gottingensium, ibid.*, 1770, in-8°. Mais celui de ses ouvrages qui a le plus fixé l'attention est sa *Matière médicale végétale* intitulée : *Apparatus medicaminum tam simplicium quam præparatorum et compositorum in praxeos adjumentum consideratus*; Gœttingue, 1776-1792, 6 vol. in-8°; cette œuvre importante a été longtemps classique et est encore fort utilement consultée ; le sixième volume a été publié par Althof, après la mort de Murray.

Jean Zorn, botaniste allemand, né à Kempten en Bavière, en 1739, mort en 1799, a publié, en allemand et en latin, une matière médicale végétale estimée, et surtout très-remarquablement illustrée, sous le titre de : *Icones plantarum medicinalium*, en 5 centuries, accompagnées de belles planches coloriées, Nuremberg, 1779-1784, 5 vol. in-8°; le même ouvrage a été publié en 6 centuries, avec 600 pl. col., texte en latin et en allemand, comme la première édition, de 1784 à 1790. — Un autre Zorn (Barthélemy) avait publié, à Berlin, en 1714, une *Botanologia medica*.

Jean-François Coste, médecin et botaniste français, né près de Nantua en 1741, mort en 1819, successivement médecin des hôpitaux et des armées, premier médecin, membre du conseil de santé, médecin en chef des Invalides, maire de Versailles, a laissé plusieurs ouvrages, parmi lesquels nous n'avons à mentionner ici que les *Essais botaniques, chimiques et pharmaceutiques sur les plantes indigènes substituées avec succès à des végétaux exotiques*, Nancy, 1776, in-8°. Coste eut Willemet pour collaborateur dans ce travail souvent cité et couronné par l'Académie de Lyon, qui reparut, considérablement augmenté, sous le titre de *Matière médicale végétale indigène*, Nancy, 1793, in-8°.

Jean-Baptiste Morandi, botaniste italien dont on cite quelquefois les ouvrages, a publié : *Observations sur les plantes les plus usuelles du Milanais* (*Osservazioni intorno al sinonimo alfabetico dell'erbe più usuali, che si legge nell'antidotario Milanese*, Milan, 1743), et *Histoire botanique pratique* (*Historia botanica practica, seu plantarum quæ ad usum medicinæ pertinent, nomenclatura, descriptio et virtutes*, Milan, 1744, gr. in-fol., avec 68 planches coloriées).

MATIÈRE MÉDICALE VÉGÉTALE MORANDI.

Pierre-Remi Willemet, naturaliste et pharmacien français, né à Norroy-sur-Moselle, en 1735, mourut en 1807 à Nancy, où il avait hérité de l'officine d'un de ses oncles. Il fut nommé directeur du jardin botanique et professeur à l'École centrale de cette ville. Lié avec Haller, Vicq d'Azir et Linné, il fut élu membre ou associé d'un grand nombre d'académies en France et à l'étranger. Il a publié avec Coste, comme on vient de le voir, une *Matière médicale indigène*. Il a donné seul : *Phytographie économique de la Lorraine*, 1780, in-8°, réimprimée sous le titre de *Phytographie encyclopédique, ou Flore de l'ancienne Lorraine*, Nancy, 1805-1808, 3 vol. in-8°; *Lichénographie économique*, Lyon, 1787, in-8°; *Monographie des plantes étoilées*, Strasbourg, 1791, in 8°; *Catalogus plantarum horti botanici Nanceynensis*, 1802. — Pierre-Remi Willemet eut un fils (Pierre-Remi-François de Paule) qui avait été doué des plus précieuses facultés, d'un dévouement sans bornes à la science, dont il mourut victime, à Seringapatam, à l'âge de vingt-huit ans. Il n'a laissé que deux opuscules : l'un a pour titre : *Herbarium Mauritianum*, Leipzig, 1796, in-8°; il a été inséré dans les *Annales botaniques* d'Ustéri.

LES WILLEMET.

Jean-Jacques Plenk, célèbre médecin autrichien, né à Vienne en 1732, mort en 1807, a consacré quelques-uns de ses nombreux écrits aux végétaux. Sous ce rapport, on lui doit : *Physiologia et pathologia plantarum*, Vienne, 1794; une *Terminologie botanique*, en allemand (*Anfangsgründe der botanischen Terminologie*, Vienne, 1798); *Elementa terminologiæ botanicæ ac systematis sexualis plantarum*, Vienne, 1797, in-8°; *Icones plantarum medicinalium, secundum systema Linnæi digestarum, cum enumeratione virium et usus medici, chirurgici atque diætetici*, Vienne, 8 vol. in-fol., 1798 à 1812, avec 758 planches coloriées. Le tome 8 a paru après la mort de l'auteur.

PLENK.

Bernard Peyrilhe, souvent cité dans notre *Flore médicale*, naquit en 1735 à Perpignan, et mourut dans cette même ville, en 1804, après avoir été professeur de matière médicale à l'École de médecine

PEYRILHE.

de Paris. Il eut l'heureuse et féconde idée d'affirmer que l'on pouvait souvent remplacer par des substances indigènes les médicaments que l'on tire avec peine et à grands frais de l'étranger, et ouvrit en quelque sorte, à cet égard, la carrière à Bodard et à Loiseleur-Deslongchamps, qui ont fait une ample moisson de ces substances utiles. Nous ne citerons ici de lui que le *Tableau méthodique d'histoire naturelle des médicaments*, Paris, 1800, in-8°, dont Lullier-Vinslow a donné une nouvelle édition en 1818, 2 vol. in-8°, avec notes.

ROTTBOELL. Christen-Früs Rottboell, botaniste danois, est auteur des ouvrages suivants : *Descriptiones plantarum rariorum iconibus lustrandas programmate indicit*, Copenhague, 1772; *Descriptionum et iconumrariores et pro maxima parte novas plantas illustrantium liber primus*, Copenhague, 1773, in-fol., avec 21 planches; 2° édit., 1786; *Plantas horti universitatis rariores programmate describit*, Copenhague, 1773; *Descriptiones rariorum plantarum (Surinamensium) nec non materiæ medicæ atque œconomicæ e terra Surinamensi fragmentum*, Copenhague, 1776, in-4°, avec 5 planches; 2° édition, avec un aperçu de la matière médicale et économique à Surinam, 1798. Rottboell a publié en outre quelques écrits botaniques en danois.

GORTER. David de Gorter, fils d'un célèbre médecin hollandais, passé au service de la Russie et de Catherine II, médecin lui-même à son tour de cette impératrice, mourut en 1783, laissant les ouvrages suivants : *Materia medica exhibens virium medicamentorum simplicium catalogus*, Amsterdam, 1740, in-4°, et Padoue, 1755, in-4°; *Flore de Zutphen (Flora Gelro-Zutphanica*, Harderwik, 1745, in-8°); *Elementa botanica methodo Cl. Linnæi accommodata atque in usum auditorum evulgata*, Harderwik, 1749, in-8° avec 11 planches; *Flora ingrica ex schedis Stephani Kruscheninnikow confecta et propriis observationibus aucta*, Saint-Pétersbourg, 1761, in-8°, avec *Appendix* publié en 1764; *Flora Belgica*, Utrecht, 1767, in-8°; *Floræ Belgicæ supplementum primum (et alterum)*, Utrecht, 1768 et 1777, in-8°; *Flora septem provinciarum Belgii fœderati indigena*, Harlem, 1781; *Flora Zutphanica*, 1781, in-8°.

BALDINGER. Ernest-Godefroy Baldinger, l'un des plus célèbres médecins allemands du xviii° siècle, né près d'Erfurt, en 1738, mort en 1804, fut successivement professeur à l'université d'Iéna, et directeur de tous les établissements médicaux du landgraviat de Hesse-Cassel. Il s'est occupé accessoirement de botanique. On lui doit sous ce rapport :

Catalogus dissertationum, quæ medicamentorum historiam, fata et vires exponunt, Altenbourg, 1768 ; *Sur l'étude de la botanique et de la manière de l'apprendre* (*Ueber das studium der Botanik*, etc., Iéna, 1770) ; *De filicum seminibus*, Iéna, 1770 ; *Index plantarum horti et agri Ienensis*, Gœttingue, 1773, in-8° ; *Vires chamomillæ*, 1775 ; *Alexiteria et Alexipharmaca contra diabolum*, Gœttingue, 1778, in-4° ; *Litteratura universa materiæ medicæ alimentariæ, toxocologiæ, pharmaciæ, et therapiæ generalis medicæ atque chirurgicæ potissimum academica*, Marbourg, 1793, in-8° ; *Sur l'histoire littéraire de la botanique théorique et pratique* (*Ueber Literargeschichte der theoretischen und practischen Botanik*, Marbourg, 1794, in-8°).

Aux trois botanistes du nom de Gmelin, qui nous ont occupé (pages 185 et 186) nous avons à en ajouter d'autres qui datent à peu près de la même époque, et nous avons à revenir sur Jean-Frédéric Gmelin, dont nous n'avons parlé qu'incidemment pour mentionner sa *Flore de Tubingue*.

Celui-ci s'est non-seulement occupé de botanique descriptive, mais encore de physiologie végétale. On lui doit : *Irritabilites vegetabilium in singulis plantarum partibus explorata*, Tubingue, 1768 ; *Onomatologia botanica completa*, Francfort et Leipzig, 1772-1778 ; l'*Onomatologia* est un dictionnaire de botanique, en allemand, selon la méthode de Linné ; *Catalogue latin et allemand sur les neuf parties de l'Onomatologie botanique* (*Lateinisches und teutsches Register*, etc., Francfort, 1778, in-8°) ; cet ouvrage complète l'*Onomatologia* ; *Enumeratio stirpium agro Tubingensi indigenarum*, Tubingue, 1772, in-8° (déjà cité) ; *Traité des plantes vénéneuses qui croissent spontanément en Allemagne* (*Abhandlung von den giftigen Gewächsen*, etc., Ulm, 1775, in-8° ; 2° édit., 1805) ; *Traité sur les diverses espèces de plantes nuisibles et sur l'usage qu'on en peut faire, avec une instruction sur la manière de les arracher* (*Abhandlungen von den Arten des Unkrauts*, etc., Lübeck, 1779, in-8°). Outre ses écrits de pure botanique, Jean-Frédéric Gmelin a publié d'importants ouvrages de chimie médicale et de pharmacologie. Il s'est aussi occupé de minéralogie, d'ichthyologie et d'autres branches de l'histoire naturelle. Il est le père du chimiste Léopold Gmelin, mort en 1853.

Philippe-Frédéric Gmelin, frère cadet de Jean-Georges Gmelin, s'est occupé, comme Jean-Frédéric, de matière médicale. On lui doit : 1° *Otia botanica, quibus in usum prælectionum academicarum definitionibus et observationibus illustratum reddidit Prodromum Floræ Leydensis Adriani van Royen, qui plantas terra marique crescentes methodo naturali digessit,* Tubingue, 1760, in-4°; 2° *Botanica et chemia ad medicam applicata praxin per illustria quædam exempla,* 1755 ; 3° *Fasciculus plantarum patriæ urbi (Reutlingæ) vicinarum, sponte crescentium cultarumque, cum usu omni earumdem plebejo,* Tubingue, 1764 ; 4° *De materia toxicorum hominis vegetabilium simplicium in medicamentum convertenda,* Tubingue, 1765, in-4°.

Charles-Chrétien Gmelin, médecin et naturaliste allemand, professeur au jardin botanique de Carlsruhe, a publié : 1° *Consideratio generalis Filicum,* Erlangen, 1784, in-4° ; 2° *Flora Badensis Alsatica et confinium regionum cis et transrhenana plantas a lacu bodamico usque ad confluentem Moselle et Rheni sponte nascentes exhibens,* Carlsruhe, 1805-1826, 4 vol. in-8°, avec 24 planches; 3° *Hortus magni duci Badensis Carlsruhanus,* 1811, in-8° ; 4° un ouvrage sur les moyens de substituer des plantes sauvages indigènes aux plantes cultivées, en temps de disette, par suite de mauvaise récolte, dans le duché de Bade (*Nothülfe gegen Mangel aus Misswachs,* etc., Carlsruhe, 1817, in-8°) ; une étude sur les champignons de Bade et de ses environs (*Beschreibung der Milchblätterschwämme in Baden,* etc., Carlsruhe, 1825, in-8°, avec une planche coloriée).

Pierre-Joseph Amoreux, docteur en médecine, bibliothécaire de la faculté de Montpellier, né à Beaucaire vers le milieu du XVIII° siècle, mort en 1824, se distingua de bonne heure dans les concours académiques et fut couronné plusieurs fois par les principales sociétés savantes de l'Europe. Il se livra activement aux recherches bibliographiques. L'histoire de la médecine et de l'art vétérinaire, et l'histoire naturelle fixèrent particulièrement ses recherches et ses études. C'était un homme laborieux et érudit, mais ayant peu l'esprit de critique, et encore moins de style. Il a donné à la botanique : *Traité de l'olivier,* 1784, in-8°; *Recherches sur la vie et les ouvrages de Pierre Richer de Belleval, fondateur du jardin botanique donné par Henri IV à la faculté de médecine de Montpellier en 1795, pour servir à l'histoire de cette faculté et à celle de la botanique,* Avignon, 1786, in-8°; *Recherches et Expériences sur les divers lichens d'usage en médecine et dans les arts,* Lyon, 1787, in-8°; autre édition en 1809, en collaboration avec G.-F. Hoffmann et Pierre-Remi Willemet; *État de la végétation sous le climat de Montpellier,* Montpellier, 1809, in-8°; *Dissertations sur les pommes d'or des Hespérides*, 1809; *sur l'origine du cachou*, 1812; *sur les plantes religieuses*, 1817, etc.

Henri-Jean-Népomucène de Crantz, médecin et phytographe allemand, professeur de médecine à Vienne, né en 1722, a publié : *Quæstio academica ex materia medica et botanica*, Vienne, 1760, in-4°; *Materia medica et chirurgica juxta systema naturæ digesta*, Vienne, 1762, 3 vol. in-8°; 2ᵉ édit. corrigée et augmentée, 1765, 3 vol. in-8° ; *Stirpes Austriacæ*, Vienne et Leipzig, 1762-1767, 3 fasc. in-8°, avec 15 planches ; 2ᵉ édit. augmentée, Vienne, 1767, en 2 parties in-4°, avec 18 planches; *Institutiones rei herbariæ juxta nutum naturæ digestæ ex habitu*, Vienne, 1766, 2 vol. in-8°; *Classis Umbelliferarum*, etc., Leipzig, 1767, avec 6 planches ; *De duabus Draconis arboribus botanicorum*, Vienne, 1768 ; *Classis Cruciformium*, etc., Leipzig, 1769, avec 3 planches. Les *Plantes d'Autriche* de Crantz sont fort estimées. L'auteur excelle surtout dans les descriptions. Jacquin a tenté de rectifier et de compléter Crantz dans ses *Animadversiones quædam Cranzii fasciculos stirpium Austriacarum* (*Collectanea*, t. I, p. 365-366); il a été jusqu'à donner, dans ses *Floræ Austriacæ*, des images de presque toutes les espèces décrites par Crantz. Les monographies des Crucifères et des Ombellifères de Crantz, quoique fort incomplètes, sont encore consultées.

Pierre-Emmanuel Hartmann, médecin et chimiste allemand, né à Halle, en 1729, a publié : *Plantarum prope Francofurtum ad Viadrum sponte nascentium fasciculus primus*, 1767 ; *De Salice laurea odorata*, 1769; *Insignem Cicutæ Stœrkianæ efficacitatem medicam singulari quadam observatione comprobat*, 1772; *Exercitatio litteraria de Joannis Langii* [1] *studiis botanicis*, 1774 ; *Historia Gentianæ naturalis et medica*, 1777; *Antinephritica Uvæ ursinæ virtus merito suspecta*, 1778 ; *Super Daphnes Gnidii usu epispastico pauca quædam*, 1780 ; *Iconum botanicarum Gesnerio-Camerarianarum minorum nomenclator Linneanus*, 1781; *De Gratiola*, 1784 ; *De Sedo acri Linneano ejusque virtute in cancro aperto et exulcerato*, 1784 ; *Virtutem Hellebori nigri hidrogogam nuperis aliquot exemplis confirmat*, 1786; *Circumspectus Camphoræ in morbis inflammatoriis usus internus*, 1788; *Usus corticis peruviani in febribus biliosis*, 1790 ; *De Monarda*, 1791. En général,

---

[1]. Jean Lange a publié, au XVIᵉ siècle, *Epistolarum medicinalium volumen tripartitum*, Francfort, 1589, 1 vol. in-8°.

sauf sa *Flore des environs de Francfort*, les écrits de cet auteur sont médiocrement estimés.

François-Xavier Hartmann a fait paraître : *Primæ lineæ institutionum botanicarum Crantzii*, 1766, in-8°, avec 4 planches, 2° édit. *cum Crantzii Additamento generum nororum*, Leipzig, 1767, in-8°.

Guillaume Hartmann a donné : *Observationes botanicæ de discrimine generico Betulæ et Almi*, Stuttgard, 1794[1].

HAPPE. André-Frédéric Happe, botaniste allemand, a publié : *Flora cryptogamica depicta seu muscorum et lichenum iisque affinium plantarum icones*, Berlin, 1783, in-4°, avec 50 planches coloriées ; *Flora depicta aut plantarum selectarum icones ad naturam delineatæ*, Berlin, 1791, in-fol., 317 planches coloriées ; *Botanica pharmaceutica*, etc., Berlin, 1788, in-fol., 595 planches coloriées ; *Iconographie des plantes économiques* (*Abbildungen ökonomischer Pflanzen*, Berlin, 1792-1794, in-fol.).

HELLENIUS. Charles-Nicolas Hellenius, botaniste finlandais, a publié, dans sa langue nationale, plusieurs ouvrages sur les plantes. Il a écrit, sous des titres latins : *Hortus academiæ Aboënsis*, 1779; *De Calla*, 1782; *De Hippuride*, 1786; *De Evonymo*, 1786; *Specimen calendarii Floræ et Faunæ Aboënsis*, 1786; *De Asparago*, 1788; *De Hippophaë*, 1789; *De Tropaeolo*, 1789, etc. La matière médicale végétale l'a particulièrement occupé, et son premier écrit y a trait (*Finska medicinal-växter*, Abo, 1773).

VANDELLI. Dominique Vandelli, botaniste portugais, a publié : *Dissertatio de arbore Draconis seu Dracæna*, Lisbonne, 1768, in-8°; *Mémoire sur l'utilité des jardins botaniques* (*Memoria sobre a utilidade dos jardins botanicos a respecto da agricultura*, Lisbonne, 1770, in-8°); *Fasciculus plantarum, cum novis generibus et speciebus*, Lisbonne, 1771, in-4°, avec 4 planches; *Dictionnaire des termes techniques d'histoire naturelle, extrait des œuvres de Linné* (*Diccionario*, etc., Coimbre, 1788, in-4°); *Floræ Lusitaniæ et Brasiliensis specimen*, 1788, in-4°, avec 5 planches; *Viridarium Grisley Lusitanicum*, Lisbonne, 1789, in-8°.

LUEDER. François-Hermann-Henri Lueder, botaniste et horticulteur allemand, a publié : *Lettres sur la culture et l'ordonnancement d'un jardin potager dans le Hanovre* (*Briefe über die Bestellung eines Küchengartens in Niedersachsen, besonders zwischen Hannover, Hameln und Eimbeck,*

---

1. Plusieurs autres botanistes du nom de Hartmann sont nos contemporains.

Hanovre, 1768; 3ᵉ édit., 1778-1783); *Lettres sur la culture et l'or-donnancement d'un jardin d'ornement dans le Hanovre* (*Briefe über die Anlegung und Wartung eines Blumengartens*, Hanovre, 1777; 2ᵉ édit. 1786); *Instruction pour la culture d'un jardin potager* (*Vollständige Anleitung zur Wartung aller in Europa bekannten Küchengartengewächse*, Lübeck, 1780); *Manuel pratique et botanique d'horticulture d'ornement* (*Botanisch-praktische Lustgärtnerei*, Leipzig, 1783-1786, en 4 parties, in-4°, avec 14 planches).

Walter Wade, botaniste irlandais, s'est particulièrement occupé de la flore de son pays. On lui doit : *Catalogus systematicus plantarum indigenarum in Comitatu Dublinensi inventarum*, Dublin, 1794, in-8°; *Syllabus d'un cours de botanique* (*Syllabus of a course of lectures on botany*, Dublin, 1802, in-8°); *Plantæ rariores in Hibernia inventæ*, Dublin, 1804, in-8°; *Essai d'une histoire générale des Saules* (*Salices or an essay towards a general history of sallows, willows and osiers*, etc., Dublin, 1811, in-8°; *Projet d'un cours de botanique à faire dans le théâtre de Dublin* (*Prospectus of lectures on botany*, etc., 1820).

Colin Milne, botaniste anglais, a publié un *Dictionnaire de botanique* qui a eu plusieurs éditions (*A botanical dictionary*, Londres, 1770, in-8°, avec 2 planches, 2ᵉ édition, 1778; 3ᵉ édition, revue et corrigée, illustrée de 25 planches coloriées, Londres, 1805) ; *Préceptes de botanique* (*Institutes of botany*, Londres, 1772, ouvrage resté inachevé); *Catalogue descriptif de plantes rares et curieuses dont les graines viennent d'arriver des Indes orientales* (*A descriptive catalogue of rare and curious plants*, etc., Londres, 1773, in-4°). Colin Milne a en outre publié, avec Alexandre Gordon, une *Botanique indigène d'Angleterre, principalement des plantes des comtés de Kent, Middlesex et pays adjacents* (*Indigenous botany*, etc., Londres, 1793, 1 vol. in-8°).

Attilio Zuccagni, botaniste florentin, a fait connaître les qualités alimentaires d'une plante d'Abyssinie, vulgairement connue, dans le pays d'origine, sous le nom de Tef (*Dissertazione concernante l'istoria di una pianta panizzabile dell'Abissinia, conosciuta da quei popoli sotto il nome di Tef*, Florence, 1775, in-8°, avec une planche). Il a écrit à Cavanilles une *Lettre sur les fleurs de la Lopezia racemosa* (*Lettera sopra i fiori della Lopezia racemosa*, t. V du *Journal de Pise*). On lui doit encore : *De naturali liliorum, quæ ante simulacra Deiparæ locantur, fructificatione, veluti prodigium evulgata*, Florence, 1796; *Centuria prima observationum botanicarum, quas in horto regio*

Florentino ad stirpes ejusdem novas vel rariores illustrandas instituit, Florence, 1806, in-4°; et *Synopsis plantarum quæ virescunt in horto botanico Musei R. Florentini hoc anno 1806,* Florence, 1806, grand in-8°. Cavanilles et Thunberg ont créé chacun un genre *Zuccagnia,* le premier dans la famille des Légumineuses, le second dans la famille des Liliacées.

BONATO.   Joseph-Antoine Bonato, botaniste italien, professeur de botanique à l'université de Padoue, a publié : *Catalogue des plantes du jardin de Padoue (Catalogus plantarum horti Patavini,* Padoue, 1793); *Observations sur les champignons comestibles (Osservazioni sopra i funghi mangerecci,* Padoue, 1815) ; *Avertissements au peuple sur l'usage des champignons (Avvertimenti al popolo sull' uso de'funghi).*

VITMAN.   Fulgence Vitman, qui a écrit en latin et en italien, a publié : *De medicinalis herbarum facultatibus liber,* 1770, 2 vol. in-8°; *Essai d'une histoire des plantes des Alpes de Pistoie (Seggio dell' istoria erbaria delle Alpi di Pistoja,* Modène, 1773, in-8°; et *Summa plantarum, quæ hactenus innotuerunt, methodo Linneana per genera et species digesta, illustrata, descripta,* Milan, 1789-1792, 6 vol. in-8°, avec un supplément publié après la mort de l'auteur, 1802, 1 vol. in-8°.

MARATTI.   Jean-François Maratti, botaniste italien, a publié : *Descriptio de vera florum existentia, vegetatione et forma in plantis dorsiferis sive epiphyllospermis, vulgo Capillaribus,* Rome, 1760, in-8°. Jean-Pierre Huperz a donné une édition de cet ouvrage, augmentée d'un commentaire sur la propagation des fougères (*Liber rarissimus de vera florum existentia in plantis dorsiferis; recudi curavit, commentatione auxit de filicum propagatione,* Gœttingue, 1798). On doit encore à Maratti : *Plantarum Romuleæ et Saturniæ in agro Romano existentium specificas notas describit inventor,* Rome, 1772 ; et une œuvre posthume, la *Flora Romana,* éditée par Oliveri, Rome, 1822, 2 vol in-8°.

GRISELINI.   François Griselini, Italien, s'est occupé d'agriculture. On lui doit : *Nouvelle manière de semer et de cultiver le froment (Nuova maniera di seminare,* etc., Venise, 1766); *Observation sur la Baillouviana (Osservazione,* etc., 1750) ; *Instruction sur la culture des mûriers blancs (Istruzione per la coltura de' mori bianchi,* Venise, 1768, avec 13 planches); *De la culture du navet sauvage (Della coltura del napo salvatico,* Venise, 1771), etc.

Deux agronomes, deux botanistes italiens, du nom d'Arduino (le père et le fils), écrivaient à peu près dans le même temps, à Padoue, sur les végétaux. Pierre Arduino, père de Louis, a publié : *Animadversionum botanicorum specimen*, Padoue, 1759, in-4°, avec 12 planches; *Specimen alterum*, Venise, 1764, avec 20 planches; *Observations et expériences sur la culture et les usages de diverses plantes, qui servent ou pourraient servir à la teinture, à l'économie, à l'agriculture*, etc. (*Memorie di osservazioni e di sperienze sopra la coltura e gli usi di varie piante*, etc., Padoue, 1766, in-4°, avec 19 planches); *Manière de préparer la semence pour préserver le froment du charbon* (*Modi di preparare la semanza, per preservare il frumento del carbone*, Venise. 1770, in-8°); *Mémoire sur la culture de la pimprenelle* (*Memoria sopra la coltura dell' herba Pimpinella*, Venise, 1773); *Instruction pour cultiver le kali* (*Istruzione per coltivare il kali*[1], Venise, 1780); *Du genre avoine, de ses espèces et variétés, de sa culture et de ses usages économiques* (*Del genere delle avene*, etc., Padoue, 1789, avec 6 planches). Pierre Arduino a, en outre, fait avec son fils Louis Arduino le *Catalogue des plantes qui se cultivent dans le jardin d'agriculture de Padoue* (*Catalogo primo delle piante che si coltivano nel real orto di agricoltura di Padova, non meno che di quelle che vi crescono spontanee; a cui si aggiunge l'elenco delle opere si stampate che inedite di Pietro Arduino e di Luigi di lui figlio*, Padoue, 1807, in-8°). — Louis Arduino a publié seul, de 1793 à 1813, plusieurs mémoires sur la culture et les usages de diverses plantes d'économie domestique ou industrielle.

Jean Targioni-Tozzetti, docteur en médecine, professeur d'histoire naturelle et de botanique, directeur du jardin des Plantes, à Florence, né dans cette ville en 1712, mort en 1783, père de notre contemporain Octave Targioni-Tozzetti, dont il sera parlé dans le chapitre suivant, étudia la botanique sous le fameux Micheli, qui lui légua sa bibliothèque, son herbier, son cabinet et ses manuscrits. Il a publié : *De præstantia et usu plantarum*, Pise, 1734, in-fol.; *Prodrome de la chorographie et de la topographie physique de la Toscane* (*Prodromo della*

---

1. Le nom de kali, d'origine arabe, qui remonte jusqu'à Mattioli, a été employé par les auteurs anciens pour désigner diverses plantes qui croissent sur le bord de la mer et que l'on brûle pour tirer la soude de leurs cendres. Tournefort et Adanson avaient adopté ce nom pour le genre principal dont toutes les espèces offrent ce produit; Linné lui a substitué le nom de *salsola*.

corographia, etc., Florence, 1754); *Entretiens sur l'agriculture toscane (Ragionamenti sull' agricoltura toscana*, Lucques, 1759, in-8°);
*Relation d'un voyage fait dans diverses parties de la Toscane (Rela-
zioni*, etc., Florence, 1768-1779, 12 t. in-8°, avec planches); *Catalogus vegetabilium marinorum musei sui, opus posthumum ad secun-
dam partem novorum generum plantarum celeberrimi Petri Antonii
Micheli inserviens, cum notis Octaviani Targioni-Tozzetti, Johannis
filii*, Florence, 1826, in-fol., fasc. I, avec 3 planches. Cette publication a été faite, comme l'on voit, longtemps après la mort de Jean
Targioni, par son fils Octave.

Jean-Antoine Giobert, chimiste des plus distingués de l'Italie, né
en 1761, mort en 1834, s'est occupé, comme les précédents, d'économie agricole. On lui a dû, dans cet ordre d'idées, de 1790 à 1819,
plusieurs écrits intéressants qui sont : *Traité d'agriculture physique et
chimique*, œuvre couronnée (*Trattato di agricoltura, fisica e chimica,
opera coronata*, Turin, 1790, 2 vol. in-8°); *Traité sur le Pastel (Isatis
tinctoria) et l'extraction de son indigo*, Paris, 1813, in-8°; *Du système nouveau de culture fertilisante sans dépense d'engrais (Del sovescio
e nuovo sistema di coltura fertilizzante senza dispendio di concio*,
Turin, 1819, in-8°; autre édit., Milan, 1819; *De la manière d'en-
terrer le jeune seigle (Del sovescio di segale*, etc., Turin, 1819).

Erik-Nissen Viborg, célèbre médecin-vétérinaire et botaniste
danois, né dans le Sleswig en 1749, mort en 1822, a rendu, entre
autres éminents services, à sa patrie, celui de fournir les moyens de
prévenir ou d'éloigner le fléau des sables mouvants qui désolait
les côtes du Jutland. On a de lui, soit en danois, soit en allemand :
Mémoire botanique et économique sur l'orge, 1787, in-4°; *Description des plantes qui croissent dans les sables et de leur utilité pour
arrêter le mouvement des dunes dans le Jutland*, Copenhague,
1788, in-4°, avec 7 planches; *Vertus nuisibles et salutaires de l'If*,
Copenhague, 1788; un autre ouvrage sur les plantes qui croissent
dans les sables, 1795; un travail sur les Peupliers et les Saules,
1800; *Effet que certaines plantes du Nord peuvent produire sur les
bêtes*, 1804; *Éléments d'histoire naturelle*, 1802; un mémoire sur
la *Flora Danica*, 1806; un *Mémoire sur la fougère que l'on croit à
tort nuisible aux chevaux et aux bêtes à cornes*. On a déjà dit
(page 210) que l'on doit à Viborg la publication du second volume
de Théodore de Holmskiold sur les Champignons.

Éric-Gustave Lidbeck, agronome suédois, a publié : *De silvicultura Scaniæ*, Lund, 1757 ; *De utilitate plantationum arborum fructuumque in Scania*, 1768 ; *Dissertatio, Fungos regno vegetabili vindicans*, Lund, 1776 ; *De Moro alba*, 1777 ; *De Betula Alno*, 1779. — Un autre Lidbeck (André), aussi Suédois, a publié dans le même siècle : *De limitibus inter regna naturæ*, Lund, 1790 ; *Observationes circa horticulturam academicam et speciatim Lundensem*, Lund, 1791 ; *De plantis in Succorum memoriam nominatis*, Lund, 1792.

Guillaume Forsyth, agronome et horticulteur écossais distingué, surintendant des jardins royaux de Kensington et de Saint-James, né en 1737, mort en 1804, a publié : *Observations sur les maladies, les défauts, les blessures des arbres fruitiers et forestiers (Observations on the diseases, defects and injuries in all kinds of fruit and forest-trees, with an account of a particular method of cure*, Londres, 1791, ouvrage traduit en français par de Borch, 1792, in-8°) ; *Traité de la culture des arbres fruitiers (A treatise on the culture and management of fruit-trees*, Londres, 1802, in-4°, avec 13 planches ; traduction française par Pictet-Mallet, Paris, 1803, in-8°, avec 13 planches ; 2ᵉ édit. française, Paris, 1805). Vahl a consacré à Forsyth le genre *Forsythia* de la famille des Jasminées. — Forsyth a eu un fils, nommé Guillaume comme lui, à qui l'on doit le *Catalogue méthodique des plantes décrites dans la nouvelle édition du Systema de Linné (A botanical nomenclator, containing a systematical arrangement of the classes, orders, genera and species of plants, as described in the new edition of Linnæus Systema naturæ by Dʳ Gmelin*, Londres, 1794, in-8°).

Henri-Alexandre Tessier, agronome français, membre de l'Académie des sciences, professeur d'agriculture et de commerce aux écoles centrales, inspecteur général des bergeries, né à Angerville en 1741, mort en 1837, à l'âge de quatre-vingt-dix-sept ans, a rendu les plus grands services à l'agriculture, dont il est resté l'une des lumières. On lui doit : *An similis vegetantium et animantium generandi modus*, Paris, 1775 ; *Traité des maladies des grains*, Paris, 1783, in-8°, avec 6 planches coloriées ; *Moyens pour préserver les froments de la carie*, Avignon, 1786 ; *Instruction sur la culture du coton en France*, Paris, 1807, in-8° ; 2ᵉ édit., 1808 ; *Instruction sur la culture de la betterave*, 1812, in-8°. Tessier a fourni une foule d'articles à l'*Encyclopédie méthodique*, au *Dictionnaire des sciences* naturelles, et au *Journal des savants*. Il a rédigé, de 1798 à 1817, les *Annales d'agriculture*.

THUILLIER.

Jean-Louis Thuillier, né à Creil (Oise) en 1757, mort en 1822, commença par être jardinier au collége Charlemagne ; il se fit ensuite collectionneur de plantes. Quoiqu'il ait publié sous son nom un ouvrage de quelque importance, il paraît qu'il resta illettré. Aussi ne doute-t-on pas qu'une plume amie, bien qu'inconnue, n'ait écrit son livre intitulé : *Flore des environs de Paris, ou Distribution méthodique des plantes qui y croissent naturellement, faite d'après le système de Linné ; avec le nom et la description de chacune en latin et en français*, etc., Paris, 1790, in-12 ; nouvelle édit. revue, corrigée et augmentée, Paris, 1799, in-8°. On croit que c'est Claude-Louis Richard qui a fait les descriptions latines des nouvelles espèces qui figurent dans la seconde édition.

RUELING.

Jean-Philippe Rueling, médecin et botaniste allemand, a publié à Goettingue : *Commentatio botanica de ordinibus naturalibus plantarum*, 1766, in-4° ; *Description médico-physique et économique de la ville et des environs de Nordheim* (*Physikalisch-medizinisch-ökonomische Beschreibung der zum Fürstenthum Göttingen gehörigen Stadt Nordheim und ihrer umliegenden Gegend*, 1779, in-8°) ; *Ordines naturales plantarum*, 1774, in-8° ; *Catalogue des plantes indigènes du Hartz* (*Verzeichniss der an und auf dem Harz wildwachsenden Bäume, Gesträuche und Kräuter*, 1786, 2 vol. in-8°).

MUTIS.

Joseph-Célestin Mutis, botaniste de l'Amérique espagnole, a donné une Quinologie souvent citée (*Instruccion formada por un facultativo existente por muchos años en el Peru, relativa de la especies y virtudes de la Quina*, Cadix, 1792, in-4° ; et une *Monographie du Caryocar amygdalifolium* (*Monographia de Caryocar Almendron*, Madrid, in-4°). Mutis a, en outre, publié de nombreuses observations botaniques pendant qu'il résidait à Santa-Fe de Bogota, d'où il envoya, de 1760 à 1784, des notes précieuses à Linné fils. Il avait fait une belle collection de plantes pour une *Flore de Santa-Fe de Bogota*. On a donné le nom de *Mutisia* à un genre de plantes de la famille des Composées.

ROESSIG.

Charles-Gottlob Rœssig s'est occupé de botanique appliquée à l'horticulture et à la culture agricole. On a de lui : *Dissertation physico-économique sur le Sclerotium clavus* (*Œkonomisch-physikalische Abhandlung über das Mutterkorn (Sclerotium clavus)*, etc., Leipzig, 1786, in-8°) ; *Manuel de l'amateur de jardin anglais* (*Hand-*

buch für Liebhaber englischer Pflanzungen und für Gärtner, etc., Leipzig, 1796, in-8°); *Description botanique des différentes espèces de roses* (*Œkonomisch-botanische Beschreibung der verschiednen und vorzüglicheren Arten, Abarten und Spielarten der Rosen*, Leipzig, 1799-1803, 2 vol. in-8°); *Les Roses dessinées et enluminées d'après nature, avec une description botanique* (*Die Rosen*, etc., Leipzig, 1803-1820, 12 livraisons in-fol., avec 60 planches coloriées); *Essai d'une classification botanique des diverses variétés de betteraves* (*Versuch einer botanischen Bestimmung der Runkeloder Zuckerrübe, nach ihren Ab- und Spielarten*, etc., Leipzig, 1800, in-8°); *Les Œillets dessinés et coloriés d'après nature* (*Die Nelken nach ihren Arten*, etc., Leipzig, 1806-1807, in-4°, avec 30 planches coloriées), un ouvrage sur les tulipes (*Versuch eines neuen Systems, die Varietäten und Sorten der Tulpen nach ihren Zeichnug zu ordnen*, etc., Leipzig, 1807, in-8°).

Jean-Mathias Bechstein, naturaliste allemand, né dans le duché de Saxe-Gotha, en 1757, mort en 1822, prit en partie à la chasse ses goûts pour l'ornithologie, l'entomologie et les plantes forestières. En 1785, il fut nommé professeur de l'Institut sylvicole de Salzmann, à Schnepfenthal; il ouvrit à ses frais un cours de science forestière à Kemnote, près Waltershausen, et publia un journal forestier, intitulé *Diana*. En 1800, il eut la direction de l'Académie forestière de Dreissigacker. Ses principaux ouvrages sur les végétaux sont : *Abrégé usuel de l'histoire des plantes indigènes et exotiques* (*Kurzgefasste gemeinnützige Naturgeschichte der Gewächse des In-und Auslandes*, Leipzig, 1796, in-8°, avec 2 planches); *Manuel de botanique forestière*, etc. (*Taschenblätter der Forstbotanik*, etc., 1798; nouv. édit., Weimar, 1828); *Botanique forestière* (*Forstbotanik*, etc., Erfurt, 1810, in-8°; 5° édit., 1841-1842); *Cours complet de science forestière* (*Forst-und Jagdwissenschaft nach allen ihren Theilen*, Erfurt, 1818-1821, 5 vol. in-8°, continué par Laurop); *Manuel de la science forestière* (*Handbuch der Forstwissenschaft*, Nuremberg, 1801-1809, ouvrage inachevé).

Olaüs Swartz, botaniste et voyageur suédois, né en 1760, mort en 1817, après avoir suivi les cours de Linné fils, entreprit à ses frais des voyages en Amérique, où il étudia avec soin la flore des grandes et des petites Antilles, particulièrement de la Janfaïque et de Saint-Domingue. Il s'occupa aussi de celle des côtes du continent de l'Amérique méridionale. Il se rendit ensuite en Angleterre, où il mit à profit les leçons et l'herbier de Banks. Plus tard, il visita la Norvége

BECHSTEIN.

SYLVICULTURE.

SWARTZ
(OLAÜS).

et la Laponie. Il devint membre et bientôt président de l'Académie de Stockholm, fut nommé professeur d'histoire naturelle à l'Institution médico-chirurgicale, et se vit en possession de tous les honneurs qu'un savant peut ambitionner. Swartz a établi plus de cinquante genres de plantes phanérogames ; il a ajouté de nouvelles espèces et introduit un nouvel ordre parmi les Orchidées, qui devaient être de nouveau classées par Brown, Dupetit-Thouars et Richard. Le premier d'entre les botanistes suédois, il s'appliqua à l'étude des cryptogames d'après la méthode d'Hedwig. Il établit de nouveaux genres de mousses, fit mieux connaître qu'elle ne l'était la famille des Fougères de laquelle il décrivit huit cents espèces. Il n'étudia pas avec moins de soins les lichens et les champignons. Ses principaux ouvrages sont : *De methodo muscorum*, dans le tome X des *Amœnitates* de Linné ; *Nova genera et species plantarum, seu Prodromus descriptionum vegetabilium maximam partem incognitorum quæ sub itinere in Indiam occidentalem annis 1783-1787 digessit O. S. Holmiæ*, Upsal et Abo, 1788 ; *Observationes botanicæ, quibus plantæ Indiæ occidentalis aliæque systematis vegetabilium* (édition XIV) *illustratur*, Erlangen, 1791 ; *Icones plantarum incognitarum quas in India occidentali detexit atque delineavit*, Erlangen, 1794, 1er fascicule, 13 planches coloriées in-fol.; *Flora Indiæ occidentalis aucta atque illustrata*, Erlangen, 1797-1806, 3 vol. in-8°, avec 29 planches; *Lichenes Americani*, 1er fasc., Nuremberg, in-8°, avec 18 planches coloriées; *Principes du système des animaux et des végétaux*, en suédois, Stockholm, 1823, in-8°; *Synopsis Filicum*, 1806, in-8°, avec 5 planches ; *Genera et species Orchidearum*, 1705, in-8°; *Summa vegetabilium Scandinaviæ systematice coordinatorum*, 1814, in-8°; *Adnotationes botanicæ, quas reliquit Olavus Swartz, post mortem auctoris collectæ*, 1829, in-8°, avec 4 planches dont une est le portrait et une autre la représentation du tombeau de Swartz. Swartz a collaboré à presque tous les recueils de botanique de son temps, au *Journal de botanique* de Schrader, au *Botaniste suédois* de Palmsbruch et Billberg ; au *Magasin des amateurs de fleurs* de Pfeiffers et Rusmann ; aux *Annales de l'Académie d'agriculture*, etc. Willdenow lui a dédié le genre *Swartzia*, et Hedwig auparavant avait donné aussi ce nom à un genre de mousses que Swartz appela lui-même ensuite *Cynodontium*. En 1824, l'Académie de Stockholm fit frapper en l'honneur de Swartz une médaille portant au revers la plante *Convollaria majalis* avec cette légende : *Honos dum prata virebunt*.

Joseph-Auguste Schultes, naturaliste allemand, professeur de chimie et de botanique à Cracovie, puis de zoologie, de botanique et de minéralogie à Vienne, d'histoire naturelle et de chimie à Insprück, d'histoire naturelle et de botanique à Landshut, né à Vienne en 1773, est surtout connu par ses travaux en botanique et par l'excellente édition du *Systema vegetabilium* de Linné, faite en collaboration avec Rœmer. On doit à Schultes personnellement : *Essai d'un guide du naturaliste* (*Versuch eines Handbuchs der Naturgeschichte*, Vienne, 1799, in-8°) ; *Flore d'Autriche* (*Oestreichs Flora. Ein Handbuch auf botanischen Excursionen*, Vienne, 1794, 2 vol. in-8° ; édition en latin, 1800) ; *Excursion sur le Schneeberg, dans la Basse-Autriche* (*Ausflüge nach dem Schneeberge in Unteröstreich*, Vienne, 1802 ; *ibid*, 1807, in-8°) ; *Catalogus primus plantarum horti botanici Universitatis Cracoviensis*, Cracovie, 1806, in-12 ; *Observationes botanicæ in Linnæi species plantarum ex editione Willdenow*, 1809, in-8° ; *Voyage dans la Haute-Autriche* (*Reisen durch Oberöstreich in den Jahren 1794, 1795, 1802, 1803 und 1808*, Tubingue, 2 parties in-8°, avec 21 planches, 1809) ; *Catalogus horti botanici Landishuti Bojorum*, Landshut, 1810, avec supplément, 1811-1813 ; *Flore de Bavière* (*Baierns Flora*, Landshut, 1811, in-8°) ; *Précis d'une histoire de la botanique, depuis Théophraste jusqu'à nos jours, avec une histoire des jardins botaniques* (*Grundriss einer Geschichte und Literatur der Botanik von Theophrastos bis auf die neuesten Zeiten*, etc., Vienne, 1817, in-8°) ; *Voyage sur le Glockner* (*Reise auf den Glockner, an Kärnthens, Salzburgs und Tirols Grenze*, etc., Vienne, 1824, 4 parties, in-8°, avec 11 planches).

Pierre-Henri-Hippolyte Bodard, médecin français, qui vivait au commencement de notre siècle, prit ses degrés à Pise et devint médecin et expert au tribunal de première instance de la Seine. Il s'occupa avec un certain succès de sciences naturelles et surtout de matière médicale végétale. On a de lui : *Mémoire sur la Véronique cymbalaire*, Pise, 1798 ; *Dissertation sur les plantes hypocarpogées, c'est-à-dire qui ont a propriété d'introduire leurs fruits en terre*, Pise, 1798 ; *Analyse du cours de botanique médicale comparée, où l'on indique les plantes indigènes qui peuvent être substituées aux plantes exotiques*, Paris, 1809 ; *Cours de botanique médicale comparée, ou exposé des substances végétales exotiques comparées aux plantes indigènes*, Paris, 1810, 2 vol. in-8° ; *Essai sur les propriétés du Tussilago petasites*, Paris, 1809 ;

Propriétés médicales de la Camomille noble, 1810 ; *Tableau des plantes médicinales exotiques, extrait du cours de botanique médicale comparée*, 1815.

BERGERET.

Jean-Pierre Bergeret, médecin français, premier chirurgien du comte de Provence, depuis Louis XVIII, né à Lasseure, dans le Béarn, en 1751, mort en 1813, est auteur d'une *Flore des Basses-Pyrénées*, Pau, 1803, 2 vol. in-8°, et d'un ouvrage intitulé : *Phytonomatotechnie universelle, c'est-à-dire l'art de donner aux plantes des noms tirés de leurs caractères, nouveau système au moyen duquel on peut de soi-même, sans le secours d'aucun livre, nommer toutes les plantes du globe*, Paris, 1783-1784, 3 vol. in-fol. avec 328 pl. coloriées. Cet art consiste à désigner le caractère des plantes par les lettres de l'alphabet ; en rapprochant ensuite ces lettres, on obtient un mot à l'aide duquel on détermine la classe, le genre et l'espèce de plante inconnue. Cet ouvrage est de peu de valeur en botanique.

POURRET.

Pierre-André Pourret, abbé et chanoine de Saint-Jacob, en Provence, herborisa aux environs de Narbonne et publia une florule intitulée : *Chloris narbonensis*, 1796. Il avait composé un herbier très-riche en plantes rares ou nouvelles qui lui avaient été données par Willdenow ; cet herbier est devenu la propriété du Muséum d'histoire naturelle de Paris, à la suite d'un legs du docteur Barbier, ancien pharmacien en chef du Val-de-Grâce. Ruiz et Pavon ont dédié à Pourret le genre *Pourretia*, de la famille des Broméliacées.

BASTIEN.

Jean-François Bastien, libraire et horticulteur français, né en 1745, mort en 1824, a publié, entre autres compilations élaborées avec soin et goût : *Année du jardinage*, 1799 ; *Calendrier du jardinier*, 3ᵉ édit., 1812 ; *Dictionnaire botanique et pharmaceutique*, Paris, 1802, 2 vol., in-8° ; *La Flore jardinière, contenant la description de toutes les plantes, tant indigènes qu'exotiques, cultivées en France dans les jardins potagers, fruitiers, de botanique*, etc., Paris, 1809, in-8°, avec 9 planches ; *Nouveau manuel du jardinier*, 1807, 2 vol. in-12.

JOLYCLER.

Nicolas Jolycler, botaniste français, est auteur des ouvrages suivants : le premier volume d'un *Cours complet et suivi de botanique*, Lyon, 1795 ; *Principes élémentaires de botanique*, 1795, in-8° ; *Principes de la philosophie du botaniste, ou Dictionnaire interprète et raisonné des principaux préceptes et des termes que la botanique, la médecine ont consacrés à l'étude et à la connaissance des plantes*, Paris, 1798, in-8° ; *Phytologie universelle, ou Histoire naturelle des plantes, de leurs propriétés, de leurs vertus et de leur culture*, Paris, 1799, 5 vol in-8°; *Cryptogamie complète ou description des plantes dont les étamines sont peu apparentes*, etc., par Charles Linné, première édition française, calquée sur celle de Gmelin, Paris, 1799, in-8°.

Charles Bryant, aussi horticulteur théoricien anglais, a publié : *Dictionnaire d'horticulture d'ornement* (*A Dictionary of the ornamental trees, shrubs and plants, most commonly cultivated in Great-Britain*, 1793). Il s'est aussi occupé de botanique cryptogamique (*An historical Account of two species of Lycoperdon, in which the plants are accurately described*, Londres, 1782, in-8°, avec une planche). On lui doit encore : *Flora diœtetica* (*or history of esculent plants both domestic and foreign*, Londres, 1793, in-8°).

L'illustre Jean-Jacques Rousseau, né à Genève en 1712, mort à Ermenonville en 1778, ne peut pas être omis dans un Précis de l'histoire de la botanique, car il fut l'un des plus zélés et surtout des plus poétiques propagateurs de cette science qu'il rendait, plus qu'aucun autre, aimable et pleine d'attraits. On a publié après sa mort : *Essais élémentaires sur la botanique*, écrits en 1771, publiés dans ses œuvres complètes, *Mélanges*, vol. V, Londres, 1782 ; *Lettres sur la botanique et fragment d'un dictionnaire de botanique*, Paris, 1793-1795, plusieurs fois réimprimés, comme le précédent ouvrage dans les œuvres complètes, ou séparément; *La Botanique de J.-J. Rousseau*, contenant tout ce qu'il a écrit sur cette science, Paris, 1802; *Lettres élémentaires sur la botanique*, Bruxelles, 1802, 4 vol. in-8°; le vol. IV est un recueil de 54 planches coloriées, avec texte ; *La Botanique de J.-J. Rousseau*, ornée de 65 planches imprimées en couleurs, d'après les peintures de Redouté, Paris, 1805, in-fol.; édit. in-4° : *Le Botaniste sans maître, ou Manière d'apprendre seul la botanique, au moyen de l'instruction commencée par J.-J. Rousseau, continuée et complétée par M. de Clairville*, Paris, 1805 ; *La Botanique de J.-J. Rousseau*, contenant tout ce qu'il a écrit sur cette science, augmentée de l'exposition de la méthode de Tournefort, de celle du système de Linné, Paris, 1823, in-12, avec 8 planches.

Richard Pulteney, pharmacien, médecin, historien des botanistes de la Grande-Bretagne, botaniste lui-même, membre de la Société royale de Londres, naquit dans le comté de Leicester, en 1730, et mourut à Blandfort, en 1801. On trouve de lui un *Catalogue des plantes rares qui croissent aux environs de Leicester et de Longborough*, dans l'*Histoire du comté de Leicester*, par Nichols, et divers articles de botanique dans divers recueils scientifiques du temps. Il a publié la *Revue générale des écrits de Linné* (*A general review of the writings of Linnæus*, Londres, 1782, in-8°; traduction française par Millin, Paris, 1789, 2 vol. in-8°). Mais ce qui a surtout fait la réputation de Pulteney, ce sont ses *Esquisses historiques et biographiques des progrès de la botanique en Angleterre* (*Historical and biographical sketches of the progress of botany in England*, Londres, 1790, in-8°), ouvrage intéressant et plein d'érudition qui a été traduit en français et en allemand ; la traduction française est de Boulard, Paris, 1809, 2 vol. in-8°.

Jacques Donn, professeur de botanique au jardin de Cambridge, qu'il faut distinguer des botanistes David et Georges Don, nos contemporains, s'est fait une certaine réputation par la publication d'un seul ouvrage : *Hortus Cantabrigensis, ou Catalogue des plantes indigènes et étrangères cultivées dans le jardin botanique de Walker à Cambridge* (*or a catalogue*, etc., Cambridge, 1796, in-8°). Ce ne fut d'abord qu'un opuscule de 117 pages. Les éditions 2, 3 et 4 ne furent pas sensiblement modifiées. La 5° (1809) eut 266 pages. La 8° édition (1815) fut portée à 535 pages, et améliorée par Pursh, qui s'occupa aussi de la 9° (1819). Lindley donna une 10° et une 11° édition (1823 et 1826). En 1831 parut une 12° édition augmentée et améliorée par George Sinclair. Enfin, en 1845, il fut donné une 13° édition de la *Flore de Cambridge*, avec les augmentations et les améliorations successives de Pursh, Lindley, Sinclair, revue et augmentée, et amenée jusqu'à cette année par P. N. Don.

Jean Abercrombie, horticulteur théoricien anglais, a publié : *Le Jardinier complet pour les plantes étrangères* (*The complete foreign gardener*, Londres, 1781) ; *Propagation et arrangement botanique des plantes et arbres d'utilité et d'ornement* (*The propagation and botanical arrangements of plants and trees, useful and ornamental*, etc., Londres, 1784, 2 vol. in 8°) ; *Le Jardinier de serre chaude* (*The hot-house gardener*, 1789) ; *Le Calendrier universel du Jardinier* (*The universal gardener's Calendar*, 1789) ; *Le Vade-mecum du Jardin* (*The gardener's Vade-mecum*, Londres, 1789, in-12) ; *Le Jardinier complet pour les plantes potagères et sur couches* (*The complete kitchen gardener and hot-bed forcer*, 1789) ; *Le Journal de poche du jardinier* (*The gardener's pocket Journal*, etc., 1786 ; 25° édition, Londres, 1838, in-12) ; un ouvrage sur la culture des arbres et arbrisseaux d'utilité et d'ornement (*A gene-*

*ral System of trees and shrubs, for all useful and ornamental plan-
tations*).

Richard-Anthony Salisbury, botaniste anglais, né en 1762, fut LES SALYSBURY. longtemps pépiniériste à Chelsea, et se fit une grande réputation par ses publications aussi belles que savantes. Ce sont : *Icones stirpium rariorum descriptionibus illustratæ*, Londres, 1791, très-grand in-fol., avec 10 planches coloriées; *Prodromus stirpium in horto ad Chapel Allerton vigentium*, Londres, 1791, in-8°; *Les Caractères génériques de la botanique anglaise comparés à ceux de Linné* (*The generic characters in the English botany collated with those of Linné*, Londres, 1806); *Le Paradis de Londres, contenant les plantes cultivées dans le voisinage de la capitale* (*The Paradisus Londinensis, containing plants cultivated in the vicinity of the Metropolis, the descriptions by Richard-Anthony Salisbury, the figures by William Hooker pupil of Francis Bauer, published by William Hooker*, 1806-1807, 2 vol. in-4°, avec 117 planches d'un admirable coloris).

Guillaume Salisbury, frère du précédent, a publié : *Le Jardin de Paddington* (*Hortus Paddingtonensis, or a Catalogue of plants culti-vated in the garden of J. Symmons*, Londres, 1797, in-8°); et *Le Compagnon du botaniste* (*The Botanist's Companion*, Londres, 1822, 2 vol. in-8°). Smith a consacré aux deux frères Salisbury, dans la famille des Conifères, le genre *Salisburia*, qui est synonyme du genre *Ginko*.

Erasme Darwin, célèbre médecin et physiologiste anglais, né à DARWIN (ERASME). Elston, dans le comté de Nottingham, en 1731, mort en 1802, sut aussi mêler la poésie à la science la plus profonde. En 1778, il établit un jardin de botanique organisé de manière à entretenir chez lui la rêverie et le sentiment poétique; ce fut là qu'il médita son poëme intitulé *le Jardin botanique* (*The botanical Garden, a poem in two parts*, Londres, 1789, in-4°; *ibid.*, 1792, 2 vol. in-4°; *ibid.*, 1800, 2 vol. in-4°) dont la seconde partie (*Économie de la végéta-tion*) a été traduite en français par Deleuze, sous le titre d'*Amours des plantes*, Paris, 1799, in-12. Darwin a aussi publié une *Phytologie ou Philosophie de l'agriculture et du jardinage* (*Phytologia or the philosophy of agriculture and gardening*, Londres, 1799, in-4°); Hebenstreit en a donné une traduction allemande. Enfin la bota-nique a une part importante dans l'ouvrage physiologique de Dar-win, intitulé : *Zoonomie ou lois de la vie organique* (*Zoonomia or the laws of organic life*; 2e édit. augmentée de 8 planches, 1796, 2 vol. in-4°). La *Zoonomie* a été publiée en français, 1810; en italien, 1834-1836, 4 vol. in-8°; en allemand, 1795-1799.

Félix de Avellar Brotero, botaniste portugais, né à Lisbonne en 1745, mort en 1828, fut d'abord professeur à l'Université de Coïmbre, d'où il fut appelé, en la même qualité, à Lisbonne. On lui doit : 1° *Compendio de Botanica*, Paris et Lisbonne, 1788, 2 vol. in-8°. avec 34 planches; 2e édit., corrigée et mise en harmonie avec les progrès de la science, par Antoine Albin de Fonseca Benevides, Lisbonne, 1837-1839, 2 vol. in-8° avec 37 planches; *Principes d'agriculture philosophique (Principios de agricultura philosophica,* Coïmbre, 1796); *Flore portugaise (Flora Lusitanica,* 1804, 2 vol. in-8°); *Histoire naturelle des Pins (Historia natural das Pinheiros e Abetos,* 1817, 1 vol. in-8°);|*Phytographie portugaise (Phytographia Lusitaniæ,* etc., 1816-1827; 2 vol. in-fol., avec 181 planches). C'est un recueil illustré de plantes nouvelles, rares et peu connues, dont malheureusement la mort de l'auteur a suspendu la publication.

François de Paule de Schrank, naturaliste, philosophe, économiste et polygraphe bavarois, né à Vambach-sur-l'Inn, en 1747, mort en 1835, fut élevé chez les jésuites, devint jésuite lui-même, se fit ordonner prêtre, étudia avec succès le grec et l'hébreu, enseigna l'éloquence, la philosophie, la physique, les mathématiques, l'agriculture, la botanique et la zoologie. Appelé à Munich par l'Académie des sciences de cette ville, il y disposa un jardin botanique, avec le concours de M. de Martius. Sur la fin de sa carrière, il se livra presque entièrement à la philosophie mystique. Il mourut en 1835, à l'âge de quatre-vingt-neuf ans, laissant la réputation d'un savant éminent, d'un caractère et d'une conscience sans reproches, d'un homme inflexible sur les principes de probité dans la science et la philosophie, aussi bien que dans la vie pratique. Ses principaux ouvrages de botanique, pour la plupart appartenant au XVIIIe siècle, sont : *Sur la manière d'étudier l'histoire naturelle (Ueber die Weise, die Naturgeschichte zu studiren,* Ratisbonne, 1780); *Introduction à l'étude de l'histoire naturelle (Allgemeine Anleitung, die Naturgeschichte zu studiren,* Munich, 1783); *Lettres d'un naturaliste sur l'Autriche, sur Salzbourg, sur Passau,* etc., avec Charles-Érambert de Moll (*Naturhistorische Briefe über Oestreich,* etc., Salzbourg, 1785); *Voyage en Bavière (Baiersche Reise,* Munich, 1786); *Flore de Bavière (Baiersche Flora,* Munich, 1789, 2 parties, in-8°);

Eléments de botanique (Anfangsgründe der Botanik, Munich, 1785); *Primitiæ floræ Salisburgensis*, Francfort-sur-Mein, 1792, in-8°; *Du Sommeil des plantes et des propriétés phytographiques en liaison avec ce phénomène (Vom Pflanzenschlafe und von verwandten Erscheinungen bei den Pflanzen*, Ingolstadt, 1792); *Des vaisseaux latéraux des plantes et de leur utilité (Von den Nebengefässen der Pflanzen und ihrem Nutzen*, Halle, 1794, in-8°); *Catalogus plantarum horti academici Landeshutani*, Landshut, 1807, in-4°; *Flora Monacensis*, Munich, 1811-1821, 92 liv. gr. in-fol., recueil de 40 planches coloriées, dues à Mayrhoffer; *Plantæ rariores horti academiæ Monacensis descriptæ et iconibus illustratæ*, Munich, 1819, 2 vol. in-fol., avec 100 pl. coloriées.

Jean-Simon Kerner, botaniste allemand, professeur à Stuttgard, a publié, de 1781 à 1828, de nombreux, beaux et savants ouvrages de botanique illustrés. Ce sont les suivants : un travail sur les produits que le commerce tire du règne végétal (*Handlungsprodukte aus dem Pflanzenreich*, Stuttgard, 1781-1786, in-fol., avec 42 planches coloriées); *Description et iconographie des plantes qui viennent spontanément dans le duché de Wurtemberg (Beschreibung und Abbildung der Bäume und Gesträuche, welche in dem Herzogthum Wirtemberg wild wachsen*, Stuttgard, 1788, in-4°, 42 planches coloriées); un travail sur l'*Hedysarum girans (Beobachtungen über die beweglichen Blätter der Susskleepflanze, Hedysarum girans*, Stuttgard, 1784, in-4°); un ouvrage sur les champignons vénéneux et comestibles de l'Allemagne (*Giftige und essbare Schwämme, welche sowohl im Herzogthum Wirtemberg als auch im übrigen Teutschland wild wachsen*, Stuttgard, 1786, in-8°, 16 planches coloriées); *Flore de Stuttgard (Flora Stuttgardiensis, oder Verzeichniss der um Stuttgardt wildwachsenden Pflanzen*, 1786, in-8°); *Figures des plantes économiques (Abbildung aller ökonomischen Pflanzen*, Stuttgard, 1786-1796, 8 vol. in-4°, 800 planches coloriées); *Description des plantes exotiques qui viennent en pleine terre en Allemagne (Darstellung ausländischer Bäume und Gesträuche, welche in Deutschland im Freien ausdauern*, Leipzig, 1796, in-4°, 60 planches coloriées); *Plantes vénéneuses de l'Allemagne (Deutschlands Giftpflanzen in Abbildungen mit Erklärungen*, Hanovre, 1798, in-4°, 1er cahier); *Hortus sempervirens, exhibens icones plantarum selectiorum quotquot ad virorum exemplorum normam reddere licuit*, Stuttgard, 1795-1830, LXXI vol. très-gr. in fol., avec 854 planches coloriées à la main ; la bibliothèque Delessert est peut-être la seule qui renferme un exemplaire complet de ce précieux monument ; *Icones plantarum selectiorum*, fasc. I, in-fol., 4 planches coloriées ; *Le Raisin, ses espèces et variétés dessinées et coloriées d'après nature*, Stuttgard et Mannheim, 1803-1815, en 12 fascicules, très-grand in-fol. 144 planches coloriées ; *Les Melons*, Stuttgard, 1810, très-grand in-fol., 34 planches splendidement coloriées ; *Genera plantarum selectarum specierum iconibus illustrata*, Stuttgard et Mannheim, 1811-1828, en 11 vol. in-fol., avec 220 planches coloriées.

LES SCHULZE.   Ce que l'on compte, au XVIIIe et au XIXe siècle, de botanistes allemands du nom de Schultz, Schultze, de Schulz et de Schulze, sans compter les Schultes, est innombrable. Les Schultz appartiennent en général à notre siècle, mais les Schulze ont, pour la plupart, fait leurs publications dans le siècle précédent.

Jean-Henri Schulze, l'un des plus savants médecins de l'Allemagne, né dans le duché de Magdebourg en 1687, mort en 1744, a publié plusieurs mémoires sur des plantes au point de vue médical. — Jean-Dominique Schulze (que quelques-uns écrivent Schultze), médecin, né à Hambourg en 1752, mort en 1790, a donné : *Icones plantarum*, Hambourg, 1777, in-4°, et une dissertation sur l'Agave américaine (*Ueber die grosse amerikanische Aloe, richtiger Agave*, 1782, in-8°). — Jean-Ernest-Ferdinand Schulze a publié : *Toxicologia veterum, plantarum venenatas exhibens Theophrasti, Galieni, Dioscoridis, Plinii*, etc., Halle, 1788, in-4°.

MEDICUS.   Frédéric-Casimir Medicus ou Medikus, médecin et botaniste allemand, né à Grumbach en 1736, mort en 1808, était directeur de l'université de Heidelberg et du jardin des Plantes de Mannheim. Ses ouvrages de botanique ont été fort remarqués, et la critique qu'il a faite des côtés faibles du système de Linné n'a pas été sans approbateurs ; on peut même dire qu'il a apporté à ce système d'heureuses modifications. Ses écrits sur les plantes sont : *Mélanges concernant l'art d'embellir les jardins* (*Beitrage zur schönen Gartenkunst*, Mannheim, 1782, in-8°) ; *Observations botaniques* (*Botanische Beobachtungen*, Mannheim, 1782-1783, en 5 parties in-8°) ; *Theodora speciosa, nouvelle espèce de plante, avec un projet d'employer dans le classement des plantes la méthode artificielle et naturelle* (*Theodora speciosa, ein neues Pflanzengeschlecht*, etc., Mannheim, 1786, in-8°, avec 4 planches) ; *Sur quelques espèces artificielles de la famille des Mauves, avec une appréciation de la classification de Linné* (*Ueber einige künstliche Geschlechter aus der Malvenfamilie*, etc., Mannheim, 1787, in-8°); *Botanique philosophique* (*Philosophische Botanik*, Mannheim, 1789-1791, 2 vol in-8°); *Remarques critiques sur le règne des plantes* (*Kritische Bemerkungen über Gegenstände aus dem Pflanzenreiche*, 1793); *Le Faux Acacia* (*Unächter Akazien-Baum*, Leipzig, 1793-1803, 5 parties, in-8°); *Documents pour servir à la connaissance de l'anatomie et de la physiologie des plantes* (*Beïträge zur Pflanzenanatomie, Pflanzenphysiologie*, etc., Leipzig, 1799-1801); *Dissertation sur la physiologie des plantes* (*Pflanzenphysiologische Abhandlungen*, Leipzig, 1803, in-12); *Journal des forêts* (*Forstjournal*, Manheim, 1797-1800) ; etc. Medicus a inséré de nombreux mémoires sur des sujets de botanique dans les recueils scientifiques de son temps.

Jean Ingenhousz, médecin, naturaliste et chimiste hollandais, né à Bréda, en 1730, mort en 1799, habita tour à tour Vienne, où il fut nommé médecin de la famille impériale d'Autriche, la France et l'Angleterre, où il termina sa vie. On a de lui : *Expériences sur les végétaux, spécialement sur la propriété qu'ils possèdent à un haut degré, soit d'améliorer l'air quand ils sont au soleil, soit de le corrompre la nuit quand ils sont à l'ombre*, Paris, 1780, in-8°, avec une planche ; 2ᵐᵉ édit. française, revue et augmentée, Paris, 1787-1789, 2 vol. in-8° ; cet ouvrage, dont la traduction française est d'Ingenhousz lui-même, a d'abord paru en anglais, Londres, 1779 ; il y en a eu deux traductions allemandes et une hollandaise. Ingenhousz donna ensuite : *Nouvelles expériences et observations sur divers objets de physique*, traduit de l'anglais par l'auteur, Paris, 1785, in-8°, avec 4 planches. Il écrivit et publia en français, en 1798, son *Essai sur la nourriture des plantes*, dont il parut une traduction anglaise. La science des végétaux doit encore à Ingenhousz plusieurs mémoires dans le *Journal de Physique* de l'abbé Rozier, dans les *Transactions philosophiques* de Londres, et dans les *Actes* de l'Académie des sciences de Rotterdam.

Michel Adanson, le plus puissant et le plus persistant des adversaires de Linné, naquit à Aix-en-Provence, le 7 avril 1727, d'une famille d'origine écossaise. Conduit à Paris pour y faire ses études, Adanson fut un des plus brillants sujets du collége Sainte-Barbe. Le grand observateur Needham, l'ayant remarqué, lui fit présent d'un microscope, en lui disant : « Puisque vous avez si bien appris à connaître les ouvrages des hommes, vous devez maintenant étudier ceux de la nature. » Dès lors, s'attachant aux leçons de Réaumur, qui, en botanique même, fut un des premiers zélateurs de la méthode naturelle, et à celles de Bernard de Jussieu, qui professait la même opinion, il se préparait à la lutte qu'il devait soutenir contre le système de Linné. On assure qu'à l'âge de quatorze ans il avait esquissé, sur d'autres bases que l'illustre botaniste suédois, quatre nouveaux systèmes de classification. A l'âge de vingt ans, il entreprit à ses frais un voyage au Sénégal, et y sacrifia la plus grande partie de son patrimoine. Il envoya d'Afrique, à Réaumur, les minéraux et les collections zoologiques qu'il recueillit; à l'astronome Lemonnier ses observations astronomiques, météorologiques, astronomiques et physiques, et à Bernard de Jussieu ses collections botaniques, classées suivant une méthode naturelle. Il ne revint en France qu'après cinq ans d'explorations, et après avoir élaboré, au Sénégal même, la première idée de sa méthode de botanique dont il se proposait d'appliquer le principe à toutes les existences. Aidé des conseils de M. de Bombarde, riche amateur des sciences, il fit paraître, en 1757, son *Histoire naturelle du Sénégal*, 1 vol. in-4°. Cet ouvrage important, un remarquable mémoire sur le Baobab, géant végétal dont il fit connaître l'accroissement progressif, et auquel on devait donner, en son honneur, le nom scientifique d'*Adansonia*, un travail sur les arbres qui produisent la gomme dite d'Arabie, lui ouvrirent les portes de l'Académie des sciences, en 1759, à l'âge de trente ans. Cet insigne honneur redoubla, s'il était possible, sa prodigieuse activité. Il fit bientôt paraître ses *Familles des plantes*, Paris, 1763, 2 vol. in-8°. Il est peu d'ouvrages qui renferment autant de science et de génie. On y retrouve le germe d'une foule d'idées données depuis comme neuves. En essayant, dans ce livre, d'introduire une nouvelle orthographe, Adanson perdit de vue que l'usage est, en cette matière, plus puissant que la logique. La nomenclature un peu barbare qu'il crut devoir adopter ne fut pas acceptée et éloigna beaucoup de monde de l'étude de son livre. Sans cela, peut-être, la méthode naturelle d'Adanson eût été dès lors acceptée et eût primé celle du *Genera plantarum* d'Antoine-Laurent de Jussieu, qui ne vint que quelques années après; en tout cas, elle eût certainement balancé le succès du système artificiel de Linné. Il faut toutefois reconnaître que, grand admirateur de Tournefort, Adanson se passionna trop contre l'illustre botaniste suédois; mais ce ne fut qu'une tache dans un soleil rayonnant.

Soixante-cinq classifications, fondées sur autant d'organes ou de points de vue différents, ne furent pour Adanson qu'un travail préparatoire de sa méthode, après lequel il crut n'avoir plus qu'à compter les rapports que, plus tard, d'autres botanistes semblèrent se borner à peser. L'aperçu qu'Adanson présente, en tête de chaque famille, des principaux attributs des plantes qui composent cette famille, peut être considéré comme l'origine des caractères plus précis qu'on leur a assignés dans la suite. Adanson est donc un de ceux qui ont le plus contribué à poser les bases de cette belle méthode des familles, qui, ne présentant que des groupes où les propriétés médicinales sont ordinairement d'accord avec les caractères, offre une étude précieuse pour le médecin et le pharmacien. Adanson a fait encore paraître, de son vivant, divers mémoires et autres opuscules botaniques qui se trouvent dans le *Recueil de l'Académie des sciences*. Il composa aussi, pour les suppléments de l'*Encyclopédie*, beaucoup d'articles de botanique, où la science s'unit à l'érudition. Mais ces ouvrages imprimés sont peu de chose, en comparaison de la masse extraordinaire de manuscrits laissés par Adanson, et dont il présenta, en 1775, le catalogue, encore incomplet, à l'Académie dont il était membre. La réputation d'Adanson s'étendit assez loin pour que la Russie, l'Autriche, l'Espagne et l'Angleterre se disputassent l'honneur de le posséder. L'amour de la patrie lui fit rejeter les offres les plus avantageuses. Les fonctions et les pensions qu'il avait en France auraient suffi à ses besoins de savant ; mais une entreprise gigantesque absorbait tous ses moyens et tout son temps. Il s'était tracé le plan d'une encyclopédie complète : à lui seul, il prétendait mettre ce projet à exécution. Louis XVI lui accorda l'usage de l'imprimerie royale pour les vingt-sept volumes qui devaient former cet ouvrage, dont le titre aurait été : *Ordre universel de la nature, ou Méthode naturelle comprenant tous les êtres connus, leurs qualités matérielles et leurs facultés spirituelles, suivant leurs séries naturelles indiquées par l'ensemble de leurs rapports*. Outre les 27 volumes in-8° de texte, il devait y avoir plusieurs volumes in-fol. de planches. Ce fut au milieu de ce rêve d'un grand génie que la Révolution vint surprendre et ruiner Adanson ; ses pensions et ses ressources lui furent en un instant enlevées. Une douleur plus sensible que la perte de l'argent vint l'atteindre : il vit ravager sous ses yeux, par des mains barbares et inintelligentes, les jardins où, depuis plusieurs années, il suivait d'importantes expériences sur la végétation.

Pas une plainte ne sortit de ses lèvres, et il garda la sérénité du vrai philosophe au milieu du dénûment le plus complet. « C'était une chose touchante, a dit de lui Georges Cuvier, de voir ce pauvre vieillard courbé près de son feu, s'éclairant à la lueur d'un reste de tison, cherchant d'une main faible à tracer encore quelques caractères, et oubliant toutes les peines de la vie pour peu qu'une idée nouvelle, comme une fée douce et bienfaisante, vînt sourire à son imagination. » Le secret de sa profonde misère ne fut révélé qu'au moment de la création de l'Institut, en 1798. Invité à venir reprendre place parmi les membres de l'Académie des sciences, il répondit qu'il manquait de souliers pour aller au milieu de ses collègues. Le ministre Benezech lui fit accorder une pension de 6,000 fr., et plus tard Napoléon Ier doubla cette somme. Mais l'âge était venu avec ses infirmités. Adanson, presque octogénaire, présida encore, en 1800, l'assemblée de souscripteurs pour élever un monument à la mémoire du brave et vertueux Desaix. Par suite d'une chute qu'il fit quelques années après dans sa chambre, il eut la cuisse cassée. Depuis lors, il ne fit plus que languir. Le 3 août 1806, il s'éteignit en s'entretenant de la publication de son grand ouvrage, qui, jusqu'à son dernier soupir, fut une de ses plus vives préoccupations. Toutefois ses dernières paroles furent : « Adieu, l'immortalité n'est pas de ce monde. » Il avait demandé, dans son testament, qu'une guirlande de fleurs prises dans les cinquante-huit familles qu'il avait établies, fût la seule décoration de son cercueil. Une auréole de poésie s'éleva ainsi au-dessus de sa tombe.

DE JUSSIEU (ANTOINE-LAURENT) Antoine-Laurent de Jussieu appartient à ce chapitre par la date de la publication de son principal ouvrage, qui établit sur des bases désormais inébranlables la méthode naturelle. Neveu des trois botanistes Antoine, Joseph et Bernard de Jussieu, il naquit à Lyon en 1748, et vint à Paris en 1765 pour terminer ses études sous la direction de son oncle Bernard. Il se fit recevoir docteur en médecine, et prit pour sujet de sa thèse inaugurale une question déjà traitée, en 1721, par Antoine de Jussieu, à savoir : *De la structure et des fonctions des végétaux comparées aux phénomènes de la vie des animaux* (*An œconomiam inter plantam et vegetabilem analogia*, Paris, 1770). Il fit, en 1772, une seconde publication sous le titre de : *An inveteratis alvi fluxibus Simarouba*. La *Biographie médicale* dit que, deux ans avant d'être reçu docteur, Antoine-Laurent de Jussieu avait été choisi pour faire, au jardin du roi, les cours de botanique que le docteur Lemonnier, nommé premier médecin de Louis XV, avait été obligé d'interrompre. A cette époque l'élévation d'un si jeune homme à un enseignement scientifique n'avait rien d'extraordinaire ; aujourd'hui elle blesserait d'autant plus le sentiment public, que le professeur ne posséderait encore que des notions générales et ne se serait créé aucun titre personnel. Tel aurait été, assure-t-on, le cas du jeune de Jussieu, qui était obligé, selon les mêmes témoignages, d'étudier la veille ce qu'il devait enseigner le lendemain. Quelques années plus tard, en 1773, il se mit sur les rangs pour être reçu membre de l'Académie des sciences. Dès lors, tout le monde savait qu'il travaillait avec ardeur à un grand ouvrage sur les végétaux ; ce dut être plutôt son titre que la publication d'un *Examen de la famille des Renoncules*, publié en 1773, dans les *Mémoires de l'Académie des sciences*. Quoi qu'il en soit, ce fut en effet cette année que l'illustre société l'admit dans son sein. Il se créa promptement des droits à la reconnaissance de tous les hommes d'études, par l'intérêt puissant qu'il portait à l'amélioration et à l'agrandissement de l'école de botanique du jardin des Plantes, où, avant lui, les végétaux étaient placés sans ordre. Il profita de l'occasion pour les disposer d'après la méthode naturelle, déjà adoptée par son oncle Bernard à Trianon, méthode qu'il avait effleurée dans son Mémoire sur les Renoncules, mais dont il commença à jeter plus amplement les bases, dès l'année 1774, dans un remarquable travail lu à l'Académie des sciences et inséré dans les mémoires de cette société sous le titre de : *Exposition d'un nouvel ordre de plantes, adopté dans les démonstrations du jardin royal (Mém. de l'Acad. des sc.*, 1774, p. 175-197). En 1777, Antoine de Jussieu fut nommé administrateur au jardin du roi, et remplit les fonctions de démonstrateur. Le fondateur des 100 familles naturelles n'ignorait pas que l'ordre dans lequel il avait placé ces familles, lors de la replantation du jardin botanique de Paris, en 1774, n'était pas exempt d'erreurs. Pendant cinq années, il retoucha et modifia sa classification, jusqu'à 1778, année où il commença l'impression de son immortel *Genera plantarum secundum ordinem naturalem disposita, juxta methodum in horto regio Parisiensi exaratam anno* 1774; Paris, 1789, in-8°. Une nouvelle édition du *Genera plantarum* parut, en 1791, à Zurich, avec des annotations, par les soins de Paul Usteri. L'apparition du *Genera plantarum* fut, non pas

GÉNÉRALISATION DE LA MÉTHODE NATURELLE.

une révolution, puisque la méthode naturelle avait été l'objet de méditations bien antérieures, mais un progrès immense dans les sciences naturelles. Antoine-Laurent de Jussieu vint à temps, quand-toutes les idées qu'il recueillait avaient été mûries ; il vint à temps pour les généraliser et les répandre. Il rendit populaire ce que presque en même temps que lui Adanson avait essayé de démontrer, mais en l'enveloppant de trop de nuages. La classification zoologique de Cuvier elle-même découla de la classification botanique de Jussieu. Aujourd'hui la méthode naturelle est partout adoptée, et l'on ne fait plus que rectifier l'enchaînement des familles. Antoine-Laurent de Jussieu ne s'est occupé que de botanique proprement dite, c'est-à-dire de l'étude qui mène à la connaissance des espèces de plantes ; il est resté étranger aux progrès de l'anatomie et de la physiologie végétales. Presque tous ses travaux portent sur les caractères de familles ; quelques-uns sont consacrés à des espèces nouvelles et à la création de genres nouveaux. Les nombreux mémoires qu'il a publiés sur ces sujets se trouvent tous dans les *Mémoires de l'Académie des sciences* et dans les *Annales du Muséum d'histoire naturelle*, depuis l'année 1802 jusqu'à l'année 1820. Son dernier travail fut un *Mémoire sur la famille des Rubiacées*. Il a fourni au *Dictionnaire des sciences naturelles* un grand nombre d'articles parmi lesquels on remarque surtout celui qui est relatif à la méthode naturelle pour les végétaux. Outre ses fonctions au Muséum d'histoire naturelle, Antoine-Laurent de Jussieu eut à en remplir plusieurs autres ; en 1790, il fut nommé membre de la municipalité de Paris, et chargé, à ce titre, de l'administration des hôpitaux de cette ville, jusqu'à l'an 1792. En 1804, il fut appelé à la chaire de matière médicale à la faculté de médecine de Paris, et il l'occupa jusqu'à l'année 1822. En 1808, il fut nommé conseiller de l'Université. En 1826, l'affaiblissement de sa vue et de sa santé l'obligea à se démettre de ses fonctions en faveur de son fils Adrien, alors âgé de 29 à 30 ans. Il conserva jusqu'à sa mort la lucidité de son esprit et son amour pour la science. Il s'occupait encore de réunir des matériaux pour une nouvelle édition de son *Genera plantarum*, quand il devint entièrement aveugle. Il se retira alors dans sa propriété de Verteuil près la Ferté-sous-Jouarre, et il y finit ses jours le 17 septembre 1836. Le genre *Jussiæa*, créé par Linné, appartenant à la famille des Onagrariées, a été consacré aux de Jussieu.

Jean-Baptiste-Pierre-Antoine de Monette, chevalier de Lamarck, l'un des plus grands naturalistes qui aient honoré la science, naquit en 1744, à Bazentin en Picardie. Il fut d'abord destiné à l'état ecclésiastique par la volonté d'un père qui ne tenait aucun compte de la répugnance de son fils. En 1760, aussitôt que son impérieux despote eut fermé les yeux, le jeune homme s'enfuit de chez les jésuites d'Amiens, et se rendit à l'armée du maréchal de Broglie, où une action d'éclat lui valut promptement le grade d'officier. Toutefois sa santé alors très-affaiblie et un goût déjà prononcé pour la science le décidèrent, en 1765, à quitter le service militaire. Il vint à Paris pour étudier la médecine, mais plus réellement pour s'occuper de botanique. C'était le temps où les idées de Linné d'un côté, et celles d'Adanson et des Jussieu de l'autre, occupaient et se partageaient les esprits. Lamarck, génie audacieux et désireux de se faire un nom, résolut de se créer à lui-même une méthode ou plutôt un système empruntant aux autres ce qui lui semblerait bon. Ce système est celui qui a pris le nom de dichotomique (voir le *Traité de botanique générale* qui fait partie du *Règne végétal*, t. II, p. 274). Ce fut sur ce plan qu'il rédigea et mit au jour sa *Flore française, ou Description succincte de toutes les plantes qui croissent naturellement en France*, Paris, 1778, 3 vol. in-8°. Une 2ᵉ édition parut en 1780. Une 3ᵉ édition en fut donnée par de Lamarck et de Candolle, en 5 volumes, en 1795. Ce fut à la *Flore française* que de Lamarck dut sa première réputation. On fit sur le système dichotomique des essais intéressants ; on s'assura, dit-on, au jardin des Plantes que des personnes étrangères à l'étude des végétaux reconnaissaient les espèces par les seuls moyens qu'indiquait l'auteur. Lamarck fut nommé membre de l'Académie des sciences en 1779. Buffon, qui l'avait encouragé et avait fait imprimer son ouvrage à l'imprimerie royale, lui procura une commission de botaniste du roi, chargé de visiter les principaux jardins et les collections les plus célèbres de l'Europe. Près de deux ans furent consacrés à ces excursions. De retour à Paris, Lamarck cultiva la botanique avec plus d'ardeur que jamais. En 1788, il fut nommé adjoint de Daubenton dans la garde du cabinet du jardin du roi, et fut plus spécialement chargé de la partie des herbiers. Il était tellement absorbé par ses études scientifiques qu'il avait appliquées, avec un égal succès, à la zoologie, à la minéralogie, à la géologie, à la physique, à la météorologie, etc., que ce fut à peine si les troubles de la Révolution purent l'en distraire. En 1794, il fut fait professeur de zoologie, pour les animaux inférieurs, au Muséum d'histoire naturelle de Paris. A la formation de l'Institut, on le nomma le premier à la section de botanique. Cependant, avec les années et la persistance dans le travail, la vue de Lamarck, comme celle d'Antoine-Laurent de Jussieu, s'était considérablement affaiblie; il finit par la perdre complétement. S'étant complu à vivre loin du pouvoir, ayant mis une certaine âpreté à combattre les systèmes des autres savants, pour faire prévaloir les siens; ayant, comme Adanson, mais avec moins de bonhomie, le sentiment et l'orgueil de sa supériorité, il avait éloigné de lui les protecteurs, et était à peu près réduit au modique traitement de professeur. Mais, malgré cette situation précaire, il trouva jusqu'à sa mort, arrivée le 18 décembre 1829, des consolations dans l'activité de la pensée, dans les méditations scientifiques et dans le dévouement d'une fille chérie qui ne le quittait pas d'un instant, travaillait avec lui, ou écrivait sous sa dictée. Outre la *Flore française*, dont il avait donné un *Extrait* en deux parties, en 1792, et dont on a vu qu'une 3ᵉ édition avait été faite en 1795, avec le concours de M. de Candolle, Lamarck a laissé à la botanique : la partie de l'*Encyclopédie méthodique* qui traite de cette science ; la partie botanique également dans le *Tableau encyclopédique et méthodique des trois règnes de la nature* (1791 à 1823) ; l'*Histoire naturelle des végétaux classés par familles*, dans les suites à Buffon (1802-1830) ; et, avec la coopération de M. de Candolle, *Synopsis plantarum in Flora Gallica descriptarum*, Paris, 1806, in-8°.

Aux auteurs et aux ouvrages du XVIIIᵉ siècle, qui traitent de micrographie, d'anatomie et de physiologie végétales, nous devons ajouter: Louis Bourguet, *Lettres philosophiques sur la formation des sels et des cristaux et sur la génération et le mécanisme des plantes*, Amsterdam, 1729, in-12 ; — George Adams le père, *micrographia illustrata*, Londres, 1746, in-4°, 65 planches ; 4ᵉ édit., 1771 ; — George Adams fils, *Essais sur le microscope (Essays on the microscope)*, Londres, 1787 ; — Jean-Jacques Schilling, *Phytologiæ seu physices plantarum pecimen*, 1752 ; — Joblot, *Observations faites avec le microscope*, Paris, 1754-1755 ; — Reichel, *De vasis plantarum spiralibus*, Leipzig, 1758 ; — Ledermueller, *Amusement microscopique (Mikroskopische Gemüths-und Augenergötzungen*, etc., Nuremberg, 1759-1762, in-4°, 150 planches coloriées ; *Physique microscopique (Physikalisch-*

mikroskopische Zergliederung und Vorstellung, etc., Nuremberg, 1764, 3 planches coloriées, et plusieurs autres ouvrages sur l'emploi du microscope; — George Bell, *De physiologica plantarum*, Édimbourg, 1777; — Moldenhawer, *De vasis plantarum speciatim radicem herbamque adeuntibus*, 1779; — Donovan, *Essai sur les parties les plus petites des plantes* (*Essay on the minute parts of plants*, Londres, 1789-1790; — Brugmans, *De mutata humorum in regno organico indole a vi vitali vasorum derivanda*, Leyde, 1789; — Oskamp, *Nonnulla plantarum fabricam et œconomiam spectantia*, 1789; — André Comparetti, *Prodromo di fisica vegetabile*, Padoue, 1791-1799, 2 vol. in-8°; — Robert Hooper, *Observations sur la structure et l'économie des plantes* (*Observations on the structure and economy of plants*, Oxford, 1797; — Vauquelin, l'immortel chimiste, *Expériences sur les séves des végétaux*, Paris, 1799; — Bonaventure Corti, *Observations microscopiques sur la Tremella et sur la circulation du fluide dans une plante aquatique, le Chara* (*Osservazione microscopiche*, etc.), Lucques, 1774, in-8°, avec 3 planches; — Coulon, *De mutata humorum in regno organico indole*, Leyde, 1789; — Draparnaud (sous le nom de Giboni), *Fragments de physiologie végétale*, Montpellier, 1799; — Ganser, *Observationes circa nutritionem et anatomiam plantarum*.

La chimie végétale et agricole proprement dite occupa, comme on l'a vu, un assez grand nombre de botanistes dans le xviii° siècle. Nous devons ajouter aux noms et aux écrits de Bradley, La Baisse, Ludwig, Hales, Cartheuser, Wallerius, Wedel, Linné, Fontana, Ingenhousz, etc., les noms et les écrits de : Stenchius, *De nutritione arborum*, 1722; — Mennander, *De nutrimento plantarum*, 1747; — Hahn, *Sermo de chemiæ cum botanica cunjunctione utili ac pulchra*, 1759; — Home, *Principes d'agriculture et de végétation*, Londres, 1759 (traduits de l'anglais en français et en allemand); — Trozelius, *De generatione et nutritione arborum*, 1768; — Sigwart, *De vegetabilium ulteriori indagine*, 1769; — Elsner, *De plantarum nutrimento*, 1798; — Beguillet, *De principiis vegetationis et agricultura*, 1769; — Lindsay, *De plantarum incrementi causis*, 1781; — Demel, *Analysis plantarum*, 1782; — Jean-Philippe Becker, *Recherches chimiques sur les plantes* (*Chemische Untersuchung der Pflanzen und deren Salze nebst andern dahin gehörigen Materien*), Leipzig, 1786, in-8°; — Riche, *De chemia vegetabilium*, Avignon, 1786 ; traduit en français, en 1787; — Jean-Louis Jordan, *Desquisitio chemica evictorum regni animalis et vegetabilis elementorum*, 1799; — Scepin, *De acido vegetabili*, 1758; — Kiesling, *De succis plantarum*, 1752 ; — Altmann, *Analysis plantarum antiscorbuticarum*, 1766; — Titius, *De acido vegetabilium elementari*, 1788, et *De aere in Coluteæ leguminibus contento*, 1800; — Hempel, *Manuel de chimie pharmaceutique* (*Pharmaceutische-chemische Abhandlung*), 1794; — Lehr, *De carbone vegetabili*, 1794. — Le célèbre médecin anglais Thomas Percival a fait d'importantes expériences sur la nourriture des plantes (*Essays medical and experimental on the empiric and dogmatic, on the adstringents and bitters*, etc.), Londres, 1767; on doit à cet auteur d'importantes études sur le quinquina, sur les racines de colombo, de sénéka, etc. — Charles-Gottlob Rafn, Danois, a publié, en 1796, un ouvrage de physiologie et de chimie végétales, qui a été traduit du danois en allemand et en suédois (*Utkast till en plante-physiologie*).

matière médicale
végétale. Aux auteurs et aux ouvrages du xviiiᵉ siècle qui ont traité de la matière médicale végétale, nous ajouterons : Vigier, *Historia das plantas da Europea e das mais uzadas que vem de Asia, de Affrica e da America*, Lyon, 1718, 2 vol. in-8°; — Jean de Buchwald, *Specimen medico-practico-botanicum*, etc., 1720, in-4°; — Zamboni, *Icones plantarum cum earum virtutibus*, Florence, 1721; — Joseph Miller, *Botanicum officinale*, Londres, 1722; — Gilbert Knowles, *Materia medica botanica*, Londres, 1723; — Jacques Petiver (dont il a été parlé page 58), à qui l'on doit l'*Hortus Peruvianus medicinalis*, Londres, 1715, et l'*Hortus siccus pharmaceuticus;* — Valentin Kraeuterman, *Compendiosum Lexicon exoticorum et materialium*, 1730. — Michel Alberti, *De erroribus in pharmacopoliis ex neglecto studio botanico obviis*, Halle, 1733[1]. — Michel-Mathias Ludolff, *Catalogus plantarum, farente, quam lectiones, quæ in collegio medico-chirurgico publice habentur*, etc., Berlin, 1746, in-8°. — Paul-Jacques Malouin, *Traité de chimie médicinale*, Paris, 1750, 2 vol. in-12. — K'Eogh, *Botanologia universalis hibernica*, Corke, 1735, in-4°. — Hamnerin, *Vires medicæ plantarum indigenarum*, etc., Upsal, 1737. — François Suarez de Rivera, *Clave botanica o medicina botanica*, Madrid,

---

1. On doit en outre à Michel Alberti plusieurs dissertations : *de Rorcmarino; de Arnicæ veræ usu; de Camphoræ usu medico; de Valerianis officinalibus; de Belladonna,* etc.

Trois autres Alberti ont écrit sur les plantes. Le dernier est Antoine Alberti, à qui l'on doit une *Flore médicale,* et dont il sera parlé plus loin.

1738. — Abel, *Medizinisches Kraüter-Paradiesgärtlein*, etc., Francfort, 1740. — Vincent Lagusi, *Erbario italo-siciliano*, Palerme, 1743. — Thomas Short, *Medicina Britannica*, Londres, 1747. — Banal, *Catalogue des plantes usuelles suivant l'ordre de leurs vertus*, Montpellier, 1755. — Banal fils aîné, *Catalogue des plantes usuelles rangées suivant la méthode de Linné*, Montpellier, 1780 ; 2ᵉ édit., 1786. — Antoine Banal, *Catalogue des plantes médicinales et économiques*, Montpellier, 1784. — Sheldrake, *Botanicum medicinale*, Londres, in-fol., avec 117 planches. — Hugues Gauthier, *Introduction à la connaissance des plantes, ou Catalogue des plantes usuelles de France*, Avignon et Paris, 1760. — Gautier d'Agoty, *Collection des plantes usuelles*, Paris, 1767, in-fol., avec 40 planches coloriées ; *Plantes purgatives d'usage tirées du jardin du Roi et de celui de MM. les apothicaires de Paris*, 1ᵉʳ cahier, 8 pl. color., 1776. — Biruega, *Examen pharmaceutico-galenico-historico*, Madrid, 1764. — Brookes (R.), *Histoire naturelle des végétaux étrangers et indigènes (Natural history of vegetables*, etc., Londres, 1763, in-12)[1]. — Arnauld et Salerne, *Description des plantes usuelles*, Paris, 1767. — Alexandre de Garsault, *Description, vertus et usages de 719 plantes, de 134 animaux*, 4 vol. in-8ᵉ, 643 pl. — Joseph-Antoine Carl, *Jardin botanico-médicinal (Botanisch-medizinischer Garten)*, 1770. — Edwards, l'*Herbier botanique*, contenant 100 planches des plus belles plantes médicinales (*The british herbal*, etc., Londres, 1770, in-fol., 100 planches color.). — Marquet, *Venimecum de botanique, contenant la description et les propriétés des plantes usuelles, la manière de les employer en médecine*, etc., Paris, 1773, 2 vol. in-12. — Jean-David Schoept, *Materia medica americana, potissimum regni vegetabilis*, Erlangen, 1787. — Jaskiewicz, *Pharmaca regni vegetabilis*, Vienne, 1775, in-8ᵉ. — Vicat, *Matière médicale tirée de Haller*, 1776 ; 2ᵉ édit., 1791. — Pierre-Engelbert Wauters, *Dissertatio botanico-medica de quibusdam plantis Belgicis in locum exoticarum sufficiendis*, Gand, 1785, in-8ᵉ[2]. — Segerstedt, *De pharmacis indigenis observationes œconomicæ*, Upsal, 1787. — Guillaume Woodville, *Botanique médicale (Medical botany*, etc.,

---

1. Un autre Brookes (Gilbert) a publié, en 1779, *le Jardinier anglais complet (The complete british gardener)*.

2. Wauters, célèbre médecin belge, né en 1745, mort en 1840, a publié depuis : *Repertorium remediorum indigenorum exoticis in medicina substituendorum*, Gand, 1840. In-8ᵉ.

Londres, 1790-1793, 3 vol. in-4°, avec 210 planches ; supplément en 1794, avec 60 planches ; 3ᵉ édit., avec 39 plantes nouvelles ajoutées, descriptions botaniques revues et corrigées par Guillaume Jackson Hooker, nouvelle partie médico-végétale donnée par Spratt, Londres, 1832, 5 vol. in-4°, avec 313 planches coloriées). — Cullen, *Traité de matière médicale* (*Treatise of materia medica*, Édimbourg, 1789 ; traduction française par Bosquillon, Paris, 1789-1790, 2 vol. in-8°). — Carminati, *Hygiene, terapeutice et materia medica*, Pavie, 1791-1795, 4 vol. in-8°. — De Roussel, *Tableau des plantes usuelles rangées par ordre, suivant les rapports de leurs principes et de leurs propriétés*, Caen, 1796 ; 2ᵉ édit., 1806. — Krauss (J.-C.) et Oskamp, *Icones plantarum medicinalium*, Amsterdam, 1796-1800, 6 vol. in-8°, avec 600 planches coloriées. — Simon Morelot, *Cours élémentaire d'histoire naturelle pharmaceutique*, Paris, 1800, 2 vol. in-8°. — François-Xavier Schwediauer, célèbre médecin autrichien, né en 1748, mort en 1824, connu en Angleterre et en France, où il résida longtemps, sous le nom de Françis Swediaur, *Pharmacologia, seu materia medica, exhibens cognitionem medicamentorum simplicium analyticam*, Paris, 1800 ; 2ᵉ édit.; Paris, 1803, 2 vol. in-12. — François Walther, de Strasbourg, *Plantæ officinales ad naturam delineatæ*, in-4°, 6 planches coloriées.

BOTANIQUE FOSSILE.

La botanique fossile, qui a fait tant de progrès de nos jours, en était à ses essais dans le siècle précédent. Aux études de Scheuchzer, de Wallerius, il n'y a guère à ajouter, jusqu'à l'année 1800, que celles de Reichel (*De vegetabilibus petrefactis*, 1750) ; de Burtin (*Des bois fossiles dans les Pays-Bas*, 1781) ; et quelques monographies d'importance secondaire.

COMPARAISON DES DEUX RÈGNES.

Nous avons déjà eu l'occasion (page 107) de citer les noms de plusieurs auteurs qui se sont occupés, au XVIIIᵉ siècle, des analogies entre les plantes et les animaux, et, plus tard, nous avons donné les titres des ouvrages de Bazin, Browallius, Spallanzani, Hedwig, Van Marum, Hebenstreit, Tessier, Schrank, des Jussieu sur ce sujet. Par la suite, nous aurons l'occasion, à propos d'autres botanistes célèbres, nos contemporains, de parler de divers écrits encore sur la même matière, qui datent de la fin du XVIIIᵉ siècle. Mais, dès à présent, nous nommerons quelques écrivains qui, ne s'étant occupés qu'accessoirement de botanique, se sont cependant livrés à des recherches sur les analogies entre les deux règnes : De la Métherie,

Vues physiologiques sur l'organisation animale et végétale, Amsterdam, 1781 ; *Considérations sur les êtres organisés*, Paris, 1804. — Harrington, *Recherches philosophiques et expérimentales sur les premiers principes généraux de la vie animale et végétale* (A philosophical and experimental enquiry into the first and general principles of animal and vegetable life, Londres, 1781) ; Desrousseaux, *An ut in plantis, sic in animantibus perspirationi moderandæ inserviat epidermis?* Paris, 1789 ; — Brera, *Programma de vitæ regetabilis et animalis analogia*, Pavie, 1796 ; — *Momenta quædam vitæ vegetabilis cum animali convenientiam illustrantia exponuntur*, Wittemberg, 1796. — Peschier, *De irritabilitate animalium et vegetabilium*, Édimbourg, 1797 ; — Hunter, *De l'analogie entre la génération végétale et animale* (An illustration of the analogy between vegetable and animal parturition, Londres, 1799).

Aux flores locales que nous avons déjà signalées en assez grand FLORES LOCALES. nombre comme ayant été publiées dans le courant du XVIIIe siècle, nous ajouterons les suivantes, œuvres d'auteurs moins connus en général que ceux auxquels nous avons consacré des notices.

RUSSIE. *Enumeratio stirpium agri Mosquensis*, par Stephan, Moscou, 1792 ; et *Icones plantarum sponte circa Mosquam crescentium*, par le même auteur, Moscou, 1795, 10 pl. in-fol ; *Flore de Saint-Pétersbourg*, par Grégoire Sobolewski, Saint-Pétersbourg, 1799, in-8°.

PAYS SCANDINAVES ET DANEMARK. *Primitiæ Floræ Scaniæ*, par Leche, 1744 ; *Observationes botanicæ circa plantas quasdam Scaniæ*, par Rosén, 1749 ; *Catalogue des plantes de la paroisse de Mestelähs*, par Trozélius (dans son opuscule *Physico-œconomisk Beskrifning öfver Mistelähs Socken uti Smäland*, Lund, 1766)[1] ; *Index plantarum rariorum, quas in itinere anno 1780 in urbis Ulricaehamn Vestrogothiæ confiniis detexit*, par Naezén, Upsal, 1782 ; *Catalogus plantarum Œlandicarum*, par Wahlbom, 1786 ; *Flore économique et médicale pour le Danemark* (Norsk medicinsk och œkonomisk Flora, etc.), par Tonning, 1773 ; *Flore du Danemark et du Holstein* (Danmarks og Holsteens Flora) par Rafn, 1796-1800, 2 vol. in-8°.

HONGRIE. Plusieurs écrits spéciaux sur la Flore de Hongrie et des

---

1. Trozelius, que nous avons déjà cité, p. 287, est auteur de nombreux opuscules botaniques écrits dans sa langue natale, et de quelques dissertations en latin, particulièrement : *De generatione ac nutritione arborum*, 1768 ; et *Specimen graduale de Sacerdote botanico*, 1772.

provinces dépendant de ce royaume ont été publiés dans le xviiiᵉ siècle, entre autres : *Floræ Tyrnaviensis indigenæ pars prima*, par Hor-
vatovszki, 1774 ; *Plantæ in Transsylvania provenientes*, par Balog,
Leyde, 1779 ; *Flora Posniensis*, par Lumnitzer, Leipzig, 1791 ; *Floræ
Scepusiensis elenchus*, par Genersich, 1798.

ALLEMAGNE. *Synopsis plantarum Germaniæ*, par Gerhard-Auguste
Honckeny, Berlin, 1792 et 1793, 2 vol. in-8° ; *Flore allemande
(Deutsche Flora)*, par Georges-Christophe Heim, Halle, 1799 ; *Flora
Silesiaca*, par Mattuschka, Breslau, 1776-1789, in-8° ; *Enumeratio
stirpium in Silesia sponte crescentium*, par le même auteur, 1779,
in-8° ; *Notes sur la Flore de la Haute-Lusace (Verzeichniss der in der
Oberlausitz wildwachsenden Pflanzen)*, par OEttel, 1779, in-8° ;
Flora Lipsiensis bipartita, Leipzig, 1726, par Wipacher ; *Plantæ
circa Lipsiam nuper inventæ*, par Jahn, Leipzig, 1774 ; Deux flores
de Wittenberg, par Kaehnlein, 1763, et par Frenzel, 1799 ; *Flora
Barbiensis*, par Scholler, Leipzig, 1775, avec supplément, en 1787 ;
Flora Halensis, par Leysser, Halle, 1761 ; 2ᵉ édit., 1783 ; *Supplementum ad Leysseri Floram Halensem*, par Wohlleben, Halle, 1796 ;
Flora gryphica, par Wilcke, 1765 ; *Floræ gryphicæ supplementum*,
par Koelpin, 1769 ; *Floræ Megapolitanæ prodromus*, par Timm, Leipzig, 1788 ; *Flore du Mecklembourg (Beschreibung der Bäume und
Sträucher, welche in Mecklenburg wild wachsen)*, par Hermann-Fré-
déric Becker, Rostock, 1791 ; Flore de Schleswig *(Schleswig'sche
Flora)*, par Esmarch, 1789-1791, in-8° ; *Flore des environs de Helms-
tædt (Verzeichniss der um Helmstädt wildwachsenden Pflanzen)*, par
Cappel, Dessau, 1784, in-8° ; *Flora Einbeecensis*, par Meyenberg, 1712,
in-8° ; *Flore de Hildesheim (Flora von Hildesheim)*, par Philippe-
Chrétien Wagener et Frédéric Gruber, 1798, in-fol., avec 10 planches
coloriées; *Animadversiones in Floram Riedeseliam*, par Ritter, 1752,
in-4° ; *Enumeratio plantarum indigenarum Hassiæ*, par Conrad Moench,
Cassel, 1777, in-8°, *Methodus plantas horti botanici et agri Marbur-
gensis a staminum situ describendi*, par le même auteur, 1794,
in-8° ; avec un supplément donné en 1802 ; *Flora Fuldensis*, par Lie-
blein, 1784, in-8°; *Flore économico-technique de Wetteravie (Oekonomisch-technische Flora der Wetterau)*, par Philippe Godefroy Gaertner,
Bernard Meyer et Jean Scherbius, Francfort-sur-le-Mein, 1799-1802,
3 parties in-8° ; *Flora Herbonensis*, par Jean-Daniel Leers, 1775,
in-8°, avec 16 planches ; *Flore du pays de Nassau (Verzeichniss*

und Beschreibung der sämmtlichen in den Fürstlich Oranien-Nassauischen Landen wildwachsenden Gewœchse) par Catherine-Hélène Doerrien, Lübeck, 1779, in-8°; *Icones plantarum sponte nascentium in Episcopatu Monasteriensi*, par François Wernekinck, Munster, 1798; 1 vol. in-fol., avec 100 planches ; *Historia plantarum in Palatinatu electorali nascentium*, par Pollich, Mannheim, 1776-1777, 3 vol. in-8°; *Stirpes agri et horti Heidelbergensis*, par Gattenhaf, Heidelberg, 1782, in-8°; *Designatio plantarum circa Tubingensem arcem florentium*, par Jean-Georges Duvernoy, Tubingue, 1722, in-8° ; *Deliciœ sylvestres Florœ Ulmensis*, par Léopold, Ulm, 1728, in-8°; *Flora in territorio Erfordensi indigena*, par Nonne, Erfurt, 1768; *Index plantarum quas in agro Erfurtensi sponte provenientes olim D. Johann-Philippo Nonne, deinde Johann Jakob Planer collegerunt*, par Planer, Gotha, 1788; *Indici plantarum, quos in agro Erfurtensium fungos et plantas quasdam collectas addit*, par le même, 1788; *Prodromus ad historiam fungorum agri Vindobonensi*, Vienne, 1775; *Fungi Mecklemburgensis selecti*, par Henri-Jules Todes, Limbourg, 1790-1791, 2 fasc. in-8°, avec 17 planches; *Flora Herbipolitana*, par François Wilhelm, Bamberg, 1782, in-8° ; *Flore des environs de Munich* (*Anzeige der meisten um München wildwachsenden oder allgemein gebauten Pflanzen, mit ihren Kennzeichen in tabellarischer Form*), par Georges-Antoine Weizenbeck, Munich, 1786, in-8°; *Flore de Bayreuth* (*Flora des Fürstenthums Bayreuth*), par Koelle, Bayreuth, 1798, in-8°; *Florœ Ienensis plantæ ad polyandriam monogyniam Linnæi pertinentes*, par Rodolph, Iéna, 1781 ; *Elenchus vegetabilium et animalium per Austriam inferiorem observatorum*, par Guillaume-Henri Kramer, Vienne, 1756, in-8°; *Flora Borussica*, par Jean-Christophe Wulff, Kœnigsberg, 1765, in-8°; *Tentamen Florœ Gedanensis*, par Reyger, Dantzig, 1768, in-8°; *Conspectus horti botanici Ienensis, et Catalogus plantarum horti botanici ducalis Ienœ Thuringorum vere anni 1794 fundati, fine anni 1797 conscriptus*, par Auguste-Jean-Charles Batsch, Iéna, 1797; *Dispositio plantarum Ienensium secundum Linnæanum et familias naturales*, par le même, 1786.

Italie. *Florœ Italicœ prodromus*, par Turra, 1780, in-8° ; *Œuvres posthumes qui contiennent la description de 114 plantes qui croissent dans la mer Adriatique, dans les marais, et sur le territoire de Ravenne* (*Opere postume, tome 1, nelle quali si contengono 114 piante, etc.*), par Joseph comte de Ginanni, Venise, 1755-1757; *De re botanica tractatus in quo præter generalem methodum et historiam plantarum eæ stirpes recensentur, quæ in agro Bellunensi et Fidentino vel sponte crescunt vel arte excoluntur,* par Joseph Agosti, 1770; *Plantæ Pisanæ,* par Santi, Pise, 1789, in-8°; *Synopsis plantarum quæ in solo Romano luxuriantur,* par Sabbati, Ferrare, 1745, in-4°, avec figures; *Hortus Romanus secundum systema Tournefortii,* par Bonelli et Sabatti, Rome, 1772-1793, 7 vol. in-fol., avec 700 planches coloriées; *Viridarium Florentinum,* par Manetti, Florence, 1751.

Suisse. *Botanologia, sive Helvetiæ Paradisus,* par Muralt, 1710, in-8°; *Liste des plantes découvertes en Suisse depuis Haller,* par Louis Reynier (dans ses *Mémoires pour servir à l'histoire physique et naturelle de la Suisse,* publiés en 1788).

Espagne et Portugal. *Synopsis stirpium indigenarum Aragoniæ,* par Ignace Jordan de Asso y del Rio, Marseille, 1779, in-4°, avec 9 planches; *Enumeratio stirpium in Aragonia noviter detectarum* (imprimé avec l'*Oryctographie d'Aragon* du même auteur), 1784, in-8°.

Hollande et Belgique. Au XVII° siècle, Pilleterius, Knyf, Vorstius, Hauck, Gottschalck, Brumann, Commelyn, avaient publié des Flores locales de Hollande. On a vu qu'au XVIII° siècle Gorter fit paraître une Flore de Zutphen et du pays de Gueldre (*Flora Gelro-Zutphanica*), ainsi qu'une Flore de Belgique; on a vu aussi que Linné avait donné une *Flore belge.* Vers le même temps, parurent : *Flora Frisica,* par Meese, 1760, in-8°; *Plantarum Belgii confœderati indigenarum spicilegium,* par Geuns, 1788, in-8°; *Flora Harlemica,* par Loosjes, 1779, in-8°; *Herbier portatif des environs de Liége,* par Rozin, 1791, in-8°; *Traité des plantes les moins fréquentes qui croissent dans les environs de Gand, Alost, Termonde et Bruxelles,* par Rouçel, Paris, 1795, in-8°; *Enumeratio plantarum Zeelandiæ Belgiæ indigenarum,* par Van der Bosch.

Grande-Bretagne. Nous avons déjà cité un grand nombre de Flores locales relatives à la Grande-Bretagne, dans les biographies de leurs auteurs. Nous y ajouterons, comme appartenant au XVIII° siècle : *Fasciculus plantarum circa Cantabrigiam nascentium,* par Lyons, Londres, 1763, in-8°; *Plantæ Woodfordienses,* par Warner, Londres, 1771, in-8°; *Floræ Angliæ specimen,* par Cullum, 1774, in-8°; *Description de plantes anglaises (Description of british plants),* par Jenkinson, 1775, in-8°; *Plantes découvertes dans le Norfolk et le*

Suffolk (*Plants discovered in Norfolk and Suffolk*), par Hugues Rose dans ses *Éléments de botanique*, 1775, in-8°; *Classification botanique de tous les végétaux qui croissent dans la Grande-Bretagne* (*A botanical arrangement of all the vegetables naturally growing in Great Britain*, etc.), par Guillaume Withering, Birmingham, 1776, 2 vol. in-8°, avec 12 planches; 7ᵉ édit., comprenant les plus récentes découvertes, Londres, 1830, 4 vol. in-8°, avec 35 planches; 8ᵉ édit., avec 155 figures et une planche coloriée; Édimbourg, 1835, in-8°; *Plantæ Favershamienses* (dans le comté de Kent), par Jacob, Londres, 1777, in-8°; *Flora Scotica*, par Lightfoot, Londres, 1777, in-8°; *Flore britannique* (*The british Flora*), par Robson, York, 1777, in-8°; *Flora Britanica indigena*, par Walcott, Bath, 1778, in-8°; *Enchiridion botanicum*, par Broughton, Londres, 1782, in-8°; *Catalogus plantarum circa Scarborough nascentium*, par Travis; *Plantæ Eboracenses* ou *Catalogue des plantes les plus rares qui croissent à l'état sauvage dans les environs de Castle-Howard, dans la partie nord du Yorkshire* (*Catalogue of the more rare plants*, etc.), par Teesdale, dans le tome II des *Transactions de la Société linnéenne*; *Flora Cantabrigiensis*, par Relhan, 1785, avec supplément, 1786-1793; *Flora Bedfordiensis*, par Charles Abbot, Bedfort, 1798, in-8°, avec 6 planches coloriées; *Synopsis plantarum insulis Britannicis indigenarum*, par Symons, Londres, 1798, in-8°; *Flore britannique* (*The british Flora*), par Hull, Manchester, 1799, 2 parties in-8°; 2ᵉ édit., 1808.

FRANCE. Nous aurons peu de Flores locales de France à mentionner ici, la plupart ayant été déjà relatées dans le cours de ce chapitre et du précédent. Cependant, nous citerons encore parmi les Flores françaises du XVIIIᵉ siècle : *Description des plantes qui naissent ou se renouvellent aux environs de Paris, avec leurs usages dans la médecine et dans les arts, suivie d'une dissertation sur l'origine et le progrès de la botanique*, par Mathieu Fabregou, Paris, 1740, 6 vol. in-8°; *Mémoires pour l'histoire naturelle de la province du Languedoc*, par Jean Astruc, Paris, 1737; *Historia plantarum Alsaticarum posthuma*, par Mappus (déjà cité page 98), Strasbourg, 1742, in-4°; *Prodromus Floræ Argentoratensis* (Strasbourg), par Spielmann, dont il a été parlé page 170; *Botanicon Pilatense*, par Latourrette (dans son *Voyage au Mont-Pilat*, Avignon, 1770); *Chloris Lugdunensis*, par le même, 1785; *Flore du Mans*, par Maulny, Avignon, 1776; *Flore de Bourgogne*, par Durande,

Dijon, 1782 ; *Prodromus Floræ Aurelianensis*, par Couret-Villeneuve, Orléans, 1784 ; *Description des plantes des environs de Montauban*, par Gaterau, Montauban, 1789, in-8° ; *Flore du Calvados et terrains adjacents, composée suivant la méthode de Jussieu*, par de Roussel, Caen, 1796, in-8° ; 2ᵉ édit., 1806.

FLORES EXOTIQUES.

Nous avons à peu près signalé toutes les Flores exotiques du xviiiᵉ siècle, dans les notices sur leurs auteurs. Ajoutons-y une *Flore de l'île de Java (Naamlyst der planten, die gevonden worden op het eiland Java)*, par Radermarcher, Batavia, 1780-1782 ; *Arbustum Americanum (the american grove, or an alphabetical catalogue of forest trees and shrubs, natives of the american United States)*, par Humphry Marshall, Philadelphie, 1785, in-8° ; *Flora Caroliniana*, par Thomas Walther, Londres, 1788, in-8° ; *Plantes, herbes, arbrisseaux et arbres qui naissent à Cayenne*, par Préfontaine (dans sa *Maison rustique à l'usage des habitants de Cayenne*, Paris, 1763) ; *Flore des îles Sainte-Croix et Saint-Thomas*, par West (dans son ouvrage danois, *Bidrag til beskrivelse over Sainte-Croix*, etc., Copenhague, 1793) ; *Hortus Americanus*, par Henri Barham, Kingston de Jamaïque, 1794, in-8°.

AUTEURS ET OUVRAGES DIVERS DU XVIIIᵉ SIÈCLE.

Nous groupons ici des auteurs et des écrits qui, pour la plupart, ne tiennent qu'une place secondaire dans l'histoire de la botanique.

Antoine Turra, outre son *Prodrome de la Flore d'Italie*, déjà cité, a publié : *Historia del arbore della China*, Livourne, 1764 ; *Farsetia, novum genus*, Venise, 1765, in-4°. — Augustin-Frédéric Walther, professeur de médecine à Leipzig, a donné : *Plantarum exoticarum indigenarumque index tripartitus*, 1732 ; *Designatio plantarum quas hortus Augustini-Frediriei Waltheri complectitur*, 1735 ; *De Silphio in veterum nummis ac diversis plantæ speciebus disserit*, 1746 ; *Programma de plantarum structura*, 1740 ; *Programma de Loto Ægyptia*, 1746. — Jean-Frédéric Guillaume Koch, Allemand, est auteur d'un *Manuel de botanique à l'usage des amateurs, des jardiniers, des pharmaciens*, etc. (*Botanisches Handbuch*, etc., Magdebourg, 1797-1798, 2 parties, in-8° ; 2ᵉ édit., en 3 parties, Magdebourg, 1824-1826) ; il ne faut pas le confondre avec plusieurs botanistes, ses homonymes, notamment avec Guillaume-Daniel-Joseph Koch, dont les publications ont eu lieu à dater seulement de l'année 1814. — Jean-Baptiste-Théodore baron de Tschoudi, ancien bailli en chef de la noblesse du pays de Metz, mort en 1784, a donné, outre un certain nombre d'articles d'un style amphigourique sur les végétaux, insérés dans l'*Encyclopédie*, un ouvrage intitulé, *De la transplantation des végétaux*, 1778, in-8°. — Berkhey, Hollandais, a écrit sur la structure des fleurs composées : *Expositio characteristica structuræ florum qui dicuntur Compositi cum figuris ad naturam expressis*, Leyde, 1761, in-4°, avec 9 planches. — André Dahl, Allemand, n'a publié sur la botanique qu'un ouvrage quelquefois cité : *Observationes botanicæ circa systema vegetabilium divi A. Linnæi*, 1784 ; 2ᵉ édit., 1787. — Miss Mary Lawrence, artiste et botaniste anglaise, publia : *Collection de roses d'après nature (A collection of roses from nature*, Londres, 1799, petit in-fol., contenant 90 planches coloriées) ; et *Six numéros de figures coloriées de fleurs de la Passion (Six numbers*, etc., Londres, in-fol.). — Rutström, Suédois, publia : *Positiones nonnullæ medici et botanici argumenti*, 1793 ; et *Spicilegium plantarum cryptogamarum Sueciæ*, Abo, 1794. — C. S. H. Kunse, Allemand, donna, en 1795, Hambourg, un ouvrage de botanique cryptogamique (*Deutschlands kryptogamische Gewächse*, etc.). — Pennier de Longchamps a donné une *Dissertation physico-médicale sur les truffes et sur les champignons*, Avignon, 1766, in-12. — Antoine-Nicolas Duchesne a publié : *Manuel de botanique*, Paris, 1764 ; *Histoire naturelle des fraisiers*, 1766, in-8° ; *Essai sur l'histoire naturelle des courges* (dans l'*Encyclopédie méthodique* de Lamark). — Michel Jean comte de Borch a publié des *Lettres sur les truffes du Piémont*, Milan, 1780, in-8°, avec 3 planches coloriées. — Charles de Krapf, outre un ouvrage sur les Renoncules (*Experimenta de nonnullorum Ranunculorum venenata qualitate*, Vienne, 1766), a fait paraître, en 1782, un ouvrage où il traite des champignons d'Autriche (*Ausführliche Beschreibung der in Unterösterreich, sonderlich um Wien herum wachsenden erlaubten und unerlaubten Schwämme*, etc.) — Victor Picco a aussi traité des champignons (*De generatione fungorum*) dans son ouvrage *Melethemata inauguralia*, Turin, 1788. — Dans le même temps, un autre Italien donna : *In agaricum campestrum veneno et patriam infamem acta, ad Victorium Picco*, Turin, 1788. — Jean-Philippe Nonne, Allemand, déjà cité pour une *Flore d'Erfurt*, a publié : *De botanices usu et ratione*, Erfurt, 1763 ; et *De plantis nothis, occasione spicæ tritici, cui avenæ fatuæ aliquot semina innata erant*, 1765. — Blottner a publié : *De fungorum origine*, Halle, 1797. — Vitaliano Donati, Italien, a publié, en 1753, un *Essai sur l'histoire naturelle de* la mer Adriatique (*Della storia marina dell' Adriatico*), où il est traité des Algues, et dont il a paru une traduction française en 1758. — Jacques-Théodore Klein, célèbre naturaliste et surtout zoologiste allemand, né en 1685, mort en 1760, n'a donné à la botanique que les opuscules suivants : *Fasciculus plantarum rariorum et exoticarum in horto Kleiniano*, Dantzig, 1722 ; nouvelles édit. en 1724, 1747-1748, et *Dubia circa plantarum marinarum fabricam vermiculosam, cum tribus tabulis*, Saint-Pétersbourg, 1760 ; Jacquin lui a consacré le genre *Kleinia* de la famille des Corymbifères. — Durande, professeur de botanique à Dijon, a publié, outre sa *Flore de Bourgogne*, des *Notions élémentaires de botanique, avec l'explication d'une carte pour servir aux cours publics de l'Académie de Dijon*, 1781.— Baster, Hollandais, est auteur d'un ouvrage intitulé : *Opuscula subsecira, observationes miscellaneas de animalculis et plantis quibusdam marinis eorumque ovariis et seminibus continentia*, Harlem, 1762-1765, 2 vol. in-4°, avec 29 planches coloriées. — Thomas Velley, Anglais, fit paraître en 1795, à Londres, *Figures coloriées de plantes marines* (*Coloured figures of marine plants*). — Correa de Serra a publié, en anglais, un travail sur la fructification des Algues (*On the fructification of the submersed Algæ*, 1796, in-4°). — Auguste-Jean-Georges-Charles Batsch, déjà cité pour ses *Flores d'Iéna*, a publié : *Elenchus fungorum*, Halle, 1783, in-4°, avec 12 planches, et *Continuation* en 1786 et 1789, renfermant les planches coloriées 13 à 42. — Esper, cryptogamiste allemand, a mis au jour, de 1797 à 1808, *Icones Fucorum cum characteribus systematicis, synonymis auctorum et descriptionibus novarum specierum*, 7 fascicules in-4°, avec 184 planches coloriées. — Malthé, Allemand, a donné : *De generatione Muscorum*, 1787. — Jean-Georges Heinze, aussi Allemand, avait publié auparavant : *De Muscorum notis et salubritate*, 1747, et *De incrementis botanicæ contemplationis Muscorum*, 1747. — Nœdhen fit paraître : *De argumentis contra Hedwigii theoriam de generatione Muscorum*, 1797. — Hose, Allemand comme les précédents, publia : *Herbarium vivum Muscorum frondosorum cum descriptionibus analyticis ad normam Hedwigii*, Leipzig, 1799-1800, 2 fascicules in-8°, avec 24 figures gravées. — Huperz donna, en 1798, un travail sur les Fougères (*de Filicum propagatione*). — Lammersdorff a publié : *Plantarum cryptogamicarum fructificationis historiæ Prodromus, de Filicum fructificatione*, Gœttingue, 1781, in-8°. — Handtwig a publié, en 1747, à Rostock : *De Orchide*. —

Rydelius (1720), André-Jacques Kirsten (1739), Steck (1757), publièrent des ouvrages sur les palmiers. — Le baron de Secondat a publié : *Mémoires sur l'histoire naturelle du chêne, sur les arbres fruitiers de la Guienne, sur des champignons qui paraissent tirer leur origine d'une pierre*, etc., Paris, 1785, in-fol., avec planches. — Fillassier a publié : *Dictionnaire du Jardinier français*, Paris, 1789, 2 vol. in-8°. — De Grace donna, en 1784, *Le Jardinier portatif*. — Herschfeld (1791), Adelkofer (1792), Steele (1793), Dieskau (1794), Bechstedt (1795), George Mason (1795), Albonico (1795-1800), Becker (1895-1799), Ideler (1795-1805), Achard (1796), Grohmann (1797), Robertson (1798), Nicol (1800), Zigra (1800), publièrent aussi des ouvrages d'horticulture.

Citons encore quelques auteurs qui ont écrit sur des jardins botaniques de France dans le siècle dernier : Latapie, *Hortus Burdigalensis*, Bordeaux, 1784 ; Farin, *Catalogue du jardin de Caen*, 1781 ; Cointrel, *Catalogue du jardin botanique de Lille*, 1751 ; Descemet, *Catalogue du jardin des apothicaires de Paris*, 1741, *ibid.*, 1759 ; Buisson, *Classes et noms des plantes du jardin des apothicaires*, 1779 ; Marthe, *Catalogue des plantes du jardin médical de Paris*, 1801. Plusieurs catalogues de jardins botaniques de France furent publiés sans noms d'auteurs : ont paru ainsi le *Catalogue du jardin de Rouen*, vers 1720 ; l'*Hortus regius Rothomagensis*, 1778 ; le *Catalogue du jardin botanique de Toulouse*, 1782.

CHAPITRE VII

PÉRIODE CONTEMPORAINE.

Nous grouperons, autant que possible, par nationalités les botanistes de la période contemporaine, joignant aux auteurs français les auteurs de même langue, ceux de la Suisse française et de la Belgique.

René-Louiche Desfontaines, botaniste français, né de parents pauvres, au Tremblay, en Bretagne, vers 1751 ou 1752, fut envoyé à l'école de son village; mais il n'y fit aucun progrès et le maître le renvoya en lui prédisant un fâcheux avenir. Desfontaines, malgré la bonté de son naturel, ne lui pardonna jamais ce fâcheux horoscope, et il se complut avec malice, dans la suite, à l'instruire de chacun de ses succès. La médecine, qu'il étudia, ne fut pour lui qu'un prétexte pour se livrer avec ardeur à l'herborisation et à l'observation des végétaux. Reçu docteur en médecine à l'âge de 30 ans seulement, il se fit assez remarquer par ses travaux de naturaliste pour être admis à l'Académie des sciences, dès 1783. Cette position ne fut pour lui qu'un encouragement à poursuivre ses études. Secondé par Lemonnier, médecin du roi, il obtint du gouvernement les fonds nécessaires pour entreprendre un voyage dans l'Algérie, la Tunisie et les diverses chaînes de l'Atlas, jusqu'à leur versant méridional. Au bout de deux ans, il revint d'Afrique avec un herbier considérable et une découverte importante ; il venait en effet de reconnaître la différence de structure qui existe entre les plantes monocotylédonées et les dicotylédonées. La chaire de botanique au jardin du roi était l'objet de ses désirs; Buffon la lui fit donner, et il s'y dévoua corps et âme. Jamais professeur ne mit plus de bonhomie, de complaisance, de talent persuasif à se faire comprendre et chérir de ses élèves auxquels il inspirait l'amour de la science, comme il le possédait lui-même. Le temps que lui laissait la préparation de son cours et la rédaction de ses œuvres, il l'employait à mettre en ordre les collections, à rectifier l'ordre du jardin botanique, à en surveiller la culture, à constater de nouvelles espèces; il ne sortait guère du jardin des Plantes, et c'est là qu'il se tint, réfugié dans la science, à l'abri de la tourmente révolutionnaire. Son cœur généreux l'en fit sortir pourtant quelquefois, ce fut pour aller visiter dans sa prison le géologue Ramond, et pour demander aux puissants du jour la délivrance du botaniste L'Héritier. Ce fut vers cette époque agitée qu'il fit paraître sa *Flora Atlantica, sive historia plantarum quæ in Atlante, agro Tunetano et Algeriensi crescunt*, Paris, 1798-1800, 2 vol. in-4°, avec 261 planches. Puis il publia : *Tableau de l'école de botanique du Muséum d'histoire naturelle*, Paris, 1804, in-8°; 2ᵉ édition, 1815; 3ᵉ édition, 1829, avec un *Appendice*, 1832; *Choix des plantes du corollaire des Instituts de Tournefort, d'après son herbier et gravées sur les dessins originaux d'Aubriet*, Paris, 1808, in-4°, avec 70 planches coloriées; *Histoire des arbres et arbrisseaux qui peuvent être cultivés en pleine terre sur le sol de France*, Paris, 1809, 2 vol. in-8° ; *Expériences sur la fécondation artificielle des plantes*, 1831. Outre ces ouvrages capitaux, on a de Desfontaines de nombreux mémoires dans le *Recueil de l'Académie des sciences*, dans les *Annales du Muséum*, dans les *Mémoires de la Société d'histoire naturelle*. On y remarque ses observations sur le dattier, le lotus de Libye, le chêne à glands doux, et un mémoire sur l'irritabilité des plantes. On lui doit la création de nombreux genres nouveaux et la connaissance de beaucoup d'espèces nouvelles. Desfontaines devint aveugle, comme un grand nombre de savants qui se vouent à l'étude si minutieuse des plantes. Malgré cela, toujours passionné pour ses chers végétaux, il se faisait conduire dans les serres, et cherchait à les reconnaître au toucher. Il mourut aimé et vénéré, le 16 novembre 1833. L'Héritier avait, bien auparavant, consacré à son ami le genre *Louichea* dans les Paronychiées ; et Ruiz et Pavon avaient créé en son honneur le genre *Desfontainea*, qui constitue une petite famille voisine des Solanées.

André Thouin, né en 1747, mort en 1823, était le fils d'un jardinier du jardin des Plantes de Paris. Il devint, en 1784, jardinier en chef de cet établissement, qu'il augmenta de beaucoup de végétaux précieux, et y fut ensuite nommé professeur de culture. Cet homme, aussi modeste que savant, fut encore appelé à professer aux écoles normales, et enfin vit son utile carrière couronnée par la nomination de membre de l'Institut. Il s'occupa surtout d'acclimater en France des plantes exotiques et fit dans ce but plusieurs voyages. On a de lui : *Essai sur l'économie*

rurale, 1705; *Monographie des Greffes*, Paris, 1821, in-4°, avec
13 planches; *Cours de culture et de naturalisation des végétaux*, 3 vol.
in-8°, avec un atlas de 65 planches, publié par Oscar Leclerc, neveu
de l'auteur et son aide au jardin du Roi; de nombreux mémoires et
des articles dans le *Dictionnaire d'agriculture* de l'*Encyclopéhie méthodique*. — Un autre Thouin (Gabriel) a publié : *Plans raisonnés de
toutes les espèces de jardins*, Paris, 1819, in-folio, avec 56 planches;
3° édit., 1828, avec 59 planches noires ou coloriées.

André Michaux, d'abord jardinier, naquit en 1746, à la ferme de
Satory, qui était du domaine royal de Versailles; il y passa sa jeunesse
occupé avec son père aux travaux des champs. Ce n'était pas un jeune
homme dépourvu d'instruction, et, son intelligence naturelle aidant,
il étudia les végétaux avec fruit. Après la mort de ses parents et
de sa femme, en 1770, il s'occupa plus activement que jamais de
botanique, si bien que, par l'intermédiaire du docteur Lemonnier, médecin du roi, il obtint une mission scientifique dans l'Asie Mineure.
Il parcourut pendant deux ans (1782 et 1783) toute la Perse, où il
découvrit, à l'état sauvage, la plupart des végétaux de l'économie
agricole : noyer, cerisier, vigne, épeautre, luzerne, pois chiche,
oignon, etc., et le zelcoua (*Planera crenata*), bel arbre forestier qu'il
a introduit en France. A peine de retour de ce voyage périlleux,
car à cette époque les Perses étaient en guerre civile, Michaux fut
désigné pour un nouveau voyage. Il s'agissait, cette fois, d'explorer
l'Amérique du Nord pour en rapporter des espèces destinées à enrichir les forêts de la France. Michaux partit en septembre 1785, et s'acquitta de cette mission avec un zèle, une activité et un désintéressement
peu communs. Les deux premières années furent consacrées à l'exploration de la Pensylvanie et du Maryland, d'où Michaux expédia aux
pépinières de Versailles douze grandes caisses de graines et 5,000 pieds
d'arbres. La Caroline fut explorée en 1787; Michaux parvint jusqu'aux sources du Tennessée, au delà des monts Alléghanis; puis
il visita les Florides et le Canada jusqu'à la baie d'Hudson. En 1793,
pendant la tourmente révolutionnaire, Michaux, improvisé diplomate,
se vit chargé d'une négociation politique auprès d'un général américain
du Kentucki, qui devait s'emparer de la Louisiane au profit de la
France; mais ce projet d'invasion fut abandonné, et Michaux redevint
simple jardinier. En suivant Michaux dans ses longues et périlleuses
entreprises, on se sent pénétré d'admiration pour cet enfant du peuple

devenu un des hommes les plus utiles à la science et à sa patrie. Pour exécuter ces voyages, Michaux avait dû vivre de ses propres ressources, car, pendant les sept dernières années de son séjour en Amérique, il ne reçut aucun secours de la France, dont les finances étaient peu prospères et dont les préoccupations étaient ailleurs. Il ne quitta l'Amérique, en 1796, que quand il fut à bout de moyens d'existence. A cette époque, après dix années d'exploration, il avait fourni aux pépinières de Rambouillet plus de 70,000 pieds d'arbres, dont il ne retrouva qu'un petit nombre de sujets. Le gouvernement lui devait sept années d'appointements ; il les réclama, mais il n'obtint qu'une légère indemnité. Michaux en éprouva le plus vif chagrin, car non-seulement il avait sacrifié son patrimoine, mais il pouvait avoir compromis l'avenir de son fils. Il sollicita alors, mais en vain, une nouvelle commission pour retourner en Amérique, dans l'espoir de réparer les pertes qu'il avait faites. Ce fut alors qu'il s'occupa à rédiger son *Histoire des Chênes* et à disposer les matériaux d'une *Flore de l'Amérique septentrionale*, que, plus tard, son fils publia. Enfin, après quatre années passées à Paris, il partit pour les terres australes avec le capitaine Nicolas Baudin, homme difficile à vivre et détesté de tous ceux qu'il avait sous ses ordres. Arrivé à l'Ile de France, André Michaux abandonna l'expédition ; il se rendit à Madagascar, où il fut atteint de la fièvre et succomba au second accès. C'était en 1803 ; Michaux était dans sa cinquante-quatrième année. L'Héritier a consacré à la mémoire de ce savant zélé et désintéressé le genre *Michauxia* de la famille des Campanulacées.

François-André Michaux, fils d'André, naquit en 1770. Sa vie ne fut, en quelque sorte, que la continuation de celle de son père : même insouciance pour ses intérêts, même courage, même énergie pour affronter les périls de la vie aventureuse dans les vastes forêts de l'Amérique ; enfin, même dévouement à la science. Il avait accompagné son père en Amérique, en 1785 ; il revint en 1790. Ses goûts le portèrent vers l'étude de la médecine ; mais en 1796, voyant l'abattement de son père à l'aspect des pépinières dévastées de Rambouillet, il n'eut plus qu'une pensée : celle de retourner en Amérique pour sauver l'œuvre paternelle, à laquelle il avait lui-même travaillé. Il partit pour le nouveau monde en 1801. De retour en France l'année suivante, il s'empressa de terminer les deux ouvrages commencés par son père : *Histoire des Chênes de l'Amérique*, Paris, 1801, in-fol., avec 36 planches dessinées par Redouté; et, avec le concours de Claude-Louis Richard, la *Flora borealis Americana*, Paris, 1803, 2 vol. in-8°, avec 52 planches dont les dessins étaient également de Redouté; 2° édit. 1820, in-8°. Il fit paraître, en 1804, la Relation de son *Voyage à l'ouest des monts Alléghanys*, et, en 1805, un *Mémoire sur la naturalisation des arbres forestiers de l'Amérique septentrionale*, dans lequel il indique ce qui avait été fait à ce sujet par les anciens gouvernements et les moyens qu'il conviendrait d'employer pour obtenir un succès. C'est après la publication de ce Mémoire que le gouvernement chargea Michaux le fils d'une nouvelle mission en Amérique. Il partit en 1806, et opéra son retour en 1809, à l'époque de l'invention des premiers bateaux à vapeur; il fut le premier voyageur français qui osa tenter l'aventure; il revint de l'Albany à New-York sur le bateau le *Clermont*, commandé par Fulton, qui laissa échapper une larme à la vue des six dollars que lui présentait Michaux comme prix de son passage: c'est que c'était le premier salaire que Fulton obtenait pour ses longs travaux sur la navigation à vapeur. Aussi, de ce moment, il s'établit entre lui et Michaux une amitié qui ne finit qu'avec la vie. Pendant ses voyages, François Michaux avait envoyé en France 250,000 plants de différentes espèces d'arbres qui eurent le même sort que ceux de son père; les pépinières furent détruites, les arbres abattus, brûlés, et aujourd'hui il ne reste plus que quelques arbres disséminés dans les jardins particuliers, pour rappeler cette belle période de l'histoire de l'introduction des végétaux étrangers et témoigner des services rendus par les deux Michaux. Outre les ouvrages que nous avons cités, on doit à Michaux fils une *Histoire des arbres forestiers de l'Amérique*, publiée de 1810 à 1813, et de nombreux Mémoires sur les arbres forestiers, mémoires qui ont paru dans les *Bulletins de la Société d'agriculture de Paris*. François Michaux se proposait de publier un ouvrage sur le traitement des forêts en taillis; mais il ne mit point son projet à exécution; il exigea même, dit-on, que tous ses manuscrits fussent brûlés à sa mort, arrivée en 1855.

Guillaume-Antoine Olivier, moins connu comme médecin que comme naturaliste et voyageur, naquit à Toulon en 1756. Après avoir fait ses études à Montpellier, il fut appelé à Paris, par le crédit de son ancien maître Broussonet, pour s'occuper de l'énumération des principales productions de cette capitale. Il était livré à des études entomologiques et travaillait à l'*Encyclopédie méthodique* à laquelle il

a fourni plusieurs articles, quand il fut chargé d'un voyage d'exploration dans les parties les moins connues et les plus reculées de l'empire ottoman. On lui donna pour compagnon Jean-Guillaume Bruguières, né à Montpellier en 1750, qui avait également négligé la médecine pour se livrer à des travaux d'histoire naturelle, et avait déjà fait
partie, en 1773, de l'expédition de Kerguelen à la recherche des terres
australes. Bruguières aussi travaillait à l'*Encyclopédie méthodique*
où il traitait principalement des vers, pendant qu'Olivier traitait des
insectes. Ils partirent ensemble en 1792, et ne purent arriver à Constantinople qu'en mai 1793. Ils firent des excursions sur les côtes de
l'Asie Mineure, dans quelques îles de l'Archipel et en Égypte. Ils
essayèrent, mais en vain, de visiter l'intérieur de l'île de Candie.
Partout où ils le pouvaient, ils rassemblaient des plantes et des animaux. Ils reçurent une mission pour parcourir la Perse qui était
alors en guerre avec la Russie. Ils se rendirent à leur nouvelle destination par la Syrie, visitèrent Sidon et Tyr, se joignirent, dans Alep, à
une caravane qui les amena à Bagdad. La santé de Bruguières était
déjà fort altérée, et celle d'Olivier, quoique à un moindre degré, était
aussi atteinte. Ils repartirent pour Constantinople et de là pour l'Italie,
en vue de rentrer en France. Bruguières venait à peine de débarquer
à Ancône, quand il y mourut, le 1ᵉʳ octobre 1799. Olivier, plus heureux, revit sa patrie et put donner ses soins à la publication de leur
Voyage dans l'Empire ottoman, l'Égypte et la Perse, qui parut en
3 volumes in-4°, de 1802 à 1807, voyage dans lequel les végétaux
tiennent une place intéressante. Olivier vécut jusqu'en 1814. Ventenat lui a dédié le genre *Oliviera* de la famille des Ombellifères.
Lamarck a consacré à Bruguières le genre *Bruguiera* dans la famille
des Palétuviées.

Louis-Marie Aubert du Petit-Thouars, né dans le château de ses
aïeux, près de Saumur, en 1758, fut dans le principe destiné à l'état
militaire. Il sortit de l'école de la Flèche avec le grade de sous-lieu-
tenant. Dès lors, il occupait ses loisirs à l'étude de la botanique. Doué
d'un esprit patient, il aimait à vaincre les difficultés de la science.
En 1792, son frère Aristide du Petit-Thouars, qui devait s'immortaliser
à Aboukir par la défense du *Tonnant*, lui ayant communiqué le projet
de courir les mers à la recherche de l'infortuné Lapeyrouse, il s'associa aussitôt à cette généreuse idée. L'un et l'autre vendirent leur
légitime pour équiper un navire et faire les frais de l'entreprise.

C'était en 1792. Ils se préparaient à quitter la France quand le plus jeune, notre botaniste, qui se rendait à Brest à travers champs, herborisant sur son chemin, fut arrêté comme suspect, livré aux autorités de Quimper, jeté en prison et traduit devant le tribunal révolutionnaire, qui reconnut l'erreur et le rendit à la liberté ; mais quand le jeune homme arriva à Brest, son frère en était parti, lui ayant laissé avis qu'il le trouverait à l'Ile de France. Il s'embarqua, se rendit à la station indiquée; mais déjà son frère n'y était plus. Ses ressources ne tardèrent pas à s'épuiser, et bientôt le défaut d'argent le força à prendre du service comme simple employé chez un riche planteur de la colonie ; il y resta occupé de culture pendant neuf à dix ans. Il passa aussi quelques mois à Bourbon et à Madagascar, mettant à profit sa situation pour étudier la Flore de ces contrées et rassembler des plantes et des observations. De retour en France, en 1802, il se livra avec ardeur à l'étude des richesses végétales qu'il avait rapportées, et il publia, dès 1804, son *Histoire des végétaux recueillis dans les îles de France, de Bourbon et de Madagascar*, et des *Mélanges divers*, botanique et relations de voyages. Il présenta plusieurs mémoires à l'Institut, à la Société philomatique et à celle d'agriculture. En 1807, il fut nommé directeur de la pépinière du Roule, à Paris, où il fit un cours de culture des arbres fruitiers, cours dans lequel il développa la théorie de l'accroissement des tiges par les fibres radiculaires descendant des bourgeons, théorie indiquée par quelques anciens physiologistes et qui eut plus tard pour défenseur Charles Gaudichaud. Du Petit-Thouars, s'exagérant les antipathies que la nouveauté de ses propositions lui créait, considéra la suppression de la pépinière du Roule, en 1830, comme le résultat d'une conspiration contre sa théorie. Il mourut deux ans après, le 22 mai 1832. Les doctrines qu'il a essayé de populariser ont eu, on ne peut le nier aujourd'hui, une influence très-grande sur la marche imprimée aux études de physiologie végétale; et, comme l'a dit M. Flourens dans son *Éloge historique*, lu à l'Académie des sciences en 1845, « du Petit-Thouars a eu le privilége, en tout genre si rare, de donner aux esprits une impulsion nouvelle. » Parmi les ouvrages que ce botaniste laborieux a donnés à la science, on doit citer encore : ses *Essais sur la végétation* (1809), son *Recueil de rapports et de mémoires sur la culture des arbres fruitiers* (1815) ; son *Histoire d'un morceau de bois* (1815), dans laquelle il développe sa *théorie des fibres radiculaires descendantes ; le Verger français* (1817) ; l'*Histoire des Orchidées des îles de France, Bourbon et Madagascar* (1822), ouvrage dans lequel il propose d'harmoniser les genres d'une même famille, en les terminant tous par la même désinence; une *Notice historique sur la pépinière du Roule* (1825-1826). Du Petit-Thouars a, en outre, publié divers mémoires et notes dans les bulletins des Sociétés d'horticulture et d'agriculture, et des articles sur les botanistes pour la *Biographie universelle*. Persoon lui a dédié le genre *Thouarea* dans les Graminées ; Ventenat a fait le genre *Thouarea* dans les composées, et Bory de Saint-Vincent a consacré à la mémoire d'Aubert du Petit-Thouars le genre *Aubertia*, dans la famille des Terebinthacées.

Jean-Louis-Auguste Loiseleur-Deslongchamps, médecin et botaniste français, né à Dreux en 1775, mort en 1849, s'est surtout occupé de botanique appliquée à l'agriculture et à l'horticulture. On lui doit les ouvrages suivants : *Flora Gallica, seu enumeratio plantarum in Galliam sponte nascentium secundum Linnæanum systema digestarum, addita familiarum naturalium synopsi*, en collaboration avec Marquis, Paris, 1806-1807, 2 vol. in-8°, avec 21 planches; nouvelle édition, revue et augmentée, 1830 ; *Continuation* (depuis la 12ᵉ livraison) de l'*Herbier général de l'Amateur*, fondé par Mordant de Launay[1], ouvrage périodique contenant le dessin colorié et la description des plantes nouvelles et utiles cultivées dans les jardins, 8 vol., livr. 1 à 96, avec 790 planches coloriées, 1816-1827; *Nouvel Herbier de l'Amateur*, dont quelques livraisons seulement ont paru de 1830 à 1832 ; 2ᵉ série de l'*Herbier général de l'Amateur*, avec le concours de Charles Lemaire[2], ouvrage dont il a paru 124 livraisons avec 248 planches coloriées, de 1839 à 1843 ; *Nouveau voyage dans l'empire de Flore, ou principes élémentaires de botanique*, Paris, 1817, 2 vol. in-8° ; *La Rose*, 1824 ; *Manuel des plantes usuelles et indigènes, ou histoire abrégée des plantes de France, distribuées d'après une nouvelle méthode, contenant leurs propriétés et leurs usages en médecine, dans la pharmacie et dans l'économie domestique*, Paris, 1819, 2 vol.

1. Mordant-Delaunay a aussi créé la publication du *Bon Jardinier*, continuée par Loiseleur-Deslongchamps, Vilmorin, etc.

2. Charles Lemaire est auteur de plusieurs ouvrages sur la famille des Cactées, publiés de 1838 à 1845; d'un *Essai sur l'histoire et la culture des plantes bulbeuses vulgairement appelées oignons à fleurs*, 1843; et d'un travail sur les genres *Camellia, Rhododendron, Azalea, Acacia, Epacris, Erica* et sur les plantes de serre froide en général, 1844.

in-8°, avec 6 tableaux ; *Essai sur l'histoire des mûriers et des vers à soie*, Paris, 1824 ; *Histoire médicale des succédanées de l'Ipécacuanha, du Séné, du Jalap, de l'Opium*, etc., Paris, 1830 ; *Histoire du Cèdre du Liban*, 1837, avec 2 planches ; *Réflexions sur la formation du bois dans les arbres dicotylédonés et sur la circulation de leur séve*, 1843 ; *Roseraies et Promenades horticulturales*, 1846 ; *Considérations sur les boutures des arbres forestiers* ; *Mémoire sur la culture des vignes à raisin précoce*, etc. Loiseleur-Deslongchamps avait entrepris, en 1828, une *Flore générale de France*, avec la collaboration de Persoon, Benjamin Gaillon [1], Boisduval [2] et Brébisson [3] ; mais il n'en parut que quelques livraisons. Il a aussi donné, avec Veillard et Jaume Saint-Hilaire, une édition du *Traité des arbres et arbustes* de Duhamel du Monceau.

Alexandre-Louis Marquis, médecin et littérateur français, professeur de botanique et directeur du jardin des Plantes à Rouen, né à Dreux en 1777, mort en 1828, prit pour thèse, lors de sa réception au doctorat, en 1810, un *Essai sur l'histoire naturelle et médicale des Gentianes*. Il donna ensuite : *Recherches historiques sur le chêne*, Rouen, 1812; *Plan raisonné d'un cours de Botanique spéciale et médicale*, Rouen, 1815 ; *Esquisse du Règne végétal, ou Tableau caractéristique des familles des plantes, avec l'indication de leurs propriétés générales et médicales*, Rouen, 1820 ; *Fragments de philosophie botanique*, Paris, 1821. Marquis était l'ami de Loiseleur-Deslongchamps, avec qui il avait fait des explorations botaniques ; il en résulta la publication de la *Flora Gallica*, qu'ils firent en commun.

1. Benjamin Gaillon est auteur de plusieurs études microscopiques : *Essai sur l'étude des Talassiophytes ou plantes marines*, Rouen, 1820; *Aperçu microscopique de la fructification des Thalassiophytes symphysistées*, 1821; *Expériences microscopiques et physiologiques sur une espèce de Conferve marine*, Rouen, 1823; *Aperçu d'histoire naturelle sur les limites qui séparent le règne végétal du règne animal*, Boulogne, 1833 ; etc.

2. Jean-Alphonse Boisduval, médecin et naturaliste français, né à Ticheville (Orne), en 1801, est surtout connu comme entomologiste. Cependant il a publié un ouvrage de botanique de quelque importance : *Flore française, ou description synoptique de toutes les plantes phanérogames et cryptogames qui croissent naturellement sur le sol français*, Paris, 1828, 3 vol. in-18.

3. Alphonse de Brébisson, né à Falaise, outre de nombreux articles dans le *Dictionnaire de d'Orbigny*, a publié : *Coup d'œil sur la végétation de la Basse-Normandie*, Caen, 1829 ; *Flore de la Normandie*, Caen et Paris, 1836 ; *Considérations sur les Diatomées*, 1838 ; et avec Godey, *Algues des environs de Falaise, décrites et dessinées*, Falaise, 1835.

Anbroise-Marie-François-Joseph Palisot de Bauvois, né à Arras en 1752, commença ses études de botanique sous la direction de François-Joseph Lestiboudois, professeur à Lille. Dès 1781, à la suite de quelques travaux sur la physiologie végétale, il fut nommé membre correspondant de l'Académie des sciences. Après des tentatives infructueuses pour se faire adjoindre, comme naturaliste, à l'expédition de Niebuhr, en Arabie, et à celle de Lapeyrouse, il obtint de s'embarquer, en 1786, sur un navire français qui avait pour mission de nouer des relations d'amitié avec le roi d'Oware, dans le golfe de Guinée. Il explora dans ce premier voyage tout le royaume de Benin, et en rapporta de précieuses collections qui lui permirent plus tard de publier une Flore de ces contrées. Des côtes d'Afrique il se rendit, en 1788, à Saint-Domingue où il faillit être une des victimes de l'insurrection des nègres. Il passa alors aux États-Unis, et rentra en France dans les derniers jours de la Révolution, lorsque son nom eut été rayé de la liste des émigrés. Retiré dans sa propriété de Léglantier en Picardie, il se livra entièrement à l'étude de la botanique, et publia ses observations sur les *Carex*. Bientôt il commença la publication de la *Flore d'Oware et de Benin en Afrique*, en latin et en français, Paris, 1804-1821, 2 vol. in-fol., avec 120 planches noires ou coloriées, splendide ouvrage qu'il devait laisser inachevé. A la mort d'Adanson, en 1806, il fut nommé membre de l'Académie des sciences. Outre sa *Flore d'Oware et de Benin*, on lui doit : *Prodrome des Mousses et des Lycopodes*, 1805 ; *Nouvelles observations sur la fructification des Mousses et des Lycopodes*, 1811 ; *Essai d'une nouvelle agrostographie, ou nouveaux genres des Graminées*, Paris, 1812, in-8° et atlas in-4° de 25 planches ; *Muscologie ou Traité sur les Mousses*, Paris, 1822, in-8°, avec 11 planches ; des *Observations sur la disposition des feuilles, sur la moelle des végétaux ligneux, sur la conversion des couches corticales en aubier*, Paris, 1812, avec 4 planches. Palisot de Bauvois fut un des collaborateurs du *Dictionnaire des sciences naturelles* édité par Levrault et des *Éphémérides des sciences naturelles*. Il mourut à Paris, le 21 janvier 1820. Reichenbach a consacré à sa mémoire le genre *Palisota* dans les Commelinées, et Mirbel lui a dédié le genre *Belvisia*, de la famille des Fougères.

Jean-Vincent-Félix Lamouroux, naturaliste français, né à Agen, en 1779, mort en 1825, à Caen, où il professait avec distinction les sciences naturelles, s'appliqua surtout, tant en zoologie qu'en botanique, à l'étude des productions marines. Il a publié : *Dissertations sur plusieurs espèces de Fucus peu connues ou nouvelles*, Agen, 1805, in-4°, avec 36 pl.; *Essai sur les genres de la famille des Thalassiophytes non articulés*, Paris, 1813, in-4°, avec 7 planches; *Rapport sur le blé Lamnas*, Caen, 1813; *Histoire des polypiers coralligènes flexibles, vulgairement nommés zoophites*, Caen, 1816. Il a concouru au *Dictionnaire des sciences naturelles* et à plusieurs autres publications, tant pour la botanique que pour la zoologie qui lui doit de son côté d'utiles travaux. Deux genres *Lamourouxia* ont été créés dans la famille des Algues, l'un par Agardh, mais qui correspond au genre *Claudea* de Lamouroux lui-même, l'autre par Bonnemaison, qui est synonyme du genre *Collithamnion* de Lingby. Humboldt et Kunth ont fait aussi un genre *Lamourouxia* dans la famille des Scrophularinées-Rhinantées.

Un autre Lamouroux (Justin), de la même famille que le précédent, a publié : *Résumé complet de botanique*, Paris, 1826, 2 vol. in-12; *Résumé de phytographie ou d'histoire naturelle des plantes*, Paris, 1828, 2 vol. in-12; *Iconographie des familles végétales, ou collection de figures représentant le port, les formes et les caractères des plantes qui peuvent servir de type pour chaque famille, avec des détails anatomiques, dessins sur pierre par madame S. Lamouroux, accompagnés d'une explication par M. Justin P. Lamouroux*, Paris, 1828, 108 planches coloriées.

T. de Bastard, botaniste français, directeur du jardin des Plantes d'Angers et professeur de botanique, issu d'une ancienne et noble famille du Languedoc, perdit ces deux places à la seconde Restauration, pour avoir été membre du Bureau central de l'association angevine, qui signa, le 7 mai 1815, le pacte fédératif du département de Maine-et-Loire en faveur de Napoléon Ier. On a de lui: *Essai sur la Flore du département de Maine-et-Loire*, Angers, 1809; *Supplément à l'essai sur la Flore du département de Maine-et-Loire*, Angers, 1812; *Notice sur les végétaux les plus intéressants du Jardin des Plantes d'Angers*, 1810. La *Flore du Maine-et-Loire*, de Bastard, est une des meilleures Flores locales qui aient paru en France.

A.-N. Desvaux fut un botaniste aussi modeste que savant, sur le compte duquel il semble que les naturalistes et les biographes se soient entendus pour faire le silence, parce que, retiré en province, il s'occupa peu de briguer leurs éloges. Heureusement ses publications ont parlé pour lui et ont mis son nom suffisamment en lumière pour qu'il reste honoré tant qu'il y aura des hommes d'étude. Desvaux entreprit, en 1803, de faire paraître un *Journal de botanique, rédigé par une société de botanistes*, dont il ne donna que deux volumes in-8°, jusqu'en 1809, où il cessa d'être publié, faute d'argent. En 1808 et 1809, Desvaux donna aussi : *Notice sur un nouveau genre de plantes de la famille des Cypéracées*; et *Phyllographie ou Histoire naturelle des feuilles*, Paris, in-8°, avec 22 planches. Ne désespérant pas, malgré un premier échec, du succès d'une œuvre périodique consacrée aux végétaux, il fit paraître, en 1813 et 1814, un *Journal de botanique appliquée à l'agriculture, à la pharmacie, à la médecine et aux arts*, 4 vol. in-8°, accompagnés de 41 planches. Il fut encore obligé d'interrompre cette publication, faute de moyens suffisants pour la continuer. Chargé du cours de botanique au jardin des Plantes d'Angers, dont il avait la direction depuis la destitution de Bastard, il publia le *Programme* de ce cours pour 1817, programme qui eut une 2° édition en 1832. Il donna ensuite : *Nomologie botanique, ou Essai sur l'ensemble des lois d'organisation végétale*, Angers, 1817, in-8°; 2° édit., 1832; *Observations sur les plantes des environs d'Angers, pour servir de Supplément à la Flore de Maine-et-Loire* (de Bastard) *et de suite à l'Histoire naturelle et critique des plantes de France*, Angers et Paris, 1818, in-12; *Recherches sur les appareils sécrétoires du nectaire dans les fleurs*, Paris, 1826; *Flore de l'Anjou, ou Exposition méthodique des plantes du département de Maine-et-Loire et de l'ancien Anjou, d'après l'ordre des familles naturelles, avec des observations botaniques et critiques*, Angers, 1827, in-8°; *Opuscules sur les sciences physiques et naturelles*, Angers, 1831, in-8°, avec 7 planches; *Statistique naturelle de Maine-et-Loire*, Angers, 1834, *Traité général de botanique*, Paris, 1838-1839. Desvaux s'est, en outre, beaucoup occupé de l'étude des fougères. Robert Brown, qui faisait le plus grand cas de ses travaux, lui a consacré, dans la famille des Centrolépidées, le genre *Desvauxia*, qui fait double emploi avec le *Centrolepis* de La Billardière.

Au modeste Desvaux a succédé dans la direction du jardin des Plantes d'Angers, un savant du même caractère, M. Boreau, à qui l'on doit la remarquable *Flore du centre de la France*, qui a paru en 1840, en 2 vol. in-8°, et quelques autres estimables travaux de botanique.

Arsène Thiébaut de Bernaud, né à Sedan, en 1777, s'enrôla, en 1792, pour défendre les principes de 89. Après le coup d'État du 18 brumaire, qu'il n'approuvait pas, il quitta le service militaire et se proposa de faire une série de voyages scientifiques sur toutes les côtes de la Méditerranée. Les événements politiques lui firent obstacle, et il ne put visiter que l'Italie et une partie de la Grèce. De retour en France, il cultiva tour à tour les lettres et les sciences ; il fit de nombreux articles pour les journaux et les dictionnaires et concourut à la rédaction des comptes rendus de la Société linnéenne. Dans les dernières années de sa vie, il obtint une place de sous-bibliothécaire à la bibliothèque Mazarine. Il est mort en 1840, laissant à la science botanique quelques travaux estimés. Ce sont : *Du genêt considéré sous le rapport de ses différentes espèces, de ses propriétés et des avantages qu'il offre à l'agriculture et à l'économie domestique*, Paris, 1840 ; *Recherches sur les plantes connues des anciens sous le nom d'Ulva*, 1822 ; *Mémoire sur le Dahlia*, qui a eu deux éditions, la dernière en 1834, et un *Traité élémentaire de botanique et de physiologie végétale*, Paris, 1837, in-8°. Thiébaut de Bernaud est le premier botaniste qui ait développé le phénomène auquel il a lui-même donné le nom d'*apparitions spontanées* (voir notre *Traité de botanique générale*, t. I⁻, p. 129).

Augustin-Pyrame de Candolle naquit à Genève, en 1778, d'une famille protestante originaire de France. Faible et maladif, le jeune de Candolle fut élevé par une femme d'un grand mérite, qui aida, comme une mère seule sait faire ces sortes de choses, au développement de son intelligence, tout en ménageant sa santé. Ses premières aspirations furent pour la poésie ; il ne semblait pas encore se douter qu'il y avait en lui le germe d'un grand naturaliste, quand, à l'approche de l'invasion de la Suisse, en 1792, par les armées françaises, il fut obligé d'aller chercher un asile, avec sa famille, sur les bords du lac de Neufchâtel. Éloigné du mouvement et des distractions d'une grande ville, presque seul au milieu de la nature, après avoir admiré celle-ci dans son ensemble, il se sentit entraîné à l'étudier dans les détails. Ses promenades solitaires le conduisirent à faire de la botanique sa principale et bientôt son unique préoccupation. Le géologue et minéralogiste Dolomieu, passant par la Suisse, encouragea le jeune de Candolle dans ses goûts, et lui fit comprendre qu'il serait utile à leur développement qu'il vînt au jardin des Plantes de Paris prendre les leçons d'illustres maîtres. Le jeune homme partit, sous le prétexte de suivre des cours de médecine, mais en réalité pour s'occuper de botanique ; il déserta presque immédiatement les amphithéâtres d'anatomie, pour aller écouter les leçons des de Jussieu, de Desfontaines et de Thouin. A la sortie des cours, il se rendait dans le jardin botanique, où il passait son temps, assis sur un arrosoir, à observer les plantes. Desfontaines, ayant remarqué son assiduité, lui proposa un jour de le mettre en rapport avec Redouté pour faire la description d'une collection de dessins de plantes grasses, qui étaient l'œuvre de ce peintre distingué. Ce fut ainsi qu'à l'âge de vingt ans de Candolle attacha son nom à l'Iconographie remarquable de Redouté, qui porte le titre de *Plantarum succulentarum historia* ou *Histoire des plantes grasses*, et qui parut à Paris de 1799 à 1829, en 31 fascicules in-fol., comprenant 185 planches coloriées. Auparavant de Candolle n'avait publié qu'une *Notice sur le Reticularia rosea* (1798), un *Essai sur la nutrition des Lichens* (*ibid.*), des *Observations sur une espèce de gomme qui sort des bûches du hêtre* (1799), des *Observations sur les plantes marines* (*ibid.*) et une *Notice sur quelques genres de Siliculeuses, particulièrement sur le nouveau genre Senebiera* (*ibid.*). L'*Histoire des plantes grasses* avait déjà commencé sa réputation, quand ses mémoires intitulés *Expériences relatives à l'influence de la lumière sur quelques végétaux*, qui parurent en 1800, et que l'on retrouve dans le tome 1ᵉʳ des *Mémoires des savants étrangers de l'Institut*, année 1805, eurent un tel retentissement que l'Académie des sciences, quoiqu'il n'eût que vingt-deux ans, l'inscrivit sur la liste de ses candidats, et que Lamarck songea dès lors à lui confier le soin de faire une nouvelle édition de sa *Flore française*. Cet ouvrage lui demanda plusieurs années de travail, car la France à cette époque était bien grande; et ce n'était pas dans les livres, c'était dans la nature, au sommet des montagnes les plus abruptes, au fond des précipices, a dit un de ses biographes, qu'il cherchait ses descriptions. Cela ne l'empêchait pas toutefois de traiter d'autres sujets. De 1800 à 1802, il publia des mémoires, des rapports, des notes, sur la famille des Joubarbes, sur les pores de l'écorce des feuilles, sur les différentes espèces d'ipécacuanha, sur la végétation du gui, sur le réséda gaude, sur la graine des *Nymphœa*, sur les Conferves, sur le carthame des teinturiers, et son *Astragalogia*, Paris, 1802, in-fol., avec 50 planches. Cette même année, il commença, avec Redouté, la publication des *Liliacées*. Toutefois de si brillants travaux ne suffirent pas pour lui assurer la succession d'Adanson à l'Institut, succession à laquelle il s'était acquis, quoique bien jeune, les droits les plus légitimes, non-seulement par ses écrits, mais encore par ses leçons, car depuis quelque temps Georges Cuvier l'avait chargé de le suppléer au Collége de France. Sur les entrefaites, on lui offrit la chaire de botanique de Montpellier, que la mort de Broussonnet laissait vacante : il l'accepta. Les leçons qu'il y donna et qu'il a résumées dans ses ouvrages théoriques lui firent une renommée européenne. Il fut nommé doyen de la Faculté des sciences de Montpellier. En 1803 et 1804, de Candolle publia des travaux sur le genre *Rhizoforma*, sur la fertilisation des dunes, sur le *Vieusseuxia*, genre de la famille des Iridées, sur le *Diasia* et le *Montbretia*, de cette même famille, des articles de botanique dans le tome V de l'*Encyclopédie méthodique*, et un *Essai sur les propriétés médicales des plantes comparées avec leurs formes et leur classification naturelle*. En 1805 parut la 3ᵉ édition, en 4 parties et 5 vol. in-8°, de la *Flore française* par de Lamarck et de Candolle, avec une carte botanique de la France ; cette édition fut augmentée en 1815 d'une 5ᵉ partie formant un 6ᵉ volume, contenant 1300 espèces non décrites dans les précédents volumes. En 1805 encore, de Candolle publia, avec Lamarck, un extrait de cet ouvrage, sous le titre de *Principes élémentaires de botanique et de physique végétale*, et des mémoires sur le genre *Strophantus* et sur la mousse de Corse. En 1806 et 1807, il donna, avec Lamarck : *Synopsis plantarum in Flora Gallica descriptarum*; des mémoires sur les champignons parasites, et sur le genre *Cuviera*, de la famille des Rubiacées. En 1808 furent terminés les quatre premiers volumes des *Liliacées*, comprenant, avec les textes, 240 planches in-fol. coloriées par Redouté ; les textes des volumes V et VI furent faits par François Delaroche[1] et Raffeneau-Delile. La même année 1808, de Candolle fit paraître : *Icones plantarum Galliæ rariorum nempe incertarum aut nondum delineatarum*, Paris, in-4°, avec 50 planches ; *Rapports sur deux voyages botaniques et agronomiques dans les départements de l'ouest et du sud-ouest; Notes de quelques plantes nouvelles trouvées en France ; Mémoire sur le Drusa*. En 1809, il donna, dans le *Nouveau cours complet d'agriculture théorique et pratique* (vol. VI), l'article *Géographie agricole et botanique*. Cette même année, il publia un travail *Sur la cause de la*

---

1. François Delaroche est auteur d'un ouvrage intitulé : *Eryngiorum nec non generis Asclepideæ historia*, Paris, 1808, in-fol., avec 32 planches. — Un autre Delaroche (Daniel) a publié, en 1766 : *Descriptiones plantarum aliquot novarum*, in-4°, avec 5 planches.

direction des tiges vers la lumière et une note sur les *Georgina*. En 1810, il fit paraître des *Rapports sur deux voyages botaniques et agronomiques dans les départements du sud-est et de l'est;* des *Observations sur les plantes Composées ou Syngenèses.* En 1811 et 1812 parurent divers mémoires sur le *Chailletia*, les Ochnacées, les Simaroubées, les Biscutelles ou Lunetières. En 1813, de Candolle publia des *Rapports sur deux voyages agronomiques et botaniques dans les départements du nord-est et du centre;* le *Catalogue des plantes du jardin botanique de Montpellier (Catalogus plantarum horti botanici Monspeliensis),* et la *Théorie élémentaire de la botanique, ou Exposition des principes de la classification naturelle et de l'art de décrire et d'étudier les végétaux.* Ce dernier ouvrage, qui passe pour le chef-d'œuvre de l'auteur, a eu plusieurs éditions; la 3ᵉ, donnée en 1844, est due à M. Alphonse de Candolle, qui l'a faite d'après les notes et les manuscrits de son père; Rœmer en a aussi donné une édition allemande. En 1814, de Candolle fut nommé associé étranger de l'Institut. En 1815, il ne fit paraître qu'un *Mémoire sur les Rhizoctones, nouveau genre de champignons qui attaque les racines des plantes,* et un *Mémoire sur le genre Sclerotium.*

Pendant les Cent-jours, il fut nommé recteur de l'Académie de Montpellier; mais la seconde Restauration l'ayant brutalement destitué, il quitta la France et retourna à Genève où on l'accueillit avec enthousiasme, et où l'on se hâta de créer pour lui un jardin des plantes et une chaire de botanique. L'enseignement du professeur ne tarda pas à jeter sur Genève un vif éclat scientifique. Là, reprenant ses travaux avec une nouvelle ardeur, il publia, en 1817 : *Mémoire sur la géographie des plantes de France; Considérations générales sur les fleurs doubles;* 3ᵉ et 4ᵉ *Mémoires sur les champignons parasites; Conjectures sur le nombre total des espèces qui végètent sur le globe; Rapport sur le livre du prince de Salm-Dick intitulé : «Catalogue raisonné des espèces et variétés d'Aloès.»*

Depuis longtemps déjà de Candolle s'occupait à faire le dénombrement des plantes connues, et, en 1817, il comptait déjà 57,000 espèces, qu'il devait élever, en 1840, à 80,000. Il avait personnellement établi plus de 7,000 espèces nouvelles, et près de 500 genres nouveaux. L'histoire de ces plantes devait d'abord être consignée dans l'ouvrage intitulé : *Regni vegetabilis systema naturale, sive ordines, genera et species plantarum secundum methodi naturalis normas digesta-*

rum et descriptarum, dont il parut, à Paris, 2 volumes in-8°, de 1818 à 1821, mais qui fut recommencé avec une forme plus succincte, en 1824, sous le titre de *Prodromus systematis naturalis regni vegetabilis*. A la mort de l'auteur, il n'avait paru que 7 volumes in-8° du *Prodrome* (1824 à 1839) ; mais M. de Candolle fils entreprit, à l'aide de nombreux collaborateurs, de continuer ce grand travail qui, arrivé au 18e volume, n'est pas encore terminé à l'heure où nous écrivons.

Nous n'énumérerons pas tous les travaux botaniques que de Candolle a publiés, à côté de son *Prodrome*, depuis l'année 171. Nous ne citerons ici que les suivants : *Catalogue des arbres fruitiers et des vignes du jardin botanique de Genève*, 1820 ; *Essai élémentaire de géographie botanique*, 1820 ; *Organographie végétale ou description raisonnée des organes des plantes, pour servir de suite et de développement à la théorie élémentaire de la botanique et d'introduction à la physiologie végétale et à la description des familles*, Paris, 1827, 2 vol. in-8°, ouvrage traduit en anglais et en allemand ; *Collection de dix mémoires sur les familles des Mélastomacées, Crassulacées, Onagraires, Paronychiées, Ombellifères, Loranthacées, Valerianées, sur quelques espèces de Cactées, sur les Composées*, 1828 à 1838 ; *Revue de famille des Cactées*, avec 24 planches coloriées, 1829 ; *Histoire de la botanique genevoise*, 1830 ; *Notice sur la longévité des arbres et les moyens de la constater*, 1831 ; *Physiologie végétale ou exposition des forces et des fonctions vitales des végétaux, pour servir de suite à l'organographie végétale et d'introduction à la botanique géographique et agricole*, Paris, 1832, 3 vol. in-8°. Le dernier ouvrage d'Augustin-Pyrame de Candolle publié de son vivant fut le premier fascicule des *Monstruosités végétales*, in-4°, avec 7 planches. De Candolle mourut le 9 septembre 1841. Il appartenait à toutes les académies savantes du monde. Sa conversation était vive, spirituelle ; son caractère charmant et doux lui faisait beaucoup d'amis et peu d'envieux ; il a laissé sur sa vie des mémoires qui font aimer l'homme privé, comme ses ouvrages font estimer l'homme de génie. Il est le seul savant, depuis Linné, qui ait embrassé avec un égal talent toutes les parties de la botanique ; il eut l'avantage sur l'illustre Suédois de pouvoir donner à cette science une étendue plus considérable, de pénétrer plus intimement dans l'organisation des êtres, et de se préoccuper plus des rapports naturels que des rapprochements artificiels.

De Candolle fut, avec Alexandre de Humboldt, l'un des fondateurs de la géographie botanique.

Pour les œuvres d'Augustin-Pyrame de Candolle que nous n'avons pas citées, nous engageons à consulter : *Recueil de mémoires sur la botanique*, Paris, 1813, 1 vol. in-4°, avec 54 planches ; *Dictionnaire des sciences naturelles*, édité par Levrault ; *Bulletins de la Société philomatique*, années 1798, 1799, 1800, 1801, 1802, 1803, 1804, 1808 ; *Journal de physique*, vol. 47, 48, 52, 54 ; *Mémoires de la Société d'agriculture*, vol. 5, 10, 11, 12, 13, 14, 15 ; *Annales du Muséum d'histoire naturelle de Paris*, vol. 2, 9, 10, 15, 16, 17, 18 ; *Mémoires de la Société d'Arcueil*, vol. 2 et 3 ; *Mémoires du Muséum d'histoire naturelle*, vol. 2, 3, 7, 9, 10 et 17 ; *Bibliothèque universelle de Genève*, 6, 7, 29, 36, 40, 41, 42, 45, 47, 48, 49, 52, 55, 58 ; *Bibliothèque universelle d'agriculture*, vol. 7 et 10 ; *Mémoires de la Société de physique et d'histoire naturelle de Genève*, vol. 1, 2, 3, 4, 5, 6, 7, 9 ; *Annales des sciences naturelles*, 1, 4, 7.

Alphonse-Louis-Pierre-Pyrame de Candolle, né à Paris en 1806, a succédé à son père comme professeur et directeur du jardin botanique de Genève. Il s'est presque entièrement consacré à la continuation du *Prodromus systematis naturalis regni vegetabilis*. Cependant on a de lui : *Monographie des Campanulées*, 1830 ; *Mémoire sur la famille des Anonacées*, 1832 ; *Introduction à l'étude de la botanique*, Paris, 1835, 2 vol. in-8°, avec 8 planches ; *Distribution géographique des plantes alimentaires*, 1836 ; *Notice sur le jardin botanique de Genève*, 1845 ; *Notice sur le musée botanique de M. Delessert*, 1845 ; *Géographie botanique raisonnée*, 1855, 2 vol in-8° ; etc.

Jean-Pierre-Étienne Vaucher, botaniste suisse, né à Genève en 1763, mort dans la même ville, en 1841, fut instituteur, et compta parmi ses élèves Charles-Albert de Savoie, plus tard roi de Sardaigne. Tout en donnant ses leçons à la jeunesse, il cultivait la botanique et se livrait à de savantes recherches sur l'organisation des cryptogames. On a de lui : *Mémoire sur les graines de Conferves*, Paris, 1800 ; *Histoire des Conferves d'eau douce*, Genève, 1803 ; *Monographie des Prêles*, Genève, 1822 ; *Monographie des Orobanches*, Genève et Paris, 1827, in-4°, avec 16 planches ; *Mémoire sur la chute des feuilles*, Genève, 1828 ; *Histoire physiologique des plantes d'Europe, ou Exposition des phénomènes qu'elles présentent dans les diverses périodes de leur développement*, Paris, 1841, 4 vol. gr. in-8°. De Candolle a dédié à son savant compatriote le genre *Vaucheria*, dans la famille des Conferves.

Alire Raffeneau-Delile, médecin et botaniste français, professeur à la faculté des sciences de Montpellier, membre de l'Institut d'Égypte, correspondant de l'Institut de France, né à Versailles, en 1798, mort en 1850, fit partie de l'expédition d'Égypte avec Geoffroy Saint-Hilaire, Monge, Berthollet, Jomard, Larrey et Desgenettes. Il y recueillit les matériaux de sa *Flore d'Égypte*. A son retour en France, en 1801, il fut envoyé dans la Caroline du Nord en qualité de sous-commissaire des relations commerciales et n'en revint qu'en 1807. Deux ans après, époque où il fut reçu docteur en médecine, il prit pour sujet de sa thèse une *Dissertation sur un poison de Java, appelé Upas-Tieuté, et sur la Noix vomique, la fève de Saint-Ignace, le Strychnos potatorum et la pomme de Vontac*, Paris, 1809, in-4°; et cela dans le même mois où le célèbre docteur Magendie lisait à l'Académie des sciences un *Examen de l'action de quelques végétaux sur la moelle épinière*, travail auquel avait concouru Raffeneau-Delile. De 1810 à 1813, celui-ci donna cinq mémoires botaniques à la grande *Description de l'Égypte*, publiée par le gouvernement; c'est ce qui compose sa *Flore d'Égypte*. Nommé professeur de botanique à Montpellier, à la place de l'illustre de Candolle, il obtint plutôt un succès d'estime et d'affection qu'un succès de professeur; car il n'avait pas le don d'exposer, de grouper ses idées, de renfermer chaque leçon dans un cadre où l'on en pût bien saisir la physionomie et l'esprit. D'ailleurs, il succédait à un de ces hommes qu'on ne remplace pas. Il possédait pourtant une rare érudition : habile helléniste et latiniste, il savait aussi l'arabe et plusieurs langues vivantes. Raffeneau-Delile publia, depuis sa nomination à Montpellier, les ouvrages suivants : *Centurie de plantes d'Afrique du voyage à Méroé, recueillies par M. Frédéric Caillaud et décrites par M. Raffeneau-Delile*, Paris, 1826, in-8°, avec 3 planches; *Fragments d'une Flore de l'Arabie pétrée, plantes recueillies par M. Léon de Laborde, nommées, classées et décrites par M. Raffeneau-Delile*, Paris, 1833, in-4°; *Essais d'acclimatation à Montpellier et mélanges d'Observations*, Montpellier, 1836; *Notice sur un voyage horticole et botanique en Belgique et en Hollande*, Montpellier, 1838; *Index complectens semina in horto botanico Monspeliensi anno 1838 collecta*, Montpellier, 1839; *Souvenirs d'Égypte*, 1844; *Herborisation au désert*, 1844; *Éclaircissements sur diverses parties de la botanique*, 1845.

Charles-François Brisseau-Mirbel naquit à Paris le 27 mars 1776.

Ses études étaient à peine terminées, en 1792, quand il fut inscrit, comme brigadier, dans le train d'artillerie, et dirigé sur Bayonne; mais ne se sentant aucune vocation pour le métier des armes, il s'évada et alla se cacher à Toulouse jusqu'au moment où des amis obtinrent pour lui une place dans les bureaux du ministre Carnot; plus tard, il devint secrétaire et confident du général Clarke. Ayant vu sur une liste de proscription le nom d'une personne avec laquelle il était lié, il la prévint et, pour ce fait, on ordonna son arrestation. Mais le jeune Brisseau s'échappa encore une fois de Paris, et alla se cacher chez des amis à Bagnères et à Tarbes, où, pour se distraire, il se mit à herboriser. Il fit alors la connaissance de Ramond de Carbonnières, ancien membre de l'Assemblée législative, qui, lui-même caché dans les Pyrénées, occupait son temps à des études d'histoire naturelle, et qui, plus tard, redevenu en faveur, lui fit obtenir une place d'aide naturaliste au jardin des Plantes de Paris. De cette époque datent ses premiers travaux botaniques, son *Mémoire sur les Fougères* qu'il présenta à l'Académie en 1799, son *Essai sur la végétation* qui parut en 1801. Dans cette dernière année, appelé à la chaire de botanique au Lycée républicain, il prit pour sujet de son discours d'ouverture : *De l'influence de l'histoire naturelle sur la civilisation*. Nommé en 1802 intendant des jardins de la Malmaison, séjour favori de Joséphine, il publia son *Traité d'anatomie et de physiologie végétales, suivi de la nomenclature méthodique et raisonnée des parties extérieures des plantes, et un exposé succinct des systèmes de botanique les plus généralement adoptés*, Paris, 1801, 2 vol. in-8°. Mirbel se plaça dès lors parmi les fondateurs de l'anatomie végétale. Il quitta la Malmaison pour suivre en Hollande le roi Louis Bonaparte, qui le nomma son secrétaire des commandements, conseiller d'État, et membre de son conseil privé. C'est à la cour de ce prince qu'il composa son mémoire *Sur les fluides contenus dans les végétaux*, publié en 1806. La même année, il acheva la publication de son *Histoire naturelle générale et particulière des plantes*, faisant suite aux œuvres de Buffon. Puis vint l'opuscule intitulé : *Exposition et défense de ma théorie de l'organisation végétale*, La Haye, 1808, in-8°, avec 3 planches. En 1809, Mirbel donna une nouvelle édition fort augmentée de cet ouvrage, sous le titre d'*Exposition de la théorie de l'organisation végétale, servant de réponses aux questions proposées en 1804 par la Société de Gœttingue*, Paris, 1809, in-8°, avec 9 planches. La même année parurent ses

Nouvelles recherches sur les caractères anatomiques et physiologiques qui distinguent les plantes monocotylées des plantes dicotylées, dans lesquelles il parut professer des opinions différentes de celles qu'il avait exprimées dans son *Mémoire sur les fluides contenus dans les végétaux*. En 1807, Mirbel fut nommé membre correspondant de l'Académie des sciences et, l'année suivante, membre résident. Encouragé par le succès, il travailla à ses *Éléments de physiologie végétale et de botanique*, 3 vol. in-8°, avec 72 planches, qui parurent en 1815. Après la Restauration, il fut chargé, sous le ministère du duc Decazes, de créer le journal des maires; puis, en 1717, il eut la direction du bureau de l'agriculture, des sciences et des arts. Enfin en 1823, il épousa une des plus célèbres peintres de ce siècle, Mlle Leczinska Rue, et fut nommé professeur de culture au Muséum d'histoire naturelle de Paris. A partir de ce moment Mirbel, devenu étranger à la politique, se consacra entièrement à la botanique. Du Petit-Thouars émettait alors ses idées sur l'organogénie végétale ; Mirbel entreprit de le combattre, et devint bientôt le chef de l'école physiologique qui professait la théorie du *cambium*. Les *Annales* et les *Mémoires du Muséum*, le *Journal de Physique*, et l'Académie des sciences reçurent ses nombreuses communications sur l'anatomie et la physiologie végétale, presque toutes présentées en vue de combattre les doctrines de du Petit-Thouars, ainsi que celles de Robert Brown, Dutrochet, Treviranus, Schleiden, Bernhardi, Gaudichaud, etc. Du reste, c'est en fait d'anatomie et de physiologie végétales que l'on peut encore dire que l'opinion de la veille n'est pas celle d'aujourd'hui, et que l'opinion d'aujourd'hui ne sera pas celle de demain. En 1827, Mirbel fit paraître ses *Recherches sur la distribution géographique des végétaux phanérogames de l'ancien monde, depuis l'équateur jusqu'au pôle arctique, suivies de la description de neuf espèces de la famille des Amentacées*, in-4°, avec 9 planches. Il donna, en 1831, un mémoire sur le *Marchantia*, qui fit beaucoup de bruit. En 1839, il fit insérer dans les *Archives du Muséum* ses *Nouvelles notes sur le cambium, extraites d'un travail sur l'anatomie de la racine du dattier;* ce même travail reparut, augmenté mais non encore complet, sous le titre de : *Recherches anatomiques et physiologiques sur quelques végétaux monocotylédonés*. Dans ce grand travail entrepris pour détruire la théorie de La Hire, défendue par Gaudichaud, Mirbel entreprend d'établir que le végétal monocotylé est un individu qui produit, à son sommet, une masse cellulaire ou phyllophore dans laquelle les vaisseaux de la tige anciennement formés montent du collet de la racine, pénètrent dans le centre du tronc, décrivent ensuite une courbe pour se diriger vers l'extérieur et pénétrer dans les feuilles. Cette théorie attaquée par Gaudichaud a donné lieu à une vive et fâcheuse controverse entre ces deux savants, et à de nombreux mémoires publiés dans les *Bulletins de l'Académie des sciences* (années 1844 à 1849). Les principaux de ces mémoires sont : *Recherches anatomiques et physiologiques sur quelques végétaux monocotylés* (1843) ; *Suite des Recherches anatomiques*, etc. (1844) ; mémoires sur les *Développements et la structure du Dracœna* (1844). Mirbel mourut le 21 septembre 1854, après avoir combattu jusqu'à la dernière heure pour ses principes scientifiques. Smith lui a consacré le genre *Mirbelia* dans la famille des Légumineuses. On lui doit, outre les ouvrages cités, plusieurs publications importantes : *Observations sur la germination des graminées* (1809); *Notes sur les Conifères* (1810); *sur l'embryogénie des pins*, en collaboration de M. Spach, etc.

Auguste-François-César Prouveusal de Saint-Hilaire, botaniste et voyageur, professeur à la Faculté des sciences de Paris et membre de l'Institut, naquit à Orléans en 1779. Sa famille, le destinant au commerce, l'envoya en Hollande pour y étudier la fabrication du sucre, et faire de lui un raffineur; mais il éprouva tout de suite une grande répugnance pour le négoce, et chercha tous les moyens de distraction que lui offrait le milieu dans lequel il vivait. S'étant pris d'une vive admiration pour Mme de Genlis, il eut la hardiesse de lui écrire, et bientôt il trouva un appui dans cette femme à laquelle on reproche tant d'excentricités et de vanité. Elle applaudit à son antipathie pour les affaires commerciales, et à son penchant pour les études scientifiques. De retour en France, il s'appliqua à la botanique, et abandonna complétement l'industrie. En 1816, il partit pour le Brésil, qu'il parcourut dans tous les sens pendant six années, et en rapporta de nombreuses et riches collections, qui contenaient une innombrable quantité de plantes nouvelles. Il revint en 1822, et s'occupa immédiatement de mettre son herbier en ordre pour publier une *Flore du Brésil;* mais sa santé profondément altérée et son caractère devenu par suite irritable et inquiet ne lui permirent pas de mettre au jour cet ouvrage aussitôt qu'il l'aurait voulu. La *Flora Brasiliæ meridionalis*, accompagnée de planches dessinées par

Turpin, ne commença à paraître qu'en 1823, Paris, 1 vol. in-4°, avec 82 planches coloriées; le deuxième volume fut publié, en 1829, avec le concours d'Adrien de Jussieu et de Jacques Cambessèdes; les planches, au nombre de 77, étaient faites d'après les dessins d'Eulalie Delile; la moitié du troisième volume parut en 1832 et 1833, avec 35 planches. Depuis lors cet important ouvrage n'a pas été continué. Auguste de Saint-Hilaire avait précédemment fait paraître : *Observations sur le genre Hyacinthus*, l'un de ses premiers écrits; *Notice sur 70 espèces et quelques variétés de plantes phanérogames, trouvées dans le département du Loiret depuis la publication de la Flore Orléanaise de M. l'abbé Dubois*: *Mémoire sur les plantes auxquelles on attribue un placenta central libre, et sur la nouvelle famille des Paronychiées*, Paris, 1816, in-4°; *Aperçu d'un voyage dans l'intérieur du Brésil, la province cisplatine et la mission dite du Paraguay*, Paris, 1824, in-4°, avec 30 planches, ouvrage non terminé; *Plantes usuelles des Brasiliens*, Paris, 1824-1828, 14 fascicules et 70 planches; *Deux mémoires sur la famille des Polygalées*, avec Moquin-Tandon, 1829 et 1832; *Conspectus Polygalœarum Brasiliæ meridionalis*, avec Moquin-Tandon, Orléans, 1829; *Mémoire sur la famille des Capparidées*, avec le même, 1830; *Voyage dans les provinces de Rio de Janeiro et de Minas Geraës*, Paris, 1830, 2 vol. in-8°; *Mémoire sur les Cucurbitacées, les Passiflorées et le nouveau groupe des Nandhirobées*, Paris, 1823. Auguste de Saint-Hilaire publia ensuite : *Voyage dans le district des diamants et sur le littoral du Brésil*, Paris, 1833, 2 vol. in-8°; *Histoire de l'Indigo*, Orléans, 1837; *Tableau géographique de la végétation primitive de Minas Geraës*, Paris, 1837, in-8°; *Mémoire sur les Résédacées*, Montpellier, 1837, in-4°. Il publia, avec le concours de Fréderic de Girard, une *Monographie des Primulacées et des Lentibulariées du Brésil méridional et de la République argentine*, 2ᵉ édition corrigée, Orléans, 1840, in-8°, avec 2 planches. Puis vinrent ses *Leçons de botanique, comprenant principalement la Morphologie végétale, la Terminologie, la Botanique comparée, l'examen de la valeur des caractères dans les diverses familles naturelles*, Paris, 1840, in-8°, avec 24 planches. La Morphologie d'Auguste Saint-Hilaire est le chef-d'œuvre du genre. Le dernier ouvrage de cet auteur est le *Voyage aux sources de San-Francisco et dans la province de Goyaz*, 2 vol. in-8°, Paris, 1847-1848. Il a laissé deux mémoires inédits faits avec le concours de Moquin-Tandon, *sur les Cucurbitacées* et *sur les Fougères du Brésil*, et des *Réflexions sur la symétrie des fleurs*. La botanique doit à Auguste de Saint-Hilaire deux nouvelles familles naturelles, les *Paronychiées* et les *Tamariscinées*, un grand nombre de genres et plus de 1000 espèces. Elle lui doit aussi la découverte de plusieurs faits importants d'organogénie, entre autres la direction de la radicule dans le sac embryonnaire, le double point d'attache de certains ovules, la différence de l'arille et de l'arillode, etc. Comme Charles-Sigismond Kunth, ce digne collaborateur de Humboldt et de Bonpland, Auguste Saint-Hilaire, a dit Moquin-Tandon, brille par les détails et l'exactitude, quoiqu'il soit moins net et moins concis. Il avait succédé, en 1830, à Lamarck, comme membre de l'Académie des sciences. Il mourut d'une attaque d'apoplexie foudroyante, le 30 septembre 1853, après avoir légué son herbier du Brésil et ses manuscrits au Muséum d'histoire naturelle de Paris; à la ville d'Orléans son herbier de France et de Suisse et les dessins originaux de sa Flore brésilienne; à la ville de Montpellier tous ses livres de science.

Jean-Henri Saint-Hilaire, plus connu sous le nom de Jaume Saint-Hilaire, né à Grasse en 1812, mort en 1845, publia à ses frais, un certain nombre d'ouvrages de botanique illustrés, ce qui finit par le mettre dans une gêne excessive. Sa première publication, faite sous les auspices de Desfontaines, fut : *Exposition des familles naturelles et de la germination des plantes, contenant la description de 2337 genres et d'environ 4000 espèces, 112 planches dont les figures ont été dessinées par l'auteur, représentant les caractères des familles et les différents modes de germination des plantes monocotylédones et dicotylédones*, Paris, 1805, 2 vol. in-8° et in-4°. Il donna ensuite : *Plantes de la France décrites et peintes d'après nature*, Paris, 10 vol. petit in-4° et in-8°, avec 1000 planches coloriées; *Recueil de mémoires sur l'administration des forêts, sur les arbres forestiers et l'économie rurale*, Paris, 1814, in-8°; 2° édition augmentée, 1832; *Mémoire sur les Indigofères du Bengale et de la Chine, ou Histoire et description de quelques végétaux peu connus et dont les feuilles donnent un très-bel indigo*, Paris, 1826, in-fol. avec 5 planches coloriées; *Mémoire sur la culture du Poivrier noir*, Paris, 1827, in-fol. avec 2 planches noires ou coloriées; *La Flore et la Pomone françaises ou Histoire et figures en couleur des fleurs et des fruits de France ou naturalisés sur le sol français*, Paris, 1828-1833, 6 vol. in-fol. avec

544 planches coloriées, dont la plupart avaient déjà paru dans les *Plantes de la France*, du même auteur; *Flore parisienne ou Description des plantes qui croissent aux environs de Paris et dans les départements voisins, avec l'indication de leurs usages dans l'agriculture, en médecine et dans les arts, accompagnée de la figure d'une ou de plusieurs espèces de chaque genre, avec l'analyse des parties de la fleur, du fruit et de la graine, dessinée de grandeur naturelle et grossie,* Paris, 1835, petit in-4°, ouvrage interrompu à la 7ᵉ livraison; *Catalogue raisonné des plantes inutiles ou nuisibles aux terres cultivées et aux prairies naturelles, ou vénéneuses pour les bestiaux, avec l'indication des meilleurs moyens pour les détruire,* Paris, 1843; *Les Dahlias, ou Histoire, description et culture des plus belles espèces ou variétés de dahlias, ouvrage orné de figures peintes d'après nature par Mᶩᶩᵉ Nanine Guillon,* Paris, in-fol., non continué.

Jean-Baptiste-Georges-Marie Bory de Saint-Vincent, officier français, membre libre de l'Académie des sciences, voyageur et naturaliste, naquit à Agen en 1780. Dès l'âge de quinze ans, il attira l'attention sur lui, en adressant à la Société d'histoire naturelle de Bordeaux deux mémoires *sur le Byssus et les Conferves et sur le défrichement des Landes*. Il fut attaché comme naturaliste, en 1800, à l'expédition en Australie du malencontreux capitaine Nicolas Baudin, qu'il ne faut pas confondre avec les autres officiers de marine de ce nom. Il fut obligé, avec presque tous les savants et une partie des officiers de l'expédition, de se séparer, à l'île de France, de ce détestable chef; il donna pour raison l'état de sa santé qui, du reste, était véritablement altérée. Il visita les îles de France (Maurice) et de Bourbon (la Réunion), Saint-Hélène, les Canaries et plusieurs autres îles, dressant des cartes topographiques des pays où il s'arrêtait, en étudiant la Flore et la Faune, et portant ses observations sur les mœurs et les usages. Il donna d'abord ses *Essais sur les îles Fortunées et l'antique Atlantide ou Précis de l'histoire générale de l'archipel des Canaries,* Paris, 1803, in-4°, avec 3 cartes et 7 planches. Il publia ensuite son *Voyage dans les quatre principales îles de la mer d'Afrique, en 1801 et 1802,* Paris, 1804, 3 vol. in-8°, et un atlas in-4° de 58 planches. Bory de Saint-Vincent, après avoir servi comme officier d'état-major sous Brune, Davoust, Ney et Soult, prit parti pour Napoléon Iᵉʳ dans les Cent jours, et fut obligé de s'expatrier de 1815 à 1820, souvent même de se cacher sous divers déguisements pour échapper aux recherches des polices étrangères. Il trouva cependan des appuis à Berlin et à Bruxelles, et publia, dans cette dernière ville, avec une société de savants, les *Annales des sciences physiques*. Enfin, autorisé à rentrer en France, il eut le commandement de l'expédition scientifique de Morée. Il fut nommé chef du bureau historique au dépôt de la guerre, et promu, en 1830, au grade de maréchal de camp. Il publia, en 1832, la *Botanique de l'expédition scientifique de Morée* (tom. III de cet ouvrage, in-4°, et atlas in-fol. de 38 planches). Il donna ensuite la *Nouvelle Flore du Péloponèse et des Cyclades, entièrement revue, corrigée et augmentée par M. Chaubard, pour les phanérogames, et M. Bory de Saint-Vincent, pour les cryptogames, les agames*, etc., Paris et Strasbourg, 4 liv. in-fol., avec 42 planches. Bory de Saint-Vincent est en outre auteur de la partie cryptogamique du *Voyage autour du monde de la Coquille* sous le commandement du capitaine Duperrey, Paris, 1828, in-4°, et atlas in-fol. de 39 planches; de l'*Histoire des Hydrophytes, ou plantes agames des eaux, récoltées par MM. d'Urville et Lesson*, dans le même voyage de *la Coquille, pendant les années 1822-1825*, Paris, 1829, in-fol., avec 24 planches coloriées. Enfin, outre un grand nombre de travaux dans les *Annales d'histoire naturelle*, dans l'*Encyclopédie* de MM. Didot et dans d'autres publications, Bory de Saint-Vincent a fait près de la moitié des articles dont se composent les dix premiers volumes du *Dictionnaire classique d'histoire naturelle*, dont il fut le directeur. Il s'est occupé avec succès de zoologie, de physique, de géographie et d'histoire. Il venait d'être chargé, avec M. Durieu de Maisonneuve, de la publication de la partie botanique dans le grand ouvrage de l'*Expédition scientifique en Algérie*, quand il mourut le 23 décembre 1846, honoré à la fois pour sa science et son patriotisme.

Pierre-Jean-François Turpin, pharmacien en chef des hôpitaux, botaniste distingué et très-habile dessinateur de plantes, né à Vire en 1775, mort en 1840, alla à Saint-Domingue et explora l'île entière; il s'était distingué par plusieurs publications botaniques, quand il fut nommé, en 1833, membre de l'Académie des sciences. On lui doit : *Mémoire sur l'inflorescence des Graminées et des Cypérées, comparée avec celle des autres végétaux sexifères, suivi de quelques observations sur les disques*, Paris, 1819, in-4°, avec 2 planches; *Essai d'une Iconographie élémentaire et philosophique des végétaux, avec un texte explicatif*, Paris, 1820, in-8°, avec 59 planches; *Orga nographie végétale, observations sur quelques végétaux microscopiques et sur le rôle important que leurs analogues jouent dans la formation et l'accroissement du tissu cellulaire*, Paris, 1827; *Mémoire sur l'organisation intérieure et extérieure des tubercules du Solanum tuberosum et de l'Helianthus tuberosus, considérée comme une véritable tige souterraine*, Paris, 1828, avec 5 planches; *Observations sur la famille des Cactées, suivies de la description d'une espèce nouvelle d'Echinocactus et de celle de la Rhipsalis parasitica*, Paris, 1830, in-8°, avec 3 planches; *Examen d'une chloranthie ou monstruosité observée sur l'inflorescence du Saule marceau*, Paris, 1833, in-8°, avec 1 planche; *Mémoire de Nosologie végétale*, Paris, 1833; *Observations générales sur l'organogénie et la physiologie des végétaux*, Paris, 1835; *Notice sur une maladie qui se développe sur les tiges vivantes des Mûriers et plus particulièrement sur celles du Mûrier multicaule*, Paris 1838. Turpin a fait, avec Mme Panckouke, les figures de la *Flore médicale* de Chaumeton, Chamberet et Poiret, qui a même fini par s'appeler communément la *Flore de Turpin*, tant on faisait peu de cas des textes; cette flore a paru de 1814 à 1820; il en a été donné depuis des éditions qui ne valaient pas la première, toute médiocre qu'elle fût; on l'a appelée aussi *Flore de Panckouke*, du nom de l'éditeur. On a fait paraître, en 1841, une œuvre posthume de Turpin, intitulée : *Iconographie végétale ou organisation des végétaux, illustrée au moyen de figures analytiques*, Paris, 1841, in-4°, avec 57 planches coloriées.

Le dernier des botanistes du nom de Jussieu fut Adrien, fils d'Antoine-Laurent. Il naquit en 1797, à Paris. A dix-sept ans, il obtint le prix d'honneur au grand concours des lycées, se fit recevoir docteur en médecine, et prit pour sujet de sa thèse inaugurale des *Considérations sur la famille des Euphorbiacées*, Paris, 1823, in-4°. En 1824, il publia une *Revue des genres et des espèces de la famille des Ternstroemiacées*, une *Note sur le genre Francoa*, et un nouveau travail sur les Euphorbiacées (*De Euphorbiacearum generibus medicisque earumdem viribus tentamen*, in-4°, avec 18 planches). En 1825, il donna des *Mémoires sur les Rutacées*, in-4°, avec 16 planches. En 1826, il fut nommé professeur de botanique rurale au Muséum. Il publia depuis lors : *Mémoires sur le groupe des Méliacées*, Paris, 1830, in-4°, avec 12 planches et un plan sur la distribution géographique; *Note sur l'Oncostemum*, nouveau genre de la famille des Ardisiacées,

1830 ; *Observations sur quelques plantes du Chili*, 1831 ; *Mémoire sur les embryons monocotylédonés*, 1839 ; *Notes sur les fleurs monstrueuses d'une espèce d'Érable (Acer laciniosum)*, 1841 ; la belle *Monographie des Malpighiacées*, Paris, 1841, in-4°, avec 23 planches (dans la collection des *Archives du Muséum*, t. III) ; *Cours élémentaire de botanique*, Paris, 1843–1844, en 2 parties, ouvrage qui a eu depuis plusieurs éditions et a été traduit dans toutes les langues de l'Europe ; *Note sur le genre Napoleona*, 1844 ; *Mémoire sur les tiges de diverses lianes*, 1844 ; la partie *Géographie botanique* et divers autres articles dans le *Dictionnaire universel d'histoire naturelle*, etc. En 1845, Adrien de Jussieu fut nommé professeur d'organographie végétale à la Faculté des sciences de Paris. Il mourut le 29 juin 1853, après avoir été appelé trois fois à la direction du Muséum d'histoire naturelle de Paris.

Louis-Claude-Marie Richard, botaniste, voyageur français, naquit à Versailles, en 1754, d'un père jardinier du roi à Auteuil, mais jardinier fort instruit et capable de suppléer les professeurs auxquels il était attaché. Il avait pour oncle le directeur du jardin de Trianon. C'est donc le cas de dire que Louis-Claude-Marie Richard, dans un tel milieu, devint botaniste dès l'enfance. En effet, à l'âge de onze ans, il avait déjà formé un herbier. Son intelligence avait été remarquée par l'archevêque de Paris qui voulut lui faire suivre la carrière ecclésiastique. Pour échapper aux obsessions dont il était l'objet à cet égard, il quitta le toit paternel et vint à Paris, où, au milieu des plus dures privations, il suivit les cours de rhétorique et de philosophie au collège Mazarin. Il trouva des ressources dans son talent de dessinateur, ce qui lui permit de s'occuper en même temps de botanique, de zoologie, d'anatomie comparée et de minéralogie. Il faisait concourir ces diverses études au projet d'un voyage scientifique. En 1781, l'Académie des sciences, à laquelle il avait déjà présenté plusieurs mémoires, le proposa au roi pour un voyage à la Guyane française et aux Antilles. Le jeune homme partit plein d'enthousiasme et avec des connaissances acquises que peu de naturalistes avaient réunies à un aussi haut degré. Après un séjour de quelques mois à Cayenne, il parcourut une grande partie de la Guyane, la Martinique, la Guadeloupe, la Jamaïque, Saint-Thomas et la plupart des îles situées à l'entrée du Golfe du Mexique. Les fonds qu'il avait économisés en France se trouvèrent absorbés, au bout de huit ans, par les frais que nécessitaient la préparation et le transport de ses collections botaniques, zoologiques et minéralogiques. En 1789, il fut obligé de revenir en France où il ne trouva plus ses anciens protecteurs, et où toutes les promesses qu'on lui avait faites avant son départ et pendant son absence s'étaient évanouies dans le flot croissant de la révolution. Quoique aucun voyageur n'eût encore rapporté, en si peu d'années, tant de matériaux à la science, il ne reçut aucune récompense et ne rencontra que l'indifférence. Sa désillusion fut cruelle; son caractère s'en aigrit et il lui en resta toujours quelque trace dans l'esprit, même quand on eut fini par lui rendre justice. Au retour de la tranquillité, il fut nommé professeur de botanique à l'École de médecine de Paris, où il se fit remarquer par son talent d'exposition et son zèle à guider les élèves dans les herborisations; il ne renonça à cette place que quand le mauvais état de sa santé l'eut condamné au repos. Il fut aussi nommé membre de la première classe de l'Institut, dans la section de zoologie et d'anatomie comparée. La mort l'enleva le 7 juin 1821.

« Quoiqu'il n'ait publié qu'un petit nombre d'ouvrages, il est certainement, a dit Kunth, l'un des hommes de son siècle qui ont le plus contribué au progrès de la botanique. Personne n'a poussé plus loin que lui l'art d'observer la nature jusque dans les moindres détails. La difficulté d'une recherche était pour lui une raison de s'en occuper; l'organisation la plus compliquée était celle qui l'intéressait le plus; il passait des mois entiers à suivre une observation, lorsqu'elle lui paraissait devoir répandre quelque lumière sur un point encore obscur. Ses écrits sont quelquefois d'un style négligé, mais il n'en est aucun qui ne contienne des observations neuves et profondes. C'est lui qui a inspiré à la génération présente le goût de cette analyse rigoureuse et de cet examen approfondi qui caractérise essentiellement l'école française. »

Ses ouvrages sur la botanique sont : *Tableau explicatif du système sexuel de Linné*; *Démonstrations botaniques ou analyse du fruit considéré en général*, Paris, 1808, in-8°, ouvrage qui a été traduit en plusieurs langues; *Analyse botanique des embryons endorhizes ou monocotylédonés et particulièrement de celui des Graminées, suivi d'un examen critique sur quelques mémoires anatomico-physiologico-botaniques, par Mirbel*, Paris, 1811, in-4°, avec 6 planches; *De Orchideis Europœis annotationes, præsertim ad genera dilucidanda spectantes*, Paris, 1817, in-4°; *Commentatio botanica de Coniferis et Cycadeis*, ouvrage posthume terminé et publié par son fils, Stuttgard, 1826, petit in-fol., avec 30 planches; *De Musaceis commentatio botanica*,

également œuvre posthume terminée par son fils, 1831, in-4°, avec
12 planches. Richard fut le rédacteur de la *Flora borealis Americana*,
publiée, en 1803, par Michaux. Dans le *Journal de Physique*, on
trouve un mémoire de lui, intitulé : *Proposition d'une nouvelle famille
de plantes, les Butomées*, et il a donné dans les *Mémoires du Muséum*,
des travaux *sur la nouvelle famille des Calicérées, sur la nouvelle
famille des Balanophorées, et sur le Lygeum spartum.*

Achille Richard, fils du précédent, éminent botaniste aussi, naquit
à Paris, en 1794. N'ayant qu'une santé délicate, il ne put suivre son
penchant qui l'aurait entraîné à faire des voyages. Il se fit recevoir
pharmacien et fut attaché quelque temps en cette qualité à l'hôpital de
Strasbourg. Bientôt il fut appelé en qualité de conservateur au Musée
de botanique de M. Benjamin Delessert. Plus tard on le nomma démonstrateur à l'École de médecine, conservateur au Muséum d'histoire
naturelle et suppléant de Mirbel à la Faculté des sciences. En 1820,
il s'était fait recevoir docteur en médecine et avait pris pour sujet de sa
thèse inaugurale l'*Histoire naturelle et médicale des différentes espèces
d'Ipécacuanha du commerce ;* dès auparavant il avait fait paraître ses
Nouveaux éléments de physiologie et de botanique, Paris, 1819, in-8°,
avec 8 planches ; 2ᵉ édit., 1822 ; 3ᵉ édit., 1825 ; 4ᵉ édit., *augmentée
du caractère des familles naturelles du règne végétal*, 1828 ; 5ᵉ édit.,
1833. Cet ouvrage fut traduit en allemand, en anglais, en hollandais
et en russe. Il publia ensuite : *Monographie du genre Hydrocotyle, de
la famille des Ombellifères*, Bruxelles, 1820, avec 16 planches ; *Botanique médicale, ou Histoire naturelle et médicale des médicaments, des
poisons et des aliments tirés du règne végétal*, Paris, 1823, 2 vol.
in-8°, ouvrage traduit en plusieurs langues ; *Monographie des Orchidées des îles de France et de Bourbon*, Paris, 1828, in-4° avec 11 planches ; *Mémoire sur la famille des Rubiacées*, Paris, 1829, in-4°, avec
15 planches ; *Éléments d'histoire naturelle médicale, contenant des
notions générales sur l'histoire et les propriétés de tous les aliments,
médicaments ou poisons, tirés des trois règnes de la nature*, Paris,
1831, 2 vol. in-8°, avec 8 planches coloriées ; *Botanique du voyage
de l'Astrolabe exécuté de 1826 à 1829*, sous le commandement de Dumont Durville, Paris, 1832-1834, 2 vol. in-8° et atlas in-fol., travail fait en collaboration de Lesson ; *Botanique du voyage en Abyssinie
exécuté de 1839 à 1843, par Petit, Dillon et Lefebvre*. Achille Richard
profita de ce travail pour composer, d'après les plantes rappor-

tées par les docteurs Petit et Dillon, son *Tentamen floræ Abyssinicæ*, Paris, 1847, 2 vol. in-8. On a encore de lui : *Monographie des Orchidées recueillies dans la chaîne du Nil-Gherreis, aux Indes orientales, par Samuel Perrottet*, Paris, 1841 ; *Orchidographie mexicaine*, 1845 ; et un *Essai d'une Flore de Cuba* (inachevé), qui fait partie de l'*Histoire naturelle de l'île de Cuba*, par Ramon de la Sagra. Achille Richard, entouré d'affections et de regrets, mourut le 5 août 1852. Il était membre de l'Académie des sciences, membre de l'Académie de médecine et professeur d'histoire naturelle médicale à la Faculté de médecine de Paris.

Philippe Picot, baron de Lapeyrouse, né à Toulouse en 1744, mort en 1818, fut successivement magistrat, administrateur, inspecteur des mines et finit par être professeur d'histoire naturelle à l'École centrale et à la Faculté des sciences de Toulouse, ainsi que secrétaire perpétuel de l'Académie de cette ville. Comme botaniste, il s'occupa surtout des plantes des Pyrénées et des Saxifrages. Ses écrits sur le règne végétal se composent de : 1° *Figures de la Flore des Pyrénées, avec des descriptions, des notes critiques et des observations*, Paris, 1795-1802, in-fol., planches gravées et coloriées d'après les dessins de Redouté ; un nombre important de ces planches fort remarquables est consacré aux Saxifrages ; 2° *Monographie du genre Saxifrage*, 1810 ; 3° *Histoire abrégée des plantes des Pyrénées et itinéraire des botanistes dans ces contrées*, Toulouse, 1813, in-8° ; *Supplément*, en 1818.

Charles Gaudichaud-Beaupré, pharmacien, botaniste et voyageur français, membre de l'Académie des sciences, né à Angoulême, en 1780, mort en 1854, reçut les leçons de Desfontaines et de Louis-Claude Richard. Il entra, en 1810, dans la marine militaire et fut attaché, en 1817, en qualité de pharmacien-botaniste, à l'expédition circumpolaire de la corvette l'*Uranie*, commandée par de Freycinet,

expédition de laquelle faisaient partie Gaymard, Quoy, et le jeune officier de marine, depuis vice-amiral Odet-Pellion. Il visita Ténériffe, Rio-Janeiro, le cap de Bonne-Espérance, Timor et les îles de la Sonde, l'archipel des Papouas, les îles Marianne, les Sandwich, l'archipel des Navigateurs, le port Jackson dans l'Australie, d'où il s'aventura dans les Montagnes-Bleues, recueillant partout des échantillons pour l'histoire naturelle. Malheureusement, en opérant son retour, et après avoir doublé le cap Horn, l'*Uranie* fit naufrage aux îles Malouines, et sur 4,175 espèces de plantes qu'il avait ramassées,

Gaudichaud en perdit 2,500. Les naufragés restèrent quatre mois aux Malouines à attendre un secours. Gaudichaud fut ramené avec ses compagnons d'infortune sur la corvette *la Physicienne*, et s'occupa de réunir tous les matériaux avec lesquels a été composée la partie botanique du *Voyage de l'Uranie*. Impatient de nouvelles aventures et de nouvelles explorations, il partit, en 1830, sur l'*Herminie*, commandée par Villeneuve-Bargemont, et visita le Chili, le Pérou et le Brésil. Il fit ensuite partie du *Voyage autour du monde de la corvette la Bonite, pendant les années 1836-1837*, sous le commandement de Vaillant, et recueillit encore de nombreux échantillons de végétaux. Sa santé fut très-altérée par tant de fatigues; il dut renoncer aux voyages. Mais son ardeur scientifique ne l'avait pas quitté, et il l'employa particulièrement à défendre des théories physiologiques en opposition avec celles de Mirbel. Nous n'entrerons pas ici dans le fond de ce débat entre des savants éminents qui cherchaient également la vérité, souvent ne la trouvaient ni l'un ni l'autre, et en passèrent personnellement par plusieurs variations. Nous nous bornerons à citer les ouvrages de Gaudichaud, pour que chacun puisse y recourir et y chercher ses opinions physiologiques. Ajoutons toutefois auparavant que Gaudichaud-Beaupré possédait un cœur héroïque et bienfaisant, que sa vie fut pleine de sacrifices faits à la science et à l'amitié, et que la passion qu'il apporta à défendre ses théories, comme du reste son illustre adversaire Mirbel en mettait à les combattre, ne fut peut-être pas étrangère à sa fin prématurée, par suite de laquelle la partie botanique du *Voyage de la Bonite* resta inachevée. Les ouvrages de cet éminent botaniste sont les suivants : *Flore des îles Malouines*, 1824 ; *Mémoire sur l'organisation des Fougères et classification des plantes de cette famille*, 1825; *Mémoire sur les Cycadées*, 1825; *Notice sur le genre Adriana*, 1825; *Lettres sur l'Organographie et la Physiologie*, adressées à Mirbel, 1833 (dans le tome II des *Archives de botanique*); *Mémoire sur le Cissus hydrophora*, 1836; *Recherches sur les vaisseaux tubuleux des végétaux*, 1841; *Recherches générales sur l'organographie, la physiologie et l'organogénie des végétaux*, Paris, 1841, in-4°, avec 18 planches; *Nouvelles recherches générales sur la physiologie et l'organogénie des végétaux*, 1842; *Notes relatives à l'organographie et à la physiologie des végétaux monocotylés*, en 4 parties, 1843; *Remarques sur deux mémoires de MM. Payen et Mirbel, relatifs à l'Organographie et à la Physiologie des végétaux, et Réponse aux observations de M. Payen, 1846; Aperçu sur la chimie physiologique; Rapport sur la maladie des pommes de terre; Aperçu sur les causes physiologiques de cette maladie, 1846; Recherches sur l'accroissement en hauteur des végétaux, 1847; Note sur la multiplication des plantes bulbeuses, 1847; Des sucs vénéneux acides et de quelques sécrétions alcalines, 1848; Première note sur la chute des feuilles, 1852; Recherches expérimentales sur la séve ascendante et la séve descendante, en 4 parties, 1853; Sur un pommier produisant plusieurs sortes de pommes; Sur le Psoralla esculenta et l'Apio tuberosa; Rapport sur un mémoire de MM. Durand et Mannoury, de Caen, relatif à l'accroissement en diamètre des végétaux dicotylés; Observations sur l'accroissement en diamètre des tiges des végétaux dicotylés, 1852; Réfutation de toutes les objections contre les principes phytologiques, 1852; Remarques sur le rapport fait, le 11 mai 1852, sur un mémoire de M. Trécul, relatif à l'accroissement en diamètre des tiges; Réponses aux observations de MM. Achille Richard, Adolphe Brongniart et Adrien de Jussieu, 1852; Botanique du voyage autour du monde fait sur les corvettes l'Uranie et la Physicienne, pendant les années 1817 à 1820, sous le commandement de M. Louis de Freycinet, in-4°, et atlas in-fol.* de 120 planches dessinées et gravées par Poiret fils.

Louis-Henri Lefébure, littérateur, musicien et botaniste français, né à Paris en 1754, mort en 1839, a publié plusieurs de ses ouvrages sous le voile de l'anonyme ou du pseudonyme et aussi avec les initiales de prénoms A. ou E.-A. Lefébure, ce qui est cause que la plupart des bibliographes en ont fait plusieurs individus. « C'était, a-t-on écrit de lui, tout simplement un homme de génie auquel il n'a manqué qu'une occasion, une coterie et un public. Il avait au plus haut degré l'instinct des découvertes, la passion des systèmes, l'intelligence des méthodes, la faculté spéciale des classifications; il aimait, il possédait, il comprenait les sciences et les arts; son esprit encyclopédique travaillait sans cesse, non-seulement à en étendre le domaine, mais encore à en simplifier l'étude, à en faciliter l'accès. Il s'était successivement attaché, et toujours avec un prodigieux esprit d'innovation, à toutes les branches des connaissances humaines, quoique ses sympathies le portassent de préférence vers la musique et la botanique. » (*Biographie universelle*, nouv. édit., t. XXIII, p. 578). Il soutint une polémique permanente contre le système botanique d'Antoine-Laurent de Jussieu et de ses élèves, ce qui ne mit pas toujours la raison de son côté. La botanique lui doit : 1° *Expériences sur la germination des plantes*, publié sous les initiales E.-A. Lefébure, Strasbourg, 1801, in-8° de 139 pages; ce petit ouvrage a jeté une vive lumière sur la physiologie végétale, notamment sur les phénomènes physiques et chimiques qui se produisent pendant l'acte de la germination des végétaux; 2° *Discours sur le principe de l'ordre en histoire naturelle et particulièrement en botanique*, Paris, 1812, in-8 ; 3° *Méthode signalementaire pour servir à l'étude des noms des plantes*, Paris, 1814-1815, 3 cahiers in-8°; 4° *Concordance des trois systèmes de Tournefort, Linnæus et Jussieu, par le système foliaire*, Paris, 1816, in-8°; 5° *Le vrai système des fleurs*, poëme, Paris, 1817; 6° *Atlas botanique ou clef du jardin de l'univers*, 1817, in-8°, 1re partie, avec une lettre à De Jussieu; 7° *Système floral*, Paris, 1820-1821, in-8°, avec planches, publié par cahiers; 8° *Réflexions importantes sur le vice radical de l'enseignement mutuel adopté pour la botanique du Jardin du Roi*, 1821, in-8°; 9° *Cours de promenades champêtres aux environs de Paris*, 1826-1827, in-8° oblong; 10° *Album floral des plantes indigènes de la France, ou botanique élémentaire à l'usage des jeunes personnes*, en collaboration de Ch. Leforestier, 1829, in-8° oblong avec 5 planches; 11° *De la plante appelée Rafrena* (dans le *Recueil de la Société des Dix-Neuf*), Paris, 1829; 12° *Flore de Paris, Genera et species, ou première application du système floral aux plantes vivantes*, 1835; in-8°; 13° *Observations sur le discours lu à l'Institut par M. Flourens, faisant suite aux Réflexions importantes adressées à M. de Jussieu sur le vice radical de l'enseignement actuel adopté au jardin botanique de Paris*. Lefébure a laissé un grand nombre de manuscrits inédits, parmi lesquels un *Genera systemaque plantarum floriferarum*, ouvrage dans lequel il se proposait d'exposer une nouvelle méthode de classification.

J.-C. Philibert, botaniste vulgarisateur français, qui a mérité que Kunth lui consacrât un genre dans la famille des Asclépiadées, est auteur des ouvrages suivants : *Introduction à l'étude de la botanique*, Paris, 1799, 3 vol. in-8°, avec 10 planches coloriées; 2° édit. 1802; *Leçons élémentaires de botanique, à l'usage des cours publics et particuliers, des écoles et lycées*, Paris, 1802, in-8°; 2° édit. 1807; *Dictionnaire abrégé de botanique*, Paris, 1803, in-8°, avec 24 planches coloriées; *Dictionnaire universel de botanique*, Paris, 1804, 3 vol. in-8°.

On doit à Le Turquier Delonchamp, botaniste rouennais : une

Flore des environs de Rouen, 1846, in-12, avec *Supplément*, en 1825;
*Concordances de Persoon (Synopsis methodica fungorum) avec de
Candolle (Flore française), et avec Friès (Syst. Mycol.), et des figures
des champignons de France de Bulliard avec la nomenclature de Friès,*
Rouen, 1826. Le Turquier a publié, avec Levieux : *Concordance des
figures de plantes cryptogames de Dillen, Micheli, Tournefort, Vaillant
et Bulliard, avec la nomenclature de De Candolle, Smith, Acharius
et Persoon,* Rouen, 1820.

Jean-Baptiste-Louis Letellier, botaniste français, a donné : *Dissertation sur les propriétés des champignons alimentaires et vénéneux
qui croissent aux environs de Paris,* 1826; *Histoire et description des
champignons alimentaires et vénéneux qui croissent aux environs de
Paris, précédées des principes de botanique indispensables à leur étude
et suivies de planches représentant plus de cent espèces,* Paris, 1826,
in-8°, avec 12 planches; *Figures des champignons servant de supplément aux planches de Bulliard,* Paris, 1829-1842, livr. 1 à 18, in-4°,
6 planches noires ou coloriées par livraison; *Avis au peuple sur les
grandes ressemblances et les petites différences qui existent entre les
champignons vénéneux et alimentaires,* avec 16 figures peintes d'après
nature, Paris, 1844.

F.-R. de Tussac, botaniste français qui a longtemps habité les Antilles, s'est fait connaître par un seul ouvrage, qui en vaut à lui seul
plusieurs. C'est sa *Flore des Antilles (Flora Antillarum, seu historia
generalis botanica, ruralis, œconomica vegetabilium in Antillis indigenarum, et exoticorum indigenis cultura adscriptorum,* Paris, 1808-
1827, 4 vol. in-fol., avec 138 planches coloriées). Rafinesque a dédié
à de Tussac le genre *Tussaca* dans les Orchidées, et Reichenbach le
genre *Tussacia* dans les Gesnériacées.

Michel-Étienne Descourtilz, médecin et botaniste français qui a
longtemps habité l'île de Saint-Domingue et qui est souvent cité pour
ses *Études sur le règne végétal des Antilles,* a publié : 1° *Voyages d'un
naturaliste et ses observations faites sur les trois règnes de la nature,*
Paris, 1809, 3 vol. in-8° avec planches; 2° *Flore médicale des Antilles
ou Traité des plantes usuelles des colonies françaises, anglaises, espagnoles et portugaises,* Paris, 1821-1829, 8 vol. in-8°, avec 600 planches coloriées; 3° *Des champignons comestibles, suspects et vénéneux,
avec l'indication des moyens à employer pour neutraliser les effets des
espèces nuisibles,* Paris, 1827, in-8° et atlas de 10 planches coloriées.

François-Fulgis Chevallier, qu'il ne faut pas confondre avec le célèbre pharmacien et chimiste Chevallier (Jean-Baptiste-Alphonse), collaborateur d'Achille Richard et de Guillaume pour le *Dictionnaire des drogues simples et composées*, a publié les ouvrages suivants : *Dissertation sur les ciguës indigènes considérées comme poisons et comme médicaments*, 1821 ; *Histoire des Graphidées, renfermant des observations anatomiques et physiologiques sur ces végétaux*, Paris, 1824, in-4°, avec 21 planches coloriées ; *Flore générale des environs de Paris, selon la méthode naturelle*, Paris, 1826-1827, 2 vol. in-8°, avec 18 planches ; 2ᵉ édit. corrigée, revue et augmentée, 1837, 3 vol. in-8° ; *Fungorum et Byssorum illustrationes, quos ut plurimum novos trecentos et ultra cum cæteris minus bene cognitis in diversis Europæ regionibus collegit, ad vivum delineavit, sculpsit et coloribus naturalibus decoravit*, Paris, 1837, petit in-fol. 2 fasc. avec 83 planches coloriées. Cet ouvrage fut malheureusement interrompu par la mort de l'auteur, en 1840.

Pierre Boitard, né à Mâcon en 1789, mort en 1859, est auteur de plusieurs ouvrages de botanique élémentaire tendant à populariser cette science en en rendant l'étude agréable. Aux titres seuls de ces ouvrages, on en reconnaît d'ailleurs la portée peu prétentieuse : La *Botanique des dames*, Paris, 1821, 3 vol. in-12 ; *Manuel complet de botanique ou Principes de botanique élémentaire*, Paris, 1826, in-12 ; 3ᵉ édit. 1835 ; *Manuel de physiologie végétale*, Paris, 1829, in-12 ; *Herbier des demoiselles*, Paris, 1835. in-8°, avec 64 planches ; *Manuel complet de l'amateur de roses*, Paris, 1836, in-12, avec 15 planches ; *Essai sur la composition et l'ornement des Jardins*, 1823 et 1834 ; *Le jardinier des fenêtres, des appartements et des petits jardins*, 1823, in-8° ; *Traité de la culture des fleurs et arbustes d'agrément*, 1855, in-8°. Boitard avait créé successivement le *Journal des jardins* et le *Journal de Flore*, qui n'eurent pas une longue durée. Il avait aussi dirigé, de 1839 à 1841, la *Revue progressive d'agriculture, de jardinage, d'économie rurale et domestique*. Boitard a donné, en 1840, une 3ᵉ édition revue et augmentée de l'ouvrage de Dubois intitulé : *Méthode éprouvée avec laquelle on peut parvenir facilement et sans maître à connaître les plantes de l'intérieur de la France, particulièrement celles des environs d'Orléans*, ouvrage dont la 1ʳᵉ édition avait paru en 1803.

Jacques Cambessèdes, botaniste français, a collaboré à plusieurs ouvrages de botanique de son temps. Il a publié seul les ouvrages suivants : *Monographie du genre Spirea, précédée de quelques considé-rations sur la famille des Rosacées*, Paris, 1824, in-8°, avec 7 planches; *Enumeratio plantarum quas in insulis Balearibus collegit*, Paris, 1827, in-4°, avec 9 planches; *Mémoire sur la famille des Ternstroemiacées et des Guttifères*, Paris, 1828, in-4° avec 4 planches; *Cruciferarum, Elatinearum, Caryophyllacearum, Paronychiarum Brasiliæ meridio-nalis synopsis*, Paris, 1829, in-8°; *Portulacearum, Crassulacearum, Ficoidearum, Cunoniacearum Brasiliæ meridionalis synopsis*, Paris, 1829, in-8°; *Mémoire sur la famille des Sapindacées*, Paris, 1831, avec 3 planches. Une partie des publications de Cambessèdes se trouve dans les *Mémoires du Muséum*. Ce botaniste avait commencé, en 1841, la publication de la partie botanique du voyage de Jacquemont dans les Indes orientales, qui, après sa mort, fut continuée par Decaisne.

Les études de Féburier, botaniste français, ont porté spécialement sur la physiologie végétale. On lui doit quelques observations intéres-

santes : *sur la végétation de la tulipe*, 1807 ; *sur les phénomènes de la végétation, expliqués par les mouvements des séves ascendante et des-cendante*, 1812 ; *sur la moelle et l'étui médullaire des arbres dycoty-lédones*, 1812 ; *sur la physiologie végétale et sur le système physio-logique d'Aubert du Petit-Thouars*, 1821 ; et un *Précis d'anatomie végétale*, 1824.

Jean-François-Gottlieb-Philippe Gaudin, botaniste suisse, a doté la science de trois ouvrages importants qui peuvent suffire à sa réputation. Le premier traite des Graminées de la Suisse (*Agrostologia Helve-tica*, etc., Paris et Genève, 2 vol. in-8.). Le second est une *Flore de la Suisse* (*Flora Helvetica*, etc., Turin, 1828-1833, 7 vol. in-8°, avec figures coloriées). Le troisième, intitulé *Synopsis floræ Helveticæ*, a été publié et continué par Monnard, en 1836, après la mort de Gaudin, à qui Palisot de Beauvais a consacré le genre *Gaudinia* dans les Graminées. Monnard, dont il vient d'être question, est l'auteur d'*Ob-servations sur quelques Crucifères décrites par de Candolle* dans le 2° vol. de son *Systema regni vegetabilis*.

Louis-Théodore Leschenault de La Tour, naturaliste français, né à Châlon-sur-Saône, en 1773, mort en 1821, fut attaché, comme plusieurs autres savants qui n'eurent pas plus que lui à se louer du chef, à l'expédition du capitaine Nicolas Baudin en Australie, de 1800 à 1804. Il explora en outre les îles Moluques, Java, Sumatra et les côtes des Indes orientales. Il visita le Brésil et la Guyane, en

1812. On a de lui : *Notice sur le cannelier de l'île de Ceylan*, publiée à l'île Bourbon, en 1821 ; *Notice sur la végétation de la Nouvelle-Hollande et de la terre de Diémen* (dans le *Voyage de découvertes aux terres australes pendant les années 1800-1804, rédigé par Péron, continué par Louis de Freycinet*, 2ᵉ édit., 1824, in-8°, 4 vol.). Robert Brown a dédié à Leschenault de La Tour le genre *Leschenaultia*, dans la famille des Goodéniacées.

Hubert F. Soyer-Willemet, botaniste français, parent par alliance des Willemet dont nous avons parlé page 257, et, comme eux, habitant Nancy, a publié : *Mémoire sur le nectaire*, 1826 ; *Observations sur quelques plantes de France, suivies du Catalogue des plantes vasculaires des environs de Nancy*, 1828 ; *Euphrasia officinalis et espèces voisines, Erica vagans et multiflora, Observations de botanique*, 1835 ; *Gnaphalium neglectum, nouvelle espèce du groupe des Filaginées*, 1836 ; *Sur le Cerastium manticum et quelques espèces de ce genre ; Erodium chium et laciniatum, plantes nouvelles de la Flore française avec des notes sur quelques espèces de ce genre*, 1839 ; *Revue des Trèfles de la section Chronosemium*, en collaboration de M. Godron, 1847.

Étienne Soulange-Bodin, célèbre horticulteur et agronome français, secrétaire perpétuel de la Société centrale d'agriculture de la Seine, l'un des fondateurs de la Société d'horticulture de Paris et son secrétaire général pendant quinze ans, né à Tours en 1774, mort en 1846, s'occupa dès sa jeunesse d'histoire naturelle et de botanique. Après avoir occupé des fonctions dans la diplomatie et le poste de chef de cabinet du vice-roi d'Italie, Eugène Beauharnais, il fut chargé, à la chute de l'empire, de surveiller les jardins de la Malmaison. Il acheta ensuite le château de Fromont, à Ris, dans le département de Seine-et-Oise, s'y retira, et fit de ce lieu un jardin enchanteur où toutes les familles de fleurs et d'arbustes étaient représentées, et où les serres renfermaient les plantes les plus rares. Il conçut l'idée de créer à Fromont une sorte d'école d'horticulture théorique et pratique, qui s'ouvrit en effet, en 1829, sous le titre d'*Institut royal horticole*, avec le patronage du roi Charles X. Des professeurs éminents y furent attachés et un recueil mensuel rendit compte des cours et des travaux. Mais à la révolution de 1830, ce bel Institut fut fermé, après une année à peine d'existence, le gouvernement nouveau ayant supprimé l'allocation donnée par l'ancien. On a de M. Soulange-Bodin les opuscules suivants : *Notice sur une nouvelle espèce de Magnolia*, 1826 ; *Discours sur l'importance de l'horticulture et sur les avantages de son union avec les sciences physiques*, 1827 ; *Catalogue des Dahlias nains d'origine anglaise*, 1832 ; *De la culture des plantes dites de terre de bruyère et de leur introduction en grand dans les jardins paysagers*, 1828 ; *Mémoire sur l'introduction des arbres forestiers exotiques dans les grandes plantations économiques*, 1833. M. Soulange-Bodin continua la publication des *Annales de l'Institut royal horticole de Fromont* jusqu'à l'année 1834. Il a aussi donné des articles nombreux à l'*Encyclopédie d'agriculture pratique*, à celle d'*Horticulture*, au recueil de la *Société centrale d'agriculture* de la Seine, etc.

Poiteau (A.), botaniste et horticulteur français, né près de Soissons, en 1766, fut d'abord un pauvre garçon jardinier, sans la moindre instruction. Ce ne fut qu'à l'âge de vingt-cinq ans qu'il résolut d'apprendre à lire et à écrire. Il étudia autant qu'il le put dans les rares moments de loisirs que lui laissait son dur métier de jardinier maraîcher. Dès qu'il crut posséder assez convenablement la langue française, il partit pour l'Amérique. Là, il eut à subir les étreintes de la plus rigoureuse misère ; mais il n'en profita pas moins de toutes les occasions d'observer et de s'instruire. Il rentra en France, après avoir acquis des connaissances nouvelles en fait de végétaux, continua à étudier, et peu à peu le pauvre jardinier devint assez digne d'être remarqué pour qu'on lui donnât le titre de botaniste dans la maison du roi. Après avoir décrit, dans les *Annales du Muséum*, un grand nombre de plantes d'Amérique encore ignorées, il entreprit, avec la coopération de Turpin, une *Flore parisienne*, ouvrage orné de figures et disposé suivant le système sexuel, dont il n'a paru que 8 livraisons, in-fol., de 1808 à 1813. Il donna ensuite : *Le Jardin botanique de l'École de médecine de Paris, ou description abrégée des plantes qui y sont cultivées*, Paris, 1816, in-12 ; et vers le même temps, il travailla, avec Risso, à l'*Essai sur l'histoire naturelle des orangers, bigaradiers, limettiers, cédratiers limoniers ou citronniers cultivés dans le département des Alpes-Maritimes*, publié par ce dernier. Nommé professeur d'horticulture à l'Institut de Fromont, créé par Soulange-Bodin, sous le protectorat du roi Charles X, il s'occupa exclusivement de science horticole. Il concourut à la rédaction des *Annales de Fromont*, puis devint rédacteur en chef de la *Revue horticole*, et collabora au *Bon Jardinier*. Il fut nommé secrétaire-rédacteur de la Société royale d'horticulture et membre de la Société d'agriculture de France. Dans cette situation, il fut recherché des éditeurs, et publia sa *Pomologie française, Recueil des plus beaux fruits cultivés en France*, Paris et Strasbourg, 1838 et années suivantes, 431 liv. in-fol. de chacune une planche coloriée, avec texte descriptif. Mais la vieillesse et l'excès du travail vinrent éteindre les facultés intellectuelles de Poiteau, qui termina sa vie dans une situation pire peut-être que n'avait été celle de sa jeunesse, ayant perdu tous ses emplois, pauvre, abandonné de ses amis; à peine savait-on qu'il existât encore. Cependant quelques membres de la Société d'horticulture de France accompagnèrent le cercueil de celui qui avait été en France l'un des plus dévoués soutiens du progrès horticole, et que l'on avait surnommé le Lindley français. Ventenat avait, depuis longtemps, consacré à Poiteau le genre *Poitœa*, dans la famille des Papilionacées.

Charles baron de Butret, gentilhomme français, avait établi, aux portes de Strasbourg, des jardins qu'il cultivait avec passion, quand la Révolution le força à émigrer. Il se réfugia chez l'Électeur palatin, dont il dirigea les jardins à Schwetzingen, qui devinrent les plus beaux de toute l'Allemagne. Après la Révolution, il retourna à Strasbourg, et y mourut, en 1805. Il n'a fait qu'un livre, mais remarquable et essentiellement pratique; c'est la *Taille raisonnée des arbres fruitiers*, qui, de 1793 à 1822, a eu 16 éditions.

L'abbé Calvel (Étienne), littérateur, arboriculteur et agronome théoricien français, mort en 18 0, fut le principal rédacteur de la *Feuille du cultivateur*. On a de lui : *Traité complet sur les pépinières*, Paris, 1803, in-12; 3ᵉ édit. 1831, 3 vol. in-12, avec planches; *Manuel pratique des plantations*, 1804, in-12; *Du Melon et de sa culture*, 1810; *De la Betterave et de sa culture, considérée sous le rapport du sucre qu'elle renferme*, 1811. L'abbé Calvel a publié en outre des *Mémoires* sur l'Orme, sur l'Ajonc; des *Principes pratiques sur la plantation du chasselas*; des *Recherches et Expériences sur les moyens pratiques d'accélérer la fructification des arbres*; des *Recherches sur l'éducation et la culture du Mûrier blanc*.

Le marquis Simon-Louis-Pierre de Cubières, ancien écuyer de Louis XVI, naturaliste et littérateur français, membre associé de l'Académie des sciences, né en 1747, mort en 1821, s'est occupé de botanique et de conchyologie. Il recherchait et cultivait avec soin tous les arbres exotiques pour les propager. La botanique lui dut, de

1802 à 1810, quelques Mémoires : 1° *sur le Cèdre rouge de Virginie;* 2° *sur le Tulipier;* 3° *sur l'Érable à feuilles de frêne;* 4° *sur les Micocouliers;* 5° *sur les Cyprès de la Louisiane;* 6° *sur le Magnolier auriculé.*

Le comte Lelieur, inspecteur des jardins royaux sous Louis XVIII, a publié : *De la culture du rosier,* 1811; *Mémoire sur la maladie des arbres fruitiers,* 1812; *Pomone française ou traité de la culture et de la taille des arbres fruitiers,* Paris, 1847, in-8°, avec 8 planches; *Mémoire sur le Dahlia et sur sa culture,* 1829. C'est au comte Lelieur que l'on doit la magnifique rose perpétuelle, dite *Rose du roi.*

Georges-Louis-Marie Dumont de Courset, militaire et agronome français, né en 1746, près de Boulogne-sur-Mer, mort en 1824, prit le goût des études botaniques pendant que son régiment était dans le Roussillon. Renonçant alors à la carrière des armes, il vint s'établir au château de Courset où il créa des jardins modèles, qui eurent bientôt une grande réputation. Après un voyage en Angleterre, il changea toutes ses idées en fait de culture, et publia, en 1784, un *Mémoire sur l'agriculture boulonnaise,* en vue d'améliorer la culture dans les contrées maritimes de cette partie de la France. En 1798, il commença la publication de son *Botaniste cultivateur, ou Description, culture et usages de la plus grande partie des plantes étrangères, naturalisées et indigènes, cultivées en France, en Autriche, en Italie et en Angleterre, rangées suivant la méthode de Jussieu.* Il donna, de 1811 à 1814, en 7 vol. in-8°, une 2ᵉ édition, fort augmentée, de cet ouvrage, qui eut un grand succès, et fut traduit en allemand et en italien.

Alphonse Du Breuil, horticulteur et surtout arboriculteur français, né à Rouen, en 1811, mort en 1858, commença ses études pratiques d'horticulture sous son père, qui était directeur du jardin des plantes de Rouen, et vint terminer son éducation scientifique à Paris. Il fut ensuite chargé du cours de culture à l'école normale primaire de la Seine-Inférieure, et, en 1838, on le nomma professeur à l'école d'agriculture, où il enseigna aussi l'arboriculture. Il fonda dans sa ville natale une école d'arbres fruitiers, qui bientôt passa pour la première de France. Malheureusement, à la révolution de 1848, il se précipita dans la politique, au grand détriment de ses travaux et de sa réputation scientifique. Néanmoins appelé à Paris, il fut chargé de professer l'arboriculture à l'école des arts et métiers, et d'un cours pratique et gratuit pour les jardiniers. Du Breuil a publié : *Cours élémentaire, théorique et pratique d'arboriculture,* 1ʳᵉ édit., Paris, 1846; 2ᵉ édit.,

1866, 1 vol. in-18, en 2 parties, avec 4 vignettes sur acier, 900 figures dans les textes, et des tableaux ; *Manuel d'arboriculture des ingénieurs, Plantations d'alignement forestières et d'ornement, boisement des dunes, des talus*, etc., 2ᵉ édit. Paris, 1865, 1 vol. in-18, avec 234 figures dans le texte ; *Instruction élémentaire sur la conduite des arbres fruitiers*, 6ᵉ édit. Paris, 1866, 1 vol. in-18, avec 491 figures ; *Traité élémentaire d'agriculture*, en collaboration de M. Jean-Pierre-Louis Girardin, le chimiste agronome, Paris, 1850 ; 2ᵉ édit. 1863, 2 vol. in-18, avec 955 figures dans le texte. Du Breuil a fourni en outre de nombreux mémoires et articles aux Journaux et Revues horticoles et agricoles.

Louis-Augustin-Guillaume Bosc, naturaliste français, né à Paris en 1759, mort en 1828, s'occupa de botanique dès l'enfance. Il reçut à Dijon les leçons de Durande, vint ensuite à Paris où il suivit les cours de Jussieu, et entra en relations d'amitié avec Broussonet, Gouan et d'autres savants. Pendant la période révolutionnaire il fut nommé, par le ministre Roland, l'un des trois administrateurs des postes, et, peu après, fut, comme son protecteur, destitué et poursuivi. Mᵐᵉ Roland, au moment de son arrestation, lui confia sa fille et le manuscrit de ses mémoires. Bosc, caché dans la forêt de Montmorency, sous un habit de paysan, se livra courageusement aux travaux des champs, et vint à bout, de cette manière, non-seulement d'échapper personnellement à l'échafaud, mais de sauver la vie à plusieurs de ses amis, notamment à Lareveillère-Lépeaux, à qui il fit partager son asile. Celui-ci ayant reparu sur la scène au 9 thermidor, et faisant partie du Directoire, en 1795, nomma Bosc au poste de consul à New-York ; mais son protégé fut mal accueilli, ne put obtenir d'*exequatur* du président des États-Unis, et fut obligé de retourner en France où on le nomma administrateur des hôpitaux. Bientôt il reçut une mission plus compatible avec ses goûts ; on le chargea d'étudier la Suisse et l'Italie au point de vue scientifique. En 1803, il fut nommé directeur des pépinières de Versailles, et, depuis ce moment, il se voua tout entier à la botanique et aux progrès de la culture. L'Institut lui ouvrit ses portes en 1806. A la mort d'André Thouin, il fut appelé à la chaire de culture du Jardin des plantes de Paris, qu'il conserva jusqu'à sa mort. Bosc avait réuni de nombreux matériaux pendant ses voyages. Il en a publié une grande partie dans les *Mémoires de l'Institut*, les *Bulletins de la Société philomatique* et de la *Société d'encou-*

BOTANISTES
FRANÇAIS.

ragement; mais toutes les observations qu'il avait recueillies aux États-Unis concernant l'agriculture se trouvent dans le *Nouveau Dictionnaire d'histoire naturelle* publié par Déterville, Paris, 1803, et dans le *Dictionnaire d'Agriculture.* On a cependant de lui séparément : *Exposition du plan de travail adopté pour étudier et classer les diverses variétés de vignes cultivées dans les pépinières du Luxembourg; Mémoire sur les différentes espèces de chênes qui croissent en France,* Paris, 1808; *Collection de lettres ou de mémoires relatifs aux effets sur les Oliviers de la gelée du 11 au 12 janvier 1820,* Paris, 1822; *De la culture des arbres et de l'aménagement des forêts,* 1821. On devait à Bosc la belle collection de vignes qui a existé jusqu'en 1867 au jardin du Luxembourg. Lamarck a dédié à ce savant essentiellement pratique le genre *Boscia* dans les Capparidées.

DRAPIEZ.

Auguste Drapiez, naturaliste belge, né à Bruxelles en 1790, s'est plus occupé de minéralogie, de chimie et de zoologie que de botanique. Cependant cette science lui doit une *Notice sur le Nandhirobe,* 1819; et un ouvrage publié sous sa direction, portant le titre d'*Encyclographie du règne végétal,* Bruxelles, 1833-1838, 6 vol. petit in-fol. avec 372 planches coloriées.

DUMORTIER.

Barthélemy-Charles Dumortier, botaniste belge, est auteur des publications suivantes : *Observations botaniques,* Tournai, 1822; *Observations sur les Graminées de la Flore belge,* Tournai, 1823, in-8°, avec 16 planches coloriées; *Notice sur un nouveau genre de plantes (Hulthemia), précédée d'un aperçu sur la classification des roses,* Tournai, 1824; *Florule belge,* Tournai, 1827; *Analyse des plantes,* 1829; *Recherche sur la motilité des végétaux,* Gand, 1829; *Notice sur le genre Dionœa; Sylloge Jungermannidearum Europæ indigenarum,* Bruxelles, 1831, in-8°, avec 2 tables coloriées; *Recherches sur la structure comparée et le développement des animaux et des végétaux,* Bruxelles, 1832, in-4°, avec 2 planches; *Essai sur le genre Mælenia, de la famille des Orchidées,* 1834; *Essai carpographique présentant une nouvelle classification des fruits,* Bruxelles, 1835, in-4°, avec 3 planches.

LES DEUX KICKX.

Deux Belges du nom de Kickx, le père et le fils, ont publié des ouvrages de botanique dans le siècle présent. Kickx le père, mort en 1831, est auteur de la *Flora Bruxellensis, cui additur Lexicon botanicon,* Bruxelles, 1812, in-8°, et du *Résumé d'un cours de minéralogie et de botanique,* 1828. — Jean Kickx le fils a publié : une *Dissertation* sur les plantes officinales et vénéneuses des environs de Louvain (*Commentatio*, etc., Louvain, 1827); une *Flore cryptogamique des environs de Louvain*, Bruxelles, 1835; *Notice sur quelques espèces peu connues de la Flore belge*, 1835, in-8°, avec 3 planches de cryptogames; *Recherches sur quelques champignons du Mexique*, 1841, avec 2 planches coloriées; *Recherches pour servir à la Flore cryptogamique des Flandres*, Bruxelles, 1840-1846, 3 centuries in-4°.

Alexandre-Louis-Simon Lejeune, médecin et botaniste belge, membre de l'Académie royale de Belgique, né à Verviers, en 1779, fut l'élève de l'illustre De Candolle qu'il aida dans ses recherches botaniques en Belgique. On a de lui : *Flore des environs de Spa*, Liége, 1811-1816, en 3 parties in-8°; *Revue de la Flore des environs de Spa*, 1824, in-8°; *De quarumdam indigenarum plantarum virtutibus commentarii*, 1820; et, en collaboration de Richard Courtois : *Choix des plantes de la Belgique*, Liége et Verviers, 1825-1830; *Compendium Floræ belgicæ*, Liége, 1828-1836, 3 vol. in-8°. Liboschitz a dédié à Lejeune le genre *Lejeunea*, dans les Jungermanniées.

Le baron Samuel-Élisée Bridel-Brideri, naturaliste suisse, naquit, en 1761, dans le canton de Vaud. Il fut chargé de l'éducation des deux fils du duc de Saxe-Gotha, et la botanique ne fut d'abord pour lui qu'une distraction. Il devint diplomate, et eut à conduire des négociations auprès de Napoléon Ier. A la mort de ses élèves, il se retira dans une maison de campagne aux environs de Gotha, et ce ne fut qu'à partir de ce moment qu'il s'occupa uniquement de l'étude des végétaux, surtout des mousses. Il mourut en 1828, après avoir enrichi la bryologie de trois ouvrages fort estimés : 1° *Muscologia recentiorum seu Analysis, historia et descriptio methodica omnium muscorum frondosorum hucusque cognitorum*, etc., Leipzig et Gotha, 1797-1822, 2 vol. in-4°, en 3 parties, avec *Supplements* en 3 parties également; *Methodus nova muscorum*, Gotha, 1819, in-4°; et *Bryologia universa*, Leipzig, 1826-1827, 2 vol. in-8°, avec 13 planches; ce dernier ouvrage est une histoire de toutes les mousses. Willdenow a consacré au baron Bridel-Brideri le genre *Bridelia* dans la famille des Ombellifères.

Étienne Moricand, botaniste suisse, a publié : *Flore de Vénétie* (*Flora Venetia*), 1er vol. traitant seulement des phanérogames, Genève, 1820; *Plantæ Americanæ rariores descriptæ et iconibus illustratæ*, Genève, 1830, in-fol., avec 10 planches; *Plantes nouvelles d'Amé-*

BOTANISTES FRANÇAIS.

LEJEUNE ET RICHARD COURTOIS.

BRIDEL-BRIDERI.

BRYOLOGIE.

MORICAND.

rique, Genève, 1833-1846, 10 fasc. gr. in-4°, avec 100 planches.

Pierre-Joseph Redouté, que l'on a surnommé le Raphaël des fleurs, professeur de peinture au Jardin des Plantes de Paris, né en 1759, à Saint-Hubert, dans la province de Liége, mort en 1840, a fait les plus belles iconographies florales de son temps. Nous indiquerons les principales : *Les Liliacées*, Paris, 1802-1816, 7 vol. in-fol., 486 planches coloriées; *La botanique de J.-J. Rousseau*, 1805, in-fol. et in-4°, 65 planches coloriées; *Les Roses*, Paris, 1817-1824. Paris, 1824, 3 vol. petit in-fol., 160 planches coloriées; *Choix des plus belles fleurs*, Paris, 1827, in-fol., 144 planches coloriées; *Le Bouquet royal*, œuvre posthume dédiée à la reine Marie-Amélie, Paris, 1843, in-fol., 4 planches coloriées. Beaucoup d'autres publications doivent à Redouté les belles illustrations dont elles sont ornées. C'était, parmi les éditeurs, à qui assurerait le succès d'un ouvrage de botanique avec des dessins de cet habile artiste. Ventenat lui a dédié le genre *Redoutea*, dans les Malvacées.

Sébastien Gérardin, botaniste français, né à Mirecourt (Vosges), n'a jamais produit d'œuvres originales, mais seulement des compilations. C'était un bon vulgarisateur, et voilà pourquoi il a droit à une place dans ce Précis. On lui doit : *Tableau élémentaire de botanique*, Paris, 1805, in-8°, avec 8 planches; *Essai de physiologie végétale*, Paris, 1810, 2 vol. in-8°, avec 54 planches; *Dictionnaire raisonné de botanique*, publié, revu et augmenté de plus de 3,000 articles, en 1817, par Desvaux; autre édition en 1823.

Jean-François Laterrade, professeur de botanique et directeur du jardin des plantes à Bordeaux, né dans cette ville en 1781, mort en 1858, publia, en 1811, à la suite de ses fréquentes herborisations, la première *Flore bordelaise*, car François de Paule Latapie n'avait donné, en 1784, que l'*Hortus Burdigalensis*. L'ouvrage de Laterrade eut le succès qu'il méritait ; une 2e édition, entièrement refondue et augmentée d'un *Essai de la Flore de la Gironde*, en fut donnée en 1821; et une 3e en 1829, accompagnée de 2 planches. Enfin, parut une 4e édition en 1846. Jean-François Laterrade fonda, en 1815, la Société Linnéenne de Bordeaux, et, en 1825, un journal de botanique et d'agriculture, l'*Ami des champs*, qui est continué par son fils, M. Charles Laterrade. Raspail a établi en l'honneur de Laterrade, le genre *Laterradea*, dans la famille des Algues.

Michel-Félix Dunal, docteur en médecine et botaniste français, correspondant de l'Institut, professeur à la faculté de Montpellier, né dans cette ville en 1777, mort en 1856, a laissé des travaux estimés, entre autres : *Histoire naturelle, médicale et économique des Solanum, et des genres qui ont été confondus avec eux*, Montpellier, 1813, in-4°, avec 26 planches; *Solanorum generumque affinium synopsis*, Montpellier, 1816; cette monographie fait partie du *Prodromus* de De Candolle; *Monographie des Anonacées*, Paris, 1817; et diverses études organogéniques et physiologiques : *sur la nature et les rapports de quelques-uns des organes de la fleur*, 1829; *sur les fonctions des organes floraux colorés et glanduleux*, 1829; un *Mémoire sur la structure, le développement et les organes générateurs du Marsilea Fabri*, plante trouvée par M. Esprit Fabre dans les environs d'Agde, 1837; *Description du Planera Richardi*, 1843; l'*Éloge historique de M. De Candolle*, son maître, en 1842. Humboldt, Bonpland et Kunth ont créé dans les Solanées un genre *Dunalia* en l'honneur du savant botaniste de Montpellier, qui prononça l'éloge historique d'Augustin-Pyrame de Candolle.

René-Joachim-Henri Dutrochet, botaniste français, docteur en médecine, membre de l'Institut, né à Néon, dans le Poitou, en 1776, mort en 1847, était le fils de parents nobles et riches dont il devait hériter, quand la Révolution leur enleva toute leur fortune. Il servit un moment, avec deux de ses frères, dans un corps royaliste du Maine, et, après l'amnistie qui suivit l'installation du gouvernement des consuls, il vint à Paris étudier la médecine, fut médecin militaire, et se signala par son dévouement dans une terrible épidémie typhoïde qui se joignit, en Espagne, au fléau de la guerre. En 1809, il donna sa démission et vint se fixer dans une maison de campagne en Touraine, près de Château-Renault. Ce fut là que, pour la première fois, il sentit naître en lui le goût de l'étude des végétaux, étude à laquelle il était préparé par ses connaissances médicales. Désormais toute la vie de Dutrochet appartint à la botanique, particulièrement au point de vue de la physiologie et de l'anatomie des plantes. Dutrochet n'avait encore donné que des Mémoires épars, quand l'Académie des sciences le choisit pour un de ses correspondants. En 1820 et 1822, elle couronna ses travaux. Il publia, en 1824, ses *Recherches anatomiques et physiologiques sur la structure intime des animaux et des végétaux et sur leur motilité*. Ensuite parut : *L'agent immédiat du mouvement vital dévoilé dans la nature et dans son mode d'action chez les végétaux et chez les animaux*,

Paris, 1826. Dutrochet donna, en 1828 : *Nouvelles recherches sur l'endosmose et l'exosmose, suivies de l'application expérimentale de ces actions physiques à la solution du problème de l'irritabilité végétale et à la détermination de la cause de l'ascension des tiges et de la descente des racines*, in-8°, avec 2 planches. Il fut nommé membre titulaire de l'Académie des sciences en 1831. Ce ne fut qu'en 1837 que parurent ses célèbres *Mémoires pour servir à l'histoire anatomique et physiologique des végétaux et des animaux*, publiés à Paris, en 2 volumes in-8°. accompagnés d'un Atlas de 30 planches, mémoires qui font époque dans la science, même pour les contradicteurs qu'ils ont rencontrés. En tête de ce recueil, l'auteur a écrit « qu'il considérait comme non avenu tout ce qu'il avait publié précédemment sur ces matières, et qui ne se trouvait point reproduit dans cette collection. » On a encore de Dutrochet, outre plusieurs notes et mémoires insérés dans les *Comptes rendus de l'Académie des sciences* et dans les *Archives du Muséum*, un ouvrage intitulé : *Recherches physiques sur la force épipolique*, 1842-1843. Dutrochet s'est placé par ses écrits au premier rang parmi les anti-vitalistes. Il a enrichi la science de la découverte d'un phénomène qu'il a désigné sous le nom d'*endosmose*, nouvelle action physique qui, selon lui, est le principe de tous les mouvements végétaux. « Si des restrictions sont ici nécessaires, a dit son biographe (*Biographie universelle, nouvelle édit.*, t. XII, p. 147), la découverte de l'endosmose n'en reste pas moins d'une grande importance pour la physiologie végétale, et aussi pour la physiologie animale. » Le même biographe cite de Dutrochet les lignes suivantes qui renferment sa doctrine : « Les êtres vivants doivent être considérés comme des laboratoires dans lesquels la nature opère des phénomènes et confectionne des substances qui ne peuvent avoir de durée que sous l'influence des causes particulières qui ont présidé à leur production. La vie se compose de phénomènes physiques et chimiques spéciaux qui doivent se rattacher à la physique et à la chimie générale. Il faut donc chercher à découvrir quels sont les phénomènes spéciaux de la physique et de la chimie auxquels le mouvement vital doit son existence. Je pense avoir fait le premier pas dans cette voie par la découverte de l'endosmose[1]. »

1. On appelle *endosmose* un phénomène consistant en ce que, toutes les fois que deux liquides miscibles, dont l'un est plus fluide et l'autre l'est moins, sont séparés par une membrane organique, il s'établit un double courant à travers les parois de la cloison qui les sépare : l'un de dehors en dedans, plus rapide ; l'autre de dedans en

François-Victor Mérat, médecin français, membre de l'Académie de médecine, né à Paris en 1780, mort en 1851, s'occupa de botanique en homme qui trouvait cette science indispensable aux gens de son art. Ses travaux dans cet ordre d'idées sont : 1° *Nouvelle Flore des environs de Paris, avec l'indication des vertus des plantes usitées en médecine et des détails sur leur emploi pharmaceutique*, Paris, 1812, in-8°; 4° édit. revue et augmentée, Paris, 1836, 2 vol. in-12; 2° *Éléments de botanique à l'usage des personnes qui suivent les cours du jardin du roi et de la faculté de médecine de Paris*, ouvrage qui a eu également de nombreuses éditions, la 4° en 1817, la 6° en 1829; 3° avec Delens, *Dictionnaire universel de matière médicale et de Thérapeutique générale*, Paris, 1829, 6 vol. in-8°; nouvelle édition, 1846, 7 vol. in-8°; dans ce dictionnaire, qui est encore très-estimé, les médicaments tirés du règne végétal tiennent une place importante; 4° *Examen des genres Apargia et Thrincia*, 1831; 5° *Synopsis de la Nouvelle Flore des environs de Paris*, Paris, 1837, in-18; 6° *Notice sur une hépatique regardée comme l'individu mâle du Marchantia conica*, 1840; 7° *Revue de la Flore parisienne, suivie du texte du Botanicon Parisiense de Vaillant avec les noms Linnéens en regard, ouvrage servant de complément à la Nouvelle Flore des environs de Paris, et au Synopsis du même auteur*, Paris, 1843, in-8°; *Appendice* en 1846; 8° *Notice sur la destruction des roses naissantes par la larve d'une mouche à scie*, 1644; 9° *Mémoire sur la possibilité de cultiver le thé en pleine terre et en grand en France*, 1844. Mérat a dirigé ou rédigé plusieurs journaux et recueils de médecine.

Jean-Louis-Marie Poiret, botaniste et voyageur français, né à Saint-Quentin, en 1775, mort en 1834, visita les États barbaresques pendant les années 1785 et 1786, et publia son *Voyage en Barbarie*

dehors, plus lent. Dans le premier cas, le phénomène est appelé *endosmose*; dans le second cas, *exosmose*. C'est par ce double mouvement, joint à l'action capillaire des tissus, que l'on explique en grande partie l'absorption animale qui a lieu par les parois des veines, et celle de la sève des végétaux par les pores placés à l'extrémité des radicelles. On a construit, sous le nom d'*endosmomètre*, un instrument au moyen duquel on peut rendre sensibles les phénomènes de l'endosmose. C'est un réservoir sans fond, bouché inférieurement par une vessie ou par toute autre substance qu'on se propose d'étudier, et terminé supérieurement par un tube gradué. Le phénomène de l'endosmose a été signalé pour la première fois, en 1828, par Dutrochet. Le docteur Boucherie a fait une heureuse application des effets de l'endosmose à la conservation et à la coloration des bois, et M. Séguin s'en est servi avec non moins de succès pour la conservation des cadavres.

BOTANISTES FRANÇAIS.

MÉRAT.

MATIÈRE MÉDICALE VÉGÉTALE.

POIRET.

ou Lettres écrites de l'ancienne Numidie, avec un Essai sur l'histoire naturelle de ce pays, Paris, 1789, 2 vol. in-8°. Il donna ensuite : *Leçons de Flore ou Cours complet de botanique*, Paris, 1823, in-8°; *Histoire philosophique, littéraire, économique des plantes d'Europe*, Paris, 1825-1829, 7 vol. in-8°. Poiret a collaboré, avec Lamarck, à l'*Encyclopédie méthodique*.

Horace-Benedict-Alfred Moquin-Tandon, naturaliste, docteur en médecine, docteur ès sciences, littérateur français, membre de l'Institut, né à Montpellier en 1804, mort vers 1862, fut élève de Dunal et d'Auguste Saint-Hilaire. En 1833, on l'appela à la faculté des sciences de Toulouse pour y professer la botanique et y diriger le jardin des plantes, position qu'il occupa pendant vingt ans. Il y joignit, pendant trois ans, celle de doyen de la Faculté. Le gouvernement le chargea, en 1850, d'une mission en Corse pour y faire la Flore de cette île, en collaboration de M. Montagne. En 1853, Moquin-Tandon fut appelé à Paris, pour y succéder à Richard, comme professeur de sciences naturelles à la Faculté de médecine, et, l'année suivante, il occupa à l'Institut le fauteuil laissé vacant par la mort d'Auguste Saint-Hilaire. Nous ne citerons ici que les œuvres botaniques de Moquin-Tandon : *Essai sur les dédoublements ou multiplications d'organes dans les végétaux*, Montpellier, 1826 ; *Chenopodearum monographica enumeratio*, Paris, 1840 ; *Éléments de tératologie végétale, ou Histoire abrégée des anomalies de l'organisation dans les végétaux*, Paris, 1841, in-8°,

ouvrage traduit en allemand par Schauer, et présenté à l'Institut par Auguste Saint-Hilaire, comme offrant pour la première fois un lien scientifique entre des phénomènes anormaux jusque-là observés et décrits isolément; *Monographies des Salsolacées, des Amarantacées, des Basellacées, des Phytollacées*, dans le *Prodrome* de M. M. de Candolle; *Éléments de botanique médicale*, Paris, 1860, in-18, avec 100 figures. Auguste Saint-Hilaire a dit de Moquin-Tandon « qu'il serait consulté avec fruit par les savants et lu avec plaisir par les hommes qui ne se sont pas appliqués spécialement à la botanique. »

Aimé Bonpland, célèbre voyageur et botaniste français, sur les travaux duquel nous reviendrons naturellement, en parlant de son illustre compagnon de voyage en Amérique, Alexandre de Humboldt, naquit en 1773, à La Rochelle où son père était médecin. Sous la république il entra dans la marine en qualité de chirurgien et prit part à une croisière dans l'Océan. Quand le calme fut rétabli à l'intérieur, Bonpland vint à Paris pour y poursuivre ses études médicales que les événements l'avaient forcé d'interrompre, et fit la connaissance du célèbre docteur Corvisart, chez qui il rencontra Humboldt, alors jeune, ardent, impatient de se signaler par des découvertes. Ayant des idées analogues, Bonpland et Humboldt se lièrent promptement, et firent ensemble un noble échange de leurs premières connaissances acquises. Le jeune savant allemand se préparait à un voyage scientifique en Amérique; il proposa à son ami de l'accompagner. Ils partirent le 5 juin 1799. Nous parlerons plus amplement, dans la notice sur Humboldt, de cette mémorable expédition scientifique, qui dura jusqu'au 9 juin 1804, époque où les deux voyageurs débarquèrent à Bordeaux, rapportant des trésors de toutes sortes, particulièrement un des plus merveilleux herbiers que l'on eût encore vu. Bonpland à lui seul avait trouvé et desséché plus de six mille plantes inconnues, dont il s'était appliqué à décrire, au fur et à mesure de leur découverte, les caractères scientifiques et les propriétés. Il fit hommage de sa collection au Muséum d'histoire naturelle de Paris. Napoléon 1er lui donna une pension, sans attendre qu'il l'eût demandée, et l'impératrice Joséphine, qui aimait beaucoup toutes les plantes qui lui rappelaient l'Amérique, où elle était née, l'invita à venir à la Malmaison, superbe domaine, dont il ne tarda pas à devenir l'intendant. Depuis lors, il s'occupa activement, avec Humboldt, de la rédaction du célèbre *Voyage aux régions équinoxiales de l'Amérique,* dont les premières livraisons parurent en 1807. Humboldt et Bonpland publièrent en outre: l'*Essai sur la géographie des plantes,* Paris, 1805, in-4° et in-8°; *les Plantes équinoxiales recueillies au Mexique, à l'île de Cuba, dans les provinces de Caracas, de Cumana, aux Andes de Quito, sur les bords de l'Orénoque et de l'Amazone* (*Plantæ æquinoctiales,* etc.). Paris, 1805-1818, 2 vol. in-fol., avec 140 planches noires ou coloriées; *Monographie des Mélastomacées et des Rhéxiées* (*Monographia Melastomacearum,* etc.), Paris, 1806-1823, 2 vol. in-fol., avec 120 planches noires ou coloriées. Cependant, Aimé Bonpland n'avait vu que le commencement de ces belles publications. Le divorce de Napoléon et de Joséphine était venu lui donner une première tristesse; la ruine de l'empire vint à son tour l'affliger; mais où il sentit son cœur se briser complétement, ce fut le 29 mai 1814, quand, assis au chevet du lit de Joséphine, il reçut le dernier soupir de cette princesse. Il se prépara dès lors à quitter la France et à retourner en Amérique, pour chercher dans de nouvelles aventures des distractions aux chagrins que lui avaient causés cette perte et les malheurs de la patrie. Il s'embarqua au Havre à la fin de l'année 1846, emportant des graines, des arbres fruitiers, toutes sortes de plantes utiles d'Europe, pour en doter les pays qu'il allait visiter. Arrivé à Buénos-Ayres, il y fut d'abord accueilli avec empressement et nommé professeur d'histoire naturelle. Mais sa qualité d'étranger lui suscita bientôt des jalousies et de mesquines persécutions. Il quitta, au bout de quelques années, cette terre inhospitalière pour entreprendre un voyage qui, à travers les pampas, les provinces de Santa-Fé, le grand Chaco et la Bolivie, le ramènerait au pied des Andes. Mais à peine était-il entré dans le Paraguay, qu'il fut la victime des soupçons de l'ombrageux docteur Francia, devenu dictateur de ce pays. Cet odieux despote lança au-devant de Bonpland une de ses bandes de sicaires, qui fondirent sur lui à l'improviste, le 3 décembre 1821, lui portèrent un coup de sabre à la tête, l'enchaînèrent et le jetèrent dans une prison d'où il ne sortit que pour être placé dans un lieu assigné, et sous une surveillance incessante. Bonpland, séquestré à Santa-Maria-de-Fé, à 200 kilomètres de l'Assomption, fut obligé de chercher dans son industrie des ressources pour son existence. Il pratiqua la pharmacie et la médecine, distilla et composa des liqueurs, appliquant à la culture des terres avoisinantes les méthodes d'Europe, et prodiguant ses services aux pauvres. En vain l'empereur du Brésil, don Pédro Iᵉʳ, sollicita en sa faveur; en vain Alexandre de Humboldt et Chateaubriand, alors ministre des affaires étrangères, usèrent-ils de tous les moyens politiques pour lui faire recouvrer sa liberté. Francia, qui avait, comme Louis XI, un barbier pour principal confident, n'entendit à rien. Cela dura huit ans. Enfin, le 12 mai 1829, au moment où le pauvre savant s'y attendait le moins, il reçut la nouvelle qu'il était libre de quitter le Paraguay. On suppose que ce fut sur les instances de Bolivar, fondateur et président de la république de Colombie. Bonpland aurait pu croire que toute persécution contre lui avait cessé; mais malgré la nouvelle qu'on lui avait apportée, il se passa encore dix-neuf mois avant qu'on le rendît à la liberté. Ce ne fut que le 2 février 1831 que Francia l'autorisa définitivement à partir. Bonpland, dont la carrière était brisée, la fortune perdue, dont la pension en France avait été rayée du grand-livre, et qui d'ailleurs s'était fait de la nature du nouveau monde une habitude, une seconde patrie, au lieu de songer à opérer promptement son retour en Europe, s'achemina vers les solitudes de l'Uruguay et s'établit auprès de la petite ville de San-Borja, se consacrant à la botanique et à une active correspondance avec les savants d'Europe. Ce fut là qu'il put apprendre que son ancien compagnon de voyages, Alexandre de Humboldt, continuait à rendre hommage à la communauté de leurs travaux, en achevant, sous leurs noms réunis, la publication du *Voyage aux régions équinoxiales*, en faisant paraître sous ces mêmes noms le fameux *Nova genera et species plantarum*, Paris, 1815-1827, 7 vol. in-fol., ou in-4°, avec 700 planches noires ou coloriées; les *Mimoses ou autres plantes légumineuses du Nouveau continent*, Paris, 1819, in-fol., avec 60 planches coloriées; et d'autres ouvrages. Ce fut là aussi qu'on lui annonça sa nomination de correspondant de l'Institut de France, et que toutes les sociétés savantes de l'Europe avaient tenu à honneur de le compter parmi leurs membres. « Le voyageur qui se dirige vers le *Passo* de l'Uruguay, a écrit en 1854 M. Alfred Demarsay, chargé d'une mission scientifique dans l'Amérique méridionale, en quittant cette ancienne mission des jésuites, s'arrête avec intérêt devant un vaste jardin planté d'orangers et d'arbustes d'Europe. Une haie de bromélias le sépare des habitations voisines, et au milieu s'élève un *rancho* de l'apparence la plus modeste. C'est là que M. Bonpland, qui ne s'éloigne de cette tranquille retraite que pour faire de courtes apparitions dans la Plata, consacre à la science les dernières heures d'une vie toute de bienfaisance et de désintéressement; c'est là que l'excellent vieillard, octogénaire, mais encore doué d'une vigueur et d'une mémoire peu communes, accueille avec empressement à son foyer les Français que le hasard, la fortune, ou l'amour de la science, entraînent vers ces régions lointaines. » Depuis que M. Demarsay écrivait ces lignes dans la *Nouvelle biographie générale*, vol. VI, p. 654, Bonpland est mort, le 11 mai 1858, à Santa-Anna, ne laissant malheureusement, après lui, que des notes sur ses derniers voyages, particulièrement sur les provinces de Corrientes et de Rio-Grande du Sud.

Joseph-Henri Léveillé, docteur en médecine, botaniste et surtout cryptogamiste français, est le fils d'un chirurgien distingué mort en 1829. On lui doit : *Description d'une nouvelle espèce d'Agaric et d'une nouvelle Agaricoïdée; Influence du froid sur quelques Agaricoïdées et description de deux espèces nouvelles; Observations sur deux champignons de la famille des Uredinées; Mémoire sur le genre Philobolus;*

Note sur le genre Dictyophora dans la famille des champignons et description d'une espèce nouvelle provenant de l'île de Java; *Mémoire sur l'ergot ou nouvelles recherches sur la cause et les effets de l'ergot, considéré sous le triple rapport botanique, agricole et médical.* Tous les précédents opuscules ont paru, en 1825 et 1826, dans les *Mémoires de la Société Linnéenne*, t. IV et V. M. Léveillé a publié ensuite dans les *Annales des sciences naturelles* : *Recherches sur l'Hymenium des champignons*, 1837, avec 5 planches; *Recherches sur le développement des Urédinées*, 1839; *Description de quelques espèces nouvelles de champignons*, 1841; *Mémoire sur le genre Sclerotium*, 1843; *Observations sur quelques champignons de la Flore des environs de Paris*, 1843; *Champignons exotiques*, 1844-1845; *sur la disposition méthodique des Urédinées*, 1847; *Organisation et disposition méthodique des espèces qui composent le genre Erysiphe*, 1851. M. Léveillé a été un des collaborateurs les plus actifs du *Dictionnaire universel d'histoire naturelle* de d'Orbigny, qui lui doit le remarquable article *Mycologie*, l'article *Agaric*, etc. On a encore de cet auteur : l'*Iconographie des champignons de Paulet*, recueil de 217 planches dessinées d'après nature, coloriées, accompagnées d'un texte nouveau, présentant la description des espèces figurées, leur synonymie, l'indication de leurs propriétés utiles ou vénéneuses, Paris, 1855, in-4°. Le docteur Léveillé a rédigé la partie cryptogamique du *Voyage dans la Russie méridionale et la Crimée exécuté en 1837 sous la direction du prince Anatole Demidoff*. Il a donné la *Description des champignons recueillis par Gaudichaud durant le voyage de la corvette la Bonite*. Il a également décrit les champignons de Java recueillis par Zollinger, dans l'ouvrage sur cette île publié par Moritzi (*Systematiches Verzeichniss der von H. Zollinger in den Jahren 1842-1844 auf Java gesammelten Pflanzen*, etc., Soleure, 1845-1846, in-8°).

Antoine-Laurent-Apollinaire Fée, ancien pharmacien en chef des hôpitaux militaires, docteur en médecine, membre de l'Académie de médecine, successivement professeur à Lille et à Strasbourg où il occupe actuellement la chaire de sciences naturelles à la Faculté, est né dans le département de l'Indre, en 1789. Ses travaux de botanique sont nombreux. Nous citerons les suivants : *Flore de Virgile ou nomenclature méthodique et critique des plantes, fruits et produits végétaux mentionnés dans les ouvrages du prince des poëtes latins*, dans le tome VIII du Virgile de la collection des classiques latins de Lemaire,

Paris, 1822; *Méthode lichénographique*, Paris, 1824, in-4°, avec
4 planches coloriées; *Cours d'histoire naturelle pharmaceutique*, Paris,
1828, 2 vol. in-8°; *Essai historique et critique sur la phytonymie ou
nomenclature végétale*, Lille, 1827; *Monographie du genre Trypethe-
lium*, 1831, in-8°, avec 6 planches coloriées; *Monographie du genre
Chiodecton*, 1829, in-8°, avec 3 planches coloriées; *Flore de Théocrite
et des autres bucoliques grecs*, Paris, 1832, in-8°; *De la reproduction
des végétaux*, Strasbourg, 1833; *Examen de la théorie des rapports
botanico-chimiques*, 1833; *Commentaires sur la botanique et la matière
médicale de Pline*, composés pour le Pline de la collection Panc-
koucke, Paris, 1833, 3 vol. in-8°; *Mémoire sur le groupe des Phyl-
lériées*, Paris, 1834, in-8°, avec 11 planches; *Catalogue méthodique
des plantes du jardin botanique de Strasbourg*, 1836; *Histoire du
jardin botanique de Strasbourg*, 1836; *Les Jussieu et la méthode naturelle*, 1836; *Monographie du genre Paulia*, dans le volume X des
Linnæa; *Monographie du genre Gassicourtia*, dans le tome XI du même
recueil; *Essai sur les Cryptogames des écorces exotiques officinales*,
Paris, 1824-1837, 2 vol. in-4°, avec 45 planches coloriées; *Mémoires
lichénographiques*, 1838, in-4°; *Mémoire sur l'ergot de seigle et sur
quelques agames qui vivent parasites sur les épis de seigle*, Strasbourg,
1843; *Mémoires sur la famille des Fougères*, Strasbourg, 1839-1857,
in-4°, avec 128 planches in-fol. On voit que M. Fée s'est particulièrement occupé des plantes cryptogames, et que c'est son principal titre
comme botaniste. M. Fée est aussi un littérateur; ses études sur Virgile et Théocrite ne sont pas seules à en témoigner; une *Vie de Linnée*,
des *Promenades en Suisse*, des *Souvenirs de la guerre d'Espagne*, des
Études philosophiques sur l'instinct et l'intelligence des animaux, de
nombreux articles dans les *Dictionnaires d'histoire naturelle*, dans
l'*Encyclopédie des gens du monde*, et même une tragédie en vers, en
fournissent d'amples preuves.

Charles-Fréderic Martins, botaniste et météorologiste français,
docteur en médecine, professeur d'histoire naturelle à la Faculté de
médecine de Montpellier, né à Paris, en 1806, est auteur des ouvrages
suivants consacrés au règne végétal : *Essai sur la topographie végétale
du Mont Ventoux en Provence*, 1838; *Du microscope et de son application à l'étude des êtres organisés et en particulier à celle de l'utricule
végétale et des globules du sang*, 1839; *De la délimitation des régions
végétales sur les montagnes du continent européen*, 1840; *Recherches*

sur la croissance du pin sylvestre dans le nord de l'Europe, avec
M. A. Bravais, 1843 ; *Note sur la fleur monstrueuse du Petunia vio-
lacea*, 1844 ; *Essai sur la météorologie et la géographie botanique de la
France*, 1845 ; *De la Tératologie végétale*, 1851 ; *Le Jardin des plantes
de Montpellier*, 1854 ; *Expériences sur la persistance de la vitalité des
graines flottant à la surface de l'eau*, 1857 ; *Mémoire sur les racines
aérifères ou vessies natatoires des espèces aquatiques du genre Jussiæa*, etc., dans les *Mémoires de l'Académie de Montpellier*, 1866 ;
*sur la croissance diurne et nocturne des hampes florales du Dasylirion
gracile, du Phormium tenax et de l'Agave americana*, dans les *Annales de la Société d'horticulture et de botanique de l'Hérault*, 1866 ;
M. Martins a fait insérer plusieurs articles dans la *Revue botanique*,
dans les *Annales des sciences naturelles*, et dans d'autres recueils. Il
est certainement un des hommes de France qui ont le mieux mérité de
la science à notre époque.

François-Vincent Raspail, né à Carpentras, en 1794, que longtemps

on aurait pu qualifier le détenu politique français, est bien plus
connu du vulgaire à ce titre que pour ses travaux de chimiste, de
botaniste, de micrographe, et d'économiste-agricole. Nous ne citerons
que ceux de ses ouvrages qui traitent plus ou moins des végétaux et
de l'agriculture. En 1824, il présenta à l'Institut ses *Mémoires sur la
famille des Graminées, contenant 1° la physiologie, 2° la classification
des Graminées, 3° l'analyse microscopique et le développement de la
fécule dans les Céréales*, Paris, 1825, in-8°, avec 6 planches. Dans ce
travail original, l'auteur réduit au tiers les innombrables espèces de
Graminées en basant sa classification, non sur les caractères de l'enveloppe, mais sur les caractères anatomiques et physiologiques.
M. Raspail publia ensuite un *Cours élémentaire d'agriculture et d'économie rurale*, 1831-1832 ; et son *Nouveau système de chimie organique
fondé sur des méthodes nouvelles d'observation*, Paris, 1833, in-8°,
avec 12 planches en partie coloriées. Cet ouvrage fut refondu dans la
publication de M. Raspail intitulée : *Nouveau système de physiologie
végétale et de botanique, fondé sur les méthodes d'observation qui ont
été développées dans le nouveau système de chimie organique*, Paris,
1837, 2 vol. in-8°, et atlas de 60 planches. L'ouvrage scientifique de
cet auteur qui a fait le plus de bruit est son *Histoire naturelle de la
santé et de la maladie chez les végétaux et chez les animaux en général
et particulièrement chez l'homme*, Paris, 1846, 3 vol. in-8°, avec

planches ; 3ᵉ édit., 1857-1859, 3 vol. in-8°, avec 20 planches noires
ou coloriées. Les *Annales des sciences naturelles* et plusieurs autres
Recueils scientifiques renferment d'intéressants articles de M. Raspail,
qui, après avoir refusé des emplois et des honneurs à tous les régimes
sous lesquels il a passé et avoir préféré se faire le martyr de ses opinions républicaines, s'est enfin décidé à se retirer de la lutte et à aller
vivre paisiblement en Belgique.

A. Mutel, botaniste français, a publié les ouvrages suivants : *Flore
du Dauphiné, précédée d'un précis de botanique*, Grenoble et Paris,
1830, 2 vol. in-8° ; 2ᵉ édit. 1840 ; *Flore française destinée aux herborisations, ornée de planches représentant les caractères de 550 espèces
critiques*, Paris, 1834-1835, 5 vol. in-8°, et un atlas oblong ; *Premier
mémoire sur les Orchidées*, Paris, 1838, in-8°, avec 4 planches ; *Mémoire sur plusieurs Orchidées nouvelles*, Paris, 1842, avec 5 planches ;
Éléments de botanique, 2ᵉ édit., avec 5 planches, Grenoble, 1847.

Nicolas-Charles Seringe, professeur de botanique à la faculté des
sciences de Lyon, directeur du Jardin des plantes de cette ville, est
auteur des ouvrages suivants : *Essai d'une monographie des Saules de
Suisse*, Berne, 1815 ; *Mélanges botaniques, ou recueil d'observations,
mémoires et notices sur la botanique*, Berne, Genève et Lyon, 1818-
1831, 2 vol. in-8° ; *Musée helvétique d'histoire naturelle*, Berne, 1818-
1823 ; *Mémoire sur la famille des Cucurbitacées*, Genève, 1825, in-4°,
avec 5 planches ; *Mémoire sur la famille des Mélastomacées*, Genève,
1830, avec 4 planches ; *Bulletin botanique, ou Collection de notices
originales et d'extraits des ouvrages botaniques*, Genève, 1830-1832,
in-8°, avec 9 planches ; *Essai de formules botaniques représentant les
caractères des plantes par des signes analytiques qui remplacent les
phrases descriptives*, en collaboration de Guillard, Paris, 1835 ; *Notice
sur le Maclure orangé*, Lyon, 1837 ; *le Petit Agriculteur, ou Traité
élémentaire d'agriculture*, Paris, 1841 ; *Éléments de botanique*, Paris
et Lyon, 1841, in-8°, avec 28 planches ; 2ᵉ édit., 1845 ; *Descriptions
et Figures des Céréales européennes*, Paris et Lyon, 1841-1847, grand
in-8°, avec planches in-4° ; *Flore des jardins et des grandes cultures*,
Lyon, 1845, avec planches ; *Flore et Pomone lyonnaises, dessins et
descriptions des fleurs et des fruits obtenus ou introduits par les horti-
culteurs du Rhône*, publication mensuelle commencée en 1841, et
interrompue.

Jean-Baptiste-Henri-Joseph Desmazières, botaniste français, né à

BOTANISTES
FRANÇAIS.

Lille en 1786, a fondé un des prix que décerne l'Académie des sciences pour des travaux sur la botanique. On lui doit : *Agrostographie des départements du nord de la France*, Lille, 1812, in-8° ; *Catalogue des plantes omises dans la botanographie belgique et dans les Flores du nord de la France*, Lille ; 1823 ; *Notice sur les Lycoperdons de Linné*, Arras, 1823 ; *Monographie du genre Naemaspora des auteurs modernes et du genre Libertella*, 1831. L'œuvre la plus importante de M. Desmazières porte le titre de *Plantes cryptogames de France*. Pendant plus de trente ans, de 1825 à 1861, l'auteur a publié le résultat de ses recherches, soit sous forme d'échantillons desséchés, formant la collection la plus étendue que l'on connaisse d'*exsiccata* cryptogamiques d'un même pays, comprenant plus de 3,000 espèces différentes ; soit sous forme de fragments insérés dans divers recueils sous le titre de *Notices sur les plantes cryptogames récemment découvertes en France*.

GUIBOURT.

Nicolas-Jean-Baptiste-Gaston Guibourt, pharmacien, ensuite professeur à l'École supérieure de pharmacie de Paris, membre de l'Académie de médecine, né à Paris en 1790, a fait plusieurs ouvrages estimés dont quelques-uns ont trait à la botanique. Nous citerons en première ligne son *Histoire abrégée des drogues simples*, Paris, 1822, 2 vol. in-8°, dont il a paru plusieurs éditions, la quatrième considérablement augmentée, sous le titre d'*Histoire naturelle des drogues simples*, Paris, 1849-1851, 4 vol. in-8°, avec 800 figures dans les textes. M. Guibourt a publié, avec M. N.-E. Henry, une *Pharmacopée raisonnée*, dont une 3° édit. in-8°, à deux colonnes, accompagnée de 22 planches, a paru en 1847. Il est également auteur d'une *Notice sur la mousse de Jafna ou de Ceylan*, d'un *Mémoire sur les résines connues sous les noms de Damnar, de Copal et d'Animé*; d'une *Notice sur Félix-Louis L'Herminier*, suivie de la nomenclature synonymique créole et botanique des arbres et bois indigènes et exotiques observés à la Guadeloupe; d'un *Mémoire sur l'origine et les caractères des Térébenthines*, etc.

ROQUES.

Joseph Roques, médecin et cryptogamiste français, a plutôt fait des compilations illustrées que des ouvrages originaux. On lui doit : *Plantes usuelles indigènes et exotiques, dessinées et coloriées d'après nature, avec la description de leurs caractères distinctifs et de leurs propriétés médicales*, Paris, 1807-1808, 2 vol. in-4°, avec 133 planches coloriées; *Phytographie médicale*, 1re édit., Paris, 1821, in-4°, avec planches coloriées; 2° édition entièrement refondue, 1835,

3 vol. in-8°, et un atlas gr. in-4° de 150 planches coloriées; *Histoire des champignons comestibles et vénéneux*, 1re édit., Paris, 1832, in-8°; 2e édit. revue et augmentée, 1841, in-8°, et un atlas in-4° de 24 planches; *Nouveau Traité des plantes usuelles*, Paris, 1837-1838, 4 vol. in-8°.

Le comte J. de Tristan, issu d'une des plus anciennes familles de l'Orléanais, à qui Robert Brown a dédié le genre *Tristania* dans les Myrtacées, s'est occupé de botanique comme agréable passe-temps. On lui doit : *Mémoire sur la situation botanique de l'Orléanais et sur les caractères de la Flore orléanaise*, Orléans, 1840; *Mémoire sur les aigrettes des fleurs composées et sur les caractères du genre Zinnia*, 1811; *Mémoire sur les organes caulinéaires des asperges*, 1813; *Tableau des époques de la végétation observées aux environs d'Orléans en 1817 et 1818*, in-8°, avec 3 planches. On trouve, en outre, de M. de Tristan, dans les *Annales des sciences naturelles*, de 1841 et 1844, des *Études phytologiques*, comprenant un *Mémoire sur les caractères et la disposition des divers tissus végétaux de la tige*, et des *Recherches sur la structure des vaisseaux des plantes et particulièrement des vaisseaux lactifères*.

Jean-Pierre-Louis Girardin, chimiste et agronome théoricien français, successivement professeur de chimie proprement dite et de chimie agricole à Rouen, doyen de la Faculté des sciences de Lille, et aujourd'hui recteur de l'académie de Montpellier, correspondant de l'Institut et de l'Académie de médecine de Paris, est né, à Paris, en 1803, d'un père pharmacien-droguiste, et commença par être attaché à la pharmacie centrale des hôpitaux. Nous ne citerons de cet auteur que ceux de ses ouvrages qui ont trait, de plus ou moins près, à la science qui nous occupe : *Nouveau Manuel de botanique, ou Principes élémentaires de physique végétale*, Paris, 1827, in-18, avec 12 planches, ouvrage fait en collaboration de Jules Juillet; *Traité élémentaire d'agriculture*, avec Du Breuil, Paris, 1850; 2e édit., 1863; *Technologie de la garance*, 1844; *Mélanges d'agriculture, d'économie rurale et publique*, 1852; *Mémoire sur le Madia oléifère (Madia sativa)*, 1841; *Mémoire sur la pomme de terre*, avec Du Breuil, 1841; *du Sol arable*, 1842, etc.

Thémistocle Lestiboudois, petit-fils et fils de deux botanistes dont il a été question pages 174-175 de ce Précis, docteur en médecine, ancien professeur de sciences naturelles à l'École de médecine de Lille, puis chargé du cours d'anatomie et de physiologie végétales à la Faculté des sciences de Paris, correspondant de l'Académie des sciences et de l'Académie de médecine, botaniste, économiste et homme politique français, né à Lille en 1797, a publié les ouvrages suivants relatifs à la science qui nous occupe : *Essai sur la famille des Cypéracées*, 1819; *Notice sur la plus interne des enveloppes florales des Graminées*; *Mémoire sur la structure des Monocotylédonés*; *sur les fruits siliqueux*; *sur le fruit des Papavéracées*, 1823; *Observations phytologiques sur l'insertion des étamines des Crucifères*, 1826; *Botanographie élémentaire, ou Principes de botanique, d'anatomie et de physiologie végétale, la définition des termes usités en botanique, une théorie nouvelle sur l'anatomie et la physiologie végétale, l'exposé des méthodes les plus employées en botanique*, etc., Lille, 1826, in-8°; *Botanographie belgique, ou Flore du nord de la France et de la Belgique proprement dite, contenant les Tableaux analytiques de François-Joseph Lestiboudois* (père de l'auteur, qui lui-même avait publié un ouvrage sous le même titre), Lille, 1827, 2 vol. in-8°; *Notice sur le genre Hedychium de la famille des Musacées*, 1829; *Études sur l'anatomie et la physiologie des végétaux*, Paris, 1840, in-8°, avec 21 planches; *Observations sur les Musacées, les Scitaminées, les Cannées et les Orchidées*, dans les *Annales des sciences naturelles*, 1841 et 1842; *Phyllotaxie anatomique, ou Recherches sur les causes organiques des diverses distributions des feuilles*, dans les *Annales des sciences naturelles*, 1848; *De la vrille des Cucurbitacées*, 1857; *Notes sur les vrilles des genres Vitis et Cissus*, 1857; *Carpographie anatomique*, dans les *Annales des sciences naturelles*, 1854; *Mémoire sur la structure des Cycadées*, 1860; *Mémoire sur l'écorce des Dicotylédonés et spécialement sur le Suber*, 1860; *Notes sur les vaisseaux du latex, les vaisseaux propres, les réservoirs des sucs élaborés*, dans les *Comptes rendus de l'Académie des sciences*, 1863. Du Petit-Thouars avait créé, en l'honneur de François-Joseph Lestiboudois, le genre *Lestibouderia* dans la famille des Amarantacées; de Candolle créa le genre *Lestibodea*, dans les Composées, en l'honneur de M. Thémistocle Lestiboudois.

  Emmanuel Lemaout, docteur en médecine et naturaliste français, né vers l'année 1812 à Paris, est auteur de plusieurs ouvrages de botanique élémentaire. Ce sont : *Leçons élémentaires de botanique fondées sur l'analyse de 50 plantes vulgaires et formant un traité complet d'organographie et de physiologie végétales*, Paris, 1844, 2 vol. in-8°, et

atlas de 50 planches noires ou coloriées; 2ᵉ édit., 1857, 1 vol. gr.
in-8°, et atlas; *Atlas élémentaire de botanique, avec le texte en regard, ouvrage contenant 2,340 figures,* en collaboration de MM. Decaisne et Steinheil, Paris, 1846, in-4°; *Histoire naturelle des familles
végétales et des principales espèces, avec l'indication de leur emploi
dans les arts, les sciences et le commerce,* Paris, 1854, 1 vol. gr. in-8°,
avec figures intercalées dans les textes et planches coloriées; *Traité
général de botanique descriptive et analytique,* en collaboration de
M. Decaisne, Paris, 1868, ouvrage contenant 5,500 figures d'après les
dessins de Steinheil et Riocreux. M. Lemaout a aussi publié des ouvrages élémentaires de zoologie, de physique et de chimie.

On doit à Augustin Sageret, agronome français, né en 1763, mort
en 1852, un *Mémoire sur le semis de la Solanée parmentière ou pomme
de terre,* 1813, et trois autres écrits quelquefois encore cités : *Discussion sur l'existence des deux séves dites de printemps et d'août, exposition de quelques idées sur leur nature, leur cause et leurs effets pré-
sumés,* 1818; *1ᵉʳ et 2ᵉ Mémoires sur les Cucurbitacées, principalement
sur le Melon, avec des considérations sur la production des hybrides,
des variétés,* etc., Paris, 1826 et 1827. Adolphe Brongniart a dédié à
Sageret le genre *Sageretia* dans la famille des Rhamnées.

Edmond Boissier, botaniste suisse des plus distingués, est auteur
des ouvrages suivants : *Elenchus plantarum novarum minusque cognitarum quas in itinere hispanico legit,* Genève, 1838, in-8°; *Voyage
botanique dans le midi de l'Espagne pendant l'année 1837,* Paris,
1839-1845, 2 vol. gr. in-4°, avec 203 planches coloriées; *Diagnoses
plantarum orientalium novarum,* savant ouvrage publié en treize parties, de 1842 à 1849, et qui n'était que le prélude de la *Flore d'Orient,*
ouvrage dont il a déjà paru un volume à l'heure où nous écrivons
(*Flora orientalis sive enumeratio plantarum in Oriente a Græcia et
Ægypto ad Indiæ fines hucusque observatarum,* Bâle et Genève, in-8°,
1867). M. Boissier a publié, avec Georges-François Reuter : *Diagnoses
plantarum novarum hispanicarum, præsertim in Castella nova lectarum,* Genève, 1842. Il a fait la *Monographie du genre Euphorbe* dans
le *Prodrome* d'Augustin-Pyrame de Candolle[1].

---

1. Les autres Genevois qui ont concouru à la continuation du Prodrome sont :
M. Duby pour les Primulacées; M. Choisy pour les Convolvulacées. M. de Candolle fils
a fait la famille de Juglandées.

Jean-Étienne Duby, botaniste genevois, a publié : 1° *A.-P. De Candolle Botanicon gallicum, sive Synopsis plantarum in Flora gallica descriptarum; Editio II, ex herbariis et schedis Candollianis propriisque digestum*, Paris, 1828-1830, 2 vol. in-8°; 2° *Essai d'application à une tribu d'Algues de quelques principes de taxonomie, ou Mémoires sur un groupe de Céraminiées*, Genève, 1832-1836, en trois mémoires accompagnés de planches; 3° *Mémoire sur la famille des Primulacées*, Genève, 1844, dans le *Prodrome* de M. de Candolle.

Jacques-Étienne Gay, né dans le canton de Vaud, en Suisse, vers 1785, se fit naturaliser Français et fut longtemps employé comme secrétaire à la chambre des pairs. Il a consacré une grande partie de sa longue et laborieuse carrière, aujourd'hui terminée, à des recherches d'organographie et de description botanique; mais il a été loin de les publier toutes. On lui doit : *Monographie des cinq genres de plantes que comprend la tribu des Lasiopétalées dans la famille des Buettnériacées*, 1821, in-4°, avec 8 planches; *Fragment d'une monographie des vraies Buettnériacées*, 1823, in-4°, avec 4 planches; *Histoire de l'Arenaria tetraquetra*, 1824; *Monographie des genres Xeranthemum et Chardinia, de la famille des Synanthérées, tribu des Carlinées*, 1827; *Erysimorum quorundam novorum diagnoses*, 1842; *Holostei, Caryophyllearum Alsinearum generis monographia*, 1845; *De Gaillardia, synantherearum genere, tentamen novum geographicum*, 1839; *Fumariæ officinalis adumbratio*, 1842; *Eryngiorum novorum vel minus cognitorum heptas*, 1848; *Notice sur une nouvelle espèce française de chêne*, 1857; *Sur la distribution géographique de trois espèces de la section Hamon du genre Asphodelus*, 1857; *Distribution géographique des espèces*, 1858; *Sur la famille des Amaryssidacées*, etc. M. Jacques Gay s'était passionné, à la fin de sa vie, pour l'observation organographique et physiologique; mais il n'a publié que quelques-unes de ses études à ce sujet. Ce sont : 1° *Recherches sur les caractères de la végétation du Fraisier et sur la distribution géographique de ses espèces*, dans les *Annales des sciences naturelles*, 4° série, tome VIII, 1857; 2° *Note sur les caractères de la végétation des Fraisiers*, dans le *Bulletin de la Société botanique de France*, tome V, 1858; 3° *Note sur la végétation, l'inflorescence et la structure florale du Chêne*, dans le même *Bulletin*, tome IV, 1857; *Note sur les caractères essentiels du Potamogeton trichoïdes*, même Recueil, t. I, 1854.

Claude Gay, membre de l'Académie des sciences, né en 1800, à

Draguignan, a voyagé en Grèce, dans l'Asie Mineure, dans l'Amérique méridionale et particulièrement au Chili, qu'il a exploré à tous les points de vue. Son principal, pour ne pas dire son seul titre scientifique, mais titre considérable, est l'*Histoire physique et politique du Chili* (*Historia fisica y politica de Chile*, Paris et Santiago, 1843-1851, 24 vol. in-8° et 2 atlas in-4°). La *Flora Chilena*, qui fait partie de cet ouvrage, est une des plus complètes parmi les Flores exotiques ; elle comprend 3,767 espèces, dont plus de 3,000 ont été rapportées par M. Gay lui-même. La rédaction de cette Flore n'est pas entièrement due à M. Gay. MM. Montagne, Barnéoud, Clos, Remy, Richard, Émile Desvaux, jeune botaniste prématurément enlevé à la science, ont traité monographiquement diverses familles naturelles de cet ouvrage.

Henri Lecoq, naturaliste français, ancien pharmacien, professeur de botanique et directeur du Jardin des plantes à Clermont-Ferrand, correspondant de l'Institut, né à Avesnes, département du Nord, en 1802, est auteur des ouvrages suivants : *Recherches sur la reproduction des végétaux*, 1827 ; *Précis élémentaire de botanique*, Paris, 1828 ; *Principes élémentaires de botanique et de physiologie végétale*, 1831 ; *De la préparation des herbiers pour l'étude de la botanique*, Paris, 1829 ; *Itinéraire du département du Puy-de-Dôme*, en collaboration de J.-B. Bouillet, Paris, 1831 ; *Le Mont-Dore et ses environs, remarques sur la structure et la végétation de ce groupe de montagnes*, Clermont-Ferrand, 1835 ; *Traité des plantes fourragères, ou Flore des prairies naturelles et artificielles de la France*, Paris, 1844 ; *De la fécondation naturelle et artificielle des végétaux et de l'hybridation considérée dans les rapports avec l'agriculture et la sylviculture*, Paris, 1845 ; *De la toilette et de la coquetterie des végétaux*, Clermont-Ferrand, 1847 ; *Dictionnaire raisonné des termes de botanique et des familles naturelles*, en collaboration de J. Juillet, Paris, 1831 ; *Catalogue raisonné des plantes vasculaires du plateau central de la France*, Paris, 1847, ouvrage fait avec la collaboration de M. Lamotte, alors pharmacien à Riom, cryptogamiste distingué ; *Remarques sur l'horticulture en Italie et en Allemagne*, 1849 ; *Études de la géographie botanique de l'Europe*, 1854-1858, 9 vol. in-8°, avec planches coloriées. On a inséré de M. Lecoq, dans les *Comptes rendus de l'Académie* : *De la génération alternante dans les végétaux et de la production de semences fertiles sans fécondation*, 1856 ; *De la fécondation indirecte dans les végétaux*, 1862 ; *Notes relatives aux fonctions des vaisseaux des plantes*, 1863.

M. Henri Lecoq rédige presque à lui seul les *Annales de l'Auvergne*, qu'il a fondées en 1828. Il s'est beaucoup occupé de géologie et de météorologie ; et ces deux sciences lui doivent plusieurs ouvrages.

Félix-Archimède Pouchet, docteur en médecine et naturaliste français, professeur au Muséum d'histoire naturelle et à l'École de médecine de Rouen, directeur du Jardin botanique de cette ville, membre correspondant de l'Institut, né à Rouen en 1800, débuta par la publication d'un *Essai sur l'histoire naturelle et médicale de la famille des Solanées*, Paris, 1827 ; cet essai fort remarqué se transforma, en s'augmentant, en une *Histoire naturelle et médicale des Solanées*, Rouen, 1829. M. Pouchet publia, en 1832, des *Considérations* et de *Nouvelles Considérations sur le Jardin botanique de Rouen*. Puis il commença, en 1834, la publication d'une *Flore ou Statistique botanique de la Seine-Inférieure, contenant la description, les propriétés médicales et économiques et l'histoire abrégée des plantes de ce département*, ouvrage dont il parut 1 vol. in-8°, en deux parties (*Flore différencielle* et *Flore descriptive*). Le dernier ouvrage d'ensemble de M. Pouchet exclusivement consacré à la science des végétaux a été son *Traité élémentaire de botanique appliquée*, Paris, 1835-1836, 2 vol. in-8°. La zoologie et surtout la défense de la théorie des générations spontanées occupent, depuis longtemps déjà, la principale place dans les préoccupations scientifiques de l'éminent professeur de Rouen. Cependant, de temps à autre encore, il fait des excursions dans le domaine de la botanique ; et les *Comptes rendus de l'Académie des sciences* pour 1866 renferment ses *Expériences comparées sur la résistance vitale de certains embryons végétaux*.

Pierre-Étienne Duchartre, botaniste français, ancien agrégé professeur à la Faculté des sciences de Paris, ancien professeur de botanique à l'Institut agronomique, secrétaire de la *Société de botanique de France*, à la fondation de laquelle il a contribué[1], aujourd'hui membre de l'Académie des sciences, fit ses premières publications à Toulouse, qu'il habitait et où il avait commencé ses études scientifiques. Il s'occupait dès lors d'organogénie et de physiologie végétales. Il publia, en 1840, un *Essai sur le développement soit relatif, soit absolu, des organes floraux*, Toulouse, in-8°, avec planches. En 1842,

---

1. La *Société botanique de France* a été fondée en 1854. Elle publie un *Bulletin*, dont treize volumes ont déjà paru jusqu'à l'année 1868.

il fit insérer dans les *Annales des sciences naturelles* des *Observations
sur la fleur et particulièrement sur l'ovaire de l'Œnothera suaveolens.*
Ce ne fut qu'en 1843 que M. Duchartre vint se fixer à Paris. Cette
même année, il présenta à l'Académie des sciences des *Observations
anatomiques et organogéniques sur la Clandestine d'Europe (Lathræa
Clandestina)* accompagnées de planches ; ce travail fut inséré, en 1847,
dans le vol. X du *Recueil des savants étrangers.* M. Duchartre publia,
en 1844, dans les *Annales des sciences naturelles,* des *Observations sur
l'organogénie de la fleur, et en particulier de l'ovaire, chez les plantes
à placenta libre,* avec planches ; et, en 1845, des *Observations sur
l'organogénie de la fleur dans les plantes de la famille des Malvacées,*
également avec planches. M. Duchartre entreprit, en 1845, la publication mensuelle d'une *Revue botanique,* dans le tome II de laquelle
on trouve ses *Observations sur l'organogénie florale des Caryophyllées.* Il donna, en 1848, aux *Annales des sciences naturelles,* des
*Observations sur l'organogénie florale et sur l'embryogénie des Nyc-
taginées,* avec planches. Les *Comptes rendus de l'Académie* publièrent,
en 1853, un Mémoire de lui *sur l'organogénie florale de l'Aristoloche
Clématite.* Le *Recueil des savants étrangers,* pour 1854, renferme ses
*Recherches sur la végétation et sur la structure anatomique des Aris-
tolochiées.* M. Duchartre, depuis lors, a publié, dans divers recueils,
nombre d'études, de notes et d'observations : *sur les Pyrèthres,* qui
fournissent la poudre insecticide ; *sur les Zostéracées ; sur l'anatomie
de l'Orobanche Eryngii ; sur l'Hypopitys multiflora ; sur la végétation
et la structure anatomique de l'Apios tuberosa* Moench *; sur l'organogénie de la fleur en général ; sur les embryons qui ont été décrits
comme polycotylés ; sur des feuilles ramifères de tomates ; sur divers
faits de tératologie végétale ; sur la fanaison et sur les causes qui la
déterminent ; sur la transpiration des plantes pendant la nuit ; sur la
question de savoir si l'eau qui mouille les organes extérieurs des
plantes est absorbée directement ; sur l'absorption de l'eau par les
feuilles en contact.* Il a aussi publié des *Recherches expérimentales sur
la germination des céréales récoltées avant maturité ; sur les boutures
droites et renversées ; sur la respiration des plantes ; sur la végétation
des plantes épiphytes ; sur les rapports des plantes avec l'humidité atmosphérique ; sur l'influence de l'humidité sur la direction des racines ;
sur la végétation des plantes en vases clos et à la lumière ; sur les
rapports des plantes avec la rosée et le brouillard ; sur le polymor-*

BOTANISTES
FRANÇAIS.

phisme de la fleur chez quelques Orchidées; sur la décoloration du Lilas; sur l'influence de la lumière sur l'enroulement des tiges; sur le développement individuel du bourgeon dans la vigne. Il a aussi publié des *Recherches physiologiques, anatomiques et organogéniques sur la Colocase des anciens.* Au point de vue descriptif, il a donné au *Prodrome* de M. de Candolle la *Monographie de la famille des Aristolochiées.* On lui doit un *Mémoire sur la géographie botanique des environs de Béziers.* Les dernières publications de M. Duchartre, et les plus importantes par leur ensemble et leur étendue, sont ses *Éléments de botanique*, Paris, 1867, 2 vol. in-8°; et son *Rapport sur les progrès de la botanique physiologique, fait sous les auspices du ministère de l'instruction publique*, Paris, 1868, 1 vol. in-8°. Dans ce dernier ouvrage, M. Duchartre paraît vouloir trancher officiellement la question physiologique au profit de Mirbel et de ses partisans contre Du Petit-Thouars, Gaudichaud, Dutrochet et leurs continuateurs, tant en France qu'en Allemagne; mais le débat n'en continuera pas moins très-certainement.

Joseph Decaisne, botaniste, horticulteur et agronome théoricien, naturalisé Français, membre de l'Institut de France, professeur-administrateur au Muséum d'histoire naturelle de Paris, né à Bruxelles en 1807, frère du peintre Henri Decaisne et du docteur belge Pierre Decaisne, se fit connaître, dans le principe, comme dessinateur et lithocromiste. Son penchant pour les études horticoles et botaniques se développa assez promptement, pour que, très-jeune encore, en 1824, il ait obtenu de se faire attacher à la culture du Jardin des plantes de Paris. Ses aptitudes naturelles le firent remarquer par les professeurs du Muséum, et, en 1832, il fut nommé aide-naturaliste. Peu après il fut appelé à suppléer Mirbel dans le cours de culture. A dater de cette époque, M. Decaisne s'occupa incessamment d'horticulture, d'agronomie, de botanique descriptive et de physiologie végétale. Il était déjà collaborateur très-actif du *Journal d'Agriculture pratique*, du *Bon Jardinier*, de la *Revue horticole*, de la *Flore des Serres*; il devint un des directeurs des *Annales des sciences naturelles*. En 1847, l'Académie des sciences, section d'économie rurale, en fit un de ses membres; en 1848, il fut appelé à la chaire d'économie générale et de statistique agricole du collége de France; et, en 1851, il succéda à M. Mirbel en qualité de professeur-administrateur du Muséum. On doit à M. Decaisne les publications suivantes : *Sur les* *caractères spécifiques des Herniaria de la Flore française*, dans les *Ann. des sc. naturelles*, 1831 ; *Note sur un nouveau genre de Chicoracées, recueilli dans l'île Juan-Fernandez*, 1833 ; *Énumération des plantes recueillies par M. Boré sur le Sinaï (Florula Sinaica)*, 1834, 1 vol. in-8°, avec planches ; *Monographie des genres Balbisia et Robinsonia, de la famille des Composées*, dans les *Ann. des sc. nat.*, 1834 ; *Observations sur la Flore du Japon*, en collaboration de M. Morren, de Bruxelles, 1834 ; *Remarques sur les affinités du genre Helwingia et établissement de la famille des Helwingiacées*, dans les *Ann. des sc. nat.*, 1836 ; *Flore de l'île de Timor (Herbarii Timorensis descriptio)*, Paris, 1835, 1 vol. in-4°, avec 6 planches ; *Observations sur quelques genres et espèces de plantes de l'Arabie heureuse*, dans les *Ann. des sc. nat.*, 1835 ; *Notice sur quelques plantes de la Flore d'Égypte, ibid.*, 1836, avec planches ; *Bougueria, novum Plantaginearum genus, ibid.*, 1836 ; *Mémoire sur la famille des Lardizabalées, précédé de remarques sur l'anatomie comparée de quelques tiges de végétaux dicotylédonés*, avec 4 planches, dans les *Archives du Muséum*, t. I, 1837 ; *Recherches anatomiques et physiologiques sur la Garance, sur le développement de la matière colorante dans cette plante, sur sa culture et sa préparation*, 1837 ; in-4°, avec 8 planches ; *Études sur quelques genres de la famille des Asclépiadées*, avec 3 planches, dans les *Ann. des sc. nat.*, 1838 ; *Recherches anatomiques sur la Betterave à sucre*, avec Eugène Péligot, Paris, 1839, in-8° ; *Recherches anatomiques et physiologiques sur le développement du pollen, de l'ovule, et sur la structure des tiges du Gui*, 1839, in-4°, avec 3 planches ; *Sur la structure des poils qui recouvrent le péricarpe de certaines Composées*, dans les *Ann. des sc. nat.*, 1839 ; *Note sur le genre Amansia, ibid.*, 1839 ; *Plantes de l'Arabie Heureuse, récoltées par M. P.-E. Botta, première partie comprenant les Algues, les Fougères et les Lycopodiacées*, dans les *Archives du Muséum*, t. II ; *Note sur les genres Astilbe et Hoteia*, dans les *Ann. des sc. nat.*, 1841 ; *Mémoire sur les Coralines, ibid.*, 1842 ; *Essai sur la classification des Algues et des Polypiers calcifères*, avec 4 planches, *ibid.*, 1842 ; *Mémoire sur le Diplosiphon*, dans le *Journal de M. Lacordaire* ; *Description des genres Drimyspermum, Pseudaïs et Gyrinopsis, du groupe des Aquilarinées*, dans les *Ann. des sc. nat.*, 1843 ; *Note sur quelques Algues à frondes réticulées, ibid.*, 1844 ; *Recherches sur les Anthéridies et les spores de quelques Fucus*, avec planches, *ibid.*, 1845 ; *Description d'un nouveau genre de plantes

(*Goudotia*) *croissant sur les parties les plus élevées du Tolima*, ibid., 1845; *Gymnotheca, genus novum e Saururearum familia*, ibid., 1845; *Recherches sur le Ramie, nouvelle plante textile*, dans le *Journal d'agr. pratique*, 1845; *Monographie des genres Pentarhaphia et Duchartrea*, dans les *Ann. des sc. nat.* 1846; *Description du Bouvardia flava*, dans la *Flore des serres et des jardins d'Europe; Note sur le genre Abelia*, ibid.; *Remarques sur le sous-ordre des Charianthées*, dans les *Ann. des sc. nat.*, 1846; *Plantæ Asiaticæ quas in India collegit V. Jacquemont*, Paris, in-4°, ouvrage commencé par Cambessèdes et dont M. Decaisne a publié 120 planches; *Monographies des Asclepiadées et des Plantaginées*, dans le *Prodrome* de M. de Candolle; *Sur le parasitisme des Rhinantacées*, dans les *Ann. des sc. nat.*, 1847; *Esquisse d'une Monographie des Araliacées*, avec M. Decaisne, 1854; *Note sur l'organogénie florale du Poirier, précédée de quelques considérations sur la valeur de certains caractères spécifiques*, dans le *Bull. de la Société botanique de France*, 1857; *Flore élémentaire des jardins et des champs*, avec M. Lemaout, Paris, 1855, 2 vol. in-12; *Manuel de l'amateur de jardins*, avec M. Naudin; *Traité général de botanique descriptive et analytique*, avec M. Lemaout, Paris, 1868. M. Decaisne publie, depuis l'année 1858, *le Jardin fruitier du Muséum*, ouvrage in-4° accompagné de belles planches chromolithographiées. M. Decaisne a fait la description de la partie botanique du *Voyage de la Vénus*, sous le commandement de Du Petit-Thouars, et, en collaboration avec M. Montagne, celle de la Botanique du *Voyage au pôle Sud* de Dumont-d'Urville.

Édouard Spach, botaniste français, aide-naturaliste au Muséum d'histoire naturelle de Paris, né à Strasbourg en 1801, est un de ces savants modestes qui servent plus à la réputation des autres qu'à la leur propre. On a de lui la partie des *Plantes phanérogames* dans les suites à Buffon, de l'édition Roret, 1835-1837, 2 vol. in-8°; *Histoire naturelle des végétaux*, Paris, 1834-1848, 14 vol. in-8°, et un atlas de 152 planches noires ou coloriées; *Illustrationes plantarum orientalium, ou choix de plantes nouvelles ou peu connues de l'Asie*, en collaboration du comte Jaubert[1], Paris, 1842-1851, 5 vol. in-4°.

1. Le comte Hippolyte-François Jaubert, membre libre de l'Institut, ancien ministre et pair de France, philologue distingué, s'est occupé avec succès de botanique. On a de lui, outre les *Illustrationes plantarum orientalium*, la *Botanique de l'Exposition universelle*, 1855.

M. Spach a fourni de nombreux articles au *Dictionnaire de d'Orbigny.* Les *Comptes rendus de l'Académie* (1843 et 1844) contiennent deux notes physiologiques faites en commun par Mirbel et M. Spach, *sur l'embryogénie des Pinus Laricio et silvestris, des Thuja orientalis et occidentalis et du Taxus baccata.*

J.-E. Planchon, professeur à la Faculté des sciences de Montpellier, « est un des botanistes qui, au rapport de M. Adolphe Brongniart, ont le plus contribué, par des travaux très-variés sur les groupes les plus différents du règne végétal, à étendre nos connaissances sur les familles naturelles; conservateur, pendant quelques années, des herbiers de sir William Hooker, il en a profité pour étudier des plantes rares dans d'autres collections qui lui ont fourni des matériaux intéressants pour les mémoires ou notices qu'il a publiés en Angleterre, en France et en Allemagne. » Nous connaissons de ce professeur : *Mémoire sur les développements et les caractères des vrais et des faux Arilles, suivi de considérations sur les ovules de quelques Véroniques et de l'Avicennia,* Montpellier, 1844, in-4°, avec 3 planches ; *Observations sur le genre Aponogeton,* dans les *Ann. des sc. nat.,* 1844 ; *Note sur le genre Godoya et ses analogues,* Paris, 1847, in-8° ; *Sur l'ovule et la graine des Acanthes,* 1848 ; *La Victoria regia au point de vue horticole et botanique, avec des observations sur la structure et les affinités des Nympheacées,* dans la *Flore des serres* de M. Van Houtte, Gand, 1850-1852, avec planches; *Études sur les Nymphéacées,* dans les *Ann. des sc. nat.,* 1853; *Mémoire sur la famille des Guttifères,* en collaboration de M. Triana, dans le même recueil, 1860-1861; *Esquisse d'une monographie des Araliacées,* en collaboration de M. Decaisne, dans la *Revue horticole,* 1854. Le *Journal botanique* de Hooker, de 1844 à 1847, renferme beaucoup de notices de M. Planchon sur les Cyrillées, les Éricinées, les Simaroubées et les Ochnacées, les Linées, les Cochlospermées. Il a fait également des études sur la famille des Droséracées. M. Planchon a fait du genre *Ancistrocladus* le type d'une nouvelle famille. On trouve dans le tome XXIII du recueil le *Linnea,* un travail de ce botaniste sur la famille des Connaracées. M. Planchon a publié, en 1853, avec M. Linden, dans les *Annales des sciences naturelles,* quelques matériaux pour servir à la partie botanique du voyage de ce dernier en Colombie, sous le titre de *Prœludia florœ Colombianœ,* travail interrompu. Il collabore en ce moment à une *Flore de la Nouvelle-Grenade* dont le principal auteur est M. Triana, et dont le *Prodrome* a paru en partie en 1862. MM. J.-E. Planchon et G. Planchon ont donné en 1858, dans le *Bulletin de la Société botanique de France*, t. V, un travail préliminaire sur le sommeil des fleurs. On voit par la diversité des travaux de M. J.-E. Planchon que la botanique physiologique n'a pas moins à profiter de ses études que la botanique descriptive. — M. G. Planchon s'est occupé de botanique fossile, et a publié, en 1864, une *Étude sur les tufs de Montpellier, au point de vue géologique et paléontologique*.

Frédéric Kirschleger, professeur de botanique à l'École supérieure de pharmacie de Strasbourg, s'est presque exclusivement consacré à la description des végétaux de l'Alsace. Il a publié : *Liste des plantes les plus rares d'Alsace et des Vosges*, Strasbourg, 1826 ; *Statistique de la Flore d'Alsace et des Vosges*, Mulhouse, 1831-1832 ; *Prodrome de la Flore d'Alsace*, Strasbourg, 1838 ; *Notice sur les violettes de la vallée du Rhin, depuis Bâle jusqu'à Mayence, des Vosges et de la Forêt-Noire*, Strasbourg, 1840, avec 3 planches ; *Essai historique de tératologie végétale*, Strasbourg, 1845 ; *Notices botaniques*, 1845 ; *Essai sur les folioles carpiques ou carpidies dans les plantes angiospermes*, 1846. Le plus beau titre scientifique de M. Kirschleger est sa *Flore d'Alsace et des contrées limitrophes*, Strasbourg, 1850-1862, 3 vol. in-18.

M. Weddell, dont le nom ne s'écrit pas exactement comme celui des Wedel, botanistes allemands dont il a été parlé page 101, est né en Angleterre et s'est fait naturaliser Français. Il fut reçu docteur en médecine, et ses goûts l'ayant porté vers l'étude des sciences naturelles, il fut adjoint, en 1843, par l'administration du Muséum, à l'expédition de M. de Castelnau, chargée d'explorer des régions encore peu connues de l'Amérique du Sud. Il parcourut pendant deux ans les forêts et les déserts du Brésil ; puis, s'étant séparé, en 1845, de ses compagnons de voyage, il se dirigea vers les frontières de la Bolivie, et commença une série de recherches ayant pour but de déterminer l'étendue de la zone occupée par les Quinquinas, ainsi que l'origine botanique des écorces fébrifuges que l'Amérique livre au commerce européen. Les résultats de ces études, poursuivies pendant les deux années que M. Weddell employa à parcourir la Bolivie et le Pérou, sont consignées dans son *Histoire naturelle des Quinquinas*. Les premiers arbres à quinquina que l'on ait vus vivants en Europe provenaient de graines recueillies et envoyées par ce voyageur.

Les nombreuses excursions faites par M. Weddell sur les hautes Andes lui suggérèrent en outre l'idée d'entreprendre une *Flore de la région alpine des Cordillères*. A son retour, M. Weddell fut nommé aide-naturaliste au Muséum d'histoire naturelle de Paris, position à laquelle il a renoncé depuis pour aller habiter Poitiers. En 1851, il fit un second voyage botanique au Pérou, qui lui permit de recueillir de nouveaux matériaux scientifiques. On doit à M. Weddell : *Voyage dans le sud de la Bolivie*, Paris, 1851, 1 vol. in-8°, formant le t. VI de la *Relation historique* de M. Castelnau ; *Voyage dans le nord de la Bolivie et dans les parties voisines du Pérou*, Paris, 1853, 1 vol. in-8°, avec figures et une carte ; *Additions à la Flore de l'Amérique du Sud* dans les *Annales des sciences naturelles* (1850-1852) ; *Chloris Andina, ou Essai d'une Flore de la région alpine des Cordillères de l'Amérique du Sud*, Paris, 1855, in-4° ; *Histoire naturelle des Quinquinas, ou Monographie du genre Cinchona, suivie d'une description du genre Cascarilla et de quelques autres groupes de la même tribu*, Paris, 1849, 1 vol. in-fol., avec 35 planches, dont 3 coloriées ; *Notice sur la Coca*, 1853 ; *Notice sur l'origine botanique du quinquina rouge*, 1855 ; *Notice sur quelques Rubiacées de l'Amérique du Sud*, 1854 ; *Considérations sur l'organe reproducteur femelle des Balanophorées et des Rafflesiacées*, 1851 ; *Monographie complète de la famille des Urticées*, 1 vol. in-4°, avec 20 planches, formant le tome IX des *Archives du Muséum* ; *Mémoire sur le Cynomorium coccineum*, avec planches, dans le tome X des mêmes *Archives* ; *Coup d'œil sur la Flore de Plombières*, dans le tome XI du *Bulletin de la Société botanique* ; etc.

Auguste Bravais, célèbre géomètre français, membre de l'Institut, né à Annonay en 1811, commença par publier, en collaboration de son frère, Louis Bravais, des études de géométrie botanique ayant pour titre : *Mémoires sur la disposition géométrique des feuilles et des inflorescences, précédés d'un résumé des travaux de Schimper et Braun sur le même sujet par Charles Martins et Auguste Bravais*, Paris, 1838, in-8°, avec 7 planches. Les deux frères publièrent ensuite un *Essai sur la disposition générale des feuilles rectisériées*, Clermont-Ferrand, 1839, in-8°, avec 2 planches ; *Analyse d'un brin d'herbe ou examen de l'inflorescence des Graminées*, Le Mans, 1840; in-8°, avec 1 planche. M. Auguste Bravais a publié, avec M. Charles Martins : *Recherches sur la croissance du Pin sylvestre dans le nord de l'Europe*, dans les *Annales des sciences naturelles*, 1843. M. Louis Bravais a

BOTANISTES
FRANÇAIS.

MONTAGNE.

CRYPTOGAMIE.

publié seul : *Examen organographique des Nectaires*, dans les mêmes *Annales*, 1842.

Jean-François-Camille Montagne, docteur en médecine et botaniste français, membre de l'Académie des sciences, né à Vaudoy, dans le département de Seine-et-Marne, en 1784, prit part à la campagne d'Égypte, et servit comme chirurgien militaire pendant le premier Empire. Il était chirurgien en chef de l'armée de Murat, en 1815, lorsque la Restauration vint le mettre en disponibilité. Toutefois, en 1819, il fut rappelé au service, et devint chirurgien en chef de l'hôpital militaire de Sedan. Il s'est occupé avec un grand succès de botanique, particulièrement de l'étude microscopique des végétaux inférieurs. On lui doit : *Mémoire sur le genre Pilobole*, Lyon, 1826 ; *Matériaux pour servir à la Flore de Barbarie, notice sur les Cryptogames recueillis aux environs de Bone par Adolphe Steinheil*, 1834 ; *Description de plusieurs espèces de Cryptogames découvertes par M. Gaudichaud dans l'Amérique méridionale*, 1834 ; *Énumération des Mousses et des Hépatiques recueillies par M. Leprieur dans la Guiane centrale*, 1835 ; *Prodromus Floræ Fernandesianæ (insula Juan-Fernandez)*, 1835 ; *Notice sur les plantes cryptogames à ajouter à la Flore française*, Paris, 1835-1836, in-8°, avec planches ; *Jungermanniearum herbarii Montagneani species exposuerunt Christian-Gottfried Nees Von Esenbeck et Camille Montagne*, 1736 ; *Monographie du genre Conomitrium de la famille des Mousses*, 1837 ; *Des organes mâles du genre Targiona découverts sur une nouvelle espèce du Chili*, 1838 ; *De l'organisation et du mode de reproduction des Caulerpées*, 1838 ; *Cryptogames algériennes ou plantes cellulaires recueillies par M. Roussel aux environs d'Alger*, 1838 ; *Six Centuries des plantes cellulaires exotiques nouvelles*, Paris, 1837-1849, in-8°, avec planches ; *Cryptogamæ Brasilienses seu plantæ cellulares, quas in itinere per Brasiliam a Auguste de Saint-Hilaire collectas recensuit observationibusque nonnullis illustravit*, 1839 ; *Remarques sur le Callithamnion clavatum*, 1839 ; *Sertum patagonicum, Cryptogames de la Patagonie*, 1839, in-4°, avec 7 planches coloriées (ce sont les Algues recueillies dans cette contrée par Alcide d'Orbigny); *Florula Boliviensis, Cryptogames de la Bolivie recueillies par Alcide d'Orbigny*, 1839 ; *Considérations sur la tribu des Laminariées*, 1840 ; *Esquisse organographique et physiologique sur la classe des Champignons*, dans l'*Histoire physique, politique et naturelle de l'île de Cuba*, par Ramon de la Sagra, 1841 ; *Recherches sur la structure*

*du Nucléus des genres Sphærophoron de la famille des Lichens, et
Lichina de celle des Byssacées,* 1841; *Cryptogamæ Nilgherienses, seu
plantarum cellularium in montibus peninsulæ Indicæ Neil-Gherries
dictis a Perrottet collectarum enumeratio,* 1842; *Du genre Xiphophora,*
1842; *Prodromus generum, specierumque Phycearum novarum, in
itinere ad polum antarcticum ab Dumont d'Urville peracto collectarum,*
1842; *Considérations générales sur la tribu des Podaxinées,* 1843;
Exposition sommaire de la morphologie des plantes cellulaires, 1843,
*Observations touchant la structure et la fructification des genres Cte-
nodus, Delisea et Lenormandia, de la famille des Floridées,* 1844; *Sur
un nouveau genre (Duriæa) de la famille des Hépatiques, par Bory de
Saint-Vincent et C. Montagne,* 1844; *Mémoires sur le phénomène de
la coloration des eaux de la mer Rouge,* 1844; *Plantæ cellulares quas
in insulis Philippinensibus a Cuming collectas recensuit,* 1844; *Essai
d'organographie de la famille des Hépatiques,* 1845; *Plantes cellulaires
du voyage au pôle Sud de Dumont d'Urville,* Paris, 1845, 1 vol. in-8°,
et 20 planches in-fol. coloriées d'après les dessins de Riocreux et Bor-
romée; *Aperçu morphologique de la famille des Lichens,* 1846; *Note
sur un nouveau fait de coloration des eaux de la mer par une algue
microscopique,* 1847; *Sylloge generum specierumque Cryptogamorum
quas in variis operibus descriptas iconibusque illustratas, nunc ad
diagnosin reductas, nonnullasque novas interjectas, ordine systematico
disposuit Camille Montagne,* 1 vol. in-8°, 1855 (c'est le résumé de
l'ensemble des travaux descriptifs de l'auteur; il contient 1,684 espèces). Outre la description des plantes cryptogames cellulaires recueillies dans l'Amérique méridionale par Gaudichaud, à la Guiane par
Leprieur, à l'île Juan-Fernandez par Bertero, au Brésil par Auguste
Saint-Hilaire, en Patagonie et en Bolivie par Alcide d'Orbigny, dans
les Nilgherries par Perrottet, à l'île de Cuba par Ramon de la Sagra,
dans le voyage au pôle Sud par des compagnons de Dumont d'Urville.
M. Montagne a décrit les Cryptogames recueillies par les compagnons
du commandant Vaillant dans le *Voyage autour du monde de la Bonite
en 1836-1837;* il a fait la partie cryptogamique de l'*Histoire des îles
Canaries* par Webb et Sabin Berthelot, dont le tome III est consacré à
la botanique; il a traité tout ce qui concerne les Algues et les Lichens
dans la *Botanique de l'exploration scientifique en Algérie,* de laquelle
les principaux collaborateurs sont, depuis la mort de Bory de Saint-
Vincent, MM. Cosson et Durieu de Maisonneuve; il est auteur de deux

volumes consacrés aux Cryptogames dans la *Flore du Chili* de M. Claude Gay. On voit par cet exposé combien a été laborieuse et utile à la botanique cryptogamique la carrière de M. Montagne.

Guillaume-Philippe Schimper, professeur à la Faculté des sciences de Strasbourg, correspondant de l'Institut, a voyagé en France, en Allemagne, en Suisse, en Norvége et en Espagne. Il publia en 1843, avec MM. J.-B. Mougeot et C. Nestler, un *Index alphabétique des plantes cryptogames des Vosges et du pays rhénan* (*Index alphabeticus*, etc.). Il donna ensuite, avec M. A. Mougeot, une *Monographie des plantes fossiles du grès bigarré de la chaîne des Vosges*, Strasbourg et Leipzig, in-4°, avec 40 planches coloriées. Le principal titre scientifique de M. Schimper consiste dans l'importante part qu'il a prise à la publication de l'ouvrage sur les Mousses, entreprise d'abord avec lui seul, en 1837, par M. Ph. Bruch, et à laquelle concourut depuis M. Th. Gumbel (*Bryologia Europæa seu Genera Muscorum Europæorum monographice illustrata*, Strasbourg et Stuttgard, 1837-1855, 4 forts vol. in-4°, avec 640 planches, texte français et allemand). M. Schimper a publié un résumé de ce grand ouvrage, sous le titre de : *Synopsis Muscorum Europæorum, præmissa introductione de elementis bryologicis tractante*, Stuttgard, 1860, 1 vol. in-8°, avec 8 planches. On doit à M. Schimper une excellente monographie sur le genre *Sphagnum*, dans le *Recueil des savants étrangers*, année 1857.

Louis-René Tulasne, docteur-médecin, botaniste français, aide-naturaliste au Muséum, membre de l'Académie des sciences, né à Azayle-Rideau, en 1815, s'est surtout fait un renom dans la science par ses belles études cryptogamiques. Il a publié, en collaboration de son frère, M. Charles Tulasne, un ouvrage intitulé : *Fungi hypogæi, histoire et monographie des Champignons hypogées*, Paris, 1851, 1 vol. gr. in-4°, avec 21 planches, et *Selecta Fungorum carpologia*, Paris, 1861-1865, 3 vol. gr. in-4°, avec figures, ouvrage dans lequel les auteurs font connaître les appareils reproducteurs des champignons. Déjà MM. Tulasne avaient publié en commun, en 1847, une *Étude d'embryogénie végétale*. M. Louis-René Tulasne donna seul, en 1849, d'autres *Études d'embryogénie végétale*, et, en 1855, de *Nouvelles études* sur ce sujet (voir les *Comptes rendus de l'Académie*, t. XXIV, et les *Annales des sciences naturelles*, 3e série, t. XII, et 4e série, t. IV). M. Louis-René Tulasne a encore publié seul : des *Mémoires sur les Ustilaginées et sur les Uredinées*, sur *l'appareil multiple des Hy-*

poxylées ou *Pyrénomicètes*, etc. On sait que ce sont MM. Tulasne frères qui ont constaté qu'un *Mycelium* filamenteux très-distinct précédait la formation des tubérosités qui constituent les truffes, les enveloppent, leur adhèrent de toutes parts, et constituent leur coloration, leur parfum et leur saveur. Les recherches de M. Louis-René Tulasne sur l'*Ergot du seigle* et sur l'*oïdium* de la vigne l'ont aussi conduit à constater que les causes de ces maladies végétales n'étaient autres que de petits champignons parasites. On trouve de M. Louis-René Tulasne, dans les *Archives du Muséum*, un travail sur les *Légumineuses arborescentes de l'Amérique du Sud*, avec 5 planches (t. IV); une *Monographie des Podostémacées*, avec 13 planches (t. VI); et une *Monographie des Monimiacées*, avec 10 planches (t. VIII). Enfin M. Tulasne, dont nous sommes loin d'énumérer ici tous les titres scientifiques, a enrichi la *Flore de Colombie* de la description de plantes nouvelles (*Annales des sciences naturelles*, 3ᵉ série, t. VI, VII et VIII, 1846-1847), et a publié des *Fragments de la Flore de Madagascar (Floræ Madagyariensis fragmenta)* dans les *Annales des sciences naturelles*, 4ᵉ série, t. VI et VIII, 1856-1857. M. Tulasne a écrit une grande partie de ses ouvrages en latin, et en bon latin, comme faisaient jadis tous les savants, pour la plus grande propagation de leurs travaux et la plus grande commodité des hommes studieux de tous les pays.

Charles Naudin, l'un des plus éminents botanistes français contemporains, aide-naturaliste au Muséum d'histoire naturelle, membre de l'Académie des sciences, débuta, en 1842, par des *Études sur la végétation des Solanées, la disposition de leurs feuilles et leurs inflorescences*. Il donna ensuite une *Monographie des Mélastomées (Melastomacearum quæ in Musæo Parisiensi continentur monographiæ descriptionis et secundum affinitates distributionis tentamen*, dans les *Annales des sciences naturelles*, 3ᵉ série, t. XII-XVIII). Les mêmes *Annales* contiennent de M. Naudin : *Résumé de quelques observations sur le développement des organes appendiculaires des végétaux*, 1842; *Nouvelles recherches sur le développement des axes et des appendices dans les végétaux*, 1844; *Observations relatives à la nature des vrilles et à la structure de la fleur chez les Cucurbitacées*, 1855. Les *Comptes rendus de l'Académie* renferment, de M. Naudin, des *Observations relatives à la formation des graines sans le secours du pollen*, 1856; et des *Observations sur l'accroissement de certains ovaires et leur conversion en fruit, sans le développement des graines embryonnées*, 1857. M. Nau-

din a publié, avec M. Decaisne, un *Manuel de l'amateur des jardins*.
Mais ce qui lui a conquis une place importate dans la science, ce
sont ses travaux sur l'hybridité dans les végétaux. On a de lui à ce
sujet : 1° *Observations concernant quelques plantes hybrides qui ont été
cultivées au Muséum*, dans les *Annales des sciences naturelles*, 4ᵉ série,
t. IX, 1858; 2° *De l'Hybridité comme cause de variabilité dans les
végétaux*, dans les *Comptes rendus*, 1864; 3° *Nouvelles recherches
sur l'hybridité dans les végétaux*, insérées dans le tome I des *Nouvelles
Archives du Muséum*, avec 9 planches gravées et coloriées d'après les
dessins de Riocreux, 1865. Ce dernier Mémoire valut tout d'abord
un grand prix à son auteur, et peu après contribua beaucoup à
lui ouvrir les portes de l'Institut. M. Naudin, comme M. Tulasne,
brille moins par la quantité que par l'excellence des travaux.

Adolphe-Isidore Brongniart, fils du célèbre chimiste et géologue
Alexandre Brongniart, qui publia, en 1821, une *Notice sur des végétaux fossiles traversant les couches du terrain houiller*, et, en 1823,
un travail sur les *Lignites*, est né à Paris, en 1801. Il se fit recevoir
docteur en médecine, en 1826, et s'occupa spécialement, dans le

 principe, de botanique fossile, encouragé sans doute par les précieuses
recherches géologiques dont il avait hérité de son père; il parut ensuite
abandonner, peut-être pour cause de santé, ces pénibles études, pour
s'occuper des plantes phanérogames et surtout des plantes cryptogames.
M. Adolphe Brongniart succéda à Desfontaines comme membre de
l'Institut, en 1834, et fut nommé l'un des professeurs-administrateurs
du Muséum d'histoire naturelle de Paris. Ses travaux sont nombreux et
estimés. Nous en citerons une notable partie, par date de publication :
Sur la classification et la distribution des végétaux fossiles, Paris, 1822,
in-4°, avec 6 planches; *Observations sur les végétaux fossiles renfermés
dans le grès de hoer en Scanie*, 1825; *Essai d'une classification nouvelle
des champignons*, Paris, 1825, avec 8 planches; *Mémoire sur la famille
des Rhamnées, ou histoire naturelle et médicale des genres qui composent ce groupe de plantes*, 1826; *Mémoire sur la génération et le
développement de l'embryon dans les végétaux phanérogames*, 1827;
Notice sur les plantes fossiles d'Armissan près Narbonne, 1828; *Considérations générales sur la nature et la végétation qui couvrait la
surface de la terre aux diverses périodes de la formation de son écorce*,
1828; *Prodrome d'une histoire des végétaux fossiles*, 1828. Ce prodrome était le prélude de l'importante publication, si fâcheusement

interrompue, de l'*Histoire des végétaux fossiles, ou recherches bota-niques et géologiques sur les végétaux renfermés dans les diverses couches du globe*, Paris, 1828-1837, 2 vol. in-4°, avec 166 planches. Ces deux volumes devaient être suivis de plusieurs autres, que la science serait heureuse de posséder, mais qu'elle semble menacée de ne pas voir paraître. En 1828, M. Brongniart publia de nouvelles *Considérations sur la nature des végétaux qui ont couvert la surface du globe aux diverses époques de sa formation*. Il donna, en 1829, la partie descriptive des 78 planches in-folio de la botanique du *Voyage autour du monde de la corvette La Coquille, pendant les années 1822-1825, sous le commandement du capitaine Duperrey*. M. Brongniart a encore publié : *Observations sur la structure intérieure du Sigillaria Elegans, comparée à celle des Lepidodendron, des Stigmaria et à celle des végétaux vivants*, avec 11 planches, dans les *Archives du Muséum*, 1839; *Énumération des genres de plantes cultivées au Muséum d'his-toire naturelle de Paris*, 1843; 2ᵉ édit., 1850; *Mémoire sur la structure et les fonctions des feuilles*, en collaboration de l'illustre Amici, 1831, in-4°; *Examen de quelques cas de monstruosités végétales propres à éclaircir la structure du pistil et l'origine des ovules*, dans les *Archives du Muséum*, t. IV; *Recherches sur l'origine des diverses dispositions des feuilles*, 1848; *Note sur la formation de nouvelles couches ligneuses dans les tiges des arbres dicotylédonés*, 1852; *Mémoire sur les glandes nectarifères dans diverses familles de plantes*, 1854; *Note sur le sommeil des feuilles dans une plante de la famille des Graminées (le Strephium Guianense)*, 1860; *Note sur les fonctions des vaisseaux dans les plantes*, 1863; l'article *Végétaux fossiles* dans le *Dictionnaire de d'Orbigny*, 1849; et nombre d'autres écrits dans les principaux recueils scientifiques contemporains. Une des dernières publications de M. Brongniart est la *Description des plantes de la Nouvelle-Calé-donie*, faite en collaboration de M. Arthur Gris, aide-naturaliste au Muséum, in-4°, avec 15 planches dessinées et lithographiées par Riocreux, dans le t. IV des *Nouvelles archives du Muséum*, 1868. M. Adolphe Brongniart a encore publié, en 1868, un *Rapport sur les progrès de la botanique phytographique*.

Après M. Adolphe Brongniart et MM. Schimper et A. Mougeot, nous n'avons guère à citer, parmi les botanistes français contemporains qui ont écrit sur les végétaux fossiles, que le comte Gaston de Saporta et son collaborateur M. Matheron. M. de Saporta a publié sur cette

matière : *Études sur la végétation de la France à l'époque tertiaire*,
dans les *Annales des sciences naturelles*, 4ᵉ série, t. XVI, 1861 ;
Examen analytique des flores tertiaires de Provence, *ibid.*, 5ᵉ série,
t. XIX ; *Remarques sur les genres de végétaux actuels dont l'existence
a été constatée à l'état fossile, leur ancienneté relative, leur distribution, leur marche et leurs développements successifs*, dans le *Bull. de la
Soc. bot. de France*, 1866 ; *Flore des tufs quaternaires en Provence*,
Aix, 1867.

Jean-Baptiste Payer, l'un des maîtres de la science botanique, naquit
en 1818, à Asfeld, dans le département des Ardennes. Au sortir du
collége il mena de front l'étude de la législation et celle des sciences,
et, en 1840, il se fit recevoir licencié en droit et docteur ès sciences
naturelles. La même année Payer fut nommé, par dispense d'âge, professeur de géologie et de minéralogie à la Faculté de Rennes, et profita
de son court séjour dans cette ville pour soumettre à l'Académie des
sciences des *Études géologiques et botaniques sur les terrains tertiaires
des environs de Rennes*. Il revint à Paris, en 1841, pour enseigner
la botanique à l'École normale et suppléer Mirbel, son maître, à la
Sorbonne. Les ressources qu'il trouva à l'École normale lui permirent
de suivre la direction scientifique qu'il croyait la plus propre à la
tournure de son esprit et à ses connaissances mathématiques, physiques et chimiques ; il entreprit de reprendre toutes les expériences
physiologiques de Saussure, Musschenbroek[1], Hales, etc. Il publia
vers cette époque ses *Études morphologiques sur les inflorescences
dites anormales*, et présenta à l'Académie des sciences ses Mémoires
sur la tendance des tiges vers la lumière, 1842 ; *sur la tendance
des racines à fuir la lumière*, 1843 ; *sur la tendance des racines à
s'enfoncer dans la terre et sur leur force de pénétration*, 1844 ; *sur
les arbres pleureurs*, 1846. Ces premiers travaux physiologiques se
trouvent dans les *Comptes rendus de l'Académie*, aux années indiquées. Il donna au *Bulletin de la Société philomatique*, en 1844, une
Histoire de la végétation de l'Eranthis hyemalis, et, en 1846, un
Mémoire sur les arbres pleureurs. Dans cette dernière année, il com-

1. Pierre Van Musschenbroek, né à Leyde, en 1692, mort en 1761, médecin, philosophe, mathématicien et physicien célèbre, contribua puissamment à introduire en
Hollande la philosophie expérimentale et le newtonianisme ; on estime surtout ses
recherches sur l'électricité, la cohérence des corps, le magnétisme minéral, la capilla-
rité, le pyromètre.

muniqua au *Congrès scientifique de Reims* des *Études sur les mœurs des plantes*, et un travail *sur des hêtres pleureurs désignés sous le nom de Faulx de Saint-Esprit, près Verzy*. Payer quitta pour quelque temps cette série d'études pour se livrer à des travaux d'organogénie, sous l'inspiration et avec les conseils de Mirbel; mais il résolut de ne publier le résultat de ses recherches qu'après les avoir mûries pendant plusieurs années. Dans l'intervalle, il se fit recevoir docteur en médecine et maître en pharmacie. Sa facilité à tout embrasser dans le domaine des sciences était sans bornes. Cependant, de grands événements politiques vinrent l'enlever à ses études. A la révolution de février, il fut attaché à M. de Lamartine, alors ministre des affaires étrangères, en qualité de chef de cabinet, et fut nommé par le département des Ardennes membre de l'Assemblée constituante. Après le renversement de la République, il rentra complétement dans le domaine de la science, et commença, en 1851, la publication d'une série de travaux sur l'organogénie florale. Il n'est pas besoin que nous les énumérions en détail ici, puisqu'il les a tous réunis dans un grand ouvrage intitulé : *Traité d'organogénie comparée de la fleur*, Paris, 1857, 1 vol. gr. in-8° de 748 pages, avec atlas de 154 planches gravées. En 1852, Payer fut appelé à la chaire d'organographie végétale de la Faculté des sciences, à la place d'Auguste Saint-Hilaire, et celle-ci, à la mort d'Adrien de Jussieu, qui professait l'anatomie et la physiologie végétales, devint, par la réunion des deux enseignements, la chaire de botanique sur laquelle Payer jeta un vif éclat. Il succéda, en 1854, à Gaudichaud, comme membre de l'Académie des sciences. Une mort prématurée l'enleva, en 1860, dans toute la force de son talent et quand il aurait pu encore doter la botanique des plus précieux travaux. Mais ceux qu'il a laissés suffisent à sa renommée. Outre son *Traité d'organogénie de la fleur*, il a publié une *Botanique cryptogamique ou Histoire des familles naturelles des plantes inférieures*, Paris, 1850, 1 vol. gr. in-8°, avec 1,105 figures représentant les principaux caractères des genres; et des *Éléments de botanique*, dont la première partie (*Organographie*) parut, en 1857, in-18, avec 600 figures intercalées dans les textes. Payer a édité le *Cours élémentaire d'histoire naturelle* d'Adanson, en y ajoutant une introduction et des notes, 1845, 2 vol. in-18. Il a aussi publié les *Familles naturelles* d'Adanson, 1847, in-8°. Nous ne mentionnerons pas tous les opuscules de Payer, épars dans les recueils scientifiques. Cependant, nous citerons, en fait d'anatomie et d'organographie végétales : *Essai sur la nervation des feuilles dans les plantes dicotylédonées*, t. X et XI des *Comptes rendus; Les racines secondaires naissent-elles au hasard sur la racine principale*, 1846; *Nouveau mode de développement des bulbilles*, 1843; *sur les vrilles des Cucurbitacées*, 1845; *sur la symétrie de la fleur des Cucurbitacées*, 1845. Nous rappellerons, dans d'autres ordres d'idées, un travail sur les *Classifications et les méthodes en histoire naturelle;* une étude *sur la famille des Malvacées, avec l'indication des espèces utiles à la médecine;* une *Note sur l'Hellébore noir*, 1832, démontrant que l'Hellébore noir employé à Paris en pharmacie n'est point l'*Helleborus niger*, ni, comme le croyait M. Guibourt, l'*Helleborus fœtidus*, mais bien la tige souterraine ou rhizome de l'*Helleborus viridis*. Enfin, M. Payer s'était accessoirement occupé de géologie et de zoologie, son intelligence étant, comme on l'a déjà fait remarquer, susceptible d'embrasser toutes les sciences.

Henri Baillon, professeur d'histoire naturelle médicale à la Faculté de médecine de Paris, docteur en médecine, docteur ès sciences, né à Calais en 1827, est certainement l'un des plus éminents élèves de Payer; on peut même dire qu'il en est le continuateur, la vivante expression. Payer est pour lui une sorte de culte. C'est assez dire qu'il est un zélé partisan des doctrines de Mirbel, comme l'était son maître. M. Baillon s'occupe en même temps, et avec un égal succès, de botanique descriptive et de physiologie végétale. Il a fondé, en 1860, sous le titre d'*Adansonia*, un recueil mensuel d'observations botaniques, dans lequel il a inséré une grande partie de ses propres travaux, et auquel nous renvoyons naturellement, car leur énumération serait trop longue. En dehors de son *Adansonia*, M. Baillon a publié : *Étude générale du groupe des Euphorbiacées*, Paris, 1858, 1 vol. gr. in 8°, de 684 pages, avec atlas de 28 planches; *Monographie des Buxacées et des Stylocérées*, Paris, 1859, 1 vol. gr. in-8°; *De la famille des Aurantiacées*, 1855; *Leçons sur les familles naturelles, par M. Payer*, en cours de publication. M. Baillon a donné des articles au *Bulletin de la Société botanique de France* et à d'autres recueils; mais c'est dans son *Adansonia* que l'on trouve, dans toute leur variété et leur fécondité, ses belles études botaniques. Depuis quelque temps, le docteur Baillon a entrepris une publication plus importante encore qu'aucune de celles que l'on connaissait de lui :

c'est l'*Histoire des plantes*, série de Monographies dont quatre (*les Renonculacées, les Dilléniacées, les Magnoliacées et les Anonacées*) ont paru jusqu'à ce jour. L'auteur calcule qu'il lui faudra environ dix ans pour conduire à fin cette vaste entreprise.

A.-A.-L. Trécul, docteur en médecine et botaniste français, membre de l'Académie des sciences, n'était encore qu'interne dans les hôpitaux quand il rédigea, en 1842, un *Mémoire sur la nature des diverses parties de la fleur et sur celle des carpelles en particulier;* il parut un fragment seulement de cet écrit, en 1843, dans les *Annales des sciences naturelles*, sous le titre de : *Mémoire sur la structure du fruit des Prismatocarpus hybridus et Speculum*. En 1845, M. Trécul présenta à l'Académie des sciences des *Recherches sur la structure et le développement du Nuphar lutea*. En 1846, il publia des *Recherches sur l'origine des racines adventives*, et, en 1847, des *Recherches sur l'origine des bourgeons adventifs*, le premier de ces mémoires avec 5 planches, le second avec 9 planches. C'est alors qu'il fut chargé par les professeurs du Muséum d'une mission scientifique en Amérique, où il resta près de trois ans. Il y recueillit des collections de plantes et d'animaux, dont une partie fut perdue dans les parages des Açores. A son retour, M. Trécul s'occupa de la détermination des végétaux qu'il avait envoyés ou apportés, et reprit ses études organogéniques. En 1852 et 1853 il enrichit les *Annales des sciences naturelles* des mémoires suivants : *Observations relatives à l'accroissement en diamètre des végétaux dicotylédonés ligneux*, avec 4 planches; *Reproduction du bois et de l'écorce à la surface de l'aubier décortiqué*, avec 6 planches ; *Production du bois par l'écorce des arbres dicotylédonés; Origine et développement des fibres ligneuses et des fibres du liber; Nouvelles observations relatives à l'accroissement en diamètre des arbres dicotylédonés; Formation des vaisseaux au-dessous des bourgeons, soit adventifs, soit normaux, isolés par des décortications ou autrement; Mémoire sur le développement des Loupes et des Broussins, envisagés au point de vue de l'accroissement en diamètre des arbres dicotylédonés*. Les recherches de M. Trécul se présentaient très-souvent en contradiction avec celles de Gaudichaud, au grand mérite duquel il rendait d'ailleurs hommage. M. Trécul publia, en 1853, dans la *Revue horticole*, une *Théorie de la greffe*. Il lut ou présenta à l'Académie, de 1853 à 1856, plusieurs mémoires ou notes sur les *Phénomènes de la végétation dans des conditions anormales*, sur la *Formation des feuilles dans les Palmiers*, sur

la *Formation des feuilles des Oxalis et du Podophyllum peltatum*, sur
la *Formation des feuilles*, sur les *Inflorescences centrifuges du Figuier
et du Dorstenia*; sur les *Formations spirales et annulaires des Cactées
et du Cucurbita pepo*; sur la *Structure des feuilles des Orchidées*; sur
l'*Origine et le développement de la cuticule*, sur la *cuticule à l'intérieur
des végétaux*, etc., etc. Les *Annales des sciences naturelles* renferment encore entre autres travaux de M. Trécul : un *Mémoire sur les
formations secondaires dans les cellules*; des *Études anatomiques et
organogéniques sur le Victoria regia*, et l'*Anatomie comparée du Nelum-
bum, du Nuphar et du Victoria*. L'une des œuvres les plus importantes
de M. Trécul est intitulée : *Formations vésiculaires dans les cellules
végétales*; elle se trouve, accompagnée de 12 planches, dans le tome X
de la 4ᵉ série des *Annales des sciences naturelles*. Dans ce travail
capital, divisé en 8 paragraphes, M. Trécul combat l'opinion de
Hugues de Mohl et de ses adeptes, qui rejettent complétement l'existence des vésicules, et même celle de MM. Théodore Hartig et Karsten,
qui, tout en reconnaissant cette existence, ne lui accordent que peu
d'importance physiologique. On trouve aussi dans les *Annales des
sciences naturelles*, 3ᵉ série, tome VIII, un *Mémoire sur la famille des
Artocarpées*, avec 6 planches, qui est l'œuvre de M. Trécul.

Adolphe Chatin, médecin, pharmacien en chef des hôpitaux et
botaniste français, membre de l'Académie de médecine et professeur
de botanique à l'École supérieure de pharmacie, s'est particulièrement
occupé d'anatomie et de physiologie végétale. On a de lui : *Quelques*

*considérations sur les théories de l'accroissement par couches concen-
triques des arbres munis d'une véritable écorce* (arbres dicotylés), 1840;
Anatomie comparée végétale appliquée à la classification, 1840; *Études
de physiologie végétale faites au moyen de l'acide arsénieux*, 1848; *Symétrie générale des organes des végétaux*, 1848; *Études expérimentales
sur l'action des sels, des bases, des acides et des matières organiques sur
la végétation*, 1852; *Existence de l'iode dans les plantes d'eau douce,
dans l'eau, dans l'air*, etc., 1851; *Recherche des rapports entre l'ordre
de naissance et l'ordre de déhiscence des étamines*, 1854; *Études sur
l'Androcée*, 1855; *Recherches des lois qui lient l'avortement des étamines
à leur naissance et à leur maturation, loi d'inversion*, 1855; deux notes
sur les *Cysties, organe nouveau observé sur les Callitriches*, 1855; *Note
sur la présence de la matière verte dans l'épiderme de l'Hippuris vulgaris, du Peplis Portula, des Jussiæa longifolia et lutea, de l'Isnardia*

palustris et du *Trapa natans*, 1855; *Recherches expérimentales sur le pouvoir d'absorption, par rapport à l'eau, des racines des plantes aériennes*, 1856; *sur la respiration des Orobanches*, 1856; *Mémoire sur le Vallisneria spiralis, considéré dans son organographie, sa végétation, son anatomie, sa tératologie et sa physiologie*, 1855, in-4°, avec 5 planches; *sur les fleurs mâles du Vallisneria spiralis*, ibid.; *Note sur le parasitisme des Rhinanthacées*, 1856; *De l'existence des rapports entre la nature de l'épiderme et celle du parenchyme des feuilles*, 1857; *Faits d'anatomie et de physiologie pour servir à l'histoire de l'Aldrovanda*, 1858; *sur les caractères anatomiques des rhizomes*, 1858; *sur les caractères anatomiques des racines*, 1858; *Sur l'Androcée des Crucifères*, 1861; *Études sur la respiration des fruits*, 1864; *sur la vrille des Cucurbitacées*, 1866; *Recherches sur le développement, la structure et les fonctions des tissus de l'anthère*, 1862; *Existence d'une troisième couche dans les anthères*, 1866; *Structure et fonctions de la cloison des logettes de l'anthère*, ibid.; *Localisation des cellules fibreuses dans quelques anthères, absence de ces cellules dans les anthères d'un grand nombre de plantes*, ibid.; *Des placentoïdes, nouvel organe des anthères*, 1866. La plupart des précédents mémoires et notes se trouvent, aux années indiquées, dans les *Comptes rendus de l'Académie*, ou dans le *Bulletin de la Société botanique de France*. M. Chatin a publié, en 1856, dans les *Mémoires de la Société des sciences naturelles de Cherbourg*, deux mémoires, l'un *sur l'anatomie des racines des plantes aériennes de l'ordre des Orchidées*, l'autre *sur l'anatomie du rhizome, de la tige et des feuilles de ces mêmes plantes*. Il a commencé, en 1854, la publication d'une *Anatomie comparée des végétaux*, comprenant : 1° *les plantes aquatiques*; 2° *les plantes aériennes*; 3° *les plantes parasites*; mais il n'a paru de cet ouvrage que 13 livraisons gr. in-8°, contenant chacune environ 48 pages de textes et 10 planches gravées. Sur ce nombre, deux ont rapport aux végétaux aquatiques; les onze autres traitent des Cuscutacées, des Cassythacées, Orobanchées, Épirhizantées, Rhinanthacées, Monotropées, Thésiacées, Loranthacées, Cythynées et Balanophorées.

Charles Grenier, botaniste distingué, professeur de matière médicale à l'école de médecine de Besançon, a publié les ouvrages suivants: *Souvenirs botaniques des environs des Eaux-Bonnes*, Bordeaux, 1837; *Observations botaniques*, Besançon, 1838, in-8°, avec 2 planches; *Observations sur les genres Moenchia et Malachium*, 1839; *Monogra-*

BOTANISTES
FRANÇAIS.

phia de Cerastio, Vesoul, 1841, avec 9 planches ; *Catalogue des plantes phanérogames du département du Doubs*, Besançon, 1843, *Thèse de géographie botanique du département du Doubs, présentée à la Faculté de Strasbourg*, 1844. M. Grenier a publié encore plusieurs mémoires sur la botanique, entre autres : *De l'hybridité et de quelques hybrides en particulier*, 1853 ; *Considérations sur les axes primaires et secondaires dans quelques espèces radicantes*, 1855 ; *Description du Posidonia Caulini*, 1860, plante dont M. Germain de Saint-Pierre s'était déjà occupé en 1857. On lui doit aussi une *Florule exotique des environs de Marseille (Florula Massiliensis advena*, 1857-1860) ; et une *Flore de la chaîne jurassique*, dont la première partie a seule paru en 1865. Mais son principal titre auprès des botanistes et son œuvre capitale est la *Flore de France, ou Description des plantes qui croissent naturellement en France et en Corse*, Paris, 1848-1853, 3 vol. in-8°, en 6 parties.

GODRON.

M. Grenier a eu pour collaborateur à sa *Flore de France* Dominique-Alexandre Godron, ancien recteur de l'Académie départementale de l'Hérault, puis doyen de la Faculté des sciences de Nancy, auquel la botanique doit, outre cet ouvrage, les publications suivantes : *Essai sur les Renoncules à fruits ridés transversalement*, Nancy, 1840, in-8°, avec 2 planches ; *Observations sur la famille des Alsinées*, 1842 ; *Monographie des Rubus qui croissent naturellement aux environs de Nancy*, 1843 ; *Flore de Lorraine (Meurthe, Moselle, Meuse, Vosges)*, Nancy, 1843-1844, 3 vol.; 2ᵉ édit., 1857 ; *Catalogue des plantes cellulaires du département de la Meurthe*, 1843 ; *De l'hybridité dans les végétaux*, 1844 ; *Description d'une monstruosité observée sur la fleur de plusieurs Crucifères*, 1845 ; *Note sur le Dianthus virgineus de Linné*, 1846 ; *De l'existence aux environs de Sarrebourg d'une plante propre aux terrains salifères*, 1846 ; *Flora Juvenalis, ou énumération des plantes étrangères qui croissent naturellement au Port-Juvénal, près de Montpellier*, 1853, in-4° ; 2ᵉ édit., 1854, in-8°; dans cette florule, M. Godron s'occupe de l'introduction de plantes exotiques dont les graines sont apportées avec divers produits commerciaux, particulièrement avec les laines dont le lavage se pratique en plein air. MM. Touchy, Cosson, Lespinasse et Théveneau ont fait des remarques semblables sur d'autres produits de la France, et c'est dans cet esprit que M. Grenier publia sa *Florule exotique marseillaise; Quelques notes sur la flore de Montpellier*, 1854 ; *De la fécondation des Ægilops par* les *Triticum*, 1855 ; *De l'Ægilops triticoides et de ses diverses formes*, 1856 ; *Essai sur la géographie botanique de la Lorraine*, Nancy, 1862, 1 vol. in-12 ; *De la végétation du Kaiserstuhl dans ses rapports avec celle des coteaux jurassiques de la Lorraine*, 1864 ; *Promenade botanique aux environs de Benfeld*, 1864 ; *Observations sur les bourgeons et sur les feuilles du Liriodendron tulipifera*, 1861 ; *Mémoire sur l'inflorescence et les fleurs des Crucifères*, 1864 ; *Mémoire sur les Fumariées à fleurs irrégulières et sur la cause de leur irrégularité*, 1864 ; *Des hybrides végétaux considérés au point de vue de leur fécondité et de la perpétuité ou non-perpétuité de leurs caractères*, 1863 ; *Nouvelles expériences sur l'hybridité dans le règne végétal*, 1866.

Ernest Saint-Charles Cosson, médecin et botaniste français, né en 1819, fut adjoint, en 1851, à la commission scientifique de l'Algérie, et a exploré ce pays à plusieurs reprises, de 1853 à 1858. Il débuta, en 1840, par des *Notes sur quelques plantes critiques, rares ou nouvelles des environs de Paris*, en collaboration de M. Ernest Germain de Saint-Pierre. Il donna ensuite avec M. A. Weddell, l'*Introduction à une Flore analytique et descriptive des environs de Paris, suivie d'un catalogue raisonné des plantes vasculaires de cette région*, Paris, 1842, in-8°. En 1843 parut le *Supplément* à ce catalogue, supplément fait avec le concours de M. Germain de Saint-Pierre. Ce fut encore avec ce collaborateur que M. Cosson publia : le *Synopsis analytique de la Flore des environs de Paris, ou description abrégée des familles et des genres, accompagnée de tableaux dichotomiques*, Paris, 1845, in-8° ; 2ᵉ édit., 1859, 1 vol. in-18 ; et la *Flore descriptive et analytique des environs de Paris*, Paris, 1845, 2 parties et un atlas de 42 planches ; 2ᵉ édition, 1861, in-8°. M. Cosson a publié, avec M. Kralik, en 1847, des *Notes sur quelques plantes de la régence de Tunis*. Il a donné, en 1860, une *Note sur la stipule et la préfeuille dans le genre Potamogeton, et quelques observations sur ces organes dans les autres Monocotylées*. Mais le principal titre de ce botaniste sera certainement sa participation à l'exécution de la magnifique *Flore de l'Algérie*, dont il va être question dans la notice suivante.

Ce furent d'abord Bory de Saint-Vincent et M. Durieu de Maisonneuve, aujourd'hui directeur du jardin botanique de Bordeaux, que la commission scientifique de l'Algérie chargea des recherches botaniques dans cette contrée et de la publication de la flore algérienne. Mais bientôt Bory de Saint-Vincent étant mort, la direction de cette publi-

BOTANISTES
FRANÇAIS.

cation resta à M. Durieu de Maisonneuve seul, qui fit paraître, en 1847 et 1848, un premier volume consacré à la Cryptogamie, volume à l'exécution duquel avaient concouru MM. Montagne, Léveillé et Tulasne. En 1852 M. Cosson fut adjoint à M. Durieu pour l'étude et la continuation de la *Botanique de l'Algérie*, dont nombre de circonstances particulières ont jusqu'à ce jour empêché l'entière publication. Les familles des Graminées et des Cypéracées, formant la classe des Glumacées, fut publiée en 1855. M. Cosson a joint, en 1867, une introduction à ce magnifique ouvrage, qui renferme quant à présent, outre des textes, 90 planches in-4° gravées, tirées en couleur et retouchées au pinceau. Nous connaissons quelques opuscules botaniques de M. Durieu de Maisonneuve : une *Étude taxonomique de la ligule dans le genre Carex*, inséré dans le *Bulletin de la Société botanique de France*, 1859, et un travail *sur une nouvelle espèce de Chara des étangs des Landes (Chara fragifera)*, dans la 3ᵉ série, tome XVIII, des *Annales des sciences naturelles*. C'est à ce botaniste que l'on doit la première découverte des nouveaux *Isoëtes* en Algérie, dont il a fait représenter cinq espèces, avec tous leurs caractères, dans la *Botanique* de cette contrée.

GERMAIN
DE SAINT-PIERRE.

Un des autres collaborateurs de M. Cosson est, comme on l'a vu, M. Ernest Germain de Saint-Pierre, qui, outre les travaux que nous avons cités dans la notice du premier comme leur appartenant en commun, a donné seul, dans le *Bulletin de la Société botanique de France*, les études dont les titres suivent : *De la direction ascendante considérée comme caractère distinctif des tiges présentant normalement la direction descendante*, 1856 ; *Sur le développement du Posidonia Caulini*, 1857 ; *Nouvelles observations sur le même sujet*, 1860 ; *Sur le mode de la végétation du Corallorhiza innata*, 1857 ; *Étude du mode de végétation du Dioscorea Batatas*, 1856 ; *Recherches sur la nature du faux bulbe des Ophrydées ou Ophrydo-bulbe*, 1855 ; *De la disposition des feuilles dans la famille des Rubiacées*, 1854 ; *Individualité des feuilles, feuilles gemmipares chez l'Allium magicum et les Allium sphærocephalum et multiflorum*, 1855 ; *Structure des tiges chez les végétaux dicotylés, observations puisées chez une forme anomale des tubercules du Solanum tuberosum*, 1855 ; *Structure des tiges, exposition de la doctrine ou théorie des décurrences* ; *Structure des tiges chez les végétaux monocotylés, observations puisées dans l'étude de la germination des espèces du genre Tulipa*, *ibid.*, 1855 et 1856. M. Germain de Saint-Pierre a publié seul un *Guide du botaniste, suivi d'un Dictionnaire raisonné des mots techniques français et latins employés dans les ouvrages d'organographie végétale et de botanique descriptive*, Paris, 1844, in-18.

Arthur Gris, aide-naturaliste au Muséum d'histoire naturelle de Paris, s'est occupé tour à tour de botanique descriptive, de physiologie et de tératologie végétale. Les *Annales des sciences naturelles* contiennent les travaux suivants provenant de lui : *Du développement de la fécule et en particulier de sa réception dans l'albumen des graines en germination* (1857); *Observations sur la fleur des Marantées* (1859); *Note sur l'origine et le mode de formation des canaux périspermiques dans les graines des Marantées* (1860); *Recherches microscopiques sur la chlorophylle* (1861-1862)[1]; *Note sur le développement de la graine du Ricin* (1862). On trouve dans le même recueil, 5ᵉ série, t. II, 1864, les *Recherches anatomiques et physiologiques sur la végétation*, avec planches, ouvrage qui avait valu, l'année précédente, à M. Arthur Gris, le grand prix des sciences physiques décerné par l'Académie. Le *Bulletin de la Société botanique de France*, t. XI, année 1864, renferme un travail de ce physiologiste *sur la germination du Mirabilis longiflora*. Les *Comptes rendus de l'Académie*, pour 1863, contiennent des *Recherches concernant les vaisseaux*, qui viennent de M. Gris, et dont il a donné la suite la même année, dans les *Annales des sciences naturelles*, sous le titre de *Nouvelles observations sur la structure et les fonctions des vaisseaux*. Les *Comptes rendus*, pour 1866, contiennent du même auteur : *Recherches pour servir à l'histoire physiologique des arbres*. M. Gris s'est livré, avec M. Adolphe Brongniart, à des études microscopiques sur le *Posidonia Caulini*, dont M. Germain de Saint-Pierre et M. Grenier, de Besançon, s'occupaient, chacun de son côté, vers le même temps. Enfin M. Gris a publié, en 1868, dans les *Nouvelles Archives du Muséum*, avec le même M. Brongniart, la *Description des Plantes de la Nouvelle-Calédonie*, in-4°, accompagnée de 45 planches dessinées par M. Riocreux.

J.-H. Fabre, professeur au lycée d'Avignon, a publié : *Recherches sur les tubercules de l'Himantoglossum hircinum*, dans les *Ann. des sc. nat.*, 1855; *De la germination des Orchidées et de la nature de leurs tubercules*, *ibid.*, 1856; *De la nature des vrilles des Cucurbitacées*, dans

1. M. Arthur Gris reprenait ainsi une étude commencée par son père, M. Émile Gris, en 1845, *sur l'action des sels ferrugineux appliqués à la végétation et spécialement au traitement de la chlorose et de la débilité des plantes.*

le *Bull. de a Soc. bot.*, 1855 : *Note sur la germination du Tulipa Ges-neriana*, ibid., 1856 ; *sur la Germination du Colchicum autumnale*, ibid., 1856 ; *Observations sur les fleurs et les fruits hypogés du Vicia amphicarpa*, ibid., 1855.

On doit à un autre contemporain du nom de Fabre (Esprit), jardinier-botaniste d'Agde, observateur exact autant qu'expérimentateur ingénieux, dit M. Duchartre, la démonstration positive que la plus précieuse de nos céréales, le blé, n'est qu'une forme de nos graminées sauvages, améliorée et perfectionnée par une culture non interrompue pendant une longue série de siècles. Il apporta cette preuve dans un travail intitulé : *Des Ægilops du midi de la France et de leur transformation*, travail qui parut en 1853 dans les *Mémoires de l'Académie de Montpellier*, et qui précéda celui de M. Godron sur le même sujet.

D. Clos, professeur à la Faculté des sciences de Toulouse, a publié un grand nombre d'opuscules botaniques dans différents recueils ou séparément. Nous citerons : *Organographie de la Ficaire*, 1852 ; *Ébauche de la Rhizotaxie*, Paris, 1848, in-4° ; *Deuxième mémoire sur la Rhizotaxie*, 1852 ; *Du collet dans les plantes et de la nature de quelques tubercules*, 1850 ; *Discussion d'un principe d'organographie végétale concernant les bourgeons*, 1856 ; *Du coussinet et des nœuds vitaux, spécialement dans les Cactées*, 1860 ; *Cladodes et axes ailés*, 1861 ; *Importance de la gaine de la feuille dans l'interprétation des bractées, des sépales et des écailles des bourgeons*, 1856 ; *La vrille des cucurbitacées, organe du dédoublement de la feuille*, 1855 ; *Nouvel aperçu sur la théorie de l'inflorescence*, 1861 ; *Recherches sur l'involucre des Synanthérées, à l'occasion d'une monstruosité du Centaurea Jacea*, 1851 ; *De la nécessité de faire disparaître de la nomenclature botanique les mots de Torus et Nectaire*, 1854 ; *Observations sur le pistil ou le fruit des genres Papaver et Citrus*, 1865. C'est particulièrement dans les *Annales des sciences naturelles* que l'on trouve les opuscules précités. M. Clos a donné aux *Mémoires de l'Académie des sciences de Toulouse*, 5ᵉ série, vol. III et VI, trois fascicules d'*Observations tératologiques*. M. Clos a donné, en 1857, une *Révision comparative de l'herbier et de l'Histoire abrégée des Pyrénées de Lapeyrouse*.

Gustave Thuret, criptogamiste français, s'est particulièrement occupé des Algues. Il débuta, en 1844, par un *Mémoire sur les organes fécondateurs des Fucacées*, fait en collaboration de M. Decaisne. En 1843,

il appela l'attention sur lui par ses *Recherches sur les organes loco-*

moteurs des spores des *Algues*, insérées dans les *Annales des sciences naturelles*, 2ᵉ série, t. XIX. En 1847, il eut le grand prix des sciences naturelles pour une *Étude des mouvements des corps reproducteurs ou spores des Algues zoosporées et des corps renfermés dans les anthéridies des Cryptogames telles que Chara, Mousses, Hépatiques et Fucacées*[1]. Depuis, M. Thuret a continué ses études sur les Algues et les a publiées dans les *Annales des sciences naturelles*, 4ᵉ série, t. II, VII, et dans les *Comptes rendus de l'Académie des sciences*, t. XXXVI. Il s'est quelquefois associé dans ses travaux M. Ed. Bornet, qui personnellement était déjà connu par de bons travaux, particulièrement de *Recherches sur le Phucagrostis major* Cavolini (*Zosterea mediterranea* D. C., *Cymadocea æquorea* Kœnig), et d'une *Description de trois Lichens nouveaux*, 1856. Les *Recherches sur la fécondation des Floridées*, insérées dans le t. VII de la 5ᵉ série des *Annales des sciences naturelles*, sont l'œuvre commune de ces deux botanistes. M. Thuret s'est aussi occupé de la structure et du mode de reproduction des Nostocs, ces singuliers végétaux qu'on voit apparaître, après les pluies, à la surface du sol, sous la forme de masses irrégulières remplies d'une gelée verdâtre. Ses premières observations sur ce sujet remontent à 1844, les secondes sont de 1857.

Le docteur Jean-Baptiste-Isidore Bourdon, membre de l'Académie de médecine, physiologiste distingué, né à Merry (Orne) en 1796, a touché à la botanique dans le plus important et le plus original de ses ouvrages, intitulé : *Physiologie comparée ou histoire des phénomènes de la vie dans tous les êtres qui en sont doués, depuis les plantes jusqu'aux êtres les plus complets*, Paris, 1830, in-8°, avec planches.

Jean-Claude-Achille Guillard, statisticien et naturaliste français, docteur ès sciences, né à Marcigny-sur-Loire, en 1799, a fondé à Lyon l'Institut du Verbe incarné, d'après un système qu'il a développé sous ce titre : *Exposé et rappel de la méthode d'émancipation intellectuelle, avec application à la lecture et aux cinq langues française, italienne, espagnole, allemande et anglaise*, Lyon, 1829, 5 vol. in-12.

---

1. Un second prix fut décerné à M. Derbès, aujourd'hui professeur à la faculté des sciences de Marseille, et à M. Solier, pour leur mémoire sur le même sujet. En 1851, ces messieurs publièrent une addition à leur mémoire, comprenant des observations sur la structure et sur les organes reproducteurs de dix-neuf espèces d'Algues de la Méditerranée. M. Derbès a donné seul, en 1856, des observations sur un genre nouveau de la famille des Floridées, qu'il désigne sous le nom de *Ricardia*. De son côté, en 1847, M. Solier avait fait connaître une Algue marine voisine des *Vaucheria*.

Ce n'est certes pas cela qui lui donnerait droit à avoir une place dans ce Précis ; mais M. Achille Guillard s'est occupé de botanique, tantôt seul, tantôt avec son frère. Ils publièrent ensemble, en 1834, des *Formules botaniques et Mémoires sur la formation des organes floraux*, et, en 1835, un *Mémoire sur la formation et le développement des organes floraux*, Paris, in-4°, avec 3 planches, qui fit sensation parmi les botanistes. L'organogénie était alors une science toute nouvelle, dont Mirbel passait pour le créateur. Ce savant avait fait l'organogénie des tissus, et il avait commencé à s'occuper de l'organogénie de la fleur, quand parut le mémoire des frères Guillard, et il trouva que leurs observations concordaient avec les siennes. On regretta vivement alors que les deux botanistes lyonnais s'arrêtassent dans cette voie. Cependant, M. Achille Guillard a publié depuis : *Observations sur la moelle des plantes ligneuses*, dans les *Ann. des sc. nat.*, 1847 ; *Note sur les vrilles des Cucurbitacées*, dans le *Bull. de la Soc. bot. de France*, 1857 ; *Idée générale de l'inflorescence*, ibid., 1857. M. Achille Guillard s'est beaucoup occupé de linguistique, de statistique et d'économie politique. Nous l'avons déjà cité, p. 355, comme collaborateur de Seringe, dans l'*Essai des formules botaniques* de cet auteur.

Alexis Jordan, botaniste lyonnais, s'est occupé des végétaux à des points de vue différents. On lui doit deux Mémoires sur l'*Ægilops triticoïdes et sur les questions d'hybridité et de variabilité spécifique qui se rattachent à l'histoire de cette plante*, l'un publié, en 1856, dans les *Annales des sciences naturelles*, l'autre, en 1857, dans les *Annales de la Société linnéenne de Lyon*. Ces mémoires, dont les considérations sont plus philosophiques que positives, ont été moins appréciées que les deux études du même auteur intitulées : *Observations sur plusieurs plantes nouvelles rares ou critiques de la France*, Lyon et Leipzig, 1846-1849, in-8°, avec planches ; *De l'origine de diverses variétés ou espèces d'arbres fruitiers et autres végétaux généralement cultivés pour les besoins de l'homme*, Paris, 1853. « Même pour les botanistes qui rejettent les différences légères sur lesquelles la plupart de ces espèces sont fondées, a dit M. Ad. Brongniart, il y a là une étude de la nature qui appelle notre attention sur le polymorphisme de beaucoup d'espèces et sur les variétés ou les races qui en résultent ; il y a là une question sur la limite des espèces de la Flore Française. » Quelques botanistes, entre autres M. Boreau, dans la 3° édition de sa *Flore du centre de la France*, ont adopté en partie les nombreuses subdivisions spécifiques introduites par M. Jordan. On doit encore à cet auteur : *Pugillus plantarum novarum præsertim gallicarum*, 1852 ; *Diagnoses d'espèces nouvelles ou méconnues, pour servir de matériaux à une flore réformée de la France et des contrées voisines*, 1864. M. Jordan a publié, avec M. Jules Fourreau : *Breviarium plantarum in horto plerumque cultura recognitarum, descriptio contracta ulterius amplianda*, 1867 ; et *Icones ad Floram Europæ novo fundamento instaurandam spectantes*, ouvrage publié par fascicules, représentant, dans des planches soigneusement exécutées, les espèces nouvelles que les deux auteurs ont cru devoir remarquer.

Ed. Prillieux, « jeune botaniste, dit M. Duchartre, dont les écrits publiés jusqu'à ce jour révèlent autant d'exactitude dans l'observation que de finesse dans les aperçus, » est auteur des opuscules suivants : *De la structure des poils des Oléacées et des Jasminées*, 1855 ; *Considérations sur la nature des vrilles de la vigne*, 1856 ; *De la structure anatomique et du mode de la végétation du Neottia nidusavis*, 1856, *Observations sur la germination et le développement d'une Orchidée* (*Angrecum maculatum*), avec le concours de M. A. Rivière, 1856 ; *Observations sur la déhiscence du fruit des Orchidées*, 1857 ; *De la structure et du mode de formation des graines bulbiformes de quelques Amaryllidées*, 1858 ; *Observations sur la germination du Miltonia spectabilis et de diverses autres Orchidées*, 1860 ; *Recherches sur la végétation et la structure de l'Althenia filiformis*, 1864 ; *Nature, organisation et structure anatomique du bulbe des Orphydées*, 1865 ; *sur la structure du bulbe d'une Orchidée exotique de la tribu des Aréthusées* (*Codornochis Lessonii*), 1865 ; *Végétation et structure anatomique des tiges des Orchidées*, 1866. Ces études de M. Prillieux se trouvent partie dans le *Bulletin de la Société botanique de France*, partie dans les *Annales des sciences naturelles*, partie dans les *Comptes rendus de l'Académie des sciences*, aux années indiquées.

Nous connaissons du docteur Léon Marchand : *De radicibus et vasis plantarum, ou Considérations anatomico-physiologiques sur les plantes, et principalement sur leurs racines et leurs vaisseaux*, Utrecht, 1830 ; *Monstruosités végétales*, dans l'*Adansonia*, 1863-1864 ; *Note sur des fleurs monstrueuses d'Epimedium*, ibid. ; *Des tiges des phanérogames*, ibid., 1864 ; *Recherches organographiques sur le Coffea arabica*, ibid., 1864-1865 ; *Recherches pour servir à l'histoire des Burséracées*, ibid. ; et *De l'organisation des Burséracées*, Paris, 1867.

Chrétien-Godefroy Nestler a publié : *Monographia de Potentilla, præmissis nonnullis observationibus circa familiam Rosacearum*, Paris et Strasbourg, 1816, in-4°, avec 12 planches; et *Index plantarum quæ in horto academico Argentinensi anno 1817 viguerunt*, Strasbourg, 1818. M. Nestler s'est aussi fort occupé des algues de France.

M. Durand, de Caen, est auteur d'un *Mémoire sur un fait singulier de la physiologie des racines, leur pénétration dans le mercure*, mémoire qui a été inséré dans les *Ann. des sc. nat.*, 1845. On lui doit aussi une thèse intitulée : *Recherche et fuite de la lumière par les racines*, Caen, 1849. Il a donné aux *Mémoires des savants étrangers*, avec M. Manoury, de Caen, un *Mémoire sur l'accroissement en diamètre des plantes dicotylées*, 1854.

M. Charles Fermond, pharmacien en chef de l'hôpital Sainte-Eugénie, à Paris, est auteur d'un ouvrage intitulé : *Études comparées des feuilles dans les trois grands embranchements des végétaux, comprenant le principe de la trisection et les lois de leur formation et de leur composition, leur classification méthodique, l'explication rationnelle de certaines feuilles exceptionnelles, leur composition organographique et leur phytogénie*, Paris, 1864, 1 vol. in-8°, avec 13 planches. On doit encore à M. Fermond : *Observations sur quelques phénomènes présentés par la végétation de la vigne, et lois qui président à l'évolution de ses bourgeons*, 1856; *Faits pour servir à l'histoire générale de la fécondation chez les végétaux*, 1859; *Essai de phytomorphie, ou Étude des causes qui déterminent les principales formes végétales*, t. I, in-8°, avec 16 planches, Paris, 1864, en cours de publication.

M. H. Emery a, quant à présent, publié : *Nouvelles Recherches sur l'étiolement*, 1863; *Sur la force de pénétration de diverses parties de la racine*, dans l'*Adansonia*, 1864-1865; et une *Étude sur le rôle physique de l'eau dans la nutrition des plantes*, Paris, 1865.

M. Lagrèze-Fossat est auteur d'*Observations sur l'Allium magicum*, dans le *Bull. de la Soc. bot.*, 1856; d'un travail *sur la germination du Pancratium illyricum, ibid.*, 1856; d'une *Note sur un mode de multiplication du Convolvulus sepium, ibid.*, 1856.

Le docteur E. Lebel, de Valognes, a publié un travail intéressant *sur la morphologie et l'anatomie des Cuscutes*, dans le *Bull. de la Soc. botanique de France*, 1865; et un autre *sur le bourgeon dans le genre Lythrum*, dans les *Mémoires de la Soc. des sc. de Cherbourg*, t. II.

Le docteur Leclerc, professeur d'histoire naturelle médicale à l'École de médecine de Tours, dont la préoccupation est, depuis longtemps, d'établir que les plantes sont douées d'un véritable système nerveux, a communiqué, en 1853, à l'Académie des sciences, des *Recherches physiologiques et anatomiques sur l'appareil nerveux des végétaux* (voir les *Comptes rendus de l'Académie des sciences*, t. XXXVII, 1853).

M. Paul Bert est auteur d'une note sur les *Faisceaux ligneux des Fougères*, insérée dans le *Bulletin de la Société philomatique*, 1859, et de *Recherches sur les mouvements de la Sensitive*, que l'on trouve dans les *Mémoires de la Société des sciences de Bordeaux*, 1866.

M. Marius Barnéoud, botaniste qui, dit M. Duchartre, après avoir publié plusieurs travaux recommandables, s'est détourné, jeune encore, de la voie scientifique dans laquelle il s'était déjà fait remarquer, se fit connaître en 1844 par une thèse pour le doctorat ès sciences naturelles, intitulée : *Recherches sur le développement, la structure générale et la classification des Plantaginées et des Plumbaginées*. Il publia ensuite : un *Mémoire sur le développement de l'ovule et de l'embryon dans le Schizepetalon Walkeri*, dans les *Ann. des sciences nat.*, 1846 ; *Mémoire sur l'anatomie et l'organogénie du Trapea natans, ibid.*, 1848 ; *Mémoire sur le développement de l'ovule, de l'embryon et des corolles anomales, dans les Renonculacées et les Violariées, ibid.*, 1846 ; *Second mémoire sur l'organogénie des corolles irrégulières, ibid.*, 1847.

M. H. Bocquillon a publié dans l'*Adansonia*, en 1862, une *Revue du groupe des Verbénacées*, dont la première partie renferme des détails organographiques et quelques exposés organogéniques.

Le docteur Ed. Bureau a publié, en 1856, une *Monographie de la famille des Loganiacées et des plantes qu'elle fournit en médecine*, Paris, in-4°, avec figures dans les textes ; et, en 1864, une *Monographie des Bignoniacées*, Paris, in-4° de 214 pages, avec atlas de 30 planches ; il s'est principalement occupé de l'organographie et de l'organogénie de cette famille.

M. Eugène Fournier a trouvé dans la famille des Mimosées le sujet de ses *Notes sur le genre Albizzia*, insérées dans la 4ᵉ série, t. XIV et XV des *Annales des sciences naturelles*. Il a fait aussi une étude *sur les caractères histologiques du fruit des Crucifères*, que l'on trouve dans le *Bulletin de la Soc. bot. de France*, 1864 ; et des *Recherches anatomiques et histologiques sur la famille des Crucifères*, Paris, 1865, thèse in-4° de 154 pages, avec 2 planches.

M. Adolphe Steinheil, de Strasbourg, débuta, en 1836, par un mémoire intitulé : *De l'individualité considérée dans le Règne végétal.* Il publia, en 1838, des *Observations sur la végétation des Dunes à Calais;* et, en 1843, dans les *Ann. des sc. nat.,* des *Observations sur quelques feuilles apposées qui deviennent alternes par soudure.*

M. Roze a remporté, en 1866, le prix Desmazières, pour ses *Recherches sur la structure des archégones et des anthéridies dans les cryptogames acrogènes;* il s'est occupé des mousses des environs de Paris. — M. Duval-Jouve a publié des *Études sur les pétioles des Fougères,* en 3 fascicules in-8°, avec 3 planches. Haguenau, 1856-1864; il s'est aussi occupé de la famille des Graminées (voir le *Bull. de la Soc. bot. de France,* 1865). — M. Paul de Rouville, de Montpellier, s'est également occupé des Graminées, et a donné, en 1853, une *Monographie du genre Ivraie.* — M. Hétet, pharmacien de la marine, ancien professeur de botanique à l'École de médecine navale de Toulon, est auteur de *Recherches expérimentales d'organogénie et de physiologie végétales,* dont la première partie parut dans les *Comptes rendus de l'Académie des sciences,* en 1857, et la seconde en 1861. — M. Armand Clavaud s'est occupé de la structure des racines des *Chara* et de leur mode de développement. — M. Lortet a publié, en 1867, dans les *Ann. des sc. nat.,* des études sur une plante de la famille des Hépatiques (le *Pressia commutata*). — M. Le Dien a communiqué, en 1864, au *Bull. de la Soc. bot. de France,* des *Observations sur des monstruosités végétales de l'urne des mousses.* — M. Le Jolis a publié, en 1863, un intéressant travail sous le titre de *Liste des Algues marines de Cherbourg.* — MM. Crouan frères, pharmaciens à Brest, algographes distingués, ont communiqué aux *Ann. des sc. natur.* de nombreux mémoires sur différents genres d'Algues nouveaux institués par eux; ils ont exposé l'ensemble de leurs travaux dans leur *Florule du Finistère,* publiée en 1867. — MM. Rosanoff, Nestler, Chauvin, Lelièvre, Noël de la Morinière, Lloyd, se sont aussi occupés des Algues de France. — M. Van Thiegem a porté tour à tour ses études sur la cryptogamie et sur la phanérogamie; on lui doit des études sur les Algues et sur les Aroïdées. — Nous aurions dû citer plus tôt, parmi les géologues qui se sont occupés de botanique fossile, M. Félix Raulin, professeur à la faculté des sciences de Bordeaux, pour son travail *sur la classification des terrains tertiaires de l'Aquitaine et les transformations de la Flore de l'Europe centrale.*

L'illustre chimiste Jean-Baptiste-Dieudonné Boussingault, membre
de l'Institut, né à Paris en 1802, a été conduit à s'occuper de physiologie végétale par ses études de chimie agricole et d'économie
rurale. Dès l'année 1840, il avait fait la première expérience qui ait
montré qu'un végétal vivant (la vigne) diminue, pendant le jour, la
proportion d'acide carbonique dans l'air atmosphérique mis en contact avec ses feuilles, même pendant un passage assez rapide, et qu'il
augmente au contraire la proportion de ce même gaz pendant la nuit.
Il fut ainsi amené à rechercher expérimentalement s'il y avait quelque
chose de fondé dans des expériences dont un savant allemand, Schult-
zenstein, venait de publier les résultats. Trois expériences, faites
en 1844, lui montrèrent que des feuilles fraîches de pêcher, tenues
pendant quelques heures sous l'influence de la lumière solaire, com-
parativement, les unes dans l'eau soit pure, soit additionnée de divers
acides ou de sucre, de phosphate d'ammoniaque; les autres dans de
l'eau imprégnée d'acide carbonique, se comportent de deux manières
différentes : tandis que les premières ne dégagent pas d'oxygène ou
n'en donnent qu'une quantité insignifiante, les autres en émettent,
pendant le même espace de temps, un volume considérable, qui s'est
élevé, pour chacune d'elles, jusqu'à 4-5 centimètres cubes. Ces résultats, rappelés dans le *Rapport sur les progrès de la botanique physiologique*, publié, en 1868, par M. Duchartre, sont consignés dans une
Lettre sur la respiration des plantes, adressée par M. Boussingault à
M. Dumas, de laquelle l'extrait se trouve dans les *Comptes rendus de
l'Académie des sciences*, t. XIX, année 1844. Depuis lors, l'éminent
chimiste, qui, dans cette même année 1844, publiait, en 2 vol. in-8°,
son *Traité d'économie rurale*, a continué ses savantes investigations sur
la végétation en général et sur les rapports qui existent entre les feuilles
et l'atmosphère. Il a publié dans les *Annales des sciences naturelles* et
dans les *Comptes rendus de l'Académie*, en 1854, des *Recherches sur
la végétation entreprises dans le but d'examiner si les plantes fixent
dans leur organisme l'azote qui est à l'état gazeux dans l'atmosphère*.
En 1854 encore il réunit et publia, en corps d'ouvrage, des *Mémoires
de chimie agricole et de physiologie*. Il donna, en 1855, aux *Comptes
rendus de l'Académie* et aux *Annales des sciences naturelles*, un *Mémoire relatif à l'action du salpêtre sur la végétation*; en 1855, des
*Recherches sur l'influence que l'azote assimilable exerce sur la pro-
duction de la matière végétale*. Les *Comptes rendus* de 1858 renferment

BOTANISTES
FRANÇAIS.

CHIMIE
VÉGÉTALE.

BOUSSINGAULT.

des *Observations sur le développement des Helianthus soumis à l'action du salpêtre donné comme engrais.* Le même recueil contient, en 1861, un *Mémoire sur la nature des gaz produits pendant la décomposition de l'acide carbonique par les feuilles exposées à la lumière;* en 1864, un travail *sur la végétation dans l'obscurité;* et, en 1865 et 1866, un savant Mémoire, divisé en trois parties, intitulé : *Études sur les fonctions des feuilles.*

Un chimiste de Lille, M. Corenwinder, a publié les travaux qui suivent : *Recherches sur l'assimilation du carbone par les feuilles des végétaux,* dans les *Annales de physique et de chimie,* 1863; *Recherches chimiques sur la végétation,* dans les *Mémoires de la Société des sciences de Lille,* 1863, et dans les *Annales des sciences naturelles,* 1864; *sur la question de savoir si les feuilles des plantes exhalent l'oxyde de carbone,* dans les *Mémoires de la Société de Lille,* 1864; *sur l'Expiration diurne et nocturne des feuilles,* dans les *Comptes rendus de l'Académie des sciences,* 1863; *Recherches chimiques sur la végétation, fonctions des feuilles,* dans les *Mémoires de la Société de Lille,* 1867; *Étude sur les migrations du phosphore dans les végétaux,* dans les *Comptes rendus,* les *Mémoires de la Société de Lille* et les *Annales des sciences naturelles,* 1860; *De la migration du phosphore dans la nature,* dans les *Mémoires de la Société de Lille,* 1862.

M. Garreau, professeur à l'École de médecine de Lille, s'est occupé d'*Organogénie et de chimie végétales.* On a déjà de lui : *Recherches sur l'absorption et l'exhalaison des surfaces aériennes des plantes,* dans les *Ann. des sc. nat.,* 1850; *Nature de la cuticule, ses relations avec l'ovule,* dans les *Ann. des sc. nat.,* 1850; *De la respiration chez les plantes,* dans le même recueil, 1851; *Mémoire sur la composition élémentaire des faisceaux fibro-vasculaires,* dans les *Comptes rendus de l'Académie,* 1860; *Recherches sur la distribution des matières minérales fixes dans les divers organes des plantes,* dans les *Comptes rendus et les Ann. des sc. nat.,* 1860; *Mémoire sur les relations qui existent entre l'oxygène consommé par le spadice de l'Arum italicum, en état de paroxysme, et la chaleur qui le produit,* dans les *Ann. des sc. nat.,* 1851. M. Garreau a publié, en collaboration de M. Brauwers, des *Recherches sur les formations cellulaires, l'accroissement et l'infoliation des extrémités radiculaires et fibrillaires des plantes,* dans les *Annales des sciences naturelles,* 1858.

Apollinaire Bouchardat, ancien pharmacien en chef des hôpitaux, docteur en médecine, professeur à la Faculté de médecine de Paris, membre de l'Académie de médecine, disputa à M. Dumas lui-même, en 1838, non sans chance de succès, la chaire de pharmacie et de chimie organique à la Faculté. Quoique l'étude des végétaux n'ait été pour lui qu'un objet accessoire, nous devons rappeler ici ceux de ses ouvrages qui s'y rapportent plus ou moins. Ce sont : *Recherches sur la végétation appliquée à l'agriculture*, Paris, 1846, in-12; *Éléments de matière médicale et de pharmacie*, 1838, in-8°; *Cours de chimie élémentaire*, 1834-1835, 2 vol. in-8°; *Cours des sciences physiques, comprenant la physique, la chimie, l'histoire naturelle*, 1841-1844, 3 vol.; *Opuscules d'économie rurale*, 1851, in-8°; *Études sur les produits des cépages de Bourgogne*, 1846; *Études sur les cépages du centre de la France; sur les cépages du Midi*, 1850; *Dégénération et perfectionnement des cépages cultivés*, 1849; *Des Vignes de semis*, 1852; *Recherches sur les fonctions des racines, expériences sur la question de savoir si les plantes placées dans une dissolution contenant plusieurs substances absorbent préférablement certaines substances à d'autres*, 1846; *De l'action des sels ammoniacaux sur la végétation*, 1843.

Anselme Payen, chimiste français, membre de l'Institut, né à Paris en 1795, a aussi appliqué sa science spéciale à l'étude des végétaux. On a de lui, dans les *Comptes rendus de l'Académie*, dans la collection des *Mémoires des savants étrangers*, ou dans les *Annales des sciences naturelles : Mémoire sur l'amidon, la dextrine et la diastase*, 1843; *Amidon des fruits verts; relations entre ce principe immédiat, ses transformations et le développement ou la maturité des fruits*, 1861; *Notes sur des composés à base minérale dans l'épaisseur des parois des cellules*, 1842; *Concrétions et incrustations à bases minérales*, 1846; *Composés à bases minérales dans les parois des cellules et les méats intercalaires; cristaux du Pandanus*, etc., 1846; *Mémoires sur les développements des végétaux*, 1843-1846. M. Payen est auteur d'un *Manuel du cours de chimie organique appliquée aux arts industriels et agricoles*, 1841-1843. Il a publié, en collaboration de M. Jean-Baptiste-Alphonse Chevallier : *Mémoire sur le houblon*, 1822-1829; *Mémoire sur la culture raisonnée de sept espèces de pommes de terre*, 1823; et *Traité de la pomme de terre*, 1826.

Parmi les chimistes français ou de langue française qui, dans ce siècle, ont appliqué leur science à l'examen des végétaux et à l'agronomie, nous citerons encore : le célèbre chimiste Dumas, membre de l'Institut (*Leçon sur la statique chimique des êtres organisés*, Paris, 1841-1842); Chaptal (*Chimie appliquée à l'agriculture*, Paris, 1822, in-8°; 2° édit., 1829); Girou de Buzareinges (*Mémoire sur l'évolution des plantes et sur l'accroissement en grosseur des exogènes*, 1833); Mathieu de Dombasle (*Du mode de nutrition des plantes*, 1821); Scheidweiler (*Cours raisonné et pratique d'agriculture et de chimie agricole*, Bruxelles, 1841-1843, in-8°); Blanchet (*Influence de l'ammoniaque sur la végétation*, Lausanne, 1843); Bérard (*Mémoire sur la nutrition des fruits*); Clarion (*Travail chimique sur les rhubarbes exotique et indigène*, 1803); Langlès (*Recherches sur la découverte de l'essence de rose*, 1804); Gaultier de Claubry (*Recherches sur l'existence de l'iode dans les plantes*, 1815); Boullay (*Histoire chimique de la Coque du Levant*, 1818); Martin Solon (*Alcalia vegetabilia novissime inventa*, Paris, 1824); Petit (*Mémoire sur le Pavot d'Orient*, 1827); Guillemin (*Considérations sur l'amertume des végétaux*, Paris, 1832); Péligot (*Recherches sur l'analyse et la composition chimique de la betterave à sucre*, 1839); Cahours (*Recherches sur la respiration des fleurs*, dans les *Comptes rendus de l'Académie des sciences*, 1864); Calvert et Ferrand (*Mémoire sur la végétation, considérée sous le point de vue chimique*, dans les *Comptes rendus de l'Académie*, 1843, les *Annales de physique et de chimie* et les *Annales des sciences naturelles*, 1844); Filhol, directeur de la Faculté de médecine de Toulouse et l'un de nos plus éminents chimistes (*Sur les principes immédiats et les matières colorantes des végétaux*, en collaboration de M. Chatin, dans les *Comptes rendus de l'Académie*, 1863; *Recherches sur l'influence qu'exercent sur les végétaux vivants les substances toxiques introduites dans leur tissu*, dans le *Journal de pharmacie*, 1848); Ernest Faivre (*Recherches sur la circulation et sur le rôle du latex du Ficus elastica*, dans les *Comptes rendus de l'Académie*, 1864, et dans le *Bulletin de la Société botanique de France*, même année; *Recherches sur la circulation et sur le latex du Mûrier*, dans ce dernier recueil, 1865; *Recherches sur les gaz du Mûrier et de la Vigne, les parties qui les renferment, les changements que la végétation y détermine*, en collaboration de M. Dupré, dans les *Comptes rendus de l'Académie*, 1866); Cloëz (*Observations sur la nature des gaz produits par les plantes submergées, sous l'influence de la lumière*, dans les *Comptes rendus de l'Académie* et les *Annales des sciences naturelles*, 1863; *Recherches expérimentales sur la nitrification et sur la source de l'azote dans les plantes,* dans les *Comptes rendus de l'Académie,* 1855); Lassaigne (*Sur le mode de transport des phosphates et des carbonates de chaux dans les organes des plantes,* dans les *Comptes rendus,* 1849); Michel Lhermite (*Recherches sur l'endosmose,* dans les *Annales des sciences naturelles,* 1855) ; de Fauconpret (*Recherches sur la respiration des végétaux,* dans les *Comptes rendus,* 1864) ; Dehérain (*Recherches sur l'absorption de la potasse par les plantes,* dans les *Annales des sciences naturelles,* 1863) ; Frédéric Kuhlmann, savant industriel de Lille, (*Expériences sur la fertilisation des terres par les sels ammoniacaux, les nitrates et d'autres composés azotés,* dans les *Mémoires de la Société des sciences de Lille,* 1844 ; *Expériences concernant la théorie des engrais,* dans le même recueil, 1845); Persoz, auteur de nombreux et savants ouvrages de chimie (*Observations sur quelques faits relatifs à la végétation,* dans les *Comptes rendus de l'Académie,* 1847) ; Paul Thénard, fils du célèbre chimiste Louis-Jacques Thénard (*Notes sur la manière dont les phosphates passent dans les plantes,* dans les *Comptes rendus,* 1858); Edmond Frémy, membre de l'Institut (*Recherches sur la matière colorante verte des feuilles,* dans les *Comptes rendus de l'Académie* et les *Annales des sciences naturelles,* 1860); François Malaguti, célèbre chimiste, d'origine italienne, naturalisé Français, membre correspondant de l'Institut (*Analyse annuelle des cours de chimie agricole professés à Rennes de 1852 à 1855,* 1 vol. in-12 ; *Leçons élémentaires de chimie,* 1853, 2 vol. in-12 ; *Notes sur l'absorption des ulmates solides par les plantes,* dans les *Comptes rendus,* 1852 ; et, avec M. Durocher : *Recherches sur la répartition des éléments inorganiques dans les principales familles du règne végétal,* dans les *Comptes rendus,* 1856, et les *Annales des sciences naturelles,* 1858) ; George Ville (*Notes sur l'assimilation de l'azote de l'air par les plantes, et sur l'influence qu'exerce l'atmosphère sur la végétation,* dans les *Comptes rendus,* 1850 ; *Recherches expérimentales sur la végétation,* Paris, 1853, in-fol. avec 2 planches) ; F. S. Morot (*Recherches sur la coloration des végétaux* dans les *Ann. des sc. nat.,* 1850); Reveil, l'un des auteurs de notre *Règne végétal,* ancien professeur à la Société de médecine de Paris et à l'École supérieure de pharmacie, mort en 1866 (*Recherches de physiologie végétale, de l'action des poisons sur les plantes,* Paris, 1865, in-8°)[1].

1. Nous citons exceptionnellement ici M. Reveil, l'un de nos auteurs, non pas seulement parce qu'il est mort, mais à cause de la très-grande importance de son dernier

D'éminents physiciens français ont appliqué aussi leur science à des observations sur les végétaux. M. Babinet, de l'Institut, a publié, dans les *Comptes rendus de l'Académie*, en 1851, un mémoire *sur les rapports de la température avec le développement des plantes*. M. Rameaux, professeur de physique médicale à la Faculté de médecine de Strasbourg, a donné, en 1843, aux *Annales des sciences naturelles*, un mémoire *sur les températures végétales*. M. Becquerel, de l'Institut, a publié des *Recherches sur les causes du dégagement de l'électricité dans les végétaux*; en 1851, un *Mémoire sur les effets électriques produits dans les tubercules, les racines et les fruits, lors de l'introduction d'aiguilles galvanométriques en platine*; en 1860, un travail *sur la température des végétaux et du sol dans le nord de l'Amérique septentrionale*; et, en 1864, des *Recherches sur la température des végétaux et de l'air, et sur celle du sol à diverses profondeurs*.

Aux ouvrages sur les Flores locales de France que nous avons cités dans le cours de nos notices, nous ajouterons : *Flore parisienne*, par Francœur, 1801 ; *Calendrier de Flore des environs de Niort*, par Guillemeau, 1801 ; *Flore de Nîmes*, par Vincent, 1802 ; *Plantes indigènes du Morbihan*, par Aubry de La Mottraie (dans ses *Exercices d'histoire naturelle*, Vannes, 1802-1805) ; *Essai d'une Chloris du département des Landes*, par Thore, 1801 ; *Flore du nord de la France*, par Roucel, Paris, 1803 ; *Extrait de la Flore d'Abbeville et du département de la Somme*, par Boucher de Crevecœur ; *Flore des Basses-Pyrénées*, par Bergeret, Pau, 1803 ; *Catalogue des plantes du département du Lot*, par Puel ; *Flore du département de l'Orne*, par Renault, Alençon, 1804 ; *Flore du département de Vaucluse*, par Guérin, Avignon, 1804 ; *Double Flore parisienne*, par Dupont, Paris, 1805 ; *ibid.*, 1813 ; *Enumeratio plantarum circa Metas*, par Hanin, Metz, 1806 ; *Catalogue des plantes du Jura et des plaines jusqu'à la Saône*, par Guyétant, Besançon, 1809 ; *Herborisations dans les départements de Maine-et-Loire et des Deux-Sèvres*, par Merlet de La Boulaye, Angers, 1812 ; *Flore de Toulouse*, par Tournon, 1814 ; *Herborisations artificielles*

travail, signalé par M. Duchartre dans son *Rapport sur les Progrès de la botanique physiologique*. Nous aurions pu consacrer une notice à cet éminent chimiste ; mais cela nous aurait entraînés à en faire autant pour chacun des auteurs du *Règne végétal*, ce qui serait en contradiction avec leur pensée et leur volonté. Si nous en avons donné une sur l'éminent professeur H. Baillon, c'est qu'il n'est venu en aide qu'accessoirement à notre *Flore médicale* après la mort de son collègue M. Réveil, et que nous ne saurions trop reconnaître son désintéressement et sa courtoisie.

aux environs de Paris, par Plée, 1811; *Flore pittoresque des environs
de Paris*, par Vigneux, Paris, 1812-1814; *Catalogue des plantes du
département de l'Eure*, par Brouard, Évreux, 1820; *Notice sur
la Flore de la Lozère*, par Prost, Mende, 1820; *Flore agenaise*,
par Saint-Amans, Agen, 1821; *Flore des départements méridionaux
de la France et principalement du Tarn-et-Garonne*, par Baron, Montauban, 1823; *Tableau de la Flore du Jura*, par Bernard, Strasbourg,
1823; *Catalogue des plantes du département de la Côte-d'Or*, par
Lorey et Duret, Dijon, 1825; *Flore de la Côte-d'Or*, par les mêmes,
Dijon, 1831, 2 vol. in-8°, avec 7 planches; *Flore du département de
la Haute-Loire*, par Arnaud, le Puy, 1825, avec *supplément* en 1830;
Tableau analytique de la Flore parisienne, par Bautier, Paris, 1827;
5ᵉ édit. augmentée, 1843; *Catalogue des plantes des environs de
Nancy*, par Soyer-Willemet, 1823; *Flore de la Moselle*, par Holandre,
Metz, 1829-1836; 2ᵉ édit., 1842; *Flore du Maine-et-Loire*, par Gué-
pin, Angers, 1830, 2ᵉ édit., 1838; 3ᵉ édit., revue et très-augmentée,
1845, *Supplément* en 1850; *Flore de la Somme et des environs de
Paris*, par Pauquy, Amiens, 1831; *Aperçu sur la végétation dans le
département des Hautes-Alpes*, par Maurice Garnier, dans l'*Histoire
topographique du Hautes-Alpes*, de Ladoucette; *Flore complète d'Indre-
et-Loire*, par Dujardin, Tours, 1833; *Plantes phanérogames des environs
de Fréjus*, par Perreymond et Requien, Paris, 1833; *Flore du département de la Meuse*, par Doisy (dans son *Essai sur l'histoire naturelle du
département de la Meuse*, Paris et Verdun, 1835); *Chardons Nancéiens
ou prodrome d'un catalogue des plantes de la Lorraine*, par Hussenot,
Nancy, 1835; *Flore rochefortine*, par Lesson, Rochefort, 1835; *Flore
du département de la Vienne*, par Delastre, Poitiers, 1842; *Lettre au docteur Grateloup sur des excursions botaniques au Pic d'Anie et au Pic
Amoulat dans les Pyrénées*, par Léon Dufour[1], Bordeaux, 1836; *Flore
abrégée de Toulouse*, par Serres, 1836; *Flore du bassin sous-pyrénéen*,
par Noulet, Toulouse, 1837; *Additions* à cette flore, en 1846; *Flore de
Toulouse et de ses environs*, par le même, 1855; *Traité des champignons comestibles, suspects et vénéneux qui croissent dans le*

---

1. Ce grand entomologiste, qu'une extrême modestie et le désir de cultiver la
science dans la solitude ont empêché de venir prendre la place qui lui appartenait,
qu'on lui avait offerte d'ailleurs, parmi les plus célèbres professeurs de Paris, a encore
publié sur les végétaux : *Révision des genres Cladonia, Scyphophorus, Helopodium
et Baconyces de la Flore française; et une Notice botanique sur les Champignons
comestibles du département des Landes.*

bassin sous-pyrénéen, par Noulet et Dassier, Toulouse et Paris, 1838, in-8°, avec 42 planches coloriées; *Catalogue des plantes du département de la Loire-Inférieure*, par Pesneau, Nantes, 1837; *Flore de la Sarthe et de la Mayenne*, par Desportes, Le Mans, 1838; *Plantes phanérogames aux environs de Toulon*, par Robert, Brignolles, 1838; *Prodrome de la Flore du Var*, par Hamy; *Flore de Nice*, par Risso, 1844; *Catalogue des plantes du département de la Mayenne*, Laval, 1838; *Prodrome de la Flore des arrondissements de Laon, Vervins, Rocroy et des environs de Noyon*, par Alexandre Delafons, baron de Mélicoq (dans ses *Recherches sur Noyon*, 1839); *Flore nantaise*, par Moisand, Nantes, 1839; *Catalogue de la Flore de la Charente-Inférieure*, La Rochelle, 1840; *Catalogue raisonné des plantes de la Dordogne*, par Charles Des Moulins, Bordeaux, 1840; *Suppléments* à ce catalogue en 1846 et 1849; *État de la végétation sur le Pic du Midi de Bigorre*, par le même, 1844; *Plantes observées dans le département de l'Aube*, par Des Etangs, Troyes, 1841; *Végétaux du département des Deux-Sèvres*, par Braguier et Maurette, 1842; *Catalogue des plantes du département de l'Eure*, 1846; *Catalogue des plantes du Calvados*, par Hardouin, Renou et Leclerc, Caen, 1848; *Catalogue des plantes qui croissent dans le Gard*, par le capitaine de Pouzolz, Nîmes, 1842; *Synopsis analytique de la Flore du Gard*, par l'abbé J. G., 1847; *Statistique botanique du département de l'Isère*, par Gras, Grenoble, 1844; *Flore jurassienne*, par Babey, de Salins, Paris, 1846, 4 vol. in-8°; *Catalogue des plantes des environs de Marseille*, par Castagne, Aix, 1845; *Supplément* en 1851; *Synopsis de la Flore de Lorraine et d'Alsace*, par Choulette, Strasbourg, 1845; *Considérations générales sur la végétation spontanée du département des Vosges*, par le docteur Mougeot, Épinal, 1846; *Catalogue des plantes vasculaires du département de la Marne*, par le comte de Lambertye, Paris, 1846, 1 vol. in-8°; *Synopsis analytique de la Flore du Gard*, Nîmes, 1847; *Énumération des plantes étrangères observées aux environs d'Agde*, par Ch. Lespinasse et A. Theveneau (il s'agit dans ce travail, paru dans le t. VI du *Bulletin de la Société Botanique*, de l'introduction de plantes exotiques à la suite de lavages de laines étrangères); *Catalogue des plantes observées dans l'étendue du département de l'Oise*, par Gravers, Beauvais, 1857; *Sur la Flore du département de l'Oise*, par Rodin; *Note sur les plantes du canton de Retz et de Crépy*, par l'abbé Guestier; *Catalogue des plantes vasculaires du département de l'Aube*, par Bourguignat, *Paris*, 1856; *Note sur les plantes phanérogames du Maine*, par Manceau; *Aperçu sur la Flore de l'arrondissement de Chartres*, par Ed. Lefèvre; *Catalogue raisonné des plantes vasculaires du département de la Somme*, par Éloy de Vicq et Blondin de Brutelle (dans les *Mémoires de la Société d'Abbeville*, 1865); *Excursion botanique à travers les Ardennes françaises*, par Jules Rémy (dans les *Annales des sciences naturelles*, 3ᵉ série, t. XII); *Notice sur la Flore des environs de Belfort*, par Parisot, pharmacien à Belfort (dans les *Mémoires de la Société d'émulation du Doubs*, 1868); *Mémoire sur les plantes des environs de Montbéliard*, par Ch. Contejean (dans les *Mémoires de la Société d'émulation du Doubs*, 1854); *Botanique du Jura*, par E. Michalet, revue et achevée par M. Grenier, (dans l'*Histoire naturelle du Jura*, publiée par le frère Ogérien, 1864); *Notice sur les plantes du Jura*, par Vital Bavoux (dans les *Mémoires de la Société d'émulation du Doubs*); *Catalogue raisonné des plantes du département de Saône-et-Loire croissant naturellement ou soumises à la grande culture*, par Carion (dans les *Mémoires de la Société éduenne*, 1859); *Catalogue méthodique et raisonné des plantes qui croissent dans le département de l'Yonne*, par Eugène Ravin (dans le *Bulletin de la Société des sciences historiques et naturelles de l'Yonne*, 1861); *Flore du centre de la France et du bassin de la Loire, ou description des plantes qui croissent spontanément ou qui sont cultivées en grand dans les départements arrosés par la Loire et ses affluents, avec l'analyse des genres et des espèces*, par Boreau, 3ᵉ édit., très-augmentée, 2 vol. in-8°, *Paris*, 1857; *Flore de Normandie*, par de Brebisson, 3ᵉ édition, 1859; *Catalogue des plantes de la Seine-Inférieure*, par Blanche et Malbranche, *Rouen*, 1864; *Catalogue des plantes de l'arrondissement de Cherbourg*, par Aug. Le Jolis, 1859; *Nouveau Catalogue des plantes de l'arrondissement de Cherbourg*, par Besnou et Bertrand Lachenée, 1862; *Flore de l'ouest de la France, ou description des plantes qui croissent spontanément dans les départements de Charente-Inférieure, Deux-Sèvres, Vendée, Loire-Inférieure, Morbihan, Finistère, Côtes-du-Nord, Ille-et-Vilaine*, par James Lloyd, *Nantes*, 1854, 1 vol. in-18; *Flore spéciale du département de la Loire-Inférieure*, par le même, *Nantes*, 1844; *Catalogue raisonné des plantes phanérogames du département de la Charente*, par Alph. Tremeau de Rochebrune et Al. Savatier, *Paris*, 1860, 1 vol. in-8°; *Catalogue des plantes phanérogames qui croissent spontanément dans les Deux-Sèvres*,

par Sauzé et Maillard (dans les *Mémoires de la Société de Statistique
des Deux-Sèvres*, 1864) ; *Notices sur les plantes de la Vendée*, par
Letourneux (dans le *Bulletin de la Société botanique*, t. VIII) ; *Notice
sur les plantes de l'arrondissement de Marennes*, par Personnat (même
Recueil et même tome) ; *Nouveaux faits botaniques pour servir à l'histoire des plantes de la Vienne*, par l'abbé Delacroix (dans le t. IV du
Bulletin de la Société botanique) ; *Observations sur douze espèces de
Rubus du département de la Vienne*, par l'abbé Chaboiseau (même
Recueil, t. VII) ; *Précis des principales herborisations faites au Maine-
-et-Loire en 1862, suivi d'observations critiques sur plusieurs espèces
de plantes*, par Boreau (dans les *Mémoires de la Société académique
de Maine-et-Loire*, t. XIV, 1863) ; *Flore de Tarn-et-Garonne, ou description des plantes vasculaires de ce département*, par Lagrèze-Fossat,
Montauban, 1 vol. in-8°, 1847 ; *Florule du Tarn*, par Victor de Martrin-
Donos, 1 vol.in-8°, 1864 ; *Flore Toulousaine*, par Arrondeau, 1854 ;
Flore des Pyrénées, par Philippe, Bagnères-de-Bigorre, 1859, 2 vol.
in-8° ; *Note sur les plantes les plus remarquables du versant méridional
de la montagne Noire*, département de l'Aude, par Ch. Ozanon (dans le
Bulletin de la Société botanique, t. VIII) ; *Coup d'œil sur la végétation
de la partie septentrionale du département de l'Aude*, par Clos ; *Annotations sur la Flore de France et d'Allemagne*, par Billot, Haguenau,
1855-1862. Deux botanistes allemands ont publié des Flores d'Hyères
et de Nice (*Hyères in der Provence*, par Polsterer, Vienne, 1834 ; et
Nizza und Hyères, par Ernsts, Bonn, 1839). Bentham, anglais, a
donné, en 1826, un *Catalogue des plantes des Pyrénées et du Bas-
Languedoc*. Un Suédois, Joh. Em. Zetterstedt, a fait paraître, à Paris,
en 1857, les *Plantes vasculaires des Pyrénées*. Nous citerons encore :
Flore cryptogamique des Flandres, œuvre posthume de Jean Kickx,
docteur en pharmacie, Gand, 1867, 2 vol. in-8° ; *Essai d'une Flore mycologique de la région de Montpellier et du Gard*, par Jules de Seynes,
Paris, 1863 ; *Histoire naturelle des Equisetum de France*, par Duval-
Jouve, Paris, 1864, 1 vol. in-4°, avec 10 planches.

Indépendamment des ouvrages sur les jardins botaniques de France
que nous avons indiqués dans nos aperçus scientifiques, nous citerons :
Catalogue raisonné des plantes cultivées à l'École botanique de Brest,
1811 ; *Catalogus horti Divionensis*, Dijon, 1808 ; *Catalogue des plantes
cultivées dans les jardins de la Société d'agriculture de Douai*, 1835 ;
Liste des plantes rares du jardin de Marseille, par Gouffé de Cour (dans

ses *Mémoires sur les végétaux exotiques qui peuvent être naturalisés dans les départements méridionaux de la France*, 1813) ; *Catalogue raisonné des plantes introduites dans les colonies françaises de Bourbon et de Cayenne et de celles rapportées vivantes des mers d'Asie et de la Guyane, au Jardin du Roi, à Paris*, par G. Samuel Perrotet, Paris, 1824. BOTANISTES FRANÇAIS.

Nous avons présenté, d'une manière à peu près complète, l'état biographique et bibliographique de la botanique contemporaine en France. Il nous serait impossible, dans les bornes d'un Précis, d'en agir de même pour la botanique des autres pays ; mais du moins donnerons-nous une idée suffisante de la situation générale de la science par des notices sur un grand nombre des principaux botanistes dans chacun de ces pays. Comme nous avons fait pour les botanistes de langue française, nous réunirons les botanistes de langue anglaise (Anglais et Anglo-Américains). BOTANISTES ANGLAIS.

Thomas-André Knight, botaniste et horticulteur anglais, président de la Société horticole d'Angleterre, né en 1759, mort en 1838, a publié : 1° *Traité de la culture des pommiers et des poiriers* (*A treatise on the apple*, etc., 1797, in-8° ; 5° édit., en 1818) ; une *Pomone d'Herford* (*Pomona Herefordiensis*, 1814) ; un ouvrage sur les Ananas (*Das Ganze der Ananaszucht*, 1825). Après la mort de Knight, on a publié une œuvre posthume de lui sur la Physiologie appliquée à l'horticulture (*A selection from the physiological and horticultural papers*, etc., Londres, 1841, in-8°, avec 7 planches). — Un autre Knight (Joseph) a publié un travail sur la culture des Protéacées, en anglais (1809), et c'est à lui, et non à Thomas-André, que Robert Brown a dédié le genre *Knightia*. KNIGHT.

HORTICULTURE.

Conrad Loddiges, horticulteur anglais des environs de Londres, fit sa première publication en 1777, sous le titre de *Catalogue des plantes et des semences vendues chez Conrad Loddiges, horticulteur à Hackney* (*A catalogue of plants and seeds, which are sold by Conrad Loddiges, nurseryman at Hackney*, Londres, in-8°). Il donna longtemps après : *Catalogue des plantes de la collection de Conrad Loddiges et fils* (*Catalogue of plants in the collection of Conrad Loddiges and sons, nurserymen at Hackney near London*, Londres, 1814), ouvrage qui a eu quinze éditions jusqu'à l'an 1836. Loddiges est l'auteur d'un recueil périodique de botanique commencé en 1818 sous le titre de *Musée botanique, planches coloriées des plantes avec description de chacune d'elles* (*The Botanical cabinet, consisting of coloured delineations of plants* LODDIGES.

HORTICULTURE.

from all countries, with a short account of each, directions for manage-ment, etc., by Conrad Loddiges and sons; the plates by George Cooke). On a encore de Loddiges un ouvrage sur les Orchidées cultivées dans son jardin (*Orchidiœ in the collection of Conrad Loddiges and sons, Hackney, near London, arranged according to Dʳ Lindley's genera and species,* 1842, in-12). Sims a consacré à Loddiges le genre *Loddigeria,* de la famille des légumineuses papilionacées.

Dawson Turner, archéologue et cryptogamiste anglais, beau-père du célèbre Guillaume-Jackson Hooker, passa presque toute sa vie à Yarmouth, dans le comté de Suffolk, libre par sa fortune de se livrer, sans autre préoccupation, à ses goûts d'antiquaire et de botaniste. Il mourut en 1857, laissant : *Synopsis des Fucus de la Grande-Bretagne* (*A synopsis of the British Fuci,* Londres, 1802, 2 vol. in-8°) ; *Muscologiœ Hibernicœ spicilegium,* Londres, in-8°, avec 16 pl. col. ; un *Guide du botaniste en Angleterre,* avec Lewis-Weston Dillwyn (*The botanist's Guide through England and Wales,* Londres, 2 vol. in-8°) ; et *Fuci, sive plantarum Fucorum generis a botanicis adscriptarum icones, descriptiones et historia,* Londres, 1808-1819, avec 258 pl. color.

Guillaume Roxburgh, médecin anglais, attaché comme botaniste en chef à la compagnie des Indes, directeur du jardin de Calcutta, mort en Écosse, en 1824, a publié des ouvrages fort consultés : 1° *Description botanique d'une nouvelle espèce de Swietenia, avec des expériences et des observations faites pour comparer les propriétés de son écorce avec celles du Quinquina à laquelle on propose de la substituer* (*A botanical description,* etc., Londres, 1793) ; 2° *Plantes de la côte de Coromandel* (*Plants of the coast of Coromandel,* Londres, 3 vol. grand in-fol., avec 300 planches coloriées), ouvrage publié sous la direction de Joseph Banks ; 3° *Liste alphabétique des plantes vues par le docteur Roxburgh à l'île de Sainte-Hélène, en 1813 et 1814* (*An alphabetical list,* etc., Londres, 1816) ; 4° *Le Jardin du Bengale, ou catalogue des plantes de la Compagnie des Indes à Calcutta* (*Hortus Bengalensis, or a catalogue,* etc., Serampour, 1814) ; 5° *Catalogue des plantes décrites par le docteur Roxburgh dans son manuscrit de la Flora Indica, mais non encore introduites dans le jardin botanique* (*A catalogue,* etc., Serampour, 1813) ; 6° *Flora Indica* (*Or descriptions of Indian plants,* Serampour, 1820-1824, 2 vol. in-8° ; nouv. édit., Londres, 1832, 3 vol. in-8°) ; 7° *Les plantes cryptogames du docteur Roxburgh formant la quatrième partie de la Flora Indica* (*The cryptogamous plants,* etc.).

Henri Mühlenberg, botaniste américain, est auteur des ouvrages suivants : *Catalogue des plantes de l'Amérique septentrionale, jusqu'à présent connues comme indigènes ou acclimatées (A catalogue of the hitherto known native and naturalized plants of North-America, Lancastre, 1813, in-8°; 2e édit. augmentée et corrigée, Philadelphie, 1818); Descriptio uberior graminum et plantarum calamariarum Americæ Septentrionalis*, Philadelphie, 1817, in-8°; *Descriptio uberior Floræ Lancastriensis et Americanæ*, œuvre posthume. Schreber a dédié à ce botaniste son genre *Muhlenbergia*, dans les Graminées.

Jean Stackhouse, botaniste anglais, mort en 1819, fut un des premiers membres de la Société Linnéenne de Londres. Il s'est particulièrement occupé des Algues. On a de lui : *Nereis Britannicæ, continens species omnes Fucorum in insulis, britannicis crescentium, iconibus illustrata*, Bath, 1801; 2e édit., Oxford, 1816, in-4°, avec 20 planches coloriées; *De Libanoto, Smyrna et Balsamo Theophrasti Notitiæ*, Oxford, 1814; *Extraits des Voyages de Bruce en Abyssinie et d'autres autorités modernes sur le baume et la myrrhe, pour servir à l'histoire naturelle de Théophraste*, Bath, 1815, in-8°, avec 3 planches.

Adrien-Hardy Haworth, botaniste anglais, a porté plus particulièrement ses études sur les plantes grasses. Il a donné : *Observations sur le genre Mesembryanthemum, contenant la description de 130 espèces (Observations on the genus, etc., Londres, 1794, in-8°); Miscellanea naturalia*, Londres, 1803, in-8°, ouvrage dans lequel il est surtout traité des genres *Mesembryanthemum, Tetragonia, Portulaca* et *Saxifraga; Synopsis plantarum succulentarum*, Londres, 1812, in-8°; *Supplementum plantarum succulentarum*, Londres, 1819, in-8°; *Saxifragearum enumeratio*, Londres, 1821; *Monographie du sous-ordre V des Amaryllidées, contenant les Narcissées (A monograph on the Sub-ordo V of Amaryllideæ, etc., Londres, 1831, in-8°)*.

Aylmer Bourke Lambert, opulent promoteur de la botanique en Angleterre, était possesseur d'un riche herbier qui contenait les plantes des voyages de Ruiz et Pavon, des Forster et de Pallas. Il s'est occupé particulièrement de l'histoire des Quinquina et de celle des Pins, qui lui ont suggéré les ouvrages suivants : *Description du genre Cinchona (A description of the genus Cinchona, etc., Londres, 1797, in-4°, avec 13 planches); Illustration du genre Cinchona (An illustration of the genus Cinchona, etc., Londres, 1821); Description du genre Pin,* illustrée de figures et de la description de beaucoup d'autres arbres

de la famille des Conifères (*A description of the genus Pinus*, etc.,
Londres, 2ᵉ édit., 1828-1837, 3 vol. grand in-fol., avec planches coloriées) ; ce magnifique ouvrage n'a été tiré qu'à 25 exemplaires, le
professeur Don est auteur des descriptions du 2ᵉ et du 3ᵉ volume. Il
fut publié en 1842, peu après la mort de Lambert, un catalogue de
sa précieuse bibliothèque, ainsi qu'un catalogue de son magnifique
musée botanique. Smith a dédié à ce grand amateur le genre *Lam-
bertia*, dans la famille des Protéacées.

Robert Brown, l'un des plus célèbres botanistes qu'ait produits
l'Angleterre, naquit en 1781. Peu d'auteurs ont aussi puissamment
concouru au progrès de la botanique. Dès l'âge de vingt ans, sur la
recommandation de Joseph Banks, il fut attaché à l'expédition du
capitaine Flinders en Australie. Il visita, en compagnie du peintre
de plantes Ferdinand Bauer, les côtes de la Nouvelle-Hollande, la
terre de Van-Diémen, et les îles du détroit de Bass. Il rapporta,
en 1805, dans sa patrie plus de 4000 espèces de végétaux, qu'il se
mit immédiatement à classer et à décrire. Banks l'ayant attaché en
qualité de conservateur à sa bibliothèque et à ses riches collections,
Brown, qui n'avait que des goûts modestes, put se livrer entièrement
à la science. Il publia, en 1810, le premier volume de son *Prodromus
Floræ Novæ-Hollandiæ et insulæ Van-Diemen*, ouvrage dont il sus-
pendit la publication parce qu'on avait critiqué quelques fautes de
latin qui s'y trouvaient. Cette Flore fut réimprimée d'abord par Oken,
dans son *Isis*, en 1821, puis Nees d'Esenbeck en donna une troisième
édition augmentée, Nuremberg, 1827, in-8°. Robert Brown publia
lui-même un supplément à ce travail qui faisait connaître, pour la
première fois, les végétaux de la Nouvelle-Hollande, sous le titre de
*Supplementum primum Prodromi Floræ Novæ-Hollandiæ, exhibens
Proteaceas novas quas in Australia legerunt Baxter, Caley, Cunningham, Fraser et Sieber*, Londres, 1830, in-8°. Il publia, depuis l'année
1810, un grand nombre de travaux dont nous ne citerons que les
principaux : *Remarques systématiques et géographiques sur la botanique de l'Australie* (*General remarks geographical and systematical
on the Botany of Terra Australis*, Londres, 1814, in-4°, avec 10
planches); *Observations sur les familles des Composées* (*Observations*,
etc., 1817); *Caractères et description du genre Lyellia*, nouveau genre
de mousses bryacées établi par Robert Brown (*Characters and description of Lyellia a new genus of mosses with observations on the*

section of the order to which it belongs; and some remarks on Leptasiomum and Bixbaumia, dans les *Transactions de la Société Linnéenne*, vol. XII); *De trois espèces de l'ordre des Orchidées (Of three species of the natural order Orchideæ*, 1817, 2 planches coloriées); *Choix d'Orchidées (Select. Orchideæ); Caractères et description de trois nouvelles espèces de plantes trouvées en Chine (Characters and descriptions of three new species of plants found in China by Clarke Abel Esq.*, Londres, 1818, in-4°, avec 2 planches); *Observations systématiques et géographiques de Robert Brown sur la collection de plantes recueillies sur les bords du fleuve Congo par le professeur Christian Smith, dans l'expédition du capitaine Tuckey, en 1816 (Observations systematical and geographical on the Herbarium collected by prof. Ch. Smith*, Londres, 1818, avec planches; traduction française, 1818, in-4°); *Liste des plantes recueillies dans les baies de Baffin et de la Possession (List of plants collected*, etc., Londres, 1819); *Mémoire sur le nouveau genre Rafflezia (An account of a new genus of plants, named Rafflezia*, Londres, 1821, in-4°, avec 8 planches, dont une coloriée); *Chloris de l'île Melville (Chloris Melvilliana. A list of plants collected in Melville Island, in the year 1820; by the officers of the voyage of the Discovery under the orders of captain Parry*, Londres, 1823, in-4°, avec 4 planches); *Observations sur la structure et les affinités des plantes les plus remarquables recueillies par Walter Oudney, le major Denham et le capitaine Clapperton, dans leur expédition, en 1822, 1823 et 1824, dans l'Afrique centrale (Observations on the structure and affinities*, etc., Londres, 1826, in-4°); *Observations microscopiques sur les plantes (A brief account of microscopical observations made on the particles contained in the pollen of plants; and on the general existence of active molecules in organic and inorganic bodies*, Londres, 1828-1829); *Observations sur les organes et le mode de fécondation des Orchidées et des Asclépiadées (Observations on the organs*, etc., Londres, 1831-1833); *Observations sur les Cyrtandrées*, 1838-1839; *Observations sur la fleur femelle et le fruit du Rafflezia Arnoldi, et sur l'Hydnora Africana*, Londres, 1844, avec 9 planches coloriées; *Pterocymbium (with observations on Sterculieæ, the tribe to which it belongs, from doctor Horsfield, plantæ Javaniæ rariores); sur la pluralité et le développement des embryons dans les graines des conifères (On the plurality and development*, etc., Londres, 1844); *Mélanges ou Opuscules de botanique*, publiés par Nees d'Esenbek, en allemand,

Nuremberg, 1825-1834, 5 parties in-8°. Robert Brown est le créateur
de plusieurs familles de plantes. Comme physiologiste, il s'est acquis
une des premières places parmi les botanistes contemporains. Ses premières observations microscopiques remontent à l'an 1827. Il constata
que le grain de pollen contient un fluide (la *fovilla*) dans lequel
nagent des granules qui ressemblent aux spermatozoïdes, mais que
leur mouvement est purement mécanique, d'où le nom de *brownien* a
été donné à ce mouvement; que ce fluide est transmis aux ovules par
un long tube qui se développe sous l'influence de l'humidité du stigmate, et pénètre dans l'ovaire en traversant le tissu du style. On doit
aussi à Brown de très-savantes remarques sur le développement et la
structure des ovules, et sur divers sujets d'organogénie végétale.
Brown avait hérité, en 1820, de la bibliothèque et des collections de
Banks. Il était membre de la Société royale de Londres, associé de
l'Académie des sciences de Paris; en 1829, il avait succédé à l'évêque
de Norwich comme président de la Société Linnéenne de Londres. Il
mourut en 1858, regretté de tout le monde savant. La Société botanique anglaise, dite de Ray, a fait récemment réunir en 2 vol. in-8°
(1866-1867) les œuvres éparses de Robert Brown, sous le titre de
The Miscellaneous botanical Works.

Guillaume-Jackson Hooker, botaniste et horticulteur anglais, né à
Norwich, en 1785, entreprit dès sa jeunesse un voyage en Islande,
d'où il rapporta des observations botaniques qu'il a consignées dans
le journal de ce voyage (*Journal of a tour in Iceland*, Yarmouth,
1809; 2ᵉ édit.; Londres, 1813, 2 vol. in-8°). Il publia ensuite un
ouvrage sur les mousses et les hépatiques récoltées par Humboldt et
Bonpland dans l'Amérique équinoxiale (*Plantæ cryptogamicæ, quas
in plaga orbis novi equinoxiali collegerunt Alexander von Humboldt et
Aimé Bonpland*, Londres, 1816, in-fol., avec 4 planches coloriées.)
La même année, il acheva la publication de sa monographie des Jun-
germanniacées de la Grande-Bretagne (*British Jungermanniæ*, Londres,
1816, in-fol., avec 88 planches coloriées). Hooker venait d'épouser
la fille du botaniste et archéologue Dawson Turner et d'hériter d'une
fortune assez considérable. Vers la même époque, il fut nommé
professeur de botanique à l'université de Glascow. Peu après il publia,
avec Thomas Taylor, l'histoire des mousses d'Angleterre et d'Irlande
(*Muscologia Britannica*, etc., Londres, 1818, in-8°, avec 32 planches;
2ᵉ édit. augmentée, 1827). Élargissant ensuite le domaine de ses

travaux botaniques, il donna : *Flore d'Écosse* (*Flora Scotica*, Londres, 1821) ; *Illustrations botaniques* (*Botanical illustrations*, Édimbourg, 1822, in-fol. oblong, avec 24 planches coloriées) ; *Flore exotique* (*Flora exotica*, Édimbourg, 1823-1827, 3 vol. gr. in-8°, avec 232 planches coloriées) ; *Description d'une collection de plantes arctiques, formée par Édouard Sabine, pendant son voyage dans les mers polaires durant l'année 1823* (*Some account of a collection of artic plants*, etc., Londres, 1824) ; *Catalogue des plantes du jardin de Glascow* (*A Catalogue*, etc., Glascow, 1825) ; *Iconographie des fougères*, en collaboration avec Greville (*Icones filicum*, Londres, 1829-1831, 2 vol. in-fol., avec 240 planches) ; *Miscellanées botaniques* (*Botanical Miscellany*, Londres, 1830-1833, 3 vol. in-8°, avec 112 planches coloriées) ; *Journal de botanique* (*The Journal of Botany*, Londres, 1832-1834, 4 vol. in-8°) ; *Journal botanique de Londres*, 1842-1846, 5 vol. in-8°, et continuation ; *Flore d'Angleterre* (*The British Flora*, Londres, 1830, 5 vol. in-8° ; 5ᵉ édit., 1842) ; un recueil de botanique (*Companion to the Botanical Magazine*, 2 vol. in-8°, avec 54 planches) ; la *Flore de l'Amérique boréale* (*Flora boreali Americana*, 1833-1840, 2 vol. in-4°, avec 238 planches et une carte géographique) ; *Icones plantarum* (*or figures with brief descriptive characters and remarks of new rare plants, selected from the author's herbarium*, Londres, 1837-1845, 8 vol. in-8°, avec 750 planches). En 1845, Hooker a succédé à Sims dans la direction de cet admirable et unique recueil de plantes cultivées, commencé par Curtis sous le titre de *Botanical Magazine*. Il a encore publié : le *Voyage botanique du capitaine Beechey au détroit de Behring*, de 1825 à 1828, avec la collaboration de Walker-Arnott (*The Botany of captain Beechey's Voyage*, etc., Londres, 1841, in-4°, avec 96 planches) ; *Genera filicum*, Londres, 1842, in-8°, avec 120 planches coloriées ; *Species filicum*, Londres, 1844-1846, 4 vol. in-8°, avec 70 planches ; une Iconographie des Orchidées (*A century of orchidaceous plants selected from Curtis, Botanical Magazine*, commencé en 1846, avec planches coloriées). Cependant Guillaume-Jackson Hooker, revêtu du titre de baronnet depuis l'année 1836, avait quitté, en 1840, la chaire de botanique de Glascow, pour occuper la place de directeur du jardin royal de Kew, dont il fit le plus bel établissement botanique du monde. Il mourut en 1857. On lui a dédié plusieurs genres sous le nom de *Hookeria*.

Ce grand botaniste a laissé un fils, digne héritier de sa renommée, Joseph-Dalton Hooker, médecin, botaniste et voyageur, né en 1816, qui accompagna sir James Ross dans son expédition à l'océan Antarctique, et qui, à son retour, publia le *Voyage botanique au Pôle antarctique* (*The Botany of the Antarctic Voyage of H. M. discovery ships Erebus and Terror in the years 1839-1843 under the command of Capt. sir James Clark Ross*, Londres, 1844-1848, 2 vol. in-4°, avec planches coloriées). Ce magnifique ouvrage décrit et figure un grand nombre de plantes nouvelles, et, par la comparaison des espèces obtenues dans ce voyage avec celle des autres parties du monde, il a puissamment contribué à faire avancer la connaissance des lois qui gouvernent les végétaux à la surface de la terre. Il publia dans le même temps la partie cryptogamique de son voyage (*The cryptogamic Botany of the Antarctic Voyage*, Londres, 1839-1845, in-4°, avec 80 planches). En 1848, Hooker fils fit une nouvelle expédition scientifique, dirigée cette fois vers l'Asie tropicale. Il visita l'Himalaya. De retour, en 1852, il publia, en deux volumes, son *Himalayan Journal*, dont le succès fut aussi grand que mérité. On doit aussi à Hooker fils une *Flora Indica*, une *Flora Novæ-Zelandiæ* (1852), une œuvre spéciale sur les Rhododendrons de l'Himalaya (*The Rhododendrons of the Sikkim-Himalaya*, 1849-1851), et nombre d'autres précieux travaux botaniques. Il n'est pas douteux que sa renommée ne s'élève à la hauteur de celle de son illustre père; car il est dans toute la puissance de son talent, et, chaque année, il enrichit la science de quelque œuvre ou de quelque observation nouvelle.

Hewett-Cottrell Watson est auteur des ouvrages suivants : *Esquisses de la distribution géographique des plantes anglaises* (*Outlines*, etc., Edimbourg, 1832); *Nouveau guide du botaniste aux habitats des plantes les plus rares de l'Angleterre* (*The new botanist's guide*, etc., Londres, 1835-1837, 2 vol. in-8°); *Remarques sur la distribution géographique des plantes anglaises* (*Remarks*, etc., Londres, 1835, in-8°); *Distribution géographique des plantes anglaises* (*The geographical distribution of british plants*, 3° édit., Londres, 1843, in-8°); *Cybèle britannique, ou les plantes anglaises et leurs relations géographiques* (*Cybele britannica, or british plants and their geographical relations*, Londres, 1847 et années suivantes). — Alexandre Watson a publié une *Flore de Sainte-Hélène*, à Sainte-Hélène même, en 1825. — P.-W. Watson est auteur de la *Dendrologie britannique, ou Histoire*

*des arbres et arbrisseaux qui vivent toute l'année à l'air libre en Angle-
terre (Dendrologia britannica, or trees and shrubs that will live in the
open air of Britain throughout the year*, Londres, 1825, 2 vol. grand
in-8°, avec 172 planches coloriées).

Guillaume Darlington, botaniste américain, a publié : 1° *Florula
Cestrica ou Essai d'un catalogue des plantes phanérogames des environs
du bourg de West-Chester, en Pensylvanie (Florula Cestrica, an
essay*, etc., West-Chester, 1826, in-4°, avec 3 planches coloriées) ;
2° *Flora Cestrica (An attempt to enumerate and describe the flowering
and filicoid plants of Chester-county in the state of Pennsylvania*,
1837, in-8°, avec une carte géographico-botanique); 3° *Essai sur le
développement et la modification des organes externes des plantes, principalement emprunté aux écrits de Gœthe (An essay*, etc., 1839);
4° *Discours sur le caractère, les propriétés et l'importance des plantes
graminées (A discourse*, etc., West-Chester en Pensylvanie, 1841).

M. J. Berkeley, cryptogamiste anglais, a publié : *Recueil d'Algues
anglaises (Gleanings of British Algæ*, Londres, 1833, in-8°, avec
20 planches coloriées); *Champignons de la Flore britannique (British
Flora, Fungi*, Londres, 1836, in-8°), ouvrage de mycologie interrompu
à la 1ᵉ partie qui traite des champignons ; *Les Champignons d'Angleterre*, décrits dans le vol. V, 2ᵉ partie de la *Flore anglaise (British
Fungi*, etc., 1836-1843) ; *Observations botaniques et physiologiques
sur la maladie des pommes de terre (Observations botanical*, etc.,
1845, in-8°, avec planches).

Jean-Claudius Loudon, botaniste vulgarisateur anglais, mort en
1843, s'est particulièrement occupé de botanique appliquée à l'horticulture et a déployé, dans la tâche qu'il s'était imposée, une activité
et une intelligence peu communes. On lui doit de nombreuses et très-
importantes publications, qui toutes contiennent de précieux renseignements sur l'histoire et la culture des végétaux. Les ouvrages de Loudon
ne sont en général que des compilations, mais tellement bien faites
qu'elles resteront longtemps les meilleurs guides du jardinier et du
forestier. Parmi ses plus intéressantes productions, on doit citer les
suivantes : *Observations sur la formation et la conservation des plantations d'utilité et d'ornement, sur la théorie et la pratique des jardins
paysagers (Observations on the formation*, etc., Edimbourg, in-8°, avec
10 planches) ; *Encyclopédie du jardinage (An Encyclopædia of gardening*, Londres, 1822, in-8°; 5ᵉ édit. 1828 ; autre édit. considéra-

blement augmentée et corrigée, 1835; autre édition encore, 1841);
Magasin des jardiniers (*The Gardeners' Magazine*, Londres, 1826-
1843); ce recueil périodique n'a été interrompu que par la mort de
l'auteur ; *Illustrations des jardins paysagers et d'architecture des jardins* (*Illustrations of landscape-gardening*, etc., 1831, 2 vol. in-fol.);
Encyclopédie des plantes (*An Encyclopædia of plants*, etc., avec le
concours du professeur Lindley pour les caractères spécifiques, et des
dessins de Sowerby, Londres, 1829, in-8°; 2° édit. corrigée, avec un
supplément, 1841); *Le Jardin britannique* (*Hortus Britannicus*, en
anglais, 2 parties, in-8°, 1830; supplément en 1832; 2° édit., 1832,
avec un second supplément, 1839; 3° édit., 1839, avec les suppléments); *Le Jardin des végétaux ligneux de Londres* (*Hortus lignosus
Londinensis*, Londres, 1838, in-8°); *Maison rustique* (*The Suburban
Gardener*, 1838, in-8°); *Arboretum et Fruticetum Britannicum*, Londres, 1838, 8 vol. in-8°, avec 412 planches; *Encyclopédie des arbres
et arbustes* (*An Encyclopædia*, etc., 1842; c'est un abrégé de l'ouvrage
précédent); *L'Horticulteur suburbain* (*The Suburban Horticulturist*,
1842); *Manière de cultiver les Ananas en Europe* (*Modes of cultivating
the Pine-apple in Europe*).

Loudon avait épousé mistress Jane Webb, femme de lettres anglaise,
qui, à dater de cette époque, s'était vouée tout entière aux travaux
de son mari. Après la mort de celui-ci, elle termina plusieurs des
ouvrages qu'il avait laissés inachevés. Elle-même fit et publia divers
écrits de botanique et d'horticulture : *Instructions sur le jardinage à
l'usage des dames* (*Instructions*, etc., 1840); *Les plantes annuelles du
parterre des dames*, en 48 planches coloriées contenant plus de 300
figures (*The Ladies' Flower-garden of ornamental annuals*, 1840);
Les Plantes bulbeuses du parterre des dames, en 58 planches coloriées
(*The Ladies' Flower-garden of ornamental bulbous plants*, etc., 1841);
Les plantes vivaces du parterre des dames (*The Ladies' Flower-garden
of ornamental perennials*, 2 vol. in-4°); *Botanique des dames* (*Botany
for Ladies*, 1842, in-8°); *Le Compagnon des dames dans le parterre*
(*Ladies' companion*, etc., ouvrage qui a eu quatre éditions jusqu'à
1846); *Les fleurs sauvages d'Angleterre* (*British wild flowers*, 1846).
En 1853, mistress Loudon a fait, avec le concours de Georges Don,
une édition nouvelle et complétement refondue de l'*Encyclopédie des
plantes* de son mari.

Charles Babington, botaniste anglais, est auteur d'une *Flore de Bath*

(*Flora Bathoniensis, or a catalogue of the plants indigenous of Bath*, 1834, in-12, *Supplément* en 1839); d'une *Flore de Jersey et Guernesey* (*Primitiæ Floræ Sarnicæ, or an Outline of the Flora of the Channel Islands of Jersey, Guernsey, Alderney and Serk*, Londres, 1839, in-8°); d'un *Manuel de botanique anglaise* (*Manual of the british botany*, 1843, in-8°); d'une *Monographie des Atriplicées* (*Monograph of the british Atripliceæ*, 1840), et de plusieurs autres écrits qui ont paru dans les *Transactions de la Société botanique d'Edimbourg*, ou dans d'autres recueils.

Charles Babington a encore publié, avec Balfour et W.-H. Campbell, le *Catalogue des plantes d'Angleterre* (*A catalogue of british plants*), dont la 2ᵉ édition a paru en 1841; et, avec Balfour seul un travail sur les plantes *des îles Hébrides* (*An account of the vegetation of the outer Hebrides*, Edimbourg, 1841).

Ferdinand et François Bauer sont deux peintres anglais d'histoire naturelle. On doit à Ferdinand les *Illustrations de la Flore de la Nouvelle-Hollande et de l'île de Van-Diémen*, dont les descriptions ont été faites par Robert Brown, Londres, 1813, grand in-fol. On doit à Franz Bauer, qui est un botaniste et un micrographe distingué : *Dessins de plantes exotiques cultivées dans le jardin de Kew*, publiés par Aiton, 1796 in-fol.; *Figures des espèces du genre Strelizia*, 1818; *Expériences sur les champignons qui constituent la matière colorante de la neige rouge découverte dans la baie de Baffin* (*Some experiments on the fungi*, etc., 1820, in-4°); *Observations microscopiques sur a suspension du mouvement musculaire du Vibrio Trítici* (*Microscopical observations*, Londres, 1823); *Illustrations des plantes Orchidées, avec des notes de Lindley* (*Illustrations of Orchidaceous plants*, Londres, 1830-1838, in-fol., 20 planches coloriées). Kennedy a créé, pour des plantes de la Nouvelle-Hollande, en l'honneur de Ferdinand Bauer, le genre *Bauera* dans la famille des Saxifragées.

Henri Andrews s'est également signalé comme peintre et comme botaniste anglais. Il a publié : 1° *Magasin du botaniste, comprenant des gravures coloriées de plantes nouvelles et rares, avec des descriptions botaniques en latin et en anglais* (*Botanist's Repository*, etc., Londres, 1797-1804, 10 vol. grand in-4°, avec 664 planches coloriées); 2° *Gravures coloriées représentant des Bruyères, d'après des dessins faits sur nature vivante, avec des descriptions en latin et en anglais* (*Coloured engravings of Heaths*, Londres, 1802-1809, 4 vol.

BOTANISTES
ANGLAIS.

in-fol., avec 288 planches coloriées); 3° *La Bruyère, monographie du genre Erica* (*The Heathery, or a monograph of the genus Erica*, Londres, 1804, 6 vol. grand in-8°, avec 300 planches coloriées) ; 4° *Les Géraniums, ou monographie du genre Géranium* (*Geraniums, or a monograph of the genus Geranium*, Londres, 1805, 2 vol. in-4°, avec 124 planches coloriées); 5° *Les Roses, ou monographie du genre Rosa* (*Roses, or a monograph of the genus Rosa*, Londres, 1805-1828, 2 vol. in-4°, avec 129 planches coloriées).

THORNTON.

Robert-Jean Thornton, peintre et naturaliste anglais, a illustré plusieurs ouvrages de botanique, et fait diverses compilations dont le principal mérite est dans ses figures. Nous citerons : *Nouvelle illustration du système sexuel de Linné* (*A new illustration*, etc., 1799-1809, in-fol., 66 planches); *Plantes choisies* (*Select plants*, 1799, in-fol., 31 planches coloriées); *Nouvel herbier de famille* (*A new family herbal*, 1810) ; *La Flore britannique* (*The british Flora*, Londres, 1812, 5 vol. in-8°, 484 planches); *Éléments de botanique* (*Elements of botany*, 1812, 2 vol. in-8°, 84 planches); *Botanique pratique* (*Practical botany*, 1 vol. in-8°, 85 planches); *Le compagnon de la serre* (*The greenhouse companion*, 1824, in-8°, figures); *Introduction à la science de la botanique* (*An introduction*, etc., 1833, in-12, figures). Reichenbach a créé, en l'honneur de Thornton, le genre *Thorntonia* dans les Malvacées.

WEBB
ET
SABIN BERTHELOT.

Philippe Barker Webb et Sabin Berthelot sont auteurs : 1° d'un *Voyage botanique en Espagne et en Portugal* (*Iter Hispaniense, or a synopsis of plants collected in the southern provinces of Spain and in Portugal*, etc., Paris et Londres, 1818, in-8°); 2° des *Otia Hispanica, seu Delectus plantarum rariorum per Hispanias sponte nascentium*, Paris et Londres, 1839, in-fol., avec planches; 3° d'une *Histoire naturelle des îles Canaries*, en 3 vol. et atlas, publiée à Paris de 1836 à 1847, dans laquelle la botanique occupe une large place. On doit à Sabin Berthelot seul des *Observations sur l'accroissement et la longévité de plusieurs espèces d'arbres des environs de Nice*, Genève, 1832.

BIGELOW.

Jacob Bigelow, botaniste américain, a publié : *Botanique médicale de l'Amérique* (*American medical botany, being a collection of the*

MATIÈRE MÉDICALE
VÉGÉTALE.

native medical plants of the United-States, etc., Boston, 1817-1821, 3 vol. in-4°, avec 60 planches coloriées); *Faits servant à montrer l'avancement comparatif du printemps dans les différentes parties des*

États-Unis (*Facts*, etc., Cambridge, 1818); *Florula Bostoniensis*, en anglais, Boston, 1814, in-8°, 2° édit., 1824.

Jonathan Stokes est auteur d'une *Matière médicale botanique* (*A botanical Materia medica*, Londres, 1812, 4 vol. in-8°) ; et de *Commentaires botaniques* (*Botanical commentaries*), dont le premier volume parut en 1830.

Deux botanistes anglais portant le nom de Don (David et George) appartiennent à notre siècle. David Don est auteur d'une *Flore du Népaul* (*Prodromus Floræ Nepalensis*, Londres, 1825, in-8°).—George Don a publié l'*Histoire générale des plantes dichlamydes, comprenant la description complète des différents ordres, les caractères des genres et des espèces, l'énumération des variétés cultivées*, etc., *illustrée de gravures, précédée d'une introduction au système de Linné et au système naturel et d'un glossaire des termes employés* (*A general History of the dichlamydeous plants*, etc., Londres, 1831-1838, 4 vol. in-4°).

Jean Lindley, l'un des plus célèbres botanistes anglais contemporains, professeur de botanique au collége de l'Université de Londres, né près de Norwich, en 1799, est auteur de nombreux ouvrages pratiques, dont plusieurs concernent l'horticulture. C'est un des meilleurs vulgarisateurs de la science des végétaux, et il n'a pas dédaigné de faire des manuels de botanique à l'usage des enfants et des familles. Ses principaux ouvrages sont, dans l'ordre de leur publication : *Monographie des roses* (*Rosarum monographia, or a botanical history of roses*, Londres, 1820, in-8°, avec 19 planches coloriées); cet ouvrage a été traduit en français, sous le titre de : *Monographie du genre Rosier, avec des notes de Joffrin et des changements importants, suivie d'un appendice sur les roses de Paris et des environs, par de Pronville*, Paris, 1824; *Digitalium monographia*, Londres, 1821, in-fol., avec 28 pl. noires ou coloriées, d'après les dessins de Ferdinand Bauer; *Collectanea botanica, ou figures et illustrations botaniques de plantes exotiques, rares et curieuses* (*Figures and botanical illustrations of rare and curious exotic plants*, Londres, 1821, in-fol., 41 figures coloriées); *Synopsis de la Flore britannique, arrangé selon les ordres naturels, contenant les plantes vasculaires* (*A synopsis of the british Flora*, etc., Londres, 1829, 3° édit., 1841) ; *Illustrations des plantes orchidées* (*Illustrations of orchidaceous plants*, etc., Londres, 1830-1838, in-fol., 20 planches coloriées d'après François Bauer); *Genera et species des plantes orchidées* (*The Genera and species*, etc., Londres,

BOTANISTES
ANGLAIS.

STOKES.

MATIÈRE MÉDICALE
VÉGÉTALE.

LES DEUX DON.

LINDLEY.

1830-1840, 7 parties in-8°, avec illustrations d'après les dessins de François Bauer); *Premiers principes de botanique (An outline of the first principles of botany,* Londres, 1830; ouvrage qui, depuis lors, a eu plusieurs éditions et a été traduit en diverses langues; la cinquième édition, 1847, est intitulée : *Éléments de botanique* et comprend l'organogénie, la physiologie et la botanique médicale); *Introduction au système naturel de botanique (An introduction to the natural system of botany,* Londres, 1830, in-8°, 3° édit., 1839, ouvrage également traduit en diverses langues); *Quelques considérations sur la culture des arbres fruitiers (Some considérations upon the cultivation of fruit-trees,* Londres, 1831); *Flore fossile de la Grande-Bretagne,* en collaboration de Guillaume Hutton (*The fossil Flora of Great-Britain,* Londres, 1831-1837, 3 vol. in-8°, avec 230 planches); *Esquisse des premiers principes d'horticulture (An outline of the first principles of horticulture,* Londres, 1832; traduction en français par Charles Morren, de Bruxelles); *Sur les principales questions de philosophie botanique encore non résolues(On the principal questions,* etc., Londres, 1833); *Botanique des dames (Ladies' botany,* 3° édit., Londres, 1837, in-8°, avec 25 planches). *Clef de la botanique organographique et physiologique (A key to structural, physiological and systematical botany, for the use of classes,* Londres, 1835, in-8°; cet ouvrage a été traduit en français par Cap, sous le titre d'*Aphorismes de physiologie végétale et de botanique,* Paris, 1838); *Système naturel de botanique (A natural system of botany; 2° édit., revue et augmentée,* Londres, 1836, in-8°); *Sertum orchidaceum, Guirlande des plus belles fleurs orchidées, choisie par Lindley (A wreath of the most beautiful orchidaceous flowers,* etc., Londres, 1837-1842, 10 fasc. in-fol. de figures coloriées); *Flore médicale, ou Histoire botanique de toutes les plantes les plus importantes usitées en médecine, dans les différentes parties du monde (Flora medica, a botanical account of all the most important plants used in medicine,* Londres, 1838, in-8°); *Botanique des écoles (School botany,* Londres, 1839); *Théorie de l'horticulture (The theory of horticulture, or an attempt to explain the principal operations of gardening upon physiological principles,* Londres, 1840, in-8°; ouvrage traduit en plusieurs langues); *Le règne végétal, ou la structure, la classification et l'usage des plantes, illustré d'après le système naturel, par plus de 500 planches (The vegetable kingdom; or the structure, classification and uses of plants,* Londres, 1846;

3ᵉ édit., 1856, grand in-8°). Outre les précédents ouvrages, on doit au professeur Lindley de nouvelles publications sur les plantes orchidées, une *Pomologie anglaise* en 3 volumes, une *Botanique médicale et économique*, avec atlas, et diverses autres publications qui toutes empruntent de l'autorité à leur savant auteur. BOTANISTES ANGLAIS.

George Walker-Arnott, déjà cité p. 409, a publié : *Disposition méthodique des espèces de mousses*, Paris, 1825. — John Walker est auteur d'un écrit de physiologie intitulé : *Expériences du mouvement de la sève dans les arbres* (*Experiments on the motion of the sap in trees*, dans le Iᵉʳ vol. des *Transactions de la Société royale d'Édimbourg*). — Richard Walker a fait une *Flore du comté d'Oxford* (*The Flora of Oxfordshire*, etc., Oxford, 1833, in-8°, avec 12 planches). LES WALKER.

Henslow (J. S.), botaniste anglais, a publié : *Catalogue des plantes d'Angleterre, dans l'ordre du système naturel* (*A catalogue of British plantes*, etc., Cambridge, 1829) ; *Examen de l'hybridité dans les digitales* (*On the examination of a hybrid Digitalis*, 1831, in-4°, avec 4 pl.) ; *Sur une monstruosité du Reseda odorata* (*On a monstrosity*, etc., 1833, in-4°, avec 2 pl.) ; *Principes de botanique descriptive et physiologique* (*The principles*, etc., Londres, 1835, in-8°). HENSLOW. MATIÈRE MÉDICALE VÉGÉTALE.

Charles Konig, botaniste anglais, fut le collaborateur de Jean Sims, dans la publication des *Annales de botanique* (*Annals of botany*). On lui doit en outre : *Traités de botanique, traduits de différentes langues* (*Tracts relative to botany*, Londres, 1805, in-8, avec 9 pl.). KONIG ET SIMS.

Henri Philips, botaniste et pomologiste anglais, a publié : *Pomarium Britannicum*, Londres, 1820, in-8°; 2ᵉ édit., 1821; 3ᵉ édit., 1823; *Histoire des végétaux cultivés* (*History of cultivated vegetables*, 2ᵉ édit., Londres, 1822, 2 vol. in-8°); *Sylva florifera*, Londres, 1823, 2 vol. in-8°; *Flora historica*, Londres, 1824, 2 vol. in-8°; 2ᵉ éd. revue, 1829. PHILIPS.

Thomas Nuttal, botaniste américain, est auteur des ouvrages suivants : *Genera des plantes de l'Amérique du Nord* (*The genera of North-American plants*, Philadelphie, 1818, 2 vol. in-8°); *Introduction à la botanique systématique et physiologique* (*Notice of an introduction to systematic and physiological botany*, Cambridge d'Amérique, 1827); *Catalogue des plantes du territoire de l'Arkansas* (*Collections towards a Flora of the territory of Arkansas*, 1834); *Description de nouvelles espèces et genres de plantes de l'ordre naturel des Composées, recueillies dans un voyage dans l'Orégon, la Californie supérieure et les îles Sandwich* (*Descriptions of new species and genera of plants in* NUTTAL.

*the natural order of the Compositæ, collected in a tour across the con-
tinent to the Pacific, a residence in Oregon, and a visit to the Sandwich
islands and upper California, during the years 1834, and 1835*, dans
les *Transactions de la Société philosophique d'Amérique*, 1841) ; *Sylva
de l'Amérique du Nord, ou Description des arbres fruitiers des États-
Unis, du Canada et de la Nouvelle-Écosse non décrits par François-
André Michaux* (*The North-American Sylva, or a Description of the
forest trees of the United-States, Canada and Nova Scotia*, etc., Philadelphie, 1842, 3 vol. in-8°, avec 122 planches noires ou coloriées).
Ce dernier ouvrage est indiqué comme servant de supplément à la
dernière édition de la traduction anglaise de l'*Histoire des arbres fruitiers de l'Amérique du Nord*, de Michaux.

George Bentham, botaniste anglais, a publié : *Catalogue des plantes
indigènes des Pyrénées et du Bas-Languedoc*, Paris, 1826, in-8° ; *Scro-
phularineæ Indicæ*, Londres, 1835 ; *Scrophularinearum revisio*, 1835 ;
Labiatarum genera et species, Londres, 1832-1836 ; *Commentationes
de Leguminosarum generibus*, Vienne, 1837 ; *Plantas Hartwegianas
imprimis Mexicanas adjectis nonnullis Grahamianis enumerat novas-
que describit*, Londres, 1839-1846 et années suivantes ; *Botanique du
voyage autour du monde du* Sulphur, *de 1836 à 1842*, sous le commandement de sir Édouard Belcher (*The Botany of the Voyage of Sulphur*, etc., Londres, 1844, in-4°. avec 60 planches). Bentham a donné
un précieux concours au Prodrome de MM. de Candolle par ses beaux
travaux sur les Labiées, les Scrophularinées et les Polémoniacées. Il a
été le collaborateur d'Endlicher, de Fenzl et de Henry Schott, pour
l'*Enumeratio plantarum quas in Novæ Hollandiæ ora austro-occidentali ad fluvium Cygnorum et in sinu Regis Georgii collegit de Hügel*.

Constantin-Samuel Rafinesque-Schmaltz, issu d'une famille juive
établie à Constantinople où il naquit, a passé successivement sa vie en
France, aux États-Unis et en Sicile, publiant tour à tour ses ouvrages
en français, en anglais et en italien. C'est pourquoi nous le classons
volontiers immédiatement après les botanistes anglais ou américains
dans la langue desquels beaucoup de ses ouvrages sont écrits. Il s'occupa à la fois de médecine, de zoologie et de botanique. On lui
doit : *Caractères de quelques nouveaux genres et nouvelles espèces d'animaux et de plantes de Sicile* (*Caratteri di alcuni nuovi
generi e nuove specie di animali e piante della Sicilia*, Palerme, 1810,
in-4°, avec planches) ; *Principes fondamentaux de somiologie, ou les*

Lois de la nomenclature et de la classification de l'empire organique soit des animaux, soit des végétaux, 1814; *Analyse de la Nature*, 1815; *Florule de la Louisiane, ou Flore de l'État de Louisiane, traduite, revue et améliorée du français de C.-C. Robin, dans le t. III de ses voyages* (*Florula Ludoviciana, or a Flora of the state of Louisiana*, New-York, 1817, in-8°); *Premiers catalogues du jardin botanique de l'Université de Transsylvanie, à Lexington, dans le Kentucky, pour l'année* 1824 (*First Catalogues, etc.*); *Neogenyton, ou Indication de 66 nouveaux genres de plantes du nord de l'Amérique*, en anglais, 1825; *Flore médicale, ou Manuel de botanique médicale des États-Unis de l'Amérique du Nord* (*Medical Flora, etc.*, Philadelphie, 1828–1830, 2 vol. in-8°); *Journal atlantique* (*Atlantic journal*, Philadelphie, 1832–1833); *Herbier de Rafinesque, Prodrome, Première partie* (*Herbarium Rafinesquium, Prodromus; Pars prima, Rariss. plant. nov. Herbals*, etc., Philadelphie, 1833, extrait de l'Atlantic journal); *Nouvelle Flore et botanique de l'Amérique du Nord, servant de supplément aux diverses Flores et aux ouvrages botaniques de Michaux, Muehlenberg, Pursch, Nuttal, Elliot, Torrey, Beck, Eaton, Bigelow, Barton, Robin, Hooker, Riddell, Darlington, Schweinitz, Gibbs, etc., en outre des grands ouvrages de Linné, Willdenow, Vahl, Vitmann, Persoon, Lamarck, de Candolle, Sprengel, Jussieu, Adanson, Necker, Lindley, etc., contenant près de 500 additions ou révisions de genres nouveaux, et 1,500 additions ou révisions d'espèces nouvelles, avec figures* (*New Flora and Botany of North-America*, etc., Philadelphie, 1836 et années suiv.). On reproche à Rafinesque d'avoir introduit dans cet ouvrage des plantes étrangères à la partie de l'Amérique dont il s'occupe. Desvaux a consacré à ce botaniste cosmopolite le genre *Schmaltzia* qui rentre dans le genre *Rhus* ou Sumac, de la famille des Anacardiacées.

Nous comprenons dans la catégorie des botanistes allemands ceux de la Suisse allemande. Nous y joignons aussi les Bohèmes et les Hongrois. Le nombre des botanistes allemands contemporains est incalculable; on en compte jusqu'à quinze à vingt du même nom. Nous sommes donc obligé de faire un choix. Du moins n'omettrons-nous aucun des hommes qui font autorité dans la science.

La notice sur Chrétien Schkuhr, botaniste allemand, né en 1740, mort en 1811, serait mieux entrée peut-être dans le chapitre précédent que dans celui-ci. Toutefois, comme il n'a commencé à faire de publications botaniques que dans un âge avancé, il appartient plus, sous ce rapport, au XIXᵉ siècle qu'au XVIIIᵉ. De 1787 à 1803, il fit paraître, à Leipzig, un *Manuel de botanique* d'une grande importance par la multitude des planches qui l'accompagnaient (*Botanisches Handbuch der mestenhr theils in Deutschland wildwachsenden, theils ausländischen in Deutschland unter freiem Himmel ausdauernden Gewächse*, 4 parties, avec 400 planches coloriées). Il donna ensuite : *Enchiridion botanicum, seu descriptiones et icones plantarum in Europa vel sponte crescentium vel in hortis sub dio perdurantium*, Leipzig, 1805, in-8°, avec 88 pl. coloriées ; *Monographie des Carex ou Laiches* (*Beschreibung und Abbildung der theils bekannten, theils noch nicht beschriebenen Arten von Riedgräsern, nach eigenen Beobachtungen, und vergrösserter Darstellung der kleinsten Theile*, Wittenberg, 1801, in-8°, avec 54 pl. coloriées ; *Supplément*, avec 39 planches coloriées, en 1806 ; traduction en français, augmentée par Gislenus-François de la Vigne[1], Leipzig, 1802, avec 54 planches coloriées) ; *Vingt-quatre classes du système des plantes de Linné, ou Herbier cryptogamique*, ouvrage en partie posthume (*Vier und zwanzigste Klasse der Linné'schen Pflanzensystems oder kryptogamische Gewächse*, Wittenberg, 1809, in-4°, avec 219 planches coloriées); *Herbier cryptogamique de l'Allemagne* (*Deutschlands kryptogamische Gewächse ; Zweiter Theil*, Leipzig, 1810-1817, in-4°, avec 42 planches coloriées). Roth a dédié à Schkuhr le genre *Schkuhria*, de la famille des Composées.

Jean Leibitzer, horticulteur distingué, a publié les ouvrages suivants: *Manuel complet de la culture des arbres* (*Vollständiges Handbuch der Obstbaumzucht*, Vienne, 1798); *Manuel complet de la culture des arbres fruitiers* (*Praktisches Handbuch der Obstbaumzucht*, Lentschau, 1804); *Manuel de la culture des arbres nains* (*Handbuch der Zwergbaumzucht*, Vienne, 1804); *Traité sur la betterave* (*Vollständige Abhandlung von der Runkelrübe, ihrem Anbau, Nutzen und Gebrauch*, Lentschau, 1804) ; *Almanach botanique des jardins* (*Vollständiger Gartenkalender*, Vienne, 1808) ; *L'Horticulture par les principes les plus récents* (*Der Gartenbau nach den neuesten Ansichten und Bedürfnissen*, Pesth, 1836, in-12, avec 9 planches).

Auguste-Frédéric-Adrien Diel, pomologiste allemand, a publié les

---

1. De la Vigne a publié en outre : *De Gratiola officinali ejusque usu præcipue in morbis cutaneis*, Erlangen, 1799; et *Flore germanique*, ou *Histoire des plantes de l'Allemagne et en grande partie de la France; enrichies des figures de la Flore germanique* de J. Sturm, Erlangen, 1801-1802, 4 cahiers in-12 avec 64 pl. coloriées.

ouvrages qui suivent : *Sur l'établissement d'une orangerie et sur la végétation des plantes* (*Ueber die Anlegung einer Obstorangerie in Scherben und die Vegetation der Gewächse*, Francfort-sur-Mein, 1805) ; *Essai d'une classification des fruits à noyaux d'Allemagne* (*Versuch einer systematischen Beschreibung der in Deutschland vorhandenen Kernobstsorten*, Francfort, 1799-1819, 21 fascicules in-8°) ; *Description des principaux fruits à noyaux d'Allemagne* (*Systematische Beschreibung der vorzüglichsten in Deutschland vorhandenen Obstsorten*, etc., Francfort, 1818-1833).

Ernest-Frédéric de Schlotéim, naturaliste allemand, à qui Bridel-Bridéri a dédié le genre *Schloteima*, dans les Mousses, s'est occupé de paléontologie et spécialement des végétaux fossiles. On a de lui : *Description des plantes fossiles remarquables* (*Beschreibung merkwürdiger Kräuterabdrüke und Pflanzenversteinerungen*, Gotha, 1804, gr. in-8°, avec 14 planches) ; *La science des pétrifications, avec une collection d'animaux et de plantes fossiles* (*Die Petrefactenkunde nach ihrem jetzigen Standpunkte durch die Beschreibung seiner Sammlung versteinerter und fossiler Ueberreste des Thier- und Pflanzenreichs der Vorwelt erläutert*, Gotha, 1820, avec 15 planches signées 15-29); c'est la suite du livre précédent; *Suppléments à la science des pétrifications* (*Nachträge zur Petrefactenkunde*, 1821-1823, 2 parties in-8°, avec 37 planches).

François-Xavier de Wulfen, naturaliste allemand, membre de la compagnie de Jésus, né en 1728, mort en 1805, ne fit de publications botaniques qu'à une époque avancée de sa vie. Il entreprit, pour s'instruire, de pénibles voyages dans toutes les vallées et les montagnes des Alpes. Il s'occupa avec succès des plantes cryptogames. On a de lui : *Cryptogama aquatica*, Leipzig, 1803, in-4°; et *Plantarum rariorum descriptiones*, Leipzig, 1805, in-4°, avec 6 pl. Le Musée botanique de Vienne possède 113 dessins coloriés inédits de champignons d'Autriche, dus au crayon et au pinceau de Wulfen, à qui Jacquin a consacré le genre *Wulfenia*, dans les Solanées.

François-Xavier Heller, botaniste allemand, professeur à l'Université de Wurtzbourg, est auteur des ouvrages suivants : *Organa plantarum functioni sexuali inservientia*, Wurtzbourg, 1800; *Flora Wirceburgensis*, Wurtzbourg, 1810-1815, 2 vol. in-8°; *Graminum in Magno Ducatu Wirceburgensi tam sponte crescentium quam cultorum enumeratio systematica*, 1809. Nees d'Esenbecke et de Martius ont consacré à ce botaniste le genre *Helleria*, dans la famille des Humiriacées.

Jean-Chrétien Mikan, professeur à l'Université de Prague, a publié : *Du sucre extrait des érables*, etc. (*Die Zuckererzeugung aus Ahornsaft*, Prague, 1811); *Sur les noix de galle*, etc. (*Ueber Galläpfel und Knoppern, nebst einer kurzgefassten Naturgeschichte der Insecten, durch welche sie entstehen*, 1816); *Delectus Floræ et Faunæ Brasiliensis*, Vienne, 1820, in-fol., avec planches. Willdenow a dédié à Mikan le genre *Mikania*, de la famille des Composées.

François-Pierre Cassel, né à Cologne, docteur en médecine de la Faculté de Paris, professeur d'histoire naturelle au gymnase de Cologne, puis à Gand, où il mourut en 1821, est auteur des écrits suivants : *Essai sur les familles naturelles des plantes et leur valeur médicale* (*Versuch über die natürlichen Familien der Pflanzen mit Rücksicht auf ihre Heilkraft*, Cologne, 1810, in-8°); *Manuel raisonné de la classification des plantes* (*Lehrbuch der natürlichen Pflanzenordnung*, Francfort-sur-Mein, 1817, in-8°) ; *Morphonomia botanica sive observationes circa proportionem et evolutionem partium plantarum*, Cologne, 1820, avec 8 planches.

Théophile-George Kieser, médecin, anatomiste, physiologiste, naturaliste et homme politique allemand, né en 1779, à Harbourg, en Hanovre, fut nommé, en 1812, professeur à l'Université d'Iéna, et, deux ans après, il leva une légion d'étudiants volontaires à cheval, à la tête desquels il fit, contre Napoléon, la campagne de France. En 1815, il occupait le poste de médecin en chef de l'état-major prussien. Il dirigea successivement, en cette qualité, le service médical des hôpitaux de Liége et de Versailles. Après la guerre, il reprit sa position de professeur à Iéna. Il fut nommé depuis conseiller de la cour de Prusse, conseiller intime de celle de Saxe-Weimar, et, de 1831 à 1848, représentant de l'université d'Iéna à l'assemblée des états de Weimar; enfin, après les événements de 1848, il a fait partie du parlement de Francfort. Aucune des branches de la médecine et de la chirurgie ne lui a été étrangère; mais nous n'avons ici à nous occuper que de ses ouvrages de botanique : *Aphorismes concernant la physiologie des plantes* (*Aphorismen aus der Physiologie der Pflanzen*, Gœttingue, 1808, in-8°); *Mémoire sur l'organisation des plantes*, Harlem, 1812, in-4°, avec 22 planches; ce mémoire, écrit en français, fut couronné par l'Académie de Harlem; *Principes de l'anatomie des plantes* (*Grundzüge der Anatomie der Pflanzen*, Iéna, 1825, in-8°, avec 6 planches). Reinwardt[1] a dédié à ce célèbre médecin, accessoirement botaniste, le genre *Keisera*, dans les Ternstroémiacées, genre qui est synonyme du *Bonnetia* de Martius.

Frédéric-Gottlob Hayne, naturaliste allemand, professeur à l'Université de Berlin, né en 1796, mort en 1832, a publié plusieurs ouvrages de botanique descriptive, illustrés de planches d'un beau coloris. Ce sont : *Termini botanici iconibus illustrati*, Berlin, 1807, 2 vol. in-4°, avec 69 planches coloriées ; *De coloribus corporum naturalium præcipue animalium vegetabiliumque determinandis commentatio physiographica*, Berlin, 1814, in-4°, avec 2 planches ; *Flore dendrologique des jardins et des environs de Berlin* (*Dendrologische Flora der Umgegend und der Garten Berlins*, 1822) ; *Énumération et description des plantes usitées en médecine* (*Getreue Darstellung und Beschreibung der in der Arzneikunde gebräuchlichen Gewächse*, etc., Berlin, 1805-1846, 14 vol. in-4°, avec 648 planches coloriées) ; cet ouvrage a été continué par Frédéric Klotzch.

Michel Rohde, botaniste et collecteur allemand, a publié de nombreuses observations botaniques dans le journal de Schrader. On lui doit en outre un beau travail sur les *Quinquina* intitulé : *Monographiæ Cinchonæ generis specimen, sistens historiam ejus criticam ad introductionem in hoc genus inservientem*, Gœttingue, 1804, in-8° ; 2° édition augmentée, même année 1804.

Léopold Trattinick, célèbre et fécond botaniste autrichien, à qui Willdenow a dédié son genre *Trattinickia* de la famille des Rutacées, commença ses publications par un ouvrage sur la culture du coton en Autriche (*Anleitung zur Kultur der ächten Baumwolle in Oestreich*). Il fit paraître ensuite : *Genera plantarum methodo naturali disposita*, Vienne, 1802, in-8°. Vinrent après plusieurs ouvrages sur les champignons : *Fungi Austriaci*, Vienne, 1804-1805, in-4°, avec 18 planches coloriées ; *Fungi Austriaci delectu singulari iconibus XL observationibusque illustrati*, 2° édit., Vienne, 1830, in-4°, avec 20 pl. coloriées ; *Les champignons comestibles de l'empire d'Autriche* (*Die essbaren*

---

1. Gaspard-Georges-Charles Reinwardt, que nous venons de nommer, est auteur de : *Oratio de ardore, quo historiæ naturalis et imprimis botanices cultores in suo studio ferantur*, 1801 ; *Oratio de augmentis, quæ historiæ naturali ex Indiæ investigatione accesserunt*, 1823 ; et *Sur le caractère de la végétation dans l'Archipel indien.* (*Ueber den Charakter der Vegetation auf den Inseln des indischen Archipels*, Berlin, 1828).

Schwämme des Oestreichischen Kaiserstaates, Vienne, 1809 ; 2ᵉ édit., 1830, in-8°, avec 30 planches coloriées) ; *Thesaurus botanicus*, Fasc. I-XX, Vienne, 1805-1819, in-fol., avec 80 planches coloriées ; *Archives de Botanique* (*Archiv der Gewächskunde*, Vienne, 1812-1818). Trattinick, après ces publications, fit paraître : *Observationes botanicæ tabularum rei herbariæ illustrantes*, 3 fasc. in-4°, Vienne, 1811-1812) ; *Collections de planches coloriées des Archives de botanique* (*Ausgemalte Tafeln aus dem Archiv der Gewächskunde*, Vienne, 1812-1814, 4 vol. in-4°, avec 400 planches coloriées) ; *Flore de l'empire d'Autriche* (*Flora des Oesterreichischen Kaiserthumes*, Vienne, 1816-1822, en 2 parties gr. in-4°, avec 221 planches coloriées ; *Manuel de botanique* (*Botanisches Taschenbuch*, 1821, in-8°) ; *Choix des plus belles et remarquables plantes de jardin* (*Auswahl vorzüglich schöner Gartenpflanzen*, etc., Fascicule I, 2 vol. in-4°, avec 200 planches coloriées) ; *Rosacearum monographia*, Vienne, 1823-1824, en 4 vol. in-8° ; *Genera nova plantarum iconibus observationibusque illustrata*, Vienne, 2 fasc. in-4, avec 24 planches ; *Nouvelles espèces de Pelargonium d'origine allemande* (*Neue Arten von Perlargonien deutschen Ursprungs*, etc., Vienne, 1825-1843, en 6 parties in-8°, avec 264 pl. coloriées) ; *Essai de botanique contemplative* (*Versuche in der contemplativen Botanik*, etc., Vienne, 1839) ; et une Flore poétique, intitulée : *Calliope et Flore* (*Calliope und Flora*, Vienne, 1840. Trattinick compte parmi les botanistes qui ont fait faire, de notre temps, le plus de progrès à la cryptogamie.

Louis-David de Schweinitz, botaniste allemand, qui a habité l'Amérique, s'est surtout occupé de cryptogamie. On lui doit : *Specimen Floræ Americæ septentrionalis cryptogamicæ, sistens Muscos hepaticos hucusque in America septentrionali observatos*, Raleigh, 1821, in-8° ; *Monographie du genre Carex* (*Monograph of the Nort-American species of the genus Carex*, New-York, 1825, in-8°, avec 6 planches) ; *Narration d'une expédition à la source de la rivière de Saint-Pierre*, etc., faite en 1823, sous le commandement de Stephen H. Long (*Narrative*, etc., Londres, 1825, 2 vol. in-8°). Schweinitz a publié en outre, avec Jean-Baptiste d'Albertini : *Conspectus fungorum in Lusatiæ superioris agro Niskiensi crescentium, e methodo Persooniana*, Leipzig, 1805, gr. in-8°, avec 12 planches coloriées.

Frédéric Weber, docteur en médecine, professeur de botanique et directeur du Jardin des plantes à Kiel, comme l'avait été son homonyme Georges-Henri Weber, dont il a été question p. 253, de même que lui s'est occupé de cryptogamie. On a de Frédéric Weber : *Épître botanique à Sprengel, supplément à son étude des plantes cryptogames* (*Botanische Briefe an Prof. Kurt Sprengel in Halle; ein Anhang zu seiner Einleitung in das Studium der kryptogamischen Gewächse*, Kiel, 1804, in-8°); *Tabula exhibens calyptratarum operculatorum sive Muscorum frondosorum genera*, Kiel, 1813, in-fol.; *Historiæ Muscorum hepaticorum Prodromus*, Kiel, 1815, in-8°; *Hortus Kiliensis*, Kiel, 1822, in-8°. Frédéric Weber a publié, avec Daniel-Mathieu-Henri Mohr : *Voyage d'un naturaliste à travers une partie de la Suède* (*Natur historische Reise durch einen Theil Schwedens*, Gœttingue, 1804, in-8°); *Archives pour l'histoire naturelle* (*Archiv für die systematiche Naturgeschichte*, Leipzig, 1804, in-8°, avec 5 pl. col.); *Contingent à l'étude de la nature* (*Beiträge zur Naturkunde*, Kiel, 1805-1810, 2 parties in-8°, avec 11 pl.); *Manuel de poche botanique* (*Botanisches Taschenbuch auf das Jahr 1807*, Kiel, 1807, in-12, avec 12 planches). — Mohr a publié, seul : *Observationes botanicæ, quibus plantarum cryptogamarum ordines, genera et species illustrare conatus est*, Kiel, 1803, in-8°.

Henri-Frédéric Link, célèbre botaniste, géologue, physicien et chimiste allemand, né à Hildesheim, en 1769, mort à Berlin, en 1851, fit ses études à Gœttingue, et choisit pour thèse inaugurale de son doctorat en médecine, la Flore même de cette ville (*Floræ Goettingensis specimen, sistens vegetabilia saxo calcareo propria*, 1789). Nommé professeur de botanique et de chimie à l'université de Rostock, il donna ensuite, indépendamment de travaux sur la géologie, la minéralogie, la physique et la chimie : *Dissertationes botanicæ, quibus accedunt Primitiæ horti botanici et Floræ Rostockiensis*, 1795; et *Philosophiæ botanicæ novæ seu institutionum phytographicarum Prodromus*, Gœttingue, 1798.

Sur les entrefaites, le comte Jean-Centurius de Hoffmannsegg, qui était lui-même un naturaliste éminent, convia Link à un voyage dans la péninsule ibérique, afin de recueillir les matériaux nécessaires à une Flore et à une Faune du Portugal, qu'il projetait. Ils s'embarquèrent à Hambourg, mais furent obligés, par le mauvais temps, à relâcher à Calais et à opérer par terre la suite de leur voyage. Ils arrivèrent en Portugal au printemps de 1798, firent à Coïmbre la connaissance du professeur Brotero, et visitèrent tous deux, jusques dans le courant de 1799, les diverses provinces lusitaniennes; mais Link ayant été obligé de venir reprendre ses fonctions de professeur à Rostock, le comte de Hoffmannsegg continua seul ses explorations scientifiques en Portugal, jusqu'au milieu de l'année 1801. Pendant ce temps Link commença à publier, en allemand, le résultat de son expédition, sous le titre de *Observations faites pendant un voyage à travers la France, l'Espagne et le Portugal* (*Bemerkungen auf einer Reise durch Frankreich, Spanien und vorzüglich Portugal*, Kiel, 1799-1804, in-8°). Cet ouvrage fut publié une première fois en français, sous le titre de *Voyage en Portugal, depuis 1797 jusqu'en 1799*, Paris, 1803, 2 vol. Cette publication fut suivie de celle du *Voyage en Portugal, par le comte de Hoffmannsegg, rédigé par M. Link, et faisant suite à son voyage dans le même pays*, Paris, 1805, in-8°. Les deux voyageurs se réunirent encore pour publier en commun la *Flore portugaise, ou description de toutes les plantes qui croissent naturellement en Portugal, avec figures coloriées, 5 planches de terminologie et une carte*, Berlin, 1809-1840, 2 vol. in-fol. avec 109 planches coloriées.

Le professeur Link donna seul : *Éléments d'anatomie et de physiologie des plantes* (*Grundlehren der Anatomie und Physiologie der Pflanzen*, Gœttingue, 1807, in-8°, avec 6 planches) ; *Suppléments* à cet ouvrage, 1809. Passé professeur de botanique à l'université de Breslau, Link fit paraître, en 1814, un *Projet d'histoire naturelle philosophique*. Appelé ensuite à l'université de Berlin, où il occupa, jusqu'à la fin de sa carrière, la chaire de botanique et la place de directeur du jardin des plantes, il publia, en 1811 et 1822, le *Catalogue des plantes du jardin botanique de Berlin* (*Enumeratio plantarum horti botanici Berolinensis altera*). De concert avec Frédéric Otto, il publia, de 1828 à 1831, plusieurs fascicules iconographiques in-4°, coloriés, de plantes du jardin des plantes de Berlin (*Icones plantarum rariorum horti botanici Berolinensis cum descriptionibus et colendi ratione*). Sur les entrefaites, il publia seul : *Éléments de philosophie botanique* (*Elementa*, etc., Berlin, 1824 ; 2° édit. en latin et en allemand, 1837, 2 vol. in-8°). Il s'adjoignit encore Frédéric Otto pour donner, en 1827, un travail sur le *Melocactus* et l'*Echinocactus*, avec planches. De 1827 à 1833, il fit paraître l'*Hortus regius botanicus Berolinensis descriptus*, 2 vol. in-8°. Il publia, de 1837 à 1842 : *Icones anatomico-botanicæ ad illustranda elementa philosophiæ botanicæ* (*Anatomisch-botanische Abbildungen zur Erläuterung der Grundlehren der Kräuterkunde*, 4 fascicules in-fol. de 32 planches). De 1839 à 1842, parurent les *Icones selectæ anatomicobotanicæ* (*Ausge-*

wählte anatomisch-botanische Abbildungen), aussi en 4 fascicules de BOTANISTES ALLEMANDS. 32 planches. Link et Frédéric Otto, aidés du concours de Frédéric Klotzch, déjà cité page 423, publièrent : *Icones plantarum rariorum horti Berolinensis*, Berlin, 1841-1844, 2 vol. in-4°, avec 126 planches noires ou coloriées. Link publia seul vers le même temps : *Filicum species in horto regio botanico Berolinensi cultæ*, 1841 ; *Abietinæ horti Berolinensis*, 1841 ; *Comptes rendus annuels des travaux de botanique physiologique (Jahresberichte*, etc., 1842-1846) ; *Leçons de botanique (Vorlesungen über der Kräuterkunde für Freunde der Wissenschaft, der Natur und die Gärten*, Berlin, 1843-1845) ; et enfin *Anatomia plantarum iconibus illustrata*, Berlin, 1843-1847, 3 fascicules in-4° contenant 36 planches d'anatomie des plantes.

Quant au comte de Hoffmannsegg, il s'occupait de réunir dans ses jardins les plantes les plus rares. Il en publia un premier *Catalogue*, à Dresde, de 1823 à 1825. Il donna ensuite plusieurs autres travaux sur les végétaux qu'il cultivait, dont l'un, sur les Orchidées, a eu trois éditions, de l'an 1842 à l'an 1844.

Plusieurs personnes du nom d'Otto ont cultivé la botanique en Allemagne. Outre Frédéric Otto, dont il vient d'être parlé, on compte Bernard-Chrétien Otto, qui a publié, de 1789 à 1793, des thèses de botanique médicale ; — Charles Otto, à qui l'on doit des travaux botaniques, de 1834 à 1843, particulièrement *Principales plantes vénéneuses de la Thuringe* (*Die vorzüglichsten in Thüringen wild-wachsenden Giftpflanzen*, etc.), ouvrage qui a eu une deuxième édition en 1842 ; — Édouard Otto, directeur du jardin botanique de Berlin, qui fit, en 1838, un voyage à Cuba et dans les deux Amériques, en compagnie du docteur Pfeiffer, qui aura plus loin sa notice, pour y recueillir des plantes vivantes et des échantillons desséchés. Les explorations d'Édouard Otto se prolongèrent jusqu'en 1841, et furent très-fructueuses pour la science, qui lui doit : *Souvenirs de voyage à Cuba et dans les Amériques du Nord et du Sud* (*Reiseerinnerungen an Cuba, Nord- und Südamerika*, Berlin, 1838-1841, in-8°).

Jean-Christophe Wendland, directeur du Jardin Royal de Herren- WENDLAND. hausen, près de Hanovre, a publié : *Hortus Herrenhusanus*, fasc. 1 à 4, in-fol., avec 24 planches coloriées, 1789-1801 ; *Observations bota-niques* (*Botanische Beobachtungen*, 1798, in-fol., avec 4 planches) ; *Ericarum icones et descriptiones*, Hanovre, 1798-1828, 27 fascicules, in-4°, avec 162 planches coloriées ; *Collectio plantarum tam exoti-*

carum quam indigenarum cum delineatione, descriptione, culturaque earum, Hanovre, 1808-1819, 3 vol. in-4°, avec 84 planches coloriées. Willdenow et Bartling ont créé chacun un genre *Wendlandia*, l'un dans les Rubiacées, l'autre dans les Ménispermées, mais qui est devenu synonyme du genre *Cocculus*. — On doit au fils de Jean-Christophe Wendland (Henri-Ludwig) un travail sur les Acacias aphylles (*Commentatio de Acaciis aphyllis*, Hanovre, 1820, in-4°, avec 14 planches), et, en collaboration avec Bartling, un *Recueil botanique* (*Beiträge zur Botanik*, Gœttingue, 1824-1825).

Frédéric-Gottlieb Bartling, dont il vient d'être question, est en outre auteur des ouvrages suivants : *De littoribus ac insulis maris Liburnici D. geographicobotanica*, 1820, in-8°; *Ordines naturales plantarum earumque characteres et affinitates, adjecta generum enumeratione*, Gœttingue, 1830; *Le jardin botanique de Gœttingue* (*Der botanische Garten zu Göttingen*, 1837).

Louis-Georges-Charles Pfeiffer, médecin, naturaliste et voyageur allemand, né à Cassel, en 1805, visita l'Allemagne, la Pologne, les Pays-Bas, la France, et partit, en 1838, avec Édouard Otto et Gundlach, pour l'île de Cuba, où il s'occupa des mollusques, pendant qu'Édouard Otto s'occupait des végétaux. On a de lui, en fait de travaux de botanique : *Enumeratio diagnostica Cactearum hucusque cognitarum*, Berlin, 1837, in-8°; *Description et synonymique des Cactées des jardins allemands* (*Beschreibung und Synonymik der in deutschen Gärten lebend vorkommenden Kakteen*, Berlin, 1837, in-8°); *Figures des Cactées en fleur peintes et lithographiées d'après nature*, en collaboration de Frédéric Otto (*Abbildung und Beschreibung blühender Kakteen*, Cassel, 1843-1847, 2 vol. in-4°); *Tableau de la Flore de l'Électorat de Hesse* (*Uebersicht der Kurhessischen Flora*, Cassel, 1844) ; *Flore de la Hesse septentrionale et de Munden* (*Flora von Niederhessen und Münden*); deux volumes in-8° de cette Flore, commencée en 1847, avaient paru à Cassel, en 1854. Le docteur Louis Pfeiffer est surtout connu pour ses publications conchyliologiques.

Le docteur Jean-Emmanuel Pohl, de Prague, avait déjà publié un *Tentamen Floræ Bohemiæ*, Prague, 1810-1815, 2 vol. in-8°, quand il partit, en 1817, avec de Martius et d'autres savants, pour le Brésil. Ce fut lui qui, dans cette expédition scientifique, poussa le plus loin ses explorations. Après avoir visité Rio de Janeiro, Angra dos Reys, la province de Minas-Geraes, avoir traversé San-Joaô-del-Rey, San-

Pedro de Alcantara, les déserts du Rio San-Marco, il pénétra par la Serra dos Cristaes (les monts de cristal) dans la province de Goyaz; prenant vers le nord, il arriva jusqu'au fleuve et à la ville de Palma, descendit le fleuve Maranham jusqu'à l'Aldéa des Indiens sauvages, Cocal-Grande. Il revint ensuite sur ses pas, en se dirigeant à l'Est, rentra dans la province de Minas-Geraes, traversa le district de Minas-Novas, poussa jusqu'aux cataractes de Salto-Grande, et retourna à Rio de Janeiro par Fanado, Villa-do-Principe et Villa-Riea, apportant de cette pénible et courageuse expédition quarante mille échantillons de plantes, parmi lesquels cinq mille étaient pour la plupart d'espèces nouvelles. Ce fut à l'aide de cette riche cargaison de matériaux qu'il composa, à son retour dans sa patrie, sa belle Iconographie des plantes inédites du Brésil (*Plantarum Bresiliæ icones et descriptiones hactenus ineditæ*, Vienne, 1827-1831, 2 vol. in-fol., avec 200 planches coloriées). Il publia, de 1832 à 1837, en deux volumes in-8°, son *Voyage au Brésil* (*Reise im Innerm von Brasilien*).

Nicolas-Thomas Host, docteur en médecine et botaniste autrichien, né en 1763, mort en 1834, fut premier médecin de l'empereur François II, et directeur du jardin de Schœnbrunn pendant quarante ans. Il a fait, comme botanique descriptive, les ouvrages suivants : *Synopsis plantarum in Austria provinciisque adjacentibus sponte crescentium*, Vienne, 1797; *Icones et descriptiones graminum austriacorum*, Vienne, 1801-1809, avec 4 vol. in-fol., 400 planches coloriées; *Flora austriaca*, Vienne, 1827-1834, 2 vol. in-8°; une monographie inachevée du genre *Salix*, où l'on trouve la description de plus de cent espèces de saules, Vienne, 1828, in-fol., avec 105 planches coloriées. Jacquin a dédié à Host son genre *Hosta*, de la famille des Verbenacées.

L'immortel poëte Jean-Wolfgang de Gœthe, né à Francfort-sur-le-Mein, en 1749, mort en 1832, était doué d'un génie qui s'étendait à tout; il ne voulait rien ignorer de ce que l'intelligence humaine peut atteindre. Ce n'était pas le petit esprit, l'esprit vulgaire et mesquin, qui n'envisage qu'une chose; c'était le grand et vaste esprit, tel qu'on n'en compte qu'un petit nombre dans l'histoire d'une nation. Leibnitz, Alexandre de Humboldt, pour citer seulement deux des hommes d'élite de l'Allemagne. Gœthe ne s'occupa qu'accessoirement de physiologie végétale. On lui doit sous ce rapport : *Essai sur la métamorphose des plantes* (*Versuch die Metamorphose der Pflanzen zu erklären*, Gotha, 1790, gr. in-8°; plusieurs éditions depuis, traductions en français, en anglais et en italien); *Contingent à la science naturelle en général et à la morphologie en particulier; Expériences et observations faites pendant le cours de la vie de l'auteur* (Zur Naturwissenschaft überhaupt, besonders zur Morphologie; Erfahrung, Betrachtung, Folgerung durch Lebensereignisse verbunden, Stuttgard et Tubingue, 1817-1824, 2 vol. in-8°, avec 9 planches). Ce dernier ouvrage a été traduit en français par Charles Martins, sous le titre de : *Œuvres d'histoire naturelle de Gœthe, comprenant divers mémoires d'anatomie comparée, de botanique et de géologie, avec des annotations*, Paris, 1837, in-8°, et 1 atlas in-folio de 7 planches, fait avec le concours de Turpin.

Cinq botanistes allemands du nom de Schultz sont nos contemporains, à savoir : François-Jean Schultz, Fréderic-Guillaume Schultz, Charles-Fréderic Schultz, Charles-Henri Schultz, de Deux-Ponts, et Charles-Henri Schultz-Schultzenstein, de Berlin.

François-Jean Schultz n'est guère connu dans la botanique que par son ouvrage intitulé : *Représentation des arbres et arbrisseaux indigènes de l'Autriche* (Abbildung der in- und ausländischen Bäume, Stauden und Sträuche, welche in Oestreich fortkommen, etc., Vienne, 1792-1804, in-fol., avec 360 planches coloriées).

Fréderic-Guillaume Schultz, médecin de Bitche, en Alsace, peut être classé aussi bien parmi les botanistes allemands que parmi les botanistes français, car la majeure partie de ses œuvres ont été écrites en langue allemande et publiées en Allemagne, et il a tour à tour habité Bitche et Deux-Ponts. Ce sont : *Les Orobanches d'Allemagne* (Beitrag zur Kenntniss der deutschen Orobanchen, Munich, 1829, in-fol.); *Flora Galliæ et Germaniæ exsiccata, Herbier des plantes rares et critiques de la France et de l'Allemagne, recueillies par la Société de la Flore de France et d'Allemagne*, Bitche et Deux-Ponts, 1836-1840, 4 centuries, in-8°; *Archives de la Flore de France et d'Allemagne, Traités sur les plantes et catalogues, ibid., 1841-1847, 6 centuries*, ouvrage faisant suite au précédent; *Flore des plantes vasculaires du Palatinat et des pays limitrophes, etc.* (Flora der Pfalz., etc., Spire, 1846, in-8°); *Supplément à la Flore du Palatinat* (Nachtrag zur Flora der Pfalz, etc., Spire, 1846).

Charles-Fréderic Schultz est auteur du *Prodromus Floræ Stargardiensis, continens plantas in Ducatu Megapolitano-Stargardiensi seu*

Strelitzensi sponte provenientes, Berlin, 1806, in-8°, avec *Supplément*, en 1819.

Charles-Henri Schultz, de Deux-Ponts, nous est connu par les ouvrages suivants : *Analysis Cichoriacearum Palatinatus secundum systema articulatum*, Landau, 1841 ; *Sur les Tanaisies d'Allemagne* (*Ueber die Tanaceeten, mit Berücksichtigung der deutschen Arten*, Neustadt, 1844).

Le seul vraiment célèbre des Schultz, est Charles-Henri Schultz-Schultzenstein, docteur en médecine, anatomiste, naturaliste, micrographe, physiologiste, professeur de physiologie à l'université de Berlin, né en 1798, à Altruppin, en Prusse, à qui la botanique doit d'importantes découvertes, sur le mouvement des sucs dans les genres supérieurs, sur l'organisation intérieure et sur la nutrition des plantes, etc. On lui doit : *De la circulation du suc dans la Chélidoine et dans plusieurs autres plantes* (*Ueber den Kreislauf des Saftes im Schöllkraute und in mehren andern Pflanzen, und über Assimilation des rohen Nahrungsstoffes in den Pflanzen überhaupt*, Berlin, 1822) ; *De la circulation du suc dans les plantes* (*Ueber den Kreislauf des Saftes in den Pflanzen*, 1824) ; *La nature de la plante vivante* (*Die Natur der lebendigen Pflanze*, Berlin et Stuttgard, 1823-1828, 2 vol. in-8°, avec planches) ; *Système naturel du règne végétal, d'après son organisation intérieure* (*Natürliches System des Pflanzenreiches nach seiner inneren Organisation*, Berlin, 1828, in-8°) ; *Sur la circulation et sur les vaisseaux lactifères dans les plantes*, mémoire écrit en français, qui a été couronné par l'Académie des sciences de Paris, en 1833, Paris et Berlin, 1839, in-4°, avec 23 planches ; *La Cyclose du latex dans les plantes* (*Die Cyklose des Lebenssaftes in den Pflanzen*, Breslau et Bonn, 1841, in-4°, avec 31 planches noires et 2 coloriées) ; *De l'anaphytose des plantes* (*Die Anaphytose oder Verjüngung der Pflanzen*, Berlin, 1843, in-8°) ; *Nouveau système de morphologie végétale* (*Neues System der Morphologie der Pflanzen*, Berlin, 1847) ; *Le rajeunissement des plantes* (*Die Verjüngung im Pflanzenreich*, Berlin, 1857). Le docteur Schultz-Schultzenstein a publié plusieurs ouvrages de physiologie animale, de médecine, de matière médicale, de philosophie et de psychologie, dont nous n'avons pas à nous occuper ici.

Auguste-Frédéric Schweigger, botaniste et physiologiste allemand, a publié les ouvrages suivants : 1° *Specimen Floræ Erlangensis, Pars I, Classis I-XIII*, Erlangen, 1804, in-8° ; *Pars II, Classis XIV-XXIII*, en collaboration de François Koerle, Erlangen, 1811; *Enumeratio plantarum horti botanici Regiomontani*, Kœnigsberg, 1812, in-8°; *Notice sur le jardin botanique de Kœnigsberg (Nachrichten über den botanischen Garten zu Königsberg*, Kœnigsberg, 1819, in-8°); *Observations d'histoire naturelle, et Recherches anatomico-physiologiques sur les coraux*, etc. (*Beobachtungen auf naturhistorischen Reisen; Anatomisch-physiologische Untersuchungen über Corallen, nebst einem Anhange, Bemerkungen über den Bernstein enthaltend*, Berlin, 1819, in-4°, avec planches); *De plantarum classificatione naturali, disquisitionibus anatomicis et physiologicis stabilienda commentatio*, Kœnigsberg, 1820, in-8°.

Jean-Chrétien-Louis Wredow, ministre du culte protestant dans le Mecklenbourg, né en 1773, à qui Ecklon à dédié le genre *Wredowia* dans les Iridées, a publié : *Précis synoptique des plantes phanérogames du Mecklenbourg (Tabellarische Uebersicht der in Mecklenburg*, etc., Lunebourg, 1807, in-8°); *Flore économico-technique du Mecklenbourg (Oekonomisch-technische Flora Meklenburgs*, Lunebourg, 1811-1812, 2 vol. in-8°); *L'amateur du jardin (Gartenfreund*, Berlin, 1818, in-8°; nouvelle édit., 1847).

Chrétien-Frédéric Ecklon, et Charles Zeyher, botanistes et voyageurs allemands, ont publié : *Enumeratio plantarum Africæ australi extratropicæ*, Hambourg, 1834-1837, en 3 parties, in-8°. Ecklon avait publié auparavant : *Catalogue topographique de l'herbier d'Ecklon (Topographisches Verzeichniss der Pflanzensammlung von Christian-Friedrich Ecklon*, Essling, 1827, in-8°). Zeyher a publié, avec Georges-Chrétien Rœmer : *Description du parc de Schwetzingen (Beschreibung der Gartenanlagen zu Schwetzingen*, Manheim, 1809, in-8°, avec 8 planches coloriées), et, avec J.-G. Rieger : *Schwetzingen et son parc (Schwetzingen und seine Gartenanlagen*, Manheim, 1826, in-8°, avec 8 pl. et 1 plan). On a de lui seul : *Catalogue des plantes du parc de Schwetzingen (Verzeichniss der Gewächse im Grossherzoglichen Garten zu Schwetzingen*, Mannheim, 1818, in-8°).

Ludolf-Chrétien Tréviranus, célèbre botaniste et physiologiste allemand, successivement professeur de botanique à Brême, à Rostock, à Breslau, et enfin à Bonn, où il fut chargé de la direction du jardin des plantes, naquit à Brême en 1779, d'un père négociant, qui essaya vainement de lui communiquer ses aptitudes commerciales. Il eut un frère, Godefroid-Reinhold, médecin et physiologiste éminent, mort en

1837, à qui l'on doit, entre autres ouvrages, des *Fragments de physio-*
logie et une *Biologie ou Philosophie de la nature vivante pour les natu-*
ralistes et les médecins, Gœttingue, 1802-1822, 6 vol. in-8°. La mort
interrompit ce grand ouvrage, dans lequel Godefroy-Reinhold Tréviranus, reprenant la physiologie au point de vue où l'avait laissée
Haller, pour la conduire à ses plus récentes découvertes, expose l'histoire de la vie organique, de ses lois et de ses phénomènes. Il a été
quelquefois le collaborateur de son frère. Quant à Ludolf-Chrétien
Tréviranus, l'éminent botaniste qui nous occupe plus particulièrement,
il débuta dans le monde scientifique par un ouvrage intitulé : *De la*
structure intérieure des plantes et des mouvements des sucs végétaux
(*Vom inwendigen Bau der Gewächse, und von der Saftbewegung in*
denselben, Gœttingue, 1806, in-8°, avec 2 planches). Dans cet ouvrage, Tréviranus combat la théorie de Brisseau-Mirbel sur l'homogé-
néité des tissus; il professe cette opinion : que l'organisation se modifie
sans cesse, et que les cellules changent de forme jusqu'à ce qu'elles
arrivent à l'état de trachée, terme de toutes ces métamorphoses, tandis
que pour Mirbel la transformation n'aurait lieu que dans l'origine des
développements. Mais, malgré de longues et savantes dissertations
pour et contre, la nature n'a pas encore divulgué ses secrets. Chrétien-
Ludolf Tréviranus, après ce premier ouvrage, n'a fait qu'accroître sa
renommée de physiologiste par les ouvrages suivants : *Contingent à la*
physiologie des plantes (*Beiträge zur Pflanzenphysiologie*, Gœttingue,
1811, in-8°, avec 5 planches); *Du développement et de l'enveloppe de*
l'embryon dans l'œuf végétal (*Von der Entwicklung des Embryo*, etc.,
Berlin, 1815, in-4°, avec 6 planches); *De Delphinio et Aquilegia obser-*
vationes, Breslau, 1817; *Mélanges anatomiques et physiologiques*, avec
son frère Godefroy-Reinhold (*Vermischte Schriften anatomischen und*
physiologischen Inhalts, Brême, 1821, in-4°, de 242 pages, avec
6 planches); *Doctrine sur les organes sexuels des plantes* (*Die Lehre*
vom Geschlechte der Pflanzen in Bezug auf die neuesten Angriffe er-
wogen, Brême, 1822); *Alii species quotquot in horto botanico Vrati-*
slaviensi coluntur, etc., Breslau, 1822; *De ovo vegetabili ejusque*
mutationibus observationes recentiores, Breslau, 1828; *Symbolarum*
phytologicarum, quibus res herbaria illustratur, Gœttingue, 1821 et
années suivantes. Le principal ouvrage de botanique de Ludolf-Chrétien Tréviranus est sa *Physiologie des plantes* (*Physiologie der Ge-*
wächse, Bonn, 1835-1838, 2 vol. in-8°, avec 6 planches). Il a fait

aussi un travail sur les plantes d'Orient (*De plantis Orientis, unde pharmaca quædam colliguntur, accuratius determinandis*, sans date ni lieu). Il a donné des articles précieux à différents journaux et recueils scientifiques. Il s'est occupé de l'application de la gravure sur bois à la représentation des plantes, et a publié, en 1855, un travail sur ce sujet. Nous sommes loin d'avoir indiqué ici tous les motifs de reconnaissance que doivent avoir les physiologistes pour les travaux des deux frères Tréviranus.

Henri-Adolphe Schrader, le plus connu et le plus savant des botanistes de ce nom, directeur du jardin botanique de Gœttingue, né à Alfeld, près d'Hildesheim, en 1767, mort en 1836, a enrichi la science des ouvrages suivants : *Spicilegium Floræ Germanicæ, pars prior,* Hanovre, 1794, in-8°, avec 4 planches coloriées; *Sertum Hannoveranum, seu plantæ rariores quæ in hortis regiis Hannoveræ vicinis coluntur, descriptæ ab Henrico-Adolpho Schrader, delineatæ et sculptæ a Johann-Christian Wendland,* Gœttingue, 1795-1798, in-fol., avec 24 planches coloriées; *Catalogue systématique de plantes cryptogames* (*Systematische Sammlung kryptogamischer Gewächse,* Gœttingue, 1796-1797, in-8°); *Révision nouvelle de l'espèce Usnea* (*Abermalige Revision der Gattung Usnea,* etc., 1799); *Journal de botanique* (*Journal für die Botanik,* Gœttingue, 1799-1833, 5 vol. in-8°, avec planches); *Nouveau Journal de botanique* (*Neues Journal der Botanik,* Erfurt, 1806-1810, 4 parties in-8°, avec planches); *Commentatio super Veronicis spicatis Linnæi,* 1803, in-8°, avec 2 planches; *Flora Germanica,* tome I et unique, Gœttingue, 1806, in-8°; *Catalogus horti Gœttingensis,* 1806, in-8°; *Genera nonnulla plantarum emendata et observationibus illustrata,* Gœttingue, 1808, avec 5 planches; *Hortus Gœttingensis,* Gœttingue, 1809, in-fol., avec 16 pl. coloriées; *Catalogue des plantes de serres* (*Verzeichniss der Treib- und Glashauspflanzen,* etc., Gœttingue, 1810, in-4°, 2° édit., 1812); *Monographia generis Verbasci,* Gœttingue, 1813-1823, 2 sections in-4°, avec 8 planches; *De Asperifoliis Linnei Commentatio,* 1820; *Blumenbachia, novum e Loasearum familia genus,* 1827, in-4°, avec 4 planches; *Analecta ad Floram Capensem (Cyperaceæ),* 1832, in-4°, avec 4 planches. Après la mort de Schrader, on a publié ses œuvres posthumes, sous le titre de *Reliquiæ Schraderianæ,* avec une notice biographique sur l'auteur, Halle, 1838, in-8°. C'est Henri-Adolphe Schrader qui a donné son nom au *Brome de Schrader* (*Bromus Schraderi* Kunth, correspondant au *Ceratochloa* Schrader, et au *Ceratochloa breviaristata* Hooker).

Kurt-Polycarpe-Joachim Sprengel, érudit de premier ordre, savant médecin, botaniste habile, naquit à Boldekow, dans la Poméranie, en 1766, et mourut, en 1833, à Halle, où il professait la médecine et où presque toute sa vie s'écoula. Indépendamment de nombreux ouvrages sur la médecine et sur d'autres sujets, Sprengel a donné à la science qui nous concerne : *Antiquitatum botanicarum specimen primum*, Leipzig, 1798, avec 2 pl. ; *Le jardin botanique de l'Université de Halle* (*Der botanische Garten der Universität zu Halle im Iahre 1799*, Halle, 1800, in-8°, et 1801) ; un *Guide pour l'étude de la botanique* (*Anleitung zur Kenntniss der Gewächse*, Halle, 1802-1804, in-8°) ; *De graminum fabrica et œconomia*, Halle, 1804 ; un ouvrage d'horticulture (*Gartenzeitung, herausgegeben von Kurt Sprengel*, Halle, 1804-1806, in-4°) ; *Floræ Halensis tentamen novum*, Halle, 1806, in-8°, avec deux additions, en 1807 et 1811 ; deuxième édition revue et augmentée, 1832, en deux tomes in-8° ; *Historia rei herbariæ*, Amsterdam et Leipzig, 1807-1808, 2 vol. in 8° ; *Index plantarum quæ in horto botanico Halensi anno 1807 viguerunt*, 1807, in-12 ; autre *Index* sur le même jardin pour 1808 ; *Nouvelles observations sur l'Arakatcha* (*Gesammelte Nachrichten von der Arakatscha*, etc., Dresde, 1808) ; *De la structure et de la nature des plantes* (*Von dem Bau und der Natur der Gewächse*, Halle, 1812, in-8°, avec 14 planches*) ; *Dissertatio de germanis rei herbariæ patribus*, 1813 ; *Plantarum Umbelliferarum denuo disponendarum Prodromus*, Halle, 1813, in-8° ; *Plantarum minus cognitarum pugillus primus et secundus*, Halle, 1813-1815, in-8° ; *De frumentorum, maxime secalis, antiquitatibus Programma*, 1816 ; *Species Umbelliferarum minus cognitæ, illustratæ*, Halle, 1818, in-4°, avec 7 planches ; *Annales de botanique*, en collaboration avec Adolphe-Henri Schrader et Henri-Frédéric Link (*Jahrbücher der Gewächskunde*, etc., Berlin, 1818-1820, 3 vol. in-8°) ; *Novi proventus hortorum academiæ Halensis et Beroliniensis*, Halle, 1819, in-8° ; *Narcissorum conspectus*, 1820 ; *Éléments de philosophie végétale*, avec de Candolle (*Grundzüge der wissenschaftlichen Pflanzenkunde*, Leipzig, 1820, in-8°, avec 8 planches) ; *Nouvelles découvertes en botanique* (*Neue Entdeckungen im ganzen Umfang der Pflanzenkunde*, Leipzig, 1820-1822, 3 vol. in-8°, avec figures) ; Sprengel a donné une 16° édition du *Systema vegetabilium* de Linné. Il a traduit en allemand l'*Histoire des plantes* de Théophraste, Altona, 1822, 2 vol. in-8°. Il a édité *Dioscoride* pour la collection de Kunth, et publié de nombreux mémoires botaniques que l'on trouve dans ses *Opuscula academica*, Leipzig, 1844, in-8°. Sa vie se trouve en tête de cette dernière publication, faite plus de dix ans après sa mort. Un genre *Sprengelia* lui a été consacré par Smith, dans la famille des Epacridées.

Anton Sprengel, fils de Kurt Sprengel, a publié, en 1826, un supplément à l'édition du *Systema vegetabilium* donné par son père, et un opuscule sur certains fossiles ligneux (*Commentatio de Psarolithis, ligni fossilis genere*, 1828).

Un troisième Sprengel (Chrétien-Conrad), né à Brandebourg, en 1750, a publié, en 1793, un ouvrage dans lequel il s'attache à faire ressortir le rôle que les insectes jouent dans la fécondation des plantes (*Das entdeckte Geheimniss der Natur im Bau und in der Befruchtung der Blumen*, Berlin, in-4°).

C. Frédéric-Guillaume Wallroth, botaniste allemand, est auteur des ouvrages suivants : *Histoire des fruits chez les anciens* (*Geschichte des Obstes der Alten*, Halle, 1842, in-8°) ; *Annus botanicus, sive Supplementum tertium ad C. Sprengelii Floram Halensem, cum tractatu et iconibus VI Charam genus illustrantibus*, Halle, 1815, in-8°, avec 6 planches ; *Schedulæ criticæ de plantis Floræ Halensis selectis, Corollarium novum ad Sprengelii Floram Halensem*, Halle, 1822, in-8° ; *Histoire des Lichens* (*Naturgeschichte der Flechten*, Francfort-sur-Mein, 1825-1827, 2 parties in-8°) ; *Rosæ plantarum generis historia succincta*, 1828, in-8° ; *Histoire naturelle des Lichens appelés Cenomyces, d'Acharius* (*Naturgeschichte der Säulchenflechten*, etc., 1829, in-8°) ; *Flora cryptogamica Germaniæ*, Nuremberg, 1831-1832, 2 vol. in-12 ; *Contingent à la Flore hercynienne* (*Erster Beitrag zur Flora hercynia*, Halle, 1840, in-8°) ; *Contingent à la botanique, recueil de monographies sur des plantes qui présentent des difficultés particulières dans la Flore germanique* (*Beitrage zur Botanik; eine Sammlung monographischer Abhandlungen über besonders schwierige Gewächsgattungen der Flora Deutschlands*, Leipzig, 1842-1844, gr. in-8°, avec 3 planches coloriées. Roth a dédié à ce botaniste le genre *Wallrothia*, dans la famille des Labiées.

George-Louis Hartig, célèbre agronome et surtout sylviculteur allemand, grand maître des forêts du royaume de Prusse, né en 1764, à Gladenbach, près Marbourg, mort à Berlin, en 1836, est auteur d'ouvrages tous estimés et qui seront longtemps encore consultés avec fruit. Nous citerons les principaux : 1° *Instruction sur la culture du bois à l'usage des forestiers* (*Anweisung zur Holzzucht für Förster*, Marbourg, 1791; nombreuses éditions; traduction en français par Baudrillart, qui elle-même a eu plusieurs éditions); *Expériences physiques sur les rapports entre la puissance calorifique et le poids des bois des forêts allemandes* (*Physikalische Versuche*, etc., Giessen, 1807, in-8°; 3° édit., 1814); *Instructions pour la culture des clairières* (*Anleitung zur Cultur von Waldblœssen*, Berlin, 1827); *Manuel du forestier* (*Lehrbuch für Förster*, 9° édit., Stuttgard, 1851, 3 vol.); c'est un chef-d'œuvre; *L'Économie forestière dans toute son étendue* (*Die Forstwissenschaft nach ihrem ganzen Umfange*, Berlin, 1831); *Dictionnaire de conversation du forestier* (*Forstliches und forstnaturwissenschaftliches Conversations-Lexicon*, Berlin, 1834; 2° édit., Stuttgard, 1836); cet ouvrage a été fait par George-Louis Hartig, avec la collaboration de son fils Théodore Hartig; *De l'entretien et de la culture des forêts* (*Ueber die Behandlung und Cultur des Waldes*, Berlin, 1837).

Théodore Hartig, fils du précédent, ne tient pas dans la science un rang moins considérable que son père. C'est un des plus éminents botanistes-physiologistes de l'époque. Nous connaissons de lui les ouvrages suivants : *De la transformation des cellules des végétaux polycotylédonés en champignons, et de la pourriture du bois qui en résulte* (*Ueber die Verwandlung der polykotyledonischen Pflanzenzellen in Pilz- und Schwammgebilde*, etc., Berlin, 1833, in-8°, avec 2 pl.); *Traité de botanique et application de cette science à l'économie forestière* (*Lehrbuch der Pflanzenkunde*, etc., ouvrage dans le format in-4°, accompagné de planches coloriées, commencé en 1840 et activement poursuivi); *Histoire naturelle complète des plantes cultivées dans les forêts de l'Allemagne* (*Vollständige Naturgeschichte der Forstcultur-pflanzen Deutschlands*, Berlin, 1840; nouvelle édition augmentée, 1852, avec 150 planches); *Nouvelle théorie de la fécondation des plantes* (*Neue Theorie der Befruchtung der Pflanzen*, Brunswick, 1842); *Études sur l'histoire de la formation des plantes* (*Beiträge zur Entwicklungsgeschichte der Pflanzen*, Berlin, 1843); *La vie de la cellule végétale* (*Das Leben der Pflanzenzelle*, etc., Berlin, 1844); *Sujets de controverse de la science forestière* (*Controversen der Forstwissenschaft*, Brunswick, 1853).

François Schmidt, jardinier autrichien, mort en 1834, avait entrepris un ouvrage monumental sur les arbres et arbustes cultivés en Autriche (*Oestreichs allgemeine Baumzucht*, etc.) Le 1ᵉʳ volume parut en 1792, le 2ᵉ en 1794, le 3ᵉ en 1800, et le 4ᵉ en 1822; les quatre volumes parus sont accompagnés de 240 planches. Le texte du dernier est de Léopold Trottinik, qui le donna en 1839.

Joseph Sadler, botaniste hongrois, a publié ses ouvrages en allemand et en latin. On lui doit : *Catalogue des plantes phanérogames de Pesth et des environs (Verzeichniss der um Pesth und Ofen wildwachsenden phanerogamischen Gewächse*, etc., Pesth, 1818, in-8°) ; *Descriptio plantarum epiphyllospermarum Hungariæ et provinciarum adnexarum atque Transylvaniæ indigenarum*, Pesth, 1820 ; *De Stipa noxa*, 1825 ; *Flora Comitatus Pesthinensis*, Pest, 1825-1826, 2 vol. in-8° ; *De Filicibus veris Hungariæ, Transylvaniæ, Croatiæ et Littoralis hungarici*, Bude, 1830. — Un autre Sadler (Michel) a publié : *Synopsis Salicum Hungariæ*, Pesth, 1831.

On doit à Chrétien-Fréderic Schwægrichen, naturaliste allemand, professeur à l'université de Leipzig : 1° *Topographiæ botanicæ et entomologicæ Lipsiensis specimen*, Leipzig, 1799-1806; 2° *Historiæ Muscorum hepaticorum Prodromus*, Leipzig, 1814 ; 3° les suppléments 1 et 2 aux *Species Muscorum* d'Hedwig; ces suppléments ont paru en 1811 et 1826.

Gaspard comte de Sternberg a consacré à l'histoire naturelle ses loisirs de grand seigneur. La botanique lui doit les ouvrages suivants : *Voyage botanique en Bohême (Botanische Wanderung in dem Böhmer Wald*, Nuremberg, 1806); *Voyage botanique dans les Alpes rhétiques (Reise in die Rhetischen Alpen*, etc., Nuremberg, 1806); *Voyage dans le Tyrol (Reise durch Tirol*, 1806); *Revisio Saxifragarum iconibus illustrata*, Ratisbonne, 1810, in-fol., avec 31 planches; 1ᵉʳ Supplément, en 1822, avec 10 planches coloriées ; 2ᵉ Supplément, Prague, 1831, avec 16 planches coloriées; *Dissertation sur les plantes de Bohême (Abhandlung über die Pflanzenkunde in Böhmen*, Prague, 1818); *Essai d'un exposé géognostico-botanique de la Flore du monde primitif (Versuch einer geognostich-botanischen Darstellung der Flora der Vorwelt*, Leipzig et Prague, 1820-1838, 2 vol. in-fol., avec 160 planches coloriées; *Catalogus plantarum ad septem varias editiones Commentariorum Mathioli in Dioscoridem*, 1821 ; *Enumeratio plantarum horti et agri Brezinensis*, Prague, 1824 ; *Bruchstücke aus dem Tagebuch einer naturhistorischen Reise von Prag nach Istrien*, 1826); *Ueber einige Eigenthümlichkeiten der böhmischen Flora*, 1829). Waldstein a dédié au comte de Sternberg le genre *Sternbergia* dans la famille des Amaryllidées.

François-Adolphe comte de Waldstein, que nous venons de citer, a publié, avec Paul Kitaibel, de 1802 à 1812, à Vienne, une *Flore de Hongrie*, en 3 vol. in-folio, avec 280 planches coloriées (*Descriptiones et icones plantarum rariorum Hungariæ*). — Paul Kitaibel, professeur à l'Université de Pesth, mort en 1818, a publié seul : *Plantæ horti botanici regiæ universitatis Hungariæ*, Pesth, 1809, 2ᵉ édit., 1812.

Guillaume Besser, botaniste allemand au service de la Russie, professeur au gymnase de Volhynie, dans la Pologne russe, publia d'abord une *Flore de la Galicie* (*Primitiæ Floræ Galiciæ Austriacæ utriusque*, Vienne, 1809, 2 vol. in-12). Il donna ensuite : le *Catalogue des plantes du jardin botanique du gymnase de Volhynie à Krzemieniec*, 1814, reproduit en latin en 1816, avec 3 suppléments, qui avaient été publiés de 1812 à 1814 ; le *Catalogue des plantes de Volhynie, de Podolie, du gouvernement de Kiew, de Bessarabie et des environs d'Odessa* (*Enumeratio plantarum*, etc., Vilna, 1821, in-8° ; 2ᵉ édit., 1822) ; *Tentamen de Abrotanis*, 1832, in-4°, avec 5 planches ; *De Seriphidiis*, 1833, in-8°.

Léon-Félix-Victor comte de Henckel-Donnersmarck, botaniste allemand, a publié : *Nomenclator botanicus sistens plantas omnes in Caroli a Linné Speciebus plantarum ab Wildenow enumeratas*, Halle, 1803, in-8° ; 2ᵉ édit., 1821 ; *Adumbrationes plantarum nonnullarum horti Halensis*, Halle, 1806, in-4° ; *Enumeratio plantarum circa Regiomontium Borussorum* (Kœnigsberg) *crescentium*, Kœnigsberg, 1817, in-8°. Sprengel a créé le genre *Henckelia* en l'honneur du comte de Henckel.

Il ne faut pas confondre ce dernier avec Jean-Frédéric Henckel, habile chirurgien allemand, né en 1712, mort en 1779, à qui l'on doit la *Flora saturnizans*, Leipzig, 1722, in-8° ; nouv. édit., 1755, in-8°, avec 10 planches. Cet ouvrage se trouve dans la traduction des œuvres de l'auteur par le baron d'Holbac et Charas, revu par Roux, qui a ajouté un tableau de l'Analyse végétale, extrait des leçons de Rouelle, Paris, 1760, 2 vol. in-4°.

Alexandre Moritzi, botaniste suisse, a publié : *Les plantes de Suisse* (*Die Pflanzen der Schweiz*, Zurich, 1832, in-8°) ; *Les plantes du pays des Grisons* (*Die Pflanzen Graubündens*, Neuchâtel, 1839, in-4°, avec 6 planches) ; *Réflexions sur l'espèce en histoire naturelle*, Soleure.

1842, in-8°) ; *Flore de Suisse (Die Flora der Schweiz mit besonderer Berücksichtigung ihrer Vertheilung nach allgemeinen physischen und geologischen Momenten*, Zurich, 1844, in-8° ; le même ouvrage, avec un nouveau titre seulement, Leipzig, 1847) ; *Catalogue systématique des plantes recueillies par H. Zollinger à l'île de Java (Systematisches Verzeichniss der von H. Zollinger in den Jahren 1842-1844 auf Java gesammelten Pflanzen*, Soleure, 1845-1846, in-8°). Deux autres botanistes suisses ont concouru à l'exécution de ce Catalogue : Louis-Emmanuel Schœrer, auteur d'une *Lichenographie helvétique (Lichenes Helvetiæ exsiccati*, Berne, 1823-1843, 20 fascicules in-4°), a traité des Lichens de Java ; Duby, de Genève, a traité des Mousses. Quant aux Champignons, ils ont été décrits par Léveillé.

Théophile-Guillaume Bischoff, botaniste allemand, qu'il ne faut pas confondre avec l'anatomiste Théodore-Louis-Guillaume Bischoff, également notre contemporain, s'est occupé de cryptogamie, de matière médicale et de botanique descriptive. On lui doit : *Terminologie botanique illustrée (Die botanische Kunstsprache in Umrissen nebst erläuterndem Texte. Zum Gebrauch bei Vorlesungen und zum Selbstunterricht*, Nuremberg, 1822, in-fol., avec 21 planches) ; *De plantarum præsertim cryptogamicarum transitu et analogia Commentatio*, Heidelberg, 1825 ; *Cryptogames d'Allemagne et de Suisse (Die kryptogamischen Gewächse mit besondrer Berücksichtigung der Flora Deutschlands und der Schweiz organographisch, anatomisch, physiologisch und systematisch bearbeitet*, Nuremberg, 1828, in-4°, avec 13 planches) ; *Plantæ medicinales, secundum methodum Candollii naturalem in conspectum relatæ, adjectis medicamentis, quæ præbent, simplicibus*, Heidelberg, 1829, in-4° ; *Précis de botanique médicale (Grundriss der medicinischen Botanik*, etc., Heidelberg, 1831, in-8°) ; *Manuel de botanique générale (Lehrbuch der allgemeinen Botanik*, Stuttgard, 1834-1839, in-8°) ; *De Hepaticis imprimis tribuum Marchanticarum et Ricciearum commentatio*, Heidelberg, 1835 ; *Dictionnaire de botanique descriptive (Wörterbuch der beschreibenden Botanik*, etc., Stuttgard, 1839, in-8°) ; *Manuel de terminologie botanique et systématique (Handbuch der botanischen Terminologie und Systemkunde*, Nuremberg, 1833-1844, 3 parties in-4°, avec 77 planches) ; *Botanique médico-pharmaceutique (Medizinisch-pharmaceutische Botanik*, Erlangen, 1843, in-8°.

Jean-Jacques Bernhardi, né à Erfurt en 1774, professeur à l'uni-

versité de sa ville natale, minéralogiste, chimiste, naturaliste et botaniste, est auteur des ouvrages suivants : *Catalogus plantarum horti
Erfurtensis*, 1799 ; six suppléments à ce catalogue, de 1801 à 1808 ;
*Catalogue systématique des plantes des environs d'Erfurt (Systematisches
Verzeichniss der Pflanzen, welche in der Gegend um Erfurt gefunden
werden*, 1800); *Lichenum gelatinosorum illustratio*, dans le *Journal
de Schrader*; *Sur le genre Asplenium (Ueber Asplenium und einige
ihm verwandte Gattungen der Farrenkräuter*, 1802); *Introduction à la
connaissance des plantes (Anleitung zur Kenntniss der Pflanzen, zum
Gebrauch bei Vorlesungen*, Erfurt, 1804, in-8°, avec 5 pl.) ; *Observations sur quelques vaisseaux des plantes, etc. (Beobachtungen über einige
Pflanzengefässe und eine neue Art derselben*, Erfurt, 1805, in-8°);
*Sur l'idée de l'espèce dans les plantes (Ueber den Begriff der Pflanzen-
art und seine Anwendung*, Erfurt, 1834). Bernhardi a écrit sur beaucoup d'autres sujets que la botanique. Il a fourni un très-grand nombre
d'articles aux *Actes de l'Académie des sciences utiles d'Erfurt*, au
Journal de Schrader, au *Journal de pharmacie de Trommsdorf*, etc.
Il a lui-même édité des *Éphémérides d'horticulture (Thüringische
Gartenzeitung et Allgemeines deutsches Gartenmagazin*, 8 vol. de
1815 à 1824). Son écrit que nous avons cité, sur les Lichens géla-
tineux, est encore estimé. Il n'en est pas de même de ses Recherches
sur la classification et le mode de reproduction des fougères, qui
pèchent par des suppositions erronées.

Auguste-Guillaume Dennstedt, botaniste allemand, a publié : *La
Flore de Weimar (Weimars Flora*, Iéna, 1800) ; *Le Règne végétal*, etc.
(*Das Gewächsreich, oder charakterisirende Beschreibung aller zur Zeit
bekannten Gewächse, als Commentar zu den Bertuch'schen Tafeln der
allgemeinen Naturgeschichte*, Weimar, 1807, in-8°, avec 6 planches);
Nomenclator botanicus, Eisenburg, 1810, 2 vol. in-8°); *Clef du jardin
du Malabar (Schlüssel zum Hortus Indicus Malabaricus*, Weimar,
1818); *Le Jardin du Belvédère de Weimar (Hortus Belvedereanus*,
Weimar, 1820-1821, in-8°).

Jean-Henri Dierbach, médecin et botaniste allemand, a publié :
*Manuel botanique du médecin et du pharmacien (Handbuch der medi-
zinisch-pharmaceutischen Botanik*, Heidelberg, 1819); *Flora Heidelbergensis*, 1819-1820, 2 parties in-12; *Introduction à l'étude de la
botanique (Anleitung zum Studium der Botanik*, 1820, in-8°, avec
13 planches); *La Flore de l'Allemagne (Beiträge zu Deutschlands*

Flora, Heidelberg, 1825-1833, in-8°, avec figures); *Découvertes les
plus récentes dans la matière médicale* (*Die neuesten Entdeckungen
in der Materia medica*, Heidelberg, 1837-1845, in-8°); *Repertorium
botanicum*, 1831, in-8°; *Flora Apiciana*, 1831, in-8°; *Flora mytho-
logica*, 1833; *Précis de botanique économico-technique* (*Grundriss der
allgemeinen ökonomisch-technischen Botanik*, Heidelberg, 1836-1839,
2 parties in-8°); *Synopsis materiæ medicæ*, Heidelberg, 1841-1842,
in-8°.

Auguste-Joseph Corda, cryptogamiste allemand, a publié : *Monographia Rizospermarum et Hepaticarum*; Prague, 1829, in-4°, avec
 6 planches); *Genera Hepaticarum, Icones fungorum hucusque cognitorum*, Prague, 1837-1842, 7 vol. in-fol., avec planches; *Flore illustrée des Mucédinées d'Europe* (*Prachtflora europäischer Schimmelbil-
dungen*, Leipzig et Dresde, 1839, in-fol., avec 25 planches coloriées;
traduction française en 1840); *Manuel pour l'étude de la Mycologie*
(*Anleitung zum Studium der Mykologie*, Prague, 1842, in-8°, avec
8 planches); *Contingent à la Flore du monde antédiluvien* (*Beiträge
zur Flora der Vorwelt*, Prague, 1845, in-4°, avec 60 planches).

Guillaume-Gerhard Walpers, botaniste allemand contemporain, est
surtout connu par la publication de son *Repertorium botanices systematicæ*, Leipzig, 1842-1848, 6 vol. in-8°, et par les *Annales botanices
systematicæ*, qui y font suite. M. Walpers avait précédemment publié :
*Animadversiones criticæ in Leguminosas capenses herbarii regii Bero-
linensis*, 1739, in-8°.

Charles-Frédéric Gærtner, fils du célèbre fondateur de la Carpologie, a continué, comme on l'a vu (p. 203), l'ouvrage de son père :
Supplementum carpologiæ, Leipzig, 1805-1807). On lui doit en outre
des études physiologiques sur les plantes (*Beiträge zur Kenntniss der
Befruchtung*, Stuttgard, 1844, in-8°).

Chrétien-Auguste Frège, érudit allemand et intelligent compilateur,
né à Zwichau, en 1759, mort en 1838, a publié beaucoup de travaux
sur différentes matières. Ceux qui traitent de botanique et d'horticulture sont : 1° une *Introduction à la connaissance des plantes nuisibles
et des plantes vénéneuses* (*Anleitung zur Kenntniss der schädlichen
und giftigen Pflanzen für Stadt- und Landschulen*, Copenhague et
Leipzig, 1796, in-8°); 2° un *Essai d'une classification des vins* (*Versuch einer Classification der Weinsorten nach ihren Beeren*, 1804,
in-8°); 3° un *Dictionnaire botanique de poche latin et allemand* (*Ver-

such eines allgemeinen botanischen Handwörterbuchs, 1808, in-8°); et une *Flore des jardins* (*Gartenflora*, 1814, in-8°). Ces ouvrages de Frège sont en général des compilations d'auteurs allemands.

Henri-Chrétien Funck, pharmacien allemand, mort en 1839, avait entrepris la publication des *Plantes cryptogames du Fichtelgebirge*, dont il parut, de 1806 à 1838, 42 fascicules contenant chacun 20 plantes (*Kryptogamische Gewächse des Fichtelgebirges*, Leipzig, 1806-1838, in-4°).

François-Jules-Ferdinand Meyen, anatomiste, physicien et naturaliste allemand, docteur en médecine et en chirurgie, docteur en philosophie, professeur à l'université de Berlin, commença ses publications en 1826, par un opuscule intitulé : *De primis vitæ phænomenis in fluidis formaticis et de circulatione sanguinis in parenchymate*. Il donna ensuite : *Recherches anatomico-physiologiques sur le contenu des cellules des plantes* (*Anatomisch-physiologische Untersuchungen über den Inhalt der Pflanzenzellen*, Berlin, 1828); *Phytotomie*, Berlin, 1830, in-8°, avec 14 planches d'observations microscopiques; *Sur le plateau du Pérou méridional* (*Ueber die Hochebene im südlichen Peru*, 1832); *Voyage autour du monde exécuté sur le navire de commerce la Princesse-Louise, capitaine Vendt, en 1830 et 1831* (*Reise um die Erde, ausgeführt auf dem kön. Preuss. Seehandlungsschiffe Prinzessin Louise, capt. W. Vendt, in den Jahren 1830-1831*, Berlin, 1834-1835, 2 parties, in-4°); *Sur le mouvement des sucs dans les végétaux* (*Ueber die Bewegung der Säfte in den Pflanzen*, Berlin, 1834); *Sur les progrès les plus récents dans l'anatomie et la physiologie des plantes* (*Ueber die neuesten Fortschritte der Anatomie und Physiologie der Gewächse*, Harlem, 1836, gr. in-4°, avec 21 planches); *Précis de géographie botanique* (*Grundriss der Pflanzengeographie*, Berlin, 1836); *Sur les organes de sécrétion des plantes* (*Ueber die Sekretionsorgane der Pflanzen*, Berlin, 1837, in-4°, avec 9 planches); *Nouveau système de physiologie botanique* (*Neues System der Pflanzenphysiologie*, Berlin, 1837-1839, 3 fasc. in-8°, avec 15 planches); *Pathologie végétale* (*Pflanzenpathologie*, Berlin, 1841, in-8°). Meyen a fait plusieurs rapports intéressants sur les progrès de la physiologie botanique.

On doit à Jean-Chrétien-Frédéric Graumüller, botaniste allemand, à qui Reichenbach a dédié le genre *Graumüllera* dans la famille des Najadées, plusieurs ouvrages de phytographie et de botanique médicale. Nous citerons : *Catalogue systématique des plantes agrestes des*

BOTANISTES
ALLEMANDS.

environs d'Iéna (*Systematisches Verzeichniss wilder Pflanzen*, etc., Iéna, 1803, in-8°); *Caractéristique des plantes indigènes des environs d'Iéna*, pour faire suite à l'ouvrage précédent (*Characteristik der um Jena wildwachsenden Pflanzenarten*, etc., Iéna, 1803, in-8°); *Nouvelle méthode pour reproduire les plantes par l'impression* (*Neue Methode von natürlichen Pflanzenabdrücken in-und ausländischer Gewächse*, etc., Iéna, 1809, in-4°, avec 12 planches); *Diagnostic des espèces de plantes les plus connues, surtout en Europe* (*Diagnose der bekanntesten, besonders europäischen Pflanzengattungen nach dem verbesserten Linnéischen Systeme*, 1811, in-8°); *Flora pharmaceutica Ienensis*, 1815, in-4°; *Manuel de botanique médico-pharmaceutique* (*Handbuch der medizinisch-pharmaceutischen Botanik*, Eisenberg, 1813-1819, 6 fasc. in-8°). Graumüller avait commencé la publication d'une *Flore d'Iéna*, qui fut interrompue par sa mort, arrivée en 1824.

BEHLEN.

SYLVICULTURE.

Étienne Behlen, botaniste allemand, a publié : *Climat, positions et terrains dans leurs effets par rapport à la végétation forestière* (*Klima, Lage und Boden in ihrer Wechselwirkung auf die Waldvegetation*, Bamberg, 1823) ; *Flore du Spessart* (*Der Spessart*, etc., Leipzig, 1823-1827, 3 vol. in-8°); *Manuel botanique et diagnostic des plantes forestières d'Allemagne* (*Botanisches Handbuch oder Diagnostik der einheimischen und der vorzüglichsten in Deutschland im Freien fortkommenden Forstgewächse*, etc., Bamberg, 1824, in-8°) ; et, avec le concours de Desberger, *Histoire et Description des cryptogames des forêts d'Allemagne* (*Naturgeschichte und Beschreibung der deutschen Forstkryptogamen*, Erfurt et Gotha, 1835, in-8°).

SCHÜBLER.

AGRONOMIE
ET SYLVICULTURE.

Gustave Schübler, botaniste allemand, a publié : *Des qualités principales du sol pour la végétation* (*Uebersicht der für die Vegetation wichtigsten Eigenschaften der obersten Erdschichten und Ackererden*, Stuttgard, 1821, in-fol.) ; *Catalogue des plantes phanérogames des environs de Tubingue* (*Systematisches Verzeichniss der wildwachsenden phanerogamen Pflanzen um Tübingen*, 1822); *Principes de chimie agricole* (*Grundsätze der Agrikulturchemie in näherer Beziehung auf land- und forstwirthschaftliche Gewerbe*, Leipzig, 1831-1838, 2 parties in-8°, la première comprenant la chimie agricole; la seconde, l'agronomie); *Flore de Würtemberg*, en collaboration de George de Martens, *Flora von Würtemberg*, Tubingue, 1834).Wilibald Lechler a donné un supplément à cette Flore, Stuttgard, 1844. On doit à Gustave Schübler un grand nombre de dissertations botaniques, dont l'énumération serait trop longue pour entrer dans les bornes de ce Précis.

BOTANISTES ALLEMANDS.

LES MEYER.

Ernest-Henri-Frédéric Meyer, botaniste allemand, a publié : *Junci generis monographiæ specimen*, Gœttingue, 1819 ; *Synopsis Juncorum rite cognitorum*, 1822 ; *Synopsis Luzularum*, 1823 ; *De Houttuynia atque Saururels*, 1827 ; *De plantis Labradoricis libri tres*, Leipzig, 1830 ; *Elenchus plantarum Borussiæ indigenarum*, 1835 ; *Commentariorum de plantis Africæ australioris, quas per octo annos collegit observationibusque manuscriptis illustravit Joannes-Franciscus Drège*, Leipzig, 1835-1837, in-8° ; *Les plantes de Prusse distribuées par familles (Preussens Pflanzengattungen nach Familien geordnet, Kœnigsberg*, 1839) ; *Nicolai Damasceni de plantis libri duo Aristoteli vulgo adscripti*, Leipzig, 1841 ; *Sur les Conifères (Ueber die Coniferen*, 1841) ; *Développement de la botanique*, etc. *(Die Entwicklung der Botanik in ihren Hauptmomenten*, 1844) ; *Rapports sur les conquêtes les plus récentes de la botanique dans l'Amérique du Sud (Neueste Nachrichten über einige vegetabilische Eroberrungen in Südamerika*, 1846) ; *Distribution des plantes alimentaires sur la terre (Die Vertheilung der Nahrungspflanzen auf der Erde*, 1846) ; *Histoire de la botanique (Geschichte der Botanik*, Kœnigsberg, 1854-1857, 4 parties, in-8°).

Pritzel, dont les indications ne vont guère au delà de 1845, signale beaucoup d'autres botanistes du nom de Meyer, comme nos contemporains, entre autres : Georges-Frédéric-Guillaume Meyer, à qui l'on doit : *Primitiæ Floræ Essequiboensis*, 1818, in-4°, et *Chloris Hanorerana*, Gœttingue, 1836, in-4°. — Charles-Antoine Meyer, professeur allemand au service de la Russie, auteur de : *Catalogue des plantes découvertes dans un voyage au Caucase en 1829 et 1830 (Verzeichniss der Pflanzen, welche während der 1829-1830 unternommenen Reise im Caucasus*, etc., Saint-Pétersbourg, 1831) ; *Contingent pour servir à la botanique de la Russie (Beiträge zur Pflanzenkunde des Russischen Reiches*, Saint-Pétersbourg et Leipzig, 1844) ; *Essai d'une monographie des Ephedra (Versuch einer Monographie der Gattung Ephedra, durch Abbildungen erläutert*, id., ibid., 1846, gr. in-4°, avec 8 planches in-fol.), etc. — Jean-Christian-Frédéric Meyer, auteur d'un ouvrage qui traite de la théorie du grain et du bourgeon, intitulé : *Formation, développement et accroissement des plantes*, etc. *(Naturgetreue Darstellung der Entwicklung, Ausbildung und der Wachsthums des Pflanzen*, etc., Leipzig, 1808, in-8°).

Henri Cotta, Allemand, est connu en botanique pour son ouvrage intitulé : *Observations sur le mouvement et la fonction de la sève dans les plantes*, etc. (*Naturbeobachtungen über die Bewegung und Function des Saftes in den Gewächsen*, etc., Weimar, 1806, in-4°, avec 7 pl. coloriées).

Jean-Auguste Tittmann, docteur en médecine et botaniste allemand, né dans la Saxe royale en 1773, mort en 1831, a publié : *Catalogue des plantes médicales indigènes de Saxe* (*Darstellung der in Sachsen wildwachsenden Medizinalpflanzen*, Dresde, 1810, gr. in-8°, avec 12 planches coloriées); et deux intéressants mémoires *sur l'embryon des graines et son développement* (*Ueber den Embryo des Samenkorns und seine Entwicklung zur Pflanze*, Dresde, 1817) ; *Germination des plantes décrite et illustrée* (*Die Keimung der Pflanzen, durch Beschreibung und Abbildung einzelner Saamen und Keimpflanzen erläutert*, Dresde, 1821, in-4°, avec 27 planches coloriées). Avant Tittmann, les physiologistes avaient en vain cherché à déterminer la voie par laquelle l'eau s'introduit dans les graines pendant la première période de la germination. Dans le dernier ouvrage de lui que nous venons de citer, il démontre que l'introduction de ce liquide a lieu par toute la surface de la graine quand les téguments n'ont qu'une médiocre consistance, et seulement par le micropyle quand le testa est épais et dur.

Dieudonné-Frédéric-Louis de Schlechtendal, botaniste allemand, a publié : *Animadversiones botanicæ in Ranunculeas Candollii, sectio prior et posterior*, Berlin, 1819-1820, avec 6 planches ; *Flora Berolinensis*, Berlin, 1823-1824, 2 vol. in-8°, le premier consacré aux Phanérogames, le second aux Cryptogames ; *Adumbrationes plantarum (Filices capenses)*, Berlin, 1825-1832, 5 fascicules in-4°, avec 30 planches; *Hortus Halensis*, Halle, 1848, 2 fascicules in-4°, avec 8 planches coloriées. On doit au même auteur, dont nous ne citerons pas tous les écrits, la monographie des Élæagnées dans le *Prodrome* de M. M. de Candolle.

Jean-Conrad Schauer, botaniste allemand, a donné au *Prodrome* de M. M. de Candolle la monographie des Verbénacées. Nous connaissons en outre de lui : *Les Melaleuca des jardins d'Allemagne* (*Die Melaleuken der deutschen Gärten*, Berlin, 1836); *Chamelanciew, commentatio botanica*, Breslau, 1841, in-4°, avec 7 planches; *Le Jardin botanique de Breslau* (*Der königliche botanische Garten zu Breslau,*

Liegnitz, 1843); *De la maladie des pommes de terre* (*Die Stockfäule der Kartoffeln*, 1846).

Frédéric-Sigismond Voigt, directeur du jardin botanique d'Iéna, a publié : *Dissertatio sistens conspectum tractatus de plantis hybridis*, Iéna, 1802; *Dictionnaire de terminologie botanique* (*Handwörterbuch der botanischen Kunstsprche*, Iéna, 1803, in-8°; suite, en 1824); *Exposé du système naturel de botanique de Jussieu* (*Darstellung des natürlichen Pflanzensystems von Jussieu*, Iéna, 1808, in-fol., avec 13 planches); *Système de botanique* (*System der Botanik*, Iéna, 1808, in-8°, avec 4 planches); *Catalogus plantarum quæ in hortis ducalibus botanico Ienensi et Belvederensi coluntur*, Iéna, 1812, in-8°; *Manuel de botanique* (*Lehrbuch der Botanik*, Iéna, 1827, in-8°; *Histoire du Règne végétal* (*Geschichte des Pflanzenreichs*, 1847, in-8°)[1].

Charles-Frédéric Meisner, botaniste de la Suisse allemande, a produit : *Plantarum vascularium genera secundum ordines naturales digesta eorumque differentiæ et affinitates tabulis diagnosticis expositæ*, Leipzig, 1836-1843, in-folio. Il a fourni au *Prodrome* de M. M. de Candolle, les monographies des Polygonacées, des Protéacées, des Thymélées et des Lauracées.

Le nom de Müller, que l'on a déjà rencontré dans les chapitres précédents de cet ouvrage, appartient aussi à plusieurs botanistes de notre siècle. Nous citerons Charles-Auguste Müller, auteur d'un essai sur les Cryptogames (*Tentamen accuratioris cryptogamorum et cryptogamiæ definitionis*, Gœttingue, 1805); — Joseph Müller, à qui l'on doit : *Catalogue systématique des plantes phanérogames des environs d'Aix-la-Chapelle* (*Systematisches Verzeichniss der in der Umgegend Aachens wildwachsenden phanerogamen Pflanzen*, Aix-la-Chapelle, 1832, in-4°); *Prodrome de la Flore phanérogamique d'Aix-la-Chapelle* (*Prodromus der phanerogamischen Flora von Aachen*, Leipzig et Aix-la-Chapelle, 1836, in-8°) ; — Jean-Baptiste Müller, auteur d'un *Dictionnaire botanique* (*Botanisches prosodisches Wörter-*

---

1. Un autre Voigt (J. O.) a publié, en anglais, l'*Hortus suburbanus Calcuttensis*, Calcutta, 1845, gr. in-8.

Jean-Charles-Guillaume Voigt, a publié de 1802 à 1805, à Weimar, en 2 parties, in-8 : *Essai d'une Histoire des charbons végétaux* (*Versuch einer Geschichte der Steinkohlen, der Braunkohlen und des Torfes*.

Jean-Gottlob-Guillaume Voit, dont le nom diffère par l'absence de la lettre *g*, a fait paraître, en 1812, à Nuremberg : *Historia muscorum frondosorum in Magno Ducatu Herpolitano* (Wurtzbourg) *crescentium*.

buch, Paderborn, 1840-1841, in-8°), et de la *Flore de Waldeck* (*Flora Waldeccensis et Itterensis*, Paderborn, 1841, in-8°). — On doit à M. Müller, d'Argovie, le volume du *Prodrome* de M. M. de Candolle, consacré aux Euphorbiacées autres que le genre *Euphorbia*.

On compte quatre botanistes allemands, de la même famille, du nom de Dietrich, dans le siècle présent. Frédéric-Théophile, botaniste et horticulteur prussien, né en 1768, mort en 1850, a publié : *Flore de Weimar* (*Die Weimar'sche Flora*, Eisenach, 1800) ; *Le Jardin du pharmacien* (*Der Apothekergarten*, Berlin, 1808) ; *Les Géraniums de Linné* (*Die Linneischen Geranien für Botaniker und Blumenlieb- -haber*, etc., Weimar, 1802, 3 livr. in-4°, avec 12 planches) ; *Diction- naire complet d'horticulture et de botanique* (*Vollständiges Lexicon der Gärtnerei und Botanik*, Berlin, 1802-1811, in-8°; et 1815-1821) ; *Plantes nouvellement découvertes* (*Neu entdeckte Pflanzen*, etc., Ber- lin, 1825-1835, in-8°) ; *Description des principaux jardins d'Eise- nach* (*Beschreibung der vorzüglichen Garten in und bei Eisenach*, etc., Eisenach, 1811, in-8°) ; *Botanique esthétique ou choix des plus belles plantes* (*Æsthetische Pflanzenkunde oder Auswahl der schönsten Zier- pflanzen nach den Bedürfnissen der Blumenfreunde in Klassen einge- theilt*, Berlin, 1812, in-8°) ; *Supplément au Dictionnaire de Borck- hausen* (*Nachtrag zu Borckhausen's botanischem Wörterbuche, oder Versuch einer Erklärung der vornehmsten Begriffe und Kunstwörter in der Botanik*, Giessen 1816, in-8°) ; *Manuel de botanique à l'usage du jardinage d'ornement* (*Handbuch der botanischen Lustgärtnerei*, Ham- bourg, 1826-1828, in-8°) ; *Lexique manuel du jardinage et de la botanique* (*Handlexicon der Gärtnerei und Botanik, oder alphabetische Beschreibung vom Bau*, etc., Berlin, 1829-1830, in-8°) ; *Les Merveilles du Règne végétal* (*Die Wunder der Pflanzenwelt, oder Beschreibung der wunderbaren Erscheinungen im vegetabilischen Reiche*, Ulm, 1844, in-8°) ; et quelques autres ouvrages moins importants.

David-Nathaniel-Frédéric Dietrich, botaniste, né en 1800, près d'Iéna, inspecteur du jardin des plantes de cette ville, s'est occupé des végétaux au point de vue descriptif. On lui doit beaucoup d'ou- vrages, la plupart illustrés : *Les plantes vénéneuses de l'Allemagne* (*Deutschlands Giftpflanzen*, etc., Iéna, 1826, in-8°, avec 24 planches coloriées) ; *La Flore d'Iéna* (*Flora Ienensis, oder Beschreibung der Pflanzen, welche in der Umgegend von Iena wachsen*, Iéna, 1826, in-8°) ; *Manuel de botanique* (*Handbuch der Botanik, oder systematische*

Beschreibung aller deu schen Pflanzen, etc., Iéna, 1828, in-8°); *Flore
forestière d'Allemagne* (*Forstflora*, etc., Iéna, 1828-1833, en 23 livr.
grand in-4°, contenant 92 planches ; *Zweite verbesserte Auflage*, Iéna,
1838-1840, 29 livr. gr. in-4°, avec 285 planches coloriées); *Flore
médicale* (*Flora medica, oder Abbildung der wichtigsten officinellen
Pflanzen*, Iéna, 1831, 18 livr. in-4°, avec 180 planches coloriées);
Choses les plus importantes du règne végétal (*Das Wichtigste aus
dem Pflanzenreiche, für Landwirthe, Fabrikanten, Forst- und Schul-
männer*, Iéna, 1831-1840, 25 livr. in-4°, avec 118 planches coloriées); *Flore universelle*, connue sous le nom de *Flore de Dietrich*
(*Flora universalis in kolorirten Abbildungen*, Iéna; de 1831-1852,
avaient paru 392 livraisons gr. in-fol., contenant chacune 10 planches
coloriées, ensemble 3920 planches coloriées, ouvrage plus considérable
qu'excellent, et dont le prix a beaucoup baissé); *Lichénographie allemande* (*Lichenographia Germanica*, en allemand, Iéna, 1832-1837,
in-4°, 225 planches coloriées); *Flore d'Allemagne* (*Deutschlands Flora*,
Iéna, 1833-1842, 3 parties gr. in-8°, avec 714 planches coloriées);
Manuel des plantes officinales de l'Allemagne (*Taschenbuch der ausländischen Arzneigewächse*, Iéna, 1839, in-8°, avec 69 planches coloriées); *Synopsis plantarum seu Enumeratio systematica plantarum
plerumque adhuc cognitarum*, etc., Weimar; de 1839 à 1847, 4 vol.
in-8° avaient paru, et l'auteur continuait; *Flore économique d'Allemagne* (*Deutschlands ökonomische Flora*, Iéna, 1841-1843, en 3 parties in-8°, avec 146 planches coloriées et 1 noire); *Manuel des matières
végétales pharmaceutiques et médicinales* (*Taschenbuch der pharma-
ceutisch-vegetabilischen Rohwaarenkunde für Aertze, Apotheker und
Droguisten*, Iéna, 1842-1846, en 6 livr. contenant 60 planches coloriées); *Recueil périodique pour le jardinier* (*Zeitschrift für Gart-
ner*, etc., commencé à Iéna en 1840, porté en 1846 à 37 livr. gr.
in-4°, contenant dès lors 162 planches coloriées); *Encyclopédie des
plantes* (*Encyclopädie der Pflanzen*, Iéna, 1841-1846, époque où
l'ouvrage, continuant d'ailleurs, avait atteint 30 livr. gr. in-4°, contenant 143 planches noires ou coloriées); *Iconographie de plus de trente
mille espèces de plantes* (*Abbildungen von mehr als 30,000 Pflanzenarten*, etc., Iéna, in-4°; un certain nombre de livraisons, contenant
30 planches coloriées, avaient paru en 1846); *Cryptogamie allemande*
(*Deutschlands kryptogamische Gewächse*, etc., Iéna, 1843-1846,
in-8°, aussi avec 150 planches coloriées; ouvrage qui n'a pu être ter-

miné). En général les ouvrages de David-Nathaniel-Frédéric Dietrich, qui est le Buchoz de l'Allemagne, se ressentent de leur quantité et de la précipitation que l'on mettait à les faire paraître coup sur coup.

Albert Dietrich a fait paraître : *Flore des environs de Berlin (Flora der Gegend um Berlin*, 1824); *Terminologie des plantes phanérogames (Terminologie der phanerogamischen Pflanzen*, etc., Berlin, 1829, in-fol. oblong, avec 8 planches; suite, Berlin, 1838, gr. in-8°, avec 24 planches); *Flore du royaume de Prusse (Flora regni Borussici*, en allemand, Berlin, 1833-1844, 12 vol. gr. in-8°, avec 864 planches coloriées); *Manuel botanique du pharmacien (Handbuch der pharmaceutischen Botanik*, Berlin, 1837, in-8°); *Botanique de l'horticulteur (Botanik für Gärtner und Gartenfreunde*, Berlin, 1837-1839, in-8°); *Flore de la Marche de Brandebourg (Flora Marchica*, en allemand, Berlin, 1841, in-8°).

Le quatrième Dietrich (L.-L.) s'est spécialement occupé d'horticulture, et a écrit beaucoup de petits ouvrages sur cette matière. Nous citerons seulement : *Manuel du jardinier (Handbuch des Gärtners*, 1844) ; et *Manière de multiplier les plantes d'ornement (Die Vermehrungsarten der Ziergewächse*, 1844).

Henri-Gottlieb-Théophile-Louis Reichenbach, docteur en philosophie, en médecine et en chirurgie, directeur du Musée d'histoire naturelle de Dresde, professeur d'histoire naturelle à l'université de cette ville, conseiller du roi de Saxe, membre ou correspondant d'un grand nombre d'académies, né à Leipzig, en 1793, est un des plus éminents botanistes et zoologistes de l'Allemagne. Nous ne mentionnerons que ses œuvres botaniques; *Flora Lipsiensis pharmaceutica*, Leipzig, 1817; *Monographia generis Aconiti*, en latin et en allemand, Leipzig, 1820, in-fol., avec 19 planches coloriées; *Amœnitates botanicæ Dresdenses*, 1820; *Lichenes exsiccati*, avec C. Schubert, Dresde, 1822-1826, in-4°; *Magazin der ästhetischen Botanik*, etc., Leipzig, 1821-1826, in-4°, avec 96 planches coloriées; *Catéchisme de botanique (Katechismus der Botanik*, Leipzig, 1820-1826); *Des espèces de Myosotis d'Allemagne (Die Vergissmeinichtarten Deutschlands*, Nuremberg, 1822, in-12, avec 17 planches coloriées; *Illustratio specierum Aconiti generis*, Leipzig, 1823-1827, in-fol., avec 72 planches coloriées; *Iconographia botanica, seu plantæ criticæ; Icones plantarum rariorum et minus rite cognitarum indigenarum exoticarumque, iconographia et supplementum, imprimis ad opera Wildenowii, Schkuhrii, Persoonii*,

Rœmeri et Schultesii delineatæ et cum commentario succincto editæ a H. G. Ludovico Reichenbach, immense iconographie in-4°, dont la publication, commencée à Leipzig, en 1823, était portée en 1854 à 17 vol. ou 17 centuries, contenant dès lors 1700 pl. noires ou coloriées ; depuis 1850 Reichenbach a chargé son fils Gustave, né en 1822, professeur d'histoire naturelle à Leipzig, de la direction de cette publication ; *Icones Floræ Germanicæ et Helveticæ, simul Pedemontanæ, Istriacæ, Dalmaticæ, Hungaricæ, Transylvanicæ, Borussicæ, Holsaticæ, Belgicæ, Hollandicæ, ergo mediæ Europeæ exhibens nuperrime detectis novitiis additis, collectionem compendiosam imaginum characteristicarum omnium generum atque specierum, quas in sua Flora Germanica excursiora recensuit auctor*, Leipzig, 1823-1858, 18 vol. in-4° ; traduction du latin en allemand par l'auteur lui-même, sous le titre de *Flore allemande* (*Deutschlands Flora*, 1837-1858 ; édition allemande, format in-32, à bon marché) ; *Manuel pour les amateurs des jardins* (*Taschenbuch für Gartenfreunde*, Dresde, 1827, in-8°) ; *Iconographia botanica exotica, sive Hortus botanicus, imagines plantarum imprimis extra Europam inventarum colligens, cum commentario succincto editus*, Leipzig, 1827-1847, 10 vol. in-4°, avec planches noires ou coloriées ; *Botanique pour les amateurs de plantes* (*Botanik für Freunde der Pflanzenwelt*, 1828) ; *Conspectus regni vegetabilis per gradus naturales evoluti Tentamen*, Leipzig, 1828, in-8° ; *Botanique des dames* (*Botanik für Damen*, Leipzig, 1828, in-8°) ; *Flora exotica*, Leipzig, 1834-1836, 5 vol. in-fol., avec chacun 72 planches coloriées ; *Collection de gravures pour le botaniste praticien d'Allemagne* (*Kupfersammlung zum praktischen deutschen Botanisirbuche*, Leipzig, in-8°, avec 42 planches) ; *Manuel du système naturel des plantes* (*Handbuch des natürlichen Pflanzensystems*, etc., Leipzig, 1837, in-4°) ; *Le Botaniste allemand* (*Der deutsche Botaniker*, Dresde et Leipzig, 1841-1844, 2 vol. in-8°).

Louis Reichenbach a pour frère Antoine-Benoît Reichenbach, né en 1807, professeur à l'École polytechnique de Leipzig, qui lui-même est auteur de quelques ouvrages de botanique, entre autres d'une *Botanique générale* (*Allgemeine Pflanzenkunde*, 1837, in-4°, avec 8 pl. coloriées) ; d'une *Histoire du règne végétal* (*Naturgeschichte des Pflanzenreichs*, Leipzig, 1837, in-4°, avec 72 planches coloriées) ; d'une *Histoire naturelle à l'usage des gymnases* (*Naturgeschichte des Pflanzenreichs für Gymnasien, Real-Handels-und Gewerbschulen, und zum*

Selbstunterrichte, Leipzig, 1840); l'*Horloge des plantes* (*Die Pflanzen-
uhr*, Leipzig, 1846).

Nous avons déjà dit que M. Gustave Reichenbach, professeur à
l'université de Leipzig, était devenu le collaborateur de son père pour
les *Icones Floræ Germanicæ*, t. XVI et XVII. Il est en outre auteur
d'ouvrages de botanique qui lui appartiennent en propre, entre autres :
Xenia Orchidacea, Leipzig, 1854-1858, 10 parties in-4°.

Charles-Henri-Emmanuel Koch, médecin, naturaliste et voyageur
allemand, né à Weimar en 1809, entreprit en 1836 de faire une
exploration scientifique dans les provinces de la Russie méridionale, à
la suite de laquelle il publia son *Voyage à travers la Russie et l'isthme
du Caucase* (*Reise durch Russland nach dem Kaukasischen Isthmus*,
Stuttgard et Tubingue, 1842-1843, 2 vol, in-8°). A son retour de ce
voyage, Koch fut nommé professeur adjoint de botanique à Iéna ;
mais, en 1843, repris de passion pour les voyages, il partit pour la
Turquie, visita l'Arménie, les montagnes du Pont, la Grusie, les bords
de la mer Caspienne et le Caucase. A la suite de cette nouvelle expédition, il publia son *Voyage en Orient* (*Wanderungen im Orient*,
Weimar, 1843-1847, 3 vol. in-8°). Koch est auteur de quelques
œuvres uniquement consacrées à la botanique, entre autres du *Système naturel du règne végétal démontré dans la Flore d'Iéna* (*Das
natürliche System*, etc., Iéna, 1839, in-8°), et de l'*Essai d'une Flore
de l'Orient* (*Beiträge zu einer Flora des Orients*, Halle, 1844-1854).

Édouard Fenzl, botaniste allemand, a publié les ouvrages suivants:
*Essai d'un exposé géographique sur la distribution des Alsinées dans
les régions polaires, etc.* (*Versuch einer Darstellung der geographischn
Verbreitungs- und Vertheilungsverhältnisse der natürlichen Familie
der Alsineen in der Polarregion und einem Theile der gemässigten Zone
der alten Welt*, Vienne, 1833, in-8°, avec 3 planches) ; *Supplément à
la Caractéristique générale de toutes les divisions des Gnaphaliées de
De Candolle, etc.* (*Beitrag zur Charakteristik sämmtlicher Abtheilungen
der Gnaphalien De Candolle's nebst einer Synopsis aller zur restituirten
Gattung Ifloga Cassini's gehörigen Arten*) ; *Pugillus plantarum novarum Syriæ et Tauri occidentalis primus*, Vienne, 1842 ; *Exposition et
explication de quatre espèces de plantes dont la place est restée incertaine dans le système naturel, etc.* (*Darstellung und Erläuterung vier
minder bekannter, ihrer Stellung im natürlichen Systeme nach bisher
zweifelhaft gebliebner Pflanzengattungen*, in-4°, avec 5 planches) ;

Umbelliferarum genera nova et species, 1843; *Pemptas stirpium novarum Capensium,* 1843; *Illustrationes et descriptiones plantarum novarum Syriæ et Tauri occidentalis,* Stuttgard, 1843, in-8°, et 20 pl. in-fol.; *Diagnoses plantarum orientalium et observationes botanicæ, auctore Fenzl, in Tchihatchef Asie Mineure* (voir la notice Tchihatchef dans ce Précis). Fenzl a été le collaborateur d'Endlicher pour la *Flore du Caboul,* pour le *Catalogue des plantes de la Nouvelle-Hollande,* et pour les *Novarum stirpium Decades* (voir la notice Endlicher).

Frédéric-Ernest-Louis Fischer, directeur du jardin botanique de Saint-Pétersbourg, commença ses publications en Allemagne et en Suisse. Il fit paraître en 1804, à Halle : *Specimen de Vegetabilium, imprimis Filicum propagatione;* puis, en 1812, à Zurich : *Supplément au Système botanique relatif à l'existence des Monocotylédonées et des Polycotylédonées (Beitrag zur botanischen Systematik, die Existenz der Monokotyledoneen und der Polykotyledoneen betreffend).* Toutes ses autres publications ont été faites en Russie. Ce sont : *Catalogue du jardin des plantes du comte Alexis de Razoumoffsky à Gorenki, près de Moscou,* 1842; *Index plantarum anno 1824 in horto imperiali botanico Petropolitano vigentium,* 1824; *Index seminum quæ hortus botanicus Petropolitanus pro mutua commutatione offert,* en collaboration de Charles-Antoine Meyer, Saint-Pétersbourg, 1832-1843, avec Supplément en 1843; *Enumeratio (prima et altera) plantarum novarum a clarissimo Schrenk lectarum,* Saint-Pétersbourg, 1841-1842. Fischer a publié, avec Langsdorff[1], la partie botanique du *Voyage* de Krusenstern.

Deux autres Fischer ont fait des publications botaniques en Russie : — Alexandre Fischer a fait paraître, en 1820, à Moscou : *De interna plantarum fabrica.* — Gotthelf Fischer de Waldheim a donné, en 1826, une *Notice sur les végétaux fossiles du gouvernement de Moscou.*

Enfin, on cite encore plusieurs botanistes du nom de Fischer parmi nos contemporains, parmi lesquels J.-G. Fischer, auteur du *Règne végétal ou Description de tous les objets ayant trait aux sciences natu-*

---

1. Georges-Henri Langsdorff, né à Heidelberg, passa, de bonne heure, au service de la Russie, et fut un des compagnons de Krusenstern, navigateur, né, en 1770, en Esthonie, mort en 1851, dans son voyage autour du monde. Trois genres *Langsdorffia* lui ont été dédiés : par de Martius, Wildenow et Raddi.

relles (*Das Pflanzenreich oder Beschreibung aller naturhistorischen Gegenstände*, etc., Breslau, 1835, avec une suite en 1840); — et Sigismond-Gaspard Fischer, qui a publié à Vienne, en 1842, *Manuel d'histoire naturelle à l'usage des écoles supérieures* (*Lehrbuch der Naturgeschichte für die Hauptschulen in den K. K. Oestreich'schen Provinzen*).

Charles-Frédéric Ledebour, botaniste et voyageur, né en 1785, dans la Poméranie prussienne, après avoir été professeur à Greifswalde, dans sa patrie, passa au service de la Russie et fut chargé d'une chaire d'histoire naturelle à Dorpat, en Livonie. Ayant été chargé d'explorer scientifiquement la chaîne de montagnes de l'Altaï, dans l'Asie centrale, et de parcourir diverses autres contrées de la Russie septentrionale, il s'acquitta des missions qu'on lui confia avec tant de zèle et de succès, qu'il fut nommé professeur émérite de botanique, conseiller d'État de l'empereur de Russie, et décoré de plusieurs ordres, tant russes qu'étrangers. Il appartenait à un grand nombre d'académies, quand il mourut en 1851. Il a laissé les ouvrages suivants : *Dissertatio botanica sistens plantarum Domingensium decadem*, en collaboration de Jean-Patrice Adlerstam, Greifswalde, 1805; *Enumeratio plantarum horti botanici Gryphici*, avec 3 Suppléments, Greifswalde, 1806-1810; *Index seminum horti academici Dorpatensis*, avec 2 Suppléments, Dorpat, 1822-1824; *Monographia generis Paridum, qua ad scholas audiendas invitat*, 1827; *Voyage aux monts Altaï* (*Reise durch das Altaïgebirge und die Kirgisensteppe*, Berlin, 1829-1830, 2 parties in-8°, avec 18 planches, et atlas in-fol. oblong, contenant 12 planches); *Flora Altaica*, en collaboration de Charles-Antoine Meyer et d'Alexandre de Bunge, Berlin, 1829-1834, 4 vol. in-8°; *Icones plantarum novarum vel imperfecte cognitarum Floram Rossicam, imprimis Altaicam, illustrantes*, Riga, 1829-1834, 5 vol. in-fol., avec 500 planches noires ou coloriées; *Commentarius in J. G. Gmelin Floram Sibiricam*, 1841; *Flora Rossica, sive enumeratio plantarum in totius imperii Rossici provinciis Europœis, Asiaticis et Americanis hucusque observatarum*, Stuttgard, 1842-1853, 4 vol. in-8°. Roth a créé en l'honneur du botaniste russo-poméranien le genre *Ledebouria*, dans les Colchicacées.

Deux frères, deux botanistes allemands, ont illustré le nom de Nees d'Esenbeck. Le plus jeune, mais qui est mort le premier, Théodore-Frédéric-Louis, naquit près d'Erbach en 1787, commença par

être pharmacien, devint, en 1817, inspecteur du jardin botanique à
Leyde, et, en 1833, professeur de pharmacie à Bonn. On a de lui :
De Muscorum propagatione, Erlangen, 1818; *Radix plantarum myce-
toidearum*, 1819; *Plantæ officinales*, Düsseldorf, 1821-1833, in-fol.,
avec 552 planches coloriées ; *Description des plantes officinales (Beschreibung offizineller Pflanzen*, Düsseldorf, 1829, in-fol.); *Manuel
de botanique médicinale et pharmaceutique (Handbuch der medizinisch-
pharmaceutischen Botanik*, Düsseldorf, 1830-1833, 3 parties, en collaboration avec Charles-Henri Ebermaier); *Genera plantarum Floræ
Germanicæ, iconibus et descriptionibus illustrata*, Bonn, 1833-1845,
24 fascicules in-8°, avec 480 planches; huit de ces fascicules ont
été ajoutés par Spenner, mort en 1841, Putterlick, mort en 1845,
Endlicher et Théophile-Guillaume Bisschoff ; *Système des Champignons
(Das System der Pilze*, en collaboration de A. Henry, Bonn, 1837,
gr. in-8°, avec 12 planches coloriées). Théodore-Frédéric-Louis Nees
d'Esenbeck mourut en France, à Hyères, où il était venu pour cause
de santé, en 1837.

Chrétien-Godefroy Nees d'Esenbeck, docteur en médecine et célèbre
botaniste allemand, professeur de botanique, successivement à Erlangen, à Bonn et à Breslau, né en 1786, près d'Erbach, dans l'Olden-
wald, eut le malheur, comme Ehrenberg, de se jeter dans la politique
en 1848, et, comme Ehrenberg, fut victime de ses entraînements. Il
fut destitué de ses fonctions de professeur à Breslau, et tomba dans un
état voisin de la misère jusqu'à sa mort, arrivée en 1858. Le gouvernement prussien ne permet pas aux savants de sortir de sa voie en fait
d'idées politiques; qui n'est pas avec lui est contre lui, et il n'y a pas
de génie qui trouve grâce devant ses impérieuses volontés. Si le grand
Humboldt n'a pas été persécuté, ce n'est pas seulement parce que sa
gloire immense se reflétait sur la couronne de Prusse elle-même, mais
c'est qu'à ses idées libérales il joignait la finesse d'un grand diplomate
et, sous des formes en apparence abruptes, le tempérament des cours,
dans lesquelles il avait été élevé. Les ouvrages de Chrétien-Godefroy
Nees d'Esenbeck sont les suivants, qui, pour la plupart, font autorité
dans la science : *Description systématique des Algues d'eau douce (Die
Algen des süssen Wassers nach ihren Entwicklungsstufen dargestellt*,
Bamberg, 1814, in-8°) ; *Système des Champignons (Das System der
Pilze und Schwämme*, Wurtzbourg, 1816, in-4°, avec 44 planches
dessinées et coloriées d'après nature) ; *Synopsis specierum generis*

Asterum herbacearum, Erlangen, 1818; *Description physiologique, chimique et mathématique du développement de la substance végétale*, en collaboration de T.-G. Bisschoff et de Henri-Auguste Rothe (*Die Entwickelung der Pflanzensubstanz physiologisch, chemisch und mathematisch dargestellt*, etc., Erlangen, 1819, in-4°); *Horæ physicæ Berolinenses*, Bonn, 1820, in-fol., avec 27 pl.; *Manuel de botanique* (*Handbuch der Botanik*, Nuremberg, 1820-1821, 2 vol. in-8°); *De Cinnamomo disputatio*, en collaboration de son frère Théodore-Frédéric-Louis, Bonn, 1823, in-4°, avec 7 planches; *Plantarum in horto medico Bonnensi nutritarum icones selectæ*, en collaboration de Guillaume Sinning, Bonn, 1824, in-4°, avec planches; *Bryologia Germanica*, en collaboration de Chrétien-Frédéric Hornschuch et de Jacob Sturm, Nuremberg, 1823-1831, 2 vol. in-8°, avec 43 planches coloriées; *Description des différentes espèces de mûres qu'on trouve en Allemagne*, en collaboration de Jean-Christophe-Gottlob Weise (*Beschreibung der deutschen Brombeerarten*, Bonn, 1822-1827, 10 cahiers in-folio); *Agrostologia Brasiliensis, seu descriptio graminum in imperio Brasiliensi hucusque detectorum*, ouvrage formant un volume de la *Flore du Brésil* de Martius, Stuttgard et Tubingue, 1829, in-8°; *Enumeratio plantarum cryptogamicarum Javæ et insularum adjacentium, quas a Blumio et Reinwardtio collectas describi edique curavit*, Breslau, 1830-1832, in-8°; *Genera et species Astercarum*, Breslau, 1832; *Histoire naturelle des Hépatiques de l'Europe* (*Naturgeschichte der europäischen Lebermoose*, Berlin et Breslau, 1833-1838, 4 vol. in-8°); *Systema Laurinearum*, Berlin, 1836, in-8°; *Floræ Africæ australioris illustrationes monographicæ*, Glogau, 1841, in-8°; *Synopsis Hepaticarum*, en collaboration de Gottsche et Lindenberg, Hambourg, 1844-1847, in-8°; *Théorie générale des formes de la nature* (*Allgemeine Formenlehre der Natur*, Breslau, 1852); *Agrostographia Capensis*, Halle, 1853. Le *Prodrome* de M. M. de Candolle doit à Nees d'Esenbeck la monographie des Acanthacées. Dans les dernières années de sa vie, ce savant botaniste publia plusieurs ouvrages de philosophie religieuse, de politique, et de choses étrangères à la science botanique.

Trois Allemands du nom de Krocker se sont plus ou moins occupés de botanique; ce sont Antoine, Hermann et Antoine-Jean. Nous ne nous occuperons que de ce dernier, pour signaler sa *Flore de Silésie* (*Flora Silesiaca renovata*, 1787-1823, 4 tomes ou 4 parties, avec 110 planches noires ou coloriées).

Jean-Jacques-Paul Moldenhawer, anatomiste et physiologiste allemand, a publié : un *Essai sur l'anatomie des plantes* (*Beiträge zur Anatomie der Pflanzen*, Kiel, 1812, in-4°, avec 6 planches); et *Tentamen in Historiam plantarum Theophrasti*, Hambourg, 1791, in-8°. Quoiqu'ils se soient occupés l'un et l'autre d'anatomie végétale, il faut distinguer ce savant de son homonyme cité page 287, et dont les prénoms étaient Jean-Henri-Daniel.

Auguste-Henri-Rodolphe Grisebach, docteur en médecine et botaniste allemand, professeur à l'université de Gœttingue, né à Hanovre, en 1814, fut chargé, en 1839, par le gouvernement hanovrien, d'explorer la Turquie; il parcourut la Bithynie, la Thrace, la Macédoine et l'Albanie. On a de lui : *Observationes quædam de Gentianearum familiæ characteribus*, Berlin, 1836, in-8°; *Genera et species Gentianearum, adjectis observationibus quibusdam phyteogeographicis*, Stuttgard et Tubingue, 1839; *Voyage à travers la Roumélie et à Brousse* (*Reise durch Rumelien und nach Brussa*, Gœttingue, 1841, 2 vol. in-8°); *Spicilegium Floræ Rumelicæ et Bithynicæ*, Brunswick, 1843-1845, 2 vol. in-8°; *De la formation de la tourbe* (*Ueber die Bildung des Torfs*, etc., Gœttingue, 1846); *De la disposition géographique des végétaux dans le nord-ouest de l'Allemagne* (*Die Vegetationslinien*, etc., 1846); *Précis de botanique systématique* (*Grundriss der system. Botanik*, 1854); etc., etc. Grisebach s'est particulièrement occupé de géographie botanique et il a publié dans divers recueils plusieurs mémoires sur ce sujet. Il a donné la monographie des Gentianées au *Prodrome* de M. M. de Candolle.

Philippe-François de Siebold, voyageur et naturaliste allemand, né à Wurtzbourg, en 1796, mort depuis peu, fils, petit-fils et neveu de médecins, chirurgiens et physiologistes célèbres, s'embarqua, en 1822, en qualité de médecin et de naturaliste, à bord d'un bâtiment hollandais envoyé en mission dans l'empire du Japon. Il eut le bonheur d'être bien accueilli par les Japonais, qui sollicitèrent ses leçons, et il put recueillir de précieux renseignements sur un État alors fort peu connu. En 1826 il put même pénétrer, avec l'ambassade hollandaise, jusqu'à Yeddo; mais tout à coup il devint suspect, par le fait de l'indiscrétion d'un de ses amis, astronome et bibliothécaire du souverain, qui lui avait confié la copie d'une carte de l'empire japonais dressée depuis peu; il fut arrêté, et ce ne fut pas sans peine qu'il parvint à se rembarquer pour l'Europe, où il arriva dans le courant du mois de juillet 1830. Siebold, tout en restant attaché au service de la Hollande en qualité de colonel d'état-major, se fixa à Bonn; mais les belles collections qu'il avait rapportées du Japon restèrent au musée de Leyde. Nous ne citerons ici que ceux d'entre les ouvrages de Siebold qui ont trait à la botanique : *Tabulæ synopticæ usus plantarum, in insula Dezima*, 1827, in-fol.; *Synopsis plantarum œconomicarum universi regni Japonici*, Dezima, novembre 1827; *Flora Japonica, sive Plantæ, quas in imperio Japonico collegit, descripsit, ex parte in ipsis locis pingendas curavit*, ouvrage fait avec la collaboration du botaniste Joseph-Gerhard Zuccarini, Leyde, 1835-1853, 1re et 2e centuries. Siebold a encore publié avec le concours de Zuccarini : *Réponse aux opinions de Vriese sur Kæmphr, Thunberg, Linné et autres (Erwiderung auf W. H. de Vriese's Abhandlung : Het Gezag van Kæmpfer, Thunberg, Linnæus en anderen*, etc., Leyde et Leipzig, 1837, in-8°).

Un autre de Siebold (Charles) a publié, en 1844 : *De finibus inter regnum animale et vegetabile constituendis*.

Quant au professeur Zuccarini, on lui doit, outre les ouvrages faits en collaboration de Siebold : *Monographie des Oxalis d'Amérique (Monographie der amerikanischen Oxalisarten*, Munich, 1825, in-8°, avec 6 planches; Supplément, avec 3 planches, en 1831); *Flore des environs de Munich (Flora der Gegend um München*, 1829, in-8°); *Caractéristique des arbres forestiers d'Allemagne (Characteristik der deutschen Holzgewächse im blattlosen Zustande*, Munich, 1829-1831, in-4°, avec 18 planches coloriées); *Sur la végétation en Bavière (Ueber die Vegetationsgruppen in Baiern*, Munich, 1833, in-4°); *Éléments de botanique pour l'agriculture, les écoles*, etc. (*Leichtfasslicher Unterricht in der Pflanzenkunde für den Bürger und Landmann und zum Gebrauche in Gewerbsschulen*, Munich, 1834, in-8°); *Histoire naturelle du Règne végétal (Naturgeschichte des Pflanzenreichs*, 1843, in-8°).

Chrétien-Godefroy Ehrenberg, célèbre naturaliste allemand, né à Delitzsch en Prusse, en 1795, étudia la médecine, puis se livra à des recherches physiologiques qui lui valurent, en 1820, une mission scientifique en Égypte; il partit avec Hemprich, qui succomba aux fatigues du voyage. Il visita l'Égypte, l'Abyssinie et une grande partie de l'Arabie, et rapporta en Europe de magnifiques collections d'animaux et de plantes encore inconnues. Il accompagna ensuite Humboldt dans sa célèbre exploration de l'Asie centrale. La réputation qu'il s'acquit depuis lors fut universelle. Les recherches microscopiques l'occupèrent particulièrement; ses travaux sur l'organisation des infusoires fixèrent l'attention de tout le monde savant. Il attribua à des amas de ces animaux la composition de la terre végétale et celle des grandes tourbières de Berlin. Il trouva aussi dans les infusoires la cause de la phosphorescence de la mer, des pluies dites de sang, de la neige rouge sur les Alpes et sur l'Etna. Nous ne citerons ici que les ouvrages d'Ehrenberg ayant trait directement à la botanique : *Sylvæ mycologicæ Berolinenses*, Berlin, 1818; *Sizygites, ou nouvelle espèce de champignons*, etc. (*Syzygites, eine neue Schimmelgattung, nebst Beobachtungen über sichtbare Bewegung in Schimmeln*); *Supplément à la Caractéristique des déserts de l'Afrique septentrionale* (*Beitrag zur Charakteristik der Nordafrikanischen Wüsten*, Berlin, 1827); *Sur le pollen des Asclépiadées* (*Ueber das Pollen der Asclepiadeen*, 1831); *De Myrrhæ et Opocalpasi in itinere per Arabiam et Habessiniam detectis plantis particulam primam offert*, avec le concours d'Hemsprich, Berlin, 1841, etc.

Mathias-Jacques Schleiden, docteur en droit, docteur en philosophie, docteur en médecine et botaniste allemand, professeur à l'université d'Iéna, né à Hambourg en 1804, est un des hommes les plus marquants dans la science qui nous occupe. C'est lui qui a eu l'idée de présenter l'idéal du végétal dans une plante-type montrant la métamorphose successive de la famille pour en former les différentes parties, de sorte qu'on ne distingue que deux organes : l'organe axille ou axe, et l'organe appendiculaire porté par l'axe (voir le *Traité de botanique générale*, t. I, p. 251, et la planche y correspondant). On doit à ce savant : *Contingent à l'Anatomie des Cactées* (*Beiträge zur Anatomie der Cacteen*, Saint-Pétersbourg et Leipzig, 1842, in-4°, avec 10 planches in-fol. oblong); *Éléments de botanique scientifique* (*Grundzüge der wissenschaftlichen Botanik*, etc., Leipzig, 1842-1843, 2 vol. in-8°; 2ᵉ édition augmentée, 1845-1846; 3ᵉ édition, 1850); dans cet ouvrage, Schleiden émet, notamment sur la fructification, des opinions contraires à celles de l'illustre chimiste Justus de Liebig[1], de Hartig et d'autres maîtres de la science, ce qui suscita un débat entre eux et lui, d'où résultèrent plusieurs opuscules de Schlei-

---

1. Nous ne citerons ici du grand chimiste allemand que la *Chimie organique appliquée à la physiologie végétale et à l'agriculture* (*Die organische Chemie in ihrer Anwendung auf Agricultur und Physiologie*; Brunswick, 1840; nombreuses éditions depuis; traduction française par Charles Gerhardt, 1841).

den, entre autres : *M. Liebig et la physiologie des plantes (Herr Dr Justus Liebig in Giessen und die Pflanzenphysiologie*, 1842) ; *Lettres patentes à M. Liebig (Offnes Sendschreiben an Herr Dr Justus Liebig in Giessen, eine gegen mich gerichtete Anmerkung im Juniheft der Annalen der Chemie und Pharmacie betreffend*, 1842) ; et *Réfutation des attaques de Hartig à mes observations sur la fructification des plantes (Die neuern Einwürfe gegen meine Lehre von der Befruchtung als Antwort auf Dr Theodor Hartig's Beiträge zur Entwicklungsgeschichte der Pflanzen*, 1844). Schleiden publia ensuite : la *Revue de botanique scientifique*, en collaboration de Charles Naegali (*Zeitschrift für wissenschaftliche Botanik*, Zurich, 1844-1846, 4 vol. in-8°, avec 16 planches) ; *Recherches de botanique (Beiträge zur Botanik*, Leipzig, 1844, in-8°, avec 9 planches) ; *Précis de botanique (Grundriss der Botanik zum Gebrauch bei seinen Vorlesungen*, Leipzig, 1846) ; *Description géognostique de la vallée de la Saale près Iéna (Die geognostischen Verhältnisse des Saalthales bei Iena*, Leipzig, 1846, in-fol., avec 5 planches coloriées) ; nous ne citons cet ouvrage, fait en collaboration du docteur E.-E. Schmid, que pour la partie relative aux plantes fossiles ; *Sur l'alimentation des plantes et le mouvement des sucs végétaux (Ueber Ernährung der Pflanzen und Saftbewegung in denselben*, 1846) ; *La plante et sa vie (Die Pflanze und ihr Leben*, Leipzig, 1847, in-8°, avec 5 planches coloriées ; 2° édition, 1850).

Hugues de Mohl, docteur en médecine, directeur du jardin botanique de Tubingue, professeur de botanique dans cette ville, membre de plusieurs académies, correspondant de l'Institut de France, frère de Jules de Mohl, orientaliste naturalisé Français et membre de l'Institut, et de Robert de Mohl, jurisconsulte et homme d'État allemand, est né à Stuttgard, vers 1801. Il compte, à bon droit, parmi les plus éminents botanistes et physiologistes de notre siècle. Nous ne mentionnerons que ses ouvrages les plus connus : *Sur la structure des plantes grimpantes (Ueber den Bau und das Winden der Ranken und Schlingpflanzen*, Tubingue, 1827, in-4°, avec 13 planches) ; *Sur les pores des tissus des plantes (Ueber die Poren des Pflanzenzellgewebes*, Tubingue, 1828, in-4°, avec 4 planches) ; *De Palmarum structura*, Munich, 1831, in-fol., avec 16 planches ; *De structura caudicis filicum arborearum*, Munich, 1833, in-fol., avec 6 planches coloriées ; *Documents relatifs à l'anatomie et à la physiologie des plantes (Bei-*

träge zur Anatomie und Physiologie der Gewächse, Berne, 1834, in-4°,
avec 6 planches); *Exposé et défense de mes idées sur la structure de
la substance cellulaire* (*Erläuterung*, etc., Tubingue, 1838); *Sur les
rapports qui existent entre les travaux de Liebig et la physiologie des
plantes* (*Liebigs Verhältniss zur Pflanzenphysiologie*, Tubingue, 1843);
*Observations morphologiques sur les pores des cryptogames munis de
vaisseaux* (*Morphologische Betrachtungen über das Sporangium der
mit Gefässen versehenen Kryptogamen*, 1837); *Mémoires de botanique*
(*Vermischte Schriften botanischen Inhalts*, 1845, in-4°, avec 13 pl.);
Micrographie, ou Instruction sur l'usage du microscope (*Mikrogra-
phie*, etc., Tubingue, 1846, in-8°, avec 6 planches); *Principes de
l'anatomie et de la physiologie de la cellule végétale* (*Grundzüge zur
Anatomie und Physiologie der vegetabilischen Zelle*, Brunswick, 1851,
in-8°); etc., etc. Hugues de Mohl est un des principaux rédacteurs
du *Journal botanique* (*Botanische Zeitung*) dont la publication a commencé à Berlin en 1842.

Gustave Kunze, botaniste allemand, a publié, avec Jean-Charles
Schmidt[1] : *Cahiers mycologiques avec un indicateur botanique général*
(*Mykologische Hefte, nebst einem allgemein-botanischen Anzeiger*,
Leipzig, 1817-1823, en 2 parties in-8°, avec 4 planches). Kunze a
publié seul : *Plantarum acotyledonearum Africæ australioris recensio
nova e Dregei, Eckloni et Zeyheri aliorumque peregrinatorum col-
lectionibus aucta et emendata, Particula prima Filices complectens*,
Leipzig, 1836; *Analecta pteridographica, sive descriptio et illustratio
Filicum aut novarum aut minus cognitarum*, Leipzig, 1837, in-fol.,
avec 50 planches; *Les Fougères décrites et représentées d'après nature*
(*Die Farrnkräuter in kolorirten Abbildungen naturgetreu erläutert
und beschrieben*), ouvrage dont la publication a commencé à Leipzig,
en 1840, par fascicules in-4°, dont neuf, avec 90 planches coloriées,
avaient paru en 1845; *Suppléments à la monographie du Carex de
Schkuhr; Les Fougères décrites et représentées d'après nature* (*Sup-
plemente der Riedgräser, Carices, zu Christian Schkuhr's Monographie
in Abbildung und Beschreibung oder Schkuhr's Riedgräser*, Leipzig,

---

1. Jean-Charles Schmidt est auteur d'un grand ouvrage intitulé : *Flore générale,
économico-technique* (*Allgemeine ökonomisch-technische Flora, oder Abbildungen
und Beschreibungen aller in Bezug auf Œkonomie und Technologie merkwürdigen
Gewächse*; Iéna, 1820-1831, 15 fascicules in-8°, avec 75 planches coloriées).

1841-1844. 4 fasc. in-4°, avec 40 planches); *Chloris austro-hispanica*, Ratisbonne, 1846, in-8°.

Jean Hegetschweiler, botaniste de la Suisse allemande, a publié les ouvrages suivants : *Commentatio botanica sistens descriptionem Scitaminum nonnullorum nec non Glycines heterocarpæ; Voyage dans les montagnes entre Glaris et les Grisons (Reisen in dem Gebirgsstock zwischen Glarus und Graubünden*, Zurich, 1825, in-8°, avec 11 pl.); *Collection de plantes suisses*, en collaboration de Labram (*Sammlung von Schweizerpflanzen*, Bâle, 1826-1834, 80 livraisons in-8°, avec 480 planches lithographiées); *Les plantes vénéneuses de la Suisse* (*Die Giftpflanzen der Schweiz*, Zurich, sans année, par fascicules in-4°, avec planches lithographiées et coloriées); *Contingent à l'énumération critique des plantes suisses* (*Beiträge*, etc., Zurich, 1831, in-8°); *Flore de Suisse* (*Flora der Schweiz*, Zurich, 1840, gr. in-12, avec 8 planches; avec *Supplément* donné également en 1840).

Frédéric-Traugott Kuetzing, naturaliste allemand, né à Rittebourg, dans la Thuringe, en 1807, d'abord pharmacien, se livra avec passion à l'étude des sciences naturelles. Il appela sur lui l'attention d'Alexandre de Humboldt par deux écrits : *Synopsis Diatomacearum*, Halle, 1834, in-8°, avec 7 planches, et *Algarum aquæ dulcis Germaniæ Decades* I-XVI, Halle, 1833-1836, in-8°. L'illustre savant le fit charger, en 1835, par l'Académie de Berlin, d'une mission scientifique dans l'Europe méridionale. A son retour de ce voyage, duquel il rapportait des observations importantes sur les plantes aquatiques de la Méditerranée, il fut nommé professeur d'histoire naturelle à l'école polytechnique de Nordhausen. Depuis lors, il a enrichi la science des ouvrages suivants : *Sur les polypiers calcifères de Lamouroux* (*Ueber die Polypiers calcifères des Lamouroux*, Nordhausen, 1841, in-4°); *Transformations d'algues inférieures en algues supérieures et en genres de familles et de classes entièrement différentes, de cryptogames supérieurs* (*Die Umwandlung niedrer Algenformen in höhere, so wie auch in Gattungen ganz verschiedner Familien und Klassen höherer Kryptogamen mit zelligem Bau*, Harlem, 1841, in-4°, avec 16 planches); *Phycologia generalis*, Leipzig, 1843, in-4°, avec 80 planches coloriées; *Sur la transformation d'infusoires en algues inférieures* (*Ueber die Verwandlung der Infusorien in niedre Algenformen*, Nordhausen, 1844); *Les Baccilariées ou Diatomées à enveloppe siliceuse* (*Die kieselschaligen Baccillarien oder Diatomeen*, Nordhausen, 1844, in-4°, avec 30 planches); *Die Sophisten und Dialektiker, die gefährlichsten Feinde der wissenschaftlichen Botanik*, 1844); *Phycologia Germanica*, Nordhausen, 1845, in-8°; *Tabulæ phycologicæ*, Nordhausen, 1845-1857, 74 fascicules grand in-8°, avec 700 planches; *Éléments de la botanique philosophique* (*Grundzüge der philosophischen Botanik*, Leipzig, 1851-1852, 2 vol.). Kuetzing a publié en outre des ouvrages élémentaires d'histoire naturelle, de chimie, de géographie.

Charles Nægeli, botaniste de la Suisse allemande, connu pour de beaux travaux sur les plantes cryptogames, particulièrement les Algues et les Fougères, et sur les plantes phanérogames, est auteur des ouvrages suivants : *Les Circées de la Suisse* (*Die Cirsien der Schweiz*, Neuchâtel, 1841, in-4°, avec 8 planches); *Traité sur le développement du pollen dans les phanérogames* (*Zur Entwicklungsgeschichte des Pollens bei den Phanerogamen*, Zurich, 1842); *Nouveau Système des Algues* (*Die neuen Algensysteme, und Versuch zur Begründung eines eignen Systems der Algen und Florideen*, Zurich, 1847, in-4°, avec 10 planches).

Guillaume-Louis Petermann, botaniste allemand, a publié : *De flore gramineo, adjectis graminum circa Lipsiam tam sponte nascentium quam in agris cultorum descriptionibus genericis*, Leipzig, 1835, in-8°; *Manuel de botanique à l'usage des cours publics* (*Handbuch der Gewächskunde zum Gebrauche bei Vorlesungen, so wie zum Selbststudium*, Leipzig, 1836, in-8°); *Flora Lipsiensis excursoria*, Leipzig, 1838, in-8°; *Flore de Bienitz* (*Flora des Bienitz und seiner Umgebungen*, Leipzig, 1841); *Livre de poche du botaniste* (*Taschenbuch der Botanik*, Leipzig, 1842, avec 12 planches); *Le Règne végétal illustré d'après nature* (*Das Pflanzenreich in vollständigen Beschreibungen aller wichtigen Gewächse dargestelldt und durch naturgetreue Abbildungen erläutert*, Leipzig, 1835-1848, in-8°, avec 282 planches noires ou coloriées); *Clef analytique de la botanique pour les excursions aux environs de Leipzig* (*Analytischer Pflanzenschlüssel für botanische Excursionen in der Umgegend von Leipzig*, 1846, in-8°); *Flore d'Allemagne* (*Deutschlands Flora*, Leipzig, 1846 et années suivantes, in-4°, avec planches).

Frédéric-Henri-Alexandre baron de Humboldt, qui fut à la fois botaniste de premier ordre, créateur incontestable de la géographie botanique, géologue égal, sinon supérieur, à son maître Werner, zoologiste, anatomiste, physiologiste, physicien, astronome, archéologue, écrivain de grand style, érudit à ce point qu'aucune des faces ni aucun des détails de la science, de la philosophie, de l'histoire et de la littérature ne lui avaient échappé, Alexandre de Humboldt, que le génie de Gœthe lui-même ne voyait qu'avec le sentiment de l'étonnement et de l'admiration, naquit à Berlin, le 14 septembre 1769, du major de Humboldt, chambellan du roi de Prusse, et d'une mère nommée de Colomb, dont la famille, protestante et d'origine bourguignonne, avait quitté la France par suite de la révocation de l'édit de Nantes. Le major de Humboldt étant mort en 1779, sa veuve, femme d'un rare mérite et très-capable de distinguer le génie propre à chacun de ses enfants, mais qui, dans sa prévoyance maternelle, voulait assurer à chacun de ses fils des carrières solides, envoya, en 1786, Alexandre à l'université de Francfort-sur-l'Oder, et de là, en 1788, à Gœttingue, où Blumenbach enseignait l'histoire naturelle, Godefroid Eichhorn l'histoire, tandis que Chrétien-Théophile Heyne y répandait le goût de l'érudition antique, d'une élégante critique et d'une saine philosophie. Jean-Georges Forster, qui naguère avait accompagné son propre père dans la seconde expédition du capitaine Cook autour du monde, et qui habitait alors Gœttingue, où il était devenu le gendre de Heyne, se lia intimement avec le jeune Humboldt, l'enflamma à ses récits de voyages, et contribua puissamment à développer en lui le goût des explorations lointaines, de l'inconnu. « En énumérant, dit quelque part Humboldt, les causes qui peuvent nous porter vers l'étude scientifique de la nature, nous devons nous rappeler aussi que des impressions fortuites et en apparence passagères ont souvent, dans la jeunesse, décidé de toute l'existence… S'il m'était permis d'interroger mes plus anciens souvenirs de jeunesse, de signaler l'attrait que m'inspira de bonne heure l'invincible désir de visiter les régions tropicales, je citerais les descriptions de la mer du Sud, par Georges Forster. » Les deux amis, incontinent, firent ensemble une exploration dans les pays avoisinant Gœttingue et sur les bords du Rhin. A la suite de ce voyage, Humboldt publia un premier écrit sur la géologie, et peu après alla à Freiberg prendre les leçons d'Abraham Werner, qui passait pour le plus grand géologue de son temps, ou, pour mieux dire, pour le créateur de la science géologique. Esprit éminemment généralisateur et qui embrassait toutes les perspectives de la science, Humboldt s'occupa tout à la fois, à Freiberg, de minéralogie, de géologie, de physique, de chimie, de zoologie et de botanique[1]. Ce fut alors qu'il publia son ouvrage intitulé : *Floræ Fribergensis specimen plantas cryptogamicas præsertim subterraneas exhibens; accedunt Aphorismi ex doctrina physiologiæ chemicæ plantarum*, Berlin, 1793, in-4°, avec 4 planches. Vers ce même temps, Humboldt, qui était allé à Vienne étudier l'anatomie et la physique, donna au journal *les Heures* de Schiller un morceau resté célèbre et intitulé *la Force vitale* ou *le Génie rhodien*, auquel il apporta depuis beaucoup de restrictions, et il commença ses fameuses *Expériences sur l'irritabilité des fibres nerveuses et musculaires, avec des considérations sur la vie chimique des animaux et des végétaux* (*Versuche über die gereizte Muskel- und Nervenfaser nebst Vermuthungen über den chemischen Prozess des Lebens in der Thier- und Pflanzenwelt*, Posen et Berlin, 1793, 2 vol. in-8°, avec 8 planches). Humboldt fut successivement chargé de missions dans la Prusse orientale et dans la Pologne pendant le cours de l'année 1793. Il alla ensuite à Iéna, où il fit la connaissance de Gœthe. Le poëte qui aimait la science au point de compter parmi ceux auxquels elle doit d'éclatants progrès, et le savant qui aimait la poésie au point de l'avoir répandue comme un lumineux et séduisant rayon sur ses écrits les plus abstraits, étaient faits pour se comprendre et s'estimer. Gœthe parle de l'influence qu'Alexandre de Humboldt exerçait dès cette époque sur tous ceux qui l'entouraient, en les contraignant à généraliser leurs études et à en combiner les rapports.

Le jeune savant venait d'être chargé d'une nouvelle mission diplomatique, quand, vers la fin de l'année 1796, il perdit sa mère. Aussitôt il résolut de donner suite à un projet que sa piété filiale l'avait empêché de mettre à exécution : celui d'entreprendre un voyage d'exploration scientifique en Amérique. Risquant de sacrifier son bien-être matériel à sa passion de connaître, il se démit de ses fonctions publiques, fit désormais de la science son principal objet, étudia l'astronomie pratique à l'aide des leçons du baron de Zach, et s'occupa de réaliser le plus d'argent possible par la vente d'une partie de son patrimoine. Ensuite il passa en Italie avec son ami Léopold de Buch[2],

---

1. On trouve dans la *Correspondance de Humboldt*, publiée, en 1869, par les éditeurs L. Guérin et Cⁱᵉ, deux lettres, en date de 1792, sur la couleur verte des végétaux, l'une adressée à de Lamétherie, l'autre à Crell. Le même recueil contient plusieurs autres lettres de Humboldt sur la chimie végétale, en date de 1796 et 1797.

2. Léopold de Buch, célèbre géologue allemand, né en 1774, mort en 1853, s'est occupé des végétaux fossiles dans *Voyage en Norvége et en Laponie* (*Reise durch*

que, dans sa modestie et dans son affection, il a qualifié le plus grand géognoste du siècle, pour y étudier les volcans en activité, revint quelque temps en Allemagne, où il se livra, avec son ami, à des observations météorologiques, porta ses investigations sur le magnétisme terrestre et continua ses expériences sur l'irritation nerveuse et musculaire. Il ne connaissait pas encore la France, qui devait être pour lui une seconde patrie. Il profita du calme qui renaissait après la tourmente révolutionnaire pour se rendre à Paris, où se trouvait son frère en qualité de diplomate, et où brillaient alors, par leur savoir et leurs découvertes, tant d'hommes éminents avec lesquels il désirait nouer des relations; il voulait en même temps y acheter les instruments nécessaires à un voyage dans la Haute-Égypte, auquel l'avait convié lord Bristol, instruments qui nulle part ne pouvaient être aussi parfaits. L'accueil qu'il reçut à Paris de l'élite du monde savant, le contact d'idées fécondes qu'il y rencontra, le caractère cordial des relations, lui firent oublier tout ce qu'il avait entendu dire de fâcheux sur ce pays, et il prit dès lors la France en telle affection que, malgré lui, comme toute sa correspondance privée en fait foi, il la préféra toujours à l'Allemagne elle-même, sa première patrie. L'Académie des sciences le vit, avec intérêt, répéter devant elle ses expériences sur l'irritabilité nerveuse et musculaire. Il fréquenta avec fruit les laboratoires de chimie des Vauquelin et des Fourcroy, et rechercha particulièrement les naturalistes. Sur ces entrefaites, lord Bristol avait été arrêté à Milan et le général Bonaparte était parti pour l'Égypte, devançant ainsi les projets de l'Angleterre. Humboldt fut partagé alors entre le désir de suivre l'expédition française d'Égypte et celui d'accompagner les capitaines Nicolas Baudin et Hamelin, chargés par le Directoire exécutif d'aller, sur les corvettes *le Géographe* et *le Naturaliste*, reconnaître toute la côte de l'Australie. Mais comme, de part ni d'autre, on ne se mettait assez vite en route au gré de son impatience, il alla en Espagne passer l'hiver de 1798 à 1799, dans le but d'attendre une occasion favorable. Il était accompagné du jeune chirurgien de marine Aimé Bonpland, qu'il avait connu chez le célèbre docteur Corvisart, et dont le nom

Norwegen und Lappland, Berlin, 1810, traduction française, Paris, 1816); dans son *Précis de la Flore des îles Canaries* (*Allgemeine Uebersicht der Flora auf den Canarischen Inseln*, Berlin, 1819), et dans sa *Description physique* des mêmes îles (*Physikalische Beschreibung der Canarischen Inseln*, Berlin, 1825, in-4°, avec atlas, in-folio; traduction française par Boulanger, Paris, 1836).

est désormais inséparable du sien. A Madrid, Humboldt trouva dans les appréciateurs de son savoir de puissants protecteurs, qui le présentèrent à Charles IV; il obtint de ce roi, pour lui et son jeune ami, l'autorisation de visiter les possessions espagnoles en Amérique et d'y faire toutes les études qu'il jugerait utiles au progrès de la science. Il ne renonça pourtant pas immédiatement à l'expédition d'Australie; il annonça au contraire qu'il la rejoindrait sur les côtes de l'Amérique.

Le 5 juin 1799, Humboldt et Bonpland s'embarquèrent, dans le port de la Corogne, sur la frégate *Pesaro*, qui sut traverser le blocus anglais, gagner Ténériffe et arriver heureusement, le 16 juillet de la même année, à Cumana, dans la partie occidentale de l'ancienne capitainerie générale de Caraccas-et-Nouvelle-Grenade, aujourd'hui État de Venezuela. Humboldt et Bonpland employèrent dix-huit mois à explorer les provinces de cet État. Dès le 14 décembre 1799, au fort de son exploration, il écrivait à l'astronome Lalande :

« Je viens de finir un voyage extrèmement intéressant dans l'intérieur du Paria, dans la Cordillère de Cocolar, Tumeri, Guiri; j'ai eu deux ou trois mules chargées d'instruments, de plantes sèches, etc. Nous avons pénétré dans les Missions des Capucins, qui n'avaient été visitées par aucun naturaliste; nous avons découvert un grand nombre de végétaux, principalement de nouveaux genres de palmiers, et nous sommes sur le point de partir pour l'Orénoque, pour nous enfoncer de là peut-être jusqu'à San-Carlos du Rio-Negro, au delà de l'équateur. Un voyage entrepris aux dépens d'un particulier qui n'est pas très-riche, et exécuté par deux personnes zélées, mais très-jeunes, ne doit pas promettre les mêmes fruits que les voyages d'une société de savants du premier ordre, qui serait envoyée aux dépens d'un gouvernement; mais vous savez que mon but principal est la physique du monde, la composition du globe, l'analyse de l'air, la physiologie des animaux et des plantes, enfin les rapports généraux qui lient les êtres organisés à la nature inanimée; ces études me forcent d'embrasser beaucoup d'objets à la fois. Bonpland, élève du Musée national, très-versé dans la botanique, l'anatomie comparée, et autres branches de l'histoire naturelle, me seconde par ses lumières avec un zèle infatigable. Nous avons déjà séché plus de 1,600 plantes et décrit plus de 500, ramassé des coquilles et des insectes; j'ai fait une cinquantaine de dessins. Je crois qu'en considérant les chaleurs brûlantes de cette zone, vous penserez que nous avons beaucoup travaillé en quatre mois de temps. Les jours ont été consacrés à la physique et à l'histoire naturelle, les nuits à l'astronomie. » (*Correspondance de Humboldt*, 1re partie, p. 66-67.)

Excité par le désir de pénétrer dans les profondeurs de régions si nouvelles pour lui, Humboldt oublia tous les dangers, ou plutôt il trouva un charme extrême à les braver pour conquérir la gloire scientifique qu'il ambitionnait bien plus que la gloire politique, dont il avait trouvé et trouverait encore tous les chemins ouverts devant lui. Il n'était pas d'ailleurs un de ces savants de cabinet qui travaillent à l'aise aux détails des grandes découvertes faites par d'autres. Il était le génie qui brave tous les périls pour atteindre son objet et qui en jette à pleines mains les résultats aux savants du second ordre pour qu'ils les élaborent, si bon leur semble, après lui. Il s'embarqua avec Bonpland, sur un canot indien, et, dans ce frêle esquif, à travers les forêts vierges, les rapides ou *raudals*, suivant l'expression espagnole, exposé aux morsures des moustiques, aux attaques des bêtes féroces, aux miasmes putrides des marécages, il remonta jusqu'à trois cent quatre-vingt-cinq lieues l'Orénoque et ses affluents, constata la communication de ce fleuve, par le Rio-Negro et le Cassiquiare, avec la rivière des Amazones, et ne prit de repos qu'au bout de soixante-quinze jours, à Angostura, aujourd'hui Ciudad-Bolivar, ville située près d'un resserrement du lit de l'Orénoque. Il eut le bras droit paralysé à force de coucher sur des litières de feuilles humides au bord des fleuves. C'est de là, comme il le faisait encore remarquer dans une de ses lettres datée de 1833, que lui vint sa difficulté d'obtenir une écriture régulière et bien lisible. Cette écriture originale était comme la cicatrice qui constatait ses campagnes scientifiques. Il revint à Cumana avec l'intention de s'y rembarquer pour tâcher d'aller joindre l'expédition des capitaines Nicolas Baudin et Hamelin. Mais les Anglais bloquaient le port et l'arrêtèrent ainsi pendant deux mois, qui du reste furent employés utilement pour la science. Enfin, Humboldt et Bonpland réussirent à gagner l'île de Cuba, et séjournèrent plusieurs mois à la Havane. Les études et les observations de divers genres qu'ils y firent devaient être consignées plus tard par Humboldt dans un ouvrage spécial (*Essai sur l'île de Cuba*, Paris, 1826). Cette île dut aux deux voyageurs la connaissance des meilleurs procédés pour fabriquer le sucre, et reçut d'eux l'enseignement de divers arts et métiers que les habitants ignoraient encore. Voilà les vrais savants, ceux qui sont utiles à l'humanité. Sur le bruit trompeur que l'expédition du capitaine Baudin avait passé le cap Horn et s'approchait des côtes du Chili et du Pérou, les deux voyageurs quittèrent Cuba et entreprirent d'atteindre Carthagène, avec l'intention de passer dans la mer du Sud par l'isthme de Panama; mais les vents contraires et la saison trop avancée ne leur permirent pas d'accomplir ce projet; d'ailleurs l'expédition française, au lieu de doubler le cap Horn, avait doublé le cap de Bonne-Espérance, et il n'y avait plus aucune chance de la rencontrer. Humboldt et Bonpland quittèrent Carthagène pour remonter le fleuve Magdalena dans la Nouvelle-Grenade; ils en déterminèrent soigneusement le cours jusqu'à Santa-Fé de Bogota, où ils se livrèrent à de curieuses investigations géologiques, zoologiques et botaniques, récoltant partout des échantillons précieux pour ces différentes branches de la science. De Bogota, les deux intrépides voyageurs entreprirent de gagner Quito, où ils parvinrent le 6 janvier 1802, après avoir traversé la Cordillère de Quindiu, visité les volcans de cette chaîne et parcouru les pays les plus variés. Pendant cinq à six mois, ils explorèrent les environs de Quito de la manière la plus fructueuse. Le 23 juin, en compagnie de don Carlos de Montufar, Humboldt accomplit sa célèbre ascension du Chimborazo jusqu'à la hauteur de 6,072 mètres au-dessus du niveau de la mer. C'était la plus grande élévation qu'il eût encore été donné à l'homme d'atteindre, et s'il ne parvint pas au sommet de cette montagne fameuse de la chaîne des Andes, dont l'altitude est de 6,530 mètres, c'est qu'il rencontra d'invincibles obstacles dans la raréfaction de l'atmosphère, dans l'intensité du froid et surtout dans une profonde crevasse qui se trouva tout à coup devant lui comme un gouffre béant; néanmoins les souffrances qu'il eut à endurer ne l'empêchèrent pas de faire ses observations scientifiques et de tout déterminer de la manière la plus rigoureusement exacte, particulièrement l'état de la végétation aux différentes altitudes. Humboldt passa ensuite au Pérou avec Bonpland, et prit quelque repos à Lima. De cette dernière ville, il adressa, le 25 novembre 1802, une lettre à Delambre pour remercier l'Institut de France d'une missive qui avait passé deux ans à venir le trouver dans la Cordillère des Andes, missive par laquelle cet illustre corps donnait à ses travaux les plus grandes marques d'intérêt.

« Longtemps avant de recevoir la lettre que vous m'avez écrite en qualité de secrétaire de l'Institut, disait Humboldt, j'ai adressé successivement trois lettres à la classe de physique et de mathématiques; deux de Santa-Fé de Bogota, accompagnées d'un travail sur le genre *Cinchona*, c'est-à-dire des échantillons d'écorces de sept espèces, des dessins coloriés qui représentaient ces végétaux avec l'anatomie de la fleur si différente par la longueur des étamines, et les squelettes séchés avec soin. Le docteur Mutis, qui m'a fait mille amitiés, et pour l'amour duquel j'ai remonté la rivière de la Madeleine en quarante jours, m'a fait cadeau de plus de cent dessins magnifiques en grand in-folio, figurant de nouveaux genres et de nouvelles espèces de sa Flore de Bogota manuscrite. J'ai pensé que cette collection, aussi intéressante pour la botanique que remarquable par la beauté du coloris, ne pourrait être en de meilleures mains que celles des Jussieu, Lamarck et Desfontaines, et je l'ai offerte à l'Institut national comme une faible marque de mon attachement. Cette collection et le Chincona sont partis pour Carthagène des Indes, vers le mois de juin de cette année, et c'est M. Mutis lui-même qui s'est chargé de les faire passer à Paris. Une troisième lettre pour l'Institut est partie de Quito avec une collection géologique des productions du Pichincha, du Cotopaxi et du Chimborazo. Qu'il est affligeant de rester dans l'incertitude sur l'arrivée de ces objets, comme sur celle des collections de graines rares que, depuis trois ans, nous avons adressées au Jardin des plantes de Paris!... Nos collections de plantes et les dessins que j'ai faits sur l'anatomie des genres, conformément aux idées que le citoyen Jussieu m'avait communiquées dans des conversations à la Société d'histoire naturelle, ont augmenté beaucoup par les richesses que nous avons trouvées dans la province de Quito, à Loxa, à l'Amazone et dans la Cordillère du Pérou. Nous avons retrouvé beaucoup de plantes vues par Joseph Jussieu, telles que les *Llogue affinis, Quillajae,* et d'autres. Nous avons une nouvelle espèce de Julienne qui est charmante, des Collatix, plusieurs Passiflores et *Loranthus* en arbre de soixante pieds de haut; surtout nous sommes très-riches en palmes et en graminées, sur lesquelles le citoyen Bonpland a fait un travail très-étendu. Nous avons aujourd'hui 3,784 descriptions très-complètes en latin, et près d'un tiers de plantes dans les herbiers que, faute de temps, nous n'avons pu décrire. Il n'y a pas de végétal dont nous ne puissions indiquer la roche qu'il habite, et la hauteur, en toises, à laquelle il s'élève; de sorte que la géographie des plantes trouvera dans nos manuscrits des matériaux très-exacts. Pour mieux faire, le citoyen Bonpland et moi,

nous avons souvent décrit la même plante séparément. Mais deux
tiers et plus des descriptions appartiennent à l'assiduité seule du
citoyen Bonpland, dont on ne pourrait trop admirer le zèle et le
dévouement pour le progrès des sciences. Les Jussieu, les Desfontaines, les Lamarck ont formé en lui un disciple qui ira bien loin.
Nous avons comparé nos herbiers à ceux de M. Mutis; nous avons
consulté beaucoup de livres dans l'immense bibliothèque de ce grand
homme; nous sommes persuadés que nous avons beaucoup de nouveaux genres et de nouvelles espèces; mais il faudra bien du temps
et du travail pour décider ce qui est réellement neuf. Nous rapportons
aussi une substance siliceuse analogue au *Tabaschin* des Indes-
Orientales, que M. Mutis a analysée. Elle existe dans les nœuds
d'une graminée gigantesque qu'on confond avec le bambou, mais
dont la fleur diffère du *Bambusa* de Schreber. Je ne sais si le citoyen
Fourcroy a reçu le lait de la vache végétale (comme les Indiens
nomment l'arbre); c'est un lait qui, traité avec l'acide nitrique, m'a
donné un caoutchouc à odeur balsamique, mais qui, loin d'être caus-
tique et nuisible comme tous les laits végétaux, est nourrissant et
agréable à boire; nous l'avons découvert sur le chemin de l'Orénoque,
dans une plantation où les nègres en boivent beaucoup. J'ai aussi
envoyé au citoyen Fourcroy, par la voie de la Guadeloupe, comme
à sir Joseph Banks, par la Trinité, notre *dapiché* ou le caoutchouc
blanc oxygéné que transsude par ses racines un arbre dans les forêts
de Pimichin, dans le coin du monde le plus reculé, vers les sources
du Rio-Negro. » (*Correspondance de Humboldt*, 1ʳᵉ partie, pages 150,
151, 158, 159.)

Vers la fin de décembre 1802, Humboldt et Bonpland se rendirent
à Guayaquil, où ils s'embarquèrent pour la côte du Mexique que
baigne la mer du Sud; ils gagnèrent Acapulco le 23 mars 1803; au
mois d'avril suivant, ils étaient à Mexico. Les études de toutes sortes
que firent Humboldt et son compagnon de voyage dans les régions
équinoxiales seront impérissables tant qu'il restera des hommes pour
admirer les grands investigateurs, les apôtres de la science. Recherche
et étude approfondie des plantes, géographie botanique, géographie
proprement dite, météorologie, géologie, zoologie, connaissance des
anciennes populations de l'Amérique, de leurs mœurs, de leurs usages,
de leur langue, de leurs monuments, de leur histoire, tout a profité
de leurs travaux, grâce surtout à l'esprit vulgarisateur et généralisa-

teur de l'illustre savant allemand. On peut dire que les œuvres qui
résultèrent des voyages de Humboldt et de Bonpland furent pour le
monde des sciences et des lettres comme une seconde découverte du
nouveau continent. Humboldt, dont les vues étaient incontestablement plus larges que celles de son compagnon de voyage, ne négli-
geait pas de faire servir, dans l'occasion, ses études au progrès du
commerce, de l'industrie, de l'économie politique. De ses observations
et de ses informations sur le peu de largeur de l'isthme de Panama
et sur la possibilité de le percer, devait sortir le grand projet d'établir,
au moyen d'un canal, une communication entre l'Atlantique et la mer
du Sud. L'*Essai politique sur le royaume de la Nouvelle-Espagne*,
publié pour la première fois en 1808, montre à quelle hauteur de vues
l'auteur pouvait s'élever et quelles vastes perspectives son coup d'œil
embrassait.

En ce qui touche la botanique, nous ne pouvons résister au plaisir
de citer encore un fragment de la *Correspondance de Humboldt*, publiée
en 1869. Il est extrait d'une lettre adressée au célèbre botaniste Cavanilles, et datée de Mexico, le 22 avril 1803.

« Nous ne faisons que d'arriver dans cette grande et magnifique ville
de Mexico, et désirant vous donner un nouveau souvenir de notre
existence, je hasarde cette lettre pour m'assurer qu'elle aura un meilleur sort que les précédentes. Mon estimable ami Bonpland et moi,
nous avons toujours conservé une santé robuste, malgré le défaut
d'abri et la faim que nous avons éprouvée dans les déserts, et
quoique nous ayons beaucoup souffert par le changement de climat
et de température et par la fatigue de nos pénibles voyages, surtout dans le dernier, de Loxa à Jaën de Bracamoros, dans celui sur
les bords du fleuve des Amazones, pays couvert de *Bougainvillea*,
d'*Andira* et de *Godoya*, et dans le district que nous avons traversé
pour atteindre Lima. Plusieurs Européens ont exagéré l'influence de
ces climats sur l'esprit, et affirmé qu'il est impossible de s'y livrer
à des travaux intellectuels, mais nous devons publier le contraire et
dire, d'après notre propre expérience, que jamais nous n'avions joui
d'autant de forces qu'en contemplant les beautés et la magnificence
qu'offre ici la nature. Sa grandeur, ses productions infinies et nouvelles nous électrisaient, elles nous transportaient de joie et nous
rendaient pour ainsi dire invulnérables. C'est ainsi que nous travail-
lions exposés, trois heures de suite, au soleil brûlant d'Acapulco et de

Guayaquil, sans en être sensiblement incommodés ; c'est ainsi que nous foulions les neiges glacées des Andes, que nous traversions avec allégresse les déserts, les bois épais, les marais bourbeux (*la marina y sitios cenagosos*). Nous sortîmes de Lima le 25 décembre 1802 ; nous nous arrêtâmes un mois à Guayaquil, où nous eûmes la satisfaction d'herboriser en compagnie de MM. Tafala et Manzanilla, qui travaillaient avec ardeur et habileté, et nous atteignîmes Acapulco le 22 mars, après avoir éprouvé une horrible tempête vis-à-vis du golfe de Nicoya. Le volcan de Cotopaxi, sur lequel j'avais marché tranquillement l'année précédente, fit, le 6 janvier, une explosion terrible, et continua avec tant de force que, naviguant à soixante lieues de distance, nous en entendîmes le fracas. La neige a disparu entièrement de son sommet, et il est sorti de ses entrailles des flammes et des nuées de cendres. On n'a pas appris qu'il ait causé jusqu'à présent le moindre dommage, mais comme il n'est point éteint, l'alarme est continuelle dans la province de Quito. Vous connaissez l'ardeur et l'enthousiasme de mon ami et compagnon Bonpland, et vous pouvez juger d'après cela des richesses que nous avons recueillies en parcourant des contrées qui n'ont jamais été visitées par des botanistes, où la nature s'est plu à répandre ses faveurs en multipliant des végétaux de formes et de fructifications nouvelles et inconnues. Il en résulte que notre collection actuelle dépasse 4,200 plantes, parmi lesquelles il se trouve beaucoup de genres nouveaux. Nous avons dans notre herbier tous les mélastomes de Linné, au nombre de plus de 100. Nous avons fait la description des 4,200 plantes, et nous les avons dessinées la plupart d'après les originaux vivants. Nous ne pouvons fixer aujourd'hui le nombre de celles qui sont véritablement nouvelles ; ce n'est qu'à notre retour que nous les comparerons toutes avec celles qui ont été publiées par les savants ; mais nous espérons que les matériaux recueillis pendant nos voyages suffiront pour former une œuvre digne de l'attention du public. La botanique a été une partie accessoire de l'objet principal, de même que l'anatomie comparée, dont nous avons beaucoup de pièces préparées par mon compagnon Bonpland. J'ai dessiné plusieurs profils et cartes géographiques avec des échelles hygrométriques, électrométriques, eudiométriques, etc., etc., pour déterminer les qualités physiques qui exercent tant d'influence sur la physiologie végétale, en sorte que je puis indiquer en toises l'élévation de chaque arbre sous les tropiques. J'ai vu avec infiniment de peine ce qu'on a écrit sur les quinquinas parce que les sciences ne gagnent rien quand on mêle l'aigreur et les personnalités aux discussions, et parce que j'ai été vivement affecté de la manière dont on a traité le vénérable Mutis. Les idées qu'on a répandues en Europe sur le caractère de cet homme célèbre sont on ne peut plus fausses. Il nous a traités à Santa-Fé avec cette franchise qui avait de l'analogie avec le caractère particulier de Banks ; il nous a communiqué sans réserve toutes ses richesses en botanique, en zoologie et en physique ; il a comparé ses plantes avec les nôtres, enfin il nous a permis de prendre toutes les notes que nous désirions obtenir sur les genres nouveaux de la flore de Santa-Fé de Bogota. Il est déjà vieux, mais on est étonné des travaux qu'il a faits et de ceux qu'il prépare pour la postérité : on a admiré qu'un seul homme ait été capable de concevoir et d'exécuter un si vaste plan. M. Lopez m'a communiqué son mémoire sur le quinquina avant de l'imprimer, et je lui dis alors que ce mémoire prouvait évidemment que M. Mutis avait découvert le quinquina sur les montagnes de Tena, en 1772, et que lui (Lopez) l'avait vu près de Honda en 1774. Quant à l'arbre qui donne le quinquina fin de Loxa, nous devons dire que, l'ayant examiné dans son pays natal, et l'ayant comparé avec le *Cinchona* que nous avons vu dans le royaume de Santa-Fé, de Popayan, du Pérou et de Jaën, nous croyons qu'il n'a pas même été décrit : il se rapproche du *Cinchona glandulifera* de la Flore du Pérou quant à la forme de ses feuilles, mais il en diffère par sa corolle. Nous avons envoyé à l'Institut national de France une collection curieuse des quinquinas de la Nouvelle-Grenade, qui consistait en écorces bien choisies, en beaux exemplaires, en fleurs et fruits, en magnifiques dessins enluminés, grand in-folio, dont nous a gratifiés le généreux Mutis. Nous y avons ajouté quelques ossements fossiles d'éléphants de la Cordillère des Andes, trouvés à 1,400 toises d'élévation. Quoique j'aie reçu de l'Institut une lettre honorable avant de sortir de Quito, je ne sais si la collection ci-dessus mentionnée est parvenue à sa destination. »

Humboldt crut devoir retourner à la Havane, en mars 1804, pour compléter les matériaux nécessaires à son *Essai sur l'île de Cuba*. Il n'y resta cette fois que peu de temps, et ne tarda pas à s'embarquer pour les États-Unis, où il fut accueilli avec distinction par le président de la république américaine, Thomas Jefferson, qui lui-même cultivait les lettres et les sciences. Ce fut là qu'il apprit son élection de membre correspondant de l'Institut de France, qui devait le nommer plus tard membre associé. Humboldt s'embarqua, le 9 juin 1804, avec Bonpland, sur un navire marchand à destination de Bordeaux ; il arriva dans cette ville le 3 août, apportant au monde savant d'incomparables collections dans tous les genres, des cartes, des dessins dont il était l'auteur, des trésors incalculables d'observations et de faits nouveaux. Bonpland, de son côté, revenait avec un herbier de plus de 6,000 plantes, pour la plupart inconnues, dont il fit hommage au Muséum d'histoire naturelle de Paris. La satisfaction, disons même l'enthousiasme, qu'excita la venue des deux savants voyageurs fut d'autant plus grande, que peu auparavant le bruit de leur mort avait couru. Humboldt s'occupa immédiatement de mettre en œuvre ses précieux matériaux et de préparer la publication du célèbre *Voyage aux régions équinoxiales du Nouveau-Continent*, ouvrage monumental et complexe, dont les premières livraisons parurent en 1807. Plusieurs hommes éminents tinrent à honneur de concourir, dans une mesure plus ou moins grande, à cette œuvre gigantesque : Oltmans pour l'astronomie, Gay-Lussac et Arago pour la chimie et la météorologie, Cuvier, Latreille et Valenciennes pour la zoologie, Vauquelin et Klaproth pour la minéralogie. Humboldt devait charger plus tard du classement de ses plantes Charles-Sigismond Kunth, son élève et son protégé, à qui nous consacrons une notice immédiatement après celle du maître. Le premier ouvrage qui parut comme faisant partie du *Voyage aux régions équinoxiales* fut l'*Essai sur la géographie des plantes, accompagné d'un tableau physique des régions équinoxiales*, Paris, 1805, 1 vol. gr. in-4°, autre édition française in-8°, traduction en diverses langues. On ne saurait contester à Humboldt, entre autres titres de novateur de génie, celui d'avoir créé la géographie botanique et climatologique, au moyen des lignes isothermes, isothères et isochimènes, représentant les températures moyennes annuelles estivales et hivernales, et d'autres calculs que l'expérience a complétement confirmées. Ce ne fut qu'en 1817 qu'il fit cette grande application à la science climatologique et à la science botanique ; elle devait être de nouveau et avec plus d'extension graphiquement représentée, sous ses auspices, en Angleterre par Alexandre Keith Johnston, en France par le bel *Atlas physique du Cosmos*, confié par Humboldt lui-même aux soins de M. J.-A. Barral, élève de François Arago.

En 1805, Humboldt et Gay-Lussac, unis par la plus inaltérable amitié, partaient pour l'Italie, dans le but de faire des expériences météorologiques et de déterminer l'inclinaison de l'aiguille magnétique. Ce voyage fut des plus fructueux pour la science, mais à des points de vue étrangers à la botanique. Ensuite, Humboldt fit une excursion à Berlin, où l'on célébra son retour dans la patrie allemande par une médaille frappée en son honneur. Ce fut durant ce court séjour en Prusse qu'il prépara la publication en allemand de sa première édition des *Tableaux de la nature*, où la botanique tient une place considérable, et qui devait voir le jour en 1808. L'auteur, en 1826, refondit cet ouvrage si intéressant dans une traduction française due à M. Eyriès, et à laquelle il ajouta plusieurs chapitres, ce qui mit ses compatriotes en demeure de traduire à leur tour les *Tableaux de la nature* du français en allemand. Par la suite, Humboldt apporta de plus grandes modifications encore et des additions considérables à ce beau livre, et en confia la traduction en langue française à M. Galuski, dont il suivit le travail avec un soin particulier. M. Galuski donna sa traduction en 2 vol. in-18, Paris, 1850-1851. Humboldt désapprouva hautement, comme n'exprimant pas sa pensée, toute autre traduction que celle de M. Galuski, dont il a été donné de nouvelles éditions, mises dans un meilleur ordre, indiqué par l'auteur lui-même (1865, 1866 et 1868, 1 vol. in-8°, orné de vues pittoresques et de cartes scientifiques). Étant en Allemagne, Humboldt publia dans sa langue nationale ses *Idées pour établir une Physionomie des plantes (Ideen zu einer Physiognomik der Gewächse*, Tubingue, 1806). Vers le même temps parurent, en France, les *Plantæ æquinoxiales, per regnum Mexici in provinciis Caracarum et Novæ Andalusiæ, in Peruvianorum, Quitensium, Novæ Granatæ Andibus, ad Orenoci, Fluvii Nigri, fluminis Amazonarum ripas nascentes*, Paris, 1805-1818, 2 vol. in-fol., avec 140 planches noires ou coloriées. Humboldt laissa à Bonpland, qui avait dessiné les planches de l'ouvrage, le mérite presque entier de cette publication à laquelle pourtant il avait pris une part considérable. Vint après la *Monographia Melastomacearum continens plantas hujus ordinis hucusque collectas, præsertim per regnum Mexici, in provinciis Caracarum et Novæ Andalusiæ, in Peruvianorum, Quitensium, Novæ Granatæ Andibus, ad Orenoci, Fluvii Nigri, fluminis Amazonarum ripas nascentes*, Paris, 1806-1823, 2 vol. in-fol., avec 120 planches noires ou coloriées ; le 2ᵉ vol. est consacré aux Rhexies.

Humboldt laissa encore tout l'honneur de cette belle publication à son ami Bonpland, quoique celui-ci, reparti pour l'Amérique, en 1816, pour n'en pas revenir, ne l'eût conduite que dans une faible partie. Humboldt avait pour ses amis et ses collaborateurs une sorte de culte; il aimait la gloire, mais il leur sacrifiait la sienne avec bonheur. Ce fut l'histoire de toute sa vie, ce dont les médiocrités, toujours si nombreuses et si envieuses, ont essayé de tirer parti contre lui. Mais on ne parlera plus d'elles, si l'on en parle encore, qu'il sera encore longtemps question de ce rare génie. Nous avons ouï dire que Kunth s'indignait quand il entendait des personnes ignorantes de la réalité lui attribuer le principal mérite de certains ouvrages de son savant et désintéressé protecteur. Humboldt, pendant son séjour en Prusse, s'occupa très-activement de botanique avec Wildenow; ce fut à cette époque qu'il fit la connaissance de Kunth, qu'il l'aida de sa bourse et de sa protection, jusqu'à ce qu'il se l'attachât entièrement, et le fit venir auprès de lui à Paris. Enfin parut le célèbre *Nova genera et species plantarum quas in peregrinatione orbis novi collegerunt, descripserunt, partim adumbraverunt Amatus Bonpland et Alexander de Humboldt*, Paris, 1815-1825, 7 vol. in-folio, avec 700 planches noires ou coloriées; le même ouvrage en 7 vol. grand in-4°. On remarquera que Humboldt, en se mettant au second rang, dans cette publication faite par ses soins, sous sa direction, donne une nouvelle preuve de ses généreux et dévoués sentiments pour son collaborateur absent. L'illustre savant eut la douleur d'apprendre, peu après l'achèvement de la publication du *Nova genera*, qu'un éditeur aussi malveillant qu'incapable avait vendu au poids et voué à la destruction les 700 cuivres gravés de ce monumental ouvrage « J'ai appris avec un sentiment d'horreur de la bouche de M. Schœll, écrivait Humboldt en 1831, que les planches du *Nova genera et species* ont été vendues comme cuivre et détruites, sans qu'on m'ait même demandé si j'en voulais faire l'achat pour les sauver. » *Les Mimoses et autres plantes Légumineuses du Nouveau-Continent, recueillies par Humboldt et Bonpland, décrites et publiées par Charles-Sigismond Kunth*, furent publiées à Paris, 1819-1824, en 1 vol. in-fol., avec 60 planches noires ou coloriées. Puis vint la *Distribution ou Révision méthodique de la famille des Graminées*, par Charles-Sigismond Kunth, Paris, 1829-1834, 3 vol. in-folio, avec 220 planches noires ou coloriées. Tous les ouvrages à planches de

Humboldt et de Bonpland sont devenus d'une extrême rareté, et se payent à des prix très-élevés, quand par hasard on en trouve.

Humboldt fut témoin des revers de la France et de la chute de Napoléon Ier. Sans doute, il ne put voir avec un bien grand regret des désastres qui émancipaient sa propre patrie, mais du moins il se montra touché de tant de malheurs après tant de prospérités, de tant d'abaissement momentané après tant de gloire. Son frère Guillaume, grand érudit, grand politique, avait été un des plus actifs et des plus intelligents négociateurs de la coalition contre la France. Il l'accompagna, ainsi que le roi de Prusse, à Londres, en 1814, mais pour l'adoucir et non pour l'entretenir dans ses vues hostiles au pays qu'il ne cessa jamais de considérer comme une seconde patrie. Revenu à Paris, il défendit des vengeances brutales de l'étranger plusieurs établissements scientifiques, particulièrement le Muséum d'histoire naturelle. Appelé, en 1818, à figurer au congrès d'Aix-la-Chapelle, Alexandre de Humboldt revint à Paris aussitôt après les conférences, pour y poursuivre la publication du *Voyage aux régions équinoxiales*. Il contribua, en 1822, à la fondation de la Société de géographie de Paris. Cette même année 1822, il accompagna le roi de Prusse au congrès de Vérone et à Naples. Puis il revint encore à Paris. Ce ne fut qu'avec une peine extrême que son souverain le décida enfin, en 1827, à se fixer à Berlin. Sur l'invitation pressante de l'empereur de Russie, en 1829, à l'âge de soixante ans, Humboldt interrompit ses travaux devenus sédentaires, pour aller, en compagnie du chimiste et minéralogiste Gustave Rose et du naturaliste Ehrenberg, visiter l'Asie centrale, ce qui lui donna l'occasion d'ajouter un nouveau fleuron à sa couronne scientifique, par la publication de son bel ouvrage intitulé *l'Asie centrale*, Paris, 1843, 3 vol. in-8°, dont une nouvelle édition est en préparation (1869).

Ce fut Humboldt qui, en 1830, eut la mission d'aller reconnaître, au nom de la Prusse, le nouveau gouvernement français. L'accueil qu'on lui fit à Paris fut des plus sympathiques et des plus nobles. Il profita de son séjour diplomatique en France, séjour dont il semblait redouter la fin, pour s'occuper de la publication de ses ouvrages écrits ou traduits en français. Il trouva depuis lors, presque chaque année, une cause pour renouveler ses voyages à Paris.

Nous ne parlerons ici que pour mémoire de la *Relation historique du Voyage aux régions équinoxiales*, quoique le règne végétal y tienne

BOTANISTES
ALLEMANDS.

une large place, et que cet ouvrage soit considéré comme un chef-d'œuvre et un trésor de science, de l'*Examen critique de la géographie du Nouveau-Continent*, d'où se détache, comme du fond d'un cadre, la physionomie de Colomb telle que nul ne l'a su peindre, des *Sites des Cordillères et Monuments des peuples indigènes de l'Amérique*, des *Mélanges de géologie et de physique*, d'un grand nombre de savants articles répandus dans les *Mémoires de la Société d'Arcueil*, dans les *Annales de physique et de chimie* et dans d'autres recueils scientifiques; mais il ne nous est pas possible de ne pas consacrer quelques lignes au chef-d'œuvre de Humboldt et de la science contemporaine, à l'immortel *Cosmos*. Cet ouvrage, où le règne végétal n'est pas plus oublié que dans les *Tableaux de la nature*, est, comme on l'a fort bien dit, la synthèse du monde physique. Chaque phrase y est comme une médaille frappée d'une manière ineffaçable, résumant un point, une époque de la science. De chacune de ces phrases, on pourrait tirer le sujet d'un livre. Il ne sera probablement jamais donné à aucun autre d'exposer en quatre volumes, avec autant d'éloquence, de lucidité, de saine et puissante critique, de génie en un mot, le vaste ensemble de toutes les connaissances humaines, depuis le jour où elles commencèrent à poindre, jusqu'aux jours où nous sommes. Le *Cosmos* fut le couronnement éclatant de la vie de Humboldt, qui donna lui-même ses soins les plus assidus, les plus paternels à l'édition française de cet ouvrage. Être lu et apprécié en France était pour lui un bonheur inexprimable. C'est pour cela, c'est pour satisfaire son dernier vœu que l'on publie, en ce moment même, en France, une nouvelle édition de ses œuvres, d'après les notes et le plan qu'il a laissés.

Alexandre Humboldt était destiné à survivre à ses meilleurs amis, à Letronne, à Gay-Lussac, à François Arago, à Léopold de Buch, à Kunth, à Bonpland, à son frère Guillaume. Cependant un affaiblissement musculaire qu'il avait depuis longtemps annoncé devait être le signal de la fin de sa belle vieillesse, durant laquelle son génie ne baissa pas un instant. Le 6 mai 1859, cet homme universel, ce cerveau encyclopédique, ce grand généralisateur et vulgarisateur, auquel pourtant n'échappait aucun des détails de la science, s'éteignit dans sa quatre-vingt-dixième année, laissant après lui sur la terre le flambeau toujours vivant de ses vastes connaissances, de ses œuvres multiples, pour éclairer les siècles. On fit à ce grand homme des funérailles royales; ce fut un deuil public en Prusse. Voici comment un écrivain allemand parle de lui : « La Prusse a produit, dans deux genres bien différents, deux hommes dont elle s'enorgueillit à juste titre : Frédéric II et Alexandre de Humboldt. » Qu'ajouter à un tel éloge, si ce n'est que la gloire bienfaisante et lumineuse du savant est préférable à celle du fondateur d'empire ? En France, en Angleterre, en Amérique, ce fut à qui rendrait hommage le plus dignement à cette illustre mémoire. Alexandre de Humboldt appartenait à toutes les académies et à toutes les sociétés savantes du monde, et dans chacune on prononça son éloge ; on ordonna que sa statue serait placée à Versailles, au milieu des gloires de la France ; il fut décidé qu'on lui élèverait un monument à Mexico ; en Prusse, on imagina une *Fondation-Humboldt*, par souscription, pour l'encouragement de toutes les branches des sciences qu'il avait fait progresser, et spécialement pour les travaux d'histoire naturelle et les voyages lointains. Si son âme assista à ce grand spectacle des hommages rendus au génie, ce fut cette fondation qui dut lui sourire le plus.

Charles-Sigismond Kunth, élève et protégé d'Alexandre de Humboldt, qui en fit l'un des plus grands et des plus lucides botanistes de notre temps, naquit en 1788, à Leipzig. Il était très-modeste employé dans la Compagnie maritime de Berlin, quand Humboldt remarqua son aptitude pour les sciences et commença par lui fournir les moyens nécessaires pour suivre les cours de l'université de cette ville. Bientôt il fut chargé du classement des plantes que l'illustre voyageur avait recueillies en Amérique. Kunth venait de publier son premier ouvrage de botanique (*Flora Berolinensis*, 1813, 1 vol. in-8°, ouvrage qui devait avoir une 2ᵉ édition, en 2 volumes, en 1838) quand Humboldt le fit venir à Paris, où sa présence et sa collaboration lui furent d'autant plus utiles que, vers cette époque, Bonpland retourna en Amérique pour n'en plus revenir, lui laissant tout le soin de la rédaction et de la publication d'une grande partie de leurs recherches faites en commun. Humboldt n'omit jamais de joindre le nom de Kunth aux travaux auxquels celui-ci prit part. Ainsi fit-il pour le *Nova genera et species plantarum*, pour les *Mimoses du Nouveau-Continent*, pour la *Distribution méthodique de la famille des Graminées*, et pour le *Synopsis plantarum quas in itinere ad plagam æquinoxialem orbis novi collegerunt Alexander de Humboldt et Amatus Bonpland*, Paris, 1822-1825, 4 vol. in-8°. Humboldt laissa même à Kunth tout le mérite de cette dernière publication. De retour en Allemagne en 1819, Kunth fut nommé vice-

BOTANISTES
ALLEMANDS

directeur du jardin botanique de Berlin, professeur de botanique à l'université de cette ville et membre de l'Académie des sciences de Prusse. Depuis lors il publia seul les ouvrages suivants : *Malvaceæ, Büttneriaceæ, Tiliaceæ, familiæ denuo ad examen revocatæ characteribusque magis exactis distinctæ, addita familia nova Bixinarum*, Paris, 1822, in-8°; *Terebinthacearum genera denuo ad examen revocare, characteribus magis accuratis distinguere, inque septem familias distribuere conatus est*, Paris, 1824, in-8°; *Notice sur Louis-Claude Richard*, 1824; *Notice sur la Balsamine des jardins*, 1827; *Manuel de botanique (Handbuch der Botanik*, Berlin, 1831, in-8°); *Guide pour apprendre à connaître toutes les plantes officinales de la pharmacopée prussienne (Anleitung*, etc., Berlin, 1834, in-8°); *Observations sur la famille des Pipéracées (Bemerkungen über die Familie der Piperaceen*, Halle, 1840, in-8°); *La science de la botanique (Lehrbuch der Botanik*, Berlin, 1847), ouvrage dont il n'a paru qu'un volume sur deux. L'ouvrage capital de Kunth, dont nous ne citons pas tous les opuscules, est son *Enumeratio plantarum omnium hucusque cognitarum, secundum familias naturales disposita*, Stuttgard et Tubingue, 1833-1850, 5 vol. in-8°. Ce fut l'année même où paraissait le 5ᵉ volume de l'*Enumeratio plantarum*, le 22 mars 1850, que mourut Kunth. Il était membre associé ou correspondant de la plupart des académies ou sociétés savantes de l'Europe, entre autres de l'Académie de médecine de Paris.

ENDLICHER.

Étienne-Ladislas Endlicher, botaniste, érudit et orientaliste hongrois des plus renommés de l'époque contemporaine, né à Presbourg en 1804, fut d'abord destiné à l'état ecclésiastique, y renonça, devint bibliothécaire de la cour de Vienne, conservateur du cabinet d'histoire naturelle de la même cour, professeur de botanique et directeur du jardin des plantes de Vienne. Rien ne semblait manquer à sa situation et à sa renommée, quand la révolution ayant éclaté, en 1848, et s'étant étendue à l'Allemagne, il prit part au mouvement politique, fit partie de la députation de Vienne chargée de remettre la couronne des anciens empereurs d'Allemagne à l'assemblée nationale de Francfort, puis, quand la réaction fut venue, se sentit pris d'une invincible mélancolie, et mit fin à ses jours le 28 mars 1849. Endlicher n'était pas que l'illustre savant que tout le monde connaît, c'était en outre un cœur généreux qui sympathisait avec toutes les souffrances, avec toutes les libertés, ce dont on trouve la trace dans la plupart de ses préfaces. Il a donné à la botanique : *Flora Posoniensis*, Posen, 1830 ; *Ceratotheca, nouvelle espèce du groupe des Sésamées (Ceratotheca, eine Pflanzengattung aus der Ordnung der Sesameæ*, Berlin, 1832, in-4°, avec 3 planches) ; *Stirpium Pemptas, iconibus et descriptionibus illustrata*, in-8°, avec 5 planches ; *Diesingia, novum genus plantarum*, 1832 ; *Prodromus Floræ Norfolkicæ*, Vienne, 1833, in-folio, avec 40 planches ; c'est le catalogue des plantes recueillies par Ferdinand Bauer, à l'île Norfolk, dans les années 1805 et 1806 ; *Atacta botanica, Nova genera et species plantarum descripta et iconibus illustrata*, Vienne, 1833, in-fol., avec 40 planches ; *Sertum Cabulicum, Enumeratio plantarum quas in itinere inter Dera-Ghazee-Khan et Cabul, 1833, collegit Martin Honigberger*, en collaboration d'Édouard Fenzl, Vienne, 1836 ; *Genera plantarum secundum ordines naturales disposita*, ouvrage considérable, format in-4°, dont la publication commença en 1836, à Vienne ; *Iconographia Generum plantarum*, Vienne, 1837-1840, 10 fasc. in-4°, avec 125 planches ; *Principes d'une nouvelle théorie de la génération des plantes (Grundzüge einer neuen Theorie der Pflanzenzeugung*, Vienne, 1838) ; *Enumeratio plantarum quas in Novæ Hollandiæ ora austro-occidentali ad fluvium Cygnorum et in sinu Regis Georgii collegit Charles de Hügel*, en collaboration de Georges Bentham, d'Édouard Fenzl et de Henri Schott, Vienne, 1835 ; *Stirpium Australasicarum Herbarii Hügeliani Decades tres*, Vienne, 1838 ; *Novarum stirpium Decades, editæ a Museo Cæsareo Palatino Vindobonensi*, en collaboration d'Édouard Fenzl, Vienne, 1839 ; *Enchiridion botanicum exhibens classes et ordines plantarum*, Leipzig, 1841, in-8° ; *Les plantes médicales de la Pharmacopée autrichienne (Die Medizinalpflanzen der Oestreich'schen Pharmacopoe*, Vienne, 1842) ; *Catalogus horti academici Vindobonensis*, Vienne, 1842-1843, 2 vol. in-8° ; *Principes de botanique (Grundzüge der Botanik*, en collaboration de François Unger, Vienne, 1843) ; *Mantissa botanica, sistens generum plantarum supplementum secundum*, 1843 ; *Mantissa botanica altera*, 1843 ; *Synopsis Coniferarum San-Galli*, in-8°, 1847. Endlicher a été l'un des plus actifs collaborateurs de la *Flore du Brésil* de M. de Martius (voir à ce nom). Il a publié avec Henri Schott[1] les *Meletemata botanica*, Vienne, 1832, ouvrage extrêmement rare, tiré à soixante

---

1. En dehors des ouvrages qu'il a faits avec le concours d'Endlicher, nous ne connaissons d'Henri Schott que les *Rutaceæ, Fragmenta botanica*, Vienne, 1834, in-fol. avec 7 planches, et un *Genera Filicum*, Vienne, 1834, in-4° oblong avec 20 planches.

exemplaires seulement. Endlicher, linguiste, orientaliste, sinologue, bibliographe, archéologue, numismate, a publié d'importants ouvrages sur des matières étrangères à la botanique.

François Unger, professeur à l'université de Vienne et l'un des plus célèbres botanistes, physiologistes et paléontologistes de l'Allemagne, a porté ses observations sur toutes les branches de la botanique. Nous avons déjà eu l'occasion de parler du concours qu'il a prêté à plusieurs ouvrages importants. On lui doit personnellement : *Exanthème des plantes et quelques autres maladies analogues des végétaux* (*Die Exantheme der Pflanzen und einige mit diesen verwandte Krankheiten der Gewächse*, Vienne, 1833, in-8°, avec 7 planches noires ou coloriées); *Sur l'influence du sol dans la distribution des plantes du nordest du Tyrol* (*Ueber den Einfluss des Bodens auf die Vertheilung der Gewächse, nachgewiesen in der Vegetation der nordöstlichen Tirols*, Vienne, 1836, grand in-8°, avec 9 cartes); *Aphorismes sur l'anatomie et la physiologie des plantes* (*Aphorismen zur Anatomie und Physiologie der Pflanzen*, Vienne, 1838); *Sur la structure et l'accroissement des plantes dicotylédones* (*Ueber den Bau und das Wachsthum des Dicotyledonenstammes*, Saint-Pétersbourg et Leipzig, 1840, in-4°, avec 16 planches); *Sur les formations cristallines dans les cellules végétales* (*Ueber Krystallbildungen in den Pflanzenzellen*, Vienne, 1840, in-4°, avec 7 planches); *Contingent à la pathologie comparée* (*Beiträge zur vergleichenden Pathologie*, Vienne, 1840); *Sur la formation mérismatique des cellules dans le développement du pollen* (*Ueber merismatische Zellenbildung bei der Entwicklung des Pollens*, 1844, in-4°); *Synopsis plantarum fossilium*, Leipzig, 1845, in-8°; *Principes fondamentaux de l'anatomie et de la physiologie des plantes* (*Grundzüge der Anatomie und Physiologie der Pflanzen*, Vienne, 1846, in-8°); *Chloris protogæa, Contingent à la Flore du monde ancien* (*Chloris protogæa; Beiträge zur Flora der Vorwelt*, Leipzig, 1841-1847, in-4°, avec 50 planches coloriées); *Sur la Flore fossile de Parschloug* (*Ueber die fossile Flora von Parschlug*, Gratz, 1847, grand in-8°); *Le monde primitif à ses différentes époques de formation, Tableaux physiognomoniques de la végétation des diverses périodes du monde primitif, texte allemand et français*, 2° édition, Paris et Leipzig, 1860, 16 planches grand in-plano; *Résultats scientifiques d'un voyage en Grèce et dans les îles Ioniennes* (*Wissenschaftliche Ergebnisse einer Reise in Griechenland und in den jonischen Inseln*, Vienne, 1862, in-8°, avec figures); *L'île de Chypre eu égard à sa *nature physique et organique*, en collaboration avec le docteur Th. Kotschy (*Die Insel Cypern ihrer physischen und organischen Natur nach mit Rücksicht auf ihre frühere Geschichte*, Vienne, 1865, in-8°, avec figures[1]).

Henri-Robert Gœppert, botaniste, paléontologiste, chimiste et médecin allemand, professeur à l'Université de Breslau, né, en 1800, à Sprottau, dans la Basse-Silésie, se fit d'abord connaître par quelques écrits d'anatomie, de physiologie et de chimie végétales, tels que : *Nonnulla de plantarum nutritione*, Berlin 1825; *De acidi hydrocyanici vi in plantas commentatio*, Breslau, 1827. Il publia ensuite : *Catalogue du jardin botanique de l'Université de Breslau* (*Beschreibung des botanischen Gartens der Königl. Universität Breslau*, 1830); *De la formation de la chaleur dans les plantes* (*Ueber die Wärme-Entwikkelung in den Pflanzen*, Breslau, 1830, in-8°); *Sur la prétendue pluie de soufre et de froment* (*Ueber den sogenannten Getraide- und Schwefelregen*, 1831); *Sur le développement de la chaleur dans la plante vivante* (*Ueber Wärmeentwicklung in der lebenden Pflanze*, Vienne 1832); *Sur les travaux des Silésiens pour expliquer la Flore du monde antédiluvien* (*Ueber die Bestrebungen der Schlesier, die Flora der Vorwelt zu erläutern*, Breslau, 1834); *Les plantes indigènes officinales de Silésie* (*Die in Schlesien wildwachsenden offizinellen Pflanzen*, ibid., 1835); *Les Fougères fossiles* (*Die fossilen Farrenkräuter*, ibid., 1836, gr. in-4°, avec 44 planches); *Synopsis des plantes fossiles connues jusqu'à ce jour* (*Uebersicht der bis jetzt bekannten Gattungen der fossilen Pflanzen*, Halle, 1837); *De floribus in statu fossili*, Breslau, 1837, in-4°, avec 2 planches); *De Coniferarum structura anatomica*, Breslau, 1841, in-4°, avec 2 planches; *Sur la Flore fossile des Quadersandsteins de la Silésie et provinces voisines* (*Ueber die fossile Flora des Quadersandsteins von Schlesien und der Umgegend von Aachen*, Breslau, 1844, in-4°, avec 9 planches); *Sur la Flore de la formation gypseuse à Dirschel dans la Silésie supérieure, contingent à la Flore des formations tertiaires* (*Ueber die Flora der Gypsformation zu Dirschel in Oberschlesien, als dritter Beitrag zur Flora der Tertiärgebilde*, Breslau, 1844, in-4°, avec 2 planches); *Les Genres des plantes fossiles comparés avec ceux du monde moderne, expliqués par*

---

1. Kotschy est, en outre, auteur d'un ouvrage sur les plantes de Syrie et du Taurus (*Abbildungen und Beschreibungen neuer und seltner Thiere und Pflanzen, in Syrien und im westlichen Taurus gersammelt*, Stuttgard, 1853, in-8°, et atlas in-4°).

des figures (*Die Gattungen der fossilen Pflanzen, verglichen mit denen der Jetztwelt und durch Abbildungen erläutert*, Bonn, 1841-1845, fasc. I-VI, in-4° oblong, avec 55 planches); *Remarques sur l'ébullition des sapins, observations pour les botanistes et les forestiers (Beobachtungen über das sogenannte Ueberwallen der Tannenstöcke für Botaniker und Forstmänner*, Bonn, 1842, in-4°, avec 3 planches); *Explication d'une leçon sur la structure et l'accroissement des arbres (Zur Erläuterung einer Vortrags über den Bau und das Wachsthum der Bäume, gehalten den 10 juni 1843, im schlesischen Fortsvereine zu Carlsruhe*, Breslau, 1843); *Précis de la Flore fossile de Silésie (Uebersicht der fossilen Flora Schlesiens*, 1844); *L'ambre et les restes végétaux fossiles du monde ancien*, en collaboration de Georges-Charles Berendt (*Der Bernstein und die in ihm befindlichen Pflanzenreste der Vorwelt*, Berlin, 1845, in-folio, avec 7 planches en partie coloriées); *Sur la formation des terrains houillers (Ueber die Entstehung der Steinkohlenlager aus Pflanzen*, Leyde, 1848); *Monographie des Conifères fossiles (Monographie der fossilen Coniferen*, Leyde, 1850, avec 58 planches). Ces deux derniers mémoires ont été couronnés par l'Académie des sciences de Harlem. Gœppert a fourni à plusieurs recueils scientifiques d'autres travaux remarquables sur la flore fossile. Il a aussi publié un ouvrage estimé sur les *Contre-poisons chimiques (Ueber die chemischen Gegengifte*, 2° édition, 1843).

Charles-Frédéric-Philippe de Martius, docteur en médecine, voyageur et naturaliste allemand, professeur à l'université de Munich, secrétaire perpétuel de l'Académie des sciences de Bavière, naquit à Erlangen, en 1794, d'un père pharmacien et botaniste distingué, dont il a été question page 249 de ce Précis. Sa première publication, en fait de botanique, date de l'année 1814, et a pour titre : *Plantarum horti academici Erlangensis enumeratio*. Il publia ensuite : *Flora cryptogamica Erlangensis*, Nuremberg, 1817, in-8°, avec 6 planches. M. de Martius fut attaché, peu après cette publication, à l'expédition scientifique que les gouvernements d'Autriche et de Bavière envoyèrent au Brésil, de 1817 à 1820. Quoique spécialement chargé de la botanique, il ne resta étranger ni à l'ethnographie, ni à la statistique, ni à la géographie du voyage. A son retour, il publia : *De plantis nonnullis antediluvianis ope specierum intra tropicos viventium illustrandis*, Ratisbonne, 1821, in-4°, avec 2 planches; *Voyage au Brésil*, en collaboration de Jean-Baptiste de Spix (*Reise in Brasilien*, Munich,

1824-1831, 3 vol. in-4° et atlas in-folio de 53 planches) ; Spix, enlevé très-jeune à la science, ne put donner son concours qu'au premier volume de cet ouvrage ; *Genera et species Palmarum quas in itinere per Brasiliam annis 1817-1820 collegit, descripsit et iconibus illustravit*, Munich, 1823-1845, fasc. I-VIII, très-grand in-folio, 219 planches coloriées ; Mohl et Unger ont prêté un certain concours à ce chef-d'œuvre de Martius, le dernier pour les Palmiers fossiles ; *Nova genera et species plantarum quas in itinere per Brasiliam annis 1817-1820 suscepto collegit et descripsit*, Munich, 1824-1832, 3 vol. in-folio, avec 300 planches noires ou coloriées ; *La physionomie du règne végétal du Brésil (Die Physiognomie des Pflanzenreiches in Brasilien*, Munich, 1824, in-4°) ; *Specimen materiæ medicæ Brasiliensis, exhibens plantas medicinales, quas in itinere per Brasiliam observavit*, Munich, 1824, in-4°, avec 9 planches coloriées ; *Hortus botanicus Regiæ Academiæ Monacensis*, Munich, 1825, in-4° ; *Contingent à la connaissance de la famille des Amarantacées (Beitrag zur Kenntniss der natürlichen Familie der Amarantaceen*, Bonn, 1825) ; *Ordinum plantarum characteres stenographice exponere conatur*, Berlin, 1828 ; *Sœmmeringia, novum plantarum genus*, 1828, in-4°, avec 2 planches ; *Icones plantarum cryptogamicarumBrasiliensis*, Munich, 1828-1834, in-folio, avec 76 planches ; *Hortus regius Monacensis*, avec Schrank, Munich, 1829 ; *Amœnitates botanicæ Monacenses, Choix des plantes remarquables du jardin botanique de Munich*, Francfort-sur-le-Mein, 1829-1831, in-4°, avec 46 planches coloriées ; *Flora Brasiliensis, seu enumeratio plantarum in Brasilia tam sua sponte quam accedente cultura provenientium, quas in itinere auspiciis Maximiliani Josephi I, Bavariæ regis, annis 1817-1820 peracto collegit, partim descripsit ; alias a Maximiliano Principe Wiedensi, Sellovio aliisque advectas addidit, communibus amicorum propriisque studiis secundum methodum naturalem dispositas et illustratas edidit Karl-Friedrich-Philipp von Martius*, Stuttgard et Tubingue, 1829-1859, fascicules I-XI, in-folio, avec 205 planches noires ou coloriées, jusqu'à la date de 1859 ; Endlicher, Eschweiler, Christian-Godefroid Nees d'Esenbeck et d'autres savants ont concouru à cette publication monumentale ; *Les plantes et les animaux de l'Amérique tropicale (Die Pflanzen und Thiere des tropischen Amerika*, Munich, 1831, in-4°) ; *Les Eriocaulonées représentées et expliquées comme famille à part (Die Eriocauleen*, etc., Bonn, 1833, in-4°, avec 5 planches) ; *Conspec-*

tus regni vegetabilis secundum characteres morphologicos præsertim carpicos in classes, ordines et familias digesti, adjectis exemplis nominibusque plantarum usui medico, technico et œconomico inservientium, Nuremberg, 1835; *Herbarium Floræ Brasiliensis*, ouvrage dont la publication a commencé, à Munich, en 1837; *Discours et leçons sur des objets d'histoire naturelle* (*Reden und Vorträge*, etc., Stuttgard et Tubingue, 1838, in-8°); la morphologie des plantes tient une grande place dans cet ouvrage; *Linné et le douteur* (*Linné und der Zweifler*, Munich, 1838); *Les Palmiers dans le monde ancien* (*Die Verbreitung der Palmen in der alten Welt*, etc., Munich, 1839, in-4°); *Sur l'espèce Erythroxylon* (*Beiträge zur Kenntniss der Gattung Erythroxylon*, Munich, 1840, in-4°, avec 10 planches); *Systema materiæ mediæ vegetabilis Brasiliensis*, Leipzig, 1843, in-8°; *La constitution, les maladies, l'art médical et les remèdes des indigènes du Brésil* (*Das Naturell, die Krankheiten*, etc., Munich, 1843, in-8°); *Palmetum Orbigianum, descriptio Palmarum in Paraguaria et Bolivia crescentium secundum Alcide d'Orbigny*, dans le *Voyage en Amérique d'Alcide d'Orbigny*, vol. VII, Paris, 1843-1846, in-4°. Nous n'avons pas cité tous les ouvrages, mais seulement les principaux, de Charles-Frédéric-Philippe de Martius, qui a donné des mémoires et des monographies au recueil de la Société botanique de Ratisbonne et à d'autres publications périodiques.

Deux autres de Martius se sont occupés de botanique dans le siècle présent, à savoir Henri et Théodore-Guillaume-Chrétien, celui-ci également fils d'Ernest-Guillaume.

Henri de Martius, né en 1781, à Radeberg, en Saxe, s'établit en Russie en 1804 et fut nommé sous-intendant des musées impériaux à Moscou. Il fit, de 1808 à 1811, un voyage en Sibérie, en Ukraine, au Caucase. En 1816, il retourna en Saxe, y pratiqua la médecine, et, en 1828, se fixa à Berlin où il mourut en 1831. Nous ne citerons de lui que le seul ouvrage de botanique auquel il ait attaché son nom : *Prodromus Floræ Mosquensis*, Moscou, 1812, in-8°; 2° éd., Leipzig, 1817.

Théodore-Guillaume-Chrétien de Martius, qui prit, en 1824, la direction de la pharmacie de son père, à Erlangen, et qui, en 1848, devint professeur de pharmacognosie à l'École de médecine de cette ville, a publié des *Éléments de pharmacognosie du règne végétal* (*Grundriss der Pharmakognosie des Pflanzenreiches*, etc., Erlangen, 1832, in-8°).

Octave Targioni-Tozzetti, fils de Jean Targioni, dont il a été question dans le précédent chapitre, et, comme lui, professeur de botanique à Florence, débuta dans la science, en 1794, par un *Mémoire sur le Cicer*, et a publié successivement depuis : *Institutions botaniques* (*Istituzioni botaniche*, Florence, 1794, 2 vol. in-8°; 2ᵉ édit., 3 vol. in-8°; 3ᵉ édit., 1813, 3 vol. in-8°); *Leçons d'agriculture en Toscane* (*Lezioni di agricoltura specialmente Toscana*, Florence, 1802-1804, 6 vol. in-8°); *Sur quelques champignons trouvés dans l'appareil d'une fracture compliquée de jambe humaine* (*Sopra alcuni funghi ritrovati nell' apparecchio di una frattura complicata d'una gamba umana*, Modène, 1805, avec une planche); *Projet d'une Flore économique de Florence* (*Prospetto per la Flora economica Fiorentina*, Vérone, 1808); *Dictionnaire botanique italien* (*Dizionario botanico italiano*, etc., Florence, 1809, en 2 parties; 2ᵉ édit., 1825, 2 vol. in-8°); *De la nécessité d'observer les organes de la fleur avant l'époque de la floraison* (*Della necessità di osservare le parti della fruttificazione avanti e dopo la florecenza*, Modène, 1825). Dans ce mémoire, Targioni montre qu'il sentait toute l'importance de l'étude organogénique de cette science nouvelle, propagée par Gaudichaud, Payer, et, plus tard, par M. le professeur Baillon. Octave Targioni est encore auteur de plusieurs autres mémoires.

Giovacchino Carradori, médecin, physicien et accessoirement botaniste italien, né en 1758, a publié quelques ouvrages physiologiques sur les végétaux; ce sont : *De la transformation du Nostoc en Tremella*, etc. (*Della trasformazione del Nostoc in Tremella verrucosa, in Lichen fascicularis ed in Lichen rupestris*, 1797, in-12); *Expériences et observations sur la vitalité des plantes* (*Sulla vitalità delle piante esperienze ed osservazioni*, Milan, 1807); *Des organes absorbants dans les racines des plantes* (*Degli organi assorbenti delle radici delle piante*); *Expériences et observations sur l'irritabilité de la laitue, avec quelques réflexions sur l'irritabilité des végétaux* (*Sperienze ed osservazioni sopra l'irritabilità della lattuga*, etc., 1808).

Jean Lavy, botaniste piémontais, est auteur des ouvrages suivants : *Stationes plantarum Pedemontio indigenarum*, Turin, 1801; *Genera plantarum subalpinam regionem exornantium*, Turin, 1802; *Phyllographie piémontaise*, Turin, 1816, 3 vol. in-8°; et *État général des végétaux originaires, ou moyen pour juger, même de son cabinet, de la salubrité de l'atmosphère, de la fertilité du sol et*

de la propreté des habitants dans toutes les localités de l'univers,
Paris, 1830, 1 volume in-8°.

On doit à Charles Perotti, Italien, une *Physiologie des plantes (Fisiologia delle piante,* 1810, 2 vol. in-8°), et des *Observations physiques sur les inconvénients de planter des arbres fruitiers dans les prairies et de la meilleure manière de les tailler,* 2° édit., 1812, in-8°.

Gaetano Savi, professeur à l'université de Pise, l'un des plus distingués botanistes d'Italie, a publié : *Flore de Pise (Flora Pisana,* Pise, 1798, 2 vol. in-8°); *Catalogue des plantes du jardin de Pise (Enumeratio stirpium in horto Pisano,* Pise, 1804); *Traité des arbres de la Toscane (Trattato degli alberi della Toscana,* Pise, 1801, in-8°; 2° édit., Pise, 1811, 2 vol. in-8°); *Deux Centuries de plantes de la Flore étrusque (Due Centurie di piante appartenenti alla Flora etrusca,* Pise, 1804, in-8°); *Botanique étrusque (Botanicon etruscum,* etc., Pise, 1808-1825, 4 vol. in-8°); *Observationes in varias Trifoliorum species,* Florence, 1810, in-8°; *Leçons de botanique (Lezioni di botanica,* Florence, 1811, 2 vol. in-8°); *Observations sur diverses plantes (Osservazioni sopra diverse piante,* Pise, 1816); *Sur une nouvelle plante cucurbitacée pouvant former un nouveau genre (Sopra una piante cucurbitacca, che può formare un nuovo genere, Benincasa,* Milan, 1818); *Sur le Cèdre du Liban (Sul Cedro del Libano,* Florence, 1818); *Flore italienne (Flora italiana, ossia Raccolta delle piante più belle che si coltivano nei giardini d'Italia, diretta ed illustrata dal professore Gaetano Savi,* Pise, 1818-1824, 3 vol. in-fol., avec planches admirablement coloriées); *Nouveaux éléments de botanique (Nuovi elementi di botanica,* Pise, 1820); *Sur la naturalisation des plantes (Sulla naturalisazione delle piante,* Pise, 1822); *Divers genres de plantes disposées suivant le système sexuel et la méthode naturelle (Scelta di generi di piante coi loro respettivi caratteri disposti secondo il sistema sessuale ed il metodo naturale per uso degli studenti di botanica,* Pise, 1828, in-8°); *Notices pour servir à l'histoire du jardin de Pise (Notizie per servire all' istoria del giardino e museo dell' università di Pisa,* Pise, 1828, in-8°); *A la mémoire de Joseph Raddi (Alla memoria di Giuseppe Raddi,* Florence, 1830, in-4°); cet écrit est accompagné d'un rapport sur les plantes colligées en Égypte par Raddi. Jusqu'à l'an 1841, Gaetano Savi a encore publié quelques opuscules et mémoires botaniques.

Il ne faut pas confondre Gaetano Savi avec Pierre Savi, à qui l'on doit une *Florula gorgonica,* Florence, 1844; ni avec Paul Savi, au-

BOTANISTES
ITALIENS.

PEROTTI.

PHYSIOLOGIE
VÉGÉTALE.

SAVI.

teur d'un écrit sur *Une illusion fréquente dans les observations micro-scopiques* (*Sopra una illusione*, etc., Pise, 1822).

Jean Biroli, professeur de botanique à l'université de Turin, né en 1772, à Novare, fit ses études médicales, s'adonna à la clinique, puis devint directeur du jardin de la Société d'horticulture de Novare. Professeur d'agriculture à Pavie lors de la dislocation du royaume d'Italie en 1814, il fut appelé à ce moment à la chaire de botanique et de matière médicale à Turin. Atteint de paralysie en 1817, il prit sa retraite, et se retira dans sa ville natale, où il mourut en 1825. Pendant sa direction du jardin de la Société d'horticulture, il s'occupa de la culture de l'Arachide et du Cotonnier. On a de lui : *Flore écono-mique du département d'Agogna* (*Flora economica del dipartimento dell' Agogna*, Verceil, 1805); *Flora Aconiensis seu plantarum in Novariensi provincia sponte nascentium descriptio*, 1808, 2 vol. in-8°; *Géorgiques du département d'Agogna*, 1809; *Catalogus plantarum horti Novarien-sis*, Novare, 1810, in-8°; et un ouvrage sur la culture du riz (*Del riso trattato economico-rustico*, Milan, 1807; 2° édit., 1825).

Vincent Briganti, botaniste napolitain, est auteur des ouvrages suivants : *Clavis systematis sexualis Linnæi*, Naples, 1804, in-fol.; *De nova Pimpinellæ specie cui nomen Anisoides dissertatio*, 1805; *Stirpes rariores, quæ in regno Neapolitano aut sponte veniunt aut hospitantur*, Naples, 1816, in-fol., avec 5 planches; *De fungis rario-ribus regni Neapolitani historia picturis ad naturam ductis illustrata*, Naples, 1824.

Joseph Bayle-Barelle, botaniste-agronome d'Italie, a publié : *Table analytique élémentaire de botanique* (*Tavole*, etc., Milan, 1804); *Description de Champignons nouveaux et suspects avec figures colo-riées* (*Descrizione esatta dei funghi*, etc., Milan, 1808); *Monographie agronomique des Céréales* (*Monografia*, etc., 1809, avec 6 planches); et *Définition et synonymie des Froments* (*Triticorum definitiones atque synonymia*, 1812).

Philippe Ré, agriculteur italien, professeur d'agriculture à Reggio, directeur de l'université de cette ville, surintendant des jardins royaux, né à Reggio en 1763, mort en 1817, est auteur des ouvrages suivants : *Essai d'une bibliographie agricole* (*Saggio d'una bibliografia georgica*, Venise, 1802); *Essai théorique et pratique sur les maladies des plantes* (*Saggio teorico-pratico*, etc., Venise, 1807, in-8°; 2° édit., Milan, 1817); *Éléments d'agriculture* (*Elementi di agricoltura*, et *Nuovi ele-*

menti, etc., 1806, 4 vol. in-8°) ; *Annales d'agriculture du royaume d'Italie* (*Annali*, etc., 1809-1814, 22 volumes); *Du Cotonnier et de la manière de le bien cultiver* (*Del Cotone*, etc., Milan, 2° édit., 1811); *Le Jardinier* (*Il Giardiniere avviato nell' esercizio della sua professione*, 3° édit., Milan, 1812, 2 vol. in-8°) ; *Prodrome de la Flore d'Ateste* (*Floræ Atestinæ prodromus*, 1816) ; *Essai sur l'histoire et la culture des plantes médicinales* (*Saggio sopra la storia*, etc., 2° édit., Milan, 1816); *Essai sur la culture de la pomme de terre* (*Saggio*, etc., 1817).

Un autre Ré (Jean-François) a publié une *Flore de Suse* (*Flora Segusiensis*, Turin, 1805) ; un *Appendice à la Flore du Piémont* (*Ad Floram Pedemontanam Appendix*, Turin, 1821) ; une *Flore de Turin* (*Flora Torinese*) dont le Ier volume a paru en 1825.

Jean Brignoli de Brunnhoff, botaniste italien, professeur à Urbin, puis à Vérone, est auteur des ouvrages suivants : *Fasciculus rariorum plantarum Forojuliensium*, Urbin, 1810 ; *Catalogus plantarum in horto botanico Archigymnasii Mutinensis cultarum*, Modène, 1817 ; *Horti botanici Archigymnasii Mutinensis historia*, Modène, 1842. De Candolle et Bertoloni ont dédié chacun un genre *Brignolia* à l'auteur de la *Flore de Modène*, l'un dans la famille des Composées, l'autre dans celle des Ombellifères.

Paul Sangiorgio, botaniste milanais, est auteur de quelques ouvrages estimés, particulièrement d'une *Histoire des plantes médicinales* (*Istoria delle piante medicale*, Milan, 1809-1810, 4 vol. in-8°). Il a écrit aussi des *Éléments de botanique* (*Elementi di botanica compilati ad uso delle Università e dei Licei del regno d'Italia*, Milan, 1808, in-8°, avec 13 planches).

Antoine Sebastiani, botaniste italien, s'est principalement occupé des plantes du territoire de Rome. On lui doit : *Romanarum plantarum fasciculus primus et alter*, Rome, 1813-1815, in-4°, avec 10 planches; et, avec le concours d'Ernest Mauri : *Floræ Romanæ Prodromus*, Rome, 1818, in-8°, avec 10 planches. Il a donné aussi une *Exposition du système de Linné appliqué aux plantes médicinales exotiques et indigènes du jardin botanique* (*Esposizione del sistema di Linneo, pianti officinali indigene o esotiche domiciliate nell' orto botanico*, Rome, 1819). Bertoloni a dédié à ce botaniste le genre *Sebastiania*, dans la famille des Composées, et Sprengel lui a consacré un genre du même nom, dans la famille des Euphorbiacées.

Antoine Campana, qui était, en 1812, professeur de botanique et

BOTANISTES ITALIENS.

directeur du jardin des plantes du Lycée de Ferrare, a publié un *Catalogue des plantes de ce jardin* (*Catalogus plantarum horti botanici regii Lycei Ferrariensis*, 1812), et une *Pharmacopée ferraraise* (*Farmacopea Ferrarese*) qui a eu de nombreuses éditions, la 6° en 1818.

BIVONA-BERNARDI.

Le baron Antoine Bivona-Bernardi, botaniste sicilien, mort vers 1837, s'est occupé spécialement des plantes de la Sicile. On lui doit : *Sicularum plantarum Centuria I et II*, Palerme, 1806, petit in-4°, avec 13 planches; *Monographie des Tolpis* (*Monografia delle Tolpidi*, 1809, avec 5 planches) ; *Stirpium rariorum minusque cognitarum in Sicilia sponte provenientium descriptiones*, *Manipulus I-IV*, Palerme, 1813-1816, in-4°, avec 14 planches; *Scinaia, Algarum marinarum novum genus*, Palerme, 1822.

GALLÉSIO.

Georges, comte Gallesio, botaniste italien, s'est appliqué à l'étude des plantes vivantes et économiques. On a de lui un *Traité du genre Citrus*, Paris, 1818, in-8°; une *Théorie de la reproduction des végétaux* (*Teoria della riproduzione vegetale*, Pise, 1816); une magnifique *Pomone italienne* (*Pomona italiana, ossia trattato degli alberi fruttiferi*, Pise, 1817-1834, 3 vol. in-folio); etc.

ZANARDINI.

Jean Zanardini, botaniste et surtout algographe italien, a publié : *Synopsis Algarum in mari Adriatico hucusque collectarum, cui accedunt Monographia Siphonearum necnon generales de Algarum vita et*

ALGOGRAPHIE.

structura disquisitiones cum tabulis auctoris manu ad vivum depictis, Turin, 1841, in-4°, avec 8 planches coloriées; *Essai de classification naturelle des Ficées* (*Saggio di classificazione naturale delle Ficee*, Venise, 1843, in-4°) ; *Sur les corallines* (*Sulle corallinee*, Venise, 1844, in-8°).

ALBERTI (ANTOINE).

Antoine Alberti a publié : *Flore médicale ou catalogue alphabétique raisonné des plantes médicinales décrites en langue italienne* (*Flora*

MATIÈRE MÉDICALE VÉGÉTALE.

medica ossia catalogo alfabetico ragionato delle piante medicinali, etc., Milan, 1817, 6 vol. in-8°, avec 360 planches coloriées; 2° édit., 1836). Les planches jouent le principal rôle dans cet ouvrage; les textes se bornent à une description succincte. Antoine Alberti a en outre publié : *De la manière de distinguer les champignons comestibles des champignons vénéneux* (*Del modo di conoscere i fungi*, etc., Milan, 1829, in-4°, avec 34 planches coloriées).

RADDI.

Joseph Raddi, l'un des plus éminents cryptogamistes de notre siècle, naquit en Italie, l'an 1770, fut orphelin dès la première enfance, et

CRYPTOGAMIE.

entra comme garçon de peine chez un pharmacien. Il étudia beaucoup et, son intelligence aidant, il finit par devenir un habile observateur et un auteur en renom. Sa première publication date de 1808 et est intitulée : *De quelques espèces nouvelles et rares de plantes cryptogames trouvées aux environs de Florence (Di alcune specie nuove e rare di piante crittogame*, etc.). Il donna ensuite : *Synopsis des fougères du Brésil (Synopsis Filicum Brasiliensium*, 1819) ; *Monographie des Jungermanniées de Toscane (Jungermanniografia etrusca*, 1820) ; *De quelques espèces de plantes brésiliennes (Di alcune specie nuove di piante brasiliane*, etc., 1820) ; *Quarante plantes nouvelles du Brésil (Quaranta piante nuove del Brasile*, 1820) ; *Cryptogamie du Brésil (Crittogame brasiliane*, 1822) ; *Description d'une nouvelle Orchidée brésilienne (Descrizione*, etc., 1823) ; *De quelques espèces de Psidium (Di alcune specie di Pero indiano*, 1821) ; *Agrostographie du Brésil (Agrostographia Brasiliensis*, 1823). Raddi avait commencé un *Nova genera* des plantes du Brésil, dont la première partie, relative aux *Fougères*, parut à Pise, en 1825, in-fol., avec 84 planches. Il mourut en 1829, pendant un voyage en Égypte. Antoine Bertoloni lui a dédié le genre *Raddia*, dans les Graminées, et le Père Leandro de Sacramento le genre *Raddisea*, dans les Hippocratéacées.

Jean-Baptiste Balbis, botaniste et homme politique italien, né en 1765 à Moretto, en Piémont, mort en 1831, succéda en 1800 à Allioni, qui avait été son maître, dans la chaire de botanique et la direction du jardin des plantes de Turin. Précédemment, après la conquête du Piémont par les Français, en 1798, il avait été membre du gouvernement provisoire. Dès 1801, il publia un *Catalogue des plantes qui croissent autour de Turin (Elenco delle pianti crescenti ne' contorni di Torino)*. Il fit paraître ensuite : *Miscellanea botanica, ubi et rariorum horti botanici stirpium minusque cognitarum descriptiones, ac additamentum alterum ad floram Pedemontanam*, etc., 1804-1806, in-4°, avec planches ; *Enumeratio plantarum officinalium horti botanici Taurinensis augustæ Gallorum imperatricis Josephinæ*, Turin, 1805 ; *Horti academiæ Taurinensis stirpium minus cognitarum icones et descriptiones*, Turin, 1810, in-4°, 4 fasc. avec 7 planches. Il publia aussi une *Matière médicale (Materies medica)*, Turin, 1811, 2 vol. in-8°. Après la sortie des Français d'Italie, en 1814, Balbis perdit ses emplois, et se retira à Pavie chez son ami Nocca, qu'il aida dans sa publication de la *Flora Ticinensis*. Menacé de persécution pour ses opinions politiques qui étaient anti-autrichiennes, il vint en France, et obtint, en

1819, la chaire de botanique et la direction du jardin des plantes de Lyon. Ce fut alors qu'il composa et mit au jour sa *Flore lyonnaise ou description des plantes qui croissent dans les environs de Lyon et sur le mont Pilat*, Lyon, 1827-1828, 2 vol. in-8°, dont le second est consacré aux Cryptogames. En 1830, il prit sa retraite et retourna dans sa patrie, où il mourut l'année suivante. Il a été donné, en 1835, un *Supplément* à sa *Flore lyonnaise*.

Dominique Nocca, professeur de botanique à Turin, puis à l'université de Pavie, débuta, en 1793, par quatre opuscules intitulés : *In botanices commendationem oratio; Observationes botanicæ; Nomina quarumdam plantarum Italica et corrupta Lombardiæ; Horti botanici Mantuani historia; Illustrationes nonnullarum plantarum horti botanici Mantuani*. En 1796 il donna : *Scenographia horti botanici Mantuani;* en 1800, *Monitum eorum gratia editum, qui ad botanicam introduci volunt*, et *Ticinensis horti academici plantæ selectæ, quas descriptionibus illustravit, observationibus auxit, coloribus ad naturam prope reddidit*, fasc. 1, in-fol., avec 6 planches; en 1801, *Elementi di botanica*, réédité en 1805, avec 5 planches; en 1803, *Synopsis plantarum horti botanici Ticinensis;* en 1804, *Synonymia plantarum horti botanici Ticinensis;* en 1805, *Le sommeil des feuilles démontré par des figures (Il sonno delle foglie delle piante espresso colle figure ed illustrato con nuove osservazioni);* en 1807, *Nomenclatura stirpium horti botanici Ticinensis*. Il publia ensuite : *Institutions de botanique appliquée à la médecine, à la physiologie, à l'économie rurale et aux arts (Istituzioni di botanica pratica applicabili alla medicina*, etc., Pavie, 1808-1809, 3 vol. in-8°) ; *Illustratio usus et nominis plantarum quæ in Julii Cæsaris Commentariis indigitantur*, 1812; *Histoire raisonnée des plantes indigènes et exotiques desquelles on peut extraire du sucre (Storia ragionata*, etc., 1812); *Onomatologia, seu nomenclatura plantarum quæ in horto medico Ticinensi coluntur*, Pavie, 1813, in-8°; *Flora Ticinensis, seu enumeratio plantarum quas in peregrinationibus multiplicibus plures per annos solertissime in Papiensi agro peractis observarunt et collegerunt Domenico Nocca et Giovanni-Battista Balbis*, Turin, 1816-1821, 2 vol. in-8°, avec 27 planches et une carte; *Historia atque Iconographia horti botanici Ticinensis*, 1818, in-4°; et une *Flore pharmaceutique (Flora farmaceutica)*, Pavie, 1826, 2 vol. in-8°, avec 5 planches. Cavanille a consacré à ce botaniste un genre *Noccæa* dans la famille des Composées.

Ciro Pollini, médecin et botaniste italien, professeur de botanique à Vérone, né en 1783, mort en 1833, a publié des ouvrages estimés. Ce sont : *Synonymie botanique moderne* (*Sinonimia botanica moderna*, Milan, 1804); *Examen succinct des Éléments de botanique du professeur Sangiorgio* (*Succinto esame*, etc., 1809); *De l'influence des sciences naturelles sur l'agriculture* (*Dell' influenza*, etc., 1809); *Éléments de botanique* (*Elementi di botanica compilati*, Vérone, 1810-1811, 2 vol. in-8°, avec 20 planches); *Discours historique sur la botanique* (*Discorso*, etc., 1812); *Catalogus plantarum horti botanici Veronensis*, Vérone, 1812; 2ᵉ édit., 1814; *Essai d'observations et d'expériences sur la végétation des plantes* (*Saggio di osservazioni*, etc., Vérone, 1815); *Horti et provinciæ Veronensis plantæ novæ vel minus cognitæ*, 1816; *Voyage au lac de Garde et au mont Baldus* (*Viaggio*, etc., 1816); *Observations sur le Voyage au lac de Garde* (*Osservazioni*, etc., 1817); *Les Algues des thermes Euganéens*, avec un *Index des plantes des monts Euganéens et un Appendice sur quelques Algues de la province de Vérone* (*Sulle Alghe*, etc., Milan, 1847); *Sur quelques maladies des oliviers* (*Sopra alcune malattie degli ulivi*, 1818); *Sur la théorie de la reproduction végétale de Gallesio* (*Sopra la teoria*, etc., 1819); *Flora Veronensis, quam in Prodromum Floræ Italiæ septentrionalis exhibet*, Vérone, 1822-1824, 3 vol. in-8°, avec 10 planches. Sprengel a dédié à Pollini le genre *Pollinia*, qui rentre, comme synonyme du genre *Andropogon*, dans la famille des Graminées.

Antoine Bertoloni, naturaliste italien, professeur et directeur du jardin botanique de Bologne, qui s'est occupé à la fois de botanique et de zoologie, est auteur d'un grand nombre d'ouvrages, parmi lesquels nous citerons : *Rariorum Liguriæ plantarum Decas* III, Pise, 1803-1810, in-8°; *Plantæ Genuenses*, Gênes, 1804; *Amœnitates Italicæ*, Bologne, 1819; *Excerpta de re herbaria*, 1820; *Elenchus plantarum vivarum quas exhibet hortus Archigymnasii Bononiensis*, 1820; continuation en 1827; *Lucubrationes de re herbaria*, 1822; *Viridarii Bononiensis vegetabilia*, 1824; *Horti botanici Bononiensis plantæ vicentes*, 1826; *Description des Safrans d'Italie* (*Descrizione de' Zafferani italiani*, 1826); *Prælectiones rei herbariæ et prolegomena ad Floram Italicam*, 1827; *Mémoire sur quelques productions naturelles du golfe de la Spezzia* (*Memoria*, etc., 1832); *Mantissa plantarum Floræ Alpium Apuanarum*, 1832; *Horti botanici Bononiensis plantæ novæ*, 2 fasc. in-4°, avec 9 planches coloriées, 1838-1839; *Florula Guatimalensis*, Bologne, 1840, in-4°, avec 12 planches coloriées; *Iter in Apenninum Bononiensem*, 1841; *Miscellanea botanica*, Bologne, 1842-1846, 5 fasc. in-4°, avec planches coloriées. Le plus important ouvrage de Bertoloni est sa *Flora Italica*, dont 6 volumes in-8° avaient déjà paru de 1833 à 1846. Cette belle publication n'est pas encore terminée. Quatre genres de plantes, portant le nom de *Bertolonia*, ont été dédiés à Bertoloni, par de Candolle, Raddi, Rafinesque et Sprengel. Celui de Raddi, dans les Mélastomacées, a été seul conservé.

Joseph Moretti, botaniste italien, successivement professeur aux universités d'Udine, de Vicence, de Milan, né à Pavie en 1783, mort en 1853, s'est beaucoup occupé, dans ses écrits, de la Flore d'Italie et d'agriculture. On lui doit : *Notice sur diverses plantes à ajouter à la flore de Vicence* (*Notizia*, etc., 1813); *Observations sur diverses espèces de plantes indigènes de l'Italie* (*Osservazioni*, etc., 1818); *Observations sur la Flore de Vérone du professeur Pollini* (*Intorno alla Flora Veronensis del prof. Pollini osservazioni*, Milan, 1822); *Essai pour prouver la synonymie des espèces du genre Saxifrage* (*Tentatico diretto ad illustrare la sinonimia del genere Saxifraga indigene del suolo italiano*, Pavie, 1823); *Le botaniste italien* (*Il botanico italiano*, Pavie, 1826); *Bibliothèque agraire ou Recueil d'instructions sur l'économie rurale* (*Biblioteca agraria*, Milan, 1826-1839, 23 vol. in-8°); *Guide pour l'étude de la physiologie végétale et de la botanique* (*Guida*, etc., Pavie, 1835); *Prodrome d'une monographie du genre Mûrier* (*Prodromo*, etc., Milan, 1842); *Défense et illustration des œuvres botaniques de Mattioli* (*Difesa ed illustrazione*, etc., Milan, 1844). Moretti est en outre l'auteur de beaucoup de dissertations botaniques. De Candolle lui a dédié le genre *Morettia*, dans la famille des Crucifères.

Dominique Viviani, botaniste italien, professeur à Gênes, commença par fonder les *Annales de botanique* (*Annali di botanica*, Gênes, 1802-1804). Il donna ensuite : *Voyage dans les Apennins*, en français, 1807; *Floræ Italicæ fragmenta*, fasc. I, in-4°, 26 planches, 1808; *Essai sur la manière de prévenir la confusion qu'apportent dans la botanique l'innovation des noms et les descriptions inexactes des plantes* (*Saggio sulla maniera d'impedire la confusione*, etc., Milan, in-4°, avec 2 planches); *Floræ Libycæ specimen*, Gênes, 1824, in-fol., avec 27 planches; *Floræ Corsicæ specierum novarum vel minus cognitarum*

BOTANISTES
ITALIENS.

diagnosis quam in Floræ Italicæ fragmenti alterius Prodromum ex-hibet, Gênes, 1824, in-4°; deux Appendices au Prodrome de la *Flore de Corse* ci-dessus, le 1er en 1825, le 2e en 1830; *Plantarum Ægyptiarum Decades IV*, Gênes, 1830, in-8°; *De la structure des organes élémentaires dans les plantes et de leurs fonctions dans la vie végétale (Della struttura degli organi elementari nelle piante*, etc., Gênes, 1831, in-8°, avec 8 planches in-4°); *Les Champignons d'Italie, décrits et illustrés de planches dessinées et coloriées d'après nature (I funghi d'Italia*, etc., Gênes, 1834, in-fol., 50 planches coloriées); *Du Bissus des anciens (Del bisso degli antichi*, Milan, 1836). Il a été créé six genres *Viviana* en l'honneur de Viviani; celui qui a été constitué par Cavarille est devenu le type d'une petite famille très-voisine de celle des Géraniacées.

AMICI.

MICROGRAPHIE
VÉGÉTALE.

Jean-Baptiste Amici, opticien italien, physiologiste et astronome de l'observatoire de Modène, né dans cette ville en 1784, entre autres merveilleux instruments, a inventé le *Microscope achromatique*, à l'aide duquel il a observé la circulation de la sève dans les plantes, les animaux infusoires et la fructification des végétaux. Ce fut ainsi qu'il fit et publia : 1° *Observations sur la circulation de la sève dans les Chara (Osservazioni sulla circolazione del succhio nella Chara*, Modène, 1818, in-4°, avec une planche); 2° *Observations microscopiques sur diverses plantes (Osservazioni microscopiche sopra varie piante*, Modène, 1823, in-4°, avec 6 planches); 3° *Description d'une Oscillaria* (genre d'Algue filiforme) *qui vit dans les eaux thermales de Chianciano (Descrizione di un' Oscillaria vivente nelle acque termali di Chianciano*, Florence, 1833, avec une planche).

COLLA.

Louis Colla, botaniste italien, est auteur de nombreux ouvrages de botanique, parmi lesquels nous citerons : *L'antologista botanico*, Turin, 1813-1814, 6 vol. in-8°, avec 17 planches; *Observations sur le Limodorum purpureum de Lamarck, et création d'un nouveau genre dans la famille des Orchidées*, Paris, 1824; *Hortus Ripulensis*, Turin, 1824, in-4°, avec 40 planches. *Appendices* en 1825, 1827, 1828, également accompagnés de planches; *Mémoire sur le Melanopsidium nigrum des jardiniers et formation d'un genre nouveau dans la famille des Rubiacées*, Paris, 1825; *Monographie du genre Musa*; *Histoire et description du Cactus senilis*; *Histoire et description du Cactus (Mammillaria) spiræiformis*; *Mémoire sur une nouvelle espèce de Calonyction (Calonyction macrantholeucum)*; ces derniers opuscules ont été publiés en langue italienne, de 1826 à 1840. Colla a donné deux ouvrages plus importants : *Les plantes rares des régions du Chili découvertes par Bertero* (*Plantæ rariores in regionibus Chilensibus a clarissimo Bertero nuper detectæ*, Turin, 1832-1833, 4 fasc. in-4°, avec 75 planches); et l'*Herbier Piémontais* (*Herbarium Pedemontanum*, Turin, 1833-1837, 8 vol. in-8°, le dernier renfermant 97 planches). Enfin on a du même auteur des *Observations sur la famille des Rutacées, sur le genre Correa et la formation du nouveau genre An-tommarchia*, 1843 ; et *Camelliographie ou tentative d'une nouvelle classification naturelle de la variété des Camellias du Japon* (*Camelliografia*, etc., Turin, 1843, in-8°).

Joseph Comolli a publié le *Catalogue des plantes de la province de Côme* (*Plantarum in Lariensi provincia lectarum enumeratio*, 1826); et *Flore de Côme* (*Flora Comense*, Côme, 1834-1836, 3 vol. in-8°).

Joseph-Gabriel Balsamo, plus connu sous le pseudonyme de Cri-velli, botaniste italien, est auteur d'une Monographie des Solanées (*De Solanacearum familia in genere, addita Verbascorum Italiæ indi-genorum monographia*, Turin, 1824). Il s'est occupé ensuite de bryo-

logie avec de Notaris ; ces deux auteurs ont fait paraître en commun : *Synopsis Muscorum in agro Mediolanensi hucusque lectorum*, Milan, 1833; et *Prodromus Bryologiæ Mediolanensis*, Milan, 1834.

Joseph de Notaris a publié seul d'intéressants ouvrages de crypto-gamie, entre autres : *Muscologiæ Italicæ spicilegium*, Milan, 1837 ;

Syllabus Muscorum in Italia et in insulis circumstantibus cognitorum, Turin, 1838 ; *Primitiæ Hepaticologiæ Italianæ*, 1838; *Micromycetes Italici novi vel minus cogniti*, Turin, 1841-1844, in-4°, avec 12 pl.; *Algologiæ maris Ligustrici specimen*, Turin, 1842, in-4°, avec 7 pl. De Notaris a aussi donné, dans un autre ordre d'études botaniques, *Index seminum quæ hortus botanicus Genuensis pro mutua com-mutatione offert annis 1840-1845; Isias novum Orchidearum genus*, 1844 ; etc.

Michel Tenore, docteur en médecine, botaniste italien, membre de l'Académie des sciences de Naples, né à Naples en 1781, ouvrit un cours de botanique dans sa ville natale. Après avoir organisé le jardin du prince de Bisignano, il fut chargé, en 1803, de créer le jardin des plantes de Naples, qu'il rendit l'un des plus beaux de l'Europe. Il a publié les ouvrages suivants : *Leçons de botanique* (*Quadro ragionato delle botaniche lezioni*, 1802); *Catalogue des plantes du jardin bota-

nique de Naples (*Catalogo*, etc., 1807; nouvelle édition revue et augmentée, 1845); *Leçons du cours de botanique* (*Corso delle botaniche
lezioni*, Naples, 1806, 2 vol. in-8°; 2ᵉ édition, 1816-1823, 4 vol.
in-8°); le 4ᵉ volume de cette édition contient une *Flore médicale universelle* et une *Flore particulière de la province de Naples;* l'auteur a
donné, en 1833, une 3ᵉ édition des deux premiers volumes sous un
titre distinctif (*Trattato di fitognosia, ossia esposizione della glossologia,
tassonomia et fitografia*); *Essai sur les qualités médicinales des plantes
de la Flore de Naples* (*Saggio*, etc., 1820); *Catalogue des plantes du
jardin botanique du prince de Bisignano* (*Catalogo*, etc., 1809); *Flora
Napolitana*, Naples, 1811-1838, 5 vol. in-fol., avec 250 planches
coloriées; *Recueil d'explorations botaniques dans le royaume de Naples*
(*Raccolta di viaggi fisico-botanici nel regno di Napoli*, 1812); *Catalogue des plantes agraires du jardin de Naples* (*Catalogo*, etc., 1845);
*Observations botanico-agraires sur la collection de Céréales dans le
jardin de Naples* (*Osservazioni*, etc., 1847); *Appendices au Prodrome
de la Flore de Naples*, 1823 et 1826; *Observations sur la Flore de
Virgile* (*Osservazioni*, etc., 1826); *Observations sur la Flore de Théocrite* (*Osservazioni*, etc.); *Voyage dans certains lieux de la Basilicate
et de la Calabre* (*Viaggio*, etc., 1827); *Essai sur la géographie physique et botanique du royaume de Naples* (en français et en italien,
1827); *Mémoires lus à l'Académie des sciences de Naples*, de 1822 à
1827, sur les plantes *Acer Lobelii, Thuya pyramidalis, Dracœna Boer-
haavii, Oxonis Dehnhardtii, Ixia ramiflora, Campanula garganica*,
Naples, 1831, in-4°, avec 7 planches; *Voyage dans diverses parties
de l'Italie, de la Suisse, de la France, de l'Angleterre et de l'Allemagne*
(*Viaggio*, etc., Naples, 1828, 4 vol. in-8°); *Relation d'un voyage dans
l'Abruzze citérieure* (*Relazione*, etc., 1832); *Sylloge plantarum vascularium Floræ Neapolitanæ hucusque detectarum*, Naples, 1831;
Appendices de 1831 à 1842; deux *Mémoires sur le genre Musa*,
1832; *Mémoire sur une nouvelle espèce d'Angélique*, 1837; *Nouvelles
recherches sur la Caulinia oceanica*, 1838; *Mémoire sur les diverses
espèces et variétés de coton cultivées dans le royaume de Naples* (*Memoria sulle diverse specie e varietà di cotone*, etc., 1839); etc. Michel
Ténore a en outre publié pendant quinze ans le *Journal encyclopédique*.

Philippe Parlatore, médecin, anatomiste, naturaliste et surtout bota-
niste sicilien, né à Palerme en 1816, commença ses publications par

des ouvrages de médecine, et se signala, en 1837, dans les épidémies cholériques, par son dévouement et par son savoir. Cependant la botanique était une de ses principales préoccupations, et sa liaison avec le baron Bivona Bernardi, botaniste distingué, l'eut bientôt déterminé à se livrer tout entier à son goût pour cette science. Il commença par publier un ouvrage sur les plantes de Sicile (*Rariorum plantarum et haud cognitarum in Sicilia sponte provenientium*, Palerme, 1838-1840). Il voyagea en Italie, en Suisse et en France, et publia à Paris les ouvrages suivants : *Observations sur quelques plantes d'Italie*, dans les *Ann. des sc. nat.*, 1841) ; *Sur la botanique en Italie et sur la nécessité de former un herbier général à Florence* (*Sulla botanica in Italia*, etc., 1841) ; *Plantæ novæ vel minus notæ opusculis diversis olim descriptæ, generibus quibusdam speciebusque novis adjectis iterum recognitæ*, 1842. Il décrivit les Graminées et les Ombellifères dans l'*Histoire naturelle des îles Canaries*, publiée à Paris, de 1836 à 1847, par son ami Philippe Barker Webb et par Sabin Berthelot, dont le tome III est consacré à la botanique. A Florence, il fit paraître les écrits qui suivent : *Lettre au professeur Savi sur les empreintes des végétaux fossiles de Massi et de Bamboli dans la Maremme de Toscane* (*Lettera al prof. Paolo Savi sulle impronte de' vegetabili fossili*, etc., Florence, 1843); *Leçons de botanique comparée* (*Lezioni di botanica comparata*, 1843) ; *Monographie des Fumariées* (*Monografia delle Fumariée*, 1844) ; *Journal botanique italien, rédigé par les soins de la section botanique du congrès scientifique d'Italie* (*Giornale botanico italiano*, etc., 1844-1846); *Flore Palermitaine* (*Flora Palermitana*, 1845-1847, 2 parties in-8°). Parlatore entreprit un voyage scientifique dans le nord de l'Europe, pénétra en Laponie, et, le baromètre à la main, marqua les limites des plantes du Nord, comme il l'avait déjà fait pour les végétaux des plus hautes montagnes de l'Europe. Il rendit de grands services à la géographie botanique par la publication de son *Voyage au Grand Saint-Bernard* et de son *Voyage au nord de l'Europe*, qu'il donna en langue italienne, en 1849 et 1854. Mais l'ouvrage le plus fréquemment cité du botaniste sicilien est sa *Flore d'Italie* (*Flora Italiana*, Florence, 1850-1858, 3 vol. in-8°). Nous ne citons pas ici toutes les œuvres botaniques de Philippe Parlatore à qui l'organographie, la morphologie végétale, la méthode naturelle, en un mot toutes les branches de la botanique doivent d'incontestables services.

Joseph Meneghini, botaniste et physiologiste italien, professeur à
l'Université de Padoue, est auteur des ouvrages suivants : *Recherches
sur la structure de la tige dans les plantes monocotylédones (Ricerche
sulla struttura del caule nelle piante monocotiledoni*, Padoue, 1836,
in-4°, avec 10 planches); *Essais sur l'organographie et la physiologie
des Algues (Cenni sulla organografia e fisiologia delle Alghe*, Padoue,
1838, in-folio); *Synopsis Desmidiearum hucusque cognitarum*, Halle,
1840, in-8°; *Quatre nouvelles espèces d'Algues*, etc. (*Quatro nuove
specie di alghe trovate dal D' Jacob Corinaldi ai bagni di S. Giuliano
di Pisa*, sans lieu ni date); *Monographia Nostochinearum Italicarum,
addito speeimine de Rivulariis*, Turin, 1842, in-4°, avec 17 planches
admirablement coloriées; *Sur la théorie des Mérithalles de Gaudichaud
(Sulla teoria de' meritalli di Gaudichaud*, Florence, 1844, in-8°);
Sur les métamorphoses des plantes (Sulle metamorfosi delle piante, sans
lieu ni date); *Algues d'Italie et de Dalmatie illustrées par le professeur Meneghini (Alghe italiane e dalmatiche illustrate*, etc., Padoue,
1842-1846, fasc. I-V, in-8°, avec 5 planches); *Sur l'animalité des
Diatomées et révision organographique du genre Diatomée établi par
Kuetzing (Sulla animalità delle Diatomee, e revisione organografica
dei generi di Diatome stabiliti dal Kuetzing*, Venise, 1845, in-4°).

Antoine Piccioli, botaniste italien, a publié : *Pomona Toscana*,
Florence, 1820, in-8°; *Catalogus plantarum horti botanici Florentini*,
Florence, 1829; *Nouvelle méthode pour reproduire les plantes par
marcottes (Nuovo metodo per la riproduzione delle piante per mar-
gotto ritrovato e proposto*, Florence, 1829, in-8°).

Mariano Lagasca, professeur à Madrid, est un des rares botanistes
que l'Espagne a produits, et, à ce seul titre, aurait droit à l'intérêt
du lecteur. Il s'est particulièrement occupé des végétaux indigènes de
son pays. Ses ouvrages les plus connus sont : un *Recueil d'études sur
les productions naturelles de l'Espagne (Amenidades naturales de la
Españas*, 1811, in-4°); *Elenchus plantarum quæ in horto botanico
Matritensi colebantur anno 1815*, Madrid, 1816); *Genera et species
plantarum quæ aut novæ sunt, aut nondum recte cognoscuntur*, Madrid,
1816, in-4°, avec 2 planches; *Observations sur les Ombellifères
(Observationes sobre la familia natural de las plantas aparasoladas*,
Londres, 1826.)

Michel Colméiro, botaniste espagnol, a publié : *Essai historique sur
les progrès de la botanique considérée au point de vue de ses rapports

avec l'Espagne (*Ensayo histórico*, etc., Barcelone, 1842); *Principes qui doivent présider à la formation d'une Flore d'Espagne* (*Principj che devono regolare una Flora della Spagna* 1843); *Catalogue des plantes du jardin botanique de Barcelone* (*Catalogus plantarum in horto botanico Barcinonensi*, Barcelone, 1844).

Bernard-Antoine Gomès, Portugais, est auteur des *Observationes botanico-medicæ de nonnullis Brasiliæ plantis*, Lisbonne, 1803, in-4°, avec 11 planches, et de 2 mémoires sur la canelle et la manière de la cultiver. Son nom est quelquefois cité dans les ouvrages de botanique.

Frédéric-Antoine-Guillaume Miquel, botaniste hollandais, a publié ses écrits, les uns en latin, les autres dans sa langue natale. Ce sont : *Commentatio de organorum in vegetabilibus ortu et metamorphosi,* Leyde, 1833, in-4°, avec 2 planches; *Flore d'Homère* (*Homerische Flora*, Altona, 1836) ; *Disquisitio geographico-botanica de plantarum regni Batavi distributione*, Leyde, 1837 ; *Les plantes vénéneuses indigènes dans le nord des Pays-Bas* (*De nord-neederlandsche vergiftige Gewassen*, Amsterdam, 1836, in-fol., avec 26 planches); *Manuel pour les plantes médicinales* (*Leerboek*, etc., Amsterdam, 1838, in-8°) ; *Commentarii phytographici*, Leyde, 1838-1840, in-fol., avec 14 pl.; *Genera Cactearum*, Rotterdam, 1839, in-8°; *Monographia generis Melocacti*, Breslau, 1841, in-4°, avec 11 pl.; *Sertum exoticum*, Rotterdam, 1842 et années suivantes, in-4°, avec planches; *Monographia Cycadearum*, Trèves, 1842, in-fol., avec 8 planches; *Catalogue des plantes cultivées dans la colonie de Surinam* (*Lijst der planten*, etc., sans lieu ni date); *Observationes botanicæ de quibusdam plantis, quas in colonia Surinamensi legit vir gravissimus H.-C. Focke*, 1843, in-8°, avec 3 planches; *Systema Piperacearum*, Rotterdam, 1843-1844, in-8°; *Oratio de regno vegetabili*, Amsterdam, 1846.

Gérard Vrolik, anatomiste, physiologiste et naturaliste hollandais, a donné à la botanique : *Dissertatio sistens observationes de defoliatione vegetabilium nec non de viribus plantarum ex principiis botanicis dijudicandis*, Leyde, 1796; *Catalogus plantarum medicinalium in Pharmacopea Batava memoratarum*, Amsterdam, 1805; in-8°; 3ᵉ édit. 1813 ; *Elenchus plantarum quæ in horto Amstelodamensi coluntur*, Amsterdam, 1814 ; *Observations et expériences relatives à la maladie des pommes de terre*, 1846.

Frédéric-Louis Splitgerber, botaniste hollandais, dont les publications sont en général relatives à la Flore de la Guyane hollandaise, a publié : *Enumeratio Filicum et Lycopodiacearum quas in Surinamo legit*, Leyde, 1840; *Observationes de Vogria, ibid.*, 1840; *Notice sur une nouvelle espèce de Vanille*, Paris, 1841; *De plantis novis Surinamensibus*, Amsterdam, 1842; *Description du genre Urania, ibid.*, 1843; etc.

BOTANISTES HOLLANDAIS

Guillaume-Henri de Vriese, médecin et botaniste hollandais, est auteur d'ouvrages importants tant pour la botanique descriptive que pour la botanique physiologique. Ce sont : *Responsio ad quæstionem : Quid hactenus ex plantarum physiologia de forma, directione, structura et functione radicum innoluerit et quænam sint phænomena in œconomia rurali observata, quæ ex hac cognitione utiliter explicari possint?* Groningue, 1829; *Oratio de progressu physiologiæ plantarum*, Amsterdam, 1835; *Botanique des pharmaciens et des médecins (Plantenkunde voor Apothekers en Artsen of Beschrijvingen der geneeskrachtige Planten naar de natuurlijke familien van het Plantenrijk*, Leyde, 1835-1838, 2 vol. in-8°); *Sur les parties inorganiques des plantes (Over de anorganische Bestanddeelen der Planten*, Leyde, 1843); *Oratio de re herbaria Bataris*, Leyde, 1845; *Plantæ novæ et minus cognitæ Indiæ Batavæ orientalis*, ouvrage in-4°, avec planches coloriées, commencé à Amsterdam, en 1845; *Archives botaniques de la Néerlande (Nederlandsch kruidkundig Archief*, Leyde, 1846, in-8°, 2 parties); *Chloris medica*, publication in-4°, avec planches, commencée en 1847; *Descriptions et figures des plantes nouvelles et rares du jardin botanique de Leyde et des principaux jardins du royaume des Pays-Bas*, publication in-folio, avec planches coloriées, commencée à Leyde, en 1847; etc., etc.

VRIESE.

Charles-Ludwig Blume, botaniste qui a longtemps habité Java, a publié plusieurs intéressants ouvrages sur la Flore de ce pays, les uns en hollandais, les autres en latin. Nous citerons sa *Flore de la Néerlande de l'Inde (Bijdragen tot de Flora van Nederlandsch Indië*, Batavia, 1825-1826, in-fol.); un ouvrage sur les Orchidées de Java (*Tabellen en Platen voor de Javaansche Orchideën*, Batavia, 1825, in-fol., avec 15 planches); *Enumeratio plantarum Javæ et insularum adjacentium minus cognitarum vel novarum ex herbariis Reinwardtii, Kohlii, Hasseltii et Blumii*, Leyde, 1827-1828; 2° édit., La Haye, 1830; *De novis quibusdam plantarum familiis expositio et olim jam expositarum enumeratio*, Leyde, 1833; *Rumphia, sive commentationes botanicæ imprimis de plantis Indiæ orientalis tum penitus incognitis tum

BLUME

quæ in libris Rheedii, Rumphii, Roxburghii, Wallichii, aliorum, recensentur, Leyde, 1835-1846, 3 vol. in-fol., avec de nombreuses planches coloriées. Blume a en outre publié en collaboration de Jean-Baptiste Fischer : *Flora Jaræ nec non insularum adjacentium*, Bruxelles, 1828-1829, in-fol., avec 197 planches dont 184 coloriées.

Chrétien Smith, médecin, botaniste et voyageur norwégien, né en 1785, suivit les cours de Vahl à l'université de Copenhague. Il fit en 1806 et 1812 des excursions dans les montagnes de Norvége, et fut ensuite nommé professeur de botanique à l'université de Christiania. Entraîné par son goût pour les voyages et par son désir de découvrir de nouvelles plantes, il visita, depuis, l'Écosse, Madère, les Canaries, et, en 1816, il accepta l'offre que lui fit Joseph Banks de prendre part à l'expédition anglaise dans le Congo, en qualité de botaniste. Ce fut là qu'à la fleur de l'âge il trouva la mort. Ses collections de plantes furent envoyées en Angleterre, où Robert Brown les décrivit dans un mémoire, publié en 1818, sous le titre d'*Observations systématiques et géographiques sur l'herbier recueilli par le professeur Chrétien Smith* (*Observations systematical and geographical on the herbarium collected by Professor Ch. Smith*).

Charles-Adolphe Agardh, célèbre cryptogamiste suédois, naquit en 1785, fut ministre protestant, professeur de botanique et d'économie rurale à Lund, et, en dernier lieu, évêque de Carlstad. Il débuta dans la science par un travail sur le genre Carex (*Caricographia scanensis*, Lund, 1806). Mais bientôt il se livra tout entier à l'étude des Algues, et à d'intéressantes observations physiologiques et morphologiques. Ses principaux ouvrages sont : *Dispositio Algarum Sueciæ*, Lund, 1810; *Algarum Decades* I-IV, Lund, 1812-1815; *Synopsis Algarum Scandinaviæ, adjecta dispositione universali Algarum*, Lund, 1817; *Aphorismi botanici*, Décades I à XVI, Lund, 1817-1825; *Dissertatio de metamorphosi Algarum*, Lund, 1820, ouvrage qui contient des idées neuves sur la transformation des êtres les plus simples du règne animal et du règne végétal; *Icones Algarum ineditæ*, Lund, 1820-1822, 2 fascicules in-4°, avec 20 planches; *Species Algarum rite cognitæ cum synonymis, differentiis specificis et descriptionibus succinctis*, 2 vol. in-8°, 1823-1828; *Systema Algarum*, 1824; *Classes plantarum*, 1825; *Stirpes agri Rotnoviensis*, 1826; *Flora parochiæ Bränkyrha*, Upsal, 1827; *Antiquitates Linnæanæ*, Lund, 1826; *Essai de réduire la physiologie végétale à des principes*

BOTANISTES
SCANDINAVES.

fondamentaux, Lund, 1828; *Icones Algarum Européarum*, *Représentation d'Algues européennes suivie de celles d'espèces exotiques les plus remarquables récemment découvertes*, Leipzig, 1828-1835, in-fol., avec 40 planches coloriées; *Essai sur le développement intérieur des plantes*, Lund, 1829; *Manuel de botanique* (*Lärobok i Botanik*, 1829-1830); *Conspectus criticus Diatomacearum*, Lund, 1830-1832; *Enumeratio plantarum in regione Landscronensi crescentium*, Lund, 1835. Il est à regretter que la plupart des travaux de ce savant ne se trouvent pas dans le commerce et fassent partie de divers recueils académiques.

Son fils, Jacques-Georges Agardh, s'est aussi spécialement occupé des Algues. On a de lui : *Algæ maris Mediterranei et Adriatici*, Paris, 1842; *Novitiæ Floræ Sueciæ ex Algarum familia*, Lund, 1836; *In systema Algarum hodierna Adversaria*, Lund, 1844. Agardh fils a aussi publié, dans un autre ordre de recherches : *Synopsis generis Lupini*, 1835; et *Recensio specierum generis Pteridis*, 1839.

AFZELIUS.

Adam Afzelius, savant médecin suédois, professeur à la faculté d'Upsal, s'est spécialement occupé de botanique appliquée à la médecine. Il visita la Guinée et y recueillit beaucoup d'observations. On MATIÈRE MÉDICALE
VÉGÉTALE. a de lui : *De vegetabilibus Suecanis observationes et experimenta*, Upsal, 1785, ouvrage inachevé; *Genera plantarum Guineensium revisa et aucta*, Upsal, 1804, in-4°; *De Rosis Suecanis, Tentamen* I à XI, Upsal, 1804-1813; *Remedia Guineensia*, Upsal, 1813; *Stirpium in Guinea medicinalium species novæ*, Upsal, 2 fasc. in-4°, 1848-1829; *Stirpium in Guinea medicinalium species cognitæ*, 1825, 2 Décades in-4°. Fries, son compatriote, a décrit, en 1837, d'après lui, les Champignons de Guinée.

WIKSTROOM.

Jean-Emmanuel Wikstroom, botaniste suédois, membre de l'Académie de Stockholm, professeur au gymnase de cette ville, né en 1789, mort en 1856, fit plusieurs voyages d'exploration dans toute la Suède, et fut député au congrès scientifique de Hombourg et de Copenhague, en 1830, et en 1847. On a de lui : *Dissertatio botanica de Daphne*, 1817; des *Rapports annuels sur les travaux et les ouvrages relatifs à la botanique*, de 1820 à 1850, 24 vol. in-8°, en suédois, qui ont été traduits en allemand dans les *Jahresberichte* de Beilschmied [1]; des

---

1. Charles-Théodore Beilschmied, auteur allemand, outre les *Rapports annuels* à l'Académie des sciences de Stockholm sur les progrès de la botanique (*Jahres-*

Mémoires sur la Rose, sur *l'Equisetum*, sur *l'Agave américaine*, une *Flore de Stockholm* (1840); un *Aperçu de la littérature botanique en Suède depuis les temps les plus reculés* (*Conspectus litteraturæ botanicæ in Suecia*, 1831); etc., etc. Sprengel, Endlicher et Schrader ont créé, en l'honneur de ce botaniste, chacun un genre *Wikstroemia*.

Göran Wahlenberg, botaniste et voyageur suédois, né en 1780, mort en 1851, entreprit des voyages en Suède, en Norvége, en Laponie, en Suisse, dans les Carpathes, etc. Devenu professeur de botanique à l'université d'Upsal, directeur du jardin des plantes et du musée de cette ville, il se montra opposé aux nouveaux systèmes de botanique, qui, selon lui, n'aboutissent qu'à créer des genres à l'infini et à jeter la confusion dans la nomenclature. Il resta fidèle au système de Linné. La géographie botanique tient une place importante dans ses ouvrages. On lui doit : *De sedibus materiarum immediatarum in plantis tractatio*, Upsal, 1806-1807 ; *Flora Lapponica*, Berlin, 1812, in-8°, avec 30 planches ; *De vegetatione et climate in Helvetia septentrionali inter flumina Rhenum et Arolam observatis et cum summi septentrionis comparatis tentamen*, 1813, in-8°, avec 3 planches ; *Flora Upsaliensis*, Upsal, 1820, in-8° ; *Flora Suecica*, Upsal et Leipzig, 1824-1826, 2 parties in-8° ; *Synopsis Floræ Gothlandicæ*, Upsal, 1837, in-8°. Wahlenberg a publié en outre quelques opuscules botaniques en suédois. Quatre genres lui ont été dédiés par Blume, Robert Brown, Schrader et Schumacker.

Pierre-Frédéric Wahlberg, botaniste et médecin suédois, professeur à l'Institut Carolin, né en 1800, a voyagé en Danemark, en Allemagne, en Italie, en Suisse, en France, et a exploré la partie septentrionale de la Suède au point de vue botanique. Il est auteur de la *Flora Gothoburgensis*, Upsal, 1820-1824, in-8°, d'un mémoire sur la maladie des pommes de terre, de *Rapports annuels* adressés à l'Union suédoise des jardins botaniques, et d'écrits botaniques publiés dans sa langue nationale seulement, ce qui les a sans doute empêchés de se vulgariser.

Elias-Magnus Fries, l'un des plus célèbres micrographes, physio-

berichte der königl. Schwedischen Akademie der Wissenschaften über die Fortschritte der Botanik), a publié : *Géographie végétale d'après les ouvrages de Humboldt*, etc. (*Pflanzengeographie nach Humboldt's Werke über die geographische Vertheilung der Gewächse*, etc. Berlin, 1831).

logistes et cryptogamistes de notre époque, est né à Femsjo, en Suède, en 1794. Il succéda, en 1851, à Wahlenberg, qui venait de mourir, dans la chaire de botanique et dans la direction du jardin des plantes et du Muséum d'histoire naturelle de l'université d'Upsal. En 1853, il fut nommé recteur de cette université. Les Suédois admirent Fries, non-seulement comme savant de premier ordre, mais encore comme orateur et homme politique. Il a plusieurs fois représenté l'université d'Upsal à l'assemblée des états de Suède. Il s'exprime avec une égale éloquence dans sa langue nationale et en latin. Il est un des dix-huit membres de l'Académie de Stockholm. Ses publications sont nombreuses et toutes empreintes d'un grand esprit d'observation. La première est intitulée : *Novitiæ Floræ Suecicæ*, Lund, 1814-1823; il en fut donné une nouvelle édition augmentée, en 1828, et une continuation, en 1842, traitant en partie de plantes nouvellement découvertes en Norvége par Blytt. Fries fit paraître, de 1815 à 1818, à Copenhague, en 2 vol. in-8°, avec 8 planches coloriées, ses *Observationes mycologicæ, præcipue ad illustrandam Floram Suecicam*, ouvrage dont il fut donné une nouvelle édition en 1824. Vers le même temps parurent : *Lichenum Diauome nova*, 1817; *Specimen systematis mycologici, id.*; *Flora hallandica*, Lund, 1817-1818, in-8°; *Symbolæ Gasteromycorum ad illustrandam Floram Suecicam, ibid*. Vint ensuite un ouvrage capital : *Systema mycologicum sistens fungorum ordines, genera et species hucusque cognitas*, Greifswalde, 1821-1829, 3 vol. in-8°; Fries donna un supplément au tome premier de son *Système mycologique*, en 1830. Les *Schedulæ criticæ de Lichenibus exsiccatis Sueciæ*, pour servir d'explication aux *Lichenes exsiccati*, parurent à Lund, de 1824 à 1833. Fries publia ensuite : *Systema orbis vegetabilis, Pars prior : Plantæ homonemeæ*, Lund, 1825; *Stirpium agri Femsoniensis index*, Lund, 1825-1826; *Elenchus fungorum*, Greifswalde, 1828, 2 vol. in-8°; *Synopsis Agaricorum europæorum*, Lund, 1830; *Primitiæ geographiæ Lichenum*, Lund, 1831; *Lichenographia europæa reformata*, Lund, 1831, in-8°; *Boleti, fungorum generis illustratio*, Upsal, 1835; *Flora Scanica*, Upsal, 1835, in-8°; *Genera Hymenomycetum*, Upsal, 1836; *Synopsis generis Lentinorum, id., ibid.*; *Epicrisis systematis mycoligici, seu Synopsis Hymenomycetum*, Upsal et Lund, 1836-1838, in-8°; *Fungi Guineenses Adami Afzelii ad schedulas et specimina inventoris descripti*, Upsal, 1837; *Spicilegium plantarum neglectarum, Agaricos hyperrhodios sistens*, Upsal, 1837; *Excursions bota-*

niqués, en suédois *Botaniska Utflygter*, Upsal, 1843 et 1853; *Summa
vegetabilium Scandinaviæ*, Upsal, 1846-1848, 2 vol. in-8°; *Herbarium normale*, Upsal, 1847 et années suivantes; *Symbolæ ad historiam hieraciorum*, Upsal, 1848. Fries a publié d'autres écrits encore
tant sur la botanique que sur l'économie pratique, car à sa chaire
de botanique il joint celle qui est relative à la science économique.
Il a eu le bon esprit d'écrire plus souvent en latin qu'en suédois, ce
qui n'a pas peu contribué à répandre ses œuvres et à étendre sa réputation.

Jean-Guillaume Hornemann, botaniste danois, né en 1770, mort en
1844, fut nommé en 1808 professeur de botanique à l'université de
Copenhague. On a de lui : *Essai sur la botanique économique pour le
Danemark* (*Forsøg til en Dansk æconomisk Plantelaere*, Copenhague,
1796, in-8°; nouvelle édition, augmentée d'une description des plantes
de la Norwége et du Holstein, 1821-1838, 2 vol. in-8°); *Flora Danica :
icones plantarum sponte nascentium in regnis Dania et Norwegiæ, in
ducatibus Slesvisi et Holsatiæ et in comitibus Oldenburgi et Delmen-
horstiæ*, tomes VIII à XIII, 1806-1840, in-folio ; c'est une suite à la
Flore danoise, magnifique ouvrage contenant 2580 planches, accompagnées d'un texte explicatif en latin, en danois et en allemand ; *Enumeratio plantarum horti botanici Hafniensis*, 1807, in-8°, avec supplément, 1809; *Hortus regius botanicus Hafniensis*, 1813-1815, 2 vol.
in-8°; *Suppléments*, 1819-1822; *De indole plantarum guineensium
observationes*, 1819; *Nomenclatura Floræ Danicæ emendata*, 1827.
Hornemann a en outre publié plusieurs écrits moins importants sur
la botanique dans sa langue natale, et fourni de nombreux mémoires
aux recueils scientifiques de son pays.

Chrétien-Frédéric Schumacher, médecin, chirurgien, chimiste et
naturaliste holsteinois, au service du Danemark, successivement professeur de chimie et de chirurgie à l'université et à l'Académie chi-
rurgicale de Copenhague, né dans le duché de Holstein, en 1757,
mort en 1830, a consacré quelques-unes de ses publications à la botanique. On a de lui, sous ce rapport : *Enumeratio plantarum in partibus Sællandiæ septentrionalis et orientalis*, Copenhague, 1801-
1803, 2 vol. in-8°; *Flore de Copenhague* (*Den Kjøbenhavnske Flora*,
1804, in-8°); deux ouvrages sur les médicaments tirés du règne
végétal, en collaboration de Herholdt (*De officinelle Lægemidler af
Planteriget*, etc., Copenhague, 1808); une Matière médicale à l'usage

des étudiants (*Medicinsk Plantelaere for studerende Laeger og Phar-*
maceuter, Copenhague, 1825-1826, 2 vol. in-8°); etc.

Anders-Sandœe OErsted, naturaliste et voyageur danois, né en 1816,
dans l'île Langeland, fut nommé professeur d'histoire naturelle en
1837, et publia, en 1839, son *Histoire naturelle du Règne végétal*
(*Planterigets Naturhistorie*, Copenhague, in-8°, avec 34 planches).
Reçu docteur en 1844, OErsted prit pour sujet de sa thèse inaugurale :
De regionibus marinis; Elementa topographiæ historico-naturalis freti
Œresund. L'université de Copenhague, qui déjà, en 1844, lui avait
décerné une médaille d'or, le chargea, en 1845, d'un voyage scientifique. Il visita les Antilles et le Nicaragua, et ne revint dans sa patrie
qu'en 1848. En 1852, il fit paraître *Cent quatre-vingt-deux planches*
relatives à l'histoire naturelle des plantes, accompagnées d'une explication. OErsted a donné de nombreux mémoires au Recueil de
l'Académie des sciences de Danemark, aux revues ou journaux danois,
allemands, anglais. Cryptogamiste éminent, il a publié, en 1865, des
Expériences sur le Rœstelia cancellata provenant des spores du Posi-
donia juniperi.

Michel Szubert, botaniste polonais, est auteur des ouvrages suivants, écrits en langue polonaise : *Catalogue des plantes du jardin*
botanique de l'Université de Varsovie, Varsovie, 1820; nouvelle édition
revue, 1824; *De l'anatomie et de la germination des plantes, ibid.*,
1824; *Des arbres forestiers de la Pologne, ibid.*, 1827.

On doit à J. Dziarkowski, botaniste polonais, un bon ouvrage de
matière médicale végétale sur les plantes de Pologne (*Wybör roslin*
Krajowych dla okazania skutkow lekarskich, ku wzytkocy domowemn,
Varsovie, 1808, in-8°; 2ᵉ édit., 1813; 3ᵉ édit., 1821.)

Boniface-Stanislas Jundzill, botaniste lithuanien, a publié dans sa
langue natale une *Flore du grand-duché de Lithuanie*, 1791, 2ᵉ édit.,
1811; des *Éléments de botanique*, Varsovie, 1804, 2 vol., 2ᵉ édit.,
Vilna, 1818; et l'*Index plantarum horti botanici Vilnensis*, Vilna,
1814, avec *Appendix*, 1815, in-8°.

Joseph Liboschitz, botaniste russe, a publié, en collaboration de
Charles-Bernard Trinius : *Flore des environs de Saint-Pétersbourg et de*
Moscou, Saint-Pétersbourg, 1811; *Descriptions des mousses qui croissent*
aux environs de Saint-Pétersbourg et de Moscou, 1811. On a encore de
lui : une *Description d'un nouveau genre de champignons* (*Beschreibung*
eines neuentdeckten Pilzes, in einer an Joseph von Jacquin gerichteten

BOTANISTES DE DIVERS PAYS.

Zuschrift, 1814); et *Tableau botanique des genres observés en Russie et disposés suivant la méthode naturelle*, 1814.

BONGARD.

H. Gustave Bongard, botaniste au service de la Russie, a publié : 1° *Esquisse historique des travaux entrepris en botanique en Russie, depuis Pierre le Grand jusqu'à nos jours*, Saint-Pétersbourg, 1834 ; 2° *Descriptiones plantarum novarum*, Saint-Pétersbourg et Leipzig, 1839, in-4°, avec 22 planches ; et, avec Charles-Antoine Meyer, *Catalogue des plantes recueillies sur le Saisang-Nor et Irtysch, supplément à la Flore de l'Altaï* (*Verzeichniss der im Jahre 1838 am Saisang-Nor und am Irtysch gesammelten Pflanzen*, etc., Saint-Pétersbourg, 1841, in-4°, avec 16 planches).

PURSCH.

Frédéric-Traugott Pursch était, à ce qu'il paraît, d'origine russe ; il habita successivement Saint-Pétersbourg, l'Angleterre, l'Allemagne et l'Amérique. On a de lui, sous le rapport botanique : *Catalogue des pantes de la vallée de Plauen* (*Verzeichniss der im Plauischen Grunde und den zunächst angrenzenden Gegenden wildwachsenden Pflanzen*, Nuremberg, 1799, in-folio) ; *Flora Americæ septentrionalis*, en anglais, Londres, 1814 ou 1816, 2 vol. in-8°, avec 24 planches coloriées ; *Hortus Orloviensis* ou *Catalogue des plantes du jardin du comte Orloff, près de Saint-Pétersbourg*, en anglais, Londres, 1815, in-8°. De Candolle a dédié à ce botaniste le genre *Purshia*, dans la famille des Rosacées.

MARSCHALL.

Frédérich-Auguste Marschall de Bieberstein, homme politique, conseiller d'État à la cour de Russie, naturaliste par goût, né en 1766, mort en 1826, explora les côtes de la mer Caspienne et le Caucase. Il publia, à son retour, le *Tableau des provinces situées sur la côte de la mer Caspienne*, Saint-Pétersbourg, 1798, in-4°, et, peu après, en allemand, *Description des pays situés entre les rivières de Terek et de Kur sur la mer Caspienne* (*Beschreibung der Länder zwischen den Flüssen Terek und Kur am kaspischen Meere*, Francfort-sur-Mein, 1800, in-8°). Il donna ensuite sa *Flora taurico-caucasica*, Charkow, 1808-1819, 3 vol. in-8°. Enfin on a de lui : *Centuria plantarum rariorum Rossiæ meridionalis, præsertim Tauriæ et Caucasi, iconibus descriptionibusque illustrata, Pars prima*, Charkow, 1810, in-folio, avec 50 planches ; *Pars secunda*, Saint-Pétersbourg, 1832-1843, in-folio, avec 30 planches. Schreber a consacré à Marschall le genre *Marschallia* dans la famille des Composées. Frédéric Stephan, cité pour ses Flores russes, page 291, a créé un genre *Biebersteinia* pour des plantes de l'Asie Mineure, intermédiaires des Zygophyllées et des Géraniacées.

Iwan Dwigubsky, sujet russe, professeur de botanique à Moscou, est auteur des ouvrages suivants : *Prodromus Floræ Mosquensis*, Moscou, 1802; *Fundamenta botanica Linnæi*, ibid., 1805; *Elementa historiæ naturalis vegetabilium*, Moscou, 1811 et 1823, in-8°; *Methodus facilis recognoscendi plantarum, quæ sua sponte circa Mosquam enascuntur*, Moscou, 1827, in-8°; 2° édit., 1838; *Flora Mosquensis*, Moscou, 1828, in-12; *Icones plantarum medicinalium rossicarum*, Moscou, 1828-1834, 4 vol. in-4°.

Alexandre de Bunge, médecin et botaniste russe, né en 1803, voyagea pendant l'année 1826 en Sibérie où il fit la rencontre de l'illustre Humboldt. En 1830, le gouvernement russe l'attacha, en qualité de naturaliste, à une ambassade qu'il envoyait en Chine. Il visita de nouveau, en 1832, les régions de l'Altaï. A son retour, il fut nommé professeur de botanique à Casan. Il succéda, en 1836, à son ancien maître Ledebours, comme professeur de botanique et directeur du jardin des plantes à Dorpat. On a de ce savant : *Conspectus generis Gentianæ, imprimis specierum rossicarum*, 1824, in-4°; *De relatione methodi plantarum naturalis in vires vegetabilium medicinales*, Dorpat, 1825; *Enumeratio plantarum, quas in China boreali collegit*, Saint-Pétersbourg, 1831; *Plantarum mongholico-chinensium*, Casan, 1835; *Catalogue des plantes recueillies en 1832 dans la partie orientale de l'Altaï* (*Verzeichniss*, etc., Saint-Pétersbourg, 1836, in-8°); *Delectus seminum quæ in horto botanico universitatis cæsareæ Dorpatensis collecta, pro mutua communicatione offeruntur*, Dorpat, 1836-1845 et années suivantes; *Tentamen generis Tamaricum species accuratius definiendi*, Dorpat, 1852; *Flore des steppes de l'Asie centrale* (*Beitrag zur Kenntniss der Flora Russlands und der Steppen Central-Asiens*, Saint-Pétersbourg et Leipzig, 1851).

La Russie a produit peu de savants vraiment nationaux. Elle a des universités, des académies dont les principaux membres appartiennent généralement à l'étranger. Pierre de Tchihatchef est une exception à la règle. Bien que l'origine de sa famille soit la Bohême, il est né, en 1812, près de Saint-Pétersbourg. Il débuta dans la carrière diplomatique; mais un penchant invincible l'entraîna vers les sciences auxquelles il a consacré presque toute sa laborieuse carrière. Il entreprit des voyages coûteux et pénibles dans leur intérêt. Son gouvernement le chargea d'une mission scientifique dans l'Altaï oriental et dans les contrées adjacentes des frontières de la Chine, mission dont il s'acquitta avec autant de courage que d'intelligence. Il a publié la remarquable relation de ce voyage, en 1845, 1 vol. gr. in-4°, et 1 atlas contenant 11 planches de paléontologie botanique. Pierre de Tchihatchef est un des plus éminents géologues de notre siècle. Dans le principe, il ne s'était occupé de botanique qu'au point de vue des végétaux fossiles; mais bientôt son regard avait embrassé toutes les perspectives de la science. Ayant résolu d'entreprendre à ses frais un voyage dans l'Asie Mineure, pour être plus libre dans ses allures, il se démit de celles de ses fonctions qui exigeaient sa présence en Russie, entre autres de sa charge de gentilhomme ordinaire de la chambre de l'empereur, il vendit à son frère les propriétés dont il avait hérité du chef maternel, et partit pour plusieurs années, accompagné d'une suite peu nombreuse, mais dévouée. Il ne revint qu'au bout de six ans, rapportant avec le résultat de ses observations géologiques, minéralogiques, botaniques, zoologiques, climatologiques et historiques, des collections neuves et précieuses à différents titres. L'Académie des sciences de Paris, reconnaissante de son dévouement et de sa générosité, car il donna à la France une partie de ses collections, se l'attacha comme membre correspondant. L'Académie des sciences de Berlin le nomma membre associé. Presque toutes les sociétés savantes de l'Europe tinrent à honneur de se l'agréger. L'*Asie Mineure*, véritable monument élevé par M. de Tchihatchef à la science, se compose de 8 volumes gr. in-8° et de 3 atlas gr. in-4°. Deux de ces volumes et un de ces atlas sont consacrés à la botanique proprement dite. M. de Tchihatchef se loue, dans la préface de sa *Botanique de l'Asie Mineure*, des services que lui ont rendus MM. Boissier, Heyland, Decaisne, Fischer, et surtout M. Fenzl; il cite avec intérêt l'*Herbarium græcum normale* de M. de Heldreich, le *Catalogue des plantes de la Syrie*, de MM. Puel et Maille, et les collections de MM. Kotschy, Balansa et Huet, que les principaux herbiers publics ou privés de l'Europe se sont empressés d'acquérir. Les remarquables dessins de la *Botanique de l'Asie Mineure* sont en général dus à M. Riocreux. Dans la partie paléontologique de l'*Asie Mineure* on trouve la description et la représentation de quelques végétaux fossiles; M. de Tchihatchef a confié à M. Unger le soin de cette description. L'empereur de Russie a conféré à l'auteur de l'*Asie Mineure* le titre de conseiller d'État actuel et d'autres honneurs acquis au prix des plus grands sacrifices.

Frédéric Nylander, botaniste finlandais, a publié : *Spicilegium plantarum Fennicarum*, Helsingfort, 1843-1844, in-8°. Il est surtout connu par ses compléments lichénographiques à la *Flore de l'Algérie* et à la *Flore du Chili*, qui ajoutèrent de nouvelles études à celles de M. Montagne; et par ses trois Florules sur les lichens du Pérou et de la Bolivie, des îles de la Polynésie et de l'île de la Réunion, qui ont été réunies sous le titre de *Lichenes in regionibus exoticis quibusdam vigentes exposuit synopticis enumerationibus Nylander (Annales des sciences naturelles, 4° série, t. XI, 1859)*. Les lichens de la Nouvelle-Calédonie ont été l'objet de deux notices de la part de M. Nylander. Les collections formées dans la Bolivie par M. Mandon ont donné lieu à une énumération de 97 espèces, qui complètent la Flore lichénologique des Andes péruviennes, déjà publiée par le même botaniste, et portent le nombre des espèces connues dans ces contrées à 306. On trouve dans le tome XXI des *Actes de la Société linnéenne de Bordeaux* un travail de M. Nylander intitulé : *Prodromus lichenographiæ Galliæ et Algeriæ*. Enfin cet éminent lichénographe a commencé, en 1858, la publication d'un *Synopsis lichenum hucusque cognitarum*, publication qui s'arrête, quant à présent, au 2° fascicule paru en 1860.

Nicolas-Théodore de Saussure, fils d'Horace-Bénédict qui a eu sa notice page 194, naturaliste et chimiste suisse, correspondant de l'Institut de France, membre de la Société royale de Londres, etc., que nous avons omis de classer plus haut, parmi les botanistes de langue française, naquit en 1767, à Genève, où il mourut en 1845. Il s'occupa d'abord d'expériences relatives aux sciences physiques. Bientôt les découvertes de Lavoisier, de Bonnet, de Senebier et de Priestley[1] l'engagèrent à porter ses études sur la chimie. De 1797 à 1804, il publia dans les journaux une suite de *Mémoires*, qu'il réunit sous ce titre : *Recherches chimiques sur la végétation*, Paris, 1804, in-8°, avec figures. Théodore de Saussure a donné depuis, à différents recueils scientifiques, d'autres mémoires sur la physiologie végétale, notamment un travail *sur l'influence du desséchement sur la germination de*

---

1. Joseph Priestley, physicien, chimiste, théologien, linguiste, érudit anglais, né en 1733, mort en 1804, est un des hommes qui ont fait faire le plus de progrès à la physique et à la chimie. Nous ne le notons ici que pour la découverte qu'il fit, que les parties vertes des végétaux versent dans l'atmosphère du gaz oxygène sous l'influence de la lumière solaire.

Précis.

plusieurs graines alimentaires, Genève, 1828. Il porta ses observations sur l'usage de l'épiderme foliacé et de celui des pétales; il enrichit la science d'un fait ignoré avant lui : c'est que l'exhalation a lieu par des organes, bien connus aujourd'hui, mais dont l'étude cependant laisse beaucoup encore à désirer : ce sont les stomates.

Guillaume Griffith, botaniste anglais, que nous avons omis plus haut, s'est spécialement occupé des plantes de l'Inde anglaise, et a fait d'intéressantes recherches sur la structure anomale de l'ovule des Santalacées et des Loranthacées. Il a publié : *Mémoire sur la plante de Thé de l'Assam supérieure* (*Report on the Tea plant of Upper Assam*, Calcutta, 1838); *Sur la collection botanique rapportée de l'Orient par le docteur Cantor* (*Some account of the botanical collection, brought from the Eastward*, etc., sans lieu ni date); *Sur les plantes les plus remarquables du jardin de Calcutta* (*On some remarkable plants*, etc., Calcutta, 1843); *Sur les Azolla et les Salvinia* (*On Azolla and Salvinia*, Calcutta, 1844, in-8°, avec 6 pl.); *Les Palmiers de l'est de l'Inde anglaise* (*The Palms of British East India*, Calcutta, 1845).

Nous terminerons par quelques botanistes qui ont été omis dans la série des botanistes allemands de ce chapitre et dont les noms sont quelquefois cités dans la science contemporaine.

Charles-Jules Fritzsche s'est particulièrement occupé du pollen. On a de lui : *Étude sur la connaissance du pollen* (*Beiträge zur Kenntniss des Pollen*, Berlin, 1832, in-4°, avec 2 planches coloriées); *De plantarum polline*, 1833; *Sur le pollen* (*Ueber den Pollen*, Saint-Pétersbourg, 1837, in-4°, avec 13 planches.)

Jean-Evangelista Purkinje s'est aussi occupé du pollen, dans un écrit intitulé : *De cellulis antherarum fibrosis nec non de granorum pollinarium formis commentatio phytotomica*, Breslau, 1830, in-4°, avec 18 planches.

Jean-Auguste-Chrétien Roeper a traité avec succès de l'inflorescence, considérée suivant le mode de son évolution. Il est auteur des ouvrages suivants : *Enumeratio Euphorbiarum quæ in Germania et Pannonia gignuntur*, Gœttingue, 1824, in-4°, avec 3 planches; *De organis plantarum*, 1828; *De floribus et affinitatibus Balsaminearum*, 1830; *Catalogue des Graminées du Mecklenbourg* (*Verzeichniss der Gräser Mecklenburgs*, 1840); *Addition à la Flore du Mecklenbourg* (*Zur Flora Mecklenburgs*, etc., Rostock, 1843-1844, 2 parties in-8°).

Laurent Oken, qui a créé « une méthode d'après des idées systéma-

tiques tendant, disent ses contradicteurs, à dissocier les groupes les plus
homogènes et à sacrifier les associations les plus naturelles à des théories
la plupart du temps puisées dans l'imagination, » a publié en français :
Esquisse du système d'anatomie, de physiologie et d'histoire naturelle,
Paris, 1821, in-8°. On a de lui en allemand : *Manuel d'histoire naturelle* (*Lehrbuch der Naturgeschichte*, Iéna, 1825-1826, in-8°) ; et
Histoire naturelle générale (*Allgemeine Naturgeschichte für alle
Stände*, Stuttgard, 1839-1841, 2 vol. in-8°, et un atlas in-4°, de
8 planches coloriées, avec explications).

CHAPITRE VIII

Nous voilà parvenus au terme de ce *Précis*, que nous avons, le plus possible, rédigé dans un ordre chronologique, et en nous montrant très-sobre de discussions scientifiques. On a vu combien peu les anciens étaient avancés en botanique, et qu'ils ne s'étaient guère occupés des plantes qu'au point de vue de leurs usages domestiques et médicinaux. Il en fut à peu près de même au moyen âge, dans la première partie duquel, cependant, Albert le Grand entra dans la voie scientifique. Dans la première période de la Renaissance, la découverte du nouveau monde et l'ouverture de la route maritime de l'Indo-Chine, préparèrent un champ immense à l'étude d'une foule de végétaux jusque-là inconnus.

Au xvie siècle, la botanique descriptive fut inaugurée par les Othon Brunfels, les Tragus, les Fuchsius, les Mattioli, les Conrad Gessner, les Cesalpini, les Bauhin, les de Lobel, les Tabernœmontanus, les de l'Ecluse, etc., que l'on peut appeler les pères de la science phytographique. Presque toutes les universités de l'Europe élevèrent des chaires de botanique et créèrent des jardins des plantes.

Avec le xviie siècle commencèrent les investigations microscopiques qui devaient promptement conduire aux études anatomiques et physiologiques des végétaux. Pendant ce temps, de grands voyages d'explorations botaniques s'accomplissaient. Van Rheede, les Commelin, Margraff et Pison, Rumphius, Kœmpfer, Paul Hermann, Sherard, Plumier, donnèrent à l'Europe la description et l'image d'une multitude de ces plantes qui, depuis peu, venaient d'être découvertes avec

1. Nous avons déjà dit, dans notre *avertissement*, que nous avions puisé la pensée de cette conclusion dans quelques notes laissées par Frédéric Gérard.

des pays nouveaux. Les premières expériences de chimie et de physio-
logie végétale furent faites d'abord par des empiriques comme Van
Helmont, ensuite par des hommes sincères, tels que Grew, Malpighi,
Henshaw, Leuwenhoeck, Woodward, Mariotte, Sébastien Vaillant, et
Rodolphe Camerarius qui constata d'une manière irréfragable, en 1694,
le mode de reproduction des végétaux au moyen d'organes sexuels.
Le système et la méthode en botanique prirent naissance avec Magnol,
Lauremberg, Ray, Morison, Knaut, Paul Hermann, Boërhaave,
Bachmann dit Rivinus, et l'immortel Tournefort. Micheli s'occupa
avec succès des végétaux inférieurs, et la cryptogamie commença à
tenir une place importante dans les études botaniques.

Avec les premières années du XVIIIᵉ siècle apparaissent tous les doutes
philosophiques et les théories les plus contradictoires ; l'esprit humain
s'efforce de pénétrer les plus profondes obscurités ; aucune perspective
ne l'effraye, et, de proche en proche, il arrivera, par cette route, à
ne plus admettre que ce qu'il appellera le fait, puis le positivisme,
mais le positivisme humain qui, en réalité, est aussi contestable, ou
au moins aussi sujet à examen que l'inconnu lui-même ; car ce
qui paraît positif aujourd'hui, demain ne le sera peut-être plus ;
car l'investigation humaine, quoique devant être puissamment en-
couragée, essentiellement bornée sur notre sphère étroite, semble
plutôt destinée à marcher de doute en doute que de certitude en
certitude. Le microscope progressant, l'étude des plus petits détails
y gagnera, mais il est possible que les études d'ensemble y perdent,
et que le siècle de la philosophie conduise au siècle des contradictions
les plus étranges, qui est le nôtre. Toutefois les superstitions qui se
prétendaient scientifiques s'évanouiront comme de vains fantômes. La
botanique astrologique et le système de la signature des plantes seront
effacés du livre de la science. Philippe de la Hire, Robert Hooke,
Winslow, La Baisse et d'autres physiologistes présenteront des théories plus ou moins vraies, plus ou moins hasardées, mais qui laisseront
assez de traces pour être encore des sujets de discussion entre les
savants du XIXᵉ siècle. Dillenius fera faire un immense progrès aux
études cryptogamiques. Jean-Jacques Scheuchzer donnera le premier
écrit de quelque valeur sur la botanique fossile. La gravure et la peinture viendront puissamment en aide à la science.

La grande figure de Linné domine, pour les botanistes, la seconde
moitié du XVIIIᵉ siècle. L'illustre suédois embrasse de son regard d'aigle

tous les aspects du règne végétal, le côté descriptif et le côté physiologique ; il met à profit les découvertes faites avant lui sur la sexualité dans les plantes, pour en former la base d'un système célèbre, qui n'avait été qu'entrevu par Burckard. La *Philosophie botanique* voit le jour, et cet immortel ouvrage attend encore d'être surpassé dans notre siècle. Un essaim de botanistes éminents sort de l'école du maître, de ce maître incomparable dont les contradicteurs, même quand par hasard ils peuvent avoir raison, n'entravent pas la marche magistrale. C'est alors que les Forskaal, les Hasselquist, les Loefling, les Dryander, les Solander, les Thunberg, etc., viennent se grouper autour du grand homme. D'un autre côté, Hales fait faire un progrès considérable à la physiologie et à l'anatomie végétales ; il est puissamment suivi dans cette voie par Ludwig, Charles Bonnet, Gaspard-Frédéric Wolf, Senebier, Gleichen, Kœlreuther, Duhamel, Guettard, Gœrtner, créateur de la science carpologique, Willdenow, Schreber, le grand Haller, Fontana, Van Marum, Needham, Spallanzani, Medicus, Ingenhousz, Schrank, Priestley. Quelques-uns de ces savants investigateurs enseignent que les plantes sont des composés ternaires, ayant pour éléments l'oxygène, l'hydrogène et le carbone ; que, sous l'influence de la lumière, les tissus végétaux versent dans l'atmosphère de l'oxygène ; que, pendant la nuit, leurs conditions sont renversées, et qu'ils exhalent alors de l'acide carbonique ; que les tissus solides sont formés par la décomposition de l'acide carbonique puisé dans le sol par les extrémités radiculaires du végétal et dont celui-ci prépare la réduction au moyen de ses appareils respiratoires. En même temps, l'électricité, de si fraîche découverte, a un rôle assigné dans la végétation, et l'on reconnaît la triple action de ce fluide, de la lumière et de la chaleur, ces agents essentiels de la vie. Une idée féconde avait été entrevue par Linné, qui n'a point laissé un seul point de la science sans y avoir touché : il avait dit, dans sa *Philosophie botanique*, que le principe des fleurs et des feuilles est le même ; cette opinion fut d'abord considérée comme l'expression de la pensée souvent poétique du grand législateur de la science. Vers la fin du xviiiᵉ siècle, le célèbre poëte Gœthe revient sur cette théorie et pose les principes de la métamorphose végétale ; il formule nettement cet axiome, reconnu aujourd'hui comme une vérité, à savoir que les divers et nombreux phénomènes de l'évolution végétale ne sont que la répétition d'un même acte, celui de la foliation. Les maladies des plantes sont étudiées, et Guillaume Forsith publie, en 1794, un ouvrage de tératologie végétale. De célèbres voyages de circumnavigation, desquels fait toujours partie quelque botaniste, amènent incessamment de nouvelles découvertes végétales ; les îles de la mer du Sud, les terres australes, la Chine et le Japon sont explorés, et des plantes vives, des graines, de riches herbiers, en sont apportés. Le champ de la phytographie s'élargit de plus en plus et bientôt ne connaîtra d'autres bornes que celles de la terre entière. Les maîtres de la botanique descriptive phanérogamique dans cette partie du XVIIIᵉ siècle sont les Burmann, Trew, Loureiro, Cavanilles, Aublet, les Gmelin, Haller, Gleditsch, Willdenow, Bœmer, Jacquin, les Forster, Thunberg, L'Héritier, Pallas, Aiton, Rœmer, James-Édouard Smith, La Billardière, Olaüs Swartz. Ceux de la botanique cryptogamique sont Necker, Battara, Schmidel, Schœffer, Hedwig, Ellis, qui sépara du règne végétal les coraux et autres polypiers pour les rendre au règne animal, Bulliard, Paulet, Roth, Olaüs Swartz, Georges-François Hoffmann, Hagen, Dickson, Acharius, etc. A cette époque, la méthode naturelle est recherchée par Van Royen et peu après affirmée par Bernard de Jussieu, Antoine-Laurent de Jussieu et le grand Adanson. Lamarck crée le système dichotomique et l'applique immédiatement à sa belle *Flore française*.

En faisant abstraction du point de vue principal de la dernière moitié du XVIIIᵉ siècle, dont l'*Encyclopédie* de d'Alembert et de Diderot fut l'expression, il est impossible de contester à cette période célèbre des prémices qui devaient être suivies de féconds résultats, et d'être une des plus importantes dans l'histoire des progrès de l'humanité, depuis l'époque où la science, sortant des ténèbres, abandonna la méthode *à priori* pour la méthode *à posteriori* qui est loin d'ailleurs d'être envisagée par les savants de la même manière, témoin deux des plus illustres chimistes de ce siècle, MM. Chevreul et Liebig, qui la trouvent en opposition avec la *pensée* matérialiste, si tant est que cet accouplement hybride de matérialisme et de pensée puisse être admis. Les esprits impatients du joug, quoique se donnant eux-mêmes pour des esprits forts, eurent la faiblesse de vouloir s'imposer comme la réalité indiscutable et de créer une théorie, dite positive, qui fut l'antipode des affirmations de leurs adversaires, sans être plus probante pour cela. Au XVIIIᵉ siècle, en fait de science botanique, Linné, Bernard et Antoine-Laurent de Jussieu représentent, si l'on peut s'exprimer ainsi, l'idée divine ; Lamarck, dans cette même science, représente à peu près à lui seul l'idée que nous appellerons prométhéenne, celle qui tente de dérober à Dieu lui-même, en le niant au besoin, le principe des choses. Pour qui la postérité se prononcera-t-elle ? Il ne faut pas le demander à l'époque flottante et couverte de voiles où nous sommes.

Notre époque, de transition s'il en fut, au bout de laquelle peut-être on aura ou une vive lumière ou des ténèbres plus profondes que jamais, a pourtant amené de grands résultats, même en les réduisant à l'objet de ce Précis. La géographie botanique a été créée. Les progrès de la botanique phytographique ont été poussés à des limites qui semblent pour ainsi dire impossibles à dépasser et ne devoir plus laisser à la génération suivante qu'à glaner dans le champ phanérogamique. La cryptogamie, dans toutes ses divisions, Fougères, Equisetacées, Characées, Lycopodiacées, Mousses, Hépatiques, Algues, Lichens, Champignons, a été l'objet d'études spéciales et approfondies. L'observation des végétaux fossiles se poursuit avec activité. L'organographie végétale et l'organogénie que le raffinement de la science en sépare, comme étant l'étude de chacune des parties de la plante isolément examinée, sont devenues les objets d'ouvrages importants. L'anatomie des plantes et de leurs organes a été presque portée à la hauteur de l'anatomie de l'homme elle-même, grâce aux progrès du microscope et de la micrographie. Toutefois, si l'on pénètre plus intimement dans le secret de la vie du végétal, et si l'on rectifie des erreurs grossières, il faut en même temps reconnaître qu'on en introduit de nouvelles par suite des illusions qui sont les compagnes inséparables de l'emploi du microscope. L'école de tératologie animale, fondée par Etienne Geoffroy Saint-Hilaire et continuée par Isidore Geoffroy Saint-Hilaire et Serres, donna à un botaniste l'idée de créer sur le même plan une école de tératologie végétale. La chimie végétale, comme la chimie en général, a fait des pas de géant dans le XIX\ siècle. Les divers systèmes de physiologie végétale qui sont en présence concourent, par leur lutte même, à faire jaillir la lumière. Nous avons biographiquement et bibliographiquement énuméré tous les services rendus à la science par les contemporains dans notre chapitre VII, où tant de noms et tant d'ouvrages considérables sont cités. Les résultats de détail sont incalculables. Toutefois sous le rapport de la philosophie de la science nous ne semblons guère plus avancés que ne l'étaient nos prédécesseurs. Que suis-je? D'où viens-je, où vais-je? se demande l'homme en se repliant sur lui-même, après avoir cherché à pénétrer le mystère du passé et celui de l'avenir. Que sais-je? peut-il se dire en reconnaissant qu'un voile impénétrable cache jusqu'à présent les mystères dont la puissance organisatrice a entouré le monde sensible; et, à moins que son orgueil n'ait une insolence sans limites, le voilà obligé d'avouer qu'il est dans la plus profonde ignorance de l'essence des choses et des êtres. Il paraît donc sage d'observer beaucoup et le mieux possible, et de se bien garder de poser en lois absolues des idées que l'on s'est faites à soi-même. Le reproche qu'il y aurait peut-être à faire à notre siècle, où brillent d'ailleurs d'un si vif éclat, au double point de vue phytographique et physiologique, tant de botanistes éminents dont il serait trop long de rappeler les noms dans cette conclusion, ce serait un penchant trop prononcé aux travaux d'analyse minutieuse, penchant qui semble être comme une réaction naturelle après les grandes conceptions d'ensemble du XVIIIᵉ siècle.

En effet, il y a des époques entièrement synthétiques et d'autres purement analytiques. Les sciences, prises en général, par un heureux retour, ont déjà trouvé leur Linné dans l'admirable auteur du *Cosmos*. La botanique attend encore le savant architecte qui lui élèvera un édifice nouveau avec tous les matériaux que des mains ingénieuses, que de grandes intelligences de détails lui ont préparé, mais qui sont encore dispersés et si difficiles à rassembler, encore plus à faire concorder. Quel que soit ce génie attendu, il fera bien, pour que ses travaux rendent un vrai service en se vulgarisant, de ne pas plus négliger le style que ne le fit Linné, que ne l'a fait Humboldt. Si ces deux grands hommes s'étaient bornés à être des analystes secs, ils n'auraient point produit la diffusion de leurs rares connaissances en même temps que celles de leurs prédécesseurs et de leurs contemporains. Les esprits étroits ont reproché à Linné son style entraînant et sa tendance à généraliser, comme ils ont reproché depuis ces deux qualités à Humboldt, sans réfléchir que, sans elles, les plus belles découvertes courent la chance de rester incomprises, ignorées. Un livre péniblement exposé est une eau sans transparence, un livre sans style est un tableau sans lumière.

TABLE ALPHABÉTIQUE

DES NOMS D'AUTEURS

CITÉS DANS LE PRÉCIS DE L'HISTOIRE DE LA BOTANIQUE.

A

Nom	Page
Abbot.	295
Abel.	289
Abercrombie.	274
Achard.	299
Acharius.	254
Acosta (d').	38
Adams (père).	286
Adams (fils).	286
Adanson.	279
Adelkofer.	299
Aengelen.	409
Afzelius.	505
Agardh.	504
Agosti.	294
Agricola (G.-A.).	414
Agricola (J.).	415
Aiton (G.).	161
Aiton (G.-T.).	162
Alaynus.	409
Albert le Grand.	21
Alberti (M.).	288
Alberti (A.).	288
Alberti.	492
Albonico.	299
Aldovrande.	29
Alexandre.	432
Allioni.	246
Alpini.	40
Alstrœmer.	245
Altmann.	288
Ambrosini (B.).	100
Ambrosini (H.).	100
Amici.	497
Amman.	99
Amoreux.	260
Anaxagore.	40
Andrews.	413
Anguillara.	33
Apollinaris.	113
Apulée.	16, 20
Arduino (P.).	265
Arduino (L.).	265
Aristote.	12, 14, 18.
Arnaud.	399
Arnauld.	289
Aromatori.	105
Arrondeau.	502
Artedi.	94
Asso y del Rio.	294
Astruc.	295
Attale III.	44
Aublet.	175
Aubry de la Mottraie.	398
Avicenne.	49

B

Nom	Page
Babey.	400
Babinet.	398
Babington.	442
Bachman (Rivinus).	77, 80
Badcock.	170
Braguier.	400
Bafer.	116
Baillon.	378
Balbis.	493
Baldinger.	258
Balfour (A.).	75
Balfour (C.).	442
Balog.	292
Balsamo.	498
Banal.	289
Banal (fils aîné).	289
Banal (Ant.).	289
Banister.	74
Banks.	228, 236
Barbaro.	24
Barbeu du Bourg.	171
Barham.	296
Barnéoud.	391
Baron.	399
Barrelier.	82
Barrère.	172
Bartholin.	109
Bartling.	428
Bartram (J.).	238
Bartram (W.).	238
Barton (W.).	254
Barton (B.-S.).	250
Bastard (de).	310
Baster.	298
Bastien.	272

TABLE DES MATIÈRES

CONTENUES DANS LE PRÉCIS DE L'HISTOIRE DE LA BOTANIQUE.

PARIS. — . CLAYE, IMPRIMEUR, 7, RUE SAINT-BENOIT. — [1370]

APPENDICE AU RÈGNE VÉGÉTAL

GÉOGRAPHIE BOTANIQUE

CARTES BOTANIQUES ET AGRICOLES

DRESSÉES PAR VUILLEMIN, GRAVÉES PAR JACOBS

Sous la Direction

DE J. A. BARRAL

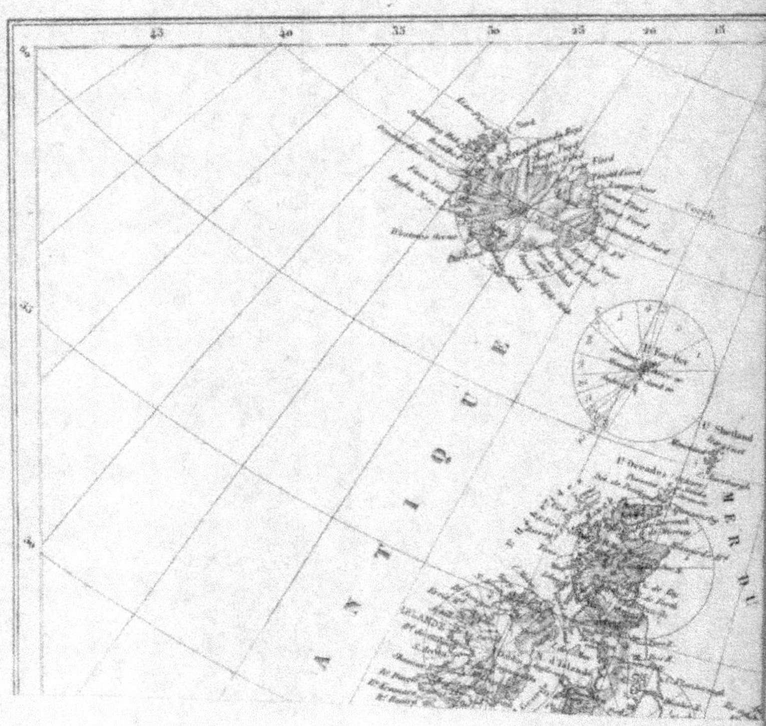

ATLANTIQUE
MER DU

CARTE PHYSIQUE DE L'EUROPE

GÉOGRAPHIE BOTANIQUE

RICHESSE RELATIVE DES ESPÈCES PHANÉROGAMES

« D'après tout ce que j'ai vu de la terre dans mes voyages, dit Alexandre de Humboldt (*Cosmos*, t. I, p. 420), l'association des espèces végétales, désignées d'ordinaire sous le nom de *Flore*, ne me paraît pas manifester la prédominance de certaines familles, de manière à permettre d'assigner géographiquement la région des ombellifères, la région des solidaginées, celle des labiées ou des scitaminées. Mes vues personnelles diffèrent, sur ce point, de celles de plusieurs de mes amis, botanistes distingués de l'Allemagne. Ce qui caractérise, à mon avis, les flores du plateau du Mexique, de la Nouvelle-Grenade et de Quito, celles de la Russie d'Europe et de l'Asie septentrionale, ce n'est pas la supériorité numérique des espèces dont la réunion constitue une ou deux familles : ce sont les rapports bien autrement complexes qui naissent de la coexistence d'un grand nombre de familles, et de la quantité relative de leurs espèces. Sans doute les graminées et les cypéranées prédominent dans les prairies et dans les steppes, tout comme les arbres à racines pivotantes, les cupulifères et les bétulinées règnent dans nos forêts du Nord. Mais cette prédominance de certaines formes est purement apparente ; c'est une déception produite par l'aspect particulier aux plantes sociales (cultivées). Le nord de l'Europe et la zone sibérienne, située au nord de l'Altaï, ne méritent pas plus le titre de régions des graminées ou des conifères, que les immenses Llanos (entre l'Orénoque et la chaîne de Caracas) et les forêts de pins du Mexique. C'est par l'association des formes végétales, lesquelles peuvent se remplacer en partie l'une l'autre ; c'est par leur importance numérique relative et leur mode de groupement que la nature végétale revêt à nos yeux le caractère de la variété et de la richesse, ou celui de la pauvreté et de l'uniformité. »

La carte botanique que nous donnons pour l'Europe et pour les parties des autres continents qui en sont les plus proches a pour but de faire précisément connaître cette importance relative des familles en les appréciant d'après le plus ou moins grand nombre des espèces que compte chacune d'elles. En recourant principalement aux tableaux donnés par M. Alphonse de Candolle dans sa *Géographie botanique raisonnée*, et à

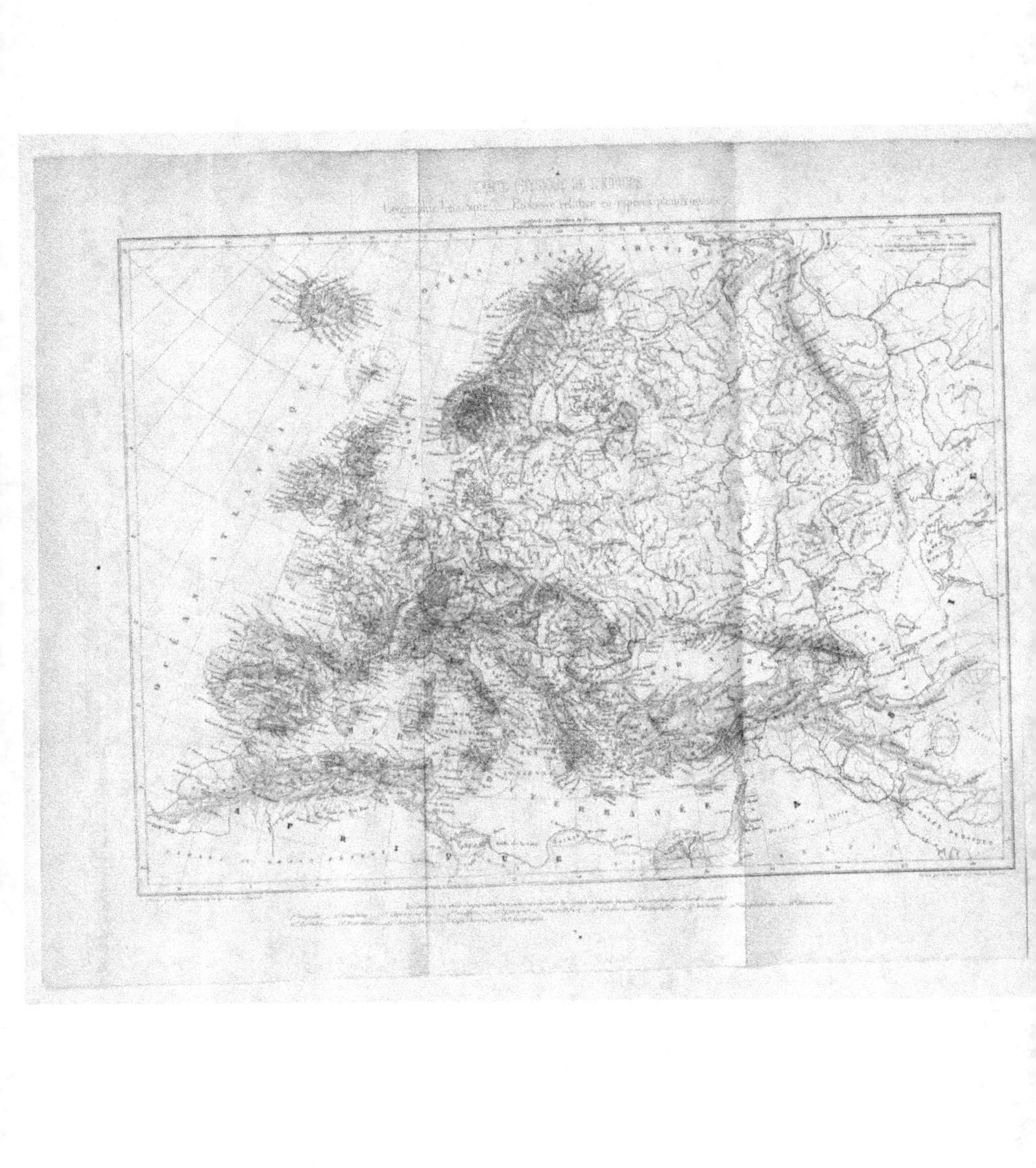

ceux qui sont contenus dans la 5ᵉ livraison de l'Atlas de Berghaus, nous avons pu réunir pour cette zone, la mieux connue d'ailleurs, 33 groupements calculés sur un module identique, ce qui nous a permis d'employer une représentation graphique, à la fois commode et élégante. Comme il est impossible de dire que dans les 33 régions étudiées, les recherches ont été faites avec la même attention et sur une même étendue de pays; comme, par suite, les nombres absolus d'espèces phanérogames trouvées ne peuvent être comparées pour tant de points différents, d'ailleurs si rapprochés, nous avons pris le parti de représenter par un cercle de même rayon en chaque lieu l'ensemble des phanérogames formant un total de 100; mais dans chaque cercle les espèces de chaque famille occupent un secteur dont l'arc est proportionnel à la quantité centésimale d'espèces de cette famille comptées sur toutes les plantes phanérogames observées.

Nous avons classé les familles dans l'ordre suivant : 1, composées; 2, graminées; 3, légumineuses; 4, crucifères; 5, cypéracées; 6, ombellifères; 7, labiées; 8, caryophyllées; 9, rosacées; 10, scrophulariacées; 11, renonculacées; 12, orchidées; 13, amentacées; 14, borraginées; 15, euphorbiacées; 16, saxifragées. Cet ordre a été choisi parce qu'il est celui de l'importance relative des familles dans le centre de la France.

Les secteurs correspondants à ces familles sont tracés dans chaque cercle dans l'ordre précédent, en tournant de la droite vers la gauche et en remontant à partir de l'horizontale. Des chiffres rappellent d'ailleurs les noms des familles de telle sorte qu'on aperçoit tout de suite l'importance du nombre des espèces, et par suite le caractère botanique de chacune des régions comparées.

Les nombres proportionnels des espèces de chaque famille, l'ensemble des phanérogames étant 100, sont les suivants à partir de l'extrême nord, et pour les mêmes latitudes, en allant de l'ouest à l'est.

Familles.	Laponie, lat. 69° 40' à 71° 10' N.	Islande, 63° 7' à 66° 44' N.	Russie, entre Arkhangel et l'Oural, 64° à 70°.	Ile Feroé, 61° 25' à 62° 25' N.
1. Composées....................	8	6	11	7
2. Graminées...................	10	11	11	10
3. Légumineuses...............	3	»	3	1.5
4. Crucifères..................	5	5	5.5	5
5. Cypéracées.................	13	11	4.7	9
6. Ombellifères...............	1.8	»	»	»
7. Labiées....................	1.5	»	»	2.2
8. Caryophyllées..............	7	6	7.5	6
9. Rosacées...................	4	3.5	5.5	4
10. Scrophulariacées...........	1.3	2	3.2	4
11. Renonculacées..............	4	2.7	5.5	4
12. Orchidées.................	3	2	»	2.2
13. Amentacées................	4.6	5	6	2.2
14. Borraginées...............	1.3	»	»	»
15. Euphorbiacées.............	»	»	»	»
16. Saxifragées...............	4	3.5	»	2.7
Totaux.............	71.5	57.7	62.9	59.8
Autres familles....	28.5	42.3	37.1	40.2
	100.0	100.0	100.0	100.0

APPENDICE.

Familles.	Suède, 59° à 62° N.	Saint-Pétersbourg, 60° N.	Aberdeen, 57° 9' N.	Province de Kazan, 55° à 56° 17'.
1. Composées	8,5	10	9	12
2. Graminées	8,5	9,8	10,5	8,5
3. Légumineuses	4	3,2	4,5	4,5
4. Crucifères	5	4,4	4	4
5. Cypéracées	8,5	7,9	7	6,5
6. Ombellifères	2,6	3,5	4	3,8
7. Labiées	3,1	3,5	3,5	4,5
8. Caryophyllées	4,5	4,8	4	5,5
9. Rosacées	5	4,1	5	4,5
10. Scrophulariacées	4	3,2	3,4	5
11. Renonculacées	3,6	3,5	2,8	3,3
12. Orchidées	2,5	2,5	1,4	1,5
13. Amentacées	4	4,1	3	2
14. Borraginées	1,5	2	1,9	2,3
15. Euphorbiacées	0,6	1,4	3	1,2
16. Saxifragées	1	1,2	1,9	1,2
Totaux	66,9	60,1	68,9	60,3
Autres familles	33,1	39,9	31,1	39,7
	100,0	100,0	100,0	100,0

Familles.	Irlande, 53° à 55° N.	Comté de Cambridge, 52° à 52° 45' N.	Lithuanie, 52° à 56° N.	Hollande, 51° 15', à 53° 28' N.
1. Composées	9	10	9	10,5
2. Graminées	8	8,5	8	10
3. Légumineuses	4	5	7	5
4. Crucifères	5	4	4	5
5. Cypéracées	7	6	7	6
6. Ombellifères	5	5	3	3,5
7. Labiées	4	4	7	4
8. Caryophyllées	4	3,5	3	4
9. Rosacées	3,7	5	4	3,5
10. Scrophulariacées	3,3	3	4	3,5
11. Renonculacées	2,5	2,5	3	2,5
12. Orchidées	2,3	2,4	2,5	2,5
13. Amentacées	5	3,5	3	2,1
14. Borraginées	1,5	1,6	2	1,5
15. Euphorbiacées	1,2	1,2	1,5	1
16. Saxifragées	1,5	1,2	1,5	0,5
Totaux	67,0	66,4	69,5	65,1
Autres familles	33,0	33,6	30,5	34,9
	100,0	100,0	100,0	100,0

Familles.	Berlin, 52° 50' N.	Wurtemberg, 47° à 49° N.	Steppes entre la mer Caspienne et l'Oural, 47° à 52° N.	Morbihan, 47° à 48° N.
1. Composées	10	11	14	9
2. Graminées	9,5	7	6,5	9
3. Légumineuses	5,3	5	8,5	8
4. Crucifères	4	5	7,5	3
À reporter	28,8	28	36,5	29

Familles.	Berlin, 52°50' N.	Wurtemberg, 47° à 49° N.	Steppes entre la mer Caspienne et l'Oural, 47° à 52° N.	Morbihan, 47° à 48° N.
Report	28.8	28	36.5	29
5. Cypéracées	6.2	6.5	2.6	2
6. Ombellifères	4	4	4	4.5
7. Labiées	4	4	5	2
8. Caryophyllées	4	3.7	4	5
9. Rosacées	4.5	4.5	3.4	2
10. Scrophulariacées	4.5	4	2.6	3
11. Renonculacées	3.3	3.5	3.5	2
12. Orchidées	1.6	3.2	1.4	1.8
13. Amentacées	3.7	2.4	2.5	1.5
14. Borraginées	2.1	2	3.3	2
15. Euphorbiacées	1.2	0.8	1.2	1
16. Saxifragées	0.6	0.7	»	»
Totaux	68.5	67.3	70.0	55.8
Autres familles	31.5	32.7	30.0	44.2
	100.0	100.0	100.0	100.0

Familles.	Centre de la France, 46° à 48°.	Hongrie, 46° à 49° N.	Bessarabie, 44° à 47°.	Montpellier, 43° 30' N.
1. Composées	10	12	13.5	13
2. Graminées	8	8	7	9.5
3. Légumineuses	7	6	8.5	11
4. Crucifères	5.5	5	6.5	5
5. Cypéracées	5	4	2.5	2.4
6. Ombellifères	5	5	2.5	4
7. Labiées	4	6	6	4
8. Caryophyllées	4	4	5	3
9. Rosacées	4	4	4.5	2.4
10. Scrophulariacées	3.5	3.5	2.4	3
11. Renonculacées	3.4	3.3	2.3	2.3
12. Orchidées	2.5	1.3	1.3	2
13. Amentacées	1.9	2.5	2.5	2
14. Borraginées	1.2	2.5	3.4	2
15. Euphorbiacées	1.2	2	1.3	2.2
16. Saxifragées	0.5	»	»	0.5
Totaux	66.4	69.4	70.2	68.3
Autres familles	33.6	30.9	29.8	31.7
	100.0	100.0	100.0	100.0

Familles.	Italie septentrionale, 42° à 46° N.	Les Deux-Castilles, 42° à 43° N.	Portugal, 39° 30' N.	Caucase et côte de la mer Caspienne, 39° à 43°.
1. Composées	14	13	11	13.5
2. Graminées	7.5	8.5	8.5	7
3. Légumineuses	8.8	9	9.5	8.5
4. Crucifères	5.2	6	4.3	6
5. Cypéracées	5	2	2.5	3
6. Ombellifères	4.2	5.5	5	5
À reporter	44.7	44.0	40.8	43.0

Familles.	Italie septen-trionale, 42° à 46° N.	Les Deux-Castilles, 40° à 43° N.	Portugal, 39° 30' N.	Caucase et côte de la mer Caspienne, 39° à 43°.
Report........	44.7	44.0	40.8	43.0
7. Labiées........	4.3	5	5	5.5
8. Caryophyllées........	4.2	4	5	5
9. Rosacées........	4.2	2.4	2.5	3.9
10. Scrophulariacées........	3	4	4	3.3
11. Renonculacées........	3.2	2.6	3	2.1
12. Orchidées........	2	1.5	1.5	1.5
13. Amentacées........	2.2	2	2	2
14. Borraginées........	1.5	2.1	1.5	2.3
15. Euphorbiacées........	1.3	1.7	1.7	1.5
16. Saxifragées........	1.3	0.6	0.4	0.4
Totaux........	71.9	69.9	67.4	70.0
Autres familles...	28.1	30.1	32.6	30.0
	100.0	100.0	100.0	100.0

Familles.	Royaume du Naples, 38° à 42° 45' N.	Iles Baléares, 38° 45' à 40° N.	Sardaigne, 39° à 41°.	Turquie d'Europe et Bithynie, 39° à 45° N.
1. Composées........	12	11.5	11	11.5
2. Graminées........	8	8.5	9	7
3. Légumineuses........	9	11	11	9
4. Crucifères........	5	5	5	5
5. Cypéracées........	2.3	2	3.5	1.8
6. Ombellifères........	5.5	4	5	5
7. Labiées........	5	5.5	3.5	6
8. Caryophyllées........	4	3	3	3
9. Rosacées........	3	2	2	3
10. Scrophulariacées........	2.7	2.2	3.5	4
11. Renonculacées........	2.7	2.5	2	3.4
12. Orchidées........	2	2	2.5	1.8
13. Amentacées........	1.5	2.5	1.5	1.5
14. Borraginées........	1.7	2.3	2.2	2.5
15. Euphorbiacées........	1.5	1.5	1.5	1.6
16. Saxifragées........	0.4	0.5	0.2	0.2
Totaux........	66.3	66.0	66.4	66.2
Autres familles....	33.7	34.0	33.6	33.8
	100.0	100.0	100.0	100.0

Familles.	Sicile, 37° 30' N.	Péloponèse et Cyclades, 36° 30' à 38° 30' N.	Royaume de Grenade, 36° N.	Algérie, 35° à 37° N.	Égypte, 24° à 31° 30' N.
1. Composées........	11.5	10.5	11.5	11.5	14
2. Graminées........	9.5	6.5	10	9.5	12
3. Légumineuses........	12	10.5	13.5	11.5	9.5
4. Crucifères........	5	5.5	4.5	4.5	5
5. Cypéracées........	2.5	2.5	1.6	2	3.5
6. Ombellifères........	4.6	4	4.5	5	3.5
A reporter.....	45.1	39.5	45.6	44.0	47.5

Familles.	Sicile, 37° 30'' N.	Péloponèse et Cyclades, 36° 30' à 38° 30' N.	Royaume de Grenade, 36° N.	Algérie, 35° à 37° N.	Égypte, 24° à 31° 30' N.
Report.........	45.1	39.5	45.6	44.0	47.5
7. Labiées............	4	5	4.5	5	3.3
8. Caryophyllées......	2.8	3.5	3.5	3	1.7
9. Rosacées	2	2.1	3	1.8	1
10. Scrophulariacées....	2	2.4	2.4	3.5	1
11. Renonculacées......	2	2.5	1.8	2	1
12. Orchidées.........	2	2.5	1.5	1.2	»
13. Amentacées........	1.4	1.5	1.5	1	0.7
14. Borraginées........	2	2.4	1.9	2	3
15. Euphorbiacées......	1.7	1.5	1.6	1.5	2
16. Saxifragées.........	0.2	0.4	0.4	0.5	»
Totaux......	65.2	65.3	67.7	66.4	61.2
Autres familles...	34.8	34.7	32.3	33.6	38.8
	100.0	100.0	100.0	100.0	100.0

On voit très-nettement par les cartes botaniques aussi bien que par les chiffres des tableaux précédents que les espèces légumineuses augmentent en nombre à mesure que la latitude diminue; un accroissement se fait aussi remarquer dans les composées, tandis qu'une diminution apparaît dans les cypéracées. Le groupement est évidemment différent avec les lieux et les climats, ce qui caractérise une des découvertes de Humboldt en géographie botanique.

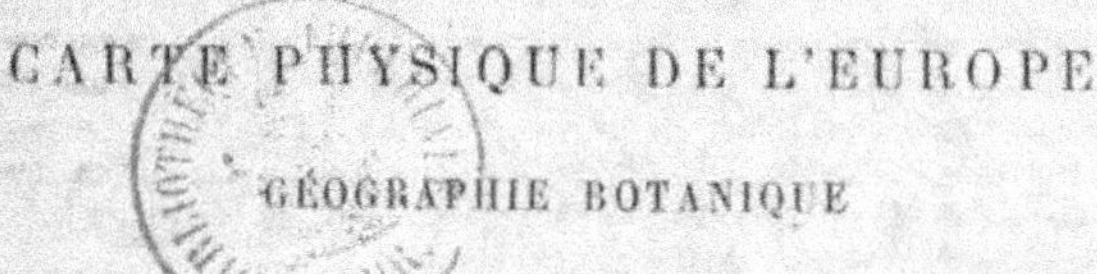

CARTE PHYSIQUE DE L'EUROPE

GÉOGRAPHIE BOTANIQUE

LIMITES POLAIRES DES PLANTES ANNUELLES, VIVACES ET LIGNEUSES

« S'il est vrai, dit Humboldt (*Cosmos*, t. I, p. 443), que le caractère de chaque contrée dépend à la fois de tous les détails extérieurs ; si les contours des montagnes, la physionomie des plantes et des animaux, l'azur du ciel, la figure des nuages, la transparence de l'atmosphère, concourent à produire ce que l'on peut nommer l'impression totale, il faut reconnaître aussi que la nature végétale dont le sol se couvre est la déterminante principale de cette impression. Les formes animales ne sont point aptes à produire les grands effets d'ensemble ; d'ailleurs les individus, même en vertu de leur mobilité propre, se dérobent le plus souvent à nos regards. Au contraire, la création végétale frappe l'imagination par l'ampleur de ses formes toujours présentes... Chaque zone possède le don de nous présenter, sous une face particulière, la diffusion de la vie à la surface du globe. »

C'est par deux modes différents que se montre la variété de la diffusion de la vie végétale : ou bien par la dominance numérique de certaines espèces, ou bien par la disparition absolue de certaines autres. La détermination des limites polaires de l'habitat des plantes, c'est-à-dire des lignes au delà desquelles, en montant vers des latitudes plus élevées, on ne rencontre plus ces plantes à l'air libre, est le meilleur moyen de constater le dernier mode de la manifestation de la vie végétale. Cette partie de la géographie botanique a été particulièrement perfectionnée par M. Alphonse de Candolle, qui a dressé à cette occasion deux planches intéressantes pour accompagner le premier volume de son grand ouvrage. Nous avons cru rendre service en réunissant ces deux planches en une seule, qui permet de mieux apprécier l'ensemble des phénomènes.

« Une température très-basse, dit M. de Candolle, peut agir sur une espèce et limiter une habitation par bien des systèmes différents. Tantôt le mal est produit en hiver par un froid très-intense, ou au printemps par un froid nuisible aux fleurs et aux jeunes pousses, et dans ces divers cas l'effet est direct ; tantôt le mal résulte de l'absence de chaleur, et ce sera alors un effet indirect, qui retiendra ou empêchera telle ou telle fonction physiologique. Il y a ainsi une action positive et une action négative des températures trop basses. Bien plus, chacun de ces modes d'action en cache véritablement plusieurs, et voilà ce qui complique singulièrement les phénomènes. Pour en simplifier l'étude, il se présente naturellement à l'esprit de distinguer les plantes annuelles, les plantes vivaces et les plantes ligneuses. »

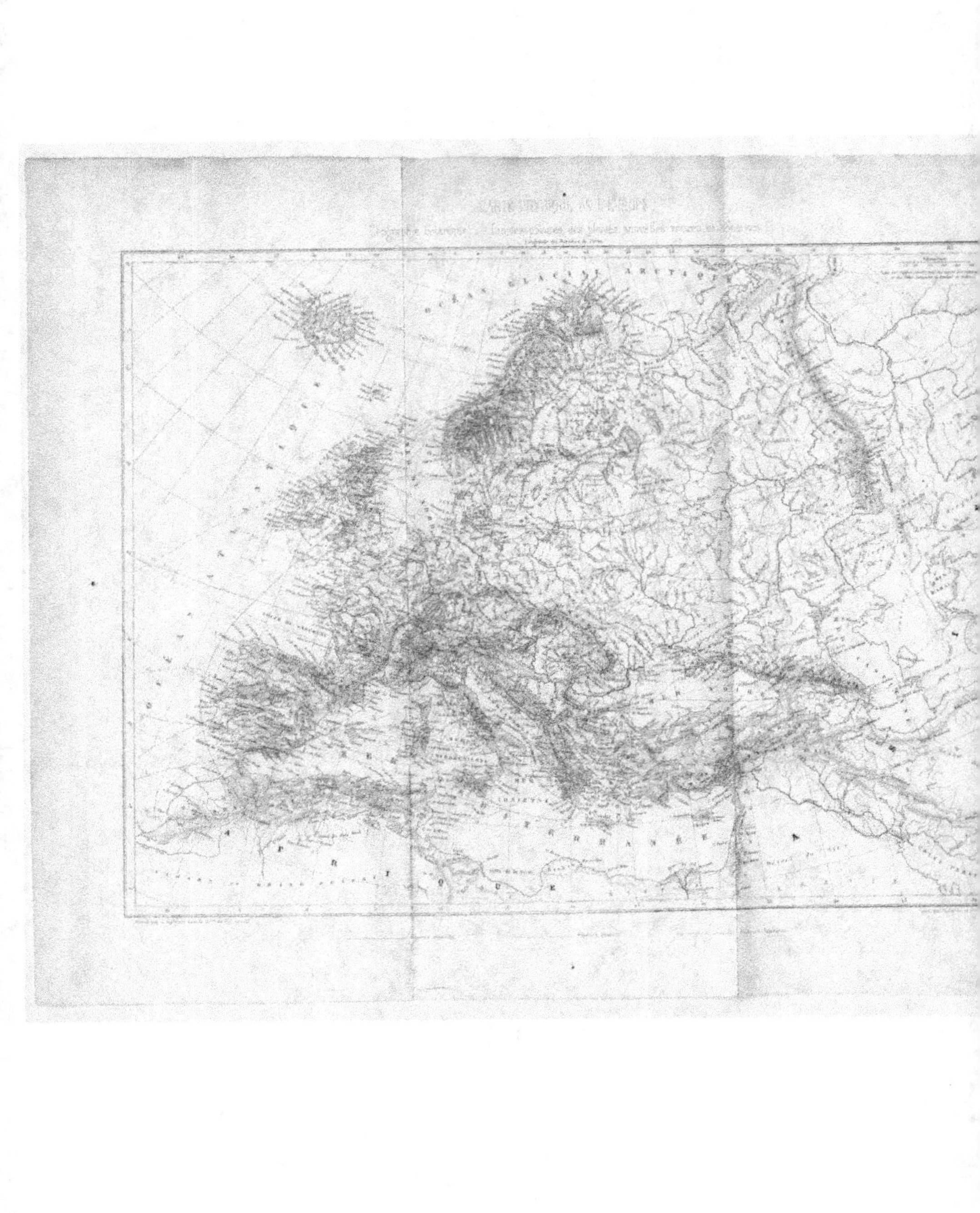

Le tracé des limites polaires est encore déterminé par une foule d'autres circonstances, telles qu'un climat pluvieux ou sec, les époques des grandes chaleurs ou des grands froids se rapprochant ou s'éloignant de celles de la floraison, de la fructification ou de la maturité. Les plantes annuelles sont influencées par des causes simples, tandis qu'il faut des causes puissantes pour atteindre les plantes ligneuses, tandis que les plantes herbacées diverses résistent même lorsque les arbres succombent, parce qu'elles peuvent être conservées par la neige ou reprendre sous l'action d'un été convenable. La complication de toutes ces influences a porté M. de Candolle à faire une étude très-détaillée de 10 plantes annuelles, de 9 espèces vivaces, 10 espèces ligneuses de petite taille et 3 de haute futaie, en tout 32 plantes dont les limites polaires sont tracées sur notre carte, savoir les plantes annuelles en traits continus, les vivaces en traits coupés, les ligneuses en traits coupés séparés par des points.

Les espèces annuelles sont les suivantes :

1. Alyssum calycinum, L.
2. Radiola linoïdes, Gmel.
3. Saponaria vaccaria, L.
4. Succowia balearica, Medik.
5. Atractylis cancellata, L.
6. Campanula Erinus, L.
7. Sedum Cepæa, L.
8. Mesembryanthemum nodiflorum, L.
9. Lycopsis variegata, L.
10. Hutchinsia petræa, Br.

On peut voir sur la carte que les limites des espèces annuelles ne sont ni parallèles aux degrés de latitude, ni parallèles entre elles ; elles se croisent même très-souvent ; elles ne coïncident par leur direction avec aucune ligne thermique fondée sur les températures moyennes annuelles ou de certaines saisons ; elles ne s'expliquent en partie que par des considérations de sommes de températures prises au-dessus d'un certain degré.

Les espèces vivaces dont les limites polaires ont été tracées sur la carte sont

11. Aquilegia vulgaris, L.
12. Dianthus carthusianorum, L.
13. Helleborus fœtidus, L.
14. Peganum Harmala, L.
15. Dentaria bulbifera, L.
16. Coris Monspeliensis, L.
17. Trachelium cæruleum, L.
18. Waldsteinia geoides, Willd.
19. Malva Moschata, L.

De l'étude attentive à laquelle il s'est livré, M. de Candolle conclut ainsi : « Les résultats auxquels je suis arrivé pour chacune des espèces vivaces considérées isolément, ne présentent rien de clair dans leur ensemble ; ils se ressentent évidemment de la multiplicité des causes qui peuvent influer sur cette catégorie de plantes. Quatre espèces : Peganum Harmala, Coris Monspeliensis, Trachelium cæruleum, Waldsteinia geoïdes, ont des limites polaires qui ne s'expliquent pas au moyen des observations thermométriques et hyétométriques imparfaites dont on dispose dans l'état actuel de la science. Pour trois de ces espèces qui vivent dans la région de la Méditerranée, la distribution et la quantité de la pluie paraissent la cause prédominante.

« L'Aquilegia vulgaris est limité par une somme de température au-dessous de 5° du thermomètre à l'ombre; mais la somme exigée varie suivant l'addition de la lumière, par l'effet des longs jours, au delà du 60° degré de latitude.

« Le Dianthus carthusianorum et le Dentaria bulbifera sont exclus par l'humidité de certaines régions occidentales; l'Helleborus fœtidus et le Malva moschata se trouvent exclus par d'autres causes de l'Europe orientale. Dans les parties de leurs limites où la température paraît influer, la méthode des sommes de chaleur au-dessus d'un certain degré est préférable à celle des moyennes. Enfin, la durée des neiges et la température qui peut survenir dans chaque localité après leur disparition paraissent influer sur le Malva moschata, et déterminent probablement certaines anomalies de son habitation. »

Les espèces ligneuses dont les limites polaires sont figurées sur la carte sont les suivantes :

20. Ilex Aquifolium, L.
21. Evonymus Europæus, L.
22. Dabœcia polyfolia, Don.
23. Amygdalus nana, Pall.
24. Chamœrops humilis, L.
25. Fagus sylvatica, L.
26. Rhamnus Frangula, L.
27. Fraxinus excelsior, L.
28. Coronilla Emerus, L.
29. Caragana frutescens, DC.
30. Abies pectinata, DC.
31. Jasminum fruticans, L.
32. Rhododendron ponticum, L.

M. de Candolle conclut ainsi : « Les limites des Evonymus Europæus, Rhamnus frangula, Chamœrops humilis, sont déterminées par une certaine somme de chaleur, à partir d'un certain degré jusqu'au moment où cesse ce même degré.

« Le Dabœcia est arrêté dans son expansion par le froid des hivers.

« Les Ilex Aquifolium, Fagus sylvatica, Fraxinus excelsior, Coronilla Emerus, Abies pectinata, Jasminum fruticans, Rhododendron ponticum, sont arrêtés du côté du nord-est ou de l'est de l'Europe par les froids excessifs de l'hiver, et aussi, dans la plupart des cas, par la sécheresse trop grande de l'été; du côté du nord-ouest et de l'ouest, par des causes de plusieurs natures, savoir : pour les Ilex, Fagus, Fraxinus, Rhododendron, par le défaut de chaleur suffisante en été (quoique souvent on ne puisse pas préciser les chiffres); pour les Coronilla, Abies pectinata, Jasminum, par trop d'humidité.

« Les Amygdalus nana et Caragana frutescens, dont les limites orientales sont mal connues, ou difficiles à préciser, sont arrêtés à l'ouest, le premier par la température et l'humidité du printemps, le second par l'humidité générale.

« Cette même cause, surtout l'humidité du sol, paraît exclure l'Abies pectinata des plaines au nord-ouest de l'Allemagne. Cependant il y a pour cette espèce, comme pour l'Abies excelsa, des causes antérieures à l'ordre de choses actuel, qui l'ont exclue de certaines régions occidentales, en particulier des Iles Britanniques. L'exclusion du Rhododendron ponticum de certaines régions intermédiaires entre les deux habitations ne peut pas s'expliquer non plus, d'une manière complète, par les causes connues, et doit remonter à des causes antérieures.

« Lorsque la somme de température est essentielle, ce n'est pas la somme déduite de la moyenne d'une saison qu'il faut envisager, c'est la somme comprise entre le jour où commence une température déterminée jusqu'au jour où elle s'arrête, c'est-à-dire dans un laps de temps qui varie selon les climats. »

PLANISPHÈRE TERRESTRE

SUIVANT LA PROJECTION DE MERCATOR

GÉOGRAPHIE BOTANIQUE

DISTRIBUTION PROPORTIONNELLE DES PLANTES

« La géographie des plantes, dit Humboldt (*Cosmos*, t. I, p. 416), peut être envisagée au point de vue de la variété et du nombre relatif des formes typiques; elle recherche alors le mode de distribution dans l'espace des genres et des espèces. » Plus loin, l'illustre savant ajoute : « Pour que la géographie des plantes prît rang parmi les sciences, il fallait que la doctrine de la distribution géographique de la chaleur fût fondée et qu'elle pût être rapprochée de celle des végétaux; il fallait encore qu'une classification par *familles naturelles* permît de distinguer les formes qui se multiplient, de celles qui deviennent plus rares, à mesure que l'on avance de l'équateur vers les pôles, et de fixer les rapports numériques que chaque famille présente, dans chaque contrée, avec la masse entière des phanérogames de la même région. Je compte au nombre des circonstances les plus heureuses de ma vie, qu'à l'époque où mes vues étaient spécialement tournées vers la botanique, mes recherches aient pu embrasser en même temps les éléments essentiels d'une nouvelle science, et qu'elles aient été si puissamment favorisées par l'aspect d'une nature grandiose où tous les contrastes climatologiques se trouvent réunis. »

Alexandre de Humboldt a été le premier fondateur de la géographie botanique scientifique, c'est-à-dire de celle qui a cherché à mesurer et à peser l'importance relative des diverses familles des plantes suivant les lieux et les climats. Depuis ses travaux qui ont fait époque au commencement de ce siècle, sont venus ceux de de Candolle et Robert Brown, et enfin de M. Alphonse de Candolle. Ce dernier a pu davantage préciser et il a apporté une telle lumière sur le sujet, qu'on peut aujourd'hui figurer facilement les principaux traits de la distribution des plantes sur notre planète.

Écrire des rapports numériques sur différentes places d'un planisphère, comme on l'a fait dans la plupart des atlas, n'a rien de bien instructif; cela n'apprend rien de plus que des tableaux et ne figure rien aux yeux. Aussi avons-nous cherché un mode de représentation graphique qui fût plus significatif, et nous avons pensé que si l'on représentait par des cercles la masse des phanérogames de chaque contrée, on aurait immédiatement sous les yeux une idée de cette masse par la grandeur des cercles

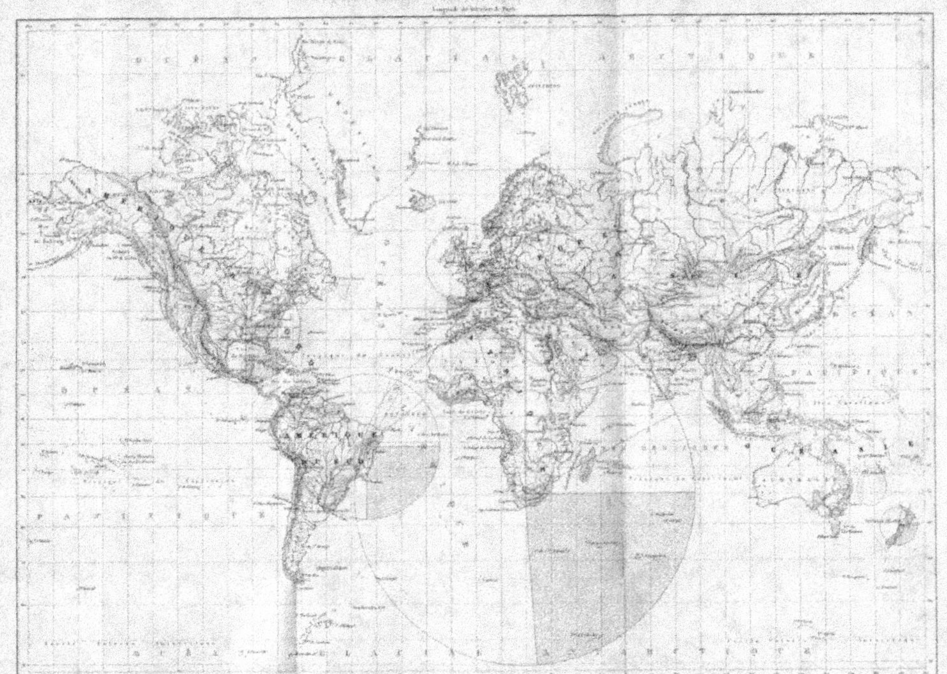

dont les rayons seraient proportionnls aux nombres des espèces comptées dans chaque pays.

Il est évident que plus une contrée a d'étendue, plus aussi on doit trouver d'espèces de plantes différentes. On ne peut donc faire de comparaison échappant autant que possible à tout reproche d'erreur, qu'en considérant des flores également bien étudiées et portant sur des pays ayant à peu près des surfaces qui ne soient pas trop différentes.

Le nombre total des espèces phanérogames actuellement connues sur toute la terre est d'environ 81,000, sur lesquelles on compte 67,000 dicotylédones et 14,000 monocotylédones, ce qui fait à peu près 83 dicotylédones et 17 monocotylédones sur 100 phanérogames. Mais la proportion change avec la latitude et la nature du climat.

Pour qu'on aperçoive immédiatement la double variation des phanérogames totales qui existent sur les diverses parties du globe et de la proportion respective des dicotylédones et des monocotylédones, nous avons comparé, d'après M. Alphonse de Candolle (*Géographie botanique*, p. 1178), des pays ayant de 7,000 à 12,000 lieues carrées de 25 au degré ; c'est une étendue suffisante pour qu'on échappe à des circonstances trop locales. Nous avons ensuite décrit des cercles dont les rayons ont autant de millimètres qu'on a compté d'espèces de phanérogames, et enfin nous avons divisé la surface des cercles, supposée égale à 100, en deux secteurs qui représentent le tant pour 100 qui appartient aux dicotylédones et aux monocotylédones. Les secteurs ombrés figurent la proportion des monocotylédones.

Les flores qu'il nous a paru le plus convenable de comparer pour permettre de voir la loi de la distribution des plantes sur la carte du planisphère terrestre, suivant la projection de Mercator, sont celles des pays suivants, à côté des noms desquels nous inscrivons les chiffres qui ont servi à faire les tracés-graphiques :

	Phané-rogames recon-nues.	Dicoty-lédones recon-nues.	Monoca-tylédones recon-nues.	Sur 100 phanérogames	
				Dicoty-lédones.	Monoca-tylédones
Laponie.....................	496	340	156	68,6	31,4
Grande-Bretagne...........	1,517	1,158	359	76,4	23,6
Podolie, Volhynie, Kiew et Bessarabie.............	1,599	1,322	277	82,7	17,3
Géorgie et Caroline du Sud.	2,158	1,628	530	75,5	24,5
Égypte...................	845	671	174	79,4	20,6
Province de Bahia (Brésil)...	2,804	2,455	349	88,0	12,0
Cap.....................	6,595	5,009	1,586	75,9	24,1
Nouvelle-Zélande...........	730	527	203	72,2	27,8

En comparant d'une part la grande étendue des cercles qui représentent la masse des plantes phanérogames reconnues au Brésil et à la colonie du Cap, aux petites étendues que les cercles offrent en Égypte, en Laponie, à la Nouvelle-Zélande, et en voyant aussi l'étendue moyenne des cercles pour les contrées tempérées du nouveau et de l'ancien monde ; d'autre part, en comparant aussi les secteurs des monocotylédones, on voit se peindre graphiquement ces deux lois, vérifiées par M. A. de Candolle pour toutes les autres séries de flores comparables pour l'étendue des pays explorés : 1° la proportion des dicotylédones augmente et celle des monocotylédones diminue à mesure qu'on se rapproche des tropiques ; 2° avec une température égale, les pays humides offrent une proportion de monocotylédones plus forte et de dicotylédones plus faible ; les pays secs, au contraire, présentent une proportion de dicotylédones plus forte et de monocotylédones plus faible.

APPENDICE.

Nous avons encore cherché à représenter graphiquement l'importance relative des trois familles principales, Légumineuses, Composées et Graminées, dans les pays considérés, et pour cela nous avons tracé, à partir des rayons horizontaux tirés de gauche vers la droite, et en s'élevant de droite vers la gauche, des secteurs dont les arcs sont proportionnels aux fractions que ces trois familles occupent parmi les phanérogames représentées par les circonférences entières. Les nombres proportionnels sont les suivants :

	Latitude.	Sur 100 phanérogames		
		Légumineuses.	Composées.	Graminées.
Laponie	68—70° N	3.0	8.0	10.0
Grande-Bretagne	51—57	4.5	9.5	8.5
Podolie, Volhynie, Kiew et Bessarabie	45—55	8.0	13.0	7.0
Géorgie et Caroline du Sud	31—35	5.5	16.5	8.5
Egypte	24—32	9.5	14.0	12.0
Province de Bahia	11—15 S	11.0	5.0	2.5
Cap	28—34	7.5	17.0	4.5
Nouvelle-Zélande	35—47	1.0	12.5	7.0

Les Légumineuses augmentent en proportion à mesure qu'il fait plus chaud ; les Composées exigent en même temps que de la chaleur beaucoup d'humidité ; les Graminées redoutent beaucoup moins le froid que la sécheresse.

CARTE PHYSIQUE DE L'EUROPE

GÉOGRAPHIE AGRICOLE

A. de Humboldt est le fondateur de la géographie des plantes, science nouvelle qui n'a pu être constituée que lorsque l'on eut fait assez d'observations pour avoir des idées exactes sur la distribution de la chaleur à la surface de la terre. Il revendique lui-même en ces termes, dans le *Cosmos* (t. Ier, p. 418), l'honneur de la création de cette science.

« L'idée, dit-il, d'une distribution régulière des formes végétales dut naturellement se présenter aux premiers voyageurs qui purent parcourir rapidement de vastes régions et gravir les montagnes où les climats se trouvent superposés comme par étages. Tels furent, en effet, les premiers essais d'une science dont le nom même était encore à créer. Les zones ou régions végétales que le cardinal Bembo avait distinguées dans sa jeunesse sur les flancs de l'Etna, Tournefort les retrouva sur le mont Ararat. Plus tard, Tournefort compara la flore des Alpes avec celle des plaines placées sous différentes latitudes; il montra comment la distribution des végétaux est réglée par la hauteur du sol au-dessus du niveau de la mer, ou par la distance au pôle, quand il s'agit des plaines. Menzel, dans une flore inédite du Japon, émet par hasard le nom de géographie des plantes. Le même nom se retrouve encore dans les *Études de la nature*, de Bernardin de Saint-Pierre, œuvre d'imagination, il est vrai, mais d'une imagination vive et brillante. C'était trop peu. Pour que la géographie des plantes prît rang parmi les sciences, il fallait que la doctrine de la distribution géographique de la chaleur fût fondée et qu'elle pût être rapprochée de celle des végétaux; il fallait encore qu'une classification par *familles naturelles* permît de distinguer les formes qui se multiplient, de celles qui deviennent plus rares, à mesure que l'on avance de l'équateur vers les pôles, et de fixer les rapports numériques que chaque famille présente dans chaque contrée, avec la masse entière des phanérogames de la même région. Je compte au nombre des circonstances les plus heureuses de ma vie, qu'à l'époque où mes vues étaient spécialement tournées vers la botanique, mes recherches aient pu embrasser en même temps les éléments essentiels d'une nouvelle science, et qu'elles aient été si puissamment favorisées par l'aspect d'une nature grandiose, où tous les contrastes climatologiques se trouvent réunis. »

Ce n'est que dans les premières années du XIXe siècle que, les voyages scientifiques s'étant multipliés et la connaissance des climats s'étant perfectionnée, la classification des végétaux se fit d'après leurs rapports véritables. On put alors examiner la distribution des plantes dans les différentes régions du globe. Trois hommes surtout contribuèrent à ce résultat : de Humboldt, de Candolle et Robert Brown. Dans son beau traité de *Géographie botanique raisonnée*, M. Alphonse de Candolle définit en ces

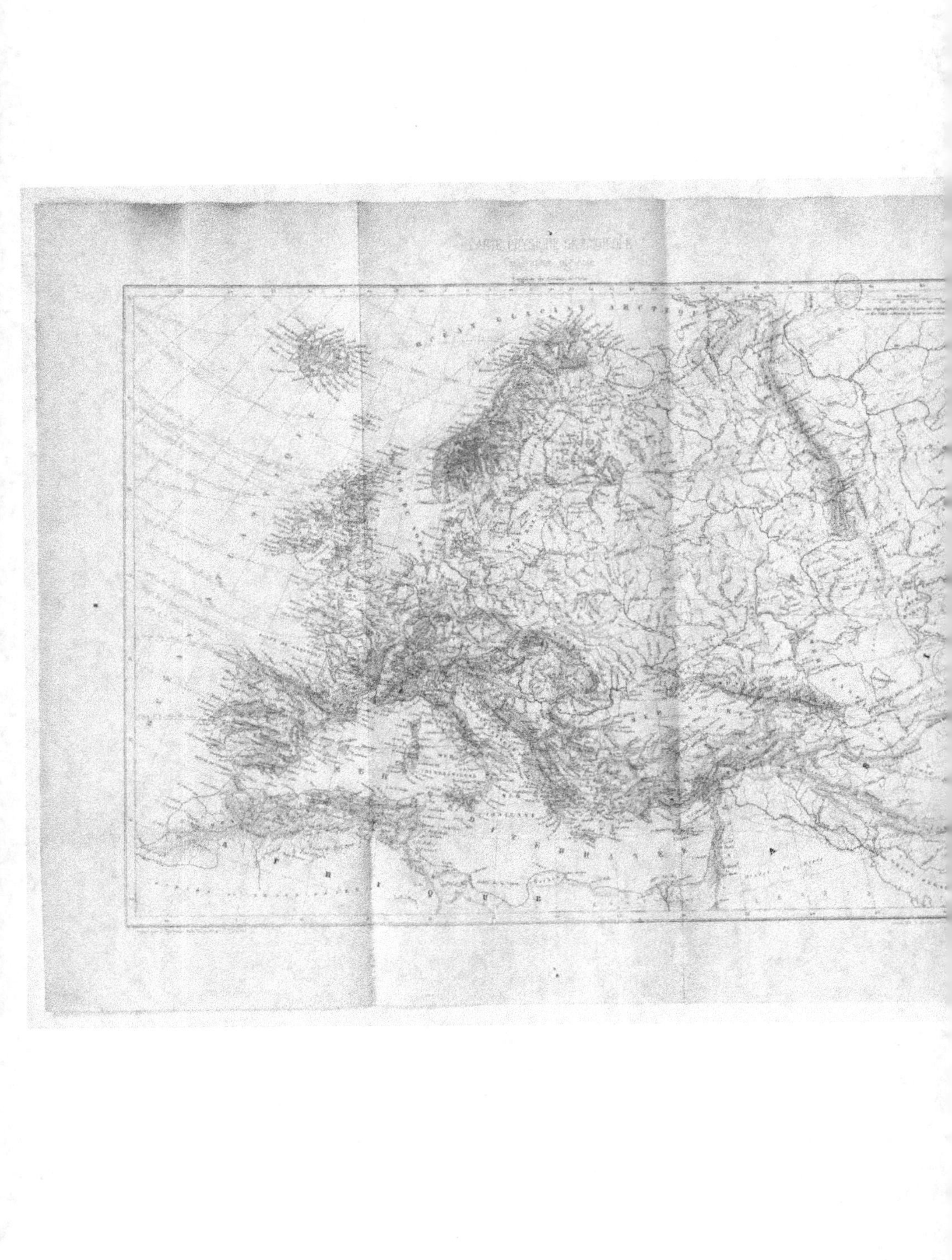

termes leurs rôles respectifs : « M. de Humboldt, dit-il, se montra surtout géographe et physicien ; de plus, grâce à une combinaison de facultés extrêmement rare, il sut peindre, en véritable poëte, la belle végétation des pays équatoriaux. De Candolle s'attacha aux plantes d'Europe et aux rapports qui existent entre l'agriculture, la botanique et les relations extérieures. Enfin, Robert Brown, partant également de réflexions profondes sur la méthode naturelle, qu'il appliquait le premier aux formes bizarres de l'Australie, fixa son attention sur la distribution des familles et sur les proportions relatives de leurs espèces dans les régions différentes. »

La géographie des plantes peut être envisagée au point de vue de la variété et du nombre relatif des formes typiques, et alors elle recherche la distribution des genres et des espèces dans l'espace. Elle peut encore être étudiée sous le rapport du nombre des individus dont chaque espèce se compose sur une surface donnée, et alors apparaît ce que de Humboldt appelle la vie isolée et la vie sociale des plantes.

La vie isolée des plantes montre qu'elles ne trouvent que très-juste dans les lieux où elles existent les circonstances nécessaires à leur reproduction.

Les plantes ont une vie sociale lorsqu'elles couvrent uniformément de grandes étendues. La main de l'homme intervient, dans ce dernier cas, par l'agriculture, pour modifier l'aspect naturel des contrées, en faisant prédominer les espèces utiles. Mais ces espèces ne peuvent prospérer en grande culture que si les conditions climatériques de leur existence sont complétement remplies pendant les diverses phases de la végétation, sous le rapport de la température, comme sous celui de la quantité d'humidité, du besoin d'insolation, de la résistance aux grands vents. Les limites agricoles peuvent donc être un peu différentes des limites purement botaniques.

Dans la carte ci-jointe on a tracé les lignes qui représentent les limites polaires des principaux végétaux cultivés en Europe. Au-dessus de ces lignes, aucune des cultures qui réussissent dans les régions plus rapprochées de l'équateur terrestre ou de la zone torride ne peut plus prospérer.

Ainsi la ligne-limite du dattier exclut la possibilité de la récolte des dattes pour toute localité placée à une latitude plus septentrionale ; la ligne-limite de l'oranger, puis les lignes de l'olivier, du maïs, de la vigne, du châtaignier, des arbres fruitiers à noyaux et à pepins, du froment, excluent la récolte en grand de l'orange, de l'olive, du maïs, du raisin, des châtaignes, des prunes, des poires et des pommes, du blé, pour les régions plus boréales.

L'orge est la plante destinée à l'alimentation de l'homme, qui peut croître le plus près du pôle nord ; on la récolte même dans les régions où croît le bouleau, la plus septentrionale des espèces ligneuses.

L'influence du climat maritime tempéré de toutes les côtes occidentales de l'Europe se fait, comme on peut le voir sur la carte, remarquablement sentir, en relevant généralement vers le nord toutes les courbes pour les laisser ensuite s'infléchir vers le midi, à partir du 15e ou du 20e méridien.

Quelques végétaux présentent des lignes d'une direction bien régulière, mais il en est d'autres, comme le houx commun (*Ilex aquifolium*), le sapin (*Abies pectinata*), dont les lignes-limites, après une marche régulière de l'Asie vers le centre de l'Europe, se relèvent ou s'abaissent de manière à bien montrer que la température n'agit pas seule parmi les circonstances climatériques pour rendre prospère la culture des végétaux dans un lieu déterminé.

9 782329 263908